백신

통합과학2

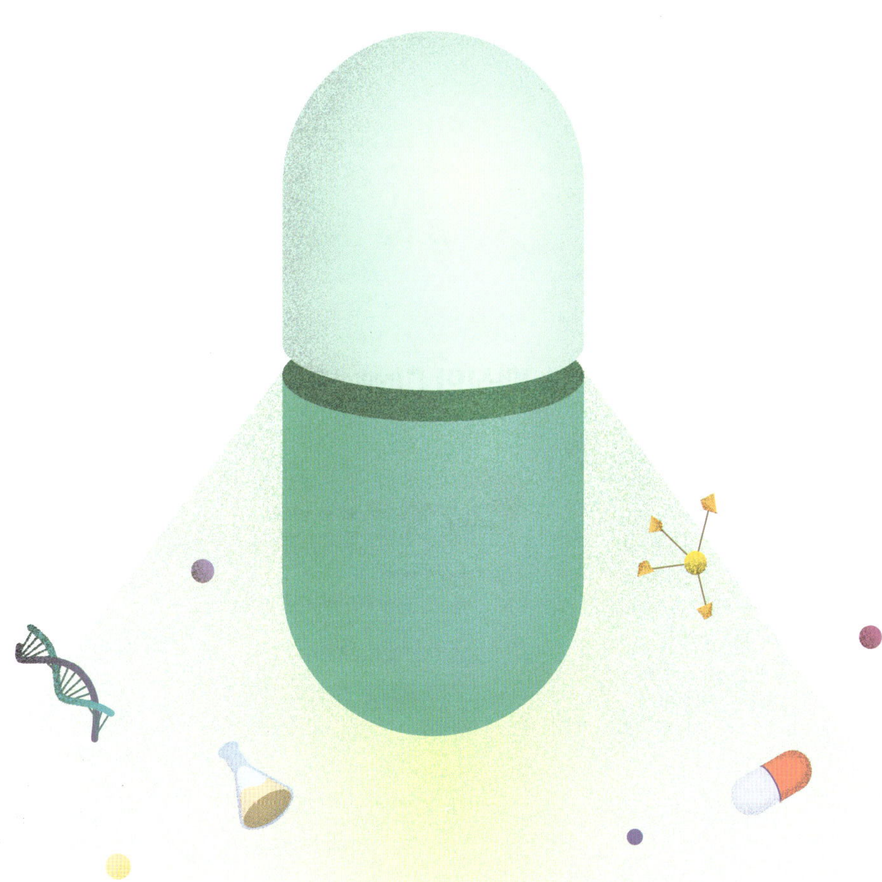

개념 완벽 이해

1 주제별 개념 학습　내용 정리 ＋ 자세하게! ＋ 바로 복습

단원 한눈에 보기

반드시 알아야 할 필수 개념을 한눈에 볼 수 있도록 정리했습니다.

주제별 내용 정리

5종 교과서의 중요 내용을 이해하기 쉽게 정리했습니다.

꼭 암기해야 할 내용과 암기 비법은 **암기신**, 정리해야 할 중요 내용은 **정리신**, 오개념을 갖기 쉬운 내용은 **주의신**, 꼭 알아야 할 주요 용어는 **용어신** 으로 제시했습니다.

자세하게!

주요 그림이나, 미니 탐구, 자료는 박스 처리하여 자세히 분석했습니다.

ZP point

꼭 알아야 하는 핵심 내용을 한눈에 쏙! 들어올 수 있도록 정리했습니다.

바로 복습

개념을 확인할 수 있는 빈칸 채우기와 OX 문제를 제시했습니다.

2 탐구

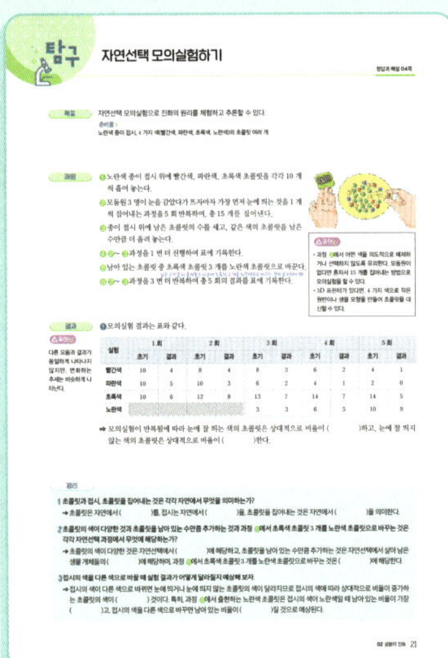

탐구

5종 교과서의 탐구를 분석하여 중요 탐구를 선별, 제시했으며 **목표**, **과정**, **결과**, **정리** 의 단계로 자세하게 설명했습니다.

백신의 디테일에 집중하는 기술

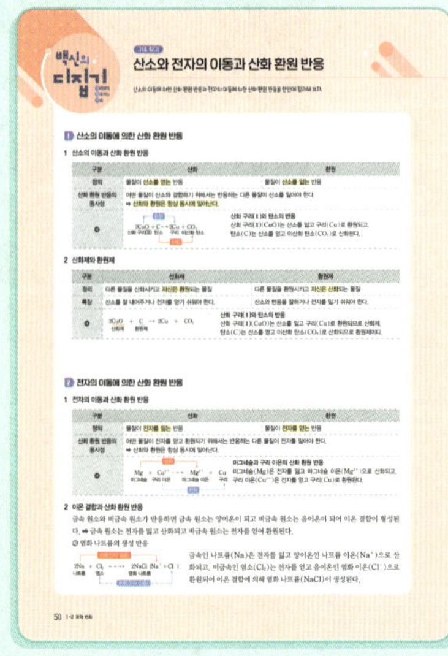

보충, 심화, 기초 잡기, 문제 풀이 연습

중요한 개념을 이해하는 데 필요한 보충 설명 및 심화 설명이 필요한 내용을 자세하게 정리하고, 문제 풀 때 필요한 비법을 정리했습니다.

내신 만점 대비

3 실력 다지기 문제

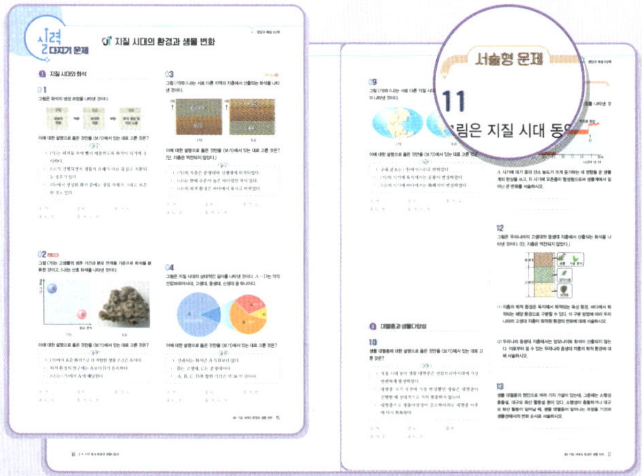

학교 기출 유형의 문제를 빠짐없이 구성했습니다. 출제율 90 % 이상의 문제는 빈출 로 표시했으며 난이도 상 문제와 서술형 문제 를 통해 실력을 한 단계 높여 보세요!

5 수능 패턴 보기

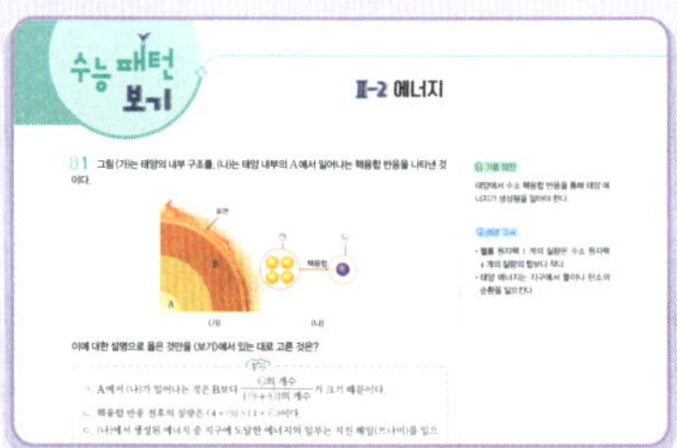

수능 패턴을 미리 경험할 수 있도록 수능, 평가원, 교육청 기출 문제를 분석하여 새 교육과정에 맞춰 변형하여 수록했습니다. 기출 패턴 , 배경 지식 을 제시했으니 꼼꼼히 확인하세요!

4 너만봐! 빈출자료 & 시험 대비 문제

너만봐! 빈출자료

5종 교과서의 핵심 자료와 최신 학평 & 학교 기출 문제를 분석하여 빈출 자료를 선별하고 OX 문제로 분석했습니다.

시험 대비 문제

빈출 유형 문제를 개념별로 제시하여 학교 시험에 완벽하게 대비할 수 있습니다. 빈출 , 학평 기출 , 학평 기출변형 을 표시했으니 꼭 확인하세요!

부록 시험대비

필수 개념 체크 & 중간, 기말고사 대비

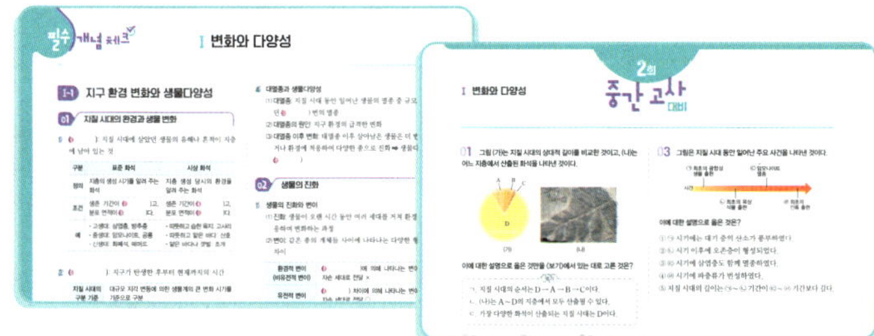

단원 필수 개념 체크

시험 전, 필수 개념을 빈칸 채우기 문제를 통해 스스로 정리해 보세요.

중간, 기말고사 문제 3회분

다양한 실전 문제를 실제 학교 시험지처럼 수록했으니 중간고사, 기말고사 전에 꼭 풀어보고 백점에 도전하세요!

차례

CONTENTS

Ⅲ 과학과 미래 사회

부록 시험대비 교재

백신과 내 교과서 함께 보기

 ## Ⅰ 변화와 다양성

중단원	소단원	백신	동아	미래엔	비상	지학사	천재
1 지구 환경 변화와 생물다양성	**01** 지질 시대의 환경과 생물 변화	10~17	10~15	12~17	16~21	16~23	14~21
	02 생물의 진화	18~25	16~19	18~23	22~27	24~31	22~27
	03 생물다양성과 보전	26~32	20~23	24~29			28~31
2 화학 변화	**04** 산화와 환원	44~56	30~37	36~43	32~37	38~45	38~47
	05 산과 염기의 중화 반응	57~71	38~45	44~51	38~45	46~53	48~59
	06 물질 변화에서 에너지 출입	72~76	46~49	52~57	46~51	54~57	60~63

 ## Ⅱ 환경과 에너지

중단원	소단원	백신	동아	미래엔	비상	지학사	천재
1 생태계와 환경 변화	**07** 생물과 환경	92~97	62~65	70~73	62~65	72~77	74~79
	08 생태계평형	98~104	66~73	74~79	66~71	78~83	80~85
	09 지구 환경 변화와 인간 생활	105~114	80~89	80~89	72~79	84~93	86~95
2 에너지	**10** 태양 에너지의 생성과 전환	126~129	96~99	96~99	84~87	100~103	102~103
	11 전기 에너지의 생산	130~139	100~105	100~107	88~95	104~111	104~111
	12 에너지 효율과 신재생 에너지	140~148	106~113	108~115	96~103	112~117	112~121

I

변화와 다양성

생물다양성

01 어떤 지역에 살고 있는 생물의 다양한 정도를 ⬜⬜ ⬜⬜ 이라고 해요.

02 같은 종류의 생물 사이에서 나타나는 서로 다른 특징을 ⬜⬜ 라고 해요.

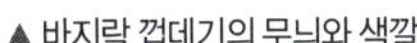

▲ 바지락 껍데기의 무늬와 색깔

▲ 얼룩말의 줄무늬

생물다양성보전 필요성

03 생물다양성이 ⬜⬜⬜ 생태계가 안정적으로 유지되며, 식량, 의약품, 섬유 등 생활에 필요한 자원을 얻는 데 유리해요.

04 생물다양성이 감소하는 원인은 ⬜⬜⬜ 유입, ⬜⬜ 파괴, 불법 포획과 ⬜⬜, 환경오염, 기후 변화 등이 있어요.

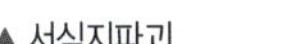

▲ 서식지파괴

▲ 기후 변화

상태 변화와 열에너지

05 융해, ⬜⬜, 고체에서 기체로의 승화가 일어날 때 물질은 주위로부터 열에너지를 ⬜⬜ 해요.

06 응고, 액화, ⬜⬜ 에서 ⬜⬜ 로의 승화가 일어날 때 물질은 주위로 열에너지를 ⬜⬜ 해요.

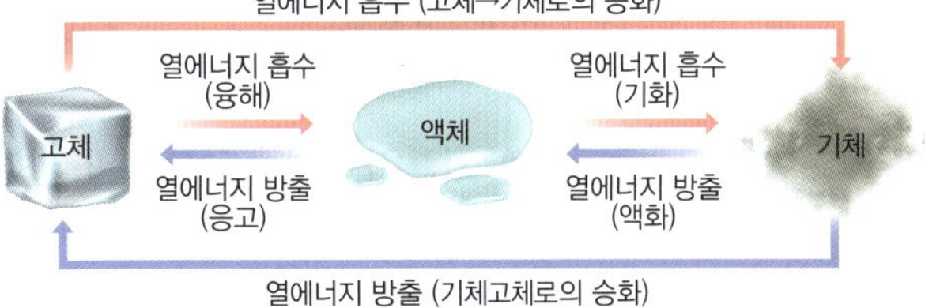

01 지질 시대의 환경과 생물 변화

① 지질 시대와 화석

1 화석①: 지층에 남아 있는 지질 시대에 살았던 생물의 유해나 생존 흔적

(1) 화석의 생성 조건
　① 생물의 개체수가 많고, 뼈나 껍데기 등 단단한 부분이 존재해야 한다.
　② 생물의 유해나 흔적이 훼손되기 전에 지층 속에 빨리 매몰되어 화석화 작용을 받아야 한다.

(2) 화석의 종류: 표준 화석과 시상 화석②으로 구분된다.

표준 화석	구분	시상 화석
• 지질 시대를 구분하는 기준이 된다. • 생존 기간이 짧고 분포 지역이 넓다.	특징	• 지층이 퇴적될 때의 환경을 알 수 있다. • 생존 기간이 길고 분포 지역이 좁다.
고생대 — 삼엽충, 방추충 중생대 — 암모나이트, 공룡 신생대 — 화폐석, 매머드	예	• 고사리: 따뜻하고 습한 육지 • 조개: 얕은 바다나 갯벌 • 산호: 따뜻하고 얕은 바다 참나무: 강수량이 많고 습도가 높은 육지라는 것도 알 수 있어~ 고사리, 조개, 산호

자세하게 — 화석을 이용한 지층이 퇴적될 당시의 환경 변화 해석하기

과거 지층이 생성된 시기(표준 화석)와 환경(시상 화석)을 알 수 있다.
• 지층 A: 공룡 화석 ➡ 지층이 퇴적될 당시 중생대 육지 환경이었다.
• 지층 B: 고사리 화석 ➡ 지층이 퇴적될 당시 따뜻하고 습한 육지 환경이었다.
• 지층 C: 삼엽충 화석 ➡ 지층이 퇴적될 당시 고생대 바다 환경이었다.
• 지층 D: 산호 화석 ➡ 지층이 퇴적될 당시 따뜻하고 수심이 얕은 바다 환경이었다.
▶ 이 지역은 지층 D와 C가 생성될 때에 바다 환경이었다가 지층이 융기하여 지층 B와 A가 생성될 때는 육지 환경이었다.

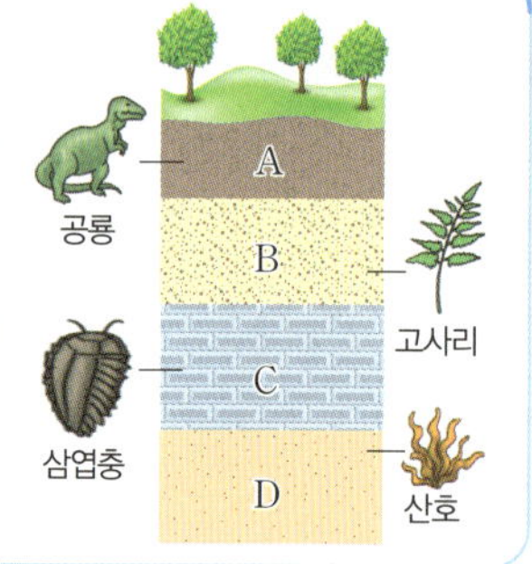

2 지질 시대: 지구가 탄생한 후부터 현재까지 지질학적 활동이 일어나고 있는 시대

(1) 지질 시대의 구분 기준③: 지층에서 발견되는 화석에 나타나는 생물계의 큰 변화

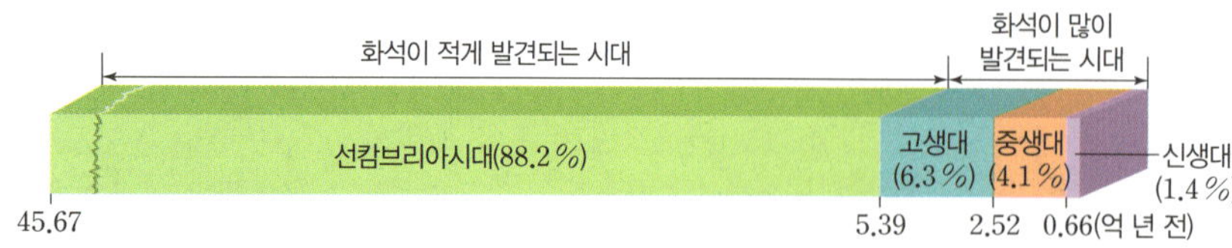

▲ 지질 시대의 구분과 상대적 길이

(2) 화석의 발견과 지질 시대의 구분

선캄브리아시대	화석이 매우 드물다. ➡ 생물의 개체수가 적었고, 생물체에 단단한 골격이 없었으며, 화석이 되었어도 지각 변동과 풍화 작용을 많이 받아 남아 있기 어렵기 때문이다.
고생대, 중생대, 신생대	화석이 매우 많으며, 당시에 살던 생물의 종류를 기준으로 구분

지질 시대의 환경과 생물

지질 시대	환경과 생물
	선캄브리아시대
화석	고생대
표준 화석	중생대
	신생대
시상 화석	대멸종과 생물다양성
	생물의 멸종과 진화

❶ 화석의 예
생물의 뼈, 껍데기, 알, 배설물, 생물이 뚫은 구멍, 빙하나 호박에 갇힌 생물 등

❷ 표준 화석과 시상 화석의 조건

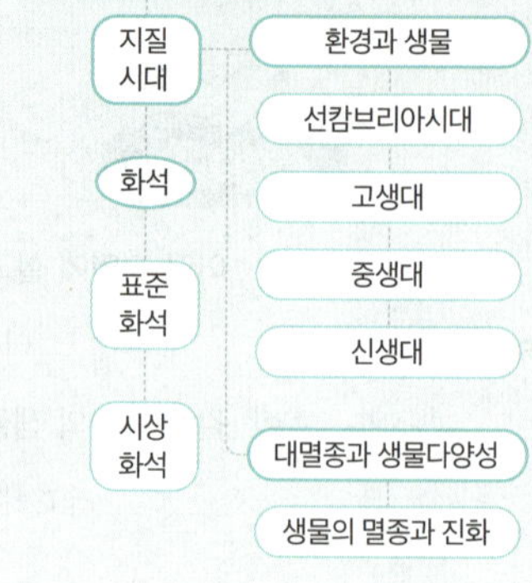

정리콕

화석으로 알 수 있는 정보
• 지층의 생성 시기
• 지층 생성 당시의 지구 환경
• 과거 지구의 대륙 분포와 지형의 변화

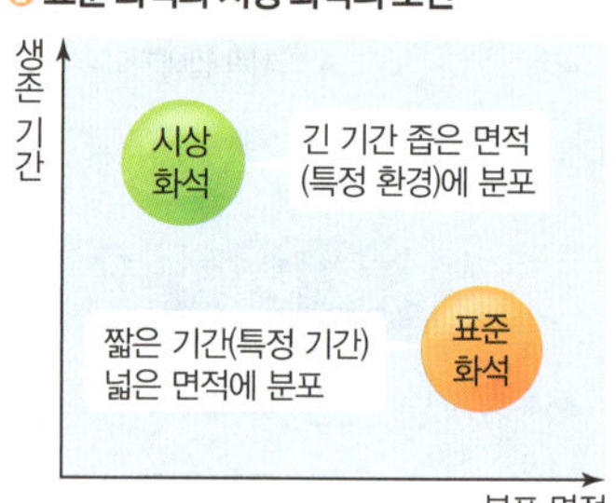

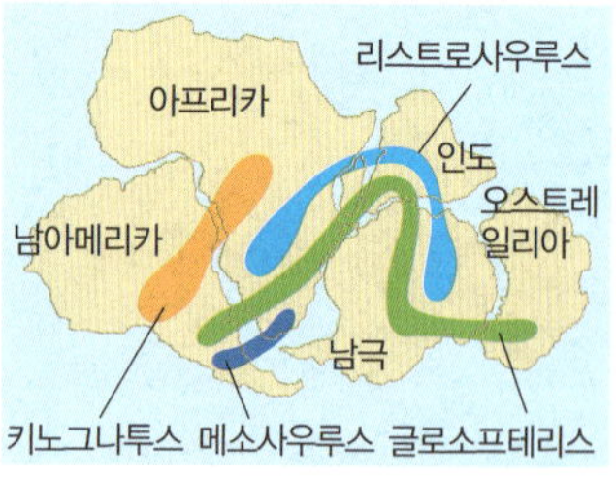

▲ 화석 분포로 예측한 과거의 대륙 분포

❸ 지질 시대 구분의 원리
지구 환경에 급격한 변화가 일어나면 생물계에서도 급격한 변화가 일어나 생물의 멸종과 출현이 일어나기 때문이다.

용어콕

• **화석화 작용** 생물의 유해나 흔적이 다른 물질로 치환되거나 빈틈에 광물이 침투하는 작용 등이 일어나 생물의 화석으로 보존되는 작용

② 지질 시대의 지구 환경과 생물의 변화

1 선캄브리아시대의 환경과 생물: 바다에서 최초의 생명체 출현

환경	• 대체로 온난하였으나 말기에 빙하기가 있었을 것으로 추정 • 초기에는 대기 중 산소가 매우 희박하였으며, 육지는 강한 자외선에 노출되었다. • 지각 변동을 많이 받았으며, 화석이 거의 남아 있지 않아 수륙 분포를 정확하게 알기 어렵다.
생물	• 바다에서 최초의 생명체가 출현하였고, 생물은 주로 바다에서 생활하였다. ➡ 오존층이 형성되지 않아 강한 자외선이 지표에 도달하여 육지에는 생물이 출현할 수 없었다.   • 최초의 단세포생물이자 광합성을 하는 생물인 남세균(사이아노박테리아)이 출현하여 바다와 대기의 산소량 증가 ➡ 스트로마톨라이트 형성 • 단세포생물, 원시 해조류 출현, 말기에 최초의 다세포생물 출현 ➡ 에디아카라 생물군 형성

2 고생대의 환경과 생물: 해양 생물의 폭발적 증가, 육상 생물의 출현❹

환경	• 대기 중의 산소 농도↑ ➡ 오존층 형성 ➡ 육상 생물 출현 • 대체로 온난 습윤하였으며, 말기에는 빙하기가 있었다. • 말기에 모든 대륙이 모여 초대륙인 판게아를 형성  ▲ 고생대 말기
생물	• 생물의 종과 개체수 크게 증가 • 육상 생물의 출현 ➡ 오존층이 형성되어 지표에 도달하는 자외선을 차단하였기 때문 • 바다에서는 삼엽충, 필석, 방추충, 완족류, 어류(갑주어) 등이 번성 • 육지에서는 양서류, 거대 곤충류, 양치식물(고사리 등)이 번성하였고, 파충류와 겉씨식물이 출현 • 말기에 생물 대멸종 ➡ 판게아 형성, 대규모 화산 분출 등이 원인으로 추정    

3 중생대의 환경과 생물: 파충류의 번성, 지각 변동 활발

환경	• 활발한 화산 활동 ➡ 대기 중의 이산화 탄소 농도 증가 ➡ 온실 효과 ➡ 기후가 온난 대체로 온난하였으며, 빙하기가 없었어~ • 판게아가 분리되면서 대서양과 인도양이 형성되기 시작하였고, 전 세계적으로 지각 변동이 활발해 로키산맥과 안데스산맥이 형성되었다. ➡ 생물 서식지의 환경이 다양해졌다. 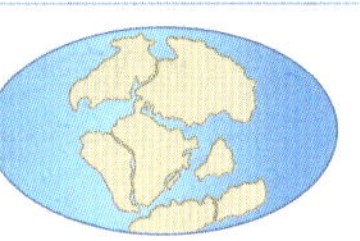 ▲ 중생대 중기
생물	• 바다에서는 암모나이트 번성 • 육지에서는 공룡, 파충류, 겉씨식물(은행나무 등)이 번성하였고, 시조새, 조류, 작은 크기의 포유류, 속씨식물이 출현 • 말기에 생물 대멸종 ➡ 소행성 충돌, 화산 폭발 등이 원인으로 추정 공룡, 암모나이트 멸종    ▲ 암모나이트　　▲ 공룡

4 신생대의 환경과 생물: 포유류의 번성, 인류의 출현

환경	• 초기에는 대체로 온난하였으며, 말기에는 빙하기와 간빙기가 반복 • 대서양과 인도양이 점점 넓어지고 태평양이 좁아졌으며, 알프스산맥과 히말라야산맥을 형성 ➡ 현재와 비슷한 수륙 분포 형성  ▲ 신생대 말기
생물	• 바다에서는 화폐석 번성 • 육지에서는 포유류(매머드), 조류, 속씨식물(단풍나무, 참나무 등)이 번성하였고, 인류의 조상이 출현(신생대 말기)  

---

❹ **대기 중 산소 농도 변화에 대한 생물의 영향**

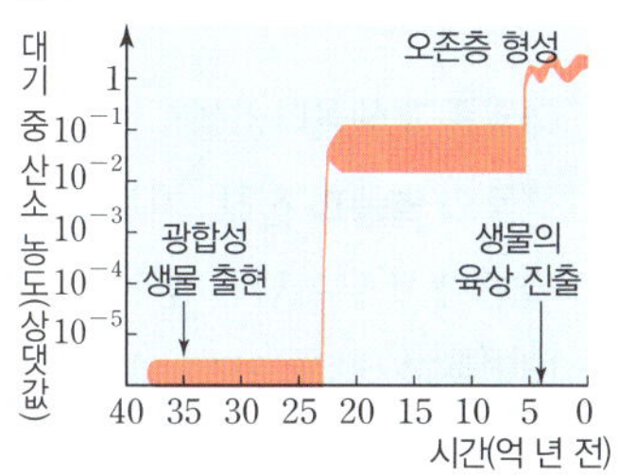

남세균 광합성↑ → 대기 중 O_2 농도↑ → 오존층 형성 → 육상 생물 출현 → 생물종의 수↑

⭐ **암기신**

생물의 진화 과정
• 척추동물: 어류 → 양서류 → 파충류 → 조류와 포유류
• 식물: 양치식물 → 겉씨식물 → 속씨식물

빙하기와 간빙기
빙하기는 기후가 한랭하여 빙하가 발달한 시기이고, 간빙기는 두 빙하기 사이에 기후가 온난한 시기를 말한다.

📖 **용어신**

• **판게아** 고생대 말~중생대 초에 모든 대륙이 한 덩어리로 모여 존재했던 거대한 대륙이다.

③ 대멸종과 생물다양성

대멸종은 수만 년~ 수백만 년에 걸쳐 진행돼.

1 대멸종: 지구 환경의 급격한 변화로 많은 생물이 짧은 기간 동안 광범위한 지역에서 멸종하는 것 ➡ 대멸종은 5회 일어났다.

2 대멸종의 원인: 지구 환경의 급격한 변화 ⑥

(1) **수륙 분포 변화설**: 대륙이 하나로 모여 해안선 변화 ➡ 해류와 기후 변화, 대륙붕의 면적 감소로 서식지가 감소하여 대멸종 발생

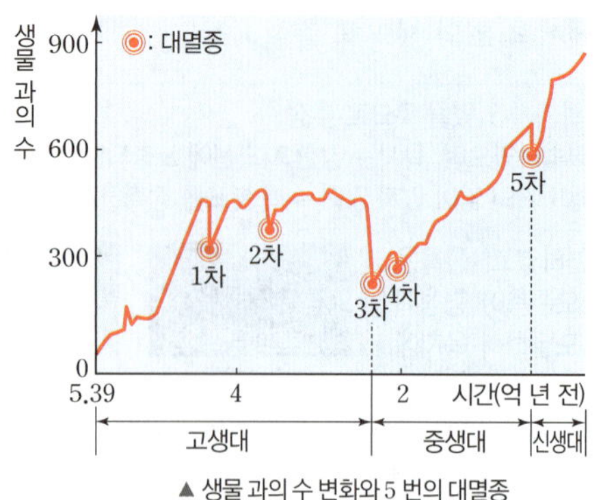

▲ 생물 과의 수 변화와 5번의 대멸종

(2) **소행성 충돌설(운석 충돌설)**: 소행성 충돌로 생긴 많은 양의 먼지와 재가 햇빛을 차단하고 기온을 하강시켜 대멸종 발생

식물의 광합성을 억제하여 많은 식물이 멸종하고, 뒤이어 동물이 멸종하게 돼~

(3) **화산 폭발설**: 화산 폭발로 방출된 화산재가 햇빛을 차단하여 기온이 하강하고, 화산 가스의 영향으로 산성비가 내리고 온실 효과로 기온을 상승시켜 대멸종 발생

3 대멸종과 생물다양성

(1) **생물의 멸종과 진화**: 지구 환경의 급격한 변화에 적응하지 못한 생물은 멸종하지만, 대멸종에서 살아남은 생물은 환경 변화에 적응하여 다양한 종으로 진화한다.

(2) **대멸종과 생물다양성**: 대멸종 이후 살아남은 생물은 더 번성하거나 환경 변화에 적응하여 다양한 종으로 진화해 지구 생태계의 ==생물다양성이 증가==한다.

🔍 자세하게 지질 시대의 대멸종 원인과 생물계의 변화

지질 시대 동안 일어난 생물 멸종 중 가장 규모가 컸던 5번의 대멸종
- 1차(고생대 중기): 빙하의 확장 ➡ 해수면↓, 기온↓ ➡ 완족류, 삼엽충 개체수 감소
- 2차(고생대 중기): 해양 무산소화, 기후 냉각, 소행성(운석) 충돌 ➡ 어류, 산호, 완족류, 삼엽충 개체수 감소
- 3차(고생대 말기): 판게아 형성, 화산 폭발 ➡ 극단적 온난화, 대기 중 산소↓, 강수량↓, 소행성(운석) 충돌 ➡ 해양 생물 대부분 멸종, 가장 큰 규모의 대멸종
- 4차(중생대 초기): 판게아 분리 ➡ 화산 활동, 기후 변화 ➡ 완족류, 해양 파충류 개체수 감소
- 5차(중생대 말기): 소행성(운석) 충돌, 화산 폭발, 기온↓ ➡ 암모나이트, 공룡 등 많은 생물 멸종

---

⑥ 그 외 대멸종 원인
- 기후 변화설: 대륙 이동으로 인한 대기와 해수의 순환이 변화, 온실 기체의 농도 변화로 인한 지표면의 반사율 변화 등으로 지구의 기온, 강수량이 변하여 대멸종 발생
- 해양 무산소설: 해양 순환의 변화, 대규모 적조 등으로 해양에 녹아 있는 산소의 양이 급격하게 줄어들어 해양 생물의 급격한 대멸종 발생

수륙 분포와 환경 변화
- 고생대 말기: 대륙이 합쳐지며 생물의 서식지가 감소하였고, 해류가 단순해져 기후가 변화했다. ➡ 대멸종
- 중생대 중기: 대륙이 분리되며 생물의 서식지가 증가하였고, 해류가 복잡해져 기후가 변화했다. ➡ 생물종 급증

📖 용어쏙
- **대륙붕** 대륙 가장자리에 이어지는 수심 200 m 미만의 경사가 완만하게 비탈진 해저 지형이다.
- **소행성** 대부분 화성과 목성의 공전 궤도 사이에 분포하며, 일부는 궤도를 이탈하여 지구 궤도 안쪽까지 접근하는 것도 있어서 지구와 충돌 가능성도 있는 것으로 알려져 있다. 보통 지름이 수 km이며, 대부분 불규칙한 모양을 이룬다.

✏️ 바로 복습

정답과 해설 02쪽

빈칸 채우기 문제

01 지층의 생성 시기를 판단하는 데 이용되는 화석을 (   ) 화석이라 하고, 지층이 생성된 환경을 판단하는 데 이용되는 화석을 (   ) 화석이라고 한다.

02 삼엽충, 방추충, 필석은 (   ), 공룡, 암모나이트는 (   ), 화폐석, 매머드는 (   )의 표준 화석이다.

03 선캄브리아시대에는 최초의 단세포 생물이자 광합성을 하는 생물인 (   )이 출현하여 대기 중의 (   ) 농도가 점차 증가하였다.

04 지구 환경의 변화에 적응하지 못한 생물은 (   )하지만, 살아남은 생물은 환경 변화에 적응하여 다양한 종으로 (   )한다.

○✕ 문제

05 매머드 화석이 발견된 지층은 방추충 화석이 발견된 지층보다 먼저 만들어졌다. (○ ✕)

06 선캄브리아시대에는 대기 중의 산소가 풍부하여 육상 생물이 번성하였다. (○ ✕)

07 공룡은 중생대에 크게 번성하였지만, 중생대 말기에 대멸종이 일어나 지금은 존재하지 않는다. (○ ✕)

08 화석 분포를 통해 과거 대륙이 한 덩어리를 이룬 시기가 있었음을 알 수 있다. (○ ✕)

탐구 생물 대멸종의 원인에 대한 가설 타당성 평가하기

> ⚠️ **주의신**
> 자료를 수집할 경우 신뢰할 수 있는 자료인지 출처를 검토한다.

목표 지구 환경 변화에 따른 생물 대멸종의 다양한 가설이 타당한지 평가할 수 있다.

과정 다음은 생물 대멸종의 원인을 설명하는 여러 가설의 내용 중 일부이다.

화산 폭발설	수륙 분포 변화설	소행성 충돌설
		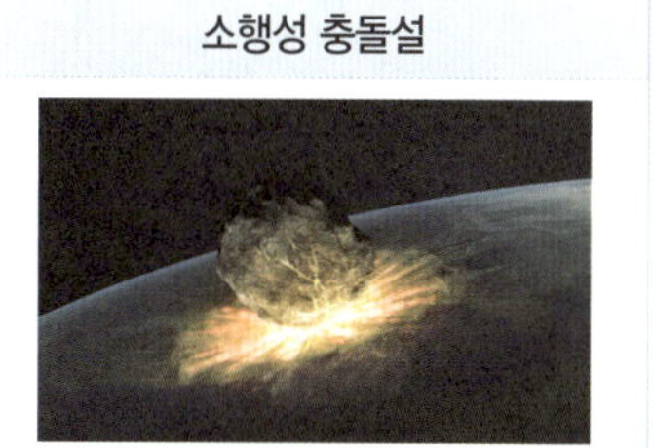
대규모 화산 활동으로 많은 양의 화산 가스가 방출되었다.	여러 대륙이 합쳐져 하나의 초대륙이 형성되었다.	큰 운석이 지구에 충돌해 전 세계 해안가에 해일이 발생했다.

❶ 고생대 말과 중생대 말의 생물 대멸종이 어떻게 진행되었는지 조사한다.

❷ 두 시기에 일어난 생물 대멸종의 원인을 설명하는 하나의 가설을 정하고, 가설을 뒷받침하는 근거 자료를 수집한다.

❸ 증거 자료를 바탕으로 어느 가설이 더 타당한지 평가한다.

결과 ❶ 고생대 말과 중생대 말에 일어난 생물계의 변화는 다음과 같다.

고생대 말	• 지구 역사상 가장 큰 규모의 멸종으로 해양 생물의 전체 과 중 약 53 %가 멸종하였다. 양서류와 양치식물의 피해가 컸다. • 대멸종 이후 생물다양성은 쉽게 회복되지 못하였고, 생물다양이 회복되면서 공룡, 익룡 등의 파충류가 번성하기 시작하였다.
중생대 말	• 해양 무척추동물의 피해가 컸다. 산호류의 90 % 이상이 멸종했으며 암모나이트도 멸종하였다. 육상에서는 공룡과 익룡이 멸종했고, 육상 식물은 종의 약 57 %가 멸종했다. • 겉씨식물이 크게 쇠퇴하면서 속씨식물이 번성하게 되었고, 바다와 육지 모두 파충류가 감소하면서 포유류가 번성하게 되었다.

❷ 고생대 말 생물 대멸종의 유력한 가설은 (　　　　)이다.

➡ 화산 분출로 발생한 화산재는 짧은 기간 동안 지구의 기온을 급격하게 낮추지만, 화산 가스는 장기적으로 지구 온난화를 초래한다. 또한 용암은 지표의 반사율을 변화시킨다.

➡ 시베리아 지역에 고생대 말에 만들어진 거대한 용암 대지가 존재한다. 대규모 화산 분출로 인한 지구 냉각화와 연이어 발생한 지구 온난화는 대멸종의 원인으로 추정된다.

❸ 중생대 말 생물 대멸종의 유력한 가설은 (　　　　)이다.

➡ 충돌로 발생한 먼지는 햇빛을 차단하고, 기온이 낮아진다. 또한 충돌은 대규모 지진과 지진 해일(쓰나미), 산사태, 산성비 등을 일으켜 육지와 바다 모두 급격한 변화를 일으킨다.

➡ 대서양의 유카탄 반도에서 중생대 말에 형성된 거대한 운석 충돌 흔적이 발견되었다.

정리

1 생물 대멸종을 설명하는 유력한 가설에는 어떤 것들이 있는가?

➡ 화산 폭발설, 수륙 분포 변화설, (　　　　), 소행성 충돌설, 해양 무산소설 등이 있다.

2 중생대 말에 일어난 생물 대멸종의 가장 유력한 가설과 그 근거는 무엇인가?

➡ (　　　　) 충돌로 육지와 바다에서 모두 급격한 환경 변화가 일어났다. 당시 충돌로 만들어진 (　　　　)가 대서양의 유카탄 반도에서 발견되었다.

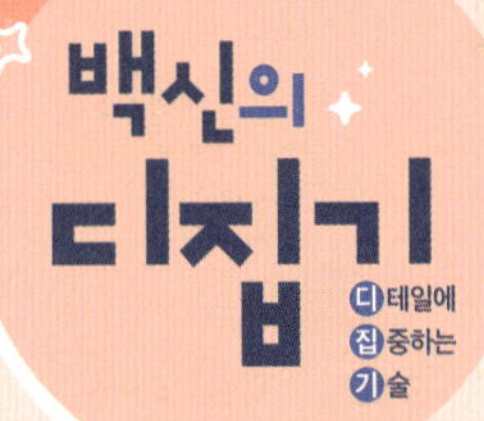

지질 시대의 지구 환경과 생물계의 변화

지질 시대의 지구 환경과 생물계의 변화를 한눈에 정리해 보자.

지질 시대의 구분		생물계의 변화	환경의 변화
선캄브리아시대	45.67 억 (년 전)	← 광합성 생물(남세균) 출현 → 스트로마톨라이트 형성 ▲ 남세균 ▲ 스트로마톨라이트 / ← 진핵생물 출현 / ← 다세포 생물 출현 / ← 에디아카라 생물군 ▲ 에디아카라 생물군	오랜 시간 동안 지각 변동을 받아 환경을 알기 어려움 / 대륙의 이동 / 대기 중 산소 농도 증가
고생대	5.39 억	← 삼엽충, 완족류 등 해양 **무척추동물 번성** ▲ 삼엽충 / ← 최초의 척추동물인 어류 출현 / ← 최초의 육상 식물 출현, 갑주어와 바다 전갈 번성 / ← 갑주어를 비롯한 **어류 번성**, 최초의 양서류 출현 / ← **양치식물**의 매몰로 석탄층 형성, **양서류 번성** 최초의 파충류 출현 / ← 은행나무, 소철 등 겉씨식물 출현 삼엽충, 바다전갈, 방추충 등 해양 생물종의 90 % 이상이 멸종 ▲ 방추충	대체로 온난, 말기에는 빙하기 / 오존층 형성 / 판게아 판게아 형성 / 빙하기
중생대	2.52 억	← 암모나이트, **겉씨식물** 번성 최초의 포유류 출현 ▲ 암모나이트 ▲ 공룡 / ← 공룡을 비롯한 **파충류 번성** 시조새 출현 ▲ 시조새 / ← 속씨식물 출현 말기에 지구 환경의 급격한 변화로 많은 생물이 멸종	비교적 온난한 기후 빙하기 없었음 / 판게아 분리
신생대	0.66 억	← 겉씨식물 쇠퇴, **속씨식물** 번성 **포유류와 조류 번성**, 화폐석을 포함한 유공충이 번성 ▲ 화폐석 / ← 매머드 번성 / ← 인류의 조상 출현 ▲ 매머드	대서양 인도양 현재와 비슷한 수륙 분포 / 빙하기와 간빙기 반복

※진핵생물: 세포가 막으로 둘러싸인 핵을 가지고 있는 생물이다.

실력 다지기 문제

01 지질 시대의 환경과 생물 변화

1 지질 시대와 화석

01

그림은 화석의 생성 과정을 나타낸 것이다.

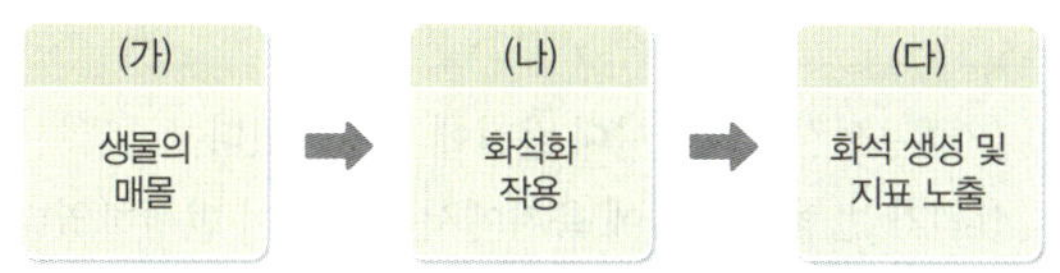

이에 대한 설명으로 옳은 것만을 〈보기〉에서 있는 대로 고른 것은?

〈보기〉
ㄱ. (가)는 퇴적물 속에 빨리 매몰될수록 화석이 되기에 유리하다.
ㄴ. (나)가 진행되면서 생물의 유해가 다른 물질로 치환되는 경우가 있다.
ㄷ. (다)에서 생성된 화석 중에는 생물 자체가 그대로 보존된 것도 있다.

① ㄱ   ② ㄷ   ③ ㄱ, ㄴ
④ ㄴ, ㄷ   ⑤ ㄱ, ㄴ, ㄷ

02 ✔빈출

그림 (가)는 고생물의 생존 기간과 분포 면적을 기준으로 화석을 분류한 것이고, (나)는 산호 화석을 나타낸 것이다.

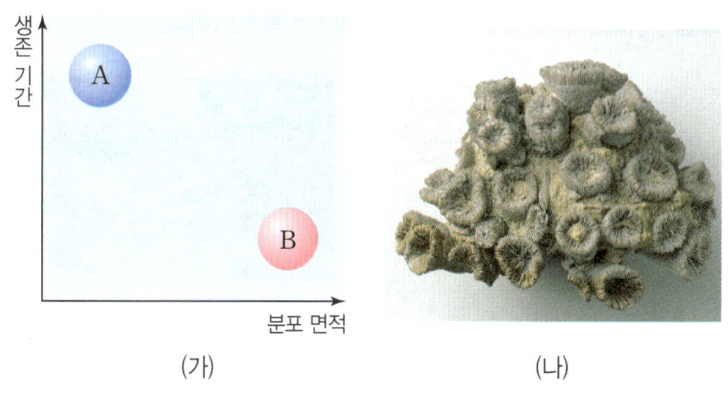

이에 대한 설명으로 옳은 것만을 〈보기〉에서 있는 대로 고른 것은?

〈보기〉
ㄱ. (가)에서 표준 화석으로 더 적합한 생물 조건은 A이다.
ㄴ. 퇴적 환경의 연구에는 A보다 B가 유리하다.
ㄷ. (나)는 (가)에서 A에 해당한다.

① ㄱ   ② ㄷ   ③ ㄱ, ㄴ
④ ㄴ, ㄷ   ⑤ ㄱ, ㄴ, ㄷ

03

그림 (가)와 (나)는 서로 다른 지역의 지층에서 산출되는 화석을 나타낸 것이다.

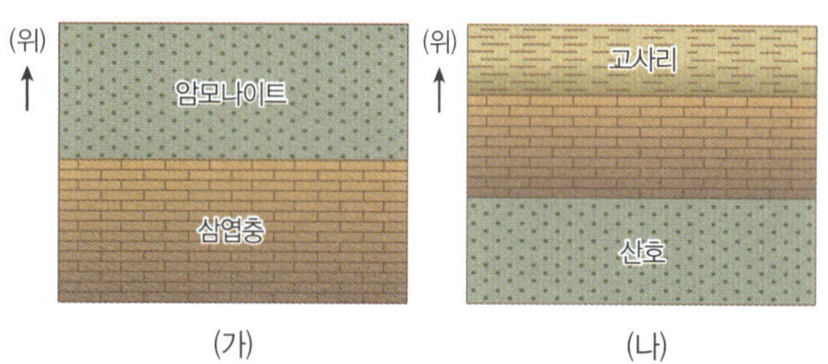

이에 대한 설명으로 옳은 것만을 〈보기〉에서 있는 대로 고른 것은? (단, 지층은 역전되지 않았다.)

〈보기〉
ㄱ. (가)의 지층은 중생대와 신생대에 퇴적되었다.
ㄴ. (나)는 한때 수온이 높은 바다였던 적이 있다.
ㄷ. (나)의 퇴적 환경은 바다에서 육지로 바뀌었다.

① ㄱ   ② ㄷ   ③ ㄱ, ㄴ
④ ㄴ, ㄷ   ⑤ ㄱ, ㄴ, ㄷ

04

그림은 지질 시대의 상대적인 길이를 나타낸 것이다. A~D는 각각 선캄브리아시대, 고생대, 중생대, 신생대 중 하나이다.

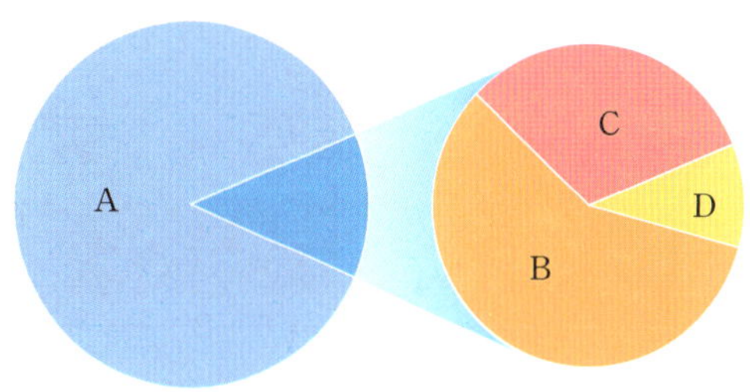

이에 대한 설명으로 옳은 것만을 〈보기〉에서 있는 대로 고른 것은?

〈보기〉
ㄱ. 산출되는 화석은 A가 B보다 많다.
ㄴ. B는 고생대, C는 중생대이다.
ㄷ. A, B, C, D를 합한 기간은 약 38억 년이다.

① ㄱ   ② ㄴ   ③ ㄱ, ㄷ
④ ㄴ, ㄷ   ⑤ ㄱ, ㄴ, ㄷ

05 빈출

표는 어느 지역의 지층 A~F 중 화석 a~h가 산출되는 지층을 ○로 나타낸 것이다.

화석 지층	a	b	c	d	e	f	g	h
A			○			○	○	
B	○		○			○	○	
C	○		○			○	○	
D	○	○	○	○		○		○
E	○	○	○	○		○		○
F			○	○	○			

이에 대한 설명으로 옳은 것만을 〈보기〉에서 있는 대로 고른 것은? (단, 지층의 역전은 없었다.)

> **보기**
> ㄱ. 화석 c는 표준 화석으로의 가치가 가장 높다.
> ㄴ. 지층 A~F가 퇴적되는 동안 환경의 변화는 E와 F 사이가 가장 컸다.
> ㄷ. 이 지역의 지층을 3개의 지질 시대로 구분하면 C와 D 는 서로 다른 시대에 속한다.

① ㄱ   ② ㄷ   ③ ㄱ, ㄴ
④ ㄴ, ㄷ   ⑤ ㄱ, ㄴ, ㄷ

2 지질 시대의 지구 환경과 생물의 변화

06 빈출

그림은 지구의 탄생 이후 현재까지 몇 가지 지질학적 사건이 일어난 시기를 나타낸 것이다.

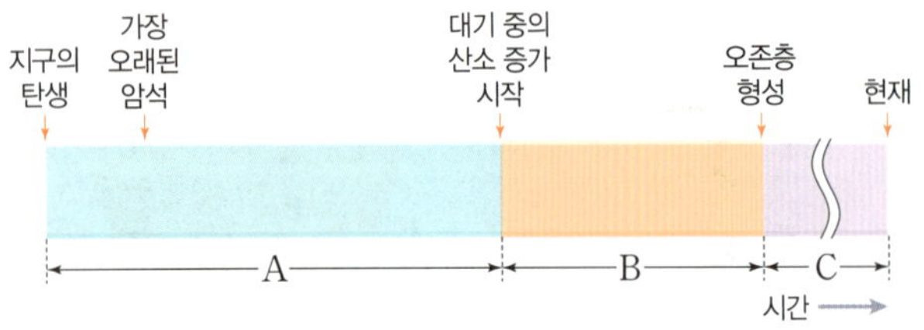

이에 대한 설명으로 옳은 것만을 〈보기〉에서 있는 대로 고른 것은?

> **보기**
> ㄱ. 남세균은 A 기간에 출현하였다.
> ㄴ. 최초의 육상 생물은 B 기간에 출현하였다.
> ㄷ. 최초의 스트로마톨라이트는 C 기간에 생성되었다.

① ㄱ   ② ㄷ   ③ ㄱ, ㄴ
④ ㄴ, ㄷ   ⑤ ㄱ, ㄴ, ㄷ

07 빈출

그림 (가)~(다)는 서로 다른 지질 시대의 화석이다.

(가) 방추충   (나) 암모나이트   (다) 삼엽충

이에 대한 설명으로 옳은 것만을 〈보기〉에서 있는 대로 고른 것은?

> **보기**
> ㄱ. (가)는 선캄브리아시대 말기에 출현하였다.
> ㄴ. (나)가 번성한 시기에 육지에서는 공룡이 번성하였다.
> ㄷ. (다)가 산출되는 지층에서는 매머드 화석이 함께 산출 된다.

① ㄱ   ② ㄴ   ③ ㄱ, ㄷ
④ ㄴ, ㄷ   ⑤ ㄱ, ㄴ, ㄷ

08

그림 (가)와 (나)는 서로 다른 지질 시대의 복원도이다.

(가)   (나)

이에 대한 설명으로 옳은 것만을 〈보기〉에서 있는 대로 고른 것은?

> **보기**
> ㄱ. 지질 시대의 순서는 (가) → (나)이다.
> ㄴ. (가)의 시기에 육지에서는 속씨식물이 번성하였다.
> ㄷ. (나)의 시기에 번성했던 식물은 여러 지역에 석탄층을 형성하였다.

① ㄱ   ② ㄷ   ③ ㄱ, ㄴ
④ ㄴ, ㄷ   ⑤ ㄱ, ㄴ, ㄷ

09

그림 (가)와 (나)는 서로 다른 지질 시대 말기의 수륙 분포를 순서 없이 나타낸 것이다.

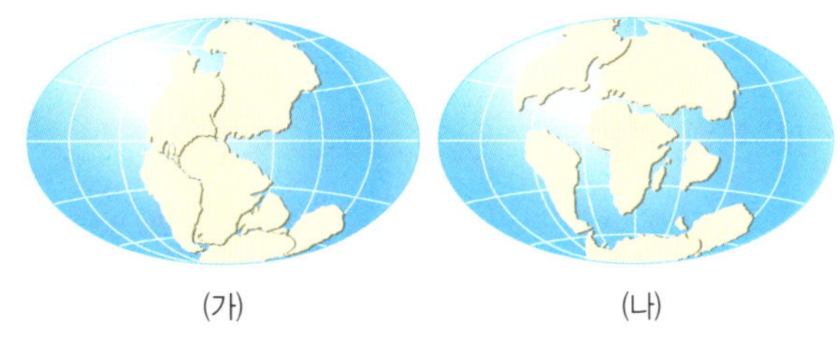

(가)　　　　　　(나)

이에 대한 설명으로 옳은 것만을 〈보기〉에서 있는 대로 고른 것은?

> 〈보기〉
>
> ㄱ. 수륙 분포는 (가)에서 (나)로 변하였다.
> ㄴ. (가)의 시기에 육지에서는 공룡이 번성하였다.
> ㄷ. (나)의 시기에 바다에서는 화폐석이 번성하였다.

① ㄱ 　　　② ㄷ 　　　③ ㄱ, ㄴ
④ ㄴ, ㄷ　　　⑤ ㄱ, ㄴ, ㄷ

3 대멸종과 생물다양성

10

생물 대멸종에 대한 설명으로 옳은 것만을 〈보기〉에서 있는 대로 고른 것은?

> 〈보기〉
>
> ㄱ. 지질 시대 동안 생물 대멸종은 선캄브리아시대에 가장 빈번하게 발생하였다.
> ㄴ. 대멸종 시기 직전에 가장 번성했던 생물은 대멸종이 진행될 때 상대적으로 거의 멸종하지 않는다.
> ㄷ. 대멸종으로 생물다양성이 감소하더라도 대멸종 이후에 다시 회복된다.

① ㄱ 　　　② ㄴ 　　　③ ㄷ
④ ㄱ, ㄷ　　　⑤ ㄴ, ㄷ

11

그림은 지질 시대 동안 지구 대기의 산소 농도 변화를 나타낸 것이다.

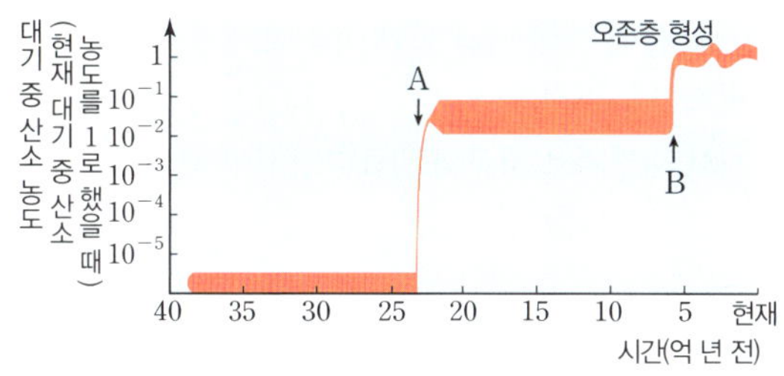

A 시기에 대기 중의 산소 농도가 크게 증가하는 데 영향을 준 생물계의 현상을 쓰고, B 시기에 오존층이 형성됨으로써 생물계에서 일어난 큰 변화를 서술하시오.

12

그림은 우리나라의 고생대와 중생대 지층에서 산출되는 화석을 나타낸 것이다. (단, 지층은 역전되지 않았다.)

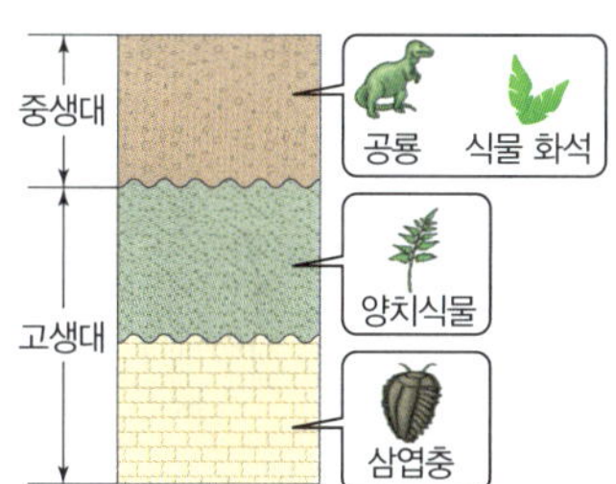

(1) 지층의 퇴적 환경은 육지에서 퇴적되는 육상 환경, 바다에서 퇴적되는 해양 환경으로 구분할 수 있다. 이 구분 방법에 따라 우리나라의 고생대 지층이 퇴적된 환경의 변화에 대해 서술하시오.

(2) 우리나라 중생대 지층에서는 암모나이트 화석이 산출되지 않는다. 이로부터 알 수 있는 우리나라 중생대 지층의 퇴적 환경에 대해 서술하시오.

13

생물 대멸종의 원인으로 여러 가지 가설이 있는데, 그중에는 소행성 충돌설, 대규모 화산 활동설 등이 있다. 소행성이 충돌하거나 대규모 화산 활동이 일어날 때, 생물 대멸종이 일어나는 과정을 기권과 생물권에서의 변화 순서로 서술하시오.

02 생물의 진화

1 생물의 진화와 변이 ❶

1 진화: 생물이 오랜 기간 동안 여러 세대를 거쳐 서식 환경에 적응하면서 형태, 기능 등이 변화하는 과정이다.
➡ 진화의 결과로 지구의 생물다양성이 증가하게 된다.

2 변이: 같은 종의 개체들 사이에서 나타나는 **다양한 형질의 차이**이다. ➡ 다른 종들 사이의 차이는 변이라고 하지 않는다.

(1) 변이의 종류

비유전적 변이	• 환경적 차이에 의해 나타나는 변이로, **자손 세대로 전달되지 않는다.** • 후천적으로 획득하는 변이에 해당한다. ⑩ 봄에 태어난 봄형 호랑나비보다 여름에 태어난 여름형 호랑나비가 더 크고 더 화려한 색을 나타낸다. 운동을 많이 하면 사람의 근육이 더 발달하게 된다. 카렌족 여인들은 어릴 때부터 여러 개의 링을 목에 걸고 생활하여 목이 길어졌다. 등  ▲ 카렌족 여인
유전적 변이	• 유전자의 차이에 의해 나타나는 변이로, **자손 세대로 전달된다.** • DNA에 있는 유전자의 차이로 인해 서로 다른 형질이 나타나게 된다. ⑩ 유럽 정원 달팽이의 무늬와 색 차이, 무당벌레의 딱지날개 무늬와 색 차이, 앵무새의 깃털 색 차이 등  ▲ 무당벌레의 딱지날개 무늬와 색　▲ 기린의 털 무늬와 색　▲ 앵무새의 깃털 색

(2) 변이❷가 발생하는 원인: 오랫동안 축적된 **돌연변이**와 **유성생식 과정에서 생식세포분열의 다양한 유전자 조합**으로 발생한다.

🔍 자세하게　돌연변이와 유성 생식

돌연변이	DNA의 유전 정보가 변형되어 부모에게 없던 새로운 형질이 자손에게서 나타나는 것이다. ➡ 자손에게 유전된다. ⑩ 붉은색 딱정벌레 무리의 자손 중에 초록색 딱정벌레가 나타났다.	
유성 생식 과정에서 생식세포의 다양한 조합	부모에게서 유전자 조합이 다양한 생식세포가 형성되면 암수 생식세포가 무작위로 결합한다. ➡ 유전적으로 다양한 자손이 태어날 수 있다. ⑩ 흰색 털을 가진 개와 검은색 털을 가진 개 사이에서 얼룩무늬 강아지가 태어난다.	

(3) 변이의 의의: 변이가 다양하면 환경이 변해도 변한 환경에 적응하여 살아남는 개체가 있을 확률이 높아진다. ➡ **진화의 원동력**이 된다.

단원 한눈에 보기

자연선택과 생물의 진화

변이	돌연변이 유성생식
자연선택	과잉 생산과 변이 → 생존경쟁 → 자연선택 → 생물의 진화
다윈의 진화설	목이 긴 기린의 진화, 다양한 부리를 가진 핀치의 진화

🔖 암기신

❶ 진화와 변이
진화는 오랜 기간 동안 여러 세대를 거쳐 환경에 적응하여 변화하는 과정으로, 변이에 의해 시작된다.

❷ 유전적 변이가 나타나는 과정
개체가 가진 유전자의 차이에 따라 합성되는 단백질의 종류와 양이 달라지고, 그에 따라 형질의 차이(변이)가 나타난다.

▲ 달맞이꽃　　▲ 큰달맞이꽃

달맞이꽃이 있던 곳에 키와 꽃이 큰 큰달맞이꽃이 나타났다.

📑 용어신

• **종** 생물학적 종은 자연 상태에서 교배하여 생식 능력이 있는 자손을 낳을 수 있는 집단이다.

• **형질** 생명체가 가지고 있는 모양이나 속성이다.

2 자연선택

1 다윈의 자연선택설

(1) **자연선택**: 다양한 변이가 있는 개체들 중 환경에 잘 적응할 수 있는 형질을 가진 개체가 더 많이 생존하여 더 많은 자손을 남기고, 이 과정이 오랜 시간 반복되어 기존과 다른 새로운 종으로 진화한다.

(2) 자연선택에 의한 진화 과정❸

변이에 따라 개체마다 환경에 적응하는 능력이 달라.

과잉 생산과 변이	생물은 주어진 환경에서 실제 생존할 수 있는 수보다 더 많은 자손을 낳는다. 같은 종의 개체 간에는 형태나 기능, 습성이 조금씩 다른 변이가 존재한다.
↓ **생존경쟁**	과잉 생산에 의해 개체수가 많아지면 개체 사이에서 먹이나 생활 공간, 배우자 등을 확보하기 위한 경쟁이 일어난다.
↓ **자연선택**	다양한 변이가 있는 개체들 중 환경에 잘 적응할 수 있는 형질을 가진 개체는 그렇지 않은 개체들보다 생존 경쟁에 유리해 더 많은 자손을 남겨 자손에게 형질을 물려준다.
↓ **생물의 진화**	자연선택 과정에서 유리한 형질을 가진 개체의 비율이 높아지는 과정이 오랜 시간 동안 거듭하며 진화가 일어나고 종이 다양해진다.

자세하게 · 자연선택설로 설명하는 기린의 진화 과정

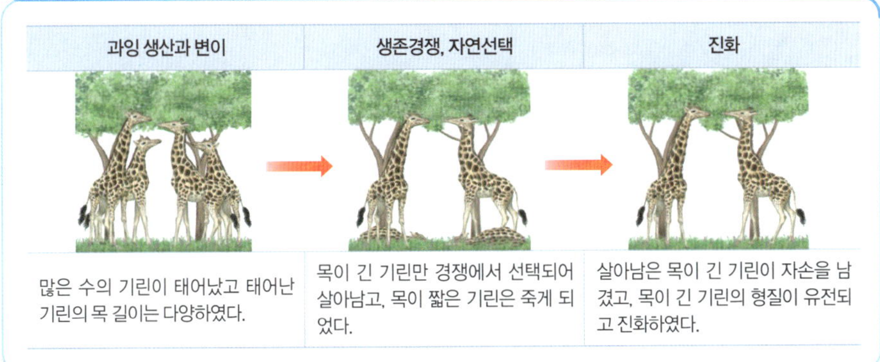

많은 수의 기린이 태어났고 태어난 기린의 목 길이는 다양하였다.

목이 긴 기린만 경쟁에서 선택되어 살아남고, 목이 짧은 기린은 죽게 되었다.

살아남은 목이 긴 기린이 자손을 남겼고, 목이 긴 기린의 형질이 유전되고 진화하였다.

3 자연선택에 의한 생물의 진화

1 핀치 부리의 진화 과정: 다양한 변이를 가진 한 종의 핀치가 갈라파고스 군도의 여러 섬의 환경과 먹이에 적응한 결과 다양한 부리를 갖게 되었다.

각 섬의 먹이 환경에 적합한 부리를 가진 핀치가 자연선택된 것이지~

자세하게 · 갈라파고스 군도 핀치의 부리 진화 과정

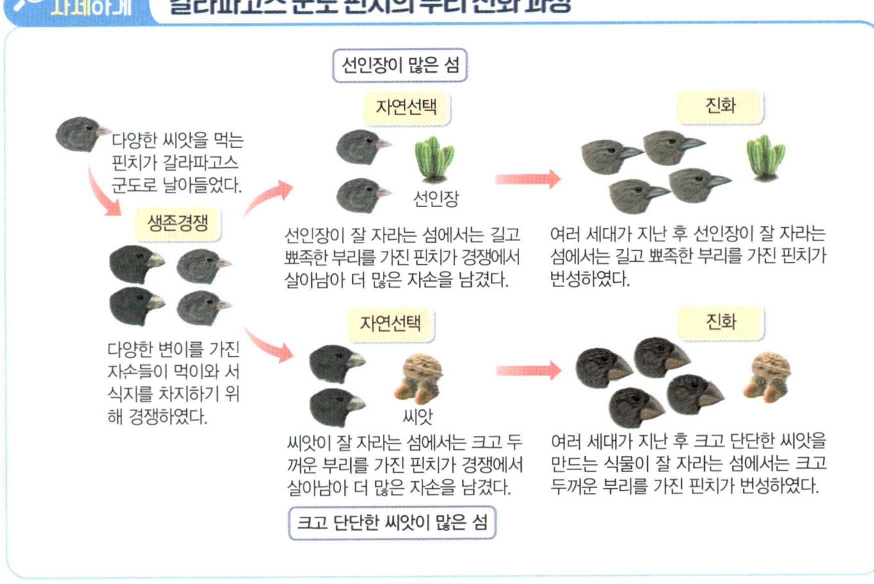

---

❸ 다윈의 자연선택설에 의한 진화 과정
과잉 생산과 변이 → 생존경쟁 → 자연선택 → 진화

자연선택설의 한계점
유전자에 대한 개념이 확립되지 않았던 시대였기 때문에 개체들 사이에서 다양한 변이가 나타나는 까닭과 변이가 자손에게 전달되는 원리를 설명하지 못하였다.

라마르크의 용불용설
· 의미: 많이 사용하는 기관은 발달하여 다음 세대에 전해지지만, 사용하지 않는 기관은 퇴화한다.
· 용불용설로 설명한 기린의 진화 과정

초기의 기린은 목이 짧았다. 높은 나무의 잎을 먹기 위해 목을 길게 늘렸다.

목을 늘인 결과 기린의 목은 차츰 길어졌고, 목이 약간 길어진 자손을 낳았다.

이 과정이 오랜 기간 반복되어 오늘날과 같이 기린의 목이 길어졌다.

· 한계점: 후천적으로 얻은 형질은 유전되지 않는다. ➡ 용불용설은 후천적으로 얻은 형질의 유전을 주장하였다.

생물 진화의 원동력
같은 종의 개체들 사이에서 나타나는 다양한 형질의 차이인 변이가 생물 진화의 원동력이다. 다양한 변이가 있는 개체들 중 환경에 잘 적응할 수 있는 형질을 가진 개체가 더 많은 자손을 남긴다는 자연선택에 의해 진화가 일어난다.

2 나방 개체군의 자연선택 ④

꽃을 피우지 않는 식물의 한 종류인 조류와 균류가 서로 도움을 주며 살아가는 공생 생물이야!

(1) **산업 혁명 이전**: 밝은 색의 지의류가 나무를 덮고 있어 검은색 나방이 흰색 나방보다 포식자에게 잘 띄어 많이 잡아 먹혔다. ➡ 흰색 나방이 자연선택되어 흰색 나방의 수가 검은색 나방의 수보다 더 많았다.

(2) **산업 혁명 이후**: 대기오염으로 지의류가 사라지면서 나무의 어두운 색이 드러나자 흰색 나방이 검은색 나방보다 포식자에게 잘 띄어 많이 잡아 먹혔다. ➡ 검은색 나방이 자연선택되어 검은색 나방의 수가 흰색 나방의 수보다 더 많아졌다.

3 낫모양적혈구 유전자의 자연선택: 일반적으로 낫모양적혈구 유전자를 가진 사람은 생존에 불리하지만 말라리아가 자주 발생되는 지역에서는 낫모양적혈구 유전자를 가진 사람이 자연선택되어 유전자빈도가 높다.

🔍 **자세하게** — **낫모양적혈구 유전자빈도와 말라리아 발생지 분포**

- 낫모양적혈구빈혈증은 헤모글로빈 유전자의 돌연변이로 나타나며, 일반적으로 생존에 불리하다.
- 낫모양적혈구 유전자를 가진 사람은 말라리아에 잘 걸리지 않는다.
- 말라리아가 많이 발생하는 지역에서는 낫모양적혈구 유전자의 빈도가 높다.
- ➡ 말라리아가 유행하는 지역에서는 낫모양적혈구 유전자를 가진 사람이 생존에 유리하며 자연선택된다.

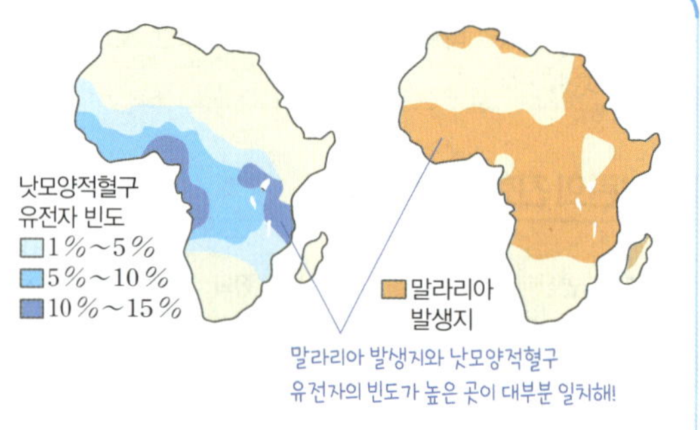

4. 항생제 내성 세균의 출현

(1) 많은 세균 중에서 항생제 내성 세균이 일부 존재한다.

(2) 항생제를 사용하면 항생제 내성이 없는 세균은 대부분 죽고 항생제 내성 세균은 살아 남는다.

(3) 살아남은 항생제 내성 세균이 자손을 남겨 항생제 내성 유전자를 자손에게 전달하므로 항생제 내성 세균의 비율이 점점 증가한다.

(4) 항생제를 사용해도 대부분의 세균이 항생제 내성을 가지므로 세균이 줄어들지 않는다. ➡ 항생제를 지속적으로 사용하면 항생제 내성 세균이 자연선택되어 항생제 내성 세균 집단이 생성될 수 있다.

✏️ 바로 복습

정답과 해설 04쪽

빈칸 채우기 문제

01 생물이 오랜 기간 동안 여러 세대를 거쳐 서식 환경에 적응하면서 변화하는 과정을 (　　　)라고 한다.

02 과잉 생산으로 개체수가 많아지면 개체들 사이에 서식 공간, 먹이 등을 확보하기 위한 (　　　　　)이 일어난다.

03 (　　　)와 (　　　　　)에 의한 진화로 지구에 다양한 생물이 출현하였다.

04 낫모양적혈구 유전자나 세균의 항생제 내성 유전자는 모두 (　　　　　)로 나타나며, 자손에게 전달된다.

○✕ 문제

05 서로 다른 종들 사이에서 나타나는 특성의 차이는 변이에 해당한다. (○ ✕)

06 다윈의 자연선택설은 변이의 원인을 설명하지 못했다는 한계를 가지고 있다. (○ ✕)

07 크고 단단한 씨앗을 만드는 식물이 잘 자라는 섬에서는 길고 뾰족한 부리를 가진 핀치가 살아남아 더 많은 자손을 남겼다. (○ ✕)

08 환경에 잘 적응하는 형질을 가진 개체가 살아남고 그렇지 못한 개체가 도태되는 것은 돌연변이이다. (○ ✕)

---

④ 나방의 자연선택

▲ 산업 혁명 이전 (지의류가 있을 때)　▲ 산업 혁명 이후 (지의류가 없을 때)

⑤ 낫모양적혈구빈혈증

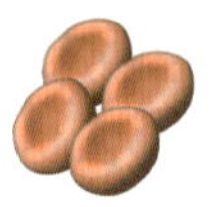

▲ 정상 적혈구　▲ 낫모양적혈구

적혈구 내의 헤모글로빈 돌연변이로 인해 심한 빈혈과 모세혈관을 막아 혈액의 흐름을 방해하여 일반적으로 생존에 불리하다.

탐구 자연선택 모의실험하기

목표 자연선택 모의실험으로 진화의 원리를 체험하고 추론할 수 있다.

준비물 >
노란색 종이 접시, 4 가지 색(빨간색, 파란색, 초록색, 노란색)의 초콜릿 여러 개

과정

❶ 노란색 종이 접시 위에 빨간색, 파란색, 초록색 초콜릿을 각각 10 개씩 흩어 놓는다.

❷ 모둠원 3 명이 눈을 감았다가 뜨자마자 가장 먼저 눈에 띄는 것을 1 개씩 집어내는 과정을 5 회 반복하여, 총 15 개를 집어낸다.

❸ 종이 접시 위에 남은 초콜릿의 수를 세고, 같은 색의 초콜릿을 남은 수만큼 더 올려 놓는다.

❹ ❷~❸ 과정을 1 번 더 진행하여 표에 기록한다.

❺ 남아 있는 초콜릿 중 초록색 초콜릿 3 개를 노란색 초콜릿으로 바꾼다.
남은 수만큼 더 올려놓은 다음에 초록색 3 개를 노란색으로 바꾸는 것에 유의해야 해!

❻ ❷~❸ 과정을 3 번 더 반복하여 총 5 회의 결과를 표에 기록한다.

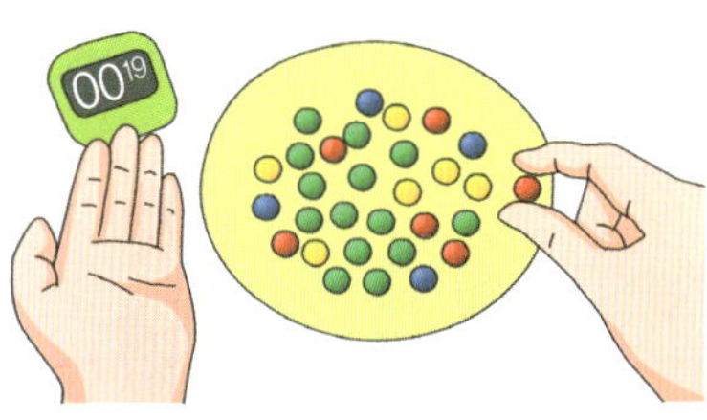

⚠ **주의신**
- 과정 ❷에서 어떤 색을 의도적으로 배제하거나 선택하지 않도록 유의한다. 모둠원이 없다면 혼자서 15 개를 집어내는 방법으로 모의실험을 할 수 있다.
- 3D 프린터가 있다면, 4 가지 색으로 작은 원반이나 생물 모형을 만들어 초콜릿을 대신할 수 있다.

결과

⚠ **주의신**

다른 모둠과 결과가 동일하게 나타나지 않지만, 변화하는 추세는 비슷하게 나타난다.

❶ 모의실험 결과는 표와 같다.

실험	1 회		2 회		3 회		4 회		5 회	
	초기	결과	초기	결과	초기	결과	초기	결과	초기	결과
빨간색	10	4	8	4	8	3	6	2	4	1
파란색	10	5	10	3	6	2	4	1	2	0
초록색	10	6	12	8	13	7	14	7	14	5
노란색					3	3	6	5	10	9

➡ 모의실험이 반복됨에 따라 눈에 잘 띄는 색의 초콜릿은 상대적으로 비율이 (   )하고, 눈에 잘 띄지 않는 색의 초콜릿은 상대적으로 비율이 (   )한다.

정리

1 초콜릿과 접시, 초콜릿을 집어내는 것은 각각 자연에서 무엇을 의미하는가?

➡ 초콜릿은 자연에서 (   )를, 접시는 자연에서 (   )을, 초콜릿을 집어내는 것은 자연에서 (   )을 의미한다.

2 초콜릿의 색이 다양한 것과 초콜릿을 남아 있는 수만큼 추가하는 것과 과정 ❺에서 초록색 초콜릿 3 개를 노란색 초콜릿으로 바꾸는 것은 각각 자연선택 과정에서 무엇에 해당하는가?

➡ 초콜릿의 색이 다양한 것은 자연선택에서 (   )에 해당하고, 초콜릿을 남아 있는 수만큼 추가하는 것은 자연선택에서 살아 남은 생물 개체들이 (   )에 해당하며, 과정 ❺에서 초록색 초콜릿 3 개를 노란색 초콜릿으로 바꾸는 것은 (   )에 해당한다.

3 접시의 색을 다른 색으로 바꿀 때 실험 결과가 어떻게 달라질지 예상해 보자.

➡ 접시의 색이 다른 색으로 바뀌면 눈에 띄거나 눈에 띄지 않는 초콜릿의 색이 달라지므로 접시의 색에 따라 상대적으로 비율이 증가하는 초콜릿의 색이 (   ) 것이다. 특히, 과정 ❺에서 출현하는 노란색 초콜릿은 접시의 색이 노란색일 때 남아 있는 비율이 가장 (   )고, 접시의 색을 다른 색으로 바꾸면 남아 있는 비율이 (   )질 것으로 예상된다.

02 생물의 진화

① 생물의 진화와 변이

01

다음은 생물의 변이와 진화에 대한 학생들의 설명이다.

제시한 내용이 옳은 학생만을 있는 대로 고른 것은?

① A   ② B   ③ A, C
④ B, C   ⑤ A, B, C

02

표는 진화와 관련된 요인 (가)와 (나)에 대한 설명이다. (가)와 (나)는 돌연변이와 유성생식을 순서 없이 나타낸 것이다.

구분	현상
(가)	새로운 ㉠가 만들어져 새로운 형질이 나타날 수 있다.
(나)	부모가 가진 유전자가 자손에게 하나씩 전달되어 다양한 유전자 조합의 자손이 태어날 수 있다.

이에 대한 설명으로 옳은 것만을 〈보기〉에서 있는 대로 고른 것은?

〈보기〉
ㄱ. 유전자는 ㉠에 해당한다.
ㄴ. (나)는 유성생식이다.
ㄷ. (가)와 (나)는 모두 생물 집단에서 변이를 감소시키는 요인이다.

① ㄱ   ② ㄴ   ③ ㄷ
④ ㄱ, ㄴ   ⑤ ㄴ, ㄷ

03

다음은 같은 종의 생물 집단에서 관찰되는 현상 (가)~(다)를 나타낸 것이다.

(가) ㉠ 완두의 모양과 색깔이 서로 다르다.
(나) 달팽이의 껍데기 무늬가 서로 다르다.
(다) 무당벌레의 딱지날개와 무늬가 서로 다르다.

이에 대한 설명으로 옳은 것만을 〈보기〉에서 있는 대로 고른 것은?

〈보기〉
ㄱ. (가)~(다)는 모두 변이의 예이다.
ㄴ. ㉠은 자손에게 전달되는 형질이다.
ㄷ. 무당벌레 개체들은 모두 유전적으로 동일하다.

① ㄱ   ② ㄴ   ③ ㄷ
④ ㄱ, ㄴ   ⑤ ㄴ, ㄷ

② 자연선택

04 ✔빈출

그림은 다윈의 진화론에 따라 기린의 목이 길어지는 과정을 나타낸 것이다.

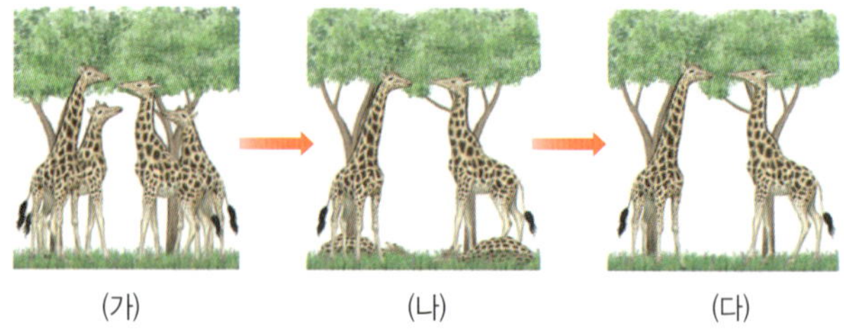

이에 대한 설명으로 옳은 것만을 〈보기〉에서 있는 대로 고른 것은?

〈보기〉
ㄱ. (가)에서 개체들의 다양한 목 길이는 변이에 해당한다.
ㄴ. (나)에서 환경에 적응하는 데 유리한 형질을 가진 개체가 더 많이 살아남는다.
ㄷ. (다)에서 목이 짧은 형질이 자손에게 유전되면서 진화가 일어난다.

① ㄱ   ② ㄷ   ③ ㄱ, ㄴ
④ ㄴ, ㄷ   ⑤ ㄱ, ㄴ, ㄷ

05

다음은 기린의 목이 길어지도록 진화된 과정을 순서 없이 나타낸 것이다.

난이도 상

> (가) ㉠의 차이로 목 길이가 다양한 기린이 존재했다.
> (나) 뜯어 먹기 쉬운 낮은 곳에 있는 나뭇잎이 고갈되었다.
> (다) 기린 집단에서 목이 긴 형질을 가진 개체의 비율이 ⓐ 했다.
> (라) 목이 긴 기린은 목이 짧은 기린보다 더 많은 생식 기회를 가졌다.

이에 대한 설명으로 옳은 것만을 〈보기〉에서 있는 대로 고른 것은?

보기

> ㄱ. 유전자는 ㉠에 해당한다.
> ㄴ. ⓐ는 '감소'이다.
> ㄷ. 기린의 진화는 (나) → (가) → (다) → (라)의 순서로 일어났다.

① ㄱ   ② ㄷ   ③ ㄱ, ㄴ
④ ㄴ, ㄷ   ⑤ ㄱ, ㄴ, ㄷ

06

그림은 자연선택이 일어나 어떤 생물 집단의 유전자 조성이 (가)에서 (나)로 변하는 과정을 나타낸 것이다. A와 a는 서로 다른 대립유전자이다.

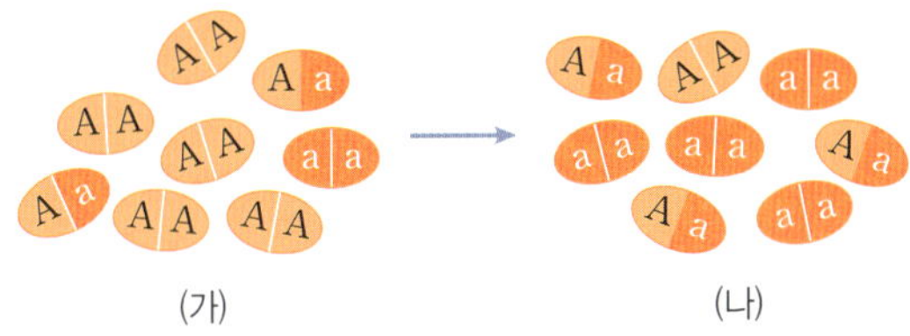

이에 대한 설명으로 옳은 것만을 〈보기〉에서 있는 대로 고른 것은?

보기

> ㄱ. 이 집단은 진화하지 않는다.
> ㄴ. A의 비율은 (나)에서가 (가)에서보다 낮다.
> ㄷ. (가)에서 (나)로 변하면서 A와 a 중 a가 자연선택되었다.

① ㄱ   ② ㄷ   ③ ㄱ, ㄴ
④ ㄴ, ㄷ   ⑤ ㄱ, ㄴ, ㄷ

3 자연선택에 의한 생물의 진화

07 빈출

그림은 핀치의 무리가 갈라파고스 군도의 먹이 환경이 서로 다른 섬으로 이주한 뒤 각각 자연선택이 일어난 모습을 나타낸 것이다. (가)와 (나) 중 하나는 선인장을 먹고, 나머지 하나는 단단한 씨를 먹는다.

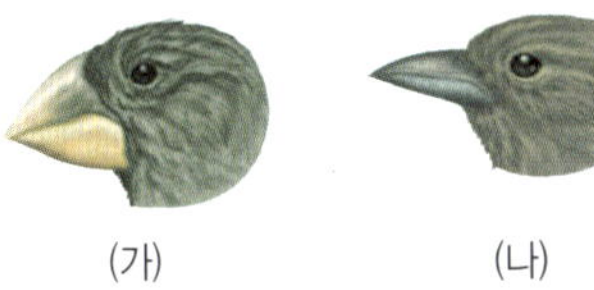

(가)   (나)

이에 대한 설명으로 옳은 것만을 〈보기〉에서 있는 대로 고른 것은?

보기

> ㄱ. (가)는 단단한 씨를 먹는다.
> ㄴ. (나)가 서식하는 섬에서 생존경쟁이 일어났었다.
> ㄷ. 먹이의 종류는 핀치의 자연선택에 영향을 주는 요인이다.

① ㄱ   ② ㄷ   ③ ㄱ, ㄴ
④ ㄴ, ㄷ   ⑤ ㄱ, ㄴ, ㄷ

08 빈출

표는 어떤 세균 집단에서 시간이 $t_1 \sim t_3$일 때 항생제에 저항성이 없는 세균 ㉠과 항생제에 저항성이 있는 세균 ㉡의 비율을 나타낸 것이다. 시간은 t_1, t_2, t_3의 순서로 흘렀다.

구분	t_1	t_2	t_3
㉠의 비율(%)	100	99	30
㉡의 비율(%)	0	1	70

이에 대한 설명으로 옳은 것만을 〈보기〉에서 있는 대로 고른 것은? (단, 이 집단은 외부와의 개체 출입이 없으며, 이 집단에서 자연선택이 일어났다.)

보기

> ㄱ. $t_1 \sim t_2$ 사이에 돌연변이가 일어났다.
> ㄴ. $t_2 \sim t_3$ 사이에 ㉠은 ㉡보다 생존경쟁에서 유리하였다.
> ㄷ. $t_2 \sim t_3$ 사이에 ㉡은 ㉠보나 더 낳은 사손에게 유전자를 전달하였다.

① ㄱ   ② ㄴ   ③ ㄱ, ㄷ
④ ㄴ, ㄷ   ⑤ ㄱ, ㄴ, ㄷ

09

그림은 항생제 내성 세균의 진화 과정을 나타낸 것이다. (가)와 (나) 중 하나에서 돌연변이가, 나머지 하나에서 자연선택이 일어났다.

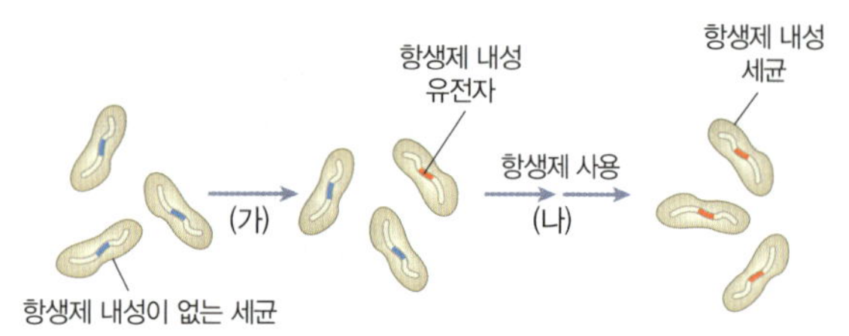

이에 대한 설명으로 옳은 것만을 〈보기〉에서 있는 대로 고른 것은?

보기
ㄱ. (가)에서 DNA에 변화가 일어났다.
ㄴ. (나)에서 항생제 내성 세균이 자연선택되었다.
ㄷ. 항생제 내성 형질은 개체의 생존에 영향을 미치지 않는다.

① ㄱ
② ㄴ
③ ㄷ
④ ㄱ, ㄴ
⑤ ㄴ, ㄷ

10

난이도 상

그림은 어떤 모기 집단에서 (가)일 때와 (나)일 때 모기 ㉠과 ㉡의 비율 변화를 나타낸 것이다. ㉠과 ㉡은 각각 살충제 내성이 없는 모기와 살충제 내성이 있는 모기 중 하나이다.

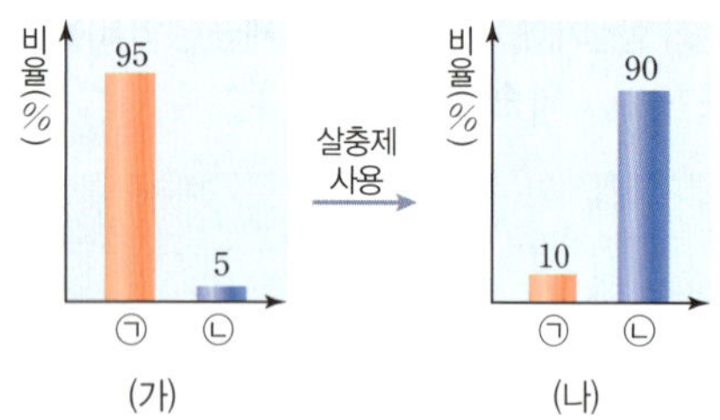

이에 대한 설명으로 옳은 것만을 〈보기〉에서 있는 대로 고른 것은? (단, 이 집단은 외부와의 개체 출입이 없다.)

보기
ㄱ. ㉠과 ㉡은 서로 다른 유전자를 갖는다.
ㄴ. (가)일 때가 (나)일 때보다 살충제 내성이 있는 모기의 비율이 높다.
ㄷ. 살충제의 사용으로 인해 살충제 내성이 없는 모기가 자연선택되었다.

① ㄱ
② ㄷ
③ ㄱ, ㄴ
④ ㄱ, ㄷ
⑤ ㄴ, ㄷ

11

그림은 어떤 지역에서 나비 집단의 진화 과정을 나타낸 것이다. (가)와 (나)는 돌연변이와 자연선택을 순서 없이 나타낸 것이다.

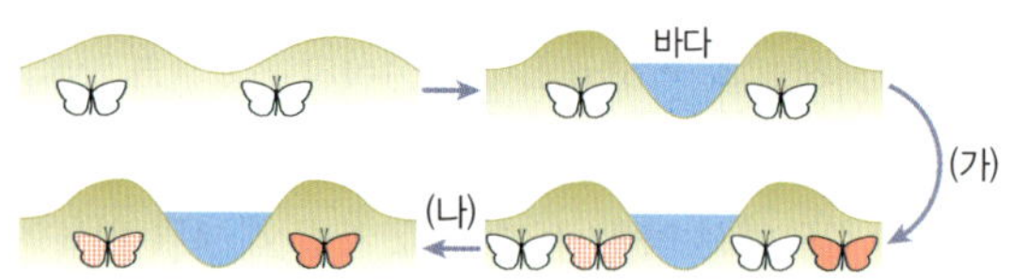

이에 대한 설명으로 옳은 것만을 〈보기〉에서 있는 대로 고른 것은? (단, 이 집단은 외부와의 개체 출입이 없다.)

보기
ㄱ. (가)는 돌연변이이다.
ㄴ. (가)는 DNA의 변화에 의해 일어난다.
ㄷ. 몸 색깔이 흰색인 나비가 생존에 유리해 (나)가 일어났다.

① ㄱ
② ㄷ
③ ㄱ, ㄴ
④ ㄱ, ㄷ
⑤ ㄱ, ㄴ, ㄷ

12

빈출

그림은 살충제 살포에 의한 어떤 해충 집단의 진화 과정을 나타낸 것이다. ㉠과 ㉡ 중 하나만 살충제 내성을 갖는다.

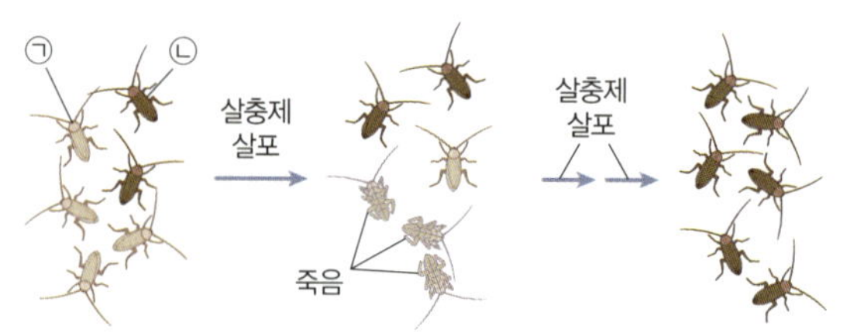

이에 대한 설명으로 옳은 것만을 〈보기〉에서 있는 대로 고른 것은?

보기
ㄱ. ㉠은 살충제 내성을 갖는다.
ㄴ. ㉠과 ㉡은 유전적으로 동일하다.
ㄷ. 살충제의 살포는 ㉠과 ㉡ 중 ㉡에게 유리한 환경을 만들었다.

① ㄴ
② ㄷ
③ ㄱ, ㄴ
④ ㄱ, ㄷ
⑤ ㄱ, ㄴ, ㄷ

13 ✔빈출

다음은 다윈의 자연선택설에 의한 진화의 과정을 순서 없이 나타낸 것이다.

> (가) 개체들 사이에서 먹이나 서식지 등을 차지하기 위해 생존경쟁이 일어난다.
> (나) 환경에 더 잘 적응한 개체가 생존에 유리한 형질을 자손에게 전달하며, 이 과정이 반복되어 진화한다.
> (다) 환경에 적응하기 유리한 형질을 가진 개체가 환경에 적응하기 불리한 형질을 가진 개체보다 더 많이 살아남는다.
> (라) 주어진 환경에서 살아남을 수 있는 것보다 많은 수의 자손을 낳는다. 이때 개체들 사이에 다양한 변이가 나타난다.

자연선택에 의한 진화 과정의 순서가 옳은 것은?

① (가) → (나) → (다) → (라)
② (가) → (다) → (나) → (라)
③ (나) → (가) → (라) → (다)
④ (라) → (가) → (다) → (나)
⑤ (라) → (나) → (가) → (다)

14

그림은 어떤 지역에서 살충제인 DDT 살포에 따른 모기의 사망률을 나타낸 것이다.

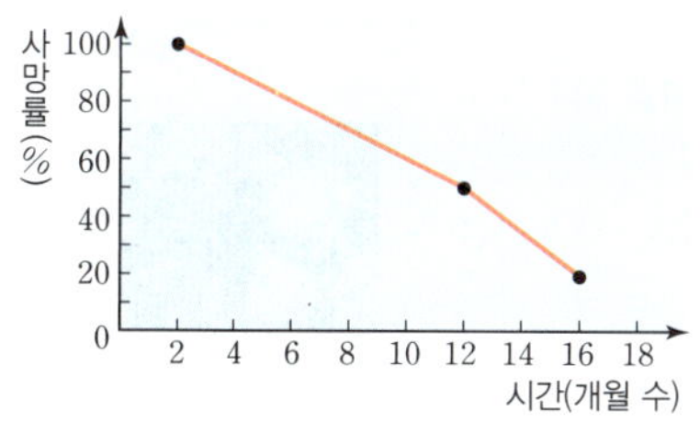

이에 대한 설명으로 옳은 것만을 〈보기〉에서 있는 대로 고른 것은?

〈보기〉
ㄱ. DDT 살포로 인해 자연선택이 일어났다.
ㄴ. DDT 살포 후 시간 경과에 따라 DDT 내성 모기의 비율이 감소하였다.
ㄷ. DDT 살포 후 16개월이 경과했을 때 전체 모기의 20 %가 DDT에 내성을 가지게 되었다.

① ㄱ ② ㄴ ③ ㄱ, ㄷ
④ ㄴ, ㄷ ⑤ ㄱ, ㄴ, ㄷ

---

15 난이도 상

그림은 크고 단단한 씨앗이 많이 생산되는 갈라파고스 군도의 한 섬에서 일어난 큰부리땅핀치의 진화 과정을 나타낸 것이다. (가)와 (나)에서 각각 자연선택과 생존경쟁 중 하나가 일어났다.

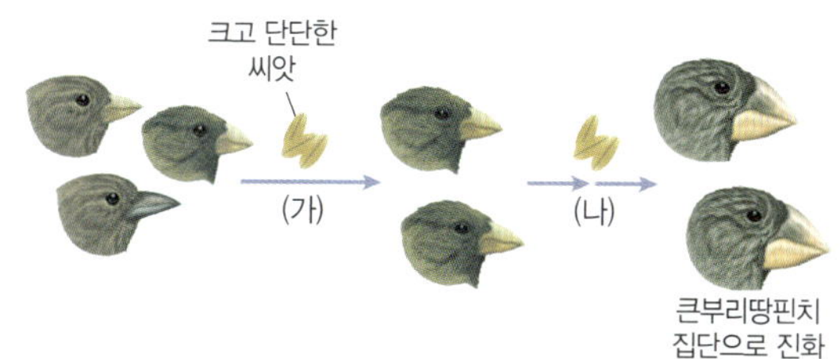

(1) (가)에서 일어난 현상을 핀치의 부리 모양과 연관 지어 서술하시오.

(2) (나)에서 일어난 현상을 핀치의 부리 모양과 연관 지어 서술하시오.

16 ✔빈출

다음은 흰색 후추나방과 검은색 후추나방으로만 구성된 어떤 후추나방 집단에 대한 자료이다. (단, 이 집단은 외부와의 개체 출입이 없다.)

> • 19세기 초에는 숲에 살고 있는 이 집단에서 흰색 후추나방의 비율이 약 90 %였다.
> • 19세기 이후 산업화로 환경이 오염되고 숲이 어두워지면서 ㉠ 흰색 후추나방이 검은색 후추나방보다 포식자에게 쉽게 노출되었다.
> • 그 결과 ㉡

(1) ㉠으로 인해 흰색 후추나방과 검은색 후추나방 중 생존경쟁에서 보다 유리해진 나방을 쓰시오.

(2) ㉡에 들어갈 알맞은 현상을 아래 단어를 모두 포함하여 서술하시오.

> 자연선택   흰색   검은색   비율

03 생물다양성과 보전

1 생물다양성

1 생물다양성: 지구의 다양한 환경에 다양한 생물이 살고 있는 것을 의미한다. ➡ 생물이 갖는 유전자의 다양함(**유전적 다양성**), 생물종의 다양함(**종다양성**), 생물이 서식하는 생태계의 다양함(**생태계다양성**)을 모두 포함한다.

(1) 유전적 다양성❶

① 같은 생물종에서도 개체마다 서로 다른 유전자를 가지고 있어 형질이 다르게 나타난다.

② 개체수가 많을수록, 하나의 형질을 결정하는 유전자가 다양할수록 유전적 다양성이 높다. ― 돌연변이는 유전적 다양성을 높이는 요인 중 하나야~

③ 유전적 다양성이 높을수록 급격한 환경 변화에 적응할 수 있는 개체가 있을 가능성이 높아서 멸종할 위험이 낮다.

㉠ 무당벌레의 딱지날개 무늬와 색, 얼룩말의 줄무늬, 달팽이의 껍데기 무늬 등

자세하게 — 멸종 위기의 바나나

• 야생 바나나는 씨가 있어 식용으로 적당하지 않아 씨가 없는 품종으로 개량되었다.

• 씨가 있는 야생 바나나: 유성생식으로 번식하여 유전적 다양성이 높아 급격한 환경 변화나 전염병에도 적응하여 생존할 수 있는 개체들이 존재한다.

• 씨가 없는 바나나: 씨가 없어 뿌리를 잘라 옮겨 심어 무성생식으로 번식하므로 유전적으로 모두 동일하다. 따라서 유전적 다양성이 매우 낮아 급격한 환경 변화에 의해 멸종될 가능성이 높다.

  - 그로 미셸: 유전적 다양성이 낮아 전염병에 적응하여 생존할 수 있는 변이를 가진 개체가 없기 때문에 멸종되었다.

  - 캐번디시: 그로 미셸의 멸종 후 파나마병에 잘 걸리지 않는 씨 없는 바나나이다. 하지만 파나마병 유발 곰팡이의 변종이 출현하면서 캐번디시 품종 역시 멸종 위기에 처해 있다.

  ➡ 유전적 다양성이 낮을수록 환경 변화에 대한 적응력이 낮아 생물이 멸종할 확률이 높다.

▲ 야생 바나나

▲ 그로 미셸

▲ 캐번디시

---

(2) 종다양성

① 일정 지역에 살고 있는 생물종이 얼마나 많고 다양하며 균등하게 분포하고 있는지를 의미하는 생물다양성이다.

② 생물종이 많을수록, 각 생물종이 고르게 분포할수록 종다양성이 높다.

③ 종다양성이 높은 생태계일수록 복잡한 먹이그물을 형성하므로 생태계평형이 잘 유지된다. ➡ 어떤 생물종이 사라져 먹이사슬이 끊어져도 대체할 수 있는 다른 생물종이 있으므로 생태계가 안정적으로 유지된다.

단원 한눈에 보기

생물다양성과 보전

- 생물다양성
  - 유전적 다양성
  - 종다양성
  - 생태계다양성
- 생물다양성 감소 원인
  - 서식지파괴와 단편화
  - 환경오염
  - 불법 포획 및 남획
  - 외래종 유입
- 생물다양성 보전
  - 개인적 노력
  - 사회적·국가적 노력
  - 국제적 노력

정리신!

❶ 유전적 다양성

개체수↑, 하나의 형질을 결정하는 유전자가 다양해짐 ➡ 유전적 다양성↑ ➡ 급격한 환경 변화에 적응할 수 있는 개체가 있을 가능성↑ ➡ 멸종 위험↓

유전적 다양성과 변이

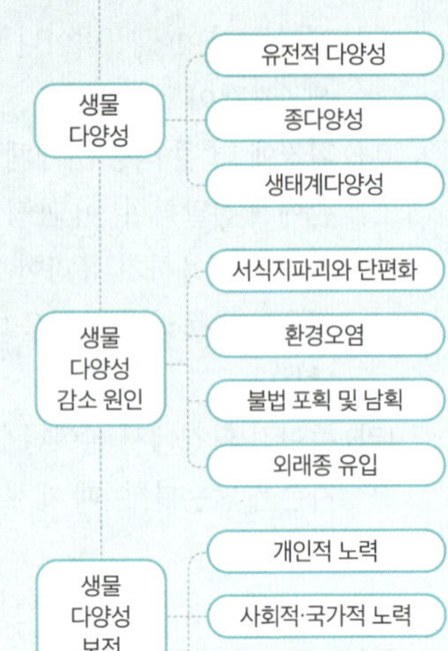

▲ 얼룩말의 줄무늬

▲ 달팽이의 껍데기 무늬

A 지역과 B 지역에 서식하는 식물 종과 그 개체수를 조사하고 표로 정리한다.

구분	A 지역	B 지역
개나리	6	2
민들레	5	14
무궁화	4	1
튤립	5	3
총 개체수	20	20

- A 지역과 B 지역에 서식하는 식물 종의 수는 4종, 총 개체수는 20개로 같다.
- A 지역은 각 식물 종의 개체수가 균등하고, B 지역은 민들레의 분포 비율이 매우 높다.
- ➡ A 지역이 B 지역보다 종다양성이 높다.

1 종다양성은 한 지역에서 종의 다양한 정도를 의미한다.

2 생물종이 많을수록, 각 종의 분포 비율이 균등할수록 종다양성이 높다.

(3) 생태계다양성❷ — 비생물요소를 포함한 개념이야~

① 생물이 살아가고 있는 생태계의 다양한 정도이다.
② 생태계는 특정 지역의 환경과 그 지역에 서식하고 있는 생물을 모두 포함한다.
③ 생태계다양성이 높을수록 종다양성과 유전적 다양성이 높다.
⑩ 열대우림, 갯벌, 습지, 농경지, 사막, 초원, 바다 등

생태계의 환경이 다르면 살아가는 생물종과 개체수가 달라지기 때문이야~

- 열대우림: 강수량이 많고 기온이 높아 종다양성이 가장 높은 지역이다. ➡ 전 세계 생물종의 절반 이상이 열대우림에 서식한다.
- 갯벌과 습지: 육상 생태계와 수생 생태계를 이어 주는 완충 지역이다. ➡ 두 생태계의 자원을 모두 이용하는 생물종이 공존하므로 종다양성이 상대적으로 높다.
- 농경지: 밭이나 논과 같이 한 가지 생물종이 주를 이루는 생태계는 상대적으로 종다양성이 낮다.

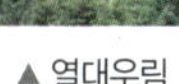
▲ 열대우림

▲ 습지

▲ 농경지

암기신
생물다양성
유전적 다양성, 종다양성, 생태계다양성

❷ 생태계다양성
생태계마다 고유의 생물종이 있어 독특한 생물군집을 형성하고 그에 따라 에너지흐름 및 물질순환 체계를 갖는다.

용어신
- 생태계 어떤 지역에서 상호작용하는 생물과 환경을 모두 합한 것이다.
- 서식 생물이 일정한 곳에 자리를 잡고 사는 것이다.

정답과 해설 06쪽

빈칸 채우기 문제

01 (　　　　　)에는 유전적 다양성, 종다양성, 생태계다양성이 있다.

02 어떤 생물종의 유전적 다양성이 높으면 그 생물종은 급격한 환경 변화에서 멸종할 위험이 (　　　)다.

03 (　　　)다양성이 높을수록 복잡한 먹이그물을 형성하므로 생태계평형이 잘 유지된다.

04 (　　　)는 특정 지역의 환경과 그 지역에 서식하고 있는 생물을 모두 포함하며, (　　　)다양성이 높을수록 종다양성과 유전적 다양성이 (　　　)다.

○✕ 문제

05 생물이 사는 환경이 다양한 것은 생물다양성과 관계 없다. (○ ✕)

06 하나의 종이 유전적으로 모두 동일하면 멸종될 가능성이 높다. (○ ✕)

07 유전적 차이에 의해 변이가 나타나므로 생물종 내에서 변이가 많을수록 유전적 다양성이 높다. (○ ✕)

08 열대우림은 기온이 높고 강수량이 많아 종다양성이 매우 높다. (○ ✕)

2 생물다양성과 보전

1 생물다양성보전의 필요성: 모든 생물은 생태계 안에서 환경이나 다른 생물들과 상호작용을 하며 밀접한 관계를 유지하기 때문에 생물다양성을 보전해야 한다.

(1) 생태계평형과 생물다양성: 생물종끼리는 먹이사슬로 서로 밀접하게 연결되어 있기 때문에 하나의 종이 멸종하면 연쇄적으로 다른 종에게도 큰 영향을 끼칠 수 있다.

자세하게 생태계평형과 종다양성

- 생태계평형은 생태계를 구성하는 생물의 먹이사슬에 의해 유지된다.
- 생물종이 다양하여 먹이사슬이 복잡할수록 생태계평형이 잘 유지된다.

종다양성이 낮은 생태계	종다양성이 높은 생태계
뱀 / 개구리 / 메뚜기 / 풀	족제비, 뱀, 올빼미, 매, 다람쥐, 토끼, 개구리, 들쥐, 메뚜기, 풀
개구리가 사라지면 뱀도 먹이가 없어 사라진다. ➡ 생태계평형이 깨진다.	개구리가 사라지더라도 뱀은 다람쥐, 토끼, 들쥐를 먹이로 하여 살아갈 수 있다. ➡ 생태계평형이 깨지지 않는다.

(2) 생물자원과 생물다양성: 우리는 생태계에서 식량, 의약품, 의복 등의 생물자원을 얻어 살아가고 있으며 생태계는 휴식, 여가 활동, 관광을 할 수 있는 장소로 활용된다. ⑩ 쌀·콩 등의 식량 자원, 푸른곰팡이에서 얻은 페니실린이나 버드나무 껍질에서 얻은 아스피린의 주성분과 같은 의약품, 목화·누에고치에서 얻은 천연 섬유의 원료

자세하게 생물자원과 생물다양성

생물자원의 이용	예
의식주 제공	목화(면), 마, 누에고치(실크) 등의 의복 재료와 쌀, 옥수수, 콩 등의 식량 자원, 목재, 풀 등의 주택 재료를 제공한다. ▲ 벼, 옥수수 등(식량)　▲ 목화(섬유)
의약품 재료❸ 제공	버드나무 껍질(해열진통제), 주목 열매(항암제), 나팔꽃 씨와 줄기(소화제), 푸른곰팡이(항생제), 디기탈리스(심장병 치료제) 등 의약품의 원료로 사용한다. ▲ 푸른곰팡이(항생제)　▲ 주목(항암제)
지구 환경 유지	열대 우림, 갯벌 등의 생태계는 공기, 토양을 보호하여 지구 환경을 안정되게 유지한다.
다양한 유전자 자원	병충해에 저항성이 있는 유전자를 활용하여 농작물을 개발한다.
산업적 이용이나 에너지 제공	효모는 여러 가지 식품 산업에 이용되고, 옥수수나 사탕수수를 이용해 바이오에탄올❹을 만든다.
사회적, 심미적 가치 제공	휴식 장소(삼림), 체험 학습 장소(갯벌, 습지) 등 다양한 휴식 및 여가 활동 장소와 관광 장소를 제공한다. ▲ 올레길(관광 산업)　▲ 갯벌

❸ 의약품 재료와 생물자원
- 푸른곰팡이 – 항생제 원료
- 버드나무 껍질 – 아스피린 원료
- 주목 열매 – 항암제 원료

❹ 바이오에탄올

옥수수, 사탕수수, 곡물 등과 같은 생물학적 유기물을 발효시켜 얻은 에탄올이다. 바이오에탄올은 화석 연료와 달리 온실 가스 배출량이 적고 재생이 가능한 에너지원이다. 바이오에탄올은 단독으로 사용하거나 정제하고 휘발유에 혼합하여 자동차 연료로 이용하기도 한다.

- **생물자원** 인간의 생활에 이용될 가치가 있는 유전자, 생물, 생태계 등의 모든 생물적 자원을 말한다.
- **항생제** 세균을 죽이는 물질로, 푸른곰팡이에서 추출한 페니실린이 이에 해당한다.

2 생물다양성 감소의 원인❺과 해결책

서식지 파괴와 단편화	삼림의 벌채, 습지 매립 등에 의한 서식지파괴로 서식지 면적이 감소하고, 도로 개발 등으로 인한 서식지단편화❻는 많은 생물의 생존을 어렵게 한다. ➡ 무분별한 개발을 막고 생태통로❼를 설치해 단절된 생태계를 연결한다.
환경 오염	환경오염에 의한 산성비, 지구 온난화, 쓰레기나 폐수 속의 중금속 등은 생태계의 평형을 깨뜨려 생물다양성을 감소시킨다. ➡ 에너지 절약, 자원 재활용, 저탄소 제품 사용 등을 통해 환경오염을 줄인다.
불법 포획 및 남획	야생 동식물을 불법적으로 포획하거나 과도하게 많이 잡으면(남획) 먹이 관계와 생물 간의 상호작용에 영향을 주어 생물다양성이 감소된다. ➡ 야생 동식물을 불법으로 포획하고 남획하는 것을 금지해야 한다.
외래종 유입	천적이 없는 외래종(블루길, 가시박, 뉴트리아, 돼지풀 등)이 유입되어 크게 번식하면 토종 생물의 생존을 위협하고 생물다양성을 감소시킨다. ➡ 기존 생태계와 토종 생물에게 미칠 영향을 미리 파악하고 외래종의 유입을 방지해야 한다.

3 생물다양성보전을 위한 노력

(1) **개인적 노력**: 자원의 재활용이나 에너지 절약, 저탄소 제품 사용 등을 통해 환경오염을 줄인다.

(2) **사회적·국가적 노력**

① 생물다양성이 높은 지역은 국립 공원으로 지정하고 관리한다.

② 불법 포획과 남획에 관한 법률을 제정하고, 멸종 위기 야생 생물을 지정 및 보호한다.

③ 생태통로를 설치하여 야생 동물이 차에 치여 죽거나 서식지가 분리되는 것을 막는다.

④ 멸종 위기의 생물종을 자생지에 방사하고, 종자 은행을 통한 생물의 유전자 관리로 희귀종과 멸종 위기종을 보호한다. ― 해양 오염 방지를 위한 런던 협약도 있어.

(3) **국제적 노력**: 생물다양성에 관한 국제 협약을 체결하고 실천한다.

① 람사르 협약(1971년): 물새의 주요한 서식지인 습지 보호를 의무화하여 지속가능한 이용을 위한 협약이다.

② 생물다양성협약(1992년): 생물다양성의 보전과 생물 자원의 지속가능한 이용이 목적인 협약이다.

③ 멸종 위기에 처한 야생 동식물의 국제 거래에 관한 협약(CITES 협약): 멸종 위기에 처한 야생 동식물을 보호하기 위해 국가 간의 무역을 제한하도록 한 협약이다.

④ 이동성 야생 동물의 보전에 관한 협약(본 협약, CMS): 국가 사이의 경계를 주기적으로 이동하는 이동성 야생 동물들의 멸종을 막기 위해 체결한 협약이다.

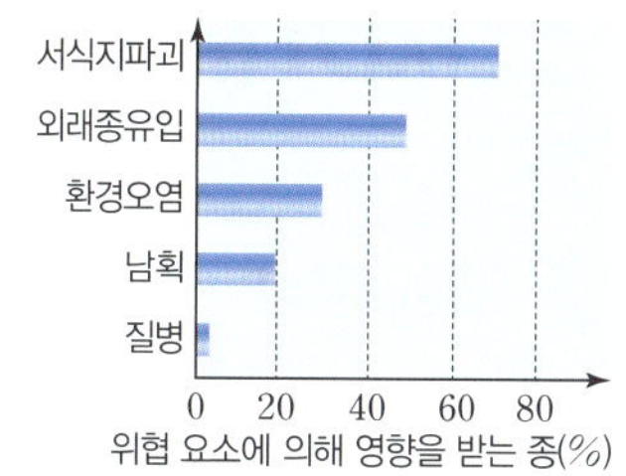
❺ 생물다양성 감소의 주요 원인

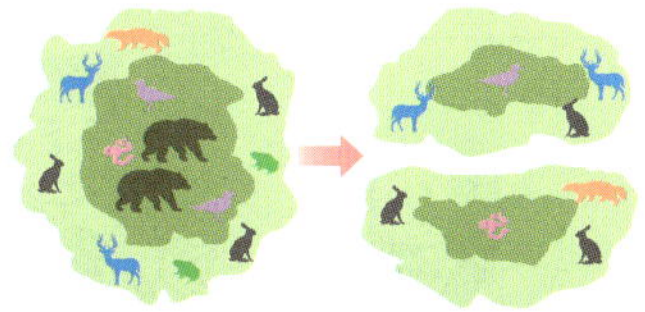
❻ 서식지단편화

서식지가 단편화되면 생물들의 이동이 제한되고 서식할 수 있는 공간이 감소하여 생물들이 고립된다. ― 특히 내부에 서식하는 종이 큰 영향을 받아!

❼ 생태통로

용어
- **외래종** 원래 서식지에서 벗어나 새로운 환경에 정착한 종
- **협약** 협상에 의해 조약을 맺는 행위

✏️ **바로 복습**

정답과 해설 06쪽

빈칸 채우기 문제

09 (　　　　　)은 인간의 생활에 이용될 가치가 있는 유전자, 생물, 생태계 등의 모든 생물적 자원이다.

10 우리는 (　　　)에서 식량, 의복, 의약품 등의 생물자원을 얻어 살아가고 있다.

11 생물다양성을 감소시키는 원인은 (　　　)파괴와 단편화, 환경오염, 불법 포획과 남획, (　　　　　) 등이 있다.

12 생물다양성협약과 같은 다양한 협약의 체결은 생물다양성 보전을 위한 (　　　) 노력이다.

○✕ 문제

13 종다양성이 높으면 먹이 관계가 복잡하여 생태계평형이 깨지기 쉽다. (○ ✕)

14 생물다양성을 보전하기 위해 외래종을 유입하여 종다양성을 높여야 한다. (○ ✕)

15 대규모의 서식지가 소규모로 분리되면 생물이 살 수 있는 서식지의 면적은 감소한다. (○ ✕)

16 생물다양성을 보전하기 위해 숲을 개간하여 농경지로 만들어 친환경 농법으로 작물을 재배한다. (○ ✕)

03 생물다양성과 보전

1 생물다양성

01

다음은 생물다양성에 대한 학생들의 설명이다.

설명한 내용이 옳은 학생만을 있는 대로 고른 것은?

① A ② B ③ A, C
④ B, C ⑤ A, B, C

02

다음은 생물다양성과 관련된 자료이다.

- UN(국제 연합)은 생물다양성의 ⓐ를 위해 2011년부터 2020년까지를 '생물다양성 10년'으로 정하였다.
- 생물다양성은 그림과 같이 ㉠, 종다양성, 생태계다양성을 의미한다.

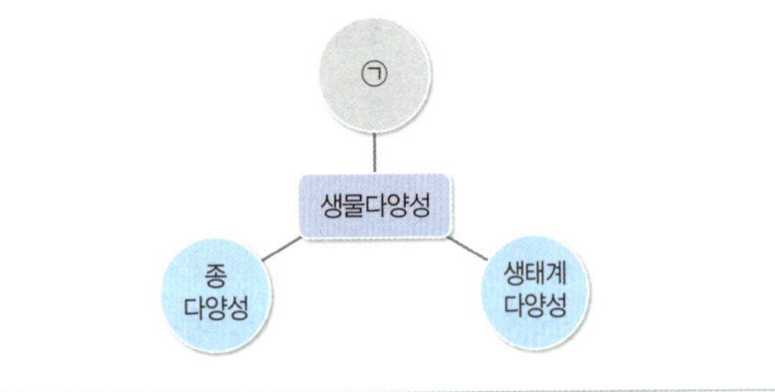

이에 대한 설명으로 옳은 것만을 〈보기〉에서 있는 대로 고른 것은?

〈보기〉
ㄱ. '감소'는 ⓐ에 해당한다.
ㄴ. ㉠은 유전적 다양성이다.
ㄷ. 같은 종의 무당벌레에서 딱지날개의 무늬와 색이 다양한 것은 ㉠에 해당한다.

① ㄱ ② ㄴ ③ ㄱ, ㄷ
④ ㄴ, ㄷ ⑤ ㄱ, ㄴ, ㄷ

03

난이도 상

표는 생물다양성 (가)~(다)의 예를 나타낸 것이다. (가)~(다)는 종다양성, 유전적 다양성, 생태계다양성을 순서 없이 나타낸 것이다.

구분	예
(가)	심해저에는 해령, 해산, 해구가 있다.
(나)	같은 종의 달팽이에서 ㉠ 껍데기 무늬가 다양하다.
(다)	?

이에 대한 설명으로 옳은 것만을 〈보기〉에서 있는 대로 고른 것은?

〈보기〉
ㄱ. (가)는 생태계다양성이다.
ㄴ. ㉠은 유전자의 차이에 의해 나타난다.
ㄷ. '해저의 진흙에 다양한 미생물이 살고 있다.'는 (다)의 예에 해당한다.

① ㄱ ② ㄴ ③ ㄱ, ㄷ
④ ㄴ, ㄷ ⑤ ㄱ, ㄴ, ㄷ

04

난이도 상

그림은 생물다양성 A~C를 구분하는 과정을 나타낸 것이다. ㉠과 ㉡은 각각 '한 생물종에서 나타나는가?'와 '비생물요소를 포함하는가?' 중 하나이고, 앵무새의 깃털 색 차이는 B와 C 중 하나의 예이다.

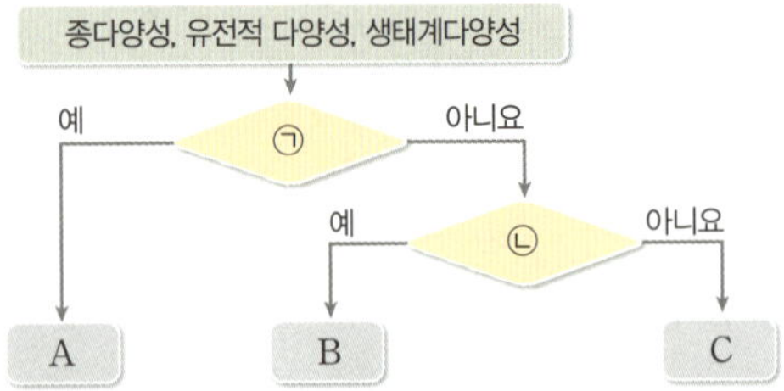

이에 대한 설명으로 옳은 것만을 〈보기〉에서 있는 대로 고른 것은?

〈보기〉
ㄱ. A는 생태계다양성이다.
ㄴ. ㉠은 '한 생물종에서 나타나는가?'이다.
ㄷ. C가 낮을수록 생태계가 안정적으로 유지된다.

① ㄱ ② ㄷ ③ ㄱ, ㄴ
④ ㄴ, ㄷ ⑤ ㄱ, ㄴ, ㄷ

05

다음은 생물다양성을 구성하는 (가)~(다)의 예를 나타낸 것이다. (가)~(다)는 각각 종다양성, 유전적 다양성, 생태계다양성 중 하나이다.

> (가) 같은 종의 고양이라도 개체마다 털 색깔이 다르다.
> (나) 지구에는 사막, 초원, 삼림, 강, 습지 등이 형성되어 있다.
> (다) 최근 4년간 아마존 열대우림에서는 441종의 새로운 생물이 발견되었다.

이에 대한 설명으로 옳은 것만을 〈보기〉에서 있는 대로 고른 것은?

〈보기〉
> ㄱ. 변이가 다양할수록 (가)는 낮아진다.
> ㄴ. (나)는 생물요소의 다양한 정도만을 포함한다.
> ㄷ. 다양한 생물종이 서식하는 지역일수록 (다)가 높다.

① ㄱ ② ㄷ ③ ㄱ, ㄴ
④ ㄴ, ㄷ ⑤ ㄱ, ㄴ, ㄷ

06

난이도 상

다음은 생물다양성에 관한 국제 협약의 일부이다.

> 이 협약의 목적상, '생물다양성'이라 함은 육상·해상 및 그 밖의 수중 생태계와 이들 생태계가 부분을 이루는 복합 생태계 등 모든 분야의 생물체 간의 변이를 말한다. 이는 ㉠ 종 내의 다양성, ㉡ 종 간의 다양성 및 생태계의 다양성을 포함한다. (중략) '   ?   '라 함은 ㉢ 식물·동물 및 미생물 군집과 기능적인 단위로 상호작용하는 비생물요소의 역동적인 복합체를 말한다. (이하 생략)

이에 대한 설명으로 옳은 것만을 〈보기〉에서 있는 대로 고른 것은?

〈보기〉
> ㄱ. ㉠과 ㉡ 중 종다양성은 ㉠이다.
> ㄴ. ㉢에 대한 다양성은 생태계다양성에 해당한다.
> ㄷ. ㉠과 ㉡ 중 바다에 다양한 종류의 물고기가 서식하는 것은 ㉠의 예이다.

① ㄴ ② ㄷ ③ ㄱ, ㄴ
④ ㄱ, ㄷ ⑤ ㄱ, ㄴ, ㄷ

② 생물다양성과 보전

07 ✔빈출

다음은 생물다양성보전에 대한 학생 A~C의 발표 내용이다.

이에 대한 설명으로 옳은 것만을 〈보기〉에서 있는 대로 고른 것은?

〈보기〉
> ㄱ. ⓐ와 ⓑ는 모두 '증가'이다.
> ㄴ. 람사르 협약은 ㉠에 해당한다.
> ㄷ. 생물다양성은 인류의 생존에 영향을 미칠 수 있다.

① ㄱ ② ㄴ ③ ㄷ
④ ㄱ, ㄴ ⑤ ㄴ, ㄷ

08

다음은 생물다양성과 관련된 인간의 활동을 나타낸 것이다.

> (가) 다양한 ㉠ 국제 협약을 체결한다.
> (나) 다양한 생물의 유전자를 관리한다.
> (다) 배스, 뉴트리아, 가시박 등의 생물을 유입한다.

이에 대한 설명으로 옳은 것만을 〈보기〉에서 있는 대로 고른 것은?

〈보기〉
> ㄱ. 해양오염의 방지를 위한 런던 협약은 ㉠의 예이다.
> ㄴ. 종자 은행의 설립은 (나)를 위한 활동이다.
> ㄷ. (다)는 생물다양성보전을 위한 활동이다.

① ㄱ ② ㄷ ③ ㄱ, ㄴ
④ ㄴ, ㄷ ⑤ ㄱ, ㄴ, ㄷ

09

난이도 **상**

다음은 생물다양성보전 방안에 대한 설명이다.

> • 에너지효율이 [ⓐ] 제품을 사용하여 에너지를 절약한다.
> • ㉠과 같은 생물자원 관리 체계를 마련한다.
> • 물새 서식지로 중요한 습지를 보전하기 위한 ㉡과 같은 국제 협약을 체결한다.

이에 대한 설명으로 옳은 것만을 〈보기〉에서 있는 대로 고른 것은?

〈보기〉
ㄱ. ⓐ는 '낮은'이다.
ㄴ. 종자 은행은 ㉠에 해당한다.
ㄷ. 람사르 협약은 ㉡에 해당한다.

① ㄱ ② ㄷ ③ ㄱ, ㄴ
④ ㄴ, ㄷ ⑤ ㄱ, ㄴ, ㄷ

10

표는 생물다양성의 보전 방안을 세 가지 수준으로 나누어 그 예를 나타낸 것이다. (가)와 (나)는 국가적 수준과 개인적 수준을 순서 없이 나타낸 것이다.

구분	예
(가)	에너지 절약, 자원 재활용
(나)	야생 생물 보호법 제정
국제적 수준	다양한 ㉠ 국제 협약의 체결

이에 대한 설명으로 옳은 것만을 〈보기〉에서 있는 대로 고른 것은?

〈보기〉
ㄱ. (가)는 국가적 수준이다.
ㄴ. 국립 공원 지정은 (나)의 예이다.
ㄷ. 생물다양성협약은 ㉠에 해당한다.

① ㄱ ② ㄴ ③ ㄷ
④ ㄱ, ㄴ ⑤ ㄴ, ㄷ

11 ✓빈출

그림은 두 지역 (가)와 (나)에서 서식하는 생물종과 개체수를 나타낸 것이다.

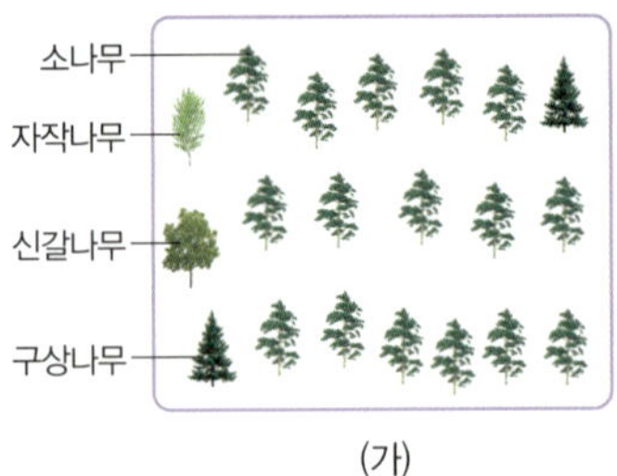

(1) 생물다양성의 세 가지 요소(의미) 중 이 그림을 통해 알 수 있는 요소를 쓰시오.

(2) (1)에서 제시한 요소(의미)가 더 높은 생태계는 (가)와 (나) 중 어디인지 쓰고, 그 까닭을 서술하시오.

12 ✓빈출

표는 생물다양성을 구성하는 (가)~(다)의 예를 나타낸 것이다. (가)~(다)는 종다양성, 유전적 다양성, 생태계다양성을 순서 없이 나타낸 것이다.

구분	예
(가)	우리나라에는 산, 강, 초원 등이 존재한다.
(나)	?
(다)	㉠ 아시아무당벌레는 딱지날개의 무늬와 색이 개체마다 다르다.

(1) (가)~(다)의 명칭을 각각 쓰시오.

(2) (나)의 예를 한 가지만 서술하시오.

(3) ㉠과 같은 현상이 나타나는 까닭을 서술하시오.

01 지질 시대의 환경과 생물 변화

빈출 개념 표준 화석과 시상 화석 ★★★★ 지질 시대의 상대적 길이 ★★★★★ 지질 시대의 환경 ★★★★★ 생물 대멸종 ★★★

1 표준 화석과 시상 화석

그림 (가)~(아)는 지질 시대의 주요 화석을 나타낸 것이다.

(가) 산호

(나) 고사리

(다) 삼엽충

(라) 방추충

(마) 공룡

(바) 암모나이트

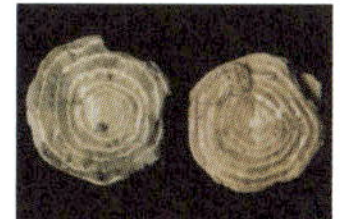
(사) 화폐석

(아) 매머드

• 다음 설명 중 옳은 것은 ○표, 옳지 <u>않은</u> 것은 ✕표 하시오.

1 (가)는 수온이 낮고 수심이 깊은 바다 환경이었음을 알려 준다. (○ ╎ ✕)

2 (나)는 온난 다습한 육지 환경이었음을 알려 준다. (○ ╎ ✕)

3 (다)와 (라)는 고생대에 번성하였다. (○ ╎ ✕)

4 (마)와 (바)는 동일한 지질 시대에 번성하였다. (○ ╎ ✕)

5 (사)와 (아)가 번성하였던 지질 시대에 육지에서는 겉씨식물이 번성하였다. (○ ╎ ✕)

6 육지에서 번성하였던 고생물 화석은 (나), (마), (아)이다. (○ ╎ ✕)

2 지질 시대의 상대적 길이

그림은 지질 시대의 상대적인 길이를 나타낸 것이다.

• 다음 설명 중 옳은 것은 ○표, 옳지 <u>않은</u> 것은 ✕표 하시오.

1 지질 시대는 지구가 탄생한 후부터 현재까지의 기간에 해당한다. (○ ╎ ✕)

2 지질 시대 중 고생대의 기간은 5 %보다 작다. (○ ╎ ✕)

3 지질 시대의 상대적인 길이는 선캄브리아시대 > 고생대 > 중생대 > 신생대이다. (○ ╎ ✕)

3 지질 시대의 환경

표는 지질 시대의 환경을 나타낸 것이다.

지질 시대	환경
선캄브리아 시대	• 바다에서 생명체 출현 ➡ 강한 자외선 때문 • 남세균의 출현 ➡ 광합성에 의한 산소 방출 • 말기에 최초의 다세포 생물 출현
고생대	• 삼엽충, 어류 등 다양한 해양 생물의 폭발적 증가 • 오존층 형성 ➡ 육상 생물 출현 • 말기에 삼엽충, 방추충 등 멸종 ➡ 대멸종
중생대	• 파충류, 공룡, 암모나이트 번성 • 말기에 공룡, 암모나이트 멸종 ➡ 대멸종
신생대	• 포유류, 매머드, 화폐석 번성

• 다음 설명 중 옳은 것은 ○표, 옳지 <u>않은</u> 것은 ✕표 하시오.

1 최초의 생명체는 바다에서 출현하였다. (○ ╎ ✕)

2 남세균의 출현 이후 대기 중에는 산소 농도가 높아졌다. (○ ╎ ✕)

3 최초의 육상 생물은 선캄브리아시대 말기에 출현하였다. (○ ╎ ✕)

4 삼엽충은 고생대 초기에 출현하여 고생대 말기에 멸종하였다. (○ ╎ ✕)

5 중생대에는 파충류가 번성하였고, 신생대에는 포유류가 번성하였다. (○ ╎ ✕)

6 중생대 말기에는 매머드와 화폐석이 멸종하였다. (○ ╎ ✕)

4 생물 대멸종

그림은 지질 시대 동안 해양 생물 과의 수 변화를 나타낸 것이다.

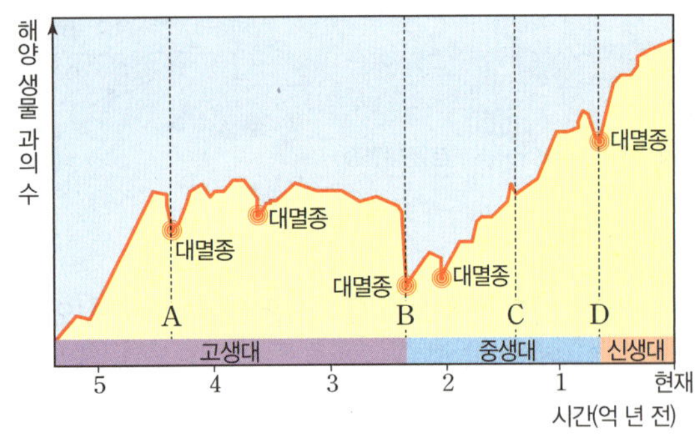

• 다음 설명 중 옳은 것은 ○표, 옳지 **않은** 것은 ×표 하시오.

1 지질 시대 동안 생물 대멸종은 5회 일어났다.　　(○ ⫶ ×)

2 가장 큰 규모의 생물 대멸종이 일어났을 때 공룡이 멸종하였다.　　(○ ⫶ ×)

3 A 시기의 대멸종은 판게아의 형성과 관련이 깊다.　(○ ⫶ ×)

4 B 시기에는 C 시기보다 지구 환경의 변화가 컸다.　(○ ⫶ ×)

5 D 시기에는 소행성 충돌이나 화산 폭발로 인한 기온 상승으로 대멸종이 일어났다.　　(○ ⫶ ×)

---

02 생물의 진화

5 생물의 진화와 변이

그림은 기린의 진화에 대한 수업의 한 장면을 나타낸 것이다.

• 다음 설명 중 옳은 것은 ○표, 옳지 **않은** 것은 ×표 하시오.

1 다윈은 ⊙에 의한 진화론을 주장하였다.　　(○ ⫶ ×)

2 (나)에서 목의 길이가 서로 다른 것은 변이에 해당한다.　　(○ ⫶ ×)

3 (다)에서 목이 긴 기린이 목이 짧은 기린보다 생존에 유리하다.　　(○ ⫶ ×)

4 기린의 진화는 (나) → (가) → (다)의 순서로 일어났다.　　(○ ⫶ ×)

6 자연선택과 생물의 진화

그림은 갈라파고스 군도의 어떤 섬에서 일어난 핀치 부리의 진화 과정을 나타낸 것이다. 이 과정에서 부리 모양에 대한 자연선택이 일어났다.

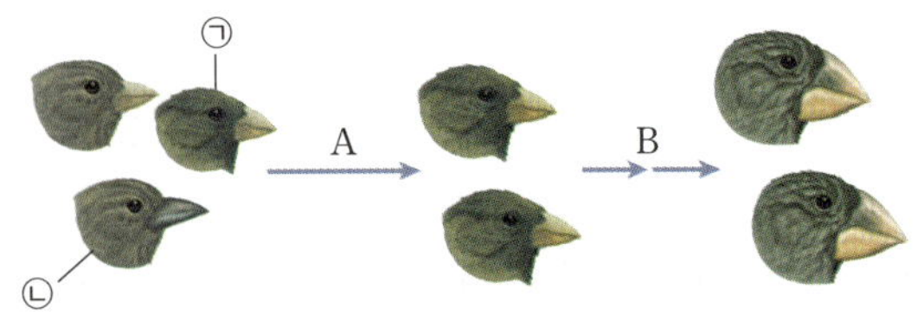

• 다음 설명 중 옳은 것은 ○표, 옳지 **않은** 것은 ×표 하시오.

1 ⊙과 ⓛ의 부리 모양 유전자는 동일하다.　　(○ ⫶ ×)

2 A 과정에서 생존경쟁이 일어났다.　　(○ ⫶ ×)

3 A 과정에서 ⊙이 가진 부리 모양이 ⓛ이 가진 부리 모양보다 생존에 불리했다.　　(○ ⫶ ×)

4 A 과정에서 부리의 모양이 ⊙과 같은 개체가 자연선택되었다.　　(○ ⫶ ×)

5 B 과정에서 환경에 적응하기 유리한 형질이 자손에게 전달되는 현상이 일어났다.　　(○ ⫶ ×)

7 항생제 내성 세균의 진화

그림은 세균을 여러 세대에 걸쳐 배양하는 실험을 나타낸 것이다. 배지 Ⅰ과 Ⅱ 중 하나에만 항생제 X를 처리하여 배양하였다. 그 외의 실험 조건은 모두 같다.

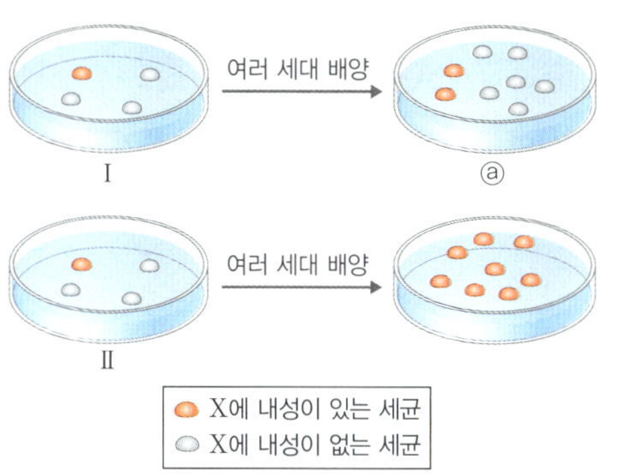

• 다음 설명 중 옳은 것은 ○표, 옳지 않은 것은 ✕표 하시오.

1 Ⅰ에 X를 처리하였다. (○ ✕)
2 ⓐ에 X 내성에 대한 변이가 있다. (○ ✕)
3 X에 대한 내성 여부는 다음 세대로 전달된다. (○ ✕)
4 ⓐ에 X를 처리하면서 여러 세대 배양하면 X에 내성이 있는 세균의 비율이 감소한다. (○ ✕)
5 ⓐ에 X를 처리하지 않고 여러 세대 배양하면 X에 내성이 있는 세균의 비율이 증가한다. (○ ✕)
6 X가 있는 환경에서 생존에 적합한 변이는 X에 내성이 있는 세균이다. (○ ✕)

8 생물의 진화 모의활동

다음은 항생제 내성 세균의 출현과 진화에 대한 모의활동 과정을 나타낸 것이다.(단, 초콜릿은 세균이고, 집어내는 과정은 항생제 사용으로 줄어드는 것이다.)

(가) 노란색 도화지 위에 녹색, 파란색, 빨간색 초콜릿을 20개씩 흩어 놓는다.
(나) 고개를 돌렸다가 초콜릿을 보면서 ㉠ 가장 먼저 눈에 띄는 것을 1개 집어내는 과정을 5회 반복한다.
(다) 남아 있는 초콜릿의 수만큼 같은 색깔의 초콜릿을 추가한다.
(라) ㉡ 도화지 위의 초콜릿 중 하나를 골라 노란색 초콜릿으로 바꾼 후 과정 (나)와 (다)를 3회 반복한다.

• 다음 설명 중 옳은 것은 ○표, 옳지 않은 것은 ✕표 하시오.

1 ㉠은 생존한 세균이 증식하는 상황이다. (○ ✕)
2 ㉡은 돌연변이가 일어나 새로운 형질의 개체가 출현하는 상황이다. (○ ✕)
3 ㉡의 노란색 초콜릿은 항생제에 내성이 없는 세균에 해당한다. (○ ✕)
4 (라)의 결과 도화지 위에 있는 초콜릿 중 노란색 초콜릿의 비율이 증가할 것이다. (○ ✕)

03 생물다양성과 보전

빈출 개념 생물다양성의 의미 ★★★★★ 생물다양성의 보전 ★★

9 생물다양성의 의미

그림은 생물다양성의 세 가지 의미를 나타낸 것이다. A와 B는 각각 생태계다양성과 유전적 다양성 중 하나이다.

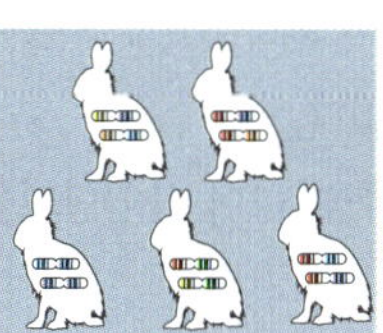

• 다음 설명 중 옳은 것은 ○표, 옳지 않은 것은 ✕표 하시오.

1 A는 한 개체군에서 나타나는 다양성이다. (○ ✕)
2 A가 높은 종은 환경이 급격하게 변하거나 전염병이 생겼을 때 멸종될 가능성이 높다. (○ ✕)
3 B는 생태계다양성이다. (○ ✕)
4 어떤 지역에 숲, 강, 초원이 모두 있는 것은 B에 해당한다. (○ ✕)
5 같은 종의 얼룩말에서 줄무늬가 다양하게 나타나는 것은 종다양성에 해당한다. (○ ✕)

10 생물다양성의 구성요소

그림 (가)는 생물다양성의 세 가지 의미를, (나)는 같은 종의 초파리 개체들이 가지는 다양한 무늬의 날개를 나타낸 것이다.

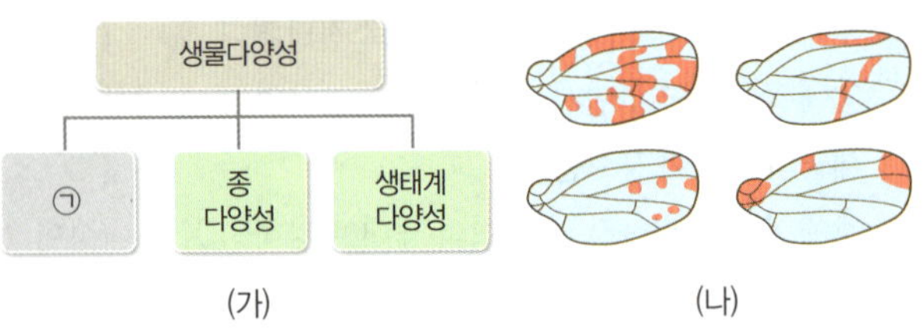

(가)　　　　　(나)

• 다음 설명 중 옳은 것은 ○표, 옳지 <u>않은</u> 것은 ×표 하시오.

1 ㉠은 유전적 다양성이다. (○ ｜ ×)

2 ㉠은 같은 종에서 유전자의 차이로 인해 나타나는 형질의 다양함이다. (○ ｜ ×)

3 (나)는 종다양성의 예이다. (○ ｜ ×)

4 생태계다양성은 종다양성에 영향을 준다. (○ ｜ ×)

5 종다양성이 감소할수록 생물다양성이 증가할 가능성이 높아진다. (○ ｜ ×)

11 종다양성과 유전적 다양성의 특징

그림 (가)와 (나)는 종다양성과 유전적 다양성을 순서 없이 나타낸 것이다.

(가)　　　　　(나)

• 다음 설명 중 옳은 것은 ○표, 옳지 <u>않은</u> 것은 ×표 하시오.

1 (가)에서 각 개체의 털 색깔 차이는 유전자의 차이에 의해 나타난다. (○ ｜ ×)

2 (가)가 높을수록 환경이 급격히 변했을 때 멸종이 일어날 가능성이 높다. (○ ｜ ×)

3 (나)는 종다양성이다. (○ ｜ ×)

4 같은 종의 무당벌레에서 딱지날개의 무늬가 다양한 것은 (나)의 예이다. (○ ｜ ×)

5 (가)와 (나)는 모두 생물다양성의 구성요소이다. (○ ｜ ×)

12 생물다양성의 보전

다음은 생물다양성에 대한 학생 A~C의 발표 내용이다.

• 다음 설명 중 옳은 것은 ○표, 옳지 <u>않은</u> 것은 ×표 하시오.

1 생태통로는 생물다양성이 감소하지 않도록 보전하는 방법에 해당한다. (○ ｜ ×)

2 생물다양성이 증가할수록 사람이 이용할 수 있는 생물자원의 종류는 증가한다. (○ ｜ ×)

3 람사르 협약 체결은 생물다양성을 보전하기 위한 방안이다. (○ ｜ ×)

4 멸종 위기의 생물이 의약품으로 사용될 수 없다면 생물자원으로서의 가치가 없다. (○ ｜ ×)

5 생물의 서식지를 개발하여 산업단지를 조성하는 것은 생물다양성보전을 위한 노력이다. (○ ｜ ×)

6 환경 보호 활동은 생물다양성의 보전에 영향을 주지 않는다. (○ ｜ ×)

01 지질 시대의 환경과 생물 변화

01

그림 (가)는 대륙 주변부에서 화석 A~C가 산출되는 지질 시대의 환경을, (나)는 세 화석의 생존 기간을 나타낸 것이다.

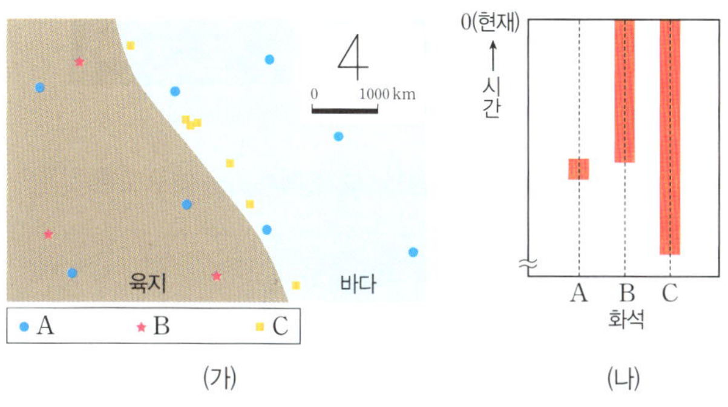

이에 대한 설명으로 옳은 것만을 〈보기〉에서 있는 대로 고른 것은?

보기
ㄱ. 표준 화석으로 가치가 가장 높은 것은 A이다.
ㄴ. B가 산출되는 지층은 수심이 얕은 바다에서 퇴적되었다.
ㄷ. C와 같은 화석의 예로 삼엽충이 있다.

① ㄱ ② ㄴ ③ ㄱ, ㄷ
④ ㄴ, ㄷ ⑤ ㄱ, ㄴ, ㄷ

02 ✔빈출

그림은 어느 지역의 지층 A, B에서 산출되는 화석을 나타낸 것이다.

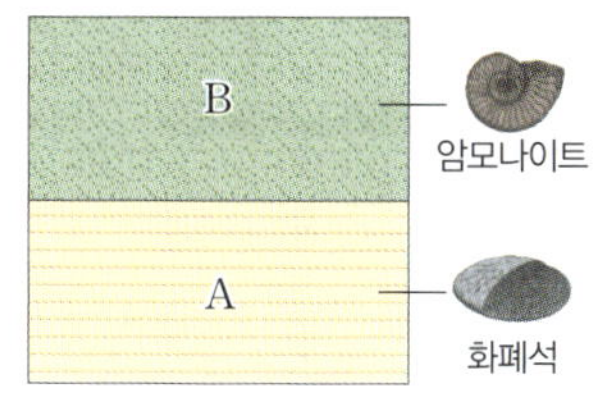

이에 대한 설명으로 옳은 것만을 〈보기〉에서 있는 대로 고른 것은?

보기
ㄱ. A는 B보다 먼저 생성되었다.
ㄴ. A가 퇴적될 당시 이 지역은 바다였다.
ㄷ. B에서는 암모나이트 화석과 함께 공룡 화석이 산출될 수 있다.

① ㄱ ② ㄴ ③ ㄱ, ㄷ
④ ㄴ, ㄷ ⑤ ㄱ, ㄴ, ㄷ

03 ✔빈출

그림은 지질 시대를 상대적인 길이 비율로 구분하여 나타낸 것이다. A~D는 각각 선캄브리아시대, 고생대, 중생대, 신생대 중 하나이다.

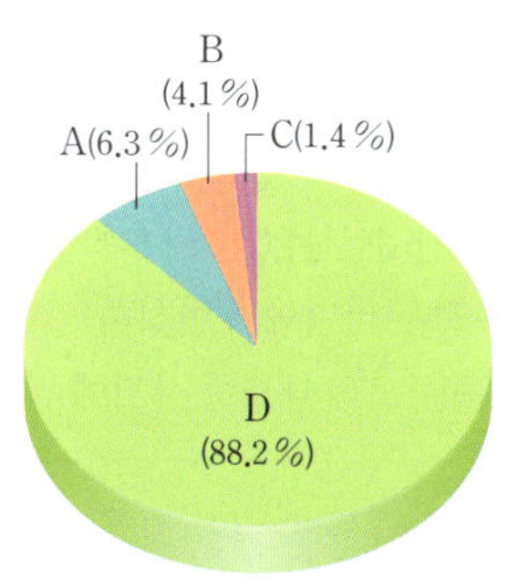

이에 대한 설명으로 옳은 것만을 〈보기〉에서 있는 대로 고른 것은?

보기
ㄱ. 남세균이 최초로 출현한 시대는 A이다.
ㄴ. 최초의 육상 생물이 출현한 시대는 B이다.
ㄷ. 매머드가 번성한 시대는 C이다.

① ㄱ ② ㄷ ③ ㄱ, ㄴ
④ ㄴ, ㄷ ⑤ ㄱ, ㄴ, ㄷ

04 학평 기출

다음은 스트로마톨라이트에 대한 자료이다.

스트로마톨라이트는 최초의 광합성 생물 A에 의해 만들어진 구조이다. A의 ㉠광합성으로 발생한 산소가 대기 중으로 공급되면서 ㉡오존층이 형성되었다.

이에 대한 설명으로 옳은 것만을 〈보기〉에서 있는 대로 고른 것은?

보기
ㄱ. A는 남세균이다.
ㄴ. ㉠ 과정에서 빛에너지를 이용하여 양분을 합성한다.
ㄷ. ㉡이 형성된 이후 바닷속 생물이 육상으로 진출했다.

① ㄱ ② ㄴ ③ ㄱ, ㄷ
④ ㄴ, ㄷ ⑤ ㄱ, ㄴ, ㄷ

05 ✔빈출

그림은 다른 지질 시대의 화석을 순서 없이 나타낸 것이다.

  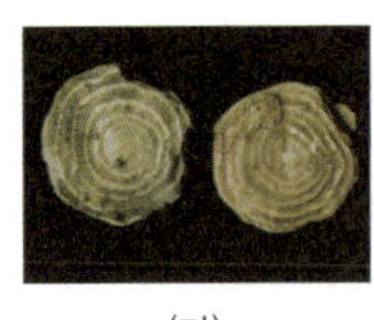

(가)　　　　　(나)　　　　　　(다)

이에 대한 설명으로 옳은 것만을 〈보기〉에서 있는 대로 고른 것은?

〈보기〉
ㄱ. 번성하였던 시간 순서는 (가) → (다) → (나)이다.
ㄴ. (가)~(다)는 모두 바다에서 번성하였다.
ㄷ. (나)는 가장 큰 규모의 대멸종 시기에 멸종했다.

① ㄱ　　　　② ㄴ　　　　③ ㄱ, ㄷ
④ ㄴ, ㄷ　　　⑤ ㄱ, ㄴ, ㄷ

06

그림은 어느 지질 시대의 복원도를 나타낸 것이다. 이에 대한 설명으로 옳은 것만을 〈보기〉에서 있는 대로 고른 것은?

〈보기〉
ㄱ. 빙하기와 간빙기가 반복적으로 나타났다.
ㄴ. 육지에서 겉씨식물이 번성하였다.
ㄷ. 바다에서는 화폐석이 번성하였다.

① ㄱ　　　　② ㄴ　　　　③ ㄱ, ㄷ
④ ㄴ, ㄷ　　　⑤ ㄱ, ㄴ, ㄷ

07

그림은 고생대 이후 해양 생물 과의 수와 생물 과의 멸종 비율을 나타낸 것이다. A~E는 다섯 번의 대멸종을 나타낸 것이다. 이에 대한 설명으로 옳은 것만을 〈보기〉에서 있는 대로 고른 것은?

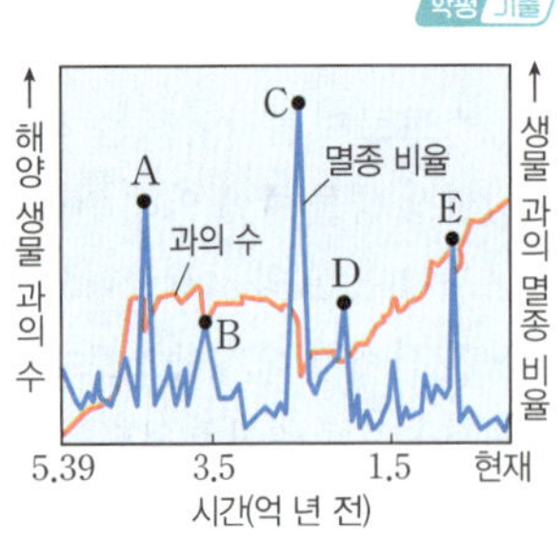

〈보기〉
ㄱ. 고생대가 끝날 무렵에 발생한 대멸종은 C이다.
ㄴ. 해양 생물 과의 수는 1.5억 년 전이 현재보다 많다.
ㄷ. B에서의 생물 과의 멸종 비율은 E에서의 생물 과의 멸종 비율보다 높다.

① ㄱ　　　　② ㄴ　　　　③ ㄱ, ㄷ
④ ㄴ, ㄷ　　　⑤ ㄱ, ㄴ, ㄷ

08

그림 (가)와 (나)는 각각 무당벌레와 앵무새에게서 관찰되는 현상을 나타낸 것이다.

(가)　　　　　　　　(나)

이에 대한 설명으로 옳은 것만을 〈보기〉에서 있는 대로 고른 것은?

〈보기〉
ㄱ. (가)와 (나)는 모두 변이의 예이다.
ㄴ. 개체 ㉠과 ㉡은 갖고 있는 유전자에 차이가 있다.
ㄷ. (나)에 나타난 개체 사이의 차이는 생물의 진화를 억제하는 요인이다.

① ㄴ　　　　② ㄷ　　　　③ ㄱ, ㄴ
④ ㄱ, ㄷ　　　⑤ ㄱ, ㄴ, ㄷ

09 ✔빈출

그림은 자연선택에 의한 기린의 진화 과정을 나타낸 것이다.

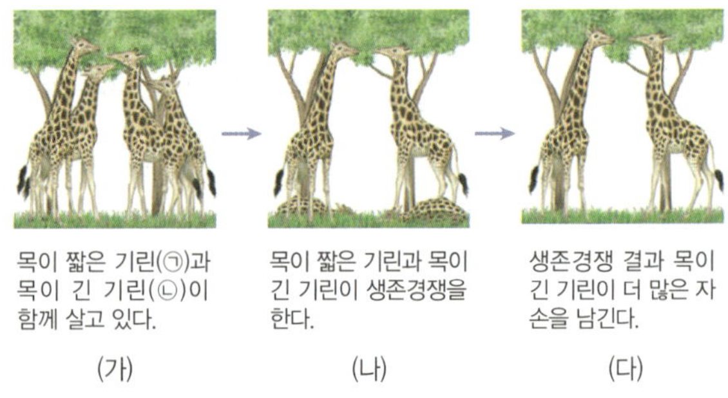

목이 짧은 기린(㉠)과 목이 긴 기린(㉡)이 함께 살고 있다.

목이 짧은 기린과 목이 긴 기린이 생존경쟁을 한다.

생존경쟁 결과 목이 긴 기린이 더 많은 자손을 남긴다.

(가)　　　　　　(나)　　　　　　(다)

이에 대한 설명으로 옳은 것만을 〈보기〉에서 있는 대로 고른 것은?

〈보기〉
ㄱ. (가)의 ㉠과 ㉡은 유전적으로 동일하다.
ㄴ. (나)에서 목이 짧은 기린이 생존경쟁에 유리하다.
ㄷ. (다)에서 자손은 부모로부터 긴 목을 갖게 하는 유전자를 물려받았다.

① ㄱ　　　　② ㄷ　　　　③ ㄱ, ㄴ
④ ㄴ, ㄷ　　　⑤ ㄱ, ㄴ, ㄷ

10

그림은 어떤 습지에서 부리 크기에 따른 핀치의 수를 나타낸 것이다. 이 지역에 습지가 형성되기 전에는 큰 부리를 가진 핀치가 가장 많았으며, 핀치는 부리가 클수록 크고 딱딱한 씨

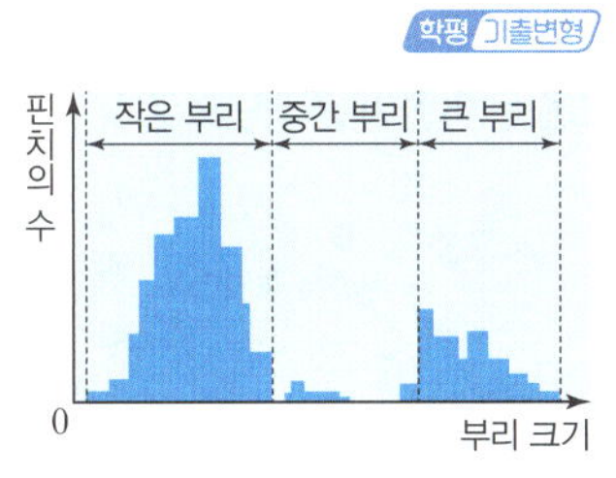

를 잘 먹는다. 이에 대한 설명으로 옳은 것만을 〈보기〉에서 있는 대로 고른 것은? (단, 주어진 자료만 고려한다.)

〈보기〉
ㄱ. 습지가 형성된 후 자연선택이 일어났다.
ㄴ. 습지가 형성된 후 이 지역에 크고 딱딱한 씨가 많아졌다.
ㄷ. 먹이의 종류는 핀치의 진화를 일으키는 요인이다.

① ㄴ ② ㄷ ③ ㄱ, ㄴ
④ ㄱ, ㄷ ⑤ ㄱ, ㄴ, ㄷ

03 생물다양성과 보전

11

그림은 두 지역 (가)와 (나)에 서식하는 식물을 모두 나타낸 것이다.

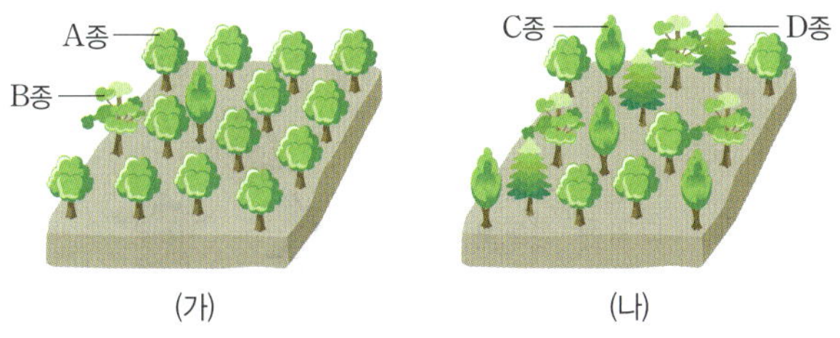

이에 대한 설명으로 옳은 것만을 〈보기〉에서 있는 대로 고른 것은?

〈보기〉
ㄱ. 생물다양성은 (가)와 (나)에서 같다.
ㄴ. 종다양성은 (나)에서가 (가)에서보다 높다.
ㄷ. 서식하는 식물 종의 수는 생물다양성에 영향을 미치지 않는다.

① ㄴ ② ㄷ ③ ㄱ, ㄴ
④ ㄱ, ㄷ ⑤ ㄱ, ㄴ, ㄷ

12 빈출

그림은 생물다양성의 세 가지 구성요소를 나타낸 것이다.

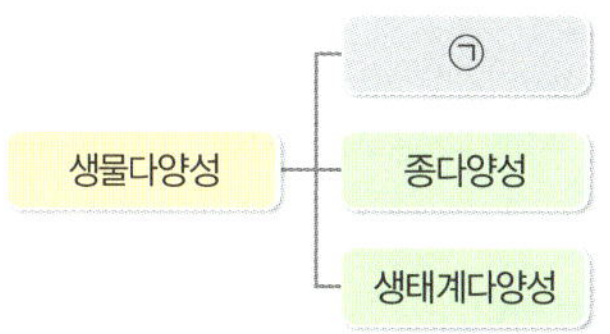

이에 대한 설명으로 옳은 것만을 〈보기〉에서 있는 대로 고른 것은?

〈보기〉
ㄱ. ㉠은 한 생물종에서 나타난다.
ㄴ. 얼룩말의 줄무늬가 다른 것은 ㉠에 해당한다.
ㄷ. 한 생태계에 다양한 종류의 생물이 서식하는 것은 생태계다양성에 해당한다.

① ㄱ ② ㄷ ③ ㄱ, ㄴ
④ ㄴ, ㄷ ⑤ ㄱ, ㄴ, ㄷ

13 학평 기출

그림은 괭이눈에 대한 신문 기사와 이 기사에 대한 학생 A~C의 대화를 나타낸 것이다.

○○신문

국립생물자원관은 △△군 일대를 조사한 결과, 그간 문헌으로만 전해지던 괭이눈의 국내 서식지를 처음으로 확인했다고 밝혔다. 괭이눈은 1913년 한 생물학자가 제주도에 분포한다고 보고한 이래 지난 100여 년 동안 우리나라에서 발견된 일이 없었다. 이번에 확인된 괭이눈은 안정적인 군집을 형성하고 있는 것으로 조사되었다.

▲ 괭이눈

제시한 내용이 옳은 학생만을 있는 대로 고른 것은?

① A ② C ③ A, B
④ B, C ⑤ A, B, C

만점 도전 문제

14 ✓빈출

그림 (가)와 (나)는 서로 다른 지질 시대 말기의 수륙 분포를 나타낸 것이다.

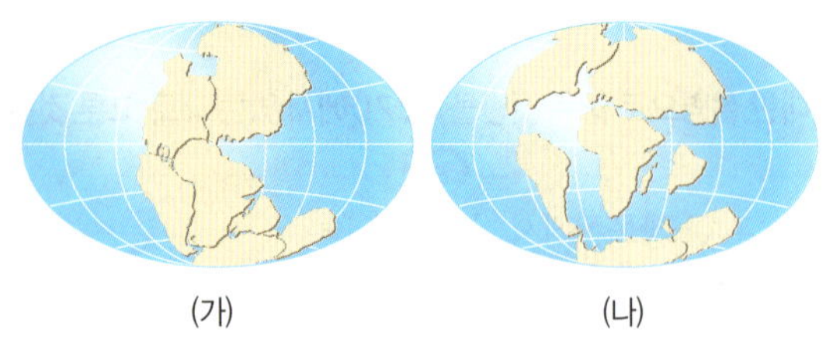

(가)   (나)

이에 대한 설명으로 옳은 것만을 〈보기〉에서 있는 대로 고른 것은?

〈보기〉
ㄱ. 수륙 분포는 (가)에서 (나)로 변하였다.
ㄴ. 해안선의 총 길이는 (가)보다 (나)에서 길다.
ㄷ. (가)의 시기에 육지에서는 양치식물이 번성하였다.

① ㄱ   ② ㄴ   ③ ㄱ, ㄷ
④ ㄴ, ㄷ   ⑤ ㄱ, ㄴ, ㄷ

15 학평 기출

그림은 지질 시대 중 해양 동물과 육상 식물의 생물 과의 수 변화를 나타낸 것이다.

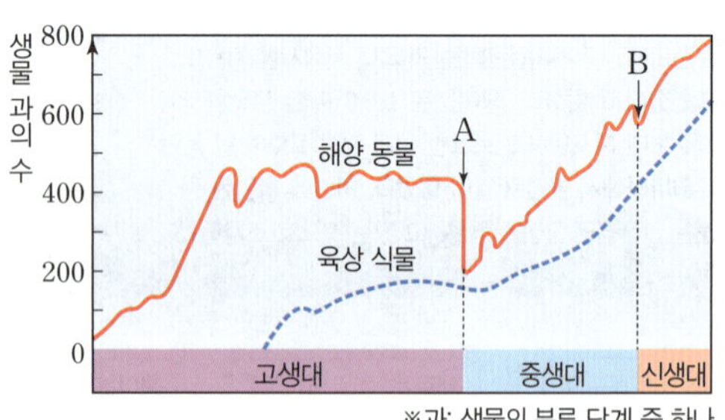

이에 대한 설명으로 옳은 것만을 〈보기〉에서 있는 대로 고른 것은?

〈보기〉
ㄱ. 고생대가 끝날 무렵 최초의 육상 식물이 출현하였다.
ㄴ. A 시기에 생물 과의 수 변화는 해양 동물이 육상 식물보다 크다.
ㄷ. 삼엽충은 B 시기에 멸종하였다.

① ㄱ   ② ㄴ   ③ ㄷ
④ ㄱ, ㄴ   ⑤ ㄴ, ㄷ

16 학평 기출변형

그림은 어떤 세균 집단의 진화 과정을 나타낸 것이다.

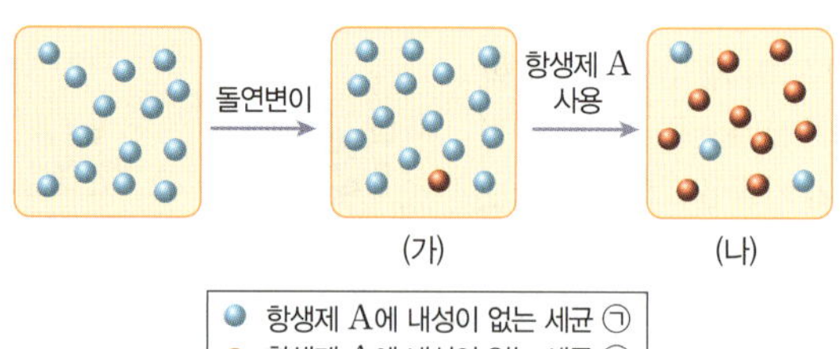

이에 대한 설명으로 옳은 것만을 〈보기〉에서 있는 대로 고른 것은? (단, 외부와의 개체 출입은 없다.)

〈보기〉
ㄱ. 돌연변이에 의해 새로운 형질이 나타났다.
ㄴ. (가) → (나) 과정에서 ㉡이 ㉠보다 생존에 유리하다.
ㄷ. 항생제 A를 지속적으로 사용하면 ㉡의 비율이 감소한다.

① ㄱ   ② ㄷ   ③ ㄱ, ㄴ
④ ㄴ, ㄷ   ⑤ ㄱ, ㄴ, ㄷ

17 ✓빈출

표의 Ⅰ ～ Ⅲ은 생물다양성의 세 가지 구성요소의 특징을 나타낸 것이고, 그림은 같은 종의 무당벌레에서 다양한 딱지날개의 무늬를 나타낸 것으로 Ⅰ의 예이다.

구분	특징
Ⅰ	?
Ⅱ	?
Ⅲ	비 생물요소의 다양한 정도를 포함한다.

이에 대한 설명으로 옳은 것만을 〈보기〉에서 있는 대로 고른 것은?

〈보기〉
ㄱ. Ⅰ은 종다양성이다.
ㄴ. 서식하는 생물종의 수가 많은 지역일수록 Ⅱ가 낮다.
ㄷ. 우리나라에 숲, 강, 바다, 호수가 있는 것은 Ⅲ의 예에 해당한다.

① ㄴ   ② ㄷ   ③ ㄱ, ㄴ
④ ㄱ, ㄷ   ⑤ ㄱ, ㄴ, ㄷ

서술형 문제

18

표는 어느 지역의 지층 A와 B에서 산출된 화석을 나타낸 것이다.

지층	산출 화석
A	삼엽충, 산호
B	공룡 발자국, 고사리

이 지역에서 지층이 퇴적된 시기와 퇴적 환경의 변화에 대해 서술하시오.

19 ✅빈출

그림은 고생대, 중생대, 신생대의 상대적인 길이를 순서 없이 A~C로 나타낸 것이다. 최초의 육상 생물이 출현한 시기를 고르고, 육상 생물이 출현할 수 있었던 지구 환경의 변화에 대해 서술하시오.

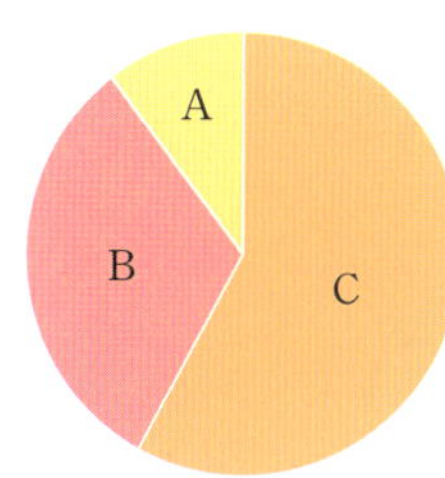

20

중생대에는 전 기간에 걸쳐 온난하여 빙하기가 없었다. 중생대에 기온이 높았던 까닭에 대해 서술하시오.

21

그림은 지질 시대 동안 멸종한 생물 속의 수를 비율로 나타낸 것이다.

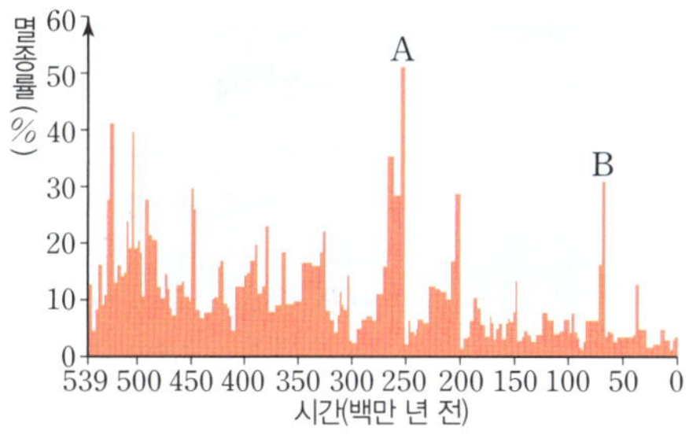

A 시기의 수륙 분포 특징과 A와 B 시기 사이에 일어난 수륙 분포의 변화에 대해 서술하시오.

22 ✅빈출

다음은 항생제 내성 세균에 대한 모의실험이다.

(가) ㉠ 항생제 역할을 하는 벨크로 테이프와 세균 모형 A, B를 준비한다. A와 B 중 하나만 ㉠에 붙인다.
(나) 쟁반에 A를 36개, B를 4개 넣어 1세대를 만든다.
(다) ㉠으로 세균 모형을 찍어 내어 20개를 제거한다.
(라) ㉡ 쟁반에 남은 것과 같은 종류의 모형을 각각의 수만큼 더해 2세대를 만든다.
(마) 과정 (다)~(라)를 반복하여 3세대와 4세대를 만든 결과가 표와 같이 나타났다.

구분	1세대	2세대	3세대	4세대
A	36	32	24	8
B	4	8	16	32

(1) A와 B 중 항생제 내성 세균 모형의 기호를 쓰고, 이 모형이 ㉠에 붙는지, 붙지 않는지 쓰시오.

(2) 실제로 일어나는 항생제 내성 세균의 진화 과정에서 ㉡은 어떤 현상을 나타내는 것인지 서술하시오.

23

그림 (가)는 생물다양성의 세 가지 구성요소를, (나)는 어떤 달팽이 종에서 ㉠의 예를 나타낸 것이다.

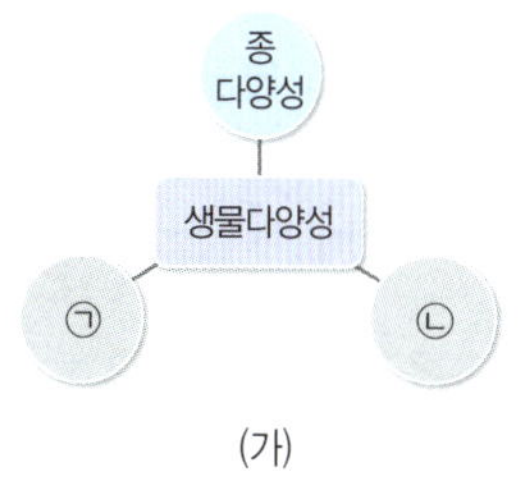

(나)

(1) ㉠과 ㉡의 명칭을 각각 쓰시오.

(2) ㉠의 중요성을 다음에 제시된 단어를 모두 포함하여 서술하시오.

> 환경   생존   멸종   가능성

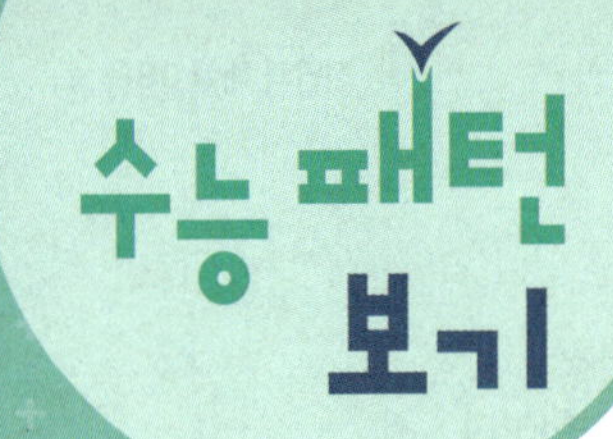

I-1 지구 환경 변화와 생물다양성

01 그림 (가)는 지질 시대 A~D의 지속 시간을, (나)는 어느 지층에서 산출된 화석을 나타낸 것이다. A~D는 각각 선캄브리아시대, 고생대, 중생대, 신생대 중 하나이다.

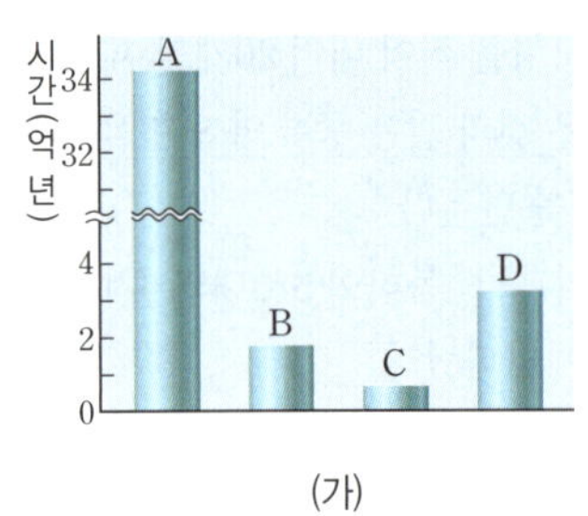

(가)

(나)

이에 대한 설명으로 옳은 것만을 〈보기〉에서 있는 대로 고른 것은?

〈보기〉

ㄱ. 지질 시대의 순서는 A → D → B → C 이다.
ㄴ. (나)가 산출된 지층이 퇴적된 시기는 B에 속한다.
ㄷ. (나)가 멸종한 시기에 초대륙이 존재하였다.

① ㄱ   ② ㄴ   ③ ㄷ   ④ ㄱ, ㄴ   ⑤ ㄱ, ㄷ

기출 패턴

지질 시대별 길이와 표준 화석을 알고 있어야 한다.

배경 지식

- 지질 시대: 지구가 탄생(약 45억 6천 7백만 년 전)한 후부터 현재까지의 기간이다.
- 지질 시대의 구분 기준: 지구 환경 변화로 인한 생물계의 급격한 변화(화석의 변화)

---

02 그림은 5.39억 년 전부터 현재까지 지구의 평균 기온 변화를 나타낸 것이다.

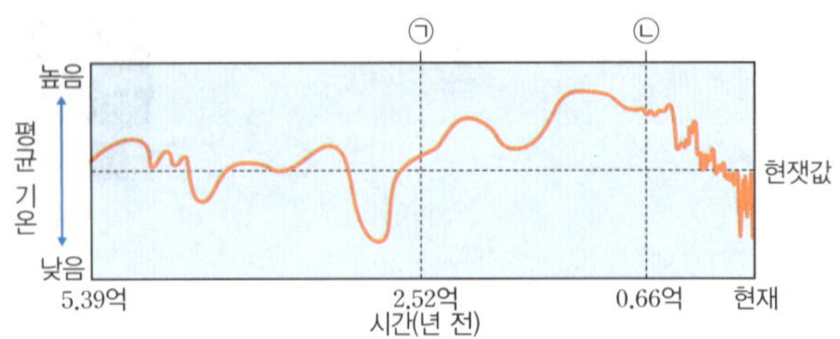

이에 대한 설명으로 옳은 것만을 〈보기〉에서 있는 대로 고른 것은?

〈보기〉

ㄱ. 가장 온난한 지질 시대에 번성했던 척추동물은 포유류이다.
ㄴ. 판게아가 형성될 당시 큰 빙하기가 나타났다.
ㄷ. ㉠과 ㉡ 시기에는 모두 생물 대멸종이 일어났다.

① ㄱ   ② ㄷ   ③ ㄱ, ㄴ   ④ ㄴ, ㄷ   ⑤ ㄱ, ㄴ, ㄷ

기출 패턴

지질 시대의 환경 변화와 생물계의 변화에 대해 알고 있어야 한다.

배경 지식

- 빙하기: 지구의 평균 기온이 오랜 시간 동안 낮아져 빙하가 크게 확장되는 시기이다.
- 생물 대멸종: 지구상에서 많은 생물이 짧은 기간 동안 멸종한 사건을 말한다.

03 그림은 한 종의 딱정벌레 집단의 진화 과정을 나타낸 것이다. 어두운색 딱정벌레는 나무껍질과 몸 색깔이 비슷하여 밝은색 딱정벌레에 비해 포식자인 새의 눈에 잘 띄지 않는다.

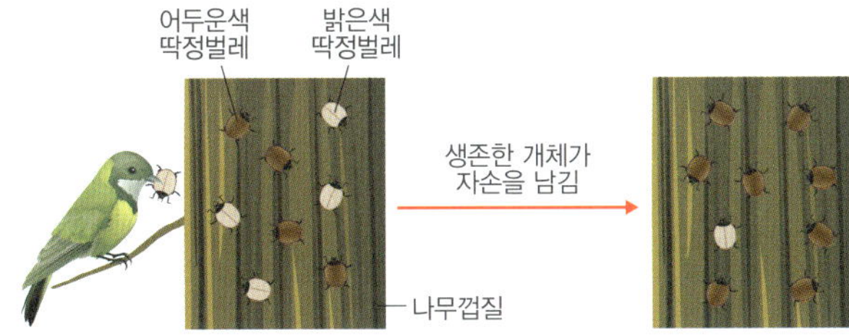

이에 대한 설명으로 옳은 것만을 〈보기〉에서 있는 대로 고른 것은?

<보기>

ㄱ. 딱정벌레 집단의 진화 과정에서 자연선택이 일어났다.
ㄴ. 밝은색 딱정벌레가 환경에 적응하기 유리한 형질을 가졌다.
ㄷ. 돌연변이는 딱정벌레의 몸 색깔 변이의 발생 원인에 해당한다.

① ㄱ ② ㄴ ③ ㄱ, ㄷ ④ ㄴ, ㄷ ⑤ ㄱ, ㄴ, ㄷ

기출 패턴

변이의 발생 원인과 자연선택의 원리를 알고, 주어진 환경에서 어떤 변이가 환경에 적응하기 유리한지 판단할 수 있어야 한다.

배경 지식

· 변이는 돌연변이와 유성생식 과정에서 생식세포의 다양한 조합으로 발생한다.
· 자연선택에 의한 진화 과정은 다양한 변이 → 생존경쟁 → 자연선택 → 생물의 진화 단계를 거치면서 일어난다.

---

04 표는 생물다양성의 구성요소 (가)~(다)의 사례를 나타낸 것이다. (가)~(다)는 생태계다양성, 유전적 다양성, 종다양성을 순서 없이 나타낸 것이다.

구성요소	사례
(가)	⊙
(나)	개체수가 많은 종에서는 개체수가 적은 종에 비해 다양한 변이가 나타난다.
(다)	어느 지역에 숲, 초원, 습지, 호수, 강 등 생물이 살아갈 수 있는 다양한 환경이 존재한다.

이에 대한 설명으로 옳은 것만을 〈보기〉에서 있는 대로 고른 것은?

<보기>

ㄱ. '적도 근처 지역은 극 지역에 비해 서식하는 생물종의 수가 많다.'는 ⊙에 해당한다.
ㄴ. (나)는 종다양성이다.
ㄷ. (다)는 생물요소와 비생물요소의 상호작용의 다양한 정도를 포함한다.

① ㄱ ② ㄷ ③ ㄱ, ㄴ ④ ㄱ, ㄷ ⑤ ㄴ, ㄷ

기출 패턴

생물다양성의 세 가지 구성요소를 정확히 이해하고, 각 사례를 구별할 수 있어야 한다.

배경 지식

· 유전적 다양성은 개체들의 유전적 구성과 그에 따른 형질의 다양한 정도를 의미한다. 유전적 다양성이 높은 종은 환경이 변화하거나 질병이 나타날 때 생존할 가능성이 높다.
· 생태계다양성이 높은 지역에는 다양한 환경이 존재하므로 종다양성도 높게 나타난다.

04 산화와 환원

① 자연과 인류의 역사를 바꾼 화학 반응●

1 광합성

(1) **광합성**: 식물의 엽록체에서 빛에너지를 이용하여 이산화 탄소와 물로 포도당과 산소를 만든다.

$$\text{이산화 탄소} + \text{물} \xrightarrow{\text{빛에너지}} \text{포도당} + \text{산소}$$

반응물 　　　　　　　 생성물

(2) **광합성의 영향**

① 광합성으로 만들어진 포도당은 식물체 내에서 양분으로 사용되고, 산소는 대기로 방출된다.

② 생명체의 호흡, 물질의 연소 반응에서 대기로 방출된 산소가 사용된다.

마이토콘드리아에서 포도당과 산소가 반응하여 이산화 탄소와 물, 에너지를 만들어~

🔍 자세하게 　광합성이 지구와 생명에 미친 영향

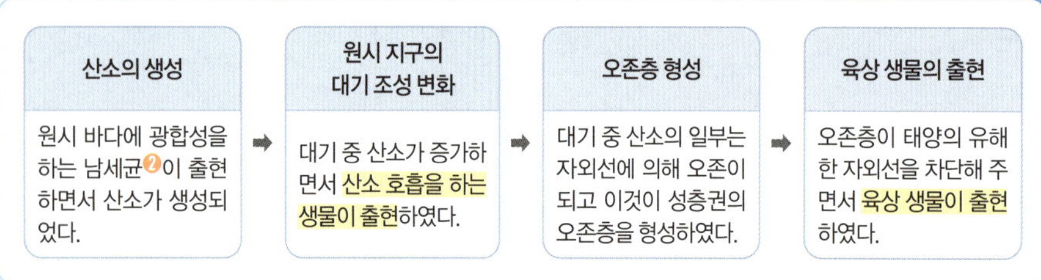

산소의 생성	→	원시 지구의 대기 조성 변화	→	오존층 형성	→	육상 생물의 출현
원시 바다에 광합성을 하는 남세균●이 출현하면서 산소가 생성되었다.		대기 중 산소가 증가하면서 산소 호흡을 하는 생물이 출현하였다.		대기 중 산소의 일부는 자외선에 의해 오존이 되고 이것이 성층권의 오존층을 형성하였다.		오존층이 태양의 유해한 자외선을 차단해 주면서 육상 생물이 출현하였다.

2 화석 연료의 연소

$$\text{화석 연료} + \text{산소} \longrightarrow \text{이산화 탄소} + \text{물(수증기)} + \text{열에너지}$$

반응물 　　　　　　　　 생성물

(1) **화석 연료**: 탄소와 수소를 주성분으로 하는 석탄, 석유, 천연 가스 등의 물질

(2) **화석 연료의 연소**: 화석 연료의 연소 시 산소가 필요하며, 연소 시 열에너지와 이산화 탄소, 물 등이 생성된다.

(3) **화석 연료가 인류에 미친 영향**

① 석탄을 에너지원으로 하는 증기 기관이 발명되었고, 이는 산업 혁명에 기여하였다.

② 석유가 교통수단의 중요한 에너지원이 되었고, 플라스틱, 합성 고무, 합성 섬유의 원료, 화학제품의 원료로 사용되고 있다.

③ 천연 가스는 난방과 조리용 연료 및 시내버스 등의 연료로 사용되고 있다.

3 철의 제련: 순수한 철을 얻기 위해 산화 철(Ⅲ)에서 산소를 분리한다.

$$\text{산화 철(Ⅲ)} + \text{일산화 탄소} \longrightarrow \text{철} + \text{이산화 탄소}$$

반응물 　　　　　　　　 생성물

(1) **철**: 자연 상태의 철은 순수한 철의 형태가 아닌 산소와 결합한 산화 철(Ⅲ)의 형태로 존재한다.

(2) **제련**: 산화 철에서 산소를 분리해 순수한 철을 얻어 내는 작업

단원 한눈에 보기

　　　　화학 반응

산화 환원 반응　　　산화와 환원

광합성　　산화　　환원

화석 연료의 연소　　산소 얻음　　산소 잃음

철의 제련　　전자 잃음　　전자 얻음

❶ 화학 반응

어떤 물질이 화학적 성질이 다른 물질로 변하는 반응

❷ 남세균(사이아노박테리아)

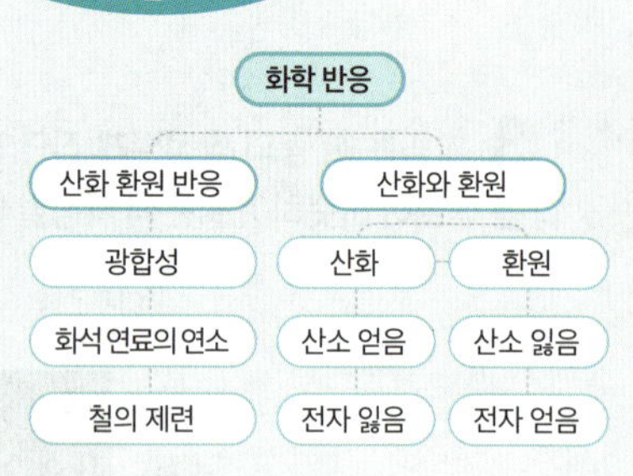

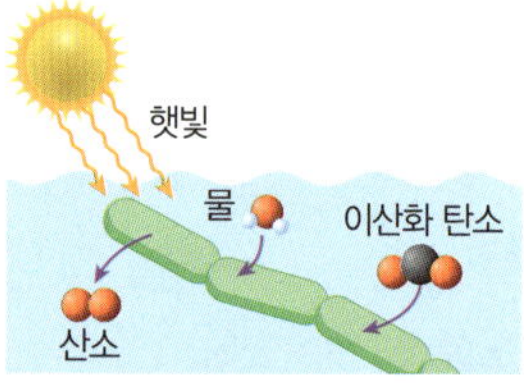

최초의 광합성 생물로 광합성을 통해 대기 중의 산소 농도를 높여 생물이 지상으로 진출하는 데 큰 역할을 했다.

청동기 시대가 철기 시대보다 앞선 까닭

철은 구리보다 반응성이 커서 산소와 더 잘 결합하므로 철광석에서 순수한 철을 분리해 내기가 구리보다 어려웠기 때문이다.

용어ін

- **오존층** 성층권에 존재하는 오존이 밀집된 공기층으로, 태양으로부터 오는 유해한 자외선을 차단하여 지상의 생명체를 보호한다.

- **화석 연료** 지질 시대에 번성했던 동식물의 유해가 퇴적물과 함께 쌓인 후 지압과 지열로 탄화 작용을 받아 탄화수소 또는 탄소를 주성분으로 하는 석유나 석탄 등으로 변한 것이다.

⑶ 철의 제련이 인류에 미친 영향
① 제련을 통해 순수한 철을 얻기 시작하면서부터 농기구 등을 포함한 도구를 만들며
청동기에서 철기 시대로 문명이 발달하였다.
② 호미, 쟁기 등의 농기구를 이용하여 농업 생산성을 향상시켰다.
③ 교통, 건축, 생활용품 등에 널리 사용되고 있다.

4 자연과 인류의 역사를 변화시킨 반응들의 공통점

광합성은 산소를 생성하고, 화석 연료의 연소는 산소를 이용하며, 철의 제련은 철에서 산소를 분리하는 과정으로, 모두 산소가 관여하는 반응이다. ➡ 산소가 관여하는 반응을 산화 환원 반응이라고 한다.

광합성	$6CO_2 + 6H_2O \longrightarrow C_6H_{12}O_6 + 6O_2$
화석 연료의 연소	$(C, H) + O_2 \longrightarrow CO_2 + H_2O$
철의 제련	$Fe_2O_3 + 3CO \longrightarrow 2Fe + 3CO_2$

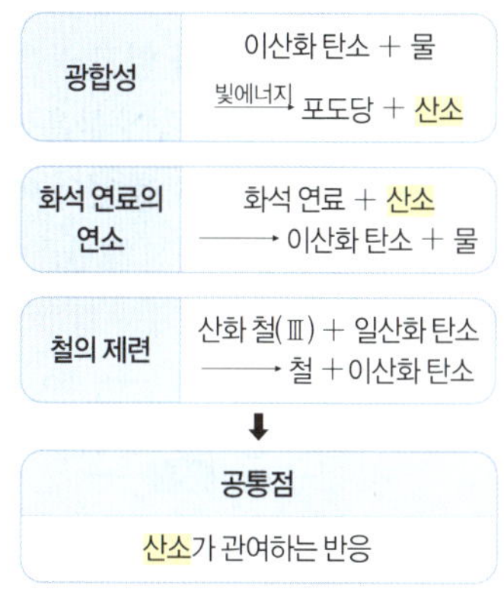

❷ 산화 환원 반응

1 산화 환원 반응

산소의 이동	산화	물질이 산소를 얻는 반응	산화 ⌐ ⌐ 2CuO + C ⟶ 2Cu + CO₂ 산화 구리(Ⅱ) 탄소 구리 이산화 탄소 환원
	환원	물질이 산소를 잃는 반응	
전자의 이동	산화	물질이 전자를 잃는 반응	산화 ⌐ ⌐ Mg + Cu²⁺ ⟶ Mg²⁺ + Cu 마그네슘 구리 이온 마그네슘 이온 구리 환원
	환원	물질이 전자를 얻는 반응	
산화 환원 반응의 동시성	화학 반응이 일어날 때 어떤 물질이 산소(전자)를 얻으려면 산소(전자)를 잃는 물질이 있어야 한다. 즉, 산화와 환원은 항상 동시에 일어난다.		

용어신
• 연소 물질이 산소와 반응하여 빛과 열을 내는 화학 반응

바로 복습

정답과 해설 12쪽

빈칸 채우기 문제

01 광합성은 빛에너지를 이용해 이산화 탄소와 물을 포도당과 (   )로 만드는 반응이다.

02 (   )는 물질이 산소와 반응하여 빛과 열을 내는 화학 반응이다.

03 산소와 결합하는 반응을 (   ), 산소를 잃는 반응을 (   )이라고 한다.

04 산화되는 물질이 (   )를 얻을 때 환원되는 물질이 (   )를 잃게 되므로 (   ) 반응은 동시에 일어난다.

○✕ 문제

05 철의 제련은 철광석에 산소를 결합시켜서 철을 얻는 과정이다. (○ ✕)

06 광합성, 화석 연료의 연소, 철의 제련 반응은 모두 산소가 관여하는 반응이다. (○ ✕)

07 전자를 얻는 반응은 산화이고, 전자를 잃는 반응은 환원이다. (○ ✕)

08 산화 환원 반응은 항상 동시에 일어난다. (○ ✕)

2 산소의 이동과 산화 환원 반응

(1) **산화 구리(Ⅱ)와 탄소의 산화 환원 반응**: 산화 구리(Ⅱ)와 탄소 가루를 섞어 가열하면 산화 구리(Ⅱ)는 산소를 잃고 붉은색의 구리로 환원되므로 시험관 속에 붉은색 가루가 생성된다. 또 탄소가 산소를 얻어 이산화 탄소로 산화되고, 생성된 이산화 탄소에 의해 석회수❸가 뿌옇게 흐려진다.

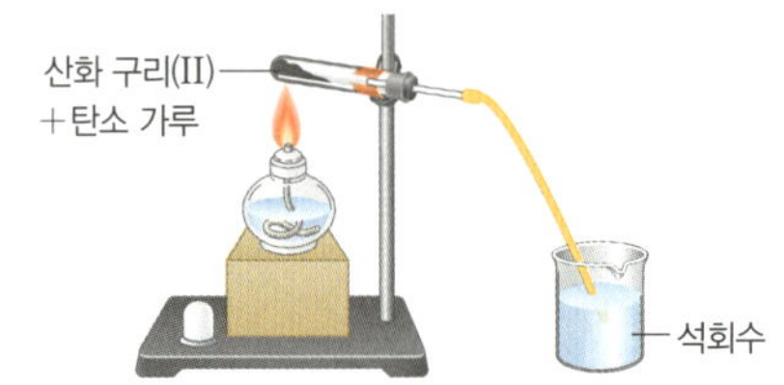

예

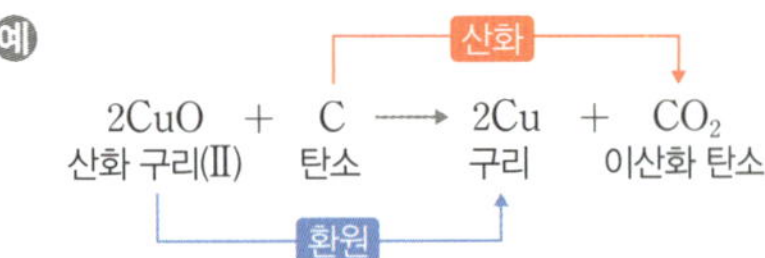

$$2CuO + C \longrightarrow 2Cu + CO_2$$
산화 구리(Ⅱ)　　탄소　　　구리　　이산화 탄소

산화 →
← 환원

(2) **철의 제련**: 산화 철(Ⅲ)이 주성분인 철광석과 코크스❹를 용광로❺에 함께 넣고 가열하면 순수한 철을 얻을 수 있다.

산화 철을 환원시키기 위해 넣어~

자세하게   **철의 제련**

- **코크스의 산화**: 코크스가 산소를 얻어 일산화 탄소로 산화된다.

$$2C + O_2 \longrightarrow 2CO$$
코크스　　산소　　일산화 탄소

산화

- **산화 철(Ⅲ)의 환원**: 철광석의 산화 철(Ⅲ)이 일산화 탄소와 반응하여 산화 철(Ⅲ)은 산소를 잃고 철로 환원되고, 일산화 탄소는 산소를 얻어 이산화 탄소로 산화된다.

$$Fe_2O_3 + 3CO \longrightarrow 2Fe + 3CO_2$$
산화 철(Ⅲ)　일산화 탄소　　철　　이산화 탄소

산화 →
← 환원

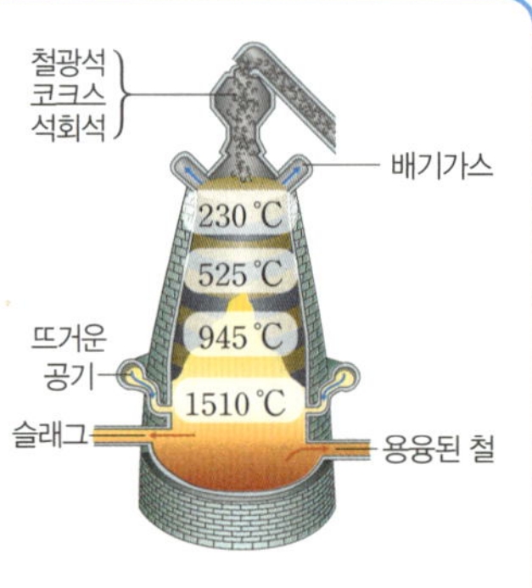

(3) **구리의 가열에 의한 산화 환원 반응**

구리판을 겉불꽃에 넣었을 때	가열된 구리판을 속불꽃에 넣었을 때

붉은색 구리판이 검게 변한다.	검은색 구리판이 다시 붉게 변한다.
➡ 붉은색 **구리가 산소를 얻어** 검은색 산화 구리(Ⅱ)로 **산화**된다.	➡ 검은색 산화 구리(Ⅱ)가 산소를 잃고 붉은색 구리로 **환원**된다.
➡ **산소**는 산화 구리(Ⅱ)로 **환원**된다.	➡ **일산화 탄소**는 산소를 얻어 이산화 탄소로 **산화**된다.

산화
$$2Cu + O_2 \dashrightarrow 2CuO$$
구리　　산소　　산화 구리(Ⅱ)
환원

산화
$$CuO + CO \longrightarrow Cu + CO_2$$
산화 구리(Ⅱ)　일산화 탄소　구리　이산화 탄소
환원

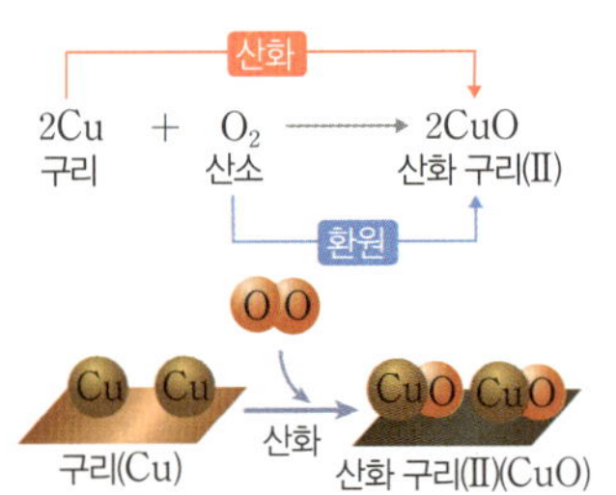

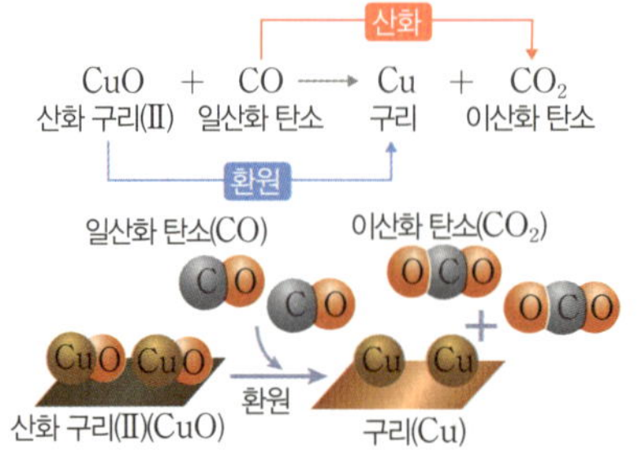

구리판의 질량은 증가한다.	구리판의 질량은 감소한다.
➡ 구리가 산화되어 생성된 산화 구리(Ⅱ)의 질량은 구리와 결합한 산소의 질량만큼 증가한다.	➡ 산화 구리(Ⅱ)가 환원되어 생성된 구리의 질량은 잃은 산소의 질량만큼 감소한다.

---

❸ 석회수를 이용한 이산화 탄소의 검출
석회수($Ca(OH)_2$ 수용액)에 이산화 탄소(CO_2)를 통과시키면 석회수가 뿌옇게 흐려진다. 이를 통해 이산화 탄소 기체의 존재 여부를 확인할 수 있다.

❹ 코크스
석탄을 고온에서 오랜 시간 동안 구운 것으로, 주성분은 탄소이다.

❺ 용광로에서 철의 제련
철을 제련할 때 코크스 외에 석회석($CaCO_3$)도 함께 넣는데, 석회석은 철광석에 함유된 불순물인 이산화 규소(SiO_2)를 제거한다. 이산화 규소는 석회석이 열분해되어 생성된 산화 칼슘(CaO)과 반응하여 슬래그($CaSiO_3$)를 형성하고, 이 슬래그는 철보다 밀도가 작아 용융된 철과 분리되어 제거된다.

정리신

산화제와 환원제
- 산화제: 자신은 환원되면서 상대 물질을 산화시키는 물질
- 환원제: 자신은 산화되면서 상대 물질을 환원시키는 물질

용어신
- **제련** 광석을 용광로에 녹여 함유한 금속을 뽑아내어 정제하는 과정

3 전자의 이동과 산화 환원 반응

(1) **황산 구리(Ⅱ) 수용액과 아연의 반응**: 푸른색 황산 구리(Ⅱ)($CuSO_4$) 수용액에 아연 (Zn)판을 넣으면 **아연은** 황산 구리(Ⅱ) 수용액과 반응하여 **전자를 잃고** 아연 이온 (Zn^{2+})으로 **산화**되고, 수용액 속의 **구리 이온(Cu^{2+})**은 전자를 얻어 구리(Cu)로 **환원**되면서 용액의 푸른색이 옅어진다.

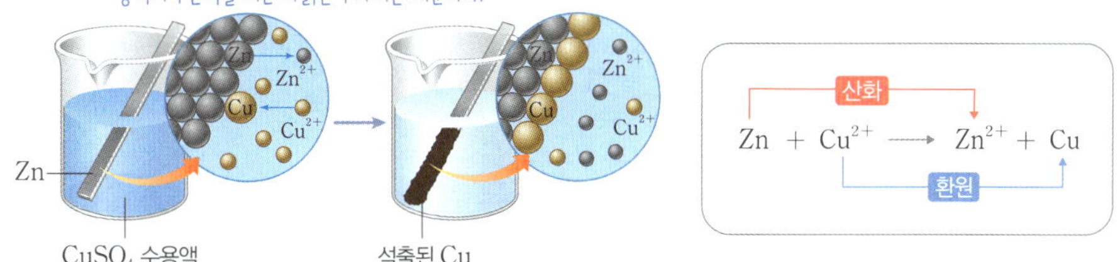

색을 띠는 이온
Cu^{2+}(구리 이온) → 푸른색
MnO_4^-(과망가니즈산 이온) → 보라색
CrO_4^{2-}(크로뮴산 이온) → 노란색

(2) **질산 은 수용액과 구리의 반응**: 무색의 질산 은 수용액에 구리줄을 넣으면 **구리는** 질산 은 수용액과 반응하여 **전자를 잃고** 구리 이온(Cu^{2+})으로 **산화**되어 용액 속에 녹아 용액이 파란색으로 변하고, **은 이온(Ag^+)**은 구리에서 떨어져 나온 **전자를 얻어** 은으로 **환원**되어 석출된다.

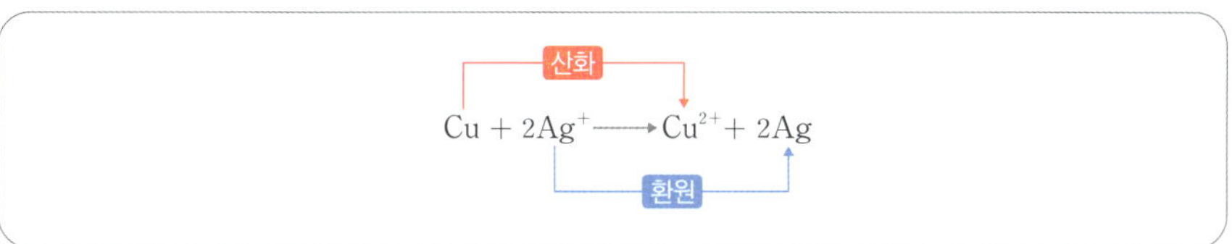

금속의 반응성
K>Ca>Na>Mg>Al>Zn>Fe
>Ni>Sn>Pb>(H)>Cu>Hg>
Ag>Pt>Au

(3) **묽은 염산과 아연의 반응**: 묽은 염산에 아연판을 넣으면 **아연은 전자를 잃고** 아연 이온(Zn^{2+})으로 **산화**되고, **수소 이온(H^+)**은 전자를 얻어 수소로 **환원**된다.

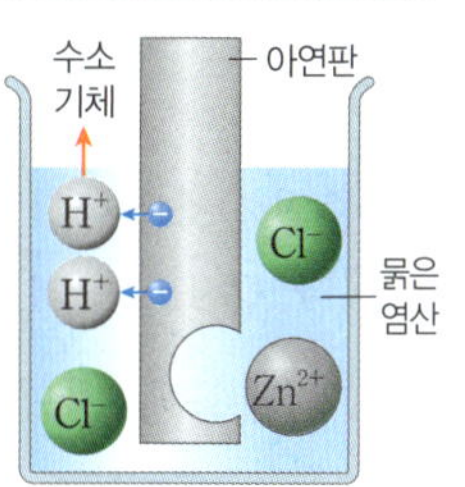

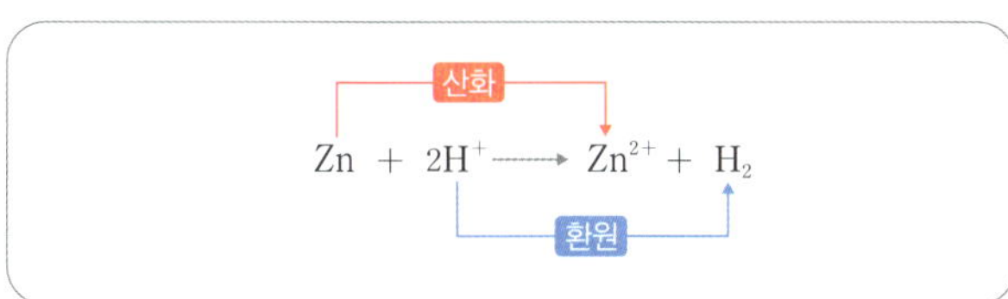

자세하게 산소가 이동하는 산화 환원 반응에서 전자의 이동

(1) **마그네슘(Mg) 리본을 공기 중에서 가열**: 산소(O_2)와 반응하여 산화 마그네슘(MgO)이 된다.

❶ **산소의 이동으로 설명**

$2Mg+O_2 \longrightarrow 2MgO$: 마그네슘의 연소 반응은 산소와 결합하므로 산화 반응이다.

❷ **전자의 이동으로 설명**

- $Mg \longrightarrow Mg^{2+}+2e^-$: 마그네슘은 전자를 잃고 산화된다.
- $O_2+4e^- \longrightarrow 2O^{2-}$: 산소는 전자를 얻고 환원된다.
- 전체 반응:

$$2Mg + O_2 \longrightarrow 2MgO\,(2Mg^{2+} + 2O^{2-})$$

산화 / 환원

(2) **철의 부식** ❻: 철(Fe)이 산소(O_2)와 결합하여 산화 철(Ⅲ)(Fe_2O_3)이 되므로 부식된다.

❶ **산소의 이동으로 설명**

$4Fe+3O_2 \longrightarrow 2Fe_2O_3$: 철이 산소와 결합하므로 산화 반응이다.

❷ **전자의 이동으로 설명**

- $4Fe \longrightarrow 4Fe^{3+}+12e^-$: 철이 전자를 잃고 산화된다.
- $3O_2+12e^- \longrightarrow 6O^{2-}$: 산소는 전자를 얻고 환원된다.
- 전체 반응:

$$4Fe + 3O_2 \longrightarrow 2Fe_2O_3\,(4Fe^{3+} + 6O^{2-})$$

산화 / 환원

❻ 철의 부식

공기 중에 수분과 산소가 많을수록 철이 잘 산화되어 녹이 잘 슨다.

철의 부식을 방지하는 방법
- 철 표면에 페인트나 기름을 칠해 철이 공기 중의 산소나 수분과 접촉하는 것을 막는다.
- 철 표면을 주석이나 아연으로 도금한다.

ZP point

산소를 얻는 반응인 산화는 전자를 잃는 것이고, 산소를 잃는 반응인 환원은 전자를 얻는 거야~!

- 산화 환원 반응

구분	산화	환원
산소	얻음	잃음
전자	잃음	얻음

1 광합성과 세포호흡 ❼

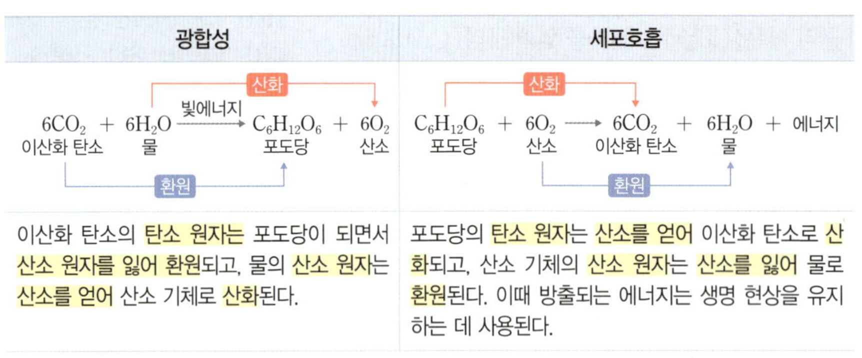

광합성	세포호흡
빛에너지 $6CO_2$ + $6H_2O$ $\longrightarrow$ $C_6H_{12}O_6$ + $6O_2$ 이산화 탄소　물　　　포도당　산소	$C_6H_{12}O_6$ + $6O_2$ $\longrightarrow$ $6CO_2$ + $6H_2O$ + 에너지 포도당　산소　　이산화 탄소　물
이산화 탄소의 탄소 원자는 포도당이 되면서 산소 원자를 잃어 환원되고, 물의 산소 원자는 산소를 얻어 산소 기체로 산화된다.	포도당의 탄소 원자는 산소를 얻어 이산화 탄소로 산화되고, 산소 기체의 산소 원자는 산소를 잃어 물로 환원된다. 이때 방출되는 에너지는 생명 현상을 유지하는 데 사용된다.

2 화석 연료의 연소 반응: 석탄, 석유, 천연 가스 등 화석 연료가 연소하면 이산화 탄소와 물이 생성된다.

　　예 **도시가스의 연소**: 도시가스의 주성분인 메테인이 공기 중의 산소와 빠르게 결합하므로 산화되고, 산소는 환원된다. 이산화 탄소와 물이 생성되고 많은 열과 빛을 방출한다.

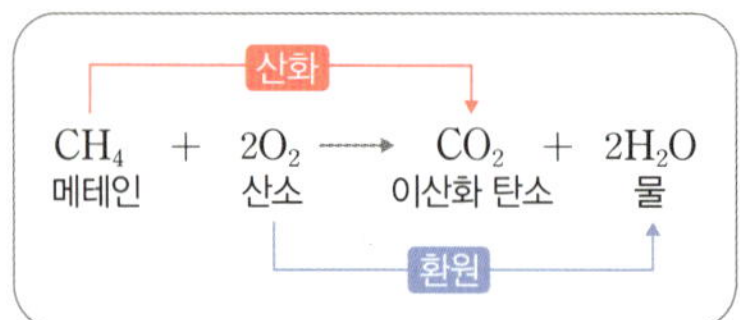

3 수소 연료 전지: 수소와 산소가 반응하여 물이 되는 과정에서 산화 환원 반응이 일어나 전기 에너지가 만들어진다.

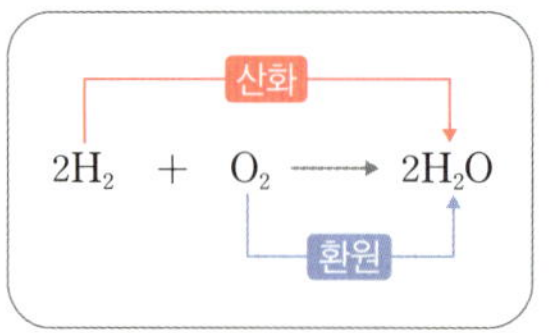

4 철의 부식: 수분의 존재 하에 철이 공기 중의 산소와 결합하여 녹($Fe_2O_3 \cdot 3H_2O$)이 되는 현상이다. 예 $4Fe + 3O_2 \longrightarrow 2Fe_2O_3$

5 일상생활 속 산화 환원 반응: 과일의 갈변, 섬유 표백, 반딧불이의 불빛, 일회용 손난로 등에 산화 환원 반응이 이용된다.

❼ **광합성과 세포호흡**

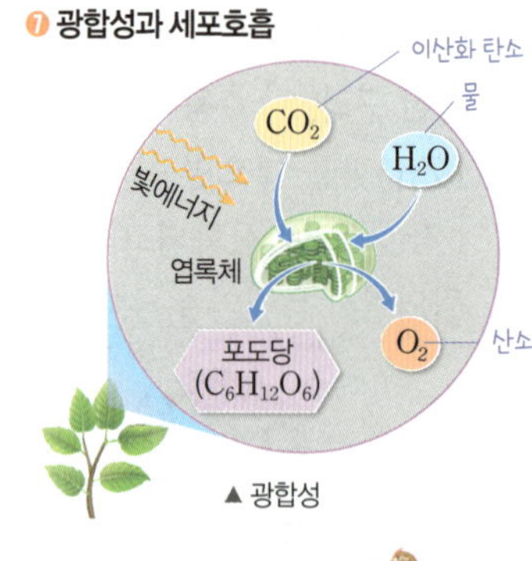

▲ 광합성

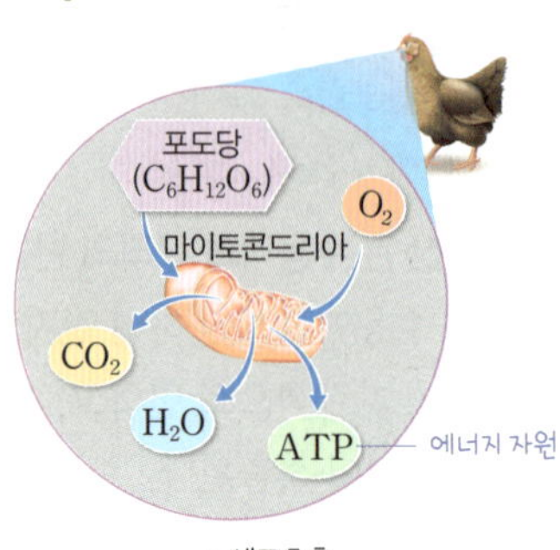

▲ 세포호흡

은수저의 녹 제거
은수저가 공기 중의 황화 수소 등과 반응하여 산화되어 검은색의 녹이 생긴다.
$4Ag + 2H_2S + O_2 \rightarrow 2Ag_2S + 2H_2O$
검게 변한 은수저와 소금물에 알루미늄박을 넣고 가열하면 은의 녹이 환원되어 제거된다.
$2Al + 3Ag_2S \rightarrow 2Al^{3+} + 3S^{2-} + 6Ag$

✎ **바로 복습**　　　　　　　　　　　　　　　　　　　　정답과 해설 12쪽

빈칸 채우기 문제

09 화학 반응에서 전자를 잃는 반응을 (　　　), 전자를 얻는 반응을 (　　　)이라고 한다.

10 구리판을 겉불꽃에 넣어 가열하면 구리가 검은색 산화 구리(Ⅱ)로 (　　　)되고, 속불꽃에 산화 구리(Ⅱ)를 넣어 가열하면 붉은색 구리로 (　　　)된다.

11 철의 제련에서 철광석의 주성분인 산화 철(Ⅲ)은 코크스가 불완전 연소하면서 생성된 일산화 탄소와 반응하여 산소를 (　　　) 철로 (　　　)된다.

12 질산 은 수용액에 구리판을 넣으면 구리가 (　　　)되어 구리 이온이 되어 용액 속에 녹아 용액이 파란색으로 변한다.

13 묽은 염산에 아연판을 넣으면 아연은 (　　　)를 잃고 아연 이온으로 (　　　)된다.

14 화석 연료의 연소 반응에서 화석 연료는 (　　　)된다.

○× 문제

15 산화 구리(Ⅱ)와 탄소 가루를 섞어 가열하면 산화 구리(Ⅱ)는 산화되고, 탄소는 환원되어 이산화 탄소가 발생한다. 　　　　（○ ×）

16 구리와 은 이온이 만나면 구리가 산화되고, 은 이온이 환원된다. 　　　　（○ ×）

17 광합성을 할 때 탄소는 산화되고, 세포호흡을 할 때 탄소는 환원된다. 　　　　（○ ×）

18 마그네슘과 산소가 반응하면 마그네슘은 산화되어 양이온이 되고 산소는 환원되어 음이온이 된다. 　（○ ×）

19 철이 부식되어 녹이 생성될 때 철은 환원된다.
　　　　　　　　　　　　　　　　　　　（○ ×）

20 과일의 갈변, 표백제의 표백 작용, 반딧불이의 불빛, 은수저의 녹 제거는 산화 환원 반응의 예이다. 　（○ ×）

산화 구리(Ⅱ)와 탄소의 반응 실험하기

목표 산화 구리(Ⅱ)와 탄소를 반응시켰을 때의 변화를 산화 환원 반응으로 설명할 수 있다.

준비물 > 산화 구리(Ⅱ), 탄소 가루, 석회수, 시험관, 비커, 유리관, 고무관, 구멍 뚫린 고무마개, 스탠드, 집게, 알코올램프, 전자저울, 약숟가락, 시약포지, 실험복, 실험용 장갑, 보안경

⚠ 주의신
- 화재 및 화상에 주의한다.
- 실험 과정에서 실험복, 실험용 장갑, 보안경을 착용한다.
- 실험 후 남은 물질은 정해진 곳에 모아 처리한다.

과정

❶ 시험관에 산화 구리(Ⅱ) 가루 10 g과 탄소 가루 2 g을 넣는다.

❷ 그림과 같이 시험관에 고무관을 연결하고 석회수가 담긴 비커에 고무관의 끝부분을 넣는다.

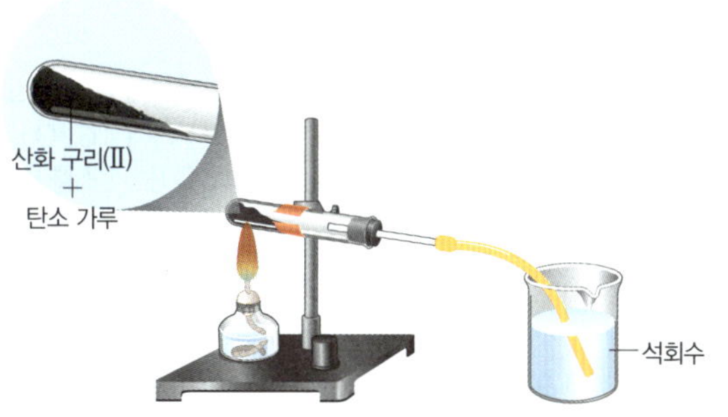

❸ 알코올램프로 시험관을 가열하면서 시험관 속 물질과 석회수의 변화를 관찰한다.

결과

❶ 시험관 속 검은색의 산화 구리(Ⅱ)는 붉은색의 (   )로 변한다.

❷ 석회수는 (   ).

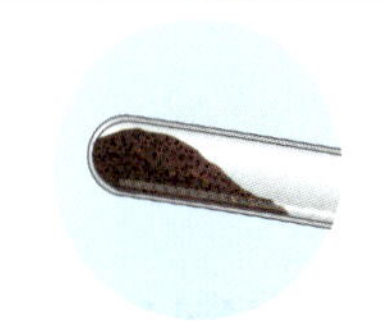

시험관 속 변화 | 석회수의 변화

정리

1 실험 과정에서 산화 구리(Ⅱ)가 붉은색으로 변한 까닭을 설명해 보자.

➜ 산화 구리(Ⅱ)가 (   )를 (   ) 붉은색의 구리가 되었기 때문이다.

2 석회수가 뿌옇게 흐려진 까닭을 설명해 보자.

➜ 시험관 속 탄소(C)가 산소를 얻어 (   )가 되고 이산화 탄소(CO_2)가 석회수($Ca(OH)_2$)와 반응하여 (   )이 생성되면서 석회수가 뿌옇게 흐려진다.

3 실험 과정에서 일어나는 변화를 화학 반응식으로 나타내고 산소의 이동을 이용하여 산화와 환원 반응을 표시해 보자.

$$
\rightarrow \quad 2CuO + C \longrightarrow 2Cu + CO_2
$$

산화 구리(Ⅱ) 탄소   구리   이산화 탄소

┌─(1)   ┐↓
└─(2)   ┘↑

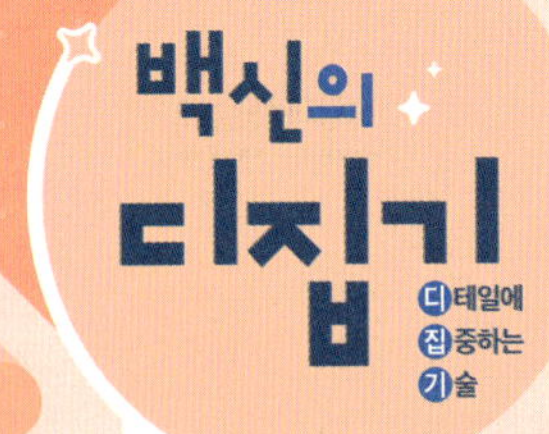

기초 잡기

산소와 전자의 이동과 산화 환원 반응

산소의 이동에 의한 산화 환원 반응과 전자의 이동에 의한 산화 환원 반응을 한번에 정리해 보자.

1 산소의 이동에 의한 산화 환원 반응

1 산소의 이동과 산화 환원 반응

구분	산화	환원
정의	물질이 산소를 얻는 반응	물질이 산소를 잃는 반응
산화 환원 반응의 동시성	어떤 물질이 산소와 결합하기 위해서는 반응하는 다른 물질이 산소를 잃어야 한다. ➡ 산화와 환원은 항상 동시에 일어난다.	
예	$2CuO + C \rightarrow 2Cu + CO_2$ 산화 구리(II) 탄소 구리 이산화 탄소 (환원 / 산화)	**산화 구리(II)와 탄소의 반응** 산화 구리(II)(CuO)는 산소를 잃고 구리(Cu)로 환원되고, 탄소(C)는 산소를 얻고 이산화 탄소(CO_2)로 산화된다.

2 산화제와 환원제

구분	산화제	환원제
정의	다른 물질을 산화시키고 자신은 환원되는 물질	다른 물질을 환원시키고 자신은 산화되는 물질
특징	산소를 잘 내어주거나 전자를 얻기 쉬워야 한다.	산소와 반응을 잘하거나 전자를 잃기 쉬워야 한다.
예	$2CuO + C \longrightarrow 2Cu + CO_2$ 산화제 환원제	**산화 구리(II)와 탄소의 반응** 산화 구리(II)(CuO)는 산소를 잃고 구리(Cu)로 환원되므로 산화제, 탄소(C)는 산소를 얻고 이산화 탄소(CO_2)로 산화되므로 환원제이다.

2 전자의 이동에 의한 산화 환원 반응

1 전자의 이동과 산화 환원 반응

구분	산화	환원
정의	물질이 전자를 잃는 반응	물질이 전자를 얻는 반응
산화 환원 반응의 동시성	어떤 물질이 전자를 얻고 환원되기 위해서는 반응하는 다른 물질이 전자를 잃어야 한다. ➡ 산화와 환원은 항상 동시에 일어난다.	
예	(산화) $Mg + Cu^{2+} \longrightarrow Mg^{2+} + Cu$ 마그네슘 구리 이온 마그네슘 이온 구리 (환원)	**마그네슘과 구리 이온의 산화 환원 반응** 마그네슘(Mg)은 전자를 잃고 마그네슘 이온(Mg^{2+})으로 산화되고, 구리 이온(Cu^{2+})은 전자를 얻고 구리(Cu)로 환원된다.

2 이온 결합과 산화 환원 반응

금속 원소와 비금속 원소가 반응하면 금속 원소는 양이온이 되고 비금속 원소는 음이온이 되어 이온 결합이 형성된다. ➡ 금속 원소는 전자를 잃고 산화되고 비금속 원소는 전자를 얻어 환원된다.

예 염화 나트륨의 생성 반응

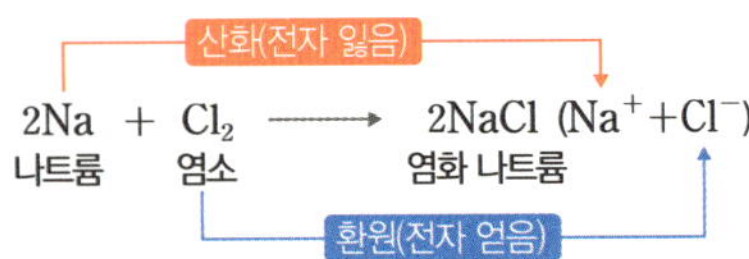

금속인 나트륨(Na)은 전자를 잃고 양이온인 나트륨 이온(Na^+)으로 산화되고, 비금속인 염소(Cl_2)는 전자를 얻고 음이온인 염화 이온(Cl^-)으로 환원되어 이온 결합에 의해 염화 나트륨($NaCl$)이 생성된다.

실력 다지기 문제

04 산화와 환원

① 자연과 인류의 역사를 바꾼 화학 반응

01

다음은 자연과 인류의 역사에 큰 변화를 가져온 화학 반응 (가)~(다)를 나타낸 것이다.

(가) 연료의 연소

(나) 광합성

(다) 철의 제련

이에 대한 설명으로 옳은 것만을 〈보기〉에서 있는 대로 고른 것은?

〈보기〉
ㄱ. (가)로 열에너지를 얻을 수 있다.
ㄴ. (나)로 산소 호흡을 하는 생물이 출현하게 되었다.
ㄷ. (다)로 인류 문명이 발달하게 되었다.

① ㄱ   ② ㄷ   ③ ㄱ, ㄴ
④ ㄴ, ㄷ   ⑤ ㄱ, ㄴ, ㄷ

02 ✔빈출

다음은 자연과 인류의 역사에 변화를 가져온 반응 (가)~(다)의 화학 반응식이다. (가)~(다)는 각각 철의 제련, 광합성, 연료의 연소 반응 중 하나이다.

(가) $CH_4 + 2O_2 \longrightarrow \boxed{\text{㉠}} + 2H_2O$
(나) $Fe_2O_3 + 3CO \longrightarrow 2Fe + 3\boxed{\text{㉡}}$
(다) $6CO_2 + 12H_2O \longrightarrow C_6H_{12}O_6 + 6H_2O + 6O_2$

이에 대한 설명으로 옳은 것만을 〈보기〉에서 있는 대로 고른 것은?

〈보기〉
ㄱ. (가)는 광합성 반응이다.
ㄴ. ㉠과 ㉡에 공통으로 들어갈 물질의 화학식은 CO_2이다.
ㄷ. (다)는 세포 내의 마이토콘드리아에서 일어나는 반응이다.

① ㄱ   ② ㄴ   ③ ㄷ
④ ㄱ, ㄴ   ⑤ ㄴ, ㄷ

03

다음은 자연과 인류의 역사에 변화를 가져온 화학 반응과 관련된 물질 X에 대한 설명이다.

X를 구성하는 원소는 탄소(C)와 수소(H)로, X는 산소와 반응하여 완전 연소하면 ㉠ 와/과 물이 생성된다. X는 자동차, 가정, 산업 등의 에너지원으로 사용된다.

이에 대한 설명으로 옳은 것만을 〈보기〉에서 있는 대로 고른 것은?

〈보기〉
ㄱ. X는 포도당이다.
ㄴ. ㉠은 이산화 탄소이다.
ㄷ. X는 지질 시대 생물의 유해로부터 생성되었다.

① ㄱ   ② ㄷ   ③ ㄱ, ㄴ
④ ㄴ, ㄷ   ⑤ ㄱ, ㄴ, ㄷ

04

다음은 자연과 인류의 역사에 큰 변화를 가져온 반응의 화학 반응식이다.

$$6CO_2 + 6H_2O \xrightarrow{\text{빛에너지}} C_6H_{12}O_6 + 6O_2$$

이에 대한 설명으로 옳은 것만을 〈보기〉에서 있는 대로 고른 것은?

〈보기〉
ㄱ. 식물의 엽록체에서 일어나는 반응이다.
ㄴ. 에너지를 흡수하는 반응이다.
ㄷ. 이로 인하여 원시 지구의 대기 성분이 변하게 되었다.

① ㄱ   ② ㄷ   ③ ㄱ, ㄴ
④ ㄴ, ㄷ   ⑤ ㄱ, ㄴ, ㄷ

05 ✔빈출

다음은 인류 문명 발달에 기여한 화학 반응에 대한 설명이다.

- ⊙석탄, 석유, 천연 가스 등의 화석 연료는 지질 시대의 생물이 땅속에 묻혀 특정 환경에서 분해되어 만들어진 것이다.
- ⓒ철의 제련은 인류 문명의 발달에 영향을 준 대표적인 화학 반응이다.

이에 대한 설명으로 옳은 것만을 〈보기〉에서 있는 대로 고른 것은?

〈보기〉

ㄱ. ⊙의 주요 구성 원소는 탄소(C)와 수소(H)이다.
ㄴ. ⊙의 연소 반응으로부터 에너지를 얻을 수 있다.
ㄷ. ⓒ은 철광석이 산화되는 반응이다.

① ㄱ　　　　② ㄷ　　　　③ ㄱ, ㄴ
④ ㄴ, ㄷ　　　　⑤ ㄱ, ㄴ, ㄷ

06

다음은 인류 문명 발전에 기여한 반응의 화학 반응식이다.

- $6CO_2 + 6H_2O \longrightarrow C_6H_{12}O_6 + 6\boxed{\ ⊙\ }$
- $2C + O_2 \longrightarrow 2\boxed{\ ⓒ\ }$
- $Fe_2O_3 + 3\boxed{\ ⓒ\ } \longrightarrow 2\boxed{\ ⓔ\ } + 3CO_2$

⊙～ⓔ으로 옳은 것은?

	⊙	ⓒ	ⓔ
①	O_2	CO_2	FeO
②	O_2	CO	Fe
③	CO_2	CO_2	Fe
④	H_2O	CO	FeO
⑤	H_2O	CO_2	Fe

07

다음은 구리와 관련된 산화 환원 반응 실험이다.

그림과 같이 시험관에 산화 구리(Ⅱ)와 탄소 가루를 넣고 가열하였더니, 석회수가 뿌옇게 흐려졌다.

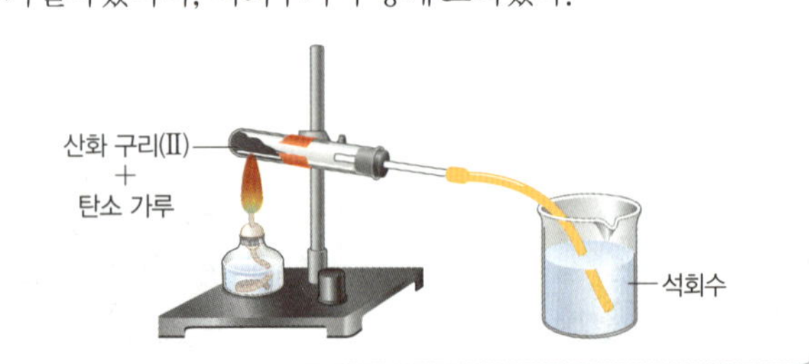

이에 대한 설명으로 옳은 것만을 〈보기〉에서 있는 대로 고른 것은?

〈보기〉

ㄱ. 탄소(C)는 산소를 얻는다.
ㄴ. 산화 구리(Ⅱ)는 환원된다.
ㄷ. 생성된 기체는 이산화 탄소(CO_2)이다.

① ㄱ　　　　② ㄷ　　　　③ ㄱ, ㄴ
④ ㄴ, ㄷ　　　　⑤ ㄱ, ㄴ, ㄷ

08 ✔빈출

다음은 구리를 이용한 실험이다.

(가) 붉은색의 구리판을 유리관에 넣고 산소 기체를 공급하면서 가열하였더니 검게 변하였다.
(나) (가)의 구리판을 유리관에 넣고 수소 기체를 넣어 주면서 가열하였더니 붉게 변하였고, 유리관 내부에 액체 물질이 생성되었다.

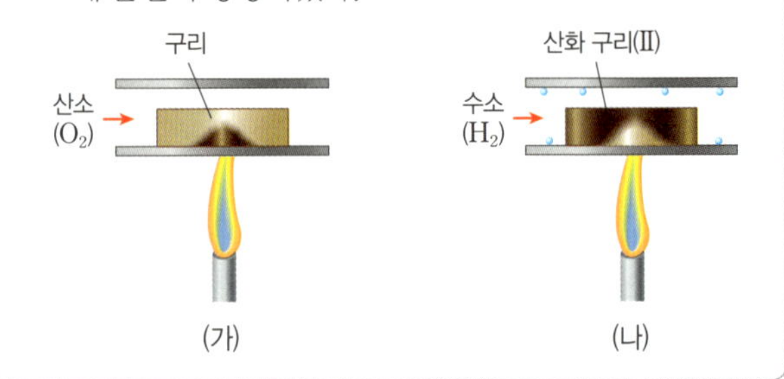

이에 대한 설명으로 옳은 것만을 〈보기〉에서 있는 대로 고른 것은?

〈보기〉

ㄱ. (가)에서 산소는 산화된다.
ㄴ. (나)에서 산화 구리(Ⅱ)는 환원된다.
ㄷ. (나)에서 생성된 액체는 물이다.

① ㄱ　　　　② ㄷ　　　　③ ㄱ, ㄴ
④ ㄴ, ㄷ　　　　⑤ ㄱ, ㄴ, ㄷ

09 ✔빈출

그림은 검은색의 산화 구리(Ⅱ)와 탄소 가루를 섞고 가열하는 실험을 나타낸 것이다.

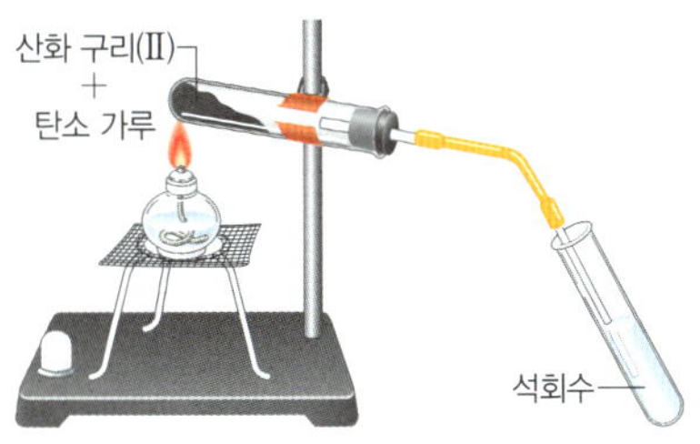

실험 결과에 대한 설명으로 옳은 것만을 〈보기〉에서 있는 대로 고른 것은?

〈보기〉
ㄱ. 산화 환원 반응이 일어난다.
ㄴ. 붉은색의 구리가 생성된다.
ㄷ. 시험관 내 물질의 질량은 보존된다.

① ㄱ ② ㄷ ③ ㄱ, ㄴ
④ ㄴ, ㄷ ⑤ ㄱ, ㄴ, ㄷ

10

난이도 상

다음은 마그네슘(Mg)을 이용한 실험이다.

[실험 과정 및 결과]
(가) 마그네슘(Mg)을 공기 중에서 가열하였더니 밝은 빛을 내면서 고체 A가 생성되었다.
(나) 드라이아이스(CO_2)로 만든 통에 불이 붙은 마그네슘(Mg)을 넣고 뚜껑을 덮어 공기를 차단하였다.
(다) 시간이 흐른 후 뚜껑을 열었더니 안쪽에 고체 A와 검은색 가루가 생성되었다.

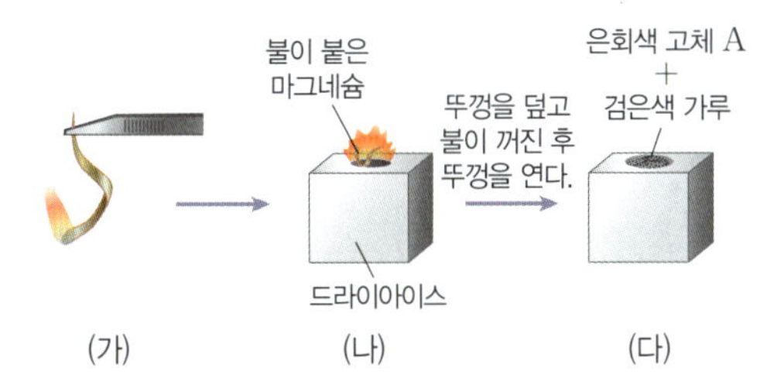

이에 대한 설명으로 옳은 것만을 〈보기〉에서 있는 대로 고른 것은?

〈보기〉
ㄱ. (가)에서 마그네슘이 산화된다.
ㄴ. A는 산화 마그네슘(MgO)이다.
ㄷ. (다)에서 드라이아이스는 환원된다.

① ㄱ ② ㄷ ③ ㄱ, ㄴ
④ ㄴ, ㄷ ⑤ ㄱ, ㄴ, ㄷ

11

다음은 산화 환원 반응 실험이다.

[실험 과정 및 결과]
(가) 페트리 접시에 구리 테이프를 붙인 다음 질산 은 수용액을 넣는다.
(나) (가)의 페트리 접시에서 수용액이 점점 푸르게 변하고, 구리 테이프에 결정이 생겼다.

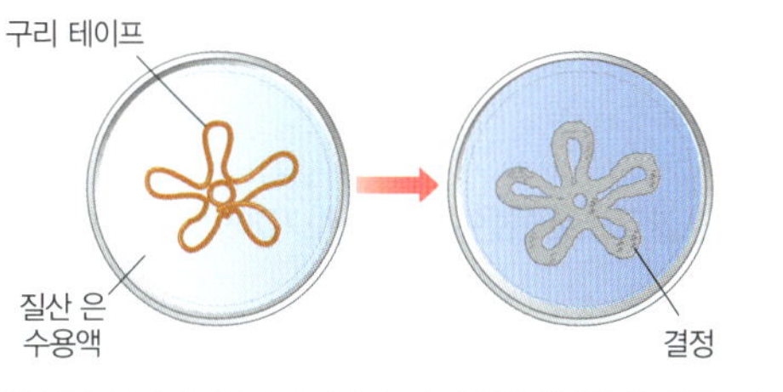

이에 대한 설명으로 옳지 <u>않은</u> 것은?

① 구리는 산화된다.
② 은 이온은 환원된다.
③ 수용액 속 구리 이온(Cu^{2+})의 수는 증가한다.
④ 전자는 은 이온에서 구리로 이동한다.
⑤ 구리 테이프에 생긴 결정은 은이다.

12 ✔빈출

그림은 푸른색의 황산 구리(Ⅱ) 수용액에 아연판을 넣었을 때 아연판에 구리가 생성된 것을 나타낸 것이다.

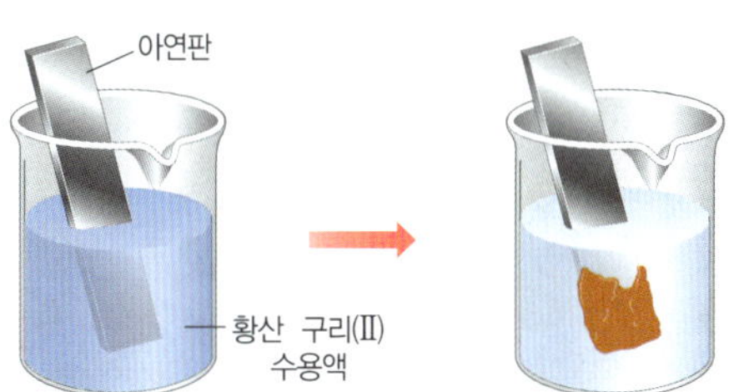

이에 대한 설명으로 옳은 것만을 〈보기〉에서 있는 대로 고른 것은?

〈보기〉
ㄱ. 아연은 산화된다.
ㄴ. 구리 이온은 전자를 얻으므로 환원된다.
ㄷ. 수용액의 푸른색은 옅어진다.

① ㄱ ② ㄷ ③ ㄱ, ㄴ
④ ㄴ, ㄷ ⑤ ㄱ, ㄴ, ㄷ

13

그림 (가)와 (나)는 묽은 염산(HCl)에 마그네슘(Mg) 조각을 넣었을 때의 변화를 모형으로 나타낸 것이다.

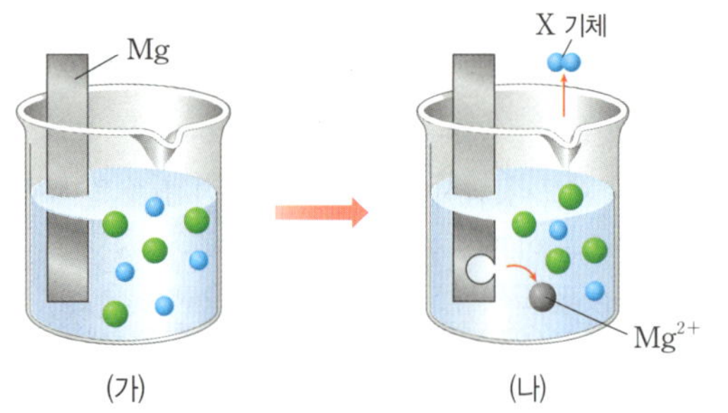

이에 대한 설명으로 옳은 것만을 〈보기〉에서 있는 대로 고른 것은?

> 보기
>
> ㄱ. 마그네슘은 산화된다.
> ㄴ. X는 산소이다.
> ㄷ. 전자는 마그네슘에서 염화 이온으로 이동한다.

① ㄱ   ② ㄷ   ③ ㄱ, ㄴ
④ ㄴ, ㄷ   ⑤ ㄱ, ㄴ, ㄷ

14

난이도 상

그림은 황산 구리(Ⅱ) 수용액에 마그네슘판을 넣었을 때 일어나는 변화를 모형으로 나타낸 것이다.

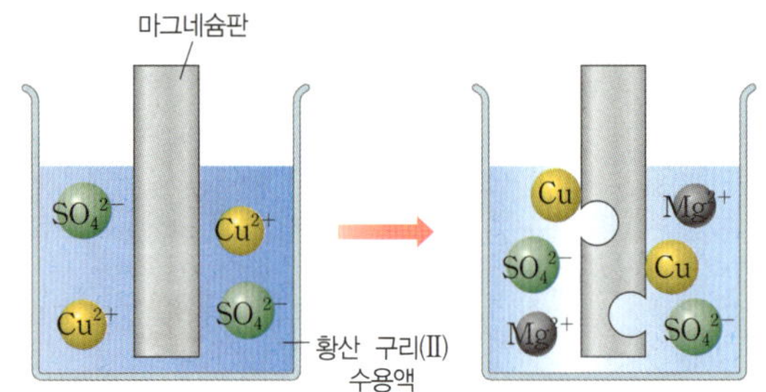

이에 대한 설명으로 옳은 것만을 〈보기〉에서 있는 대로 고른 것은?

> 보기
>
> ㄱ. 구리 이온(Cu^{2+})은 산화된다.
> ㄴ. 황산 이온(SO_4^{2-})은 반응에 참여하지 않는다.
> ㄷ. 수용액 속 양이온 수는 증가한다.

① ㄱ   ② ㄴ   ③ ㄷ
④ ㄱ, ㄴ   ⑤ ㄴ, ㄷ

③ 우리 주변의 산화 환원 반응

15 ✔빈출

다음은 우리 주변 산화 환원 반응의 화학 반응식이다.

> (가) $6CO_2 + 6H_2O \longrightarrow C_6H_{12}O_6 + 6\,\boxed{㉠}$
> (나) $2C + O_2 \longrightarrow 2CO$
> (다) $Fe_2O_3 + 3CO \longrightarrow 2Fe + 3CO_2$
> (라) $CH_4 + 2\,\boxed{㉡} \longrightarrow CO_2 + 2H_2O$

이에 대한 설명으로 옳은 것은?

① ㉠과 ㉡은 CO_2로 같다.
② (가)에서 CO_2는 산화된다.
③ (나)에서는 환원되는 물질이 없다.
④ (다)에서 Fe_2O_3은 환원된다.
⑤ (라)에서 ㉡은 산화된다.

16

그림은 염화 나트륨($NaCl$)이 형성되는 과정을 모형으로 나타낸 것이다.

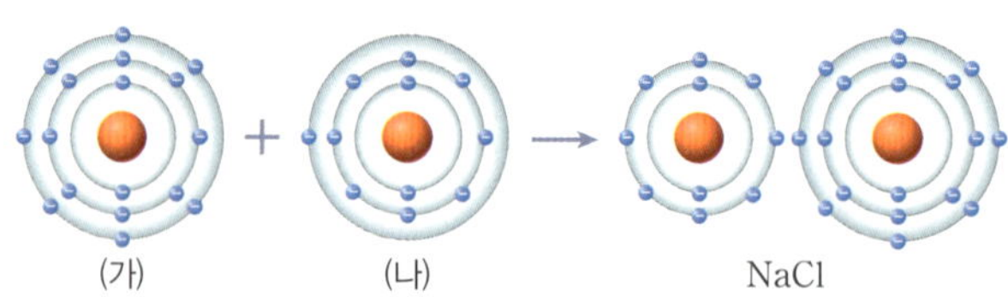

이에 대한 설명으로 옳은 것만을 〈보기〉에서 있는 대로 고른 것은?

> 보기
>
> ㄱ. (가)는 Na이다.
> ㄴ. (나)는 산화된다.
> ㄷ. 전자는 (가)에서 (나)로 이동한다.

① ㄱ   ② ㄴ   ③ ㄷ
④ ㄱ, ㄴ   ⑤ ㄴ, ㄷ

17

그림은 금속 X^+이 들어 있는 수용액에 금속 Y와 Z를 순서대로 넣었을 때 수용액 속에 존재하는 금속 양이온만을 모형으로 나타낸 것이다.

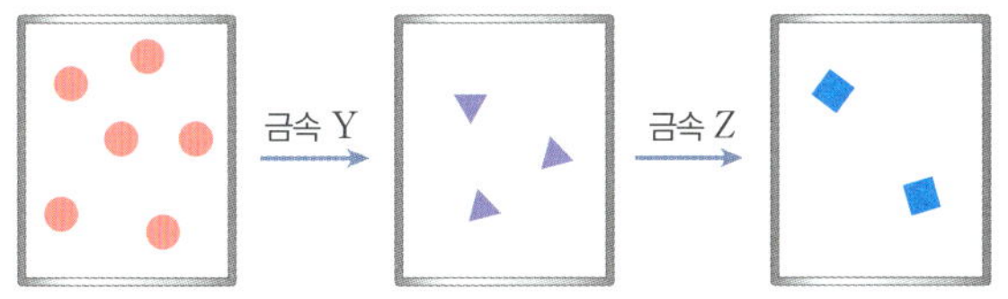

이에 대한 설명으로 옳은 것만을 〈보기〉에서 있는 대로 고른 것은?
(단, 음이온은 반응에 참여하지 않는다.)

〈보기〉

ㄱ. ▲은 Y 이온이다.

ㄴ. ▲이 들어 있는 수용액과 Z가 반응하면 Z는 산화된다.

ㄷ. 전하량의 비는 ▲ : ■ = 2 : 3이다.

① ㄱ ② ㄷ ③ ㄱ, ㄴ

④ ㄴ, ㄷ ⑤ ㄱ, ㄴ, ㄷ

18

그림은 생명체에서 일어나는 화학 반응 ㉠과 ㉡을 나타낸 것이다. (가)와 (나)는 각각 산소와 이산화 탄소 중 하나이다.

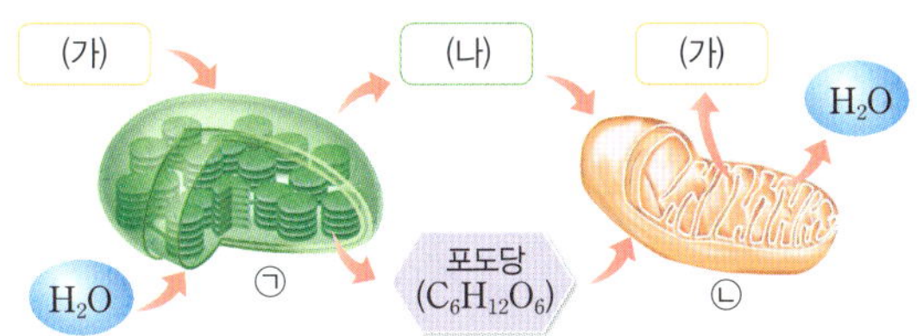

이에 대한 설명으로 옳은 것만을 〈보기〉에서 있는 대로 고른 것은?
(단, 음이온은 반응에 참여하지 않는다.)

〈보기〉

ㄱ. ㉠은 엽록체에서 일어나는 반응이다.

ㄴ. (가)는 산소이다.

ㄷ. ㉡에서 (나)는 환원된다.

① ㄱ ② ㄴ ③ ㄱ, ㄷ

④ ㄴ, ㄷ ⑤ ㄱ, ㄴ, ㄷ

19

다음은 은 숟가락의 녹을 제거하기 위한 실험이다.

[실험 과정]

(가) 소금을 조금 녹인 물이 들어 있는 비커 바닥에 알루미늄 포일을 깐다.

(나) 검게 녹슨 은 숟가락을 알루미늄 포일에 올려놓고 물이 끓을 정도로 가열한다.

[실험 결과]

은 숟가락의 검은 녹(Ag_2S)이 사라지고 원래의 은색으로 되돌아왔다.

$$aAg_2S + bAl \longrightarrow cAg + Al_2S_3 \ (a\sim c는 \ 반응 \ 계수)$$

이에 대한 설명으로 옳은 것만을 〈보기〉에서 있는 대로 고른 것은?

〈보기〉

ㄱ. $a+b+c=11$이다.

ㄴ. Ag_2S은 환원된다.

ㄷ. 양이온의 전하는 $Ag > Al$이다.

① ㄱ ② ㄷ ③ ㄱ, ㄴ

④ ㄴ, ㄷ ⑤ ㄱ, ㄴ, ㄷ

20

다음은 철의 제련과 관련된 반응의 화학 반응식이다.

(가) $2C + O_2 \longrightarrow 2CO$

(나) $Fe_2O_3 + 3CO \longrightarrow 2Fe + 3CO_2$

이에 대한 설명으로 옳은 것만을 〈보기〉에서 있는 대로 고른 것은?

〈보기〉

ㄱ. (가)에서 C는 산화된다.

ㄴ. (나)에서 CO는 환원된다.

ㄷ. (가)와 (나)에서는 모두 전자의 이동이 없다.

① ㄱ ② ㄷ ③ ㄱ, ㄴ

④ ㄴ, ㄷ ⑤ ㄱ, ㄴ, ㄷ

서술형 문제

21

다음은 광합성 반응의 화학 반응식이다.

$$a CO_2 + b H_2O \longrightarrow C_6H_{12}O_6 + 6O_2 \quad (a, b는 \ 반응 \ 계수)$$

(1) $a+b$의 값을 쓰시오.

(2) 원시 바다에서 광합성으로 인해 육상 생물들이 출현할 수 있었던 까닭을 서술하시오.

22

다음은 인류 문명의 발전에 기여한 화학 반응과 관련된 물질 ㉠~㉢을 두 가지 기준에 따라 분류한 것이다.

- $6CO_2 + 6H_2O \longrightarrow \boxed{㉠} + 6O_2$
- $CH_4 + 2O_2 \longrightarrow \boxed{㉡} + 2H_2O$
- $\boxed{㉢} + 3CO \longrightarrow 2Fe + 3CO_2$

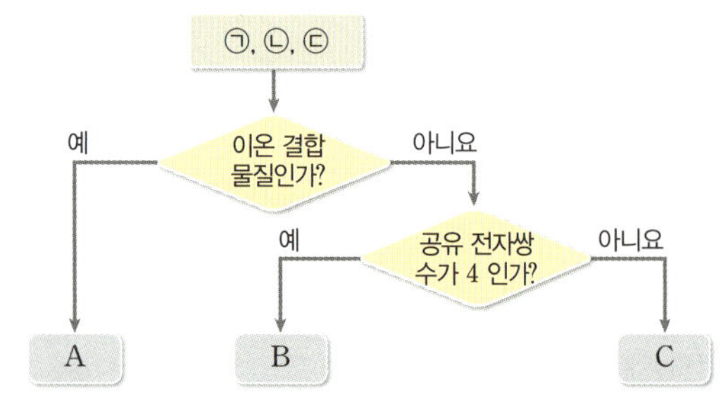

A~C에 해당하는 것을 쓰고, 그 까닭을 서술하시오.

23 ✔빈출

다음은 구리와 은 이온이 들어 있는 수용액으로 실험한 결과를 나타낸 것이다.

> 구리(Cu)를 무색의 은 이온(Ag^+)이 들어 있는 수용액에 넣었더니 구리(Cu) 주변에 은(Ag)이 석출되었다.

(1) 이 반응의 화학 반응식을 쓰시오.

(2) 반응 전과 후의 수용액의 색 변화에 대해 까닭을 포함하여 서술하시오.

24

다음은 금속의 산화 환원 실험이다. (단, A와 B는 임의의 원소 기호이다.)

> 금속 B 이온이 들어 있는 수용액에 충분한 양의 금속 A를 넣었더니, 수용액에 들어 있는 이온 수는 점점 감소하였다.

A 이온과 B 이온의 전하를 비교하고 까닭을 함께 서술하시오.

25

드라이아이스(CO_2)로 만든 통에 마그네슘(Mg) 가루를 넣어 불을 붙였더니 밝은 불꽃을 내며 반응하였고, 반응 후 드라이아이스 통 속에는 탄소(C) 가루가 생성되었다.

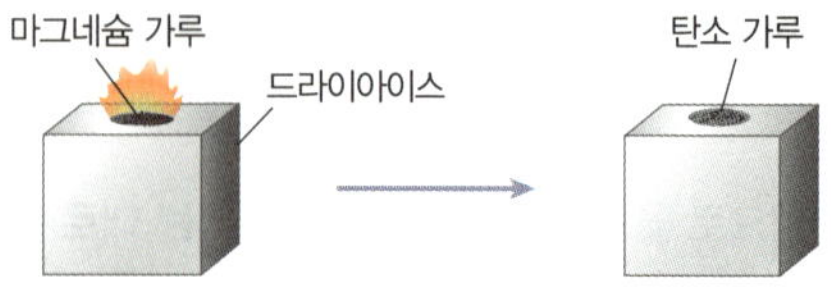

(1) 이 반응의 화학 반응식을 쓰시오.

(2) 이 반응에서 산소의 이동을 서술하고, 산화된 물질과 환원된 물질을 쓰시오.

05 산과 염기의 중화 반응

1 산과 염기

1 산: 물에 녹아 수소 이온(H^+)을 내놓는 물질

(1) 산성❶

① 대부분 신맛이 나고, 물에 녹아 양이온과 음이온으로 나뉘므로 전류가 흐른다.

② 지시약을 떨어뜨렸을 때 공통적인 색을 띤다.

붉은색 리트머스	푸른색 리트머스	페놀프탈레인 용액	메틸 오렌지 용액	BTB 용액
변화 없음	푸른색 → 붉은색	무색	붉은색	노란색

③ 대부분의 금속과 반응하면 수소 기체가 발생한다.

    예 $Mg + 2HCl \longrightarrow MgCl_2 + H_2 \uparrow$

④ 탄산 칼슘(달걀 껍데기)과 반응하면 이산화 탄소 기체가 발생한다.

    예 $CaCO_3 + 2HCl \longrightarrow CaCl_2 + H_2O + CO_2 \uparrow$

(2) 산성을 띠는 물질: 탄산음료, 과일, 식초, 김치, 해열제, 비타민 C 등

2 염기: 물에 녹아 수산화 이온(OH^-)을 내놓는 물질

(1) 염기성❷

① 대부분 쓴맛이 나고, 물에 녹아 양이온과 음이온으로 나뉘므로 전류가 흐른다.

② 지시약을 떨어뜨렸을 때 공통적인 색을 띤다.

붉은색 리트머스	푸른색 리트머스	페놀프탈레인 용액	메틸 오렌지 용액	BTB 용액
붉은색 → 푸른색	변화 없음	붉은색	노란색	파란색

③ 단백질을 녹이는 성질이 있어 손으로 만지면 미끌미끌하다.

(2) 염기성을 띠는 물질: 비누, 치약, 세제, 제빵 소다, 제산제 등

3 산과 염기의 성질

산	염기
질산 칼륨 수용액에 적신 푸른색 리트머스 종이의 가운데에 묽은 염산에 적신 실을 올려놓고 전류를 흘려준다.	질산 칼륨 수용액에 적신 붉은색 리트머스 종이의 가운데에 수산화 나트륨 수용액에 적신 실을 올려놓고 전류를 흘려준다.

➡ 푸른색 리트머스 종이가 실에서부터 (−)극 쪽으로 붉게 변한다. | ➡ 붉은색 리트머스 종이가 실에서부터 (+)극 쪽으로 푸르게 변한다.

- 푸른색 리트머스 종이를 붉게 변화시키는 것은 양전하를 띠는 수소 이온(H^+)이다.
- 묽은 황산, 아세트산 수용액에 적신 실을 이용하여 관찰해도 같은 결과가 나타난다.
  ➡ 산 수용액에는 수소 이온(H^+)이 공통적으로 존재한다.

- 붉은색 리트머스 종이를 푸르게 변화시키는 것은 음전하를 띠는 수산화 이온(OH^-)이다.
- 수산화 마그네슘 수용액, 암모니아수에 적신 실을 이용하여 관찰해도 같은 결과가 나온다.
  ➡ 염기 수용액에는 수산화 이온(OH^-)이 공통적으로 존재한다.

단원 한눈에 보기

중화 반응 — 산 · 염기

산성(H^+) · 염기성(OH^-)

$H^+ : OH^- = 1 : 1$ · $H^+ + OH^- \longrightarrow H_2O$

중화열 · H^+과 OH^-이 많을수록 중화열 많이 발생

❶ 산성
산이 공통적으로 나타내는 성질

⚠ **주의**

산의 화학식과 수소 이온
화학식에 수소(H) 원자를 포함한다고 해서 수용액에서 수소 이온(H^+)을 내놓는 것은 아니다. 수소 원자를 포함하지만 산이 아닌 물질에는 메탄올(CH_3OH), 에탄올(C_2H_5OH), 메테인(CH_4) 등이 있다.

❷ 염기성
염기가 공통적으로 나타내는 성질

⚠ **주의**

염기의 화학식과 수산화 이온
화학식에 −OH를 포함한다고 해서 수용액에서 수산화 이온(OH^-)을 내놓는 것은 아니다. −OH를 포함하지만 염기가 아닌 물질에는 메탄올(CH_3OH), 에탄올(C_2H_5OH) 등이 있다.

용어

- **이온화** 물에 녹은 물질이 양이온과 음이온으로 나누어지는 현상으로, 대부분 이온화하는 물질은 양이온이 (−)극으로, 음이온이 (+)극으로 이동하면서 전류가 흐른다.

(1) **산성을 띠는 까닭**: 산이 이온화되면 공통적으로 수소 이온(H^+)을 내놓기 때문

산		수소 이온		음이온
HCl(염산)	$\longrightarrow$	H^+	+	Cl^-
H_2SO_4(황산)	$\longrightarrow$	$2H^+$	+	SO_4^{2-}
HNO_3(질산)	$\longrightarrow$	H^+	+	NO_3^-
H_2CO_3(탄산)	$\longrightarrow$	$2H^+$	+	CO_3^{2-}
CH_3COOH (아세트산)	$\longrightarrow$	H^+	+	CH_3COO^-

산(HA)

○ 수소 이온(H^+)
● 음이온(A^-)

산이 공통적인 성질을 나타내는 원인!
산마다 다른 특징을 나타내는 원인!

(2) **염기성을 띠는 까닭**: 염기가 이온화되면 공통적으로 수산화 이온(OH^-)을 내놓기 때문

염기		양이온		수산화 이온
NaOH(수산화 나트륨)	$\longrightarrow$	Na^+	+	OH^-
KOH(수산화 칼륨)	$\longrightarrow$	K^+	+	OH^-
$Ca(OH)_2$(수산화 칼슘)	$\longrightarrow$	Ca^{2+}	+	$2OH^-$
$Mg(OH)_2$ (수산화 마그네슘)	$\longrightarrow$	Mg^{2+}	+	$2OH^-$
NH_4OH(수산화 암모늄)	$\longrightarrow$	NH_4^+	+	OH^-

염기(BOH)

○ 양이온(B^+)
● 수산화 이온(OH^-)

염기마다 다른 특징을 나타내는 원인!
염기가 공통적인 성질을 나타내는 원인!

(3) **지시약**: 산에 들어 있는 수소 이온이나 염기에 들어 있는 수산화 이온과 반응하여 색이 변하는 물질로 수용액의 액성을 구별하는 데 사용된다.

지시약	산성		중성		염기성	
리트머스 종이	붉은색		–		푸른색	
페놀프탈레인 용액	무색		무색		빨간색	
메틸 오렌지 용액	빨간색		노란색		노란색	
BTB 용액	노란색		초록색		파란색	

② 중화 반응

1 중화 반응: 산의 수소 이온(H^+)과 염기의 수산화 이온(OH^-)이 반응하여 물이 생성되는 반응

$$산 + 염기 \longrightarrow 물 + 염 + 중화열$$

(1) 산의 수소 이온(H^+)과 염기의 수산화 이온(OH^-)이 1 : 1의 개수비로 반응하여 물(H_2O)을 생성한다.

$$H^+ + OH^- \longrightarrow H_2O$$

(2) 중화 반응 시 산의 음이온과 염기의 양이온이 반응하여 염이 생성된다. 물 이외에도 염이 생성돼~

중화 반응이 일어날 때에는

(3) **중화점**: 산의 수소 이온(H^+)과 염기의 수산화 이온(OH^-)이 모두 반응하여 중화 반응이 완결되는 지점

염기성 물질의 구별

NaOH, KOH, $Ca(OH)_2$을 구별할 때는 불꽃 반응색을 이용한다.

원소	불꽃 반응색
Na	노란색
K	보라색
Ca	주황색

ZP point

• 지시약 암기법!

색깔	페놀프 탈레인	메틸 오렌지	BTB 용액
무	산		
무	중		
빨	염	산	
노		중	
노		염	산
초			중
파			염

천연 지시약

식물이나 꽃 등의 천연 재료에서 추출하여 만든 지시약으로, 붉은 양배추, 붉은색 장미꽃, 포도 껍질, 검은콩 등에서 추출한 용액은 액성에 따라 색이 변하므로 지시약으로 사용할 수 있다.

용어

• **액성** 용액의 성질로 산성, 중성, 염기성으로 구분한다.

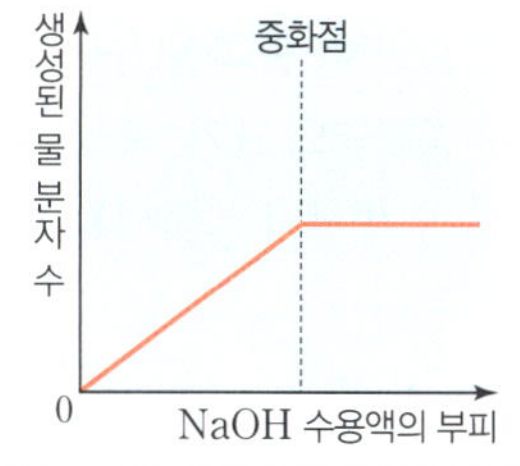

중화 반응에서 생성된 물 분자 수

- 수소 이온(H^+)과 수산화 이온(OH^-)이 $1:1$의 개수비로 반응하여 물(H_2O)을 생성한다.
- 염화 이온(Cl^-)과 나트륨 이온(Na^+)은 반응 후에도 그대로 용액 속에 남아 있다. ― 실제 반응에 참여하지 않고 용액 속에 그대로 남아 있는 이온을 구경꾼 이온이라고 해~
- 혼합 용액을 가열하여 물을 증발시키면 염화 나트륨($NaCl$)을 얻을 수 있다. ―

중화 반응에서 산의 음이온과 염기의 양이온이 결합하여 생긴 물질을 염이라고 하지~

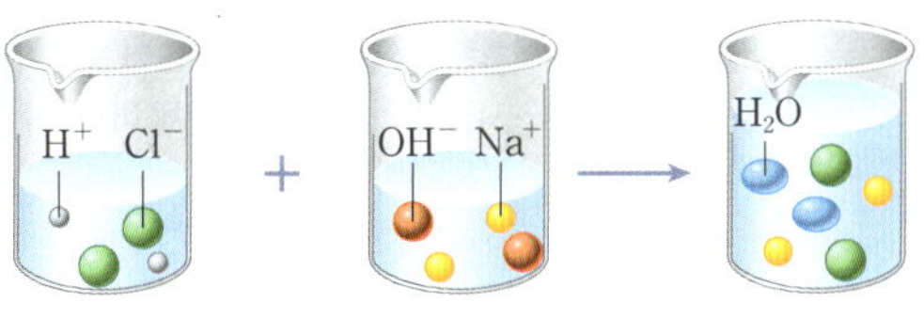

처음에는 증가하다가 중화점 이후부터 일정하다.

2 중화 반응이 일어날 때의 변화

(1) **중화 반응의 양적 관계**: 산과 염기가 완전히 중화되려면 산이 내놓은 수소 이온(H^+)의 수와 염기가 내놓은 수산화 이온(OH^-)의 수가 같아야 한다.

(2) **혼합 용액의 액성**: 혼합하는 수용액 속 수소 이온(H^+)과 수산화 이온(OH^-)의 수에 따라 중화 반응 후 혼합 용액의 액성이 달라진다.

중화 반응에서 총 이온 수

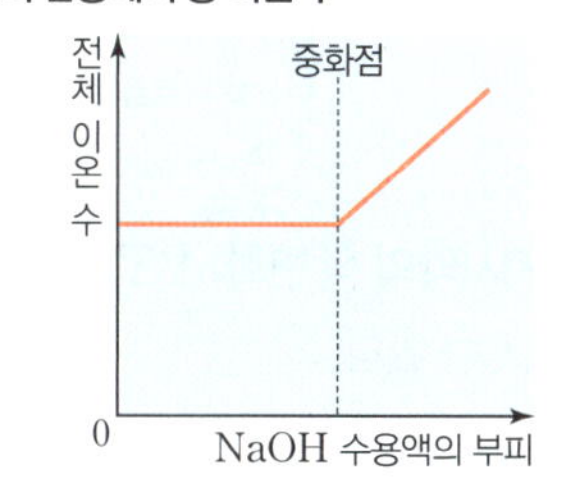

처음에는 일정하다가 중화점 이후부터 증가한다.

용액의 액성	용액 속의 이온 수	모형	
산성	H^+의 수 $>OH^-$의 수	H^+ 100 개 + OH^- 50 개 $\rightarrow$ H_2O 50 개 + H^+ 50 개	반응 후 H^+이 남아 있다.
중성	H^+의 수 $=OH^-$의 수	H^+ 100 개 + OH^- 100 개 $\rightarrow$ H_2O 100 개	반응 후 H^+과 OH^-이 남아 있지 않다.
염기성	H^+의 수 $<OH^-$의 수	H^+ 50 개 + OH^- 100 개 $\rightarrow$ H_2O 50 개 + OH^- 50 개	반응 후 OH^-이 남아 있다.

정답과 해설 15쪽

빈칸 채우기 문제

01 산의 공통적인 성질인 (　　　)을 나타내는 것은 산이 이온화될 때 생성되는 (　　　　) 때문이다.

02 염기는 (　　　)을 녹이는 성질이 있으므로 피부에 묻으면 미끈거린다.

03 수용액에서 산에 공통으로 들어 있는 이온은 (　　　　)이고, 염기에 공통으로 들어 있는 이온은 (　　　　)이다.

04 식초에 달걀 껍데기를 넣으면 (　　　　) 기체가 발생한다.

05 산성, 중성, 염기성에서 각각 무색, 무색, 붉은색을 띠는 지시약은 (　　　　)이다.

06 중화 반응에서는 산의 (　　　)과 염기의 (　　　)이 반응한다.

07 중화 반응에서 수소 이온과 수산화 이온은 (　　　)의 개수비로 반응하여 물을 생성한다.

○× 문제

08 탄산 칼슘과 반응해 이산화 탄소 기체를 발생시키는 물질은 대부분 쓴맛이 난다. (○ ×)

09 수산화 나트륨은 물에 녹으면 음전하를 띠는 수산화 이온(OH^-)을 내놓는다. (○ ×)

10 푸른색 리트머스 종이를 붉은색으로 변화시키는 것은 양전하를 띠는 수소 이온(H^+)이다. (○ ×)

11 산 수용액은 전류가 흐르고, 염기 수용액은 전류가 흐르지 않는다. (○ ×)

12 BTB 용액에 비누 조각을 떨어뜨리면 BTB 용액이 노란색으로 변한다. (○ ×)

13 용액에 H^+이 존재하면 용액의 액성은 산성이다. (○ ×)

14 혼합 수용액에서 수소 이온과 수산화 이온의 수가 같으면 중성을 띤다. (○ ×)

(3) **혼합 용액의 온도 변화**

① 중화열: 중화 반응이 일어날 때 발생하는 열

② 중화열의 크기: 중화 반응하는 수소 이온(H^+)과 수산화 이온(OH^-)의 수가 많아서 생성되는 물(H_2O)이 많을수록 중화열이 많이 발생하여 혼합 용액의 온도가 더 높다.

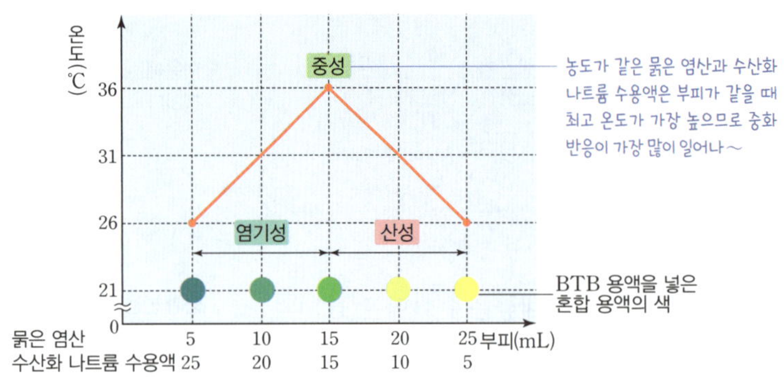

▲ 중화 반응에서 온도 변화

(4) **지시약의 색 변화**: BTB 용액❸을 이용하여 중화 반응이 일어날 때 혼합 용액의 액성을 알 수 있다.

 일정량의 묽은 염산에 수산화 나트륨 수용액을 가하면서 중화시키는 경우

- HCl만 존재할 때는 산성을 띠다가, 일정량의 묽은 염산(HCl)에 수산화 나트륨(NaOH) 수용액을 조금씩 넣을 때 용액에 들어 있는 수소 이온(H^+)이 수산화 이온(OH^-)과 반응하여 점점 수가 줄어들다가 없어지면 중성이 된다.
- 이후 수산화 나트륨 수용액을 계속 넣으면 용액 속에는 반응하지 않은 수산화 이온(OH^-)이 혼합 용액에 들어 있으므로 염기성이 된다.

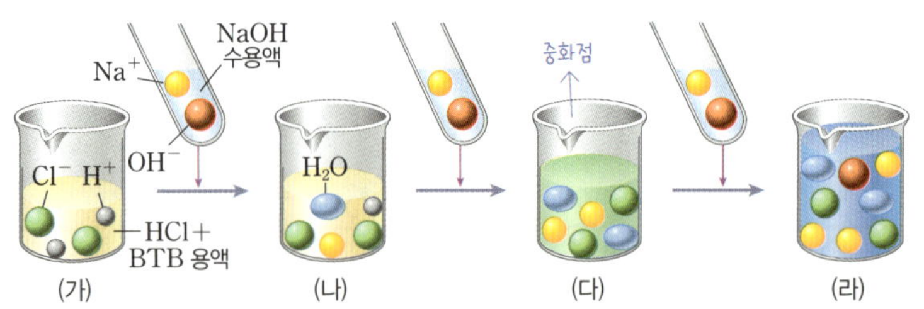

용액		(가)	(나)	(다)	(라)
이온 수	H$^+$	2 — 용액에 H$^+$이 남아 있음(산성)	1 — 용액에 H$^+$이 남아 있음(산성)	0	0
	Cl$^-$	2	2	2	2
	Na$^+$	0	1	2	3
	OH$^-$	0	0	0	1 — 용액에 OH$^-$이 남아 있음(염기성)
총 이온 수		4	4	4	6
생성된 물 분자 수		0	1	2	2
액성		산성	산성	중성	염기성
BTB 용액의 색		노란색	노란색	초록색	파란색

(다) 열 주석: 용액에 H$^+$과 OH$^-$이 모두 없음(중성)

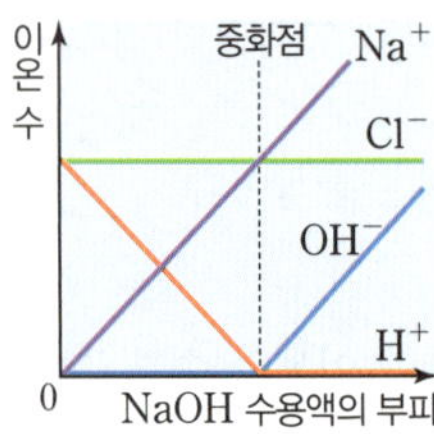

▲ 중화 반응에서 이온 수 변화

- H$^+$: 가해진 OH$^-$과 반응하여 감소하다가 중화 반응이 완료된 이후에는 존재하지 않는다.
- Cl$^-$: 반응에 참여하지 않으므로 변하지 않는다.
- Na$^+$: 반응에 참여하지 않으므로 계속 증가한다.
- OH$^-$: H$^+$과 반응하므로 처음에는 존재하지 않다가 중화 반응이 완료된 이후부터 증가한다.

중화점 확인 방법
- 지시약의 색이 변하는 지점
- 생성된 물 분자 수가 최대가 되는 지점
- 혼합 용액의 온도가 최고가 되는 지점
- 혼합 용액에 구경꾼 이온만 존재하는 지점
- 혼합 용액의 전기 전도도가 최저가 되는 지점(전기 전도도는 전체 이온 수용액의 부피에 비례)

❸ **BTB 용액을 이용하는 까닭**
용액의 액성이 산성(노란색), 중성(초록색), 염기성(파란색)일 때의 색이 모두 다르게 나타나기 때문이다.

1 중화 반응의 이용

(1) 중화 반응은 가정에서 산업 현장까지 폭넓게 활용되고 있다.

(2) 산성 물질이 원인일 때는 염기성 물질로 중화시키고, 염기성 물질이 원인일 때는 산성 물질로 중화시킨다.

2 중화 반응을 이용하는 다양한 예

(1) 건강 증진

예	산성 물질	염기성 물질
충치 예방을 위해 치약으로 양치질을 한다.	입속의 산성 물질	치약
속이 쓰릴 때 제산제를 복용한다.	위산	제산제
생선의 비린내를 없애기 위해 레몬즙을 뿌린다.	레몬즙	비린내 (트라이메틸아민)
개미나 벌에 쏘여 부은 부위에 암모니아수를 바른다.	벌레의 독	암모니아수

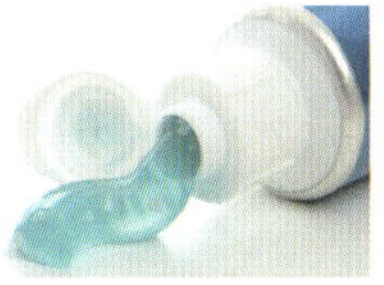
▲ 치약

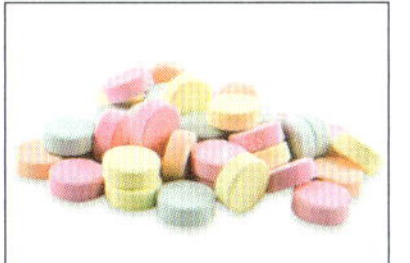
▲ 제산제

▲ 생선의 비린내

▲ 암모니아수

(2) 환경 보호

예	산성 물질	염기성 물질
산성비❹에 의해 산성화된 토양과 호수에 석회 가루를 뿌린다.	산성화된 토양과 호수	석회 가루
공장의 배기가스에서 배출되는 이산화 황을 제거한다.	이산화 황	석회석
하수 처리장의 악취를 없앤다.	악취(황화 수소)	수산화 나트륨
수영장 물을 염소 소독할 경우 염기를 넣어 pH를 조절한다.	염소 소독 (하이포염소산, 염산)	염기 물질

▲ 하수 처리장

▲ 수영장

❹ 산성비

황산이나 질산은 화석 연료를 연소시키면서 배출되는 이산화 황과 자동차 배기가스에서 배출되는 질소 산화물이 물에 녹아 생성된다. 황산과 질산이 빗물에 섞이면 강한 산성을 띠는 빗물이 되며 이를 산성비라고 한다.

🏠 정리신

산성화된 토양을 중화시키는 방법
- 석회 가루와 같은 염기성 물질을 뿌린다.
- 산성화된 토양에 콩을 심어 중화시킨다.
  ➡ 콩의 뿌리에 사는 뿌리혹박테리아가 공기 중의 질소를 이용하여 염기성을 띤 질소 화합물을 만들기 때문이다.
- 화학 비료를 사용하는 대신 친환경 퇴비를 사용한다.

정답과 해설 15쪽

✏ 바로 복습

빈칸 채우기 문제

15 중화 반응이 일어날 때 발생하는 열을 (   )이라고 한다.

16 중화 반응하는 H^+과 OH^-의 수가 많아 생성되는 (   )이 많을수록 중화열이 (   ) 발생한다.

17 속이 쓰릴 때 과다하게 분비된 위산을 중화하기 위해 (   )성 물질이 들어 있는 제산제를 복용하는 것은 (   ) 반응을 이용한 예이다.

○✕ 문제

18 BTB 용액을 넣은 묽은 염산에 수산화 나트륨 수용액을 넣어 주는 실험에서 용액의 색은 파란색→초록색→노란색으로 변한다.　　○ ✕

19 중성이 된 혼합 수용액에 묽은 염산을 넣으면 용액의 온도가 높아진다.　　○ ✕

20 생선구이나 생선회의 비린내를 줄이기 위해서 레몬즙을 뿌리는 것으로 보아 생선 비린내의 원인은 산성 물질이라는 것을 알 수 있다.　　○ ✕

산과 염기를 혼합할 때 용액의 변화 관찰하기

정답과 해설 15쪽

⚠ 주의신
- 물질이 피부나 옷에 직접 닿지 않도록 하고, 닿으면 즉시 흐르는 물에 씻는다.
- 실험 후 남은 용액은 폐수통에 버린다.

목표   산과 염기를 혼합할 때 나타나는 용액의 변화를 관찰하고, 관찰 결과를 해석할 수 있다.

준비물 > 농도와 온도가 같은 묽은 염산과 수산화 나트륨 수용액, BTB 용액, 6홈판, 비커, 스포이트, 피펫, 피펫 필러, 유리 막대, 디지털 온도계, 디지털 기기, 보안경, 실험용 장갑, 실험복

과정

❶ 피펫을 사용하여 홈판의 홈 (가)~(마)에 표와 같이 서로 다른 부피의 묽은 염산을 넣는다.

❷ 홈 (가)에 수산화 나트륨 수용액 2 mL를 넣고 최고 온도를 측정한다.

❸ 홈 (나)~(마)에 각각 수산화 나트륨 수용액 4 mL, 6 mL, 8 mL, 10 mL를 넣고 최고 온도를 측정한다.

❹ 홈 (가)~(마)에 각각 BTB 용액을 2~3 방울 떨어뜨린 후 용액의 색 변화를 관찰한다.

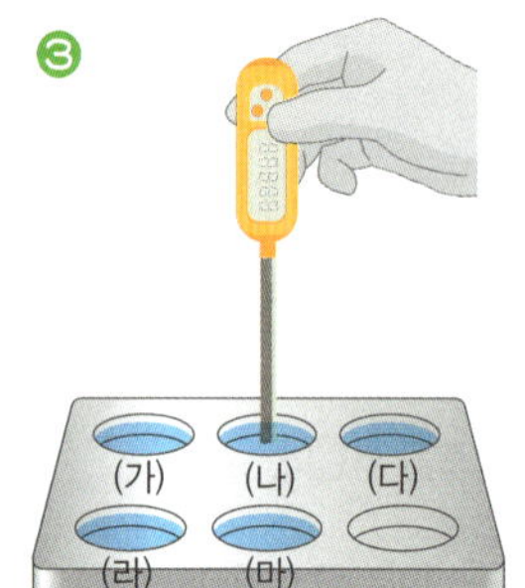

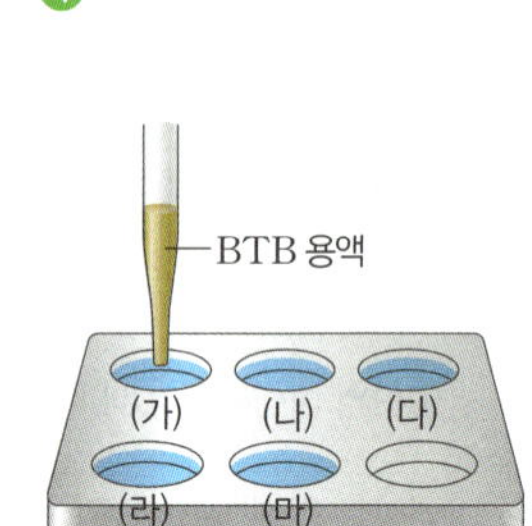

결과

❶ 실험 결과를 표로 정리해 보자.

홈		(가)	(나)	(다)	(라)	(마)
부피(mL)	묽은 염산	10	8	6	4	2
	수산화 나트륨 수용액	2	4	6	8	10
최고 온도(°C)		25	26	27	26	25
BTB 용액을 떨어뜨린 후의 색		(1)	(2)	(3)	(4)	(5)
용액 속에 존재하는 이온 수비		$Na^+:Cl^-:H^+$ $=$(6)	$Na^+:Cl^-:H^+$ $=$(7)	$Na^+:Cl^-$ $=$(8)	$Na^+:Cl^-:OH^-$ $=$(9)	$Na^+:Cl^-:OH^-$ $=$(10)

❷ (가)~(마) 혼합 용액의 최고 온도를 그래프로 나타내고, 각각의 액성을 표시해 보자.

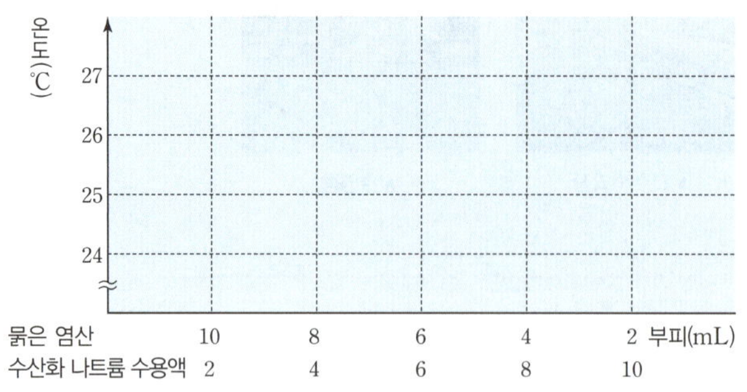

정리

1 묽은 염산과 수산화 나트륨 수용액을 혼합했을 때 온도가 높아지는 까닭을 설명해 보자.

➡ 산과 염기가 반응하면 (   )이 발생하기 때문이다.

2 홈 (가)~(다)로 갈수록 온도가 높아지는 까닭과 BTB 용액의 색이 변하는 까닭을 설명해 보자.

➡ 홈 (가)~(다)로 갈수록 온도가 높아지는 까닭은 중화 반응하는 (   )과 (   )의 양이 증가하기 때문이다. BTB 용액을 떨어뜨린 후 (가)와 (나)에서 노란색, (다)에서 초록색, (라)와 (마)에서 파란색을 나타내는데 이는 용액의 액성이 (가)와 (나)에서 (   ), (다)에서 (   ), (라)와 (마)에서 (   )을 나타내기 때문이다.

중화 반응 이온 수 그래프 그려보기

중화 반응의 모형을 해석하고, 중화 반응이 일어날 때 이온 및 분자 수 변화를 그래프를 통해 이해해 보자.

정답과 해설 15쪽

Quiz ① 그림은 일정량의 10 %의 수산화 나트륨(NaOH) 수용액에 BTB 용액을 떨어뜨리고 10 %의 묽은 염산(HCl)을 조금씩 넣을 때의 이온 수와 분자 수 변화를 모형으로 나타낸 것이다.

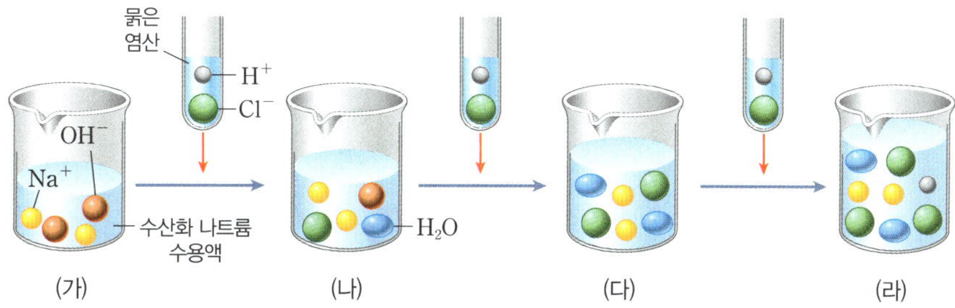

(1) ①∼⑱에 알맞은 말을 쓰시오.

구분	(가)	(나)	(다)	(라)
나트륨 이온(Na^+) 수	2	①	⑦	⑬
수산화 이온(OH^-) 수	2	②	⑧	⑭
수소 이온(H^+) 수	0	③	⑨	⑮
염화 이온(Cl^-) 수	0	④	⑩	⑯
용액의 액성	염기성	⑤	⑪	⑰
BTB 용액의 색	파란색	⑥	⑫	⑱

(2) 이온 및 분자 수 변화를 그래프로 나타내시오.

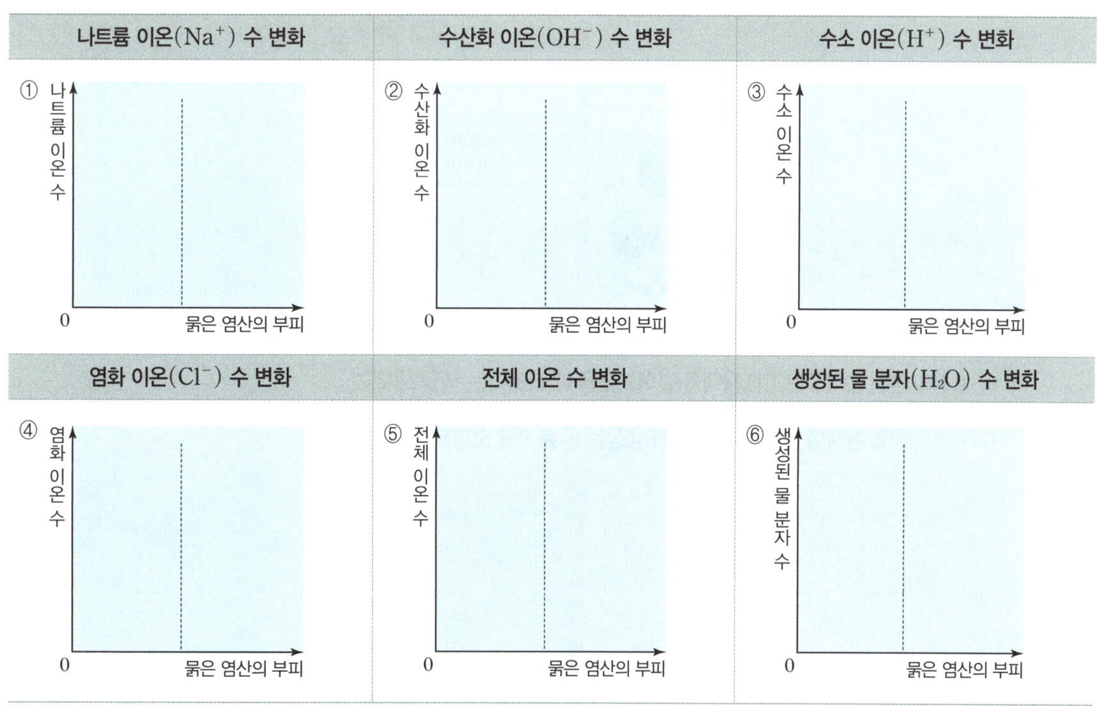

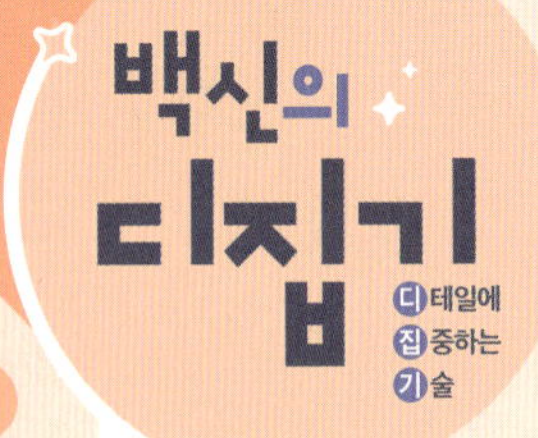

중화 반응의 활용

산과 염기의 중화 반응이 일어날 때의 여러 가지 변화에 대해 자세히 알아보자.

Quiz 2 그림은 10 % 묽은 염산(HCl) x mL에 10 % 수산화 나트륨($NaOH$) 수용액 y mL를 넣었을 때 혼합 용액에 들어 있는 이온을 모형으로 나타낸 것이다. (단, 10 % 묽은 염산(HCl) 10 mL에 들어 있는 수소 이온(H^+)과 염화 이온(Cl^-), 10 % 수산화 나트륨($NaOH$) 수용액 10 mL에 들어 있는 나트륨 이온(Na^+)과 수산화 이온(OH^-)의 수는 모두 2이다.)

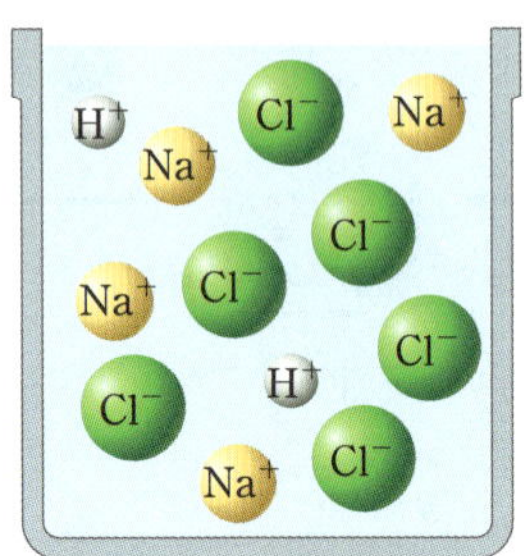

(1) 혼합 용액의 액성을 쓰시오.

(2) 반응한 묽은 염산(HCl)과 수산화 나트륨($NaOH$) 수용액의 부피는 각각 몇 mL인지 쓰시오.

Quiz 3 그림은 10 % 묽은 염산(HCl) 20 mL에 10 % 수산화 나트륨($NaOH$) 수용액 30 mL를 넣을 때의 이온을 모형으로 나타낸 것이다. (단, 10 % 묽은 염산(HCl) 10 mL에 들어 있는 수소 이온(H^+)과 염화 이온(Cl^-), 10 % 수산화 나트륨($NaOH$) 수용액 10 mL에 들어 있는 나트륨 이온(Na^+)과 수산화 이온(OH^-)의 수는 모두 2이다.)

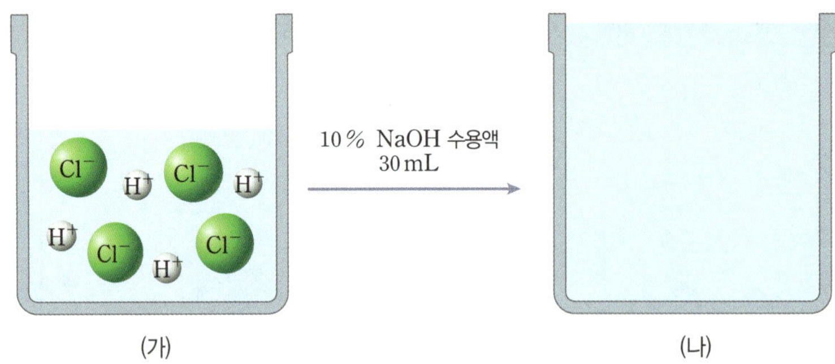

(1) (나)의 혼합 용액에 BTB 용액을 떨어뜨렸을 때 나타나는 색을 쓰시오.

(2) (나)의 혼합 용액에 들어 있는 이온과 생성된 물 분자를 모형으로 나타내시오.

Quiz ④ 그림은 30 % 묽은 염산(HCl)과 30 % 수산화 나트륨(NaOH) 수용액의 부피를 다르게 하여 혼합한 후, 혼합 용액의 최고 온도를 측정하여 나타낸 것이다. (1)~㉚에 알맞은 말을 쓰시오. (단, 묽은 염산(HCl)과 수산화 나트륨(NaOH) 수용액의 온도는 같으며, 10 % 묽은 염산(HCl) 10 mL와 10 % 수산화 나트륨 수용액 10 mL 속에 각각 양이온 $2N$개, 음이온 $2N$개 들어 있다.)

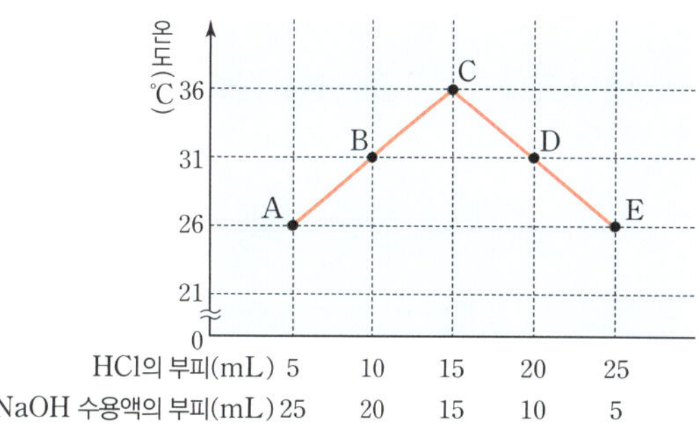

구분	A	B	C	D	E
HCl의 부피(mL)	5	10	15	20	25
NaOH 수용액의 부피(mL)	25	20	15	10	5
용액의 액성	(1)	(7)	(13)	(19)	(25)
BTB 용액의 색	(2)	(8)	(14)	(20)	(26)
혼합 용액에 들어 있는 이온의 개수 — H^+	(3)	(9)	(15)	(21)	(27)
Cl^-	(4)	(10)	(16)	(22)	(28)
Na^+	(5)	(11)	(17)	(23)	(29)
OH^-	(6)	(12)	(18)	(24)	(30)

Quiz ⑤ 그림은 온도가 같은 묽은 염산(HCl)과 수산화 나트륨(NaOH) 수용액의 부피를 다르게 하여 혼합한 후, 혼합 용액의 최고 온도를 측정하여 나타낸 것이다. (단, 실험 Ⅰ과 실험 Ⅱ에서 사용한 묽은 염산(HCl)과 수산화 나트륨(NaOH) 수용액의 농도는 다르다.)

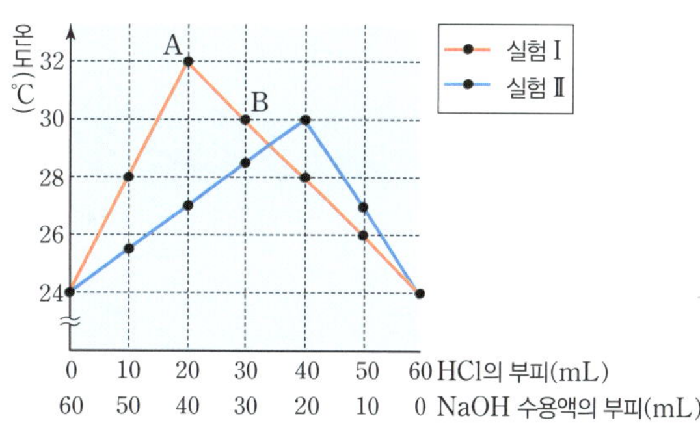

(1) 이에 대한 설명으로 옳은 것만을 〈보기〉에서 있는 대로 고른 것은?

〈보기〉

ㄱ. 실험 Ⅰ에서 중화점의 온도는 32 ℃이다.

ㄴ. 실험 Ⅰ에서 같은 부피에 들어 있는 이온 수는 Cl^-이 Na^+의 2 배이다.

ㄷ. 실험 Ⅱ에서 묽은 염산(HCl)과 수산화 나트륨(NaOH) 수용액의 농도비는 2 : 1이다.

① ㄱ ② ㄷ ③ ㄱ, ㄴ ④ ㄴ, ㄷ ⑤ ㄱ, ㄴ, ㄷ

(2) A에서 혼합 용액에 들어 있는 이온의 모형이 그림과 같을 때, B의 혼합 용액 속에 들어 있는 이온을 모형으로 나타내시오. (단, ■는 H^+, ●는 Cl^-, ▲는 Na^+, ★는 OH^-이다.)

혼합 용액 A

혼합 용액 B

05 산과 염기의 중화 반응

① 산과 염기

01

그림은 식초, 레몬즙, 수산화 칼슘, 염화 나트륨을 분류 기준에 따라 분류한 것이다.

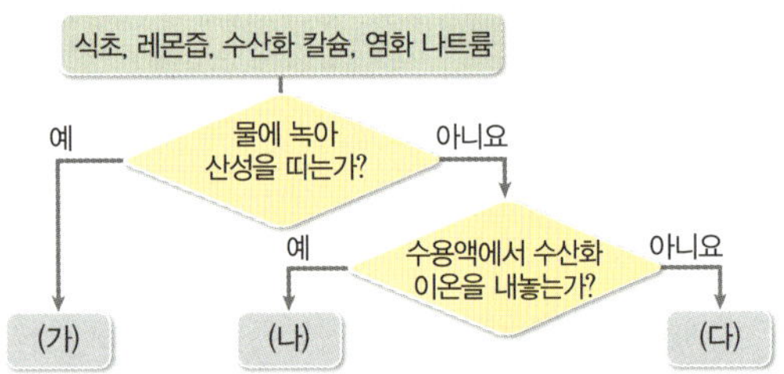

이에 대한 설명으로 옳은 것만을 〈보기〉에서 있는 대로 고른 것은?

보기

ㄱ. (가)에 해당하는 물질은 두 가지이다.
ㄴ. (나)에 BTB 용액을 넣으면 노란색으로 변한다.
ㄷ. (다)의 수용액에는 수소 이온(H^+)이 들어 있다.

① ㄱ   ② ㄷ   ③ ㄱ, ㄴ
④ ㄴ, ㄷ   ⑤ ㄱ, ㄴ, ㄷ

02 ✔빈출

그림 (가)와 (나)는 산 HA, H_2B가 녹아 있는 수용액을 모형으로 나타낸 것이다.

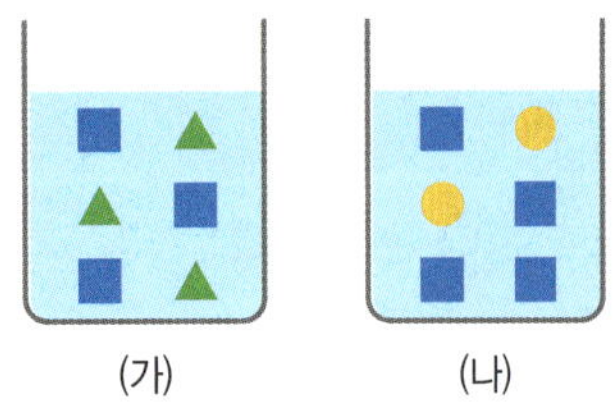

이에 대한 설명으로 옳은 것만을 〈보기〉에서 있는 대로 고른 것은?

보기

ㄱ. ■는 수소 이온(H^+)이다.
ㄴ. 이온의 전하 크기는 ● > ▲이다.
ㄷ. 넣어 준 산 입자의 수는 (가)에서가 (나)에서보다 크다.

① ㄱ   ② ㄷ   ③ ㄱ, ㄴ
④ ㄴ, ㄷ   ⑤ ㄱ, ㄴ, ㄷ

03

그림은 네 가지 물질을 주어진 기준에 따라 분류한 것이다.

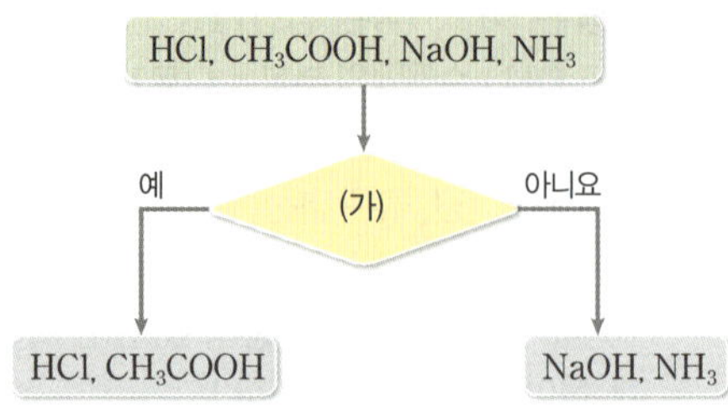

다음 중 (가)로 가장 적절한 것은?

① 수용액에서 전류가 흐르는가?
② 단백질을 녹이는 성질이 있는가?
③ 수용액에서 대부분 이온화하는가?
④ 페놀프탈레인의 색을 붉은색으로 변화시키는가?
⑤ 수용액에서 마그네슘과 반응하면 수소 기체가 발생하는가?

04 ✔빈출

다음은 묽은 염산(HCl)의 성질을 알아보기 위한 실험이다.

[실험 과정 및 결과]
　질산 칼륨(KNO_3) 수용액을 적신 거름종이 위에 푸른색 리트머스 종이와 묽은 염산을 적신 실을 올려놓고 전원을 연결하였더니, 그림과 같이 실에서부터 A극 쪽으로 붉게 변해갔다.

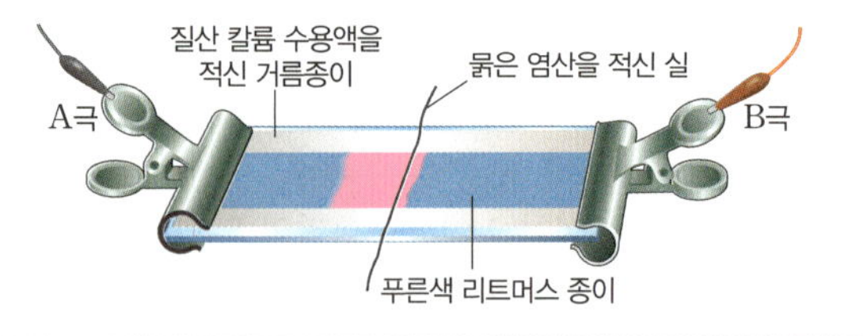

이에 대한 설명으로 옳은 것만을 〈보기〉에서 있는 대로 고른 것은?

보기

ㄱ. A극은 (－)극이다.
ㄴ. 리트머스 종이가 붉게 변하는 것은 수소 이온(H^+) 때문이다.
ㄷ. 묽은 염산 대신 수산화 나트륨 수용액을 사용해도 같은 결과가 나타난다.

① ㄱ   ② ㄷ   ③ ㄱ, ㄴ
④ ㄴ, ㄷ   ⑤ ㄱ, ㄴ, ㄷ

05

산과 염기의 이온화 반응식으로 옳지 **않은** 것은?

① $HCl \longrightarrow H^+ + Cl^-$

② $NH_3 \longrightarrow H^+ + NH_2^-$

③ $H_2SO_4 \longrightarrow 2H^+ + SO_4^{2-}$

④ $Ca(OH)_2 \longrightarrow Ca^{2+} + 2OH^-$

⑤ $CH_3COOH \longrightarrow H^+ + CH_3COO^-$

06

그림은 AOH 수용액을 입자 모형으로 나타낸 것이다.

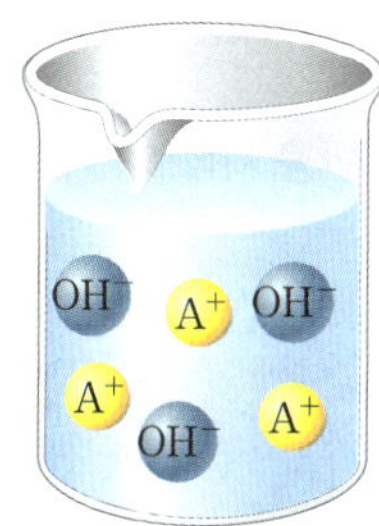

AOH 수용액에 대한 설명으로 옳은 것만을 〈보기〉에서 있는 대로 고른 것은? (단, A는 임의의 원소 기호이다.)

〈보기〉

ㄱ. 마그네슘(Mg) 조각을 넣으면 수소 기체가 발생한다.

ㄴ. 단백질을 녹이는 성질이 있다.

ㄷ. 메틸 오렌지 용액의 색을 노란색으로 변화시킨다.

① ㄱ　　　　　② ㄷ　　　　　③ ㄱ, ㄴ

④ ㄴ, ㄷ　　　　⑤ ㄱ, ㄴ, ㄷ

07

묽은 염산과 수산화 나트륨 수용액을 구별하기 위한 방법으로 옳은 것만을 〈보기〉에서 있는 대로 고른 것은?

〈보기〉

ㄱ. 전류가 흐르는지를 확인한다.

ㄴ. 달걀 껍데기를 넣고 반응하는지를 관찰한다.

ㄷ. BTB 용액을 떨어뜨려 색 변화를 관찰한다.

ㄹ. 마그네슘 조각을 넣어 기체가 발생하는지를 확인한다.

① ㄱ, ㄴ　　　　② ㄷ, ㄹ　　　　③ ㄱ, ㄷ, ㄹ

④ ㄴ, ㄷ, ㄹ　　　⑤ ㄱ, ㄴ, ㄷ, ㄹ

08 ✔빈출

표는 네 가지 물질 A~D의 성질에 대한 자료이다. A~D 중 염기는 한 가지이다.

물질	A	B	C	D
메틸 오렌지 용액을 넣었을 때의 색	(가)	붉은색	노란색	노란색
BTB 용액을 넣었을 때의 색	노란색	노란색	(나)	초록색

이에 대한 설명으로 옳은 것만을 〈보기〉에서 있는 대로 고른 것은?

〈보기〉

ㄱ. '붉은색'은 (가)로 적절하다.

ㄴ. '파란색'은 (나)로 적절하다.

ㄷ. A~D 중 산은 두 가지이다.

① ㄱ　　　　　② ㄷ　　　　　③ ㄱ, ㄴ

④ ㄴ, ㄷ　　　　⑤ ㄱ, ㄴ, ㄷ

09

표는 용액 (가)~(다)에 각각 페놀프탈레인 용액, BTB 용액, 메틸 오렌지 용액을 떨어뜨렸을 때의 색 변화를 나타낸 것이다. (가)~(다)는 각각 묽은 염산, 염화 나트륨 수용액, 수산화 나트륨 수용액 중 하나이다.

용액	색 변화	지시약
(가)		페놀프탈레인 용액
(나)		BTB 용액
(다)		메틸 오렌지 용액

이에 대한 설명으로 옳은 것만을 〈보기〉에서 있는 대로 고른 것은?

〈보기〉

ㄱ. (가)는 수산화 나트륨 수용액이다.

ㄴ. (나)에는 양이온과 음이온이 존재하지 않는다.

ㄷ. (다)에 마그네슘 조각을 넣으면 수소 기체가 발생한다.

① ㄱ　　　　　② ㄴ　　　　　③ ㄱ, ㄷ

④ ㄴ, ㄷ　　　　⑤ ㄱ, ㄴ, ㄷ

10 빈출

표는 수용액 A~C에 지시약을 각각 떨어뜨렸을 때의 색 변화를 나타낸 것이다.

수용액	A	B	C
BTB 용액	초록색	(가)	파란색
메틸 오렌지 용액	노란색	붉은색	노란색
페놀프탈레인 용액	(나)	(다)	붉은색

이에 대한 설명으로 옳은 것만을 〈보기〉에서 있는 대로 고른 것은?

〈보기〉
ㄱ. '파란색'은 (가)로 적절하다.
ㄴ. 염기는 두 가지이다.
ㄷ. '색 변화 없음'은 (나)와 (다)로 모두 적절하다.

① ㄱ ② ㄷ ③ ㄱ, ㄴ
④ ㄴ, ㄷ ⑤ ㄱ, ㄴ, ㄷ

2 중화 반응

11

그림은 25 °C에서 수산화 나트륨($NaOH$) 수용액에 묽은 염산(HCl)을 조금씩 넣을 때 일어나는 반응을 이온 모형으로 나타낸 것이다.

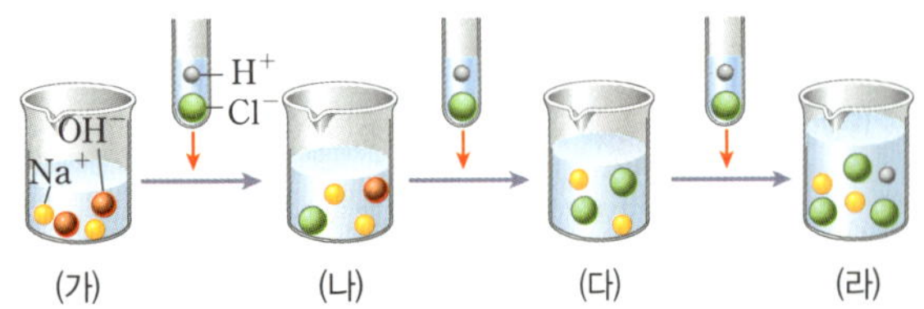

이에 대한 설명으로 옳지 않은 것은?

① (가)~(라)의 수용액은 전류가 흐른다.
② (다)의 혼합 용액은 중성이다.
③ (라)에 BTB 용액을 떨어뜨리면 노란색으로 변한다.
④ 수용액의 온도는 (다)>(나)이다.
⑤ 생성된 물 분자 수는 (라)>(다)이다.

[12~13]

그림은 같은 농도의 묽은 염산(HCl)과 수산화 나트륨($NaOH$) 수용액의 부피를 달리하여 반응시켰을 때의 온도 변화를 나타낸 것이다.

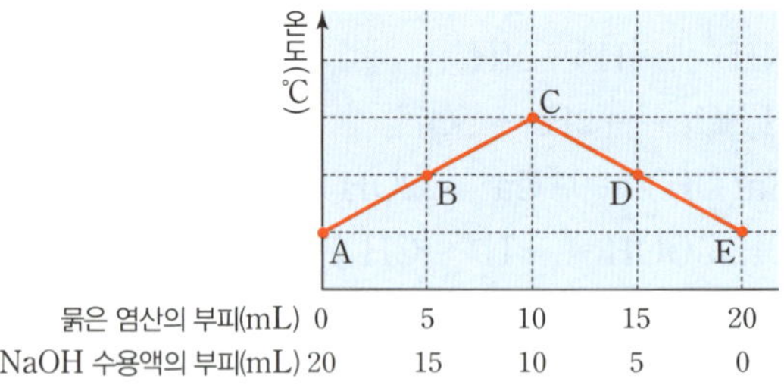

12 빈출

A~E 중 중화점으로 옳은 것은?

① A ② B ③ C ④ D ⑤ E

13

난이도 상

반응 모형 (가)~(다)로 반응 지점 A−B−C를 순서대로 옳게 나타낸 것은?

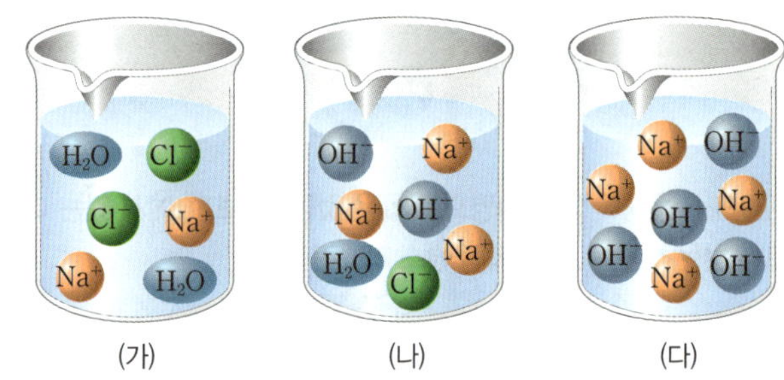

① (가)−(나)−(다) ② (가)−(다)−(나)
③ (나)−(다)−(가) ④ (다)−(가)−(나)
⑤ (다)−(나)−(가)

14

그림은 수산화 나트륨($NaOH$) 수용액 40 mL에 묽은 염산(HCl)을 조금씩 넣을 때 용액에 들어 있는 이온 수를 나타낸 것이다. 이에 대한 설명으로 옳은 것만을 〈보기〉에서 있는 대로 고른 것은?

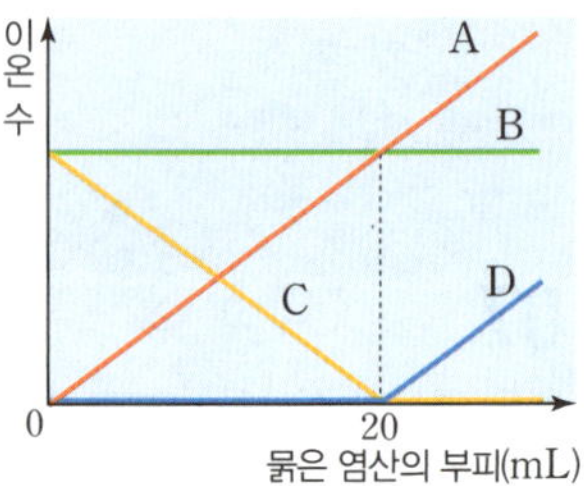

〈보기〉
ㄱ. B는 Na^+이다.
ㄴ. A는 반응에 참여하지 않는다.
ㄷ. 같은 부피의 이온 수는 수산화 나트륨 수용액이 묽은 염산의 2배이다.

① ㄱ ② ㄷ ③ ㄱ, ㄴ
④ ㄴ, ㄷ ⑤ ㄱ, ㄴ, ㄷ

15 ✔빈출

표는 같은 농도의 묽은 염산과 수산화 나트륨($NaOH$) 수용액을 여러 부피비로 혼합한 용액 (가)~(마)에 대한 자료이다.

혼합 용액	(가)	(나)	(다)	(라)	(마)
묽은 염산의 부피(mL)	2	4	6	8	10
수산화 나트륨 수용액의 부피(mL)	10	8	6	4	2
혼합 용액의 최고 온도(℃)	27	29	31	29	27

이에 대한 설명으로 옳은 것만을 〈보기〉에서 있는 대로 고른 것은?

〈보기〉

ㄱ. 중화점은 (다)이다.
ㄴ. 생성된 물 분자 수는 (나)와 (라)에서 같다.
ㄷ. (마)에서 가장 많은 이온은 H^+이다.

① ㄱ ② ㄷ ③ ㄱ, ㄴ
④ ㄴ, ㄷ ⑤ ㄱ, ㄴ, ㄷ

16

그림은 온도가 같은 묽은 염산(HCl)과 수산화 나트륨($NaOH$) 수용액을 각각 다른 부피로 혼합하였을 때, 혼합 용액의 최고 온도를 나타낸 것이다.

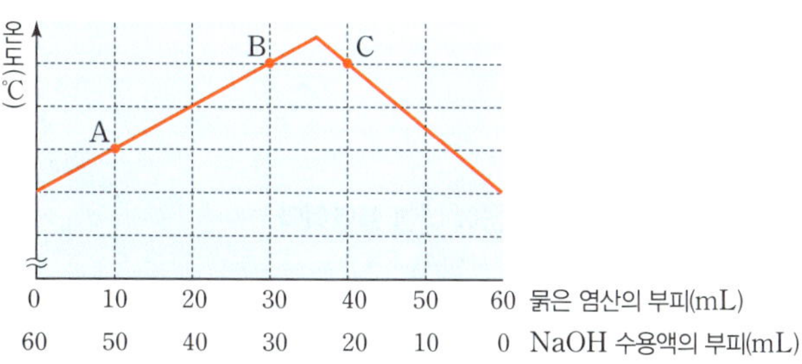

이에 대한 설명으로 옳은 것만을 〈보기〉에서 있는 대로 고른 것은?

〈보기〉

ㄱ. 중화점에서의 부피비는 묽은 염산 : 수산화 나트륨 수용액＝3 : 2이다.
ㄴ. 생성된 물 분자 수는 B에서가 A에서의 3 배이다.
ㄷ. 같은 부피에 들어 있는 이온 수는 수산화 나트륨 수용액이 묽은 염산보다 크다.

① ㄱ ② ㄷ ③ ㄱ, ㄴ
④ ㄴ, ㄷ ⑤ ㄱ, ㄴ, ㄷ

17 ✔빈출

그림은 농도가 서로 다른 수산화 나트륨($NaOH$) 수용액 10 mL에 묽은 염산(HCl) 10 mL를 넣었을 때 혼합 용액에 존재하는 이온 수의 비율을 나타낸 것이다.

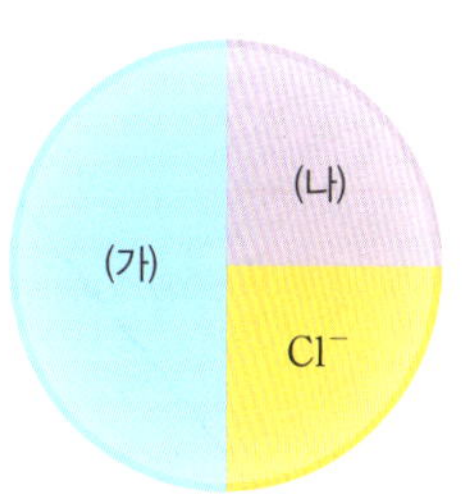

이에 대한 설명으로 옳은 것만을 〈보기〉에서 있는 대로 고른 것은?

〈보기〉

ㄱ. (나)는 H^+이다.
ㄴ. 이 혼합 용액에 페놀프탈레인 용액을 떨어뜨리면 붉은색으로 변한다.
ㄷ. 이 혼합 용액에 묽은 염산 10 mL를 추가한 혼합 용액 속 이온의 종류는 세 가지이다.

① ㄱ ② ㄴ ③ ㄷ
④ ㄱ, ㄷ ⑤ ㄴ, ㄷ

18

난이도 **상**

표는 온도가 같은 묽은 염산(HCl), 수산화 나트륨($NaOH$) 수용액의 부피를 달리하여 혼합한 용액 A~E의 최고 온도를 나타낸 것이다. B는 중성이다.

혼합 용액	A	B	C	D	E
묽은 염산의 부피(mL)	70	140	210	280	350
수산화 나트륨 수용액의 부피(mL)	350	280	210	140	70
혼합 용액의 최고 온도(℃)	25.3	25.9	25.6	25.3	x

이에 대한 설명으로 옳은 것만을 〈보기〉에서 있는 대로 고른 것은?

〈보기〉

ㄱ. 생성된 물 분자 수는 A에서가 D에서보다 크다.
ㄴ. 같은 부피의 이온 수는 묽은 염산이 수산화 나트륨 수용액의 2 배이다.
ㄷ. x는 25.3이다.

① ㄱ ② ㄴ ③ ㄷ
④ ㄱ, ㄷ ⑤ ㄴ, ㄷ

19

난이도 상

그림은 묽은 염산(HCl) 20 mL에 수산화 나트륨($NaOH$) 수용액을 조금씩 가할 때 $NaOH$ 수용액의 부피에 따른 두 가지 이온 A, B의 수를 나타낸 것이다.

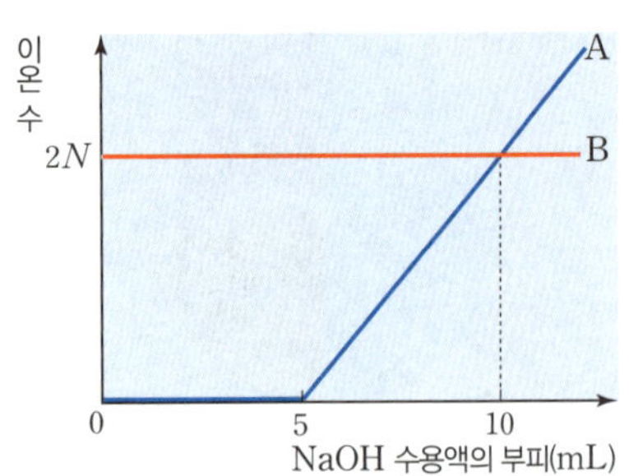

이에 대한 설명으로 옳은 것만을 〈보기〉에서 있는 대로 고른 것은?

보기

ㄱ. A는 OH^-이다.
ㄴ. 같은 부피에 들어 있는 이온 수는 수산화 나트륨 수용액이 묽은 염산의 2배이다.
ㄷ. 수산화 나트륨 수용액 10 mL를 가했을 때 혼합 용액 속 전체 이온 수는 $6N$이다.

① ㄱ
② ㄴ
③ ㄷ
④ ㄱ, ㄷ
⑤ ㄴ, ㄷ

3 일상생활 속의 중화 반응

20 빈출

표는 일상 생활에서 산과 염기의 이용을 나타낸 것이다.

물질	(가)	(나)	(다)	(라)
이용	유리 세정제	비누	해열제와 진통제	식초

이에 대한 설명으로 옳은 것만을 〈보기〉에서 있는 대로 고른 것은?

보기

ㄱ. (가)와 (나)는 모두 염기이다.
ㄴ. (다)와 (라)의 수용액에 아연을 넣으면 모두 수소 기체가 발생한다.
ㄷ. (라)는 산성비의 원인 물질이다.

① ㄱ
② ㄷ
③ ㄱ, ㄴ
④ ㄴ, ㄷ
⑤ ㄱ, ㄴ, ㄷ

21

다음은 산과 염기가 실생활에서 이용되는 예이다.

(가) 속이 쓰릴 때 [A] 을/를 복용한다.
(나) 벌에 쏘였을 때 [B] 을/를 바른다.
(다) 구운 생선의 비린내를 없애기 위해 [C] 을/를 뿌린다.
(라) 머리카락으로 막힌 하수구를 뚫기 위해 [D] 을/를 붓는다.

(가)~(라) 중 중화 반응을 이용한 예에 해당하는 가짓수와 A~D 중 염기의 수로 옳은 것은?

	중화 반응을 이용한 예의 가짓수	염기의 수
①	2	3
②	2	2
③	3	3
④	3	4
⑤	4	4

22

난이도 상

다음은 여러 가지 화학 반응에 대한 설명이다.

(가) 표백제로 세탁물의 얼룩을 제거한다.
(나) 식초에 마그네슘을 넣으면 기체가 발생한다.
(다) 속 쓰림을 완화시키기 위해 제산제를 복용한다.
(라) 생선회의 비린내를 없애기 위해 레몬즙을 뿌린다.

(가)~(라)에 대한 설명으로 옳은 것은?

① (가)에서 표백제는 산이다.
② (나)에서 발생하는 기체는 산소이다.
③ (다)에서 제산제는 산이다.
④ (라)에서 비린내를 내는 물질은 염기이다.
⑤ (가)~(라) 중 중화 반응이 일어나는 반응은 세 가지이다.

23

그림은 산과 염기의 성질을 나타낸 것이다.

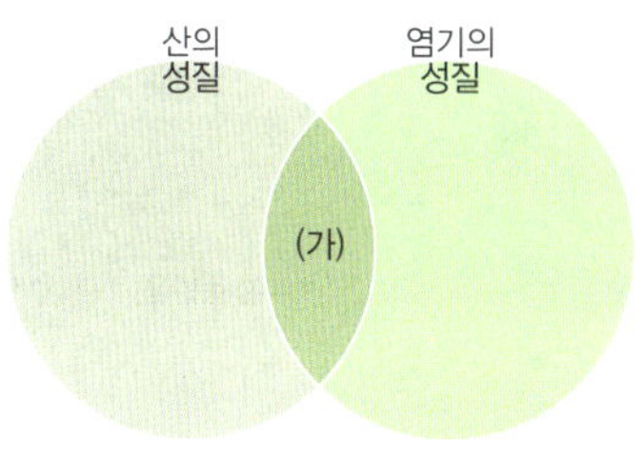

(가)에 해당하는 성질을 쓰고, 이를 확인하는 실험 방법에 대하여 서술하시오.

24

그림은 삼각 플라스크에 묽은 염산 20 mL와 마그네슘 조각을 넣은 뒤 입구에 고무풍선을 씌운 것을 나타낸 것이다.

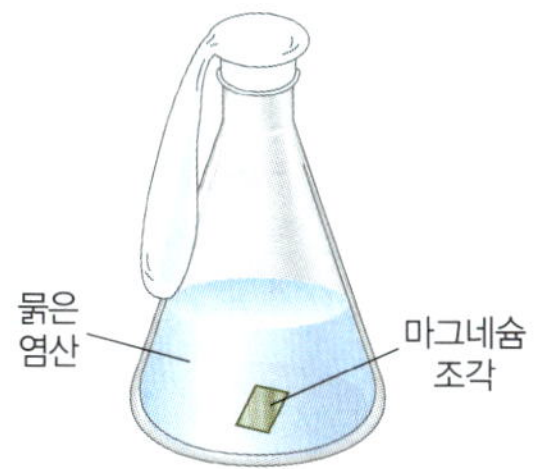

반응이 일어날 때 고무풍선에 어떤 변화가 생기는지를 쓰고, 그 까닭을 서술하시오.

25

수산화 나트륨 수용액에 붉은 양배추 지시약을 떨어뜨리고 드라이아이스 조각을 넣었을 때 용액의 색깔이 노란색에서 보라색, 붉은색으로 순차적으로 변하는 까닭을 서술하시오.

26

그림은 세 가지 홈에 농도가 같은 묽은 염산(HCl)과 수산화 나트륨($NaOH$) 수용액을 서로 다른 부피로 넣은 것을 나타낸 것이다.

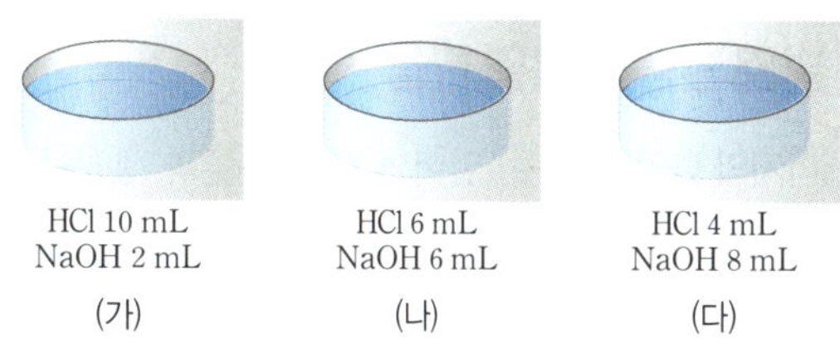

(가)~(다)의 최고 온도를 비교하고, 그 까닭을 서술하시오.

27

그림은 묽은 염산(HCl)에 수산화 나트륨($NaOH$) 수용액 10 mL씩을 차례대로 넣었을 때, 수용액 (가)~(다)에 들어 있는 이온을 모형으로 나타낸 것이다.

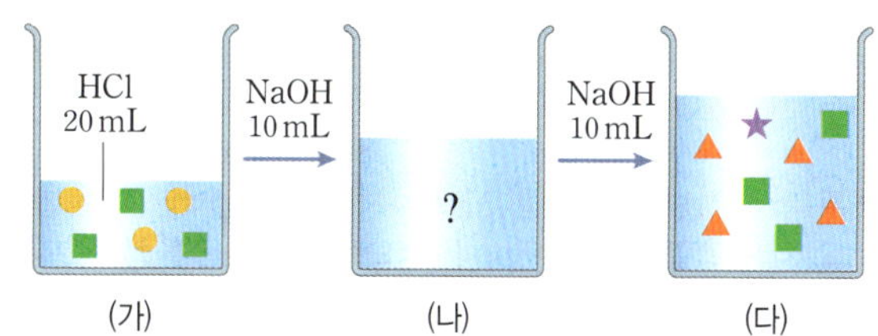

(1) ■, ●, ▲, ★에 해당하는 이온을 쓰시오.

(2) (나)에 들어 있는 모형의 종류와 수를 까닭과 함께 서술하시오.

06 물질 변화에서 에너지 출입

① 발열 반응과 흡열 반응

1 에너지의 출입: 반응이 일어날 때 반응물과 생성물이 가지고 있는 에너지가 다르기 때문에 항상 에너지가 출입한다.

2 발열 반응과 흡열 반응

구분	발열 반응❶	흡열 반응❷
정의	반응이 일어날 때 주위로 에너지를 방출하는 반응	반응이 일어날 때 주위의 에너지를 흡수하는 반응
에너지 변화	반응물의 에너지 합 > 생성물의 에너지 합	반응물의 에너지 합 < 생성물의 에너지 합
열에너지의 이동	열에너지를 주위로 방출해 ~ (열 ← → 열)	열에너지를 주위에서 흡수해 ~ (열 → ← 열)
주위의 온도 변화	주위의 온도가 높아짐	주위의 온도가 낮아짐
예	연소 반응, 금속과 산의 반응, 금속의 부식 반응, 산과 염기의 중화 반응, 상태 변화(기체 → 액체 → 고체)	광합성, 질산 암모늄의 용해 반응, 탄산수소 나트륨의 열분해 반응, 물의 전기 분해, 상태 변화(고체 → 액체 → 기체)

🔍 자세하게 | 발열 반응과 흡열 반응 확인

(가)는 염화 칼슘이 물에 녹는 반응이고, (나)는 수산화 바륨과 염화 암모늄의 반응이다.

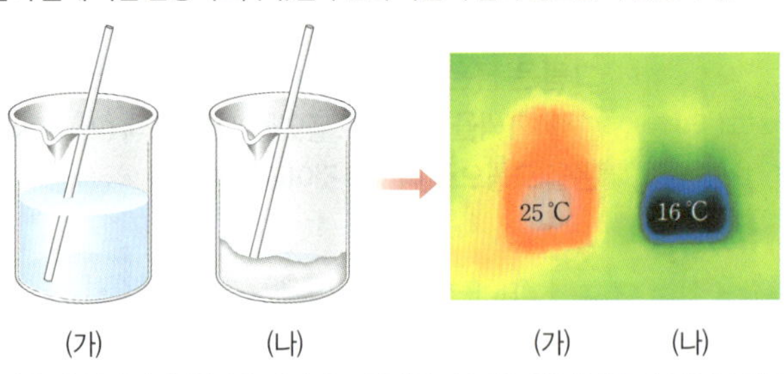

➡ 두 비커에서 반응이 일어날 때 열화상 사진기로 촬영하면 (가)는 발열 반응이 일어나 빨간색으로 나타나고, (나)는 흡열 반응이 일어나 파란색으로 나타나는 것을 볼 수 있다.

② 물질 변화에서 출입하는 열의 이용

1 물리 변화에서 에너지 출입: 상태 변화와 같은 물리 변화가 일어날 때 에너지 출입이 일어난다.

단원 한눈에 보기

화학 반응의 열 출입

- 발열 반응 ─ 주위로 열 방출 / 주위의 온도가 높아짐
- 흡열 반응 ─ 주위의 열 흡수 / 주위의 온도가 낮아짐

❶ 발열 반응과 온도
발열 반응이 일어날 때 반응물과 생성물이 가진 에너지 차이에 해당하는 열에너지를 주위로 방출하므로 주위의 온도가 높아진다.

❷ 흡열 반응과 온도
흡열 반응이 일어날 때 반응물과 생성물이 가진 에너지 차이에 해당하는 열에너지를 주위에서 흡수하므로 주위의 온도가 낮아진다.
열에너지뿐만 아니라 빛에너지나 전기 에너지를 흡수하는 반응도 흡열 반응으로 분류한다.

계와 주위
- 계: 화학 반응이 일어나는 비커나 플라스크에 있는 물질처럼 화학 반응에서 관심을 기울이는 대상
- 주위: 계를 둘러싼 외부 환경

물리 변화와 화학 변화
- 물리 변화: 색깔, 냄새, 맛 등 물질 특유의 성질은 변하지 않고 모양이나 상태가 변하는 현상 예 상태 변화
- 화학 변화: 물질을 구성하는 입자 사이의 화학 결합이 끊어지고, 새로운 화학 결합(이온 결합, 공유 결합, 금속 결합)으로 입자가 구성되는 것

📖 용어쏙

- 광합성 엽록체에서 빛에너지를 이용하여 이산화 탄소와 물로 포도당과 산소를 만드는 반응
- 열분해 외부에서 열을 가해 한 가지 화합물을 두 가지 이상의 새로운 물질로 만드는 반응

고체에서 액체, 액체에서 기체, 고체에서 기체로 상태 변화가 일어날 때 열에너지를 흡수한다. 반면 기체에서 액체, 액체에서 고체, 기체에서 고체로 상태 변화가 일어날 때 열에너지를 방출한다.

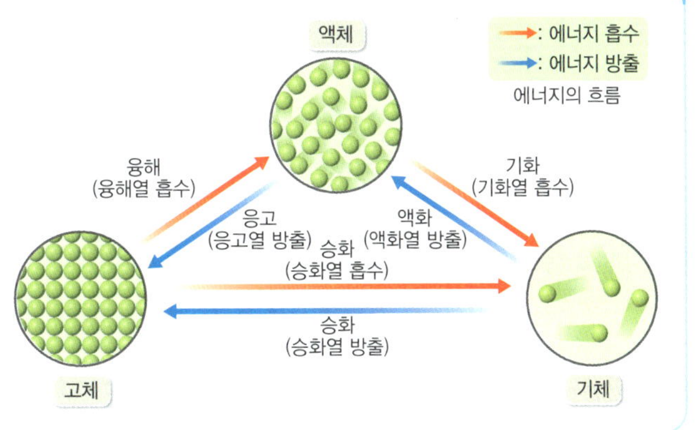

❸ 화학 반응의 열에너지 출입
· 반응물의 에너지 합 > 생성물의 에너지 합 ➡ 발열 반응

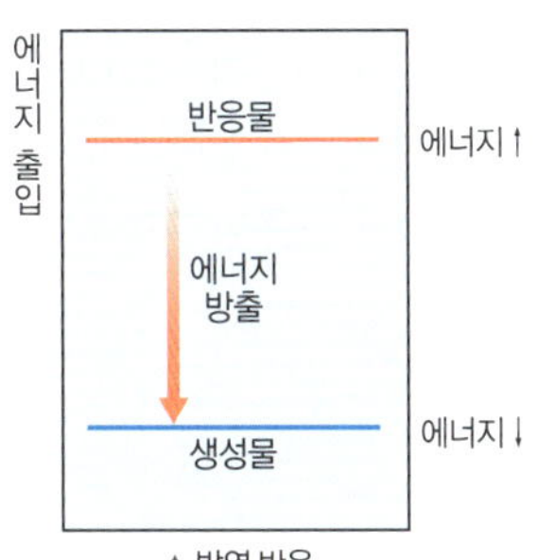

· 반응물의 에너지 합 < 생성물의 에너지 합 ➡ 흡열 반응

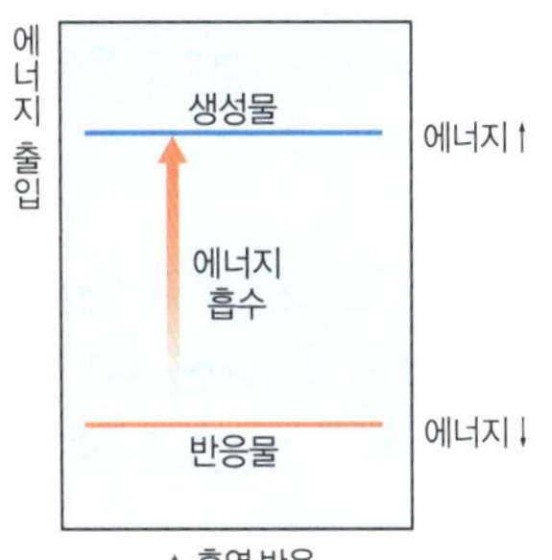

2 물리 변화에서 열에너지 출입의 이용 주로 상태 변화에서 열에너지가 출입해~

발열 반응	· 커피 전문점에서 수증기가 물로 **액화**하면서 방출하는 열에너지를 이용해 우유를 가열한다. · 수증기가 **응결**해 구름이 된다. ➡ 액화열 방출 · 이글루에서는 내부에 물을 뿌려 물이 **응고**하면서 방출하는 열에너지를 난방에 이용한다.
흡열 반응	· 아이스크림 포장에는 드라이아이스가 **승화**하여 열에너지를 흡수하는 현상을 이용한다. · 더운 여름날 마당에 물을 뿌리면 물이 **증발**하면서 **기화열**을 흡수하므로 시원해진다. · 손 소독제에 들어 있는 알코올이 기체로 **증발**하면서 열에너지를 흡수한다. · 냉매가 **기화**하면서 열에너지를 흡수해 냉장고 안이 시원해진다.

3 화학 변화에서 에너지 출입❸: 화학 반응이 일어나면 반응물과 생성물의 화학 에너지 차이만큼 에너지가 출입한다.

4 화학 변화에서 에너지 출입의 이용

발열 반응	· 조리용 발열 팩: **산화 칼슘과 물이 반응**할 때 열에너지를 방출하여 주위의 온도가 높아지는 현상을 이용한다. · 휴대용 손난로: **철 가루가 산화**될 때 열에너지를 방출하여 주위의 온도가 높아지는 현상 이용 · **연료가 연소**할 때 열에너지를 방출하므로 주위의 온도가 높아진다. · 눈이 내린 도로에 **제설제**로 뿌린 염화 칼슘은 열에너지를 방출하므로 눈이 녹는다. · **중화 반응, 금속과 산의 반응, 생명체의 세포호흡** 등
흡열 반응	· 냉각 팩: **질산 암모늄이 물에 용해**될 때 열에너지를 흡수하여 주위의 온도가 낮아지는 것 이용 · 탄산수소 나트륨 분말을 소화기로 뿌리면 분말이 산소를 차단해 주는 역할도 하지만, **탄산수소 나트륨이 열분해**하면서 주위의 열에너지를 흡수하여 불이 꺼진다. · **수산화 바륨과 질산 암모늄의 반응, 전기 분해, 광합성, 열분해** 등

· **상태 변화** 물질이 고체, 액체, 기체 중의 어느 상태에서 다른 상태로 변하는 현상

정답과 해설 18쪽

빈칸 채우기 문제

01 에너지를 방출하는 반응을 (　　) 반응, 에너지를 흡수하는 반응을 (　　) 반응이라고 한다.

02 (　　) 반응이 일어나면 열에너지를 (　　)하므로 주위의 온도가 (　　)진다.

03 기화가 일어나면 주위에서 열에너지를 (　　)하므로 주위의 온도가 (　　)진다.

04 금속의 산화 반응, 중화 반응은 (　　) 반응이고, 광합성, 질산 암모늄의 용해 반응은 (　　) 반응이다.

○✕ 문제

05 발열 반응은 에너지를 방출하는 반응이다.　(○ ✕)

06 흡열 반응이 일어나면 주위의 온도가 높아진다.　(○ ✕)

07 흡열 반응에서 생성물의 에너지 합은 반응물의 에너지 합보다 크다.　(○ ✕)

08 발열 반응에는 탄산수소 나트륨의 열분해, 질산 암모늄의 용해 등이 있다.　(○ ✕)

06 물질 변화에서 에너지 출입

① 발열 반응과 흡열 반응

01

물질 변화와 에너지 출입에 대한 설명으로 옳은 것만을 〈보기〉에서 있는 대로 고른 것은?

〈보기〉
ㄱ. 물질 변화가 일어날 때 항상 에너지가 출입한다.
ㄴ. 흡열 반응이 일어나면 주위의 온도가 높아진다.
ㄷ. 중화 반응은 발열 반응이다.

① ㄱ   ② ㄴ   ③ ㄱ, ㄷ
④ ㄴ, ㄷ   ⑤ ㄱ, ㄴ, ㄷ

02

발열 반응에 대한 설명으로 옳은 것만을 〈보기〉에서 있는 대로 고른 것은?

〈보기〉
ㄱ. 에너지를 방출하는 반응이다.
ㄴ. 반응이 일어나면 주위의 온도가 낮아진다.
ㄷ. 연료의 연소 반응은 발열 반응의 예이다.

① ㄱ   ② ㄴ   ③ ㄱ, ㄷ
④ ㄴ, ㄷ   ⑤ ㄱ, ㄴ, ㄷ

03

다음은 아연과 묽은 염산의 화학 반응식이다.

$$Zn(s) + 2HCl(aq) \longrightarrow ZnCl_2(aq) + H_2(g)$$

이에 대한 설명으로 옳은 것만을 〈보기〉에서 있는 대로 고른 것은?

〈보기〉
ㄱ. 흡열 반응이다.
ㄴ. 생성물의 에너지 합이 반응물의 에너지 합보다 작다.
ㄷ. 물의 증발과 에너지의 출입 방향이 같다.

① ㄱ   ② ㄴ   ③ ㄱ, ㄷ
④ ㄴ, ㄷ   ⑤ ㄱ, ㄴ, ㄷ

04

그림은 어떤 화학 반응이 일어날 때의 에너지 변화를 나타낸 것이다.

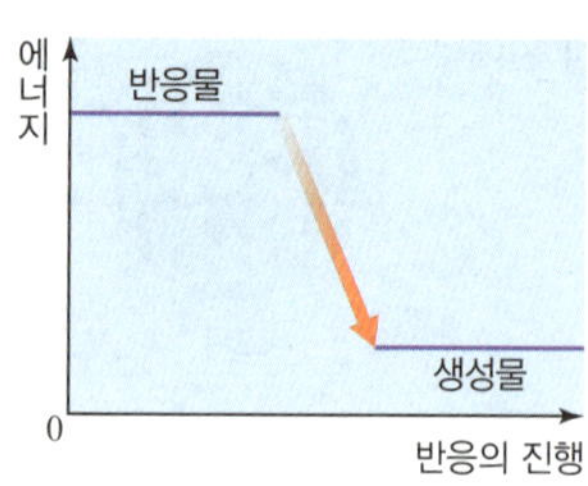

이에 대한 설명으로 옳은 것만을 〈보기〉에서 있는 대로 고른 것은?

〈보기〉
ㄱ. 에너지를 방출하는 반응이다.
ㄴ. 반응이 일어나면 주위의 온도가 높아진다.
ㄷ. 생성물의 에너지 합이 반응물의 에너지 합보다 작다.

① ㄱ   ② ㄴ   ③ ㄱ, ㄷ
④ ㄴ, ㄷ   ⑤ ㄱ, ㄴ, ㄷ

05

그림은 어떤 화학 반응이 일어날 때의 에너지 변화를 나타낸 것이다.

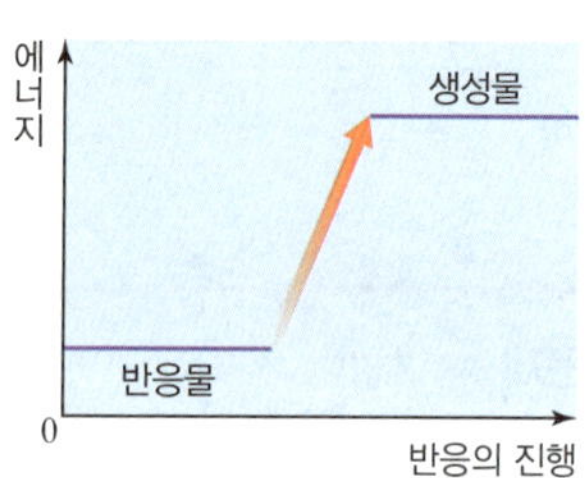

이에 대한 설명으로 옳은 것만을 〈보기〉에서 있는 대로 고른 것은?

〈보기〉
ㄱ. 에너지를 방출하는 반응이다.
ㄴ. 생성물의 에너지 합이 반응물의 에너지 합보다 크다.
ㄷ. 이 반응은 냉각 팩에 이용할 수 있다.

① ㄱ   ② ㄴ   ③ ㄱ, ㄷ
④ ㄴ, ㄷ   ⑤ ㄱ, ㄴ, ㄷ

2 물질 변화에서 출입하는 열의 이용

06

다음은 에너지를 흡수하거나 방출하는 현상을 나타낸 것이다.

> (가) 광합성을 한다.
> (나) 산화 칼슘과 물이 반응한다.
> (다) 수증기가 응결해 구름이 된다.

(가)~(다) 중에서 에너지를 방출하는 현상만을 있는 대로 고른 것은?

① (가) 　　② (나) 　　③ (가), (다)
④ (나), (다) 　　⑤ (가), (나), (다)

07

다음은 손 소독제에 대한 설명이다.

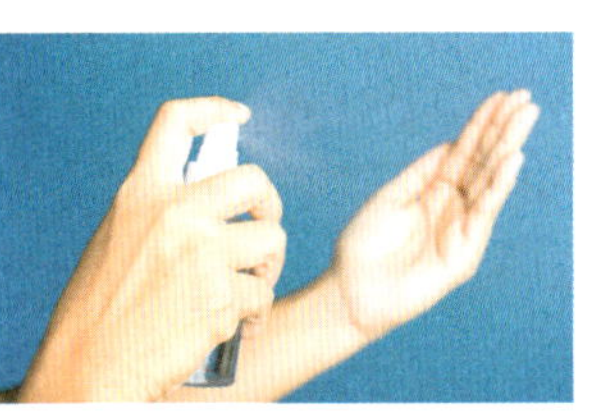

손 소독제를 손에 뿌리면 손이 시원해진다. 이는 손 소독제에 들어 있는 알코올이 기체로 증발하면서 주위에서 에너지를 (㉠)하는 (㉡) 반응이 일어나기 때문이다.

㉠과 ㉡에 들어갈 말을 옳게 짝 지은 것은?

	㉠	㉡		㉠	㉡
①	방출	발열	②	방출	흡열
③	흡수	발열	④	흡수	산화
⑤	흡수	흡열			

08

다음은 화학 반응에서 출입하는 열에너지를 이용한 예 중 하나이다.

$$CaCl_2(s) + H_2O(l) \longrightarrow CaCl_2(aq) + 열$$

위 반응과 출입하는 열의 방향이 같은 것만을 〈보기〉에서 있는 대로 고른 것은?

> **보기**
> ㄱ. 연료의 연소　　ㄴ. 휴대용 손난로　　ㄷ. 냉각 팩

① ㄱ 　　② ㄷ 　　③ ㄱ, ㄴ
④ ㄴ, ㄷ 　　⑤ ㄱ, ㄴ, ㄷ

09

다음은 조리용 발열 팩에 이용하는 반응을 화학 반응식으로 나타낸 것이다.

$$CaO(s) + H_2O(l) \longrightarrow Ca(OH)_2(aq)$$

이에 대한 설명으로 옳은 것만을 〈보기〉에서 있는 대로 고른 것은?

> **보기**
> ㄱ. 반응이 일어날 때 주위의 온도가 높아진다.
> ㄴ. 생성물의 에너지 합이 반응물의 에너지 합보다 크다.
> ㄷ. 질산 암모늄의 용해와 에너지의 출입 방향이 같다.

① ㄱ 　　② ㄴ 　　③ ㄱ, ㄷ
④ ㄴ, ㄷ 　　⑤ ㄱ, ㄴ, ㄷ

10

다음은 일상 생활이나 실험실에서 접할 수 있는 발열 반응과 흡열 반응의 예이다.

> (가) 연료를 태워 난방에 사용한다.
> (나) 여름철 마당에 물을 뿌려 시원하게 한다.
> (다) 이글루의 내부에 물을 뿌려 난방에 이용한다.
> (라) 냉매가 기화하면서 냉장고 안이 시원해진다.

발열 반응과 흡열 반응으로 옳게 짝 지은 것은?

	발열 반응	흡열 반응
①	(가), (나)	(다), (라)
②	(가), (다)	(나), (라)
③	(나), (다)	(가), (라)
④	(나), (라)	(가), (다)
⑤	(다), (라)	(가), (나)

11

다음은 일상생활에서 일어나는 물질의 변화를 나타낸 것이다.

- ㉠연료가 연소하면서 물이 끓는다.
- ㉡얼음이 녹으면서 음료수가 시원해진다.
- 손난로 안의 ㉢철가루와 산소가 반응하여 따뜻해진다.

밑줄 친 ㉠~㉢에 대한 설명으로 옳은 것만을 〈보기〉에서 있는 대로 고른 것은?

〈보기〉

ㄱ. 발열 반응은 두 가지이다.
ㄴ. 화학 변화가 일어나는 반응은 세 가지이다.
ㄷ. 반응물의 에너지 합이 생성물의 에너지 합보다 작은 것은 한 가지이다.

① ㄱ   ② ㄴ   ③ ㄱ, ㄷ
④ ㄴ, ㄷ   ⑤ ㄱ, ㄴ, ㄷ

12

다음은 탄산수소 나트륨($NaHCO_3$)에 열을 가할 때 일어나는 반응의 화학 반응식이다.

$$2NaHCO_3 \longrightarrow Na_2CO_3 + H_2O + \boxed{X}$$

이 반응에 대한 설명으로 옳은 것만을 〈보기〉에서 있는 대로 고른 것은?

〈보기〉

ㄱ. X는 CO_2이다.
ㄴ. 발열 반응이다.
ㄷ. 염화 칼슘의 용해와 열의 출입 방향이 같다.

① ㄱ   ② ㄷ   ③ ㄱ, ㄴ
④ ㄴ, ㄷ   ⑤ ㄱ, ㄴ, ㄷ

13

그림은 어떤 화학 반응이 일어날 때의 에너지 변화를 나타낸 것이다.

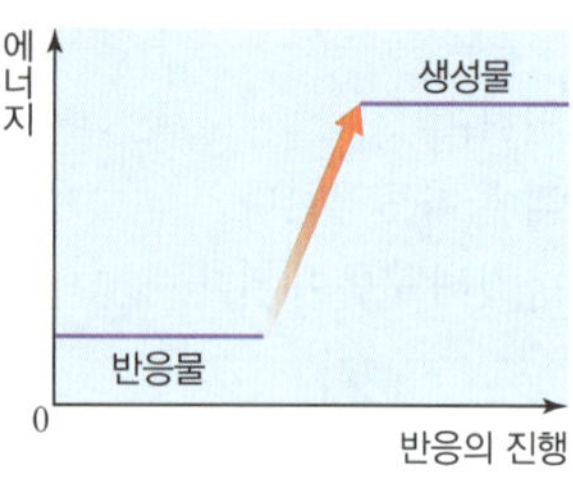

반응이 진행될 때 이 반응의 에너지 출입 방향과 에너지 출입이 일어나는 까닭을 서술하시오.

14

다음은 물이 들어 있는 주전자를 가열했을 때 일어나는 현상이다.

주전자에 들어 있는 물을 가열하면 ㉠물이 끓는다. 이때 주전자에서 나와 공기 중으로 올라가던 ㉡김은 시간이 지나면 보이지 않는다.

㉠과 ㉡의 상태 변화를 열에너지 출입과 관련하여 서술하시오.

15

그림은 냉장고에서 냉매가 변화하는 과정을 나타낸 것이다.

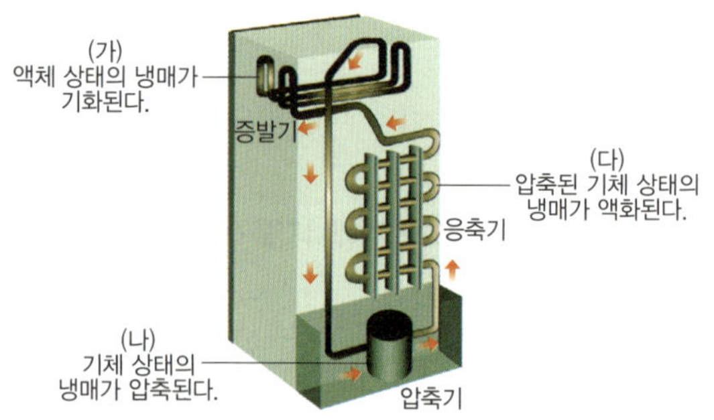

(1) (가)에서 냉매의 상태 변화에 따른 에너지 출입 방향과 이에 따른 주위의 온도 변화에 대해 서술하시오.

(2) (다)에서 냉매의 상태 변화에 따른 에너지의 출입 방향과 이에 따른 주위의 온도 변화에 대해 서술하시오.

04 산화와 환원

빈출 개념 과학과 인류의 역사를 바꾼 화학 반응 ★★   산화 환원 반응 ★★★★   금속의 산화 환원 반응 ★★★★

1 과학과 인류의 역사를 바꾼 화학 반응

다음은 세 가지 반응의 화학 반응식이다.

(가) $CH_4 + 2O_2 \longrightarrow CO_2 + 2H_2O$

(나) $6H_2O + 6CO_2 \longrightarrow C_6H_{12}O_6 + 6O_2$

(다) $Cu + 2Ag^+ \longrightarrow Cu^{2+} + 2Ag$

• 다음 설명 중 옳은 것은 ○표, 옳지 않은 것은 ×표 하시오.

1 (가)에서 메테인(CH_4)은 산화된다. (○ ┊ ×)

2 (나)는 산화 환원 반응이다. (○ ┊ ×)

3 (다)에서 은 이온(Ag^+)은 환원된다. (○ ┊ ×)

4 (나)에서 CO_2는 산화된다. (○ ┊ ×)

5 (다)에서 전자는 Cu에서 Ag^+으로 이동한다. (○ ┊ ×)

2 산화 환원 반응의 예

다음은 화학 반응의 사례 (가)~(다)이다.

(가) 페인트가 벗겨진 철문이 붉은색으로 녹슨다.
(나) 생선회에 레몬즙을 뿌리면 비린내가 줄어든다.
(다) 식물의 엽록체에서 광합성을 통해 포도당이 합성된다.

• 다음 설명 중 옳은 것은 ○표, 옳지 않은 것은 ×표 하시오.

1 (가)는 산화 환원 반응이다. (○ ┊ ×)

2 (나)는 산화 환원 반응이다. (○ ┊ ×)

3 (다)는 산화 환원 반응이다. (○ ┊ ×)

4 (가)에서 철은 산화된다. (○ ┊ ×)

5 식물의 호흡은 산화 환원 반응이다. (○ ┊ ×)

6 산화 환원 반응은 항상 동시에 일어난다. (○ ┊ ×)

3 구리의 산화 환원 반응

그림 (가)는 붉은색 구리(Cu) 코일을, (나)는 (가)를 공기 중에서 가열하여 검은색으로 변한 코일을, (다)는 (나)를 수소(H_2)와 반응시켜 다시 붉은색으로 변한 코일을 나타낸 것이다.

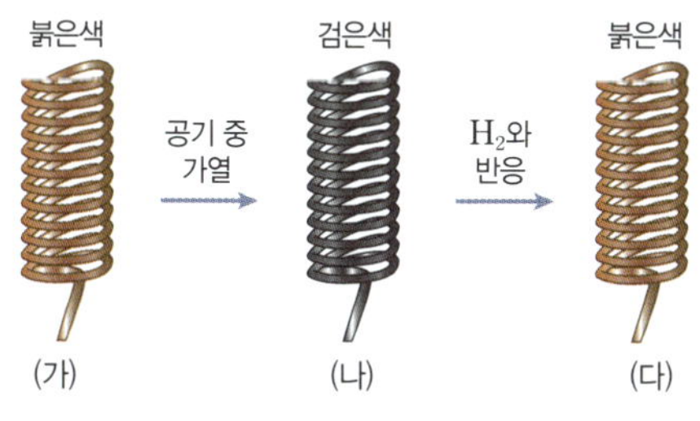

• 다음 설명 중 옳은 것은 ○표, 옳지 않은 것은 ×표 하시오.

1 (가) → (나) 과정에서 Cu는 전자를 잃는다. (○ ┊ ×)

2 (나) → (다) 과정에서 H_2는 환원된다. (○ ┊ ×)

3 코일의 질량은 (다) > (나)이다. (○ ┊ ×)

4 (나)에서 생성된 검은색 물질은 산화 구리(Ⅱ)이다. (○ ┊ ×)

5 (나) → (다) 과정에서 구리가 환원된다. (○ ┊ ×)

6 (가) → (나)에서 일어나는 반응과 (나) → (다)에서 일어나는 반응은 모두 산화 환원 반응이다. (○ ┊ ×)

4 산화 구리(II)의 산화 환원 반응

다음은 구리와 관련된 산화 환원 반응 실험이다.

> **[실험 과정 및 결과]**
>
> 그림과 같이 시험관에 산화 구리(II)와 탄소 가루를 넣고 가열하였더니, 구리가 생성되고 석회수가 뿌옇게 흐려졌다.
>
> 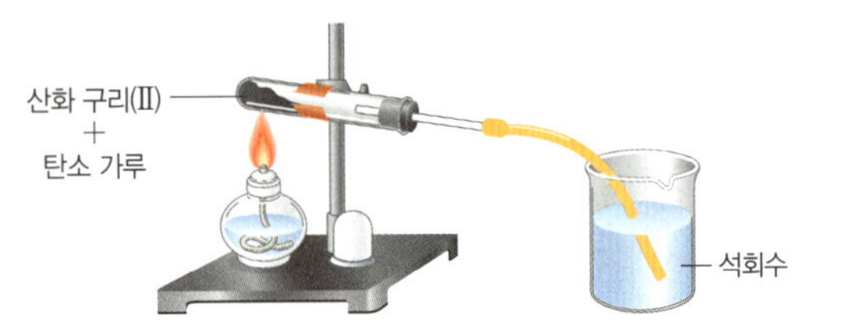
>

• 다음 설명 중 옳은 것은 ○표, 옳지 <u>않은</u> 것은 ×표 하시오.

1 산화 구리(II)는 산소를 잃는다. (○ ┊ ×)

2 반응 과정에서 이산화 탄소가 발생한다. (○ ┊ ×)

3 시험관 속 물질의 질량은 반응 후가 반응 전보다 크다. (○ ┊ ×)

4 반응 후 시험관 내에는 구리가 생성된다. (○ ┊ ×)

5 탄소(C)는 산화된다. (○ ┊ ×)

6 석회수에서 일어나는 반응은 산화 환원 반응이다. (○ ┊ ×)

5 금속의 산화 환원 반응

그림은 금속 A를 BNO_3 수용액에 넣은 것을 나타낸 것이다. 반응이 진행될 때 금속 B가 석출되고 A^{2+}이 생성된다. (단, A와 B의 원자량은 각각 207, 108이다.)

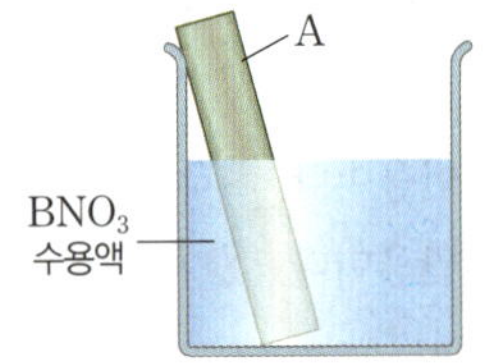

• 다음 설명 중 옳은 것은 ○표, 옳지 <u>않은</u> 것은 ×표 하시오.

1 전자는 A에서 B^+으로 이동한다. (○ ┊ ×)

2 수용액 속 양이온 수는 증가한다. (○ ┊ ×)

3 $\dfrac{\text{감소한 A의 질량}}{\text{석출된 B의 질량}} > 1$이다. (○ ┊ ×)

4 NO_3^-은 반응에 참여하지 않는다. (○ ┊ ×)

5 A는 산화된다. (○ ┊ ×)

6 B^+은 환원된다. (○ ┊ ×)

6 우리 주변의 산화 환원 반응

다음은 A 기체와 관련된 반응에 대한 실험이다.

> **[실험 I]**
> • A 기체가 천천히 발생하고 있는 과산화 수소수에 감자즙을 넣었더니 A 기체가 빠르게 발생하였다.
> $$2H_2O_2 \longrightarrow 2H_2O + \boxed{A}$$
>
> **[실험 II]**
> • 나트륨을 칼로 잘랐더니 공기 중의 A 기체와 반응하면서 단면의 은백색 광택이 서서히 사라졌다.
> $$4Na + \boxed{A} \longrightarrow 2Na_2O$$

• 다음 설명 중 옳은 것은 ○표, 옳지 <u>않은</u> 것은 ×표 하시오.

1 A는 O_2이다. (○ ┊ ×)

2 I에서 감자즙에는 촉매로 작용하는 물질이 있다. (○ ┊ ×)

3 II에서 Na은 산화된다. (○ ┊ ×)

4 I과 II에서는 모두 산화 환원 반응이 일어난다. (○ ┊ ×)

5 나트륨은 공기 중에 보관해야 한다. (○ ┊ ×)

05 산과 염기의 중화 반응

빈출 개념 산과 염기의 성질 ★★★ 중화 반응과 액성 ★★★★ 중화 반응에서 온도 변화 ★★★★★ 중화 반응과 이온 모형 ★★★★

7 산과 염기의 성질

표는 수용액 (가)~(다)에 페놀프탈레인 용액을 넣었을 때 수용액의 색과 금속 아연(Zn) 조각을 넣었을 때 기체 발생 여부를 나타낸 것이다. (가)~(다)는 각각 묽은 염산, NaCl 수용액, NaOH 수용액 중 하나이다.

수용액	(가)	(나)	(다)
페놀프탈레인 용액을 넣었을 때 수용액의 색	붉은색	무색	㉠
금속 Zn 조각을 넣었을 때 기체 발생 여부	발생하지 않음	발생함	발생하지 않음

• 다음 설명 중 옳은 것은 ○표, 옳지 <u>않은</u> 것은 ✕표 하시오.

1 (가)는 NaOH 수용액이다. (○ ✕)
2 (나)는 산성이다. (○ ✕)
3 '붉은색'은 ㉠으로 적절하다. (○ ✕)
4 (다)는 NaCl 수용액이다. (○ ✕)
5 (나)에서 발생한 기체는 이산화 탄소이다. (○ ✕)

8 산 염기의 성질과 이온

다음은 산과 염기의 성질을 알아보기 위한 실험이다.

[실험 과정]
(가) 식초, 비눗물, 묽은 염산, 암모니아수를 각각 준비한다.
(나) 각 용액에 BTB 용액을 1~2 방울씩 넣고 색 변화를 관찰한다.
(다) 각 용액에 탄산 칼슘을 넣고 변화를 관찰한다.

[실험 결과]

용액	(나)에서 용액의 색 변화	(다)에서 기체 발생 여부
식초	노란색	발생함
비눗물	파란색	발생하지 않음
묽은 염산	㉠	발생함
암모니아수	파란색	발생하지 않음

• 다음 설명 중 옳은 것은 ○표, 옳지 <u>않은</u> 것은 ✕표 하시오.

1 '노란색'은 ㉠으로 적절하다. (○ ✕)
2 비눗물에는 수산화 이온(OH^-)이 존재한다. (○ ✕)
3 식초와 암모니아수는 모두 전기 전도성이 있다. (○ ✕)
4 (다)에서 식초와 묽은 염산에서 발생한 기체는 모두 수소이다. (○ ✕)
5 네 가지 물질 중 수용액에서 H^+이 존재하는 것은 세 가지이다. (○ ✕)

9 산과 염기의 성질을 나타내는 이온

그림 (가)는 질산 칼륨 수용액에 적신 푸른색 리트머스 종이 위에 묽은 염산에 적신 거름종이 조각을 올리고 전류를 흘려주었을 때의 모습을, (나)는 질산 칼륨 수용액에 적신 붉은색 리트머스 종이 위에 수산화 나트륨 수용액에 적신 거름종이 조각을 올리고 전류를 흘려주었을 때의 모습을 나타낸 것이다.

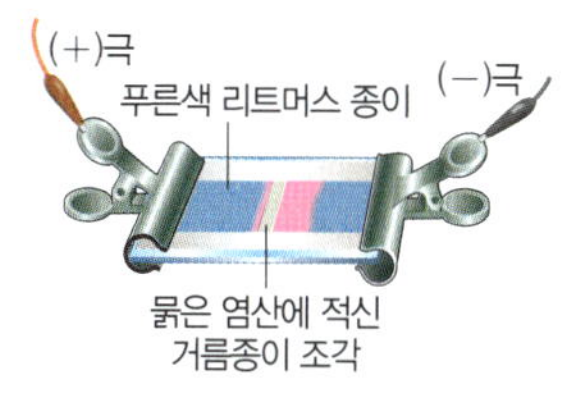

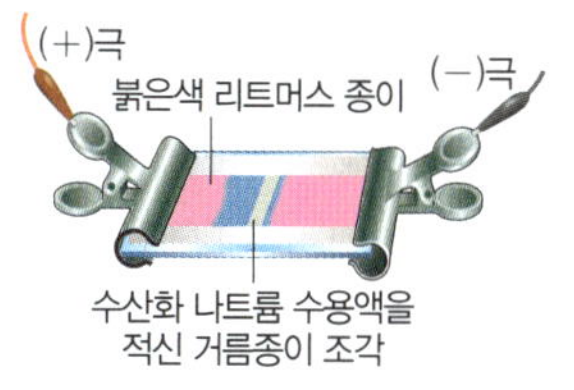

• 다음 설명 중 옳은 것은 ○표, 옳지 <u>않은</u> 것은 ✕표 하시오.

1 (가)에서 묽은 염산은 산성이다. (○ ✕)
2 (나)에서 수산화 나트륨 수용액은 염기성이다. (○ ✕)
3 (가)에서 산성을 나타내는 이온은 (−)전하를 띤다. (○ ✕)
4 (나)에서 염기성을 나타내는 이온은 (+)전하를 띤다. (○ ✕)
5 (가)에서 (+)극 쪽으로 이동하는 이온은 없다. (○ ✕)
6 질산 칼륨 수용액은 전류가 흐를 수 있도록 도와주는 역할을 한다. (○ ✕)
7 (나)에서 (+)극 쪽으로 이동하는 이온의 종류는 한 가지이다. (○ ✕)

10 중화 반응과 액성

표는 A와 B 수용액의 부피를 달리하여 혼합한 용액 (가)~(다)에 대한 자료이다. A와 B는 각각 HCl과 NaOH 중 하나이다.

혼합 용액	혼합 전 수용액의 부피(mL)		액성
	A 수용액	B 수용액	
(가)	20	40	산성
(나)	40	20	
(다)	40	40	중성

• 다음 설명 중 옳은 것은 ○표, 옳지 <u>않은</u> 것은 ✕표 하시오.

1 A는 NaOH이다. (○ ✕)

2 (나)에서 이온의 수는 $Cl^- > Na^+$이다. (○ ✕)

3 생성된 물 분자의 수는 (다)가 (나)보다 크다. (○ ✕)

4 (나)의 액성은 염기성이다. (○ ✕)

5 (가)와 (나)의 용액을 혼합하면 중성이다. (○ ✕)

11 중화 반응에서 이온의 종류와 온도 변화

표는 25 ℃ HCl 수용액과 25 ℃ NaOH 수용액을 여러 부피비로 혼합한 용액 (가)~(다)에 대한 자료이다. 혼합 전 수용액의 농도는 모두 같다.

혼합 용액	수용액의 부피(mL)		이온의 종류	최고 온도 (℃)
	HCl	NaOH		
(가)	10	5	H^+, Na^+, Cl^-	t_1
(나)	10	10	Na^+, Cl^-	t_2
(다)	10	20	OH^-, Na^+, Cl^-	t_3

• 다음 설명 중 옳은 것은 ○표, 옳지 <u>않은</u> 것은 ✕표 하시오.

1 $t_2 > t_1$이다. (○ ✕)

2 (가)에 마그네슘(Mg) 조각을 넣으면 수소 기체가 발생한다. (○ ✕)

3 (다)는 산성이다. (○ ✕)

4 생성된 물 분자 수는 (나)>(다)이다. (○ ✕)

5 혼합 용액 속 전체 이온 수는 (다)가 (나)의 1.5배이다. (○ ✕)

12 중화 반응과 이온 모형

그림은 묽은 염산(HCl) 10 mL에 수산화 나트륨(NaOH) 수용액을 10 mL씩 넣었을 때, 수용액에 들어 있는 이온을 모형으로 나타낸 것이다. (가)에 들어 있는 이온은 나타내지 않았다.

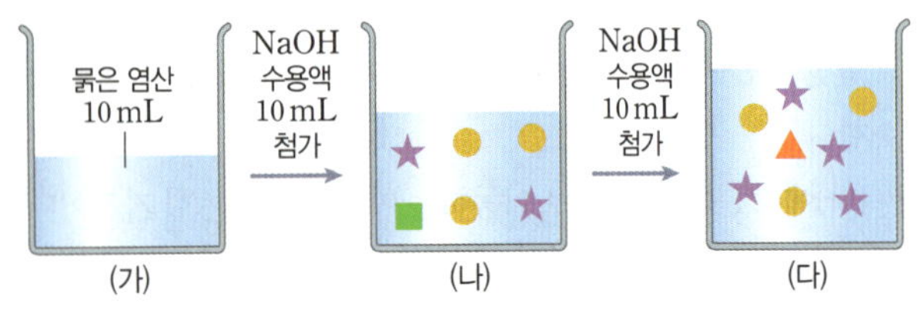

• 다음 설명 중 옳은 것은 ○표, 옳지 <u>않은</u> 것은 ✕표 하시오.

1 ●은 양이온이다. (○ ✕)

2 (나)에 금속 마그네슘(Mg)을 넣으면 기체가 발생한다. (○ ✕)

3 묽은 염산 20 mL와 수산화 나트륨 수용액 30 mL를 혼합한 용액은 중성이다. (○ ✕)

4 ▲은 OH^-이다. (○ ✕)

5 같은 부피에 들어 있는 이온 수비는 묽은 염산 : 수산화 나트륨 수용액=2 : 3이다. (○ ✕)

06 물질 변화에서 에너지 출입

빈출 개념   발열 반응과 흡열 반응 ★★★★   물질 변화에서 출입하는 열의 이용 ★★★

13 발열 반응과 흡열 반응

그림은 반응 (가)와 (나)의 에너지 변화를 나타낸 것이다.

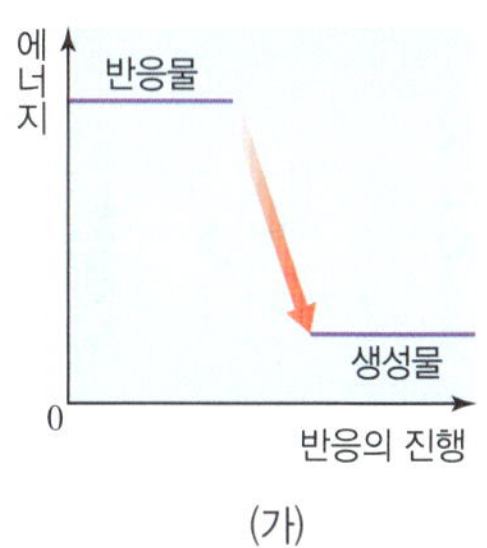

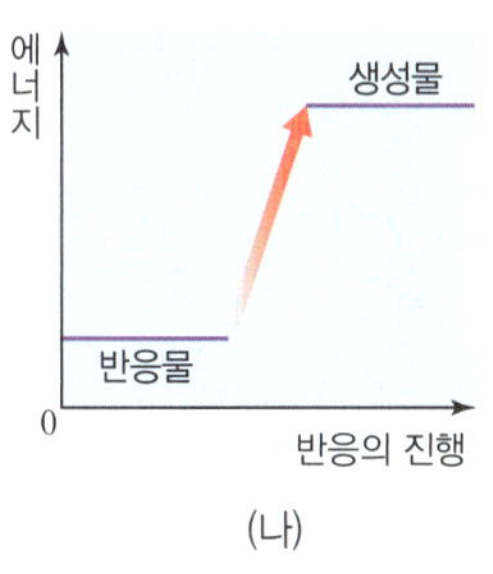

• 다음 설명 중 옳은 것은 ○표, 옳지 <u>않은</u> 것은 ×표 하시오.

1 (가)는 발열 반응이다. (○ ×)

2 (가) 반응이 진행되면 주위의 온도가 낮아진다. (○ ×)

3 (나)는 주위로부터 에너지를 흡수한다. (○ ×)

4 (나)는 반응물의 에너지 합이 생성물의 에너지 합보다 크다. (○ ×)

5 (가)에서의 에너지 출입 방향은 냉각 팩에서와 같다. (○ ×)

14 물질의 상태 변화에서 출입하는 열의 이용

그림은 물질의 상태 변화를 모형으로 나타낸 것이다.

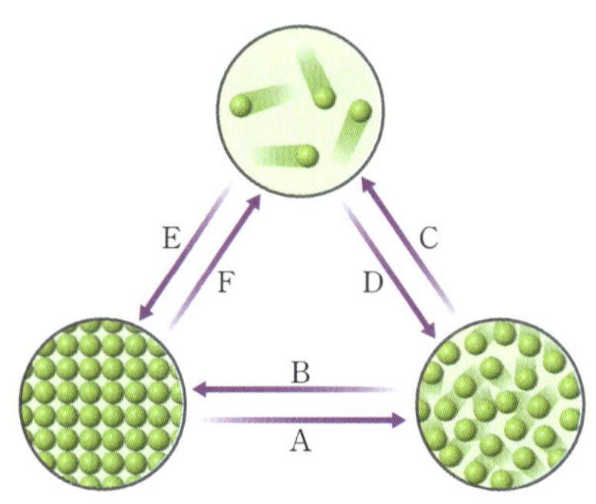

• 다음 설명 중 옳은 것은 ○표, 옳지 <u>않은</u> 것은 ×표 하시오.

1 상태 변화가 일어날 때 열에너지가 출입한다. (○ ×)

2 A는 액화이다. (○ ×)

3 A, C, F는 열에너지를 흡수한다. (○ ×)

4 B는 이글루의 내부에 물을 뿌려 난방에 이용할 때의 반응이다. (○ ×)

5 C는 소나기가 내리기 직전 무더운 것과 관련이 있다. (○ ×)

15 물질 변화에서 출입하는 열의 이용

다음은 실생활과 관련 있는 세 가지 현상이다.

- ㉠철가루와 산소가 반응하여 손난로가 뜨거워진다.
- ㉡가스가 연소하여 찌개가 끓는다.
- 냉각 팩 속 ㉢질산 암모늄이 물에 녹으며 차가워진다.

• 다음 설명 중 옳은 것은 ○표, 옳지 <u>않은</u> 것은 ×표 하시오.

1 ㉠은 발열 반응이다. (○ ×)

2 ㉡이 일어나면 주위의 온도가 높아진다. (○ ×)

3 ㉢은 반응물의 에너지 합이 생성물의 에너지 합보다 크다. (○ ×)

4 탄산수소 나트륨 분말 소화기로 불을 끌 때의 에너지 출입 방향은 ㉢과 같다. (○ ×)

04 산화와 환원

01 ✓빈출

다음은 세 가지 반응의 화학 반응식이다.

> (가) $CH_4 + 2O_2 \longrightarrow CO_2 + 2H_2O$
> (나) $6H_2O + 6CO_2 \longrightarrow C_6H_{12}O_6 + 6O_2$
> (다) $Fe_2O_3 + 3CO \longrightarrow 2Fe + 3CO_2$

이에 대한 설명으로 옳은 것만을 〈보기〉에서 있는 대로 고른 것은?

> 〈보기〉
> ㄱ. (가)는 화석 연료 중 하나인 메테인(CH_4)의 연소 반응이다.
> ㄴ. 동물과 식물은 모두 (나)의 반응을 통해 에너지를 얻는다.
> ㄷ. (가)~(다)의 반응은 모두 인류 문명 발전에 기여한 반응이다.

① ㄱ   ② ㄴ   ③ ㄱ, ㄷ
④ ㄴ, ㄷ   ⑤ ㄱ, ㄴ, ㄷ

02

다음은 세 가지 산화 환원 반응의 화학 반응식이다.

> (가) $2Mg + O_2 \longrightarrow 2MgO$
> (나) $2NO + 2CO \longrightarrow N_2 + 2CO_2$
> (다) $Fe_2O_3 + 3CO \longrightarrow 2Fe + 3CO_2$

(가)~(다)에서 각각 환원되는 물질을 옳게 짝 지은 것은?

	(가)	(나)	(다)
①	Mg	NO	CO
②	Mg	CO	Fe_2O_3
③	O_2	NO	Fe_2O_3
④	O_2	CO	Fe_2O_3
⑤	O_2	NO	CO

03

그림은 붉은색 구리(Cu) 코일을 공기 중에서 가열시키는 반응 (가)와, (가)에서 검은색으로 변한 코일을 수소(H_2)와 반응시키는 반응 (나)를 나타낸 것이다.

이에 대한 설명으로 옳은 것만을 〈보기〉에서 있는 대로 고른 것은?

> 〈보기〉
> ㄱ. (가)의 화학 반응식은 $2Cu + O_2 \longrightarrow 2CuO$이다.
> ㄴ. (나)의 화학 반응식은 $CuO + H_2 \longrightarrow Cu + H_2O$이다.
> ㄷ. (가)와 (나)는 모두 산화 환원 반응이다.

① ㄱ   ② ㄷ   ③ ㄱ, ㄴ
④ ㄴ, ㄷ   ⑤ ㄱ, ㄴ, ㄷ

04 ✓빈출

다음은 마그네슘(Mg)을 이용한 실험이다.

> [실험 과정 및 결과]
> (가) 드라이아이스(CO_2)로 만든 통에 불이 붙은 마그네슘(Mg)을 넣고 뚜껑을 덮어 공기를 차단하였다.
> (나) 시간이 흐른 후 뚜껑을 열었더니 안쪽에 은회색 고체 A와 검은색 가루가 생성되었다.

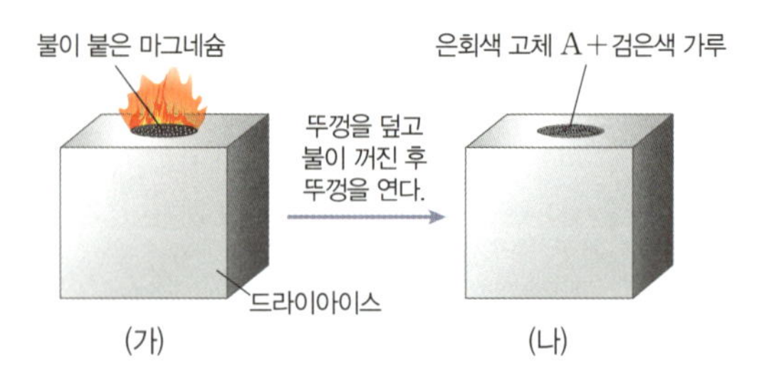

이에 대한 설명으로 옳은 것만을 〈보기〉에서 있는 대로 고른 것은?

> 〈보기〉
> ㄱ. A는 마그네슘(Mg)이다.
> ㄴ. CO_2는 환원된다.
> ㄷ. (가)에서 전자를 잃는 물질은 Mg이다.

① ㄱ   ② ㄴ   ③ ㄷ
④ ㄴ, ㄷ   ⑤ ㄱ, ㄴ, ㄷ

05 학평 기출

표는 황산 구리($CuSO_4$) 수용액에 아연(Zn) 조각을 넣어 반응시켰을 때, 반응 전과 후의 수용액에 대한 자료이다.

구분	반응 전	반응 후
수용액에 들어 있는 이온의 모형		
수용액의 색	푸른색	무색

이에 대한 설명으로 옳은 것만을 〈보기〉에서 있는 대로 고른 것은?

〈보기〉

ㄱ. 이 반응에서 Zn은 전자를 잃는다.
ㄴ. $CuSO_4$ 수용액의 색이 푸른색을 띠는 까닭은 Cu^{2+} 때문이다.
ㄷ. 반응이 일어나는 동안 수용액 속 SO_4^{2-}의 수는 변하지 않는다.

① ㄱ ② ㄷ ③ ㄱ, ㄴ
④ ㄴ, ㄷ ⑤ ㄱ, ㄴ, ㄷ

06 학평 기출변형

다음은 구리를 이용한 실험이다.

[실험 과정 및 결과]
(가) 붉은색 구리판의 질량을 측정하였더니 w_1 g이었다.
(나) (가)의 구리판을 가열하였더니 산소와 반응하여 검은색으로 변하였다.
(다) (나)의 구리판의 질량을 측정하였더니 w_2 g이었다.

이에 대한 설명으로 옳은 것만을 〈보기〉에서 있는 대로 고른 것은?

〈보기〉

ㄱ. (나)에서 구리는 산화된다.
ㄴ. $w_2 > w_1$이다.
ㄷ. (나)에서 구리판의 검은색 물질은 CuO이다.

① ㄱ ② ㄷ ③ ㄱ, ㄴ
④ ㄴ, ㄷ ⑤ ㄱ, ㄴ, ㄷ

05 산과 염기의 중화 반응

07 학평 기출

그림은 세 가지 수용액을 기준 (가)와 (나)에 따라 분류한 것이다.

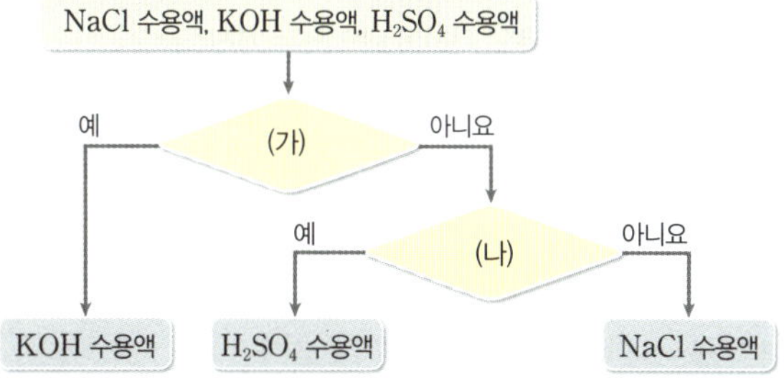

(가)와 (나)로 가장 적절한 것을 〈보기〉에서 골라 옳게 짝 지은 것은?

〈보기〉

ㄱ. 전기 전도성이 있는가?
ㄴ. 페놀프탈레인 용액을 떨어뜨렸을 때 붉게 변하는가?
ㄷ. 탄산 칼슘을 넣으면 이산화 탄소 기체가 발생하는가?

	(가)	(나)		(가)	(나)
①	ㄱ	ㄴ	②	ㄱ	ㄷ
③	ㄴ	ㄱ	④	ㄴ	ㄷ
⑤	ㄷ	ㄱ			

08 빈출

그림은 질산 칼륨 수용액을 적신 푸른색 리트머스 종이 위에 묽은 염산을 적신 실을 올려놓은 후의 변화를 나타낸 것이다.

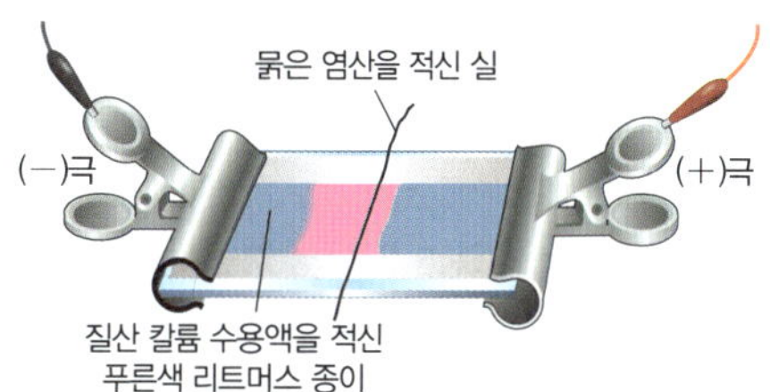

이에 대한 설명으로 옳은 것만을 〈보기〉에서 있는 대로 고른 것은?

〈보기〉

ㄱ. 묽은 염산의 산성을 나타내는 물질은 (+)전하를 띤다.
ㄴ. 묽은 염산 대신 아세트산으로 실험해도 결과는 같다.
ㄷ. (+)극 쪽으로는 이온의 이동이 일어나지 않는다.

① ㄱ ② ㄷ ③ ㄱ, ㄴ
④ ㄴ, ㄷ ⑤ ㄱ, ㄴ, ㄷ

09

다음은 실생활에서 화학 반응을 이용한 사례이다.

> (가) 김치의 신맛을 줄이기 위해 달걀 껍데기를 넣어 준다.
> (나) 가스 연료를 연소시켜 음식을 익힌다.
> (다) 벌에 쏘였을 때 암모니아수를 발라 치료한다.
> (라) 속 쓰림이 있을 때 제산제를 복용한다.

(가)~(라) 중 중화 반응의 사례에 해당하는 가짓수는?

① 0 ② 1 ③ 2 ④ 3 ⑤ 4

10

다음은 산과 염기의 중화 반응 실험이다.

> [실험 과정]
> (가) HCl 수용액, NaOH 수용액을 준비한다.
> (나) 삼각 플라스크 Ⅰ, Ⅱ에 HCl 수용액을 각각 10 mL씩 넣은 후 페놀프탈레인 용액을 2~3 방울 떨어뜨린다.
> (다) 그림과 같이 Ⅰ에는 NaOH 수용액 5 mL를, Ⅱ에는 NaOH 수용액 15 mL를 각각 첨가한 후 혼합 용액을 만든다.
>
> 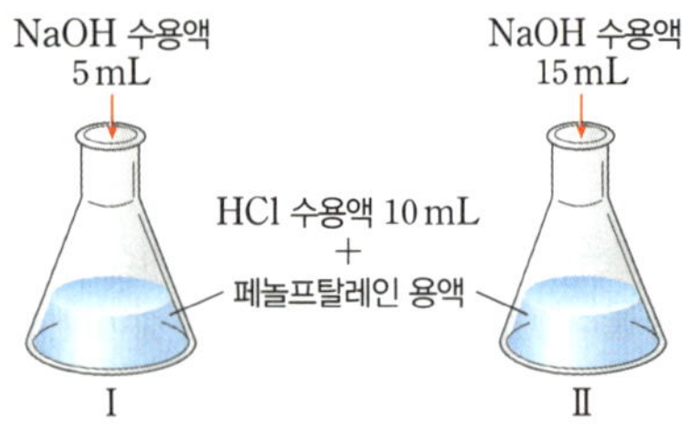
>
>
> (라) Ⅰ, Ⅱ에 들어 있는 혼합 용액의 색을 관찰한다.
> [실험 결과]
> • (라)에서 Ⅰ에 들어 있는 혼합 용액은 무색이고, Ⅱ에 들어 있는 혼합 용액은 붉은색이다.

이에 대한 설명으로 옳은 것만을 〈보기〉에서 있는 대로 고른 것은?

> 〈보기〉
> ㄱ. (다)에서 중화열이 발생한다.
> ㄴ. (다)에서 생성된 물의 양은 Ⅱ에서보다 Ⅰ에서가 많다.
> ㄷ. (라)에서 Ⅱ에 들어 있는 혼합 용액은 산성이다.

① ㄱ ② ㄴ ③ ㄱ, ㄴ
④ ㄱ, ㄷ ⑤ ㄴ, ㄷ

11

그림은 묽은 염산(HCl)과 수산화 나트륨(NaOH) 수용액의 부피를 달리하여 혼합한 용액의 최고 온도를 나타낸 것이다.

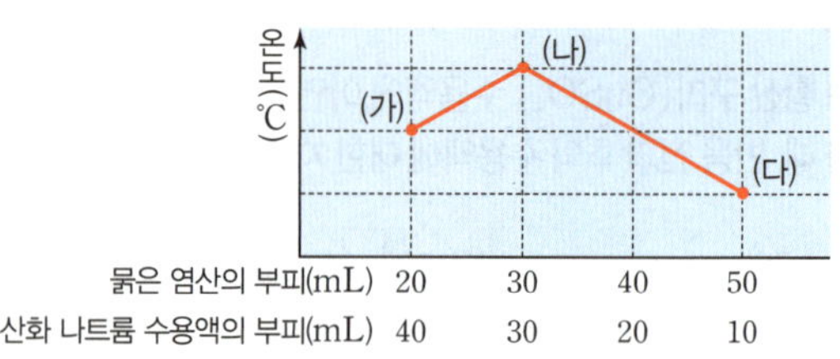

| 묽은 염산의 부피(mL) | 20 | 30 | 40 | 50 |
| 수산화 나트륨 수용액의 부피(mL) | 40 | 30 | 20 | 10 |

이에 대한 설명으로 옳은 것만을 〈보기〉에서 있는 대로 고른 것은? (단, 혼합 전 수용액의 온도는 모두 같다.)

> 〈보기〉
> ㄱ. (나)는 중화점이다.
> ㄴ. 생성된 물의 양은 (가)에서가 (다)에서의 2 배이다.
> ㄷ. 혼합 용액 속 전체 이온 수는 (가) > (나)이다.

① ㄱ ② ㄷ ③ ㄱ, ㄴ
④ ㄴ, ㄷ ⑤ ㄱ, ㄴ, ㄷ

12 ✔빈출

그림은 수용액 (가)~(다)에 들어 있는 음이온을 모형으로 나타낸 것이다. (가)~(다)는 각각 묽은 염산(HCl), 수산화 나트륨(NaOH) 수용액, 수산화 칼륨(KOH) 수용액 중 하나이다.

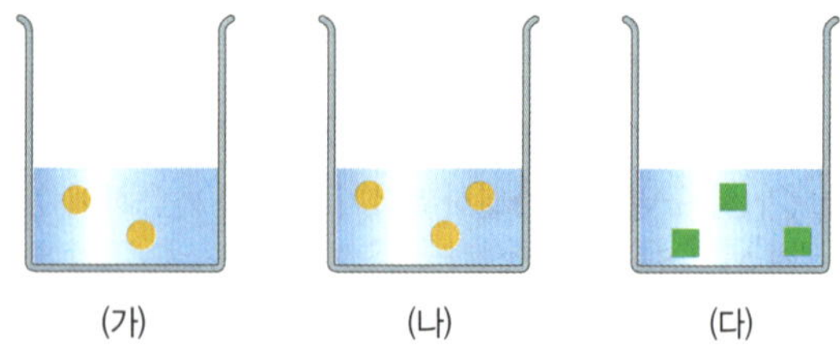

이에 대한 설명으로 옳은 것만을 〈보기〉에서 있는 대로 고른 것은?

> 〈보기〉
> ㄱ. ●은 수산화 이온(OH^-)이다.
> ㄴ. (가)와 (다)를 모두 혼합한 용액은 산성이다.
> ㄷ. (나)와 (다)를 모두 혼합한 용액에 들어 있는 전체 이온 수는 (가)에 들어 있는 전체 이온 수의 2 배이다.

① ㄱ ② ㄷ ③ ㄱ, ㄴ
④ ㄴ, ㄷ ⑤ ㄱ, ㄴ, ㄷ

06 물질 변화에서 에너지 출입

13

그림은 수증기($H_2O(g)$)가 물($H_2O(l)$)로 될 때의 에너지 변화를 나타낸 것이다.

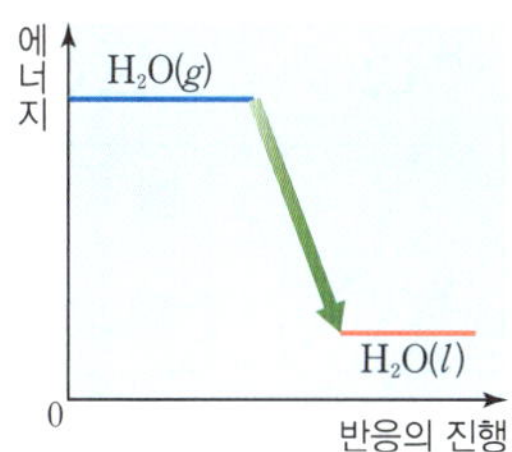

이에 대한 설명으로 옳은 것만을 〈보기〉에서 있는 대로 고른 것은?

〈보기〉
ㄱ. 발열 반응이다.
ㄴ. 물질이 가지는 에너지는 $H_2O(g)$가 $H_2O(l)$보다 크다.
ㄷ. $H_2O(g)$가 $H_2O(l)$보다 안정하다.

① ㄱ　　　　② ㄷ　　　　③ ㄱ, ㄴ
④ ㄴ, ㄷ　　　⑤ ㄱ, ㄴ, ㄷ

14

우주선은 연료 탱크에 들어 있는 액체 상태의 수소와 산소로부터 다음과 같은 과정을 통해 물과 에너지를 얻는다.

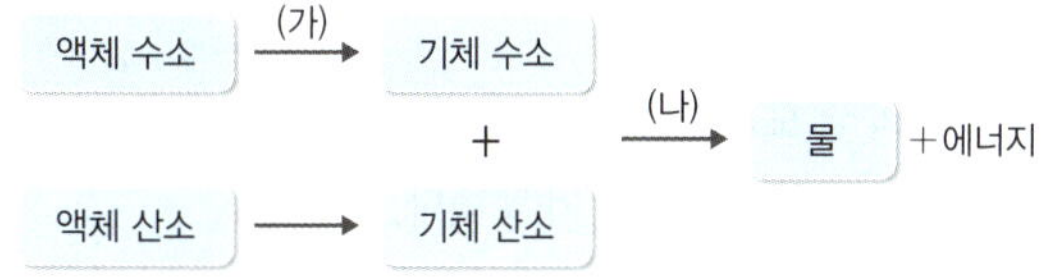

이에 대한 설명으로 옳은 것만을 〈보기〉에서 있는 대로 고른 것은?

〈보기〉
ㄱ. (가)에서 열에너지가 흡수된다.
ㄴ. (나)는 물리 변화이다.
ㄷ. (나)에서 반응물의 에너지 합이 생성물의 에너지 합보다 크다.

① ㄱ　　　　② ㄴ　　　　③ ㄱ, ㄷ
④ ㄴ, ㄷ　　　⑤ ㄱ, ㄴ, ㄷ

15 ☑빈출

다음은 우리 주변에서 사용되고 있는 물질에 대한 자료이다.

- ㉠철가루의 산화 반응을 이용하여 휴대용 손난로를 만든다.
- ㉡산화 칼슘(CaO)과 물의 반응을 이용하여 캠핑용 도시락을 따뜻하게 한다.

㉠과 ㉡ 두 반응의 공통점으로 옳은 것만을 〈보기〉에서 있는 대로 고른 것은?

〈보기〉
ㄱ. 발열 반응이다.
ㄴ. 반응이 일어나면 주위의 온도가 높아진다.
ㄷ. 반응물의 에너지 합이 생성물의 에너지 합보다 크다.

① ㄱ　　　　② ㄴ　　　　③ ㄱ, ㄷ
④ ㄴ, ㄷ　　　⑤ ㄱ, ㄴ, ㄷ

16

다음은 몇 가지 반응의 열화학 반응식을 나타낸 것이다.

(가) $CH_4(g) + 2O_2(g) \longrightarrow CO_2(g) + 2H_2O(l) + 열$
(나) $4Fe(s) + 3O_2(g) \longrightarrow 2Fe_2O_3(s) + 열$
(다) $2NaHCO_3(s) + 열 \longrightarrow Na_2CO_3(s) + CO_2(g) + H_2O(l)$

이에 대한 설명으로 옳은 것만을 〈보기〉에서 있는 대로 고른 것은?

〈보기〉
ㄱ. (가)는 반응이 일어나면 주위의 온도가 낮아진다.
ㄴ. (나)는 반응물의 에너지 합이 생성물의 에너지 합보다 크다.
ㄷ. (다)는 손난로에 이용할 수 있는 반응이다.

① ㄱ　　　　② ㄴ　　　　③ ㄱ, ㄷ
④ ㄴ, ㄷ　　　⑤ ㄱ, ㄴ, ㄷ

만점 도전 문제

17

그림은 금속 A를 BNO_3 수용액에 넣은 것을 나타낸 것이다. 반응이 진행될 때 금속 B가 석출되고 A^{2+}이 생성된다.

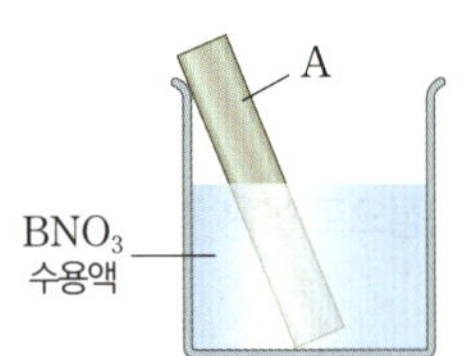

반응이 진행될 때, 이에 대한 설명으로 옳은 것만을 〈보기〉에서 있는 대로 고른 것은? (단, A와 B는 임의의 원소 기호이고, A와 B의 원자량은 각각 207, 108이다.)

〈보기〉

ㄱ. A는 산화된다.
ㄴ. 수용액 속 양이온 수는 감소한다.
ㄷ. 석출된 B의 질량과 감소한 A의 질량은 같다.

① ㄱ   ② ㄷ   ③ ㄱ, ㄴ
④ ㄴ, ㄷ   ⑤ ㄱ, ㄴ, ㄷ

18

그림은 염산(HCl) 수용액 20 mL에 수산화 나트륨($NaOH$) 수용액을 조금씩 가할 때 $NaOH$ 수용액의 부피에 따른 두 가지 이온 A, B의 수를 나타낸 것이다. 혼합 전 HCl 수용액과 $NaOH$ 수용액의 온도는 같다.

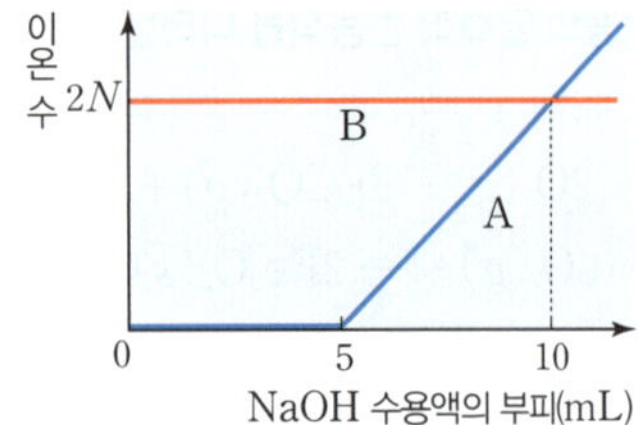

이에 대한 설명으로 옳은 것만을 〈보기〉에서 있는 대로 고른 것은?

〈보기〉

ㄱ. A는 OH^-이다.
ㄴ. 넣어 준 $NaOH$ 수용액의 부피가 10 mL일 때 혼합 용액의 온도가 최고이다.
ㄷ. 넣어 준 $NaOH$ 수용액의 부피가 7.5 mL일 때 혼합 용액 속 전체 이온 수는 $8N$이다.

① ㄱ   ② ㄴ   ③ ㄱ, ㄷ
④ ㄴ, ㄷ   ⑤ ㄱ, ㄴ, ㄷ

19

표는 수용액 A~C 중 두 가지 수용액을 각각 10 mL씩 혼합한 용액 (가)~(다)에 대한 자료이다. A~C는 각각 HCl 수용액, $NaOH$ 수용액, $Ca(OH)_2$ 수용액 중 하나이다.

혼합 용액	(가)	(나)	(다)
혼합 전 수용액	A, B	A, C	B, C
혼합 용액에 들어 있는 이온 모형	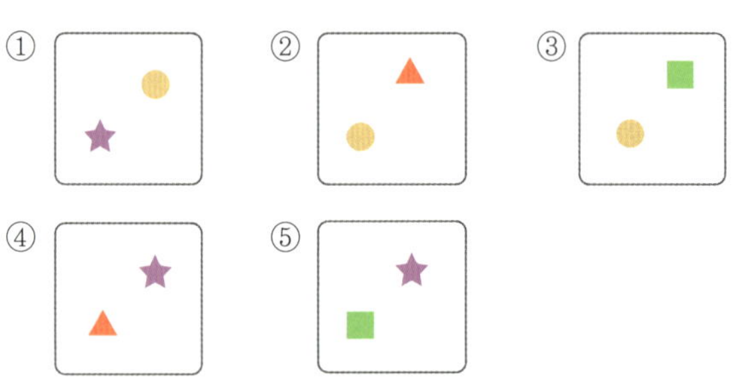		㉠

㉠으로 가장 적절한 것은?

①   ②   ③   ④   ⑤

20

다음은 질산 암모늄(NH_4NO_3)의 용해와 관련된 실험이다.

[실험 과정]
(가) 25 °C의 물이 들어 있는 시험관에 일정량의 $NH_4NO_3(s)$을 넣는다.
(나) ㉠$NH_4NO_3(s)$이 용해되면서 나타나는 온도 변화와 시험관의 바깥벽에 나타나는 현상을 관찰한다.

[실험 결과]
• 수용액의 온도가 낮아지면서 시험관 바깥벽에 공기 중 ㉡수증기가 물방울이 되어 맺혔다.

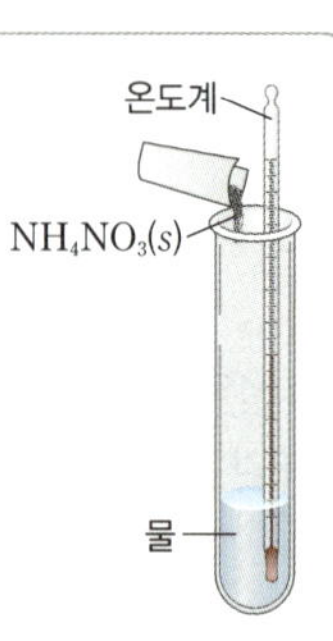

이에 대한 설명으로 옳은 것만을 〈보기〉에서 있는 대로 고른 것은?

〈보기〉

ㄱ. ㉠은 흡열 반응이다.
ㄴ. ㉠에서 반응물의 에너지 합은 생성물의 에너지 합보다 크다.
ㄷ. ㉡ 과정에서 주위에서 에너지를 흡수한다.

① ㄱ   ② ㄴ   ③ ㄱ, ㄷ
④ ㄴ, ㄷ   ⑤ ㄱ, ㄴ, ㄷ

서술형 문제

21

다음은 반응 (가)와 (나)의 화학 반응식이다. (가)와 (나)는 각각 호흡과 광합성 중 하나이다.

> (가) $C_6H_{12}O_6 + 6O_2 \longrightarrow 6CO_2 + 6H_2O$
>
> (나) $6CO_2 + 6H_2O \longrightarrow C_6H_{12}O_6 + 6O_2$

(1) (가)와 (나)에 해당하는 반응을 쓰시오.

(2) (가)가 생명체에게 중요한 까닭을 서술하시오.

22

그림 (가)와 같이 붉은색 구리판을 겉불꽃에 넣었더니 검게 변하였고, (가)에서 검게 변한 부분을 (나)와 같이 속불꽃에 넣었더니 다시 붉게 변하였다.

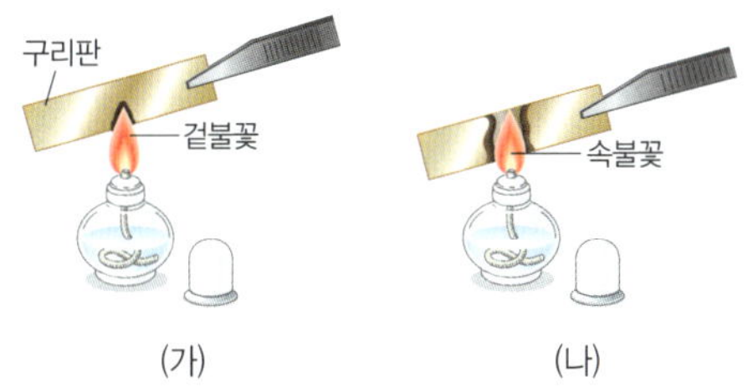

(가)와 (나)의 화학 반응식을 각각 쓰고, 색깔 변화가 일어나는 까닭을 서술하시오.

23 ✔빈출

다음은 금속 A 이온이 들어 있는 수용액에 금속 B를 넣었을 때 일어나는 변화에 대한 설명이다. 금속 A와 B의 이온은 각각 A^{m+}, B^{n+}이다.

> • 수용액이 무색에서 푸른색으로 변한다.
> • 수용액에 들어 있는 전체 양이온 수는 감소한다.

(1) 이 반응에서 전자의 이동 방향을 화살표를 이용하여 쓰시오.

(2) m과 n의 크기를 비교하고, 그 까닭을 서술하시오.

24

그림은 NaOH 수용액 10 mL에 HCl 수용액을 조금씩 가할 때 수용액에 들어 있는 두 가지 이온의 수를 나타낸 것이다.

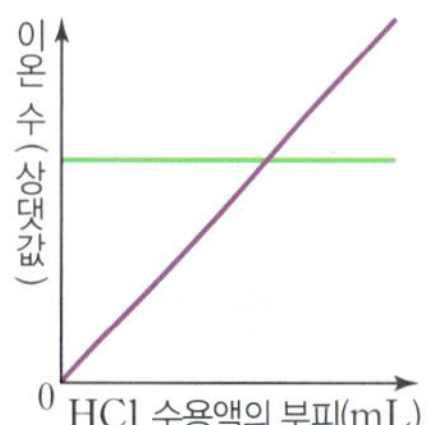

HCl 수용액의 부피에 따른 구경꾼 이온 수 합(㉠)과 알짜 이온 수 합(㉡)을 위 그림에 나타내시오.

25 ✔빈출

그림은 온도가 같은 묽은 염산(HCl)과 수산화 나트륨(NaOH) 수용액을 각각 다른 부피로 혼합하였을 때, 혼합 용액의 최고 온도를 나타낸 것이다.

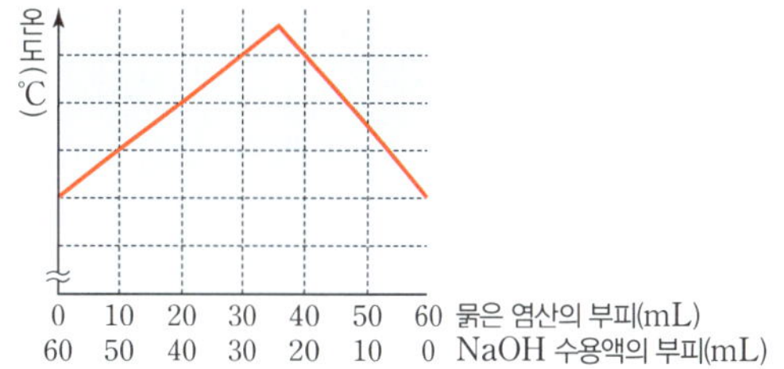

같은 부피의 묽은 염산과 NaOH 수용액의 이온 수비를 풀이 과정과 함께 구하시오.

26

다음은 구제역에 대한 설명이다.

> • 구제역은 소나 돼지에게 치명적인 전염병이다.
> • 구제역을 일으키는 바이러스는 열에 약하다.
> • 구제역이 발생한 지역에 물을 뿌린 뒤 산화 칼슘을 뿌려 구제역을 방역한다.

산화 칼슘과 물을 이용해 구제역을 방역할 수 있는 원리를 열에너지의 출입과 관련하여 서술하시오.

I-2 화학 변화

01 다음은 구리와 관련된 산화 환원 반응 실험이다.

[실험 과정 및 결과]

그림과 같이 시험관에 산화 구리(II)와 탄소 가루를 넣고 가열하였더니, 구리가 생성되고 석회수가 뿌옇게 흐려졌다.

이에 대한 설명으로 옳은 것만을 〈보기〉에서 있는 대로 고른 것은?

〈보기〉

ㄱ. 산화 구리(II)에서 구리 이온은 전자를 얻는다.
ㄴ. 탄소 가루는 환원된다.
ㄷ. 반응 후 석회수의 온도는 반응 전보다 높아진다.

① ㄱ   ② ㄴ   ③ ㄱ, ㄷ   ④ ㄴ, ㄷ   ⑤ ㄱ, ㄴ, ㄷ

02 다음은 세 가지 화학 반응식이다.

(가) $H_2 + Cl_2 \longrightarrow 2$ [㉠]
(나) $2Na + Cl_2 \longrightarrow 2$ [㉡]
(다) $CaO + H_2O \longrightarrow$ [㉢]

이에 대한 설명으로 옳은 것만을 〈보기〉에서 있는 대로 고른 것은?

〈보기〉

ㄱ. (나)에서는 산화 환원 반응이 일어난다.
ㄴ. ㉠과 ㉡을 물에 녹인 수용액의 액성은 같다.
ㄷ. ㉢을 물에 녹인 수용액에 BTB 용액을 넣으면 노란색으로 변한다.

① ㄱ   ② ㄷ   ③ ㄱ, ㄴ   ④ ㄴ, ㄷ   ⑤ ㄱ, ㄴ, ㄷ

03 표는 25 °C 묽은 염산(HCl)과 25 °C 수산화 나트륨($NaOH$) 수용액을 여러 부피비로 혼합한 용액 (가)~(다)에 대한 자료이다.

혼합 용액	수용액의 부피(mL)		수용액 속 이온의 종류	최고 온도($°C$)
	HCl	NaOH		
(가)	15	5	㉠, Na^+, Cl^-	t_1
(나)	10	10	Na^+, Cl^-	t_2
(다)	x	15	㉡, Na^+, Cl^-	t_1

이에 대한 설명으로 옳은 것만을 〈보기〉에서 있는 대로 고른 것은? (단, 혼합 전 수용액의 농도는 모두 같다.)

〈보기〉
ㄱ. ㉠과 ㉡이 반응하면 H_2O이 생성된다.
ㄴ. $x=5$이다.
ㄷ. 생성된 물 분자 수는 (나)가 (가)의 2 배이다.

① ㄱ ② ㄴ ③ ㄱ, ㄷ ④ ㄴ, ㄷ ⑤ ㄱ, ㄴ, ㄷ

중화 반응 후 수용액 속 이온의 종류와 최고 온도로 중화점을 찾을 수 있어야 한다.

배경 지식
• 중화 반응의 알짜 이온 반응식은 $H^+ + OH^- \longrightarrow H_2O$이다.
• 중화점은 산 수용액의 H^+과 염기 수용액의 OH^-이 모두 반응하여 혼합 용액이 중성이 된 지점이다.

---

04 다음은 화학 반응에서 에너지의 변화를 알아보기 위한 실험이다.

[실험 과정]
(가) 물을 적신 나무판 위에 삼각 플라스크를 올려 놓고, 삼각 플라스크 속에 증류수를 넣는다.
(나) 증류수가 들어 있는 삼각 플라스크에 과량의 ㉠물질 A를 용해시키고, A가 더 이상 녹지 않을 때까지 유리 막대로 충분히 저어 준다.

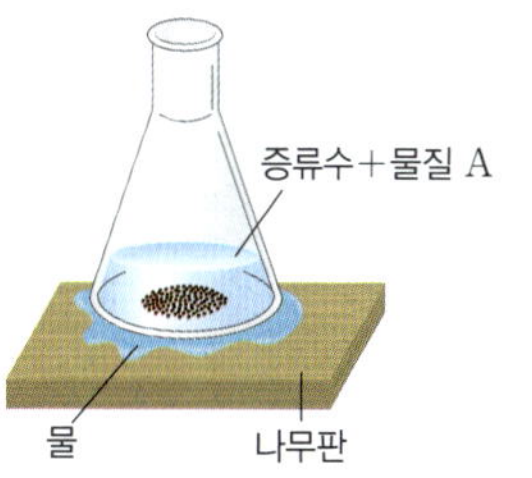

[실험 결과]
• 삼각 플라스크를 들어 올렸더니 나무판에 적신 ㉡물이 얼어 나무판이 붙어 올라왔다.

이에 대한 설명으로 옳은 것만을 〈보기〉에서 있는 대로 고른 것은?

〈보기〉
ㄱ. ㉠은 흡열 반응이다.
ㄴ. 삼각 플라스크 안의 온도가 낮아진다.
ㄷ. 나무판에 적신 물에서 삼각 플라스크 안의 용액으로 열에너지가 이동하였다.

① ㄱ ② ㄷ ③ ㄱ, ㄴ ④ ㄴ, ㄷ ⑤ ㄱ, ㄴ, ㄷ

기출 패턴
발열 반응과 흡열 반응의 에너지 변화를 알고 있어야 한다.

배경 지식
• 흡열 반응이 일어나면 주위로부터 열을 흡수하여 주위의 온도가 낮아진다.
• 에너지가 높은 상태에서 에너지가 낮은 상태로 상태 변화 시 열을 방출한다. (기체 → 액체 → 고체)

Ⅱ

환경과 에너지

생태계평형 유지

01 생물다양성이 [ ] [ ] 생태계의 [ ] [ ]

[ ] 이 복잡하여 멸종될 가능성이 낮아지고 생태계

평형이 안정적으로 유지돼요.

온실 효과

02 [ ] [ ] [ ] 는 지표에서 방출하는 지구 복사 에너

지의 일부를 지구의 대기가 흡수했다가 지표로 재방출하

여 지구의 평균 기온을 높이는 현상이에요.

03 온실 효과를 일으키는 기체로는 수증기, [ ] [ ]

[ ] , 메테인 등이 있어요.

전기 에너지의 이용

04 전기 에너지는 쉽게 전달할 수 있고, 각종 전기 기구를 통해 다른 에너지로

쉽게 [ ] [ ] 되지요.

05 휴대 전화에 공급된 [ ] [ ] [ ] [ ] 는 빛에너지, 소리 에너지, 열에

너지, 운동 에너지 등으로 전환되지요. 이때 총 에너지는 [ ] [ ] 돼요.

07 생물과 환경

❶ 생태계의 구성요소

1 생태계의 구성

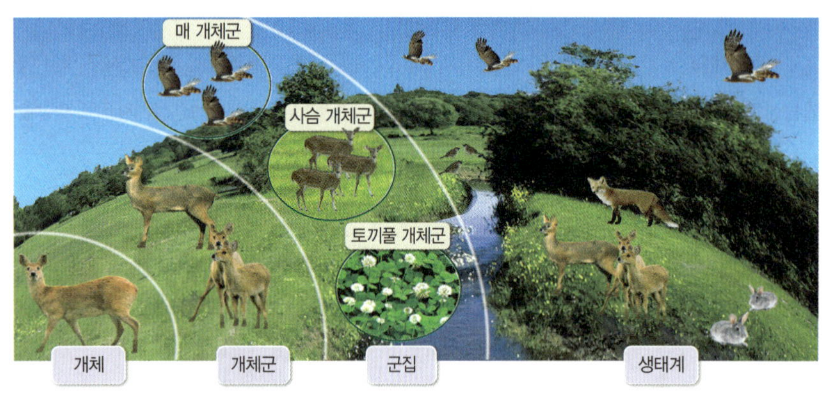

개체	개체군	군집	생태계
독립된 하나의 생명체	일정한 지역에서 생활하는 같은 종의 개체들이 모여 이루어진 무리	일정한 지역에서 살고 있는 여러 개체군이 모여 이루어진 무리	생물과 환경이 서로 영향을 주고받아 유지되는 하나의 커다란 복합적인 체계

└ 개체군은 하나의 종으로 구성되고, 군집은 여러 종으로 구성되지~

2 생태계구성요소 ❶

(1) 생물요소와 비생물요소로 구분할 수 있다.

(2) 생물요소는 생산자, 소비자, 분해자로 구분된다.

생물요소	생산자	빛에너지를 이용하여 무기물로부터 유기물을 합성하는 독립영양생물이다. 예 녹색 식물, 식물 플랑크톤
	소비자	다른 생물을 먹이로 섭취해 유기물을 얻는 종속영양생물이다. 예 1차 소비자(초식동물), 2차 소비자, 3차 소비자(육식동물)
	분해자	생물의 사체나 배설물에 포함된 유기물을 무기물로 분해하여 에너지를 얻는 생물이다. 예 세균, 곰팡이
비생물요소		생물을 둘러싸고 있는 모든 환경 요인이다. 예 빛, 온도, 물, 공기, 토양, 무기염류 등

3 생태계구성요소 간의 상호 관계: 생물요소와 비생물요소를 구성하는 요소들은 서로 영향을 주고받는다.

(1) **작용**: 비생물요소가 생물요소에 영향을 주는 것이다.

(2) **반작용**: 생물들이 생활하면서 환경에 영향을 미치는 것이다.

(3) **상호작용**: 생물과 생물 사이에 서로 영향을 주고받는 것이다.

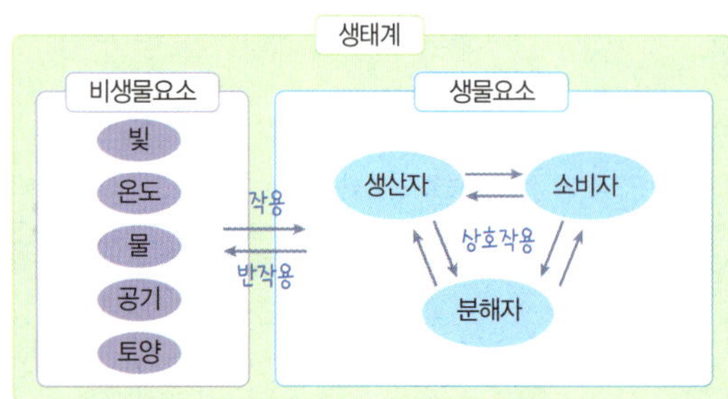

▲ 생태계구성요소 간의 상호 관계

❶ **생태계구성요소**
생태계구성요소는 생물요소와 비생물요소로 구분한다. 생물요소는 에너지를 얻는 방법에 따라 구분한다.

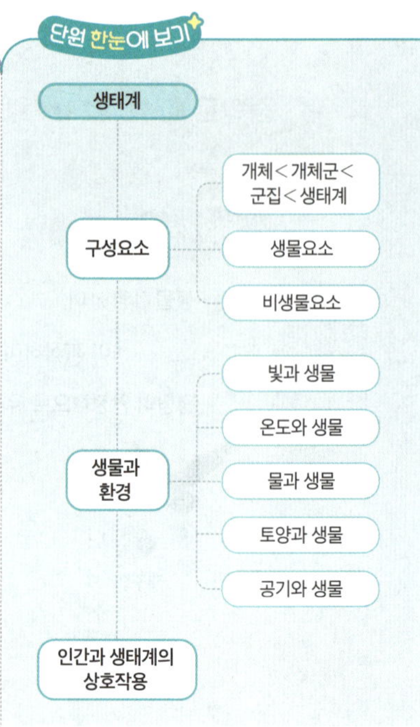

🔔 **정리쏙**

작용, 반작용, 상호작용의 예

작용의 예
• 가을에 낙엽이 지고, 단풍이 든다.
• 겨울에 개구리와 뱀은 겨울잠을 잔다.

반작용의 예
• 지렁이가 흙 속의 통기성을 높인다.
• 낙엽이 쌓여서 분해되면 비옥한 토양이 된다.

상호작용의 예
• 뿌리혹박테리아는 콩과식물의 뿌리에 공생한다.
• 장풍이는 삼겹살을 먹고 산다.

1 빛과 생물 — 빛의 세기, 빛의 파장, 일조 시간 등은 생물의 생활과 형태 변화에 영향을 줘!

(1) 빛의 세기 — 빛의 세기는 광합성을 하는 식물에게 큰 영향을 주지~

① 강한 빛에 적응한 식물은 빛을 많이 받을 수 있는 숲의 위쪽에서 자라고, 약한 빛에 적응한 식물은 빛을 적게 받는 숲의 아래쪽에서 자란다.

② 한 식물에서도 강한 빛을 받는 쪽의 잎은 울타리조직❷이 발달하여 두께가 두껍다.

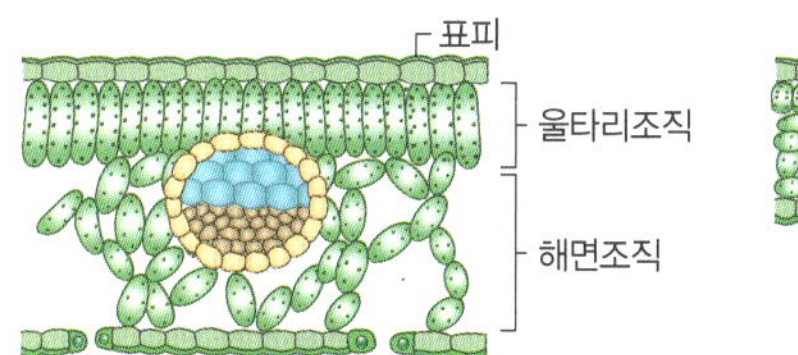

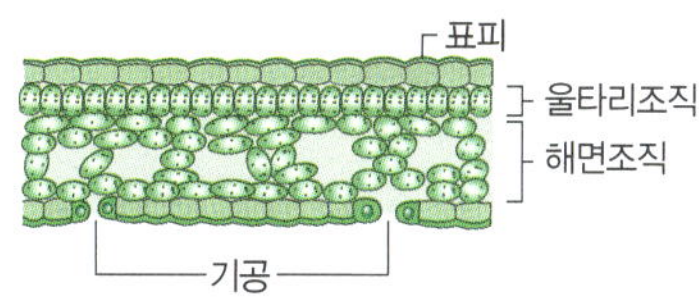

▲ 강한 빛을 받는 잎 양엽: 두껍고 좁다.　　▲ 약한 빛을 받는 잎 음엽: 얇고 넓다.

③ 소나무, 자작나무 등은 강한 빛에서 잘 자라고, 산세비에리아, 밤나무 등은 약한 빛에서도 잘 자란다.

(2) 일조 시간❸

① 꾀꼬리와 종달새는 일조 시간이 길어지는 봄에 성호르몬의 분비가 촉진되어 알을 낳고, 송어와 노루는 일조 시간이 짧아지는 가을에 번식한다.

② 붓꽃은 일조 시간이 길어지는 봄과 여름에 꽃이 피고, 코스모스와 국화는 일조 시간이 짧아지는 가을에 꽃이 핀다. — 연속된 밤의 길이가 개화에 영향을 미친다.

2 온도와 생물 온도는 생물의 물질대사 과정에 영향을 줘! 물질대사는 효소에 의해 조절되는데, 효소의 주성분인 단백질이 온도에 매우 민감하여 저온에서는 물질대사가 느려져~

(1) 식물의 적응

단풍과 낙엽	기온이 낮아지면 낙엽수는 엽록소가 파괴되면서 각종 색소(잔토필, 카로틴 등)가 드러나 단풍이 들고 수분 흡수가 감소하므로 잎을 떨어뜨린다.
식물의 개화 (춘화 현상)	가을밀이나 보리는 가을에 씨를 뿌린 후 추운 겨울을 지나야만 봄에 개화하여 결실을 맺을 수 있다. — 꽃이 피기 위해 차가운 온도(저온)를 거쳐야 하는 현상이야~
잎의 삼투압 변화	동백나무나 사철나무 같은 온대 지방의 상록수는 겨울철 기온이 낮아지면 잎이 삼투압을 높이고 어는점을 낮추어 잎이 어는 것을 방지한다. 잎세포 속의 녹말을 포도당으로 분해하여 체내 농도를 높이지!
꽃에 난 털	기온이 매우 낮은 툰드라에 사는 털송이풀은 잎이나 꽃에 털이 나 있어 체온이 낮아지는 것을 막는다.

(2) 동물의 적응

겨울잠	• 개구리와 같은 변온동물들은 겨울철이 되면 스스로 체온을 조절할 수 있는 능력이 없기 때문에 활동을 중단하고 겨울잠을 잔다. — 동물이 추위와 먹이 부족 환경에 적응한 거야. • 일부 정온동물도 먹이를 구하기 힘든 겨울에는 에너지 소모를 줄이기 위해 겨울잠을 잔다.
정온동물의 몸집과 말단부	추운 지역에 서식하는 생물일수록 체온을 유지하기 위해 몸집은 커지고, 몸의 말단부는 작아진다. ⑩ 북극여우는 사막여우에 비해 몸집이 크고, 귀, 꼬리 등의 말단부가 작다.  ▲ 북극여우　　▲ 사막여우
계절형	계절에 따라 몸의 크기, 형태, 색깔이 달라진다. ⑩ 호랑나비는 봄형보다 여름형의 색이 더 진하고 크기가 크다. ▲ 봄형　　▲ 여름형
털갈이	일부 정온동물은 겨울이 오기 전에 털갈이 하여 더 두꺼운 털이 촘촘하게 자란다.
철새의 이동	기러기 등의 철새는 계절에 따라 온도가 생활하기에 적합한 장소로 이동하여 생활한다.

---

❷ 울타리조직
잎의 표피 밑에 존재하는 조직으로, 엽록체가 존재하는 세포가 빽빽하게 배열되어 광합성이 활발하게 일어나는 부분이다.

빛의 파장에 따른 해조류 분포
바다 깊이에 따라 도달하는 빛의 파장이 다르기 때문에 바다 깊이에 따라 녹조류, 갈조류, 홍조류가 분포하는 곳이 다르다.

❸ 일조 시간
햇빛이 구름이나 안개 등에 의해 차단되지 않고 실제로 지표면을 비춘 시간으로 한국에서는 보통 봄과 초여름에 일조 시간이 길고, 가을에 일조 시간이 짧아진다.

장일식물과 단일식물

• 장일식물: 봄이나 초여름과 같이 일조 시간이 길어질 때 꽃이 피는 식물 ⑩ 벚꽃, 붓꽃, 토끼풀 등
• 단일식물: 가을과 같이 일조 시간이 짧아질 때 꽃이 피는 식물 ⑩ 국화, 코스모스 등

정온동물의 적응
추운 지방에 사는 정온동물은 털이나 깃털이 발달되어 있고, 피하 지방층이 두꺼워 몸에서 열이 방출되는 것을 막는다.

용어❶
• **변온동물** 체온 조절 능력이 없어서 주변 온도에 따라 체온이 변하는 동물 ⑩ 어류, 양서류, 파충류 등
• **정온동물** 주변 온도에 관계없이 체온이 항상 일정한 동물 ⑩ 조류, 포유류

3 물과 생물 — 수분의 손실을 막기 위해 생물의 형태가 변형된 거야~
수분증발 방지!

(1) 건조한 지역에 사는 식물❹: 잎이 뾰족하며, 저수조직이 발달했다. 예 선인장, 알로에

선인장	알로에

선인장은 건조한 환경에 적응하기 위해 잎이 가시로 바뀌었다.	알로에는 두꺼운 줄기에 물을 저장할 수 있게 진화하였다.

(2) 물에서 사는 식물: 줄기와 뿌리에 공기가 쉽게 이동할 수 있는 통기조직이 발달하였다.

(3) 곤충: 몸이 키틴질로 된 표면으로 덮여 있다.

(4) 조류: 알이 단단한 껍질로 싸여 있다. — 일반적으로 파충류도 알이 단단한 껍질로 싸여 있어!

(5) 파충류: 비늘이 몸을 감싸고 있다.

4 토양과 생물 — 토양은 육상 생물의 생활 장소이며 물과 무기 양분을 함유한 장소이지!

(1) 토양 속 미생물은 동식물의 사체나 배설물을 분해하여 다른 생물에게 양분으로 제공하면서, 생태계 내에서 물질을 순환시킨다.

(2) 토양 속 입자의 크기, 무기염류의 함량, 수분 함량 등이 미생물의 생활에 영향을 미친다.

5 공기와 생물

(1) 산소: 생물이 에너지를 내기 위해 필요한 물질로, 호흡에 이용된다. 예 산소가 비교적 부족한 고산 지대에 사는 사람은 산소를 효율적으로 이용하기 위해 낮은 지역에 사는 사람보다 적혈구 수가 많다.

(2) 이산화 탄소: 식물의 광합성에 이용되어 무기물로부터 유기물을 합성하는 데 쓰인다.

❹ **건조한 지역에 사는 식물**
건조한 지역에 사는 식물은 잎이 가시로 변해 표면적이 좁으므로 잎을 통한 증산 작용이 억제된다. 또, 수분 손실을 막기 위해 물을 저장하는 저수 조직이 발달했다.

지렁이 농법
지렁이가 배설한 분변토를 활용하거나 지렁이를 농경지에 인공적으로 서식하게 하여 농약이나 화학 비료의 사용 없이 토양을 비옥하게 만들어 농사를 짓는 유기농법이다.

용어
• **키틴질** 곤충류나 갑각류의 몸을 감싸는 외골격을 이루는 물질로, 수분이 쉽게 증발되는 것을 막아 준다.

바로 복습

정답과 해설 25쪽

빈칸 채우기 문제

01 (　　　)는 생물과 환경이 서로 영향을 주고받아 유지되는 하나의 커다란 복합적인 체계이다.

02 생태계의 구성 단계는 개체<(　　　)<(　　　)<생태계의 단계로 점점 규모가 커진다.

03 (　　　)는 생산자나 다른 동물을 먹어서 영양분을 얻는 생물이다.

04 버섯은 유기물을 무기물로 분해하여 영양분을 얻으므로 (　　　)이다.

05 꾀꼬리와 종달새는 (　　　　　)이 길어지는 봄에 알을 낳는다.

06 추운 지역에 서식하는 생물일수록 체온을 유지하기 위해 몸집은 (　　　)지고, 몸의 말단부는 (　　　)진다.

O✕ 문제

07 일정 지역에서 여러 종이 모여 개체군을 형성한다.
（O ✕）

08 비생물요소는 생물요소가 살아가기 위해서 반드시 필요하다.
（O ✕）

09 생태계의 생물요소는 모두 스스로 양분을 합성할 수 있는 독립영양생물이다.
（O ✕）

10 빛, 온도, 물, 토양, 공기는 생태계를 구성하는 요소에 해당한다.
（O ✕）

11 선인장의 잎이 가시로 변한 것은 온도가 생물에 영향을 준 예에 해당한다.
（O ✕）

12 산소가 부족한 고산 지대에 사는 사람이 적혈구 수가 많은 것은 환경이 생물에 영향을 준 것이다.
（O ✕）

실력 다지기 문제

07 생물과 환경

① 생태계의 구성요소

01

그림은 어떤 생태계를 나타낸 것이다.

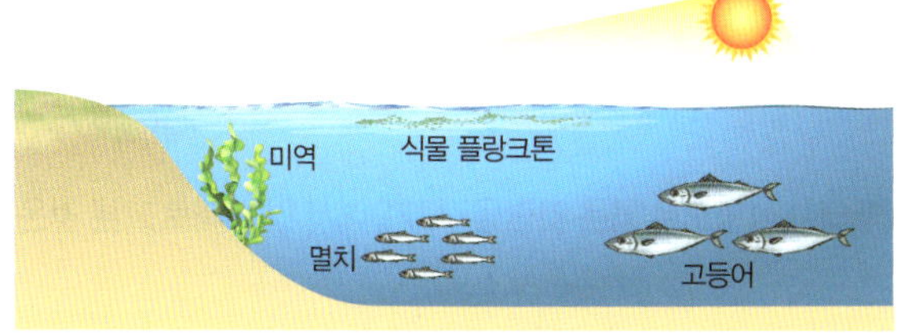

이에 대한 설명으로 옳은 것만을 〈보기〉에서 있는 대로 고른 것은?

〈보기〉
ㄱ. 멸치와 고등어는 모두 소비자이다.
ㄴ. 미역과 멸치는 같은 군집에 속한다.
ㄷ. 식물 플랑크톤은 비생물요소에 해당한다.

① ㄱ   ② ㄷ   ③ ㄱ, ㄴ
④ ㄱ, ㄷ   ⑤ ㄴ, ㄷ

02

그림은 생태계의 구성을 나타낸 것이다. (가)와 (나)는 각각 군집과 개체군 중 하나이다.

이에 대한 설명으로 옳은 것만을 〈보기〉에서 있는 대로 고른 것은?

〈보기〉
ㄱ. (가)는 군집이다.
ㄴ. (나)는 여러 생물종으로 구성된다.
ㄷ. (가)에서 유전적 다양성이 나타난다.

① ㄱ   ② ㄴ   ③ ㄷ
④ ㄱ, ㄴ   ⑤ ㄴ, ㄷ

03 ✔빈출

표는 생태계를 구성하는 생물요소 (가)~(다)의 특징을 나타낸 것이다. (가)~(다)는 분해자, 생산자, 소비자를 순서 없이 나타낸 것이다.

생물요소	특징
(가)	다른 생물을 먹이로 섭취한다.
(나)	빛에너지를 이용하여 ㉠을 한다.
(다)	생물의 사체나 배설물에 포함된 유기물을 분해한다.

이에 대한 설명으로 옳은 것만을 〈보기〉에서 있는 대로 고른 것은?

〈보기〉
ㄱ. 광합성은 ㉠에 해당한다.
ㄴ. 사람과 동물 플랑크톤은 모두 (가)에 속한다.
ㄷ. (다)는 비생물요소에 영향을 미치지 않는다.

① ㄱ   ② ㄴ   ③ ㄷ
④ ㄱ, ㄴ   ⑤ ㄴ, ㄷ

04 ✔빈출

그림은 생태계의 구성요소 (가)와 (나)를 나타낸 것이다. (가)와 (나)는 각각 생물요소와 비생물요소 중 하나이다.

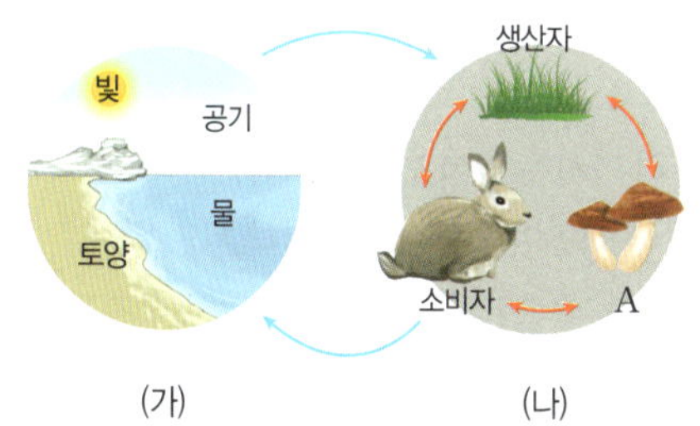

이에 대한 설명으로 옳은 것만을 〈보기〉에서 있는 대로 고른 것은?

〈보기〉
ㄱ. 온도는 (가)에 속한다.
ㄴ. A는 빛에너지를 흡수해 포도당을 합성한다.
ㄷ. 선인장의 잎이 가시로 변한 것은 (나)가 (가)에 영향을 준 예이다.

① ㄱ   ② ㄴ   ③ ㄱ, ㄷ
④ ㄴ, ㄷ   ⑤ ㄱ, ㄴ, ㄷ

2 생물과 환경의 관계

05 ✔빈출

그림은 한 식물에서 서로 다른 부위에 달린 잎 (가)와 (나)의 단면 구조를 나타낸 것이다.

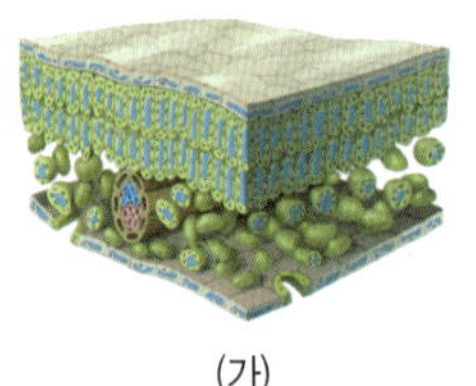 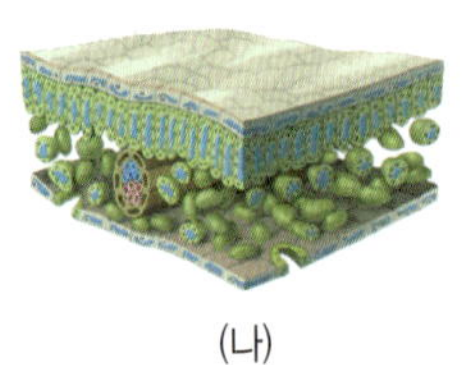

(가)   (나)

이에 대한 설명으로 옳은 것만을 〈보기〉에서 있는 대로 고른 것은?

〈보기〉
ㄱ. 생물이 빛에 대해 적응한 예이다.
ㄴ. (가)는 (나)보다 잎이 얇고 넓다.
ㄷ. 이 식물에서 (나)는 (가)보다 강한 빛을 받는 부위에 달려 있다.

① ㄱ　　　　② ㄷ　　　　③ ㄱ, ㄴ
④ ㄱ, ㄷ　　　⑤ ㄴ, ㄷ

06

다음은 비생물요소 X가 생물요소에 영향을 준 예를 나타낸 것이다. X는 물, 빛, 온도 중 하나이다.

• 선인장의 가시는 잎이 변한 것이다.
• 곤충의 몸 표면이 단단한 키틴질로 되어 있다.

X가 생물에 영향을 준 예로 옳은 것만을 〈보기〉에서 있는 대로 고른 것은?

〈보기〉
ㄱ. 조류는 단단한 껍질을 가진 알을 낳는다.
ㄴ. 수생 식물은 육상 식물과 달리 뿌리가 잘 발달하지 않는다.
ㄷ. 바다 깊이에 따라 녹조류, 갈조류, 홍조류가 서식하는 곳이 다르다.

① ㄱ　　　　② ㄷ　　　　③ ㄱ, ㄴ
④ ㄴ, ㄷ　　　⑤ ㄱ, ㄴ, ㄷ

07

그림 (가)와 (나)는 위도가 서로 다른 두 지역에 각각 서식하는 토끼를 나타낸 것이다. (가)와 (나)는 북극토끼와 아메리카 사막토끼를 순서 없이 나타낸 것이며, (가)는 (나)보다 몸집이 크다.

(가)   (나)

이에 대한 설명으로 옳은 것만을 〈보기〉에서 있는 대로 고른 것은?

〈보기〉
ㄱ. 생물이 일조 시간에 대해 적응한 예이다.
ㄴ. (가)의 귀는 (나)의 귀보다 작다.
ㄷ. 연평균 기온은 (가)가 서식하는 지역보다 (나)가 서식하는 지역이 높다.

① ㄱ　　　　② ㄷ　　　　③ ㄱ, ㄴ
④ ㄴ, ㄷ　　　⑤ ㄱ, ㄴ, ㄷ

08 ✔빈출

표는 비생물요소 (가)~(다)와 가장 관련이 깊은 상호 관계의 예를 나타낸 것이다. (가)~(다)는 물, 빛, 온도를 순서 없이 나타낸 것이다.

요소	상호 관계의 예
(가)	큰바다사자는 피하 지방을 두껍게 축적한다.
(나)	수련은 관다발이나 뿌리가 잘 발달하지 않는다.
(다)	⊙ 얕은 바다에는 녹조류가, 깊은 바다에는 홍조류가 많이 분포한다.

이에 대한 설명으로 옳은 것만을 〈보기〉에서 있는 대로 고른 것은?

〈보기〉
ㄱ. (가)는 물이다.
ㄴ. ⊙은 바다의 깊이에 따라 도달하는 빛의 파장과 관련이 있다.
ㄷ. 세 가지 예는 모두 생물요소가 비생물요소에 영향을 준 것이다.

① ㄱ　　　　② ㄴ　　　　③ ㄱ, ㄷ
④ ㄴ, ㄷ　　　⑤ ㄱ, ㄴ, ㄷ

09

그림은 생태계구성요소 사이의 관계를 나타낸 것이고, 표는 ㉠과 ㉡에 해당하는 예를 나타낸 것이다. (가)와 (나)는 ㉠과 ㉡을 순서 없이 나타낸 것이다.

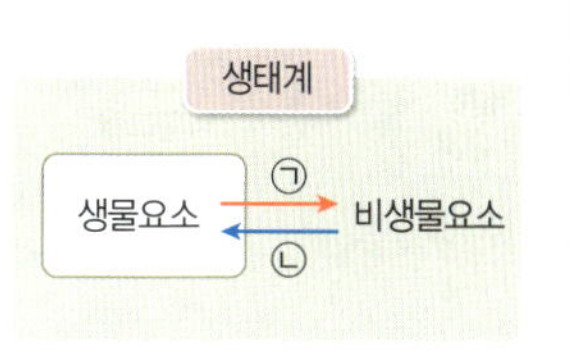

구분	예
(가)	숲이 우거진 곳은 식물의 증산 작용으로 습도가 높다.
(나)	파충류는 몸 표면이 비늘로 덮여 있다.

이에 대한 설명으로 옳은 것만을 〈보기〉에서 있는 대로 고른 것은?

〈보기〉
ㄱ. (가)는 ㉠이다.
ㄴ. 물은 (나)와 관련이 깊은 비생물요소이다.
ㄷ. 추운 겨울에 개구리가 겨울잠을 자는 것은 ㉡의 예이다.

① ㄱ
② ㄷ
③ ㄱ, ㄴ
④ ㄴ, ㄷ
⑤ ㄱ, ㄴ, ㄷ

10

그림은 생태계를 구성하는 요소 사이의 상호 관계와 물질의 이동 일부를, 표는 상호 관계 (가)와 (나)의 예를 나타낸 것이다. A와 B는 각각 생산자와 분해자 중 하나이고, (가)와 (나)는 ㉠과 ㉡을 순서 없이 나타낸 것이다.

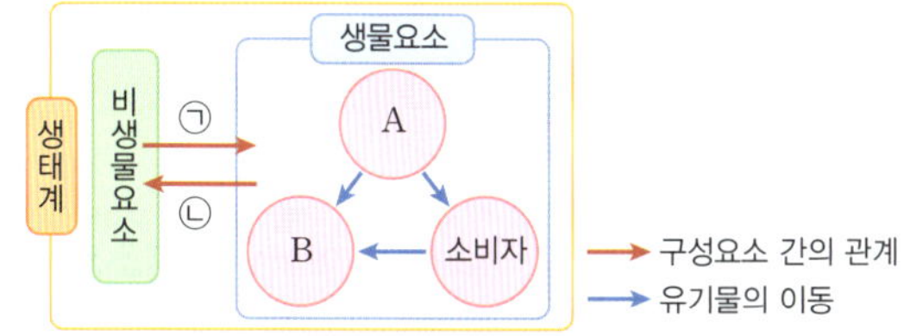

상호 관계	예
(가)	산소가 희박한 고산 지대에 사는 사람은 평지에 사는 사람보다 혈액 속 적혈구의 수가 많다.
(나)	?

이에 대한 설명으로 옳은 것만을 〈보기〉에서 있는 대로 고른 것은?

〈보기〉
ㄱ. (가)는 ㉠이다.
ㄴ. 버섯은 A에 해당한다.
ㄷ. 비버가 만든 냄에 의해 댐 수변이 습지 환경으로 바뀌는 것은 (나)의 예에 해당한다.

① ㄱ
② ㄴ
③ ㄱ, ㄷ
④ ㄴ, ㄷ
⑤ ㄱ, ㄴ, ㄷ

11 ✓빈출

그림은 생태계의 구성요소 (가)와 (나) 사이의 상호 관계와 유기물의 이동을 나타낸 것이다. A와 B는 각각 분해자와 생산자 중 하나이다.

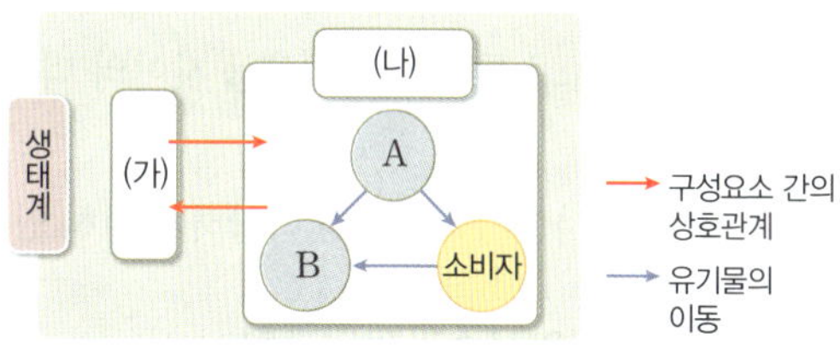

(1) (가)와 (나)에 알맞은 생태계구성요소의 명칭을 각각 쓰시오.

(2) A와 B의 명칭을 각각 쓰고, A와 B가 양분을 얻는 방식의 차이점을 서술하시오.

12

다음은 생물과 환경의 상호 관계의 예 (가)~(다)를 나타낸 것이다. (가)~(다)와 가장 관계 깊은 환경요인은 각각 물, 공기, 온도, 토양 중 서로 다른 하나이다.

(가) 지렁이에 의해 유기물이 분해되며 토양이 비옥해진다.
(나) 연꽃은 호흡을 돕기 위해 줄기에 통기조직이 발달해 있다.
(다) 북극여우는 사막여우보다 몸집이 크고, 몸집에 비해 귀와 꼬리가 짧다.

(1) (가)~(다)와 가장 관계 깊은 환경요인을 각각 쓰시오.

(2) (다)가 나타나는 까닭을 아래의 단어를 모두 포함하여 서술하시오.

• 서식　　• 북극여우　　• 열　　• 적응

(3) 생물과 환경 사이에서 영향을 주고받는 방향과 연관 지어 (가)~(다)를 두 무리로 구분하는 과정을 서술하시오.

08 생태계평형

1 먹이 관계와 생태피라미드

1 먹이 관계 ❶

(1) **먹이사슬**: 생물요소를 이루는 개체들 사이의 먹고 먹히는 관계를 순서대로 나열한 것이다.

(2) **먹이그물**: 먹이사슬이 그물처럼 복잡하게 얽혀 있는 것이다.

자세하게 — 먹이사슬과 먹이그물

- 먹이사슬과 생태계평형: 개구리가 사라지면 먹이가 없는 뱀은 사라지게 된다. 따라서 먹이사슬이 단순하면 생태계의 평형이 깨지기 쉽다.
- 먹이그물과 생태계평형: 개구리가 사라져도 뱀은 토끼나 들쥐를 먹으며 살아갈 수 있다. 따라서 먹이그물이 복잡하게 얽혀 있을수록 생태계의 평형이 잘 유지된다.

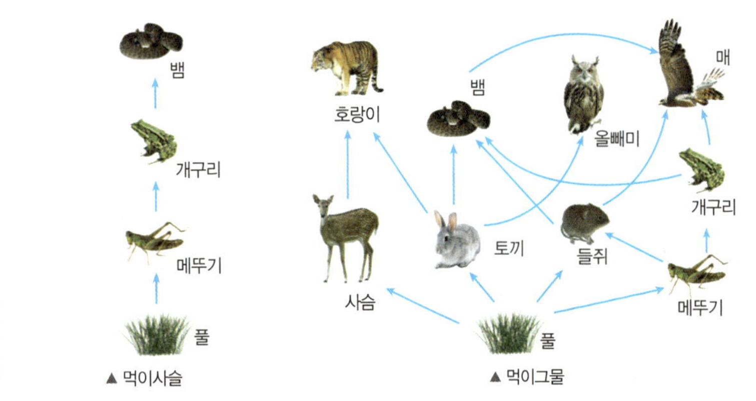

2 생태계에서 에너지와 물질의 이동

(1) **에너지의 흐름**

① 생태계에서 최초로 생산자가 빛에너지를 이용하여 합성한 유기물에 저장된 에너지는 먹이사슬을 통해 상위 영양단계로 이동한다.

② 다음 영양단계로 전달되기 전에 에너지의 일부는 세포호흡 등의 생물의 생존에 필요한 에너지로 소비되어 상위 영양단계로 갈수록 에너지의 양이 감소한다.

(2) **생태피라미드**: 먹이사슬에서 각 영양단계의 개체수, 생체량 ❷, 에너지양을 하위 영양단계부터 쌓아 올린 것이다. ➡ 상위 영양단계로 갈수록 줄어들어 피라미드 모양이 되므로 생태피라미드라고 한다.

각 영양단계에서 생명활동에 필요한 에너지로 소비되거나 열에너지로 방출되고 남은 에너지만 상위 영양단계로 전달되기 때문이야!

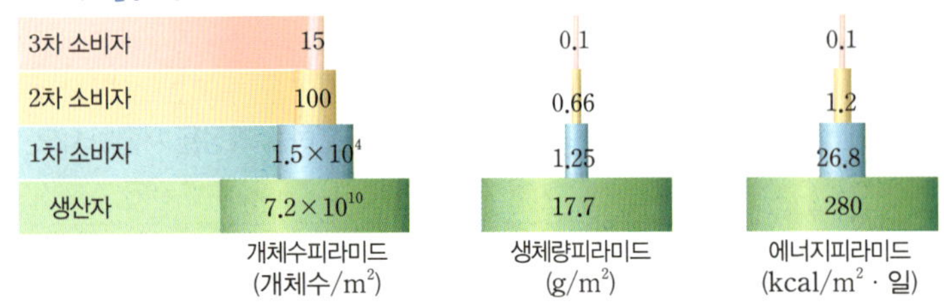

영양단계	개체수피라미드 (개체수/m²)	생체량피라미드 (g/m²)	에너지피라미드 (kcal/m²·일)
3차 소비자	15	0.1	0.1
2차 소비자	100	0.66	1.2
1차 소비자	1.5×10^4	1.25	26.8
생산자	7.2×10^{10}	17.7	280

생태계평형

- 생태계 평형 유지
  - 먹이사슬
  - 먹이그물
  - 생태피라미드
- 환경 변화와 생태계
  - 생태계평형
  - 생태계 평형 파괴
  - 생태계 보전 방안
- 인간과 생태계의 상호작용

❶ **먹이 관계**

생물 사이의 먹고 먹히는 관계를 말하며, 생태계의 평형은 먹이 관계에 의해 유지된다. 먹이 관계에는 먹고 먹히는 순서가 하나의 사슬처럼 이어진 먹이사슬과 여러 개의 먹이사슬이 그물처럼 복잡하게 얽힌 먹이그물이 있다.

❷ **생체량**

일정한 공간에 서식하는 생물 전체의 무게이다.

⚠ 주의!

역피라미드

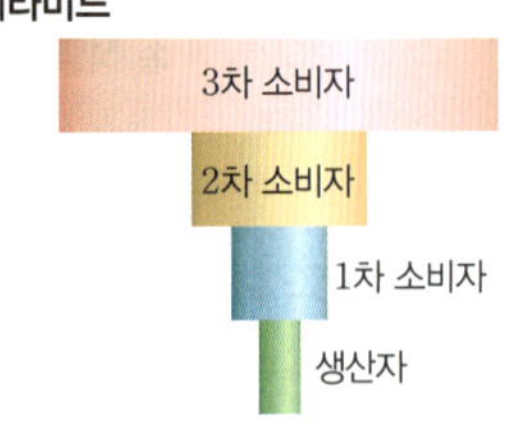

각 영양단계에서 개체의 크기, 체중, 생물 농축 등 상위 영양단계로 갈수록 커지는 것은 역피라미드 모양이다.

📖 용어!

- **영양단계** 생산자, 1차 소비자, 2차 소비자, 3차 소비자로 구성된 먹이사슬 안의 단계에서 한 생물종이 위치하고 있는 단계를 뜻한다.

❷ 환경 변화와 생태계평형

1 생태계평형: 생태계평형은 생태계를 구성하는 생물군집, 개체수, 물질의 양, 에너지의 흐름이 일정하게 유지되는 안정된 상태이다.

(1) **생태계평형에 영향을 주는 요인**: 먹이사슬, 비생물요소(기후, 온도, 서식 공간 등)

(2) **생태계평형의 유지 원리**: 어떤 요인에 의해 한 영양단계의 개체수가 일시적으로 변하더라도 대부분 먹이 관계에 의해 다른 영양단계의 개체수가 변함으로써 평형을 회복한다. ➡ 먹이그물이 복잡할수록 생태계평형이 잘 유지된다.

(3) **생태계평형 유지 과정**: 1차 소비자 증가 → 생산자 감소, 2차 소비자 증가 → 2차 소비자 증가에 의해 1차 소비자 감소 → 1차 소비자 감소에 의해 생산자 증가, 2차 소비자 감소 → 평형 회복

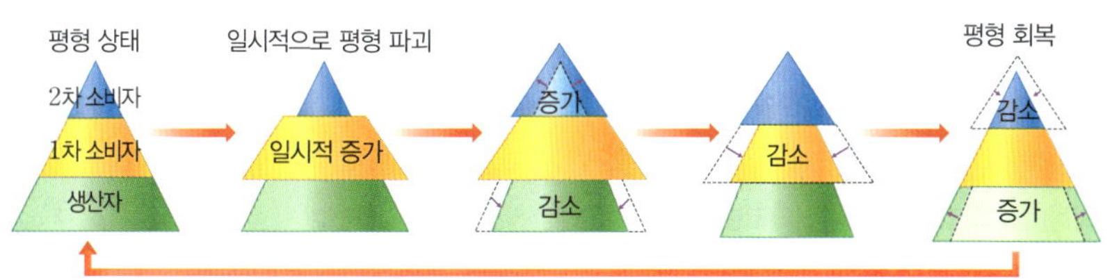

▲ 생태계의 평형 회복 과정

🔍 자세하게 개체군 변동

- 포식과 피식❸에 의해 두 개체군의 크기가 주기적으로 변동된다.
  예 눈신토끼(피식자)와 스라소니(포식자)의 개체수 변동

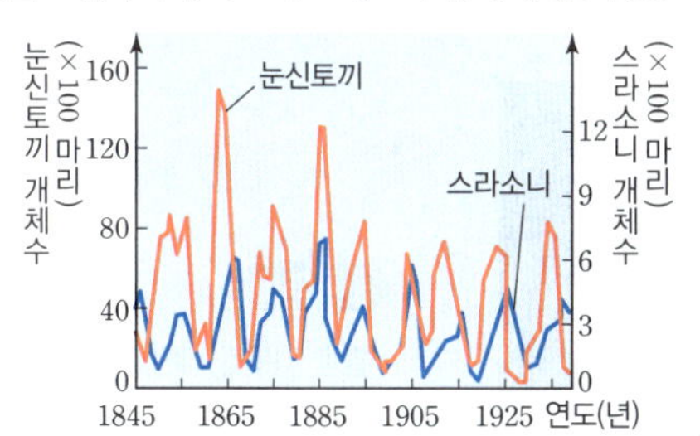

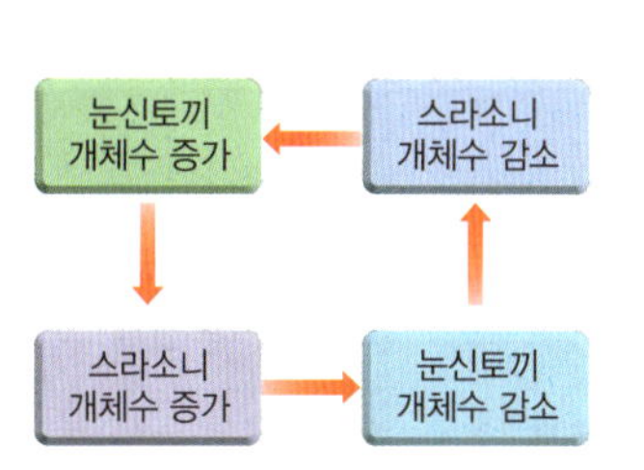

- 피식자인 눈신토끼의 개체수가 늘어나면 피식자를 잡아먹는 포식자인 스라소니의 개체수도 늘어난다. 스라소니의 개체수가 늘어나면 눈신토끼의 개체수는 줄어들고, 그에 따라 먹이가 부족해져서 스라소니의 개체수도 줄어든다.

2 환경 변화와 생태계

(1) **환경 변화**: 생물의 서식지를 훼손하고 먹이 관계를 파괴하여 생태계평형이 깨질 수 있다. ➡ 오랜 시간이 흐르고 새로운 생태계로 변할 수도 있다.
  ① 한반도 평균 기온이 높아지면 꽃매미의 개체수가 늘어나 농작물에 피해를 준다.
  ② 하와이 킬라우에아 화산 활동으로 용암이 분출되면서 수많은 동식물이 사라졌다.

🔍 자세하게 인간의 활동에 의해 생태계평형이 깨진 예

미국의 카이바브 고원에서는 사슴을 보호하기 위해 1905년부터 인간이 사슴의 포식자인 늑대를 사냥하기 시작하였다.
- 1905년~1920년대 조반: 사냥에 의해 늑대의 개체수 감소 → 늑대의 먹이가 되는 사슴의 개체수가 급격히 증가 → 사슴의 먹이가 되는 풀의 양이 줄어 초원의 생산량이 감소
- 1920년대 초반 이후: 초원의 생산량이 너무 낮아짐 → 사슴의 먹이가 부족해져서 사슴의 개체수가 급격하게 감소

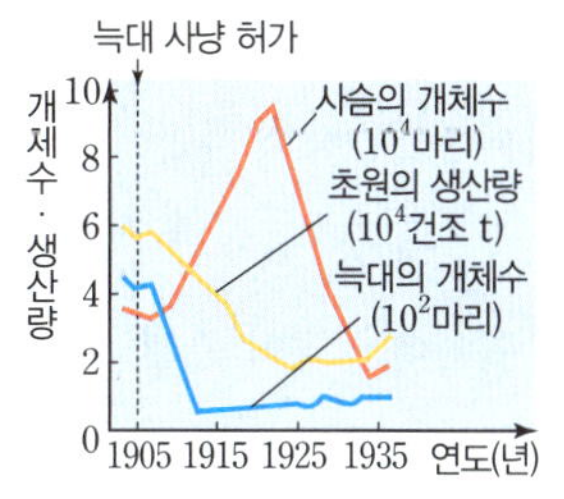

❸ 포식과 피식

포식자는 피식자 개체군의 생장을 조절하는 요인으로 작용하며, 포식과 피식의 관계는 생태계평형을 유지하는 데 중요한 역할을 한다.

🔔 정리씬!

생태계평형이 유지되는 조건
- 급격한 환경 변화가 일어나지 않아야 한다. ➡ 급격한 환경 변화가 일어나면 특정 영양단계의 개체수가 크게 감소할 수 있기 때문이다.
- 먹이그물이 복잡해야 한다. ➡ 먹이그물이 복잡하면 급격한 환경 변화로 인해 어느 한 먹이사슬에 이상이 생겨도 다른 먹이사슬이 정상적으로 유지될 수 있기 때문이다.

(2) **생태계평형을 파괴할 수 있는 환경 변화**

① **자연재해**: 지진, 홍수, 산불, 산사태, 화산 폭발 등으로 생물의 서식지가 사라지고 먹이그물에 변화가 생겨 생태계평형이 깨진다.

② **인간의 활동**

무분별한 벌목	생물의 서식지가 줄어 생태계가 파괴되고, 토양이 쉽게 침식된다.
대기오염	인구의 도시 집중과 산업화에 의해 대기 중 이산화 탄소의 농도가 증가하고 지구 온난화가 심화되어 지구 전체의 기후가 변화④하면서 생물의 서식지가 변하거나 파괴되어 생물의 멸종이 일어나기도 한다.
수질오염	생활 하수, 축산 폐수와 같은 수질 오염원은 많은 유기물을 함유하여 플랑크톤 증식에 영향을 미치고, 공장 폐수는 강한 산성 물질 또는 중금속을 함유하여 수생 생물 생존에 나쁜 영향을 미친다.
토양오염	농약이나 비료를 토양에 살포하면 토양이 오염되고, 작물에 흡수되어 작물을 먹이로 하는 조류나 포유류 등에게 나쁜 영향을 미친다.
불법 포획과 남획	생물의 개체수를 감소시켜 생물의 멸종을 일으키기도 한다.
외래종의 유입	천적이 없는 외래종이 생태계에 적응하게 되면 개체수가 폭발적으로 늘어나 토종 생물을 위협하며 먹이그물의 혼란을 야기한다.

▲ 무분별한 벌목

▲ 환경오염

▲ 외래종의 유입

(3) **생태계보전을 위한 노력**

① 생태계가 파괴되면 회복되는 데 오랜 시간이 필요하므로 생태계보전이 중요하다.

② 자원 절약, 생태통로 설치, 도시 숲 또는 공원 조성, 하천 복원 등을 통해서 생태계평형을 유지하기 위해 노력해야 한다.

▲ 하천 복원

정답과 해설 27쪽

바로 복습

빈칸 채우기 문제

01 생태계에서 먹이사슬이 그물처럼 복잡하게 얽혀 있는 것을 (　　　　)이라고 한다.

02 생태계를 구성하는 생물군집, 개체수, 물질의 양, 에너지흐름이 일정하게 유지되는 안정된 상태를 (　　　　)이라고 한다.

03 먹이사슬에서 각 영양단계의 개체수, 생체량, 에너지양을 하위 영양단계부터 순서대로 쌓아 올린 것이 (　　　　)이다.

04 (　　　　)는 생물의 서식지를 훼손하고 먹이 관계를 파괴하여 생태계평형을 깨뜨린다.

OX 문제

05 먹이그물이 복잡하게 얽혀 있을수록 생태계평형이 잘 유지된다. (O　X)

06 자연재해는 생태계평형을 깨뜨리지 않는 수준의 환경 변화만 발생시킨다. (O　X)

07 생산자가 합성한 에너지는 에너지의 손실 없이 먹이사슬을 통해 상위 영양단계로 이동한다. (O　X)

08 생태계평형은 한 번 깨지면 절대 다시 돌이킬 수 없으므로 생태계보전을 위해 노력해야 한다. (O　X)

09 생태계보전을 위한 노력으로 생태통로 설치, 하천 복원, 도시 공원 조성 등이 있다. (O　X)

탐구 개체군 변동 모의실험하기

목표 생태계를 구성하는 생물요소 중 특정 개체군의 변동에 의해 생태계평형이 깨졌을 때 다른 개체군의 변동 과정을 예상할 수 있다.

과정
❶ 스마트 기기를 이용하여 안정된 생태계를 검색한 후 이 생태계를 구성하는 각 영양단계에 해당하는 특정 생물 개체군을 알아본다.

❷ 안정된 생태계에서 각 영양단계(생산자, 1차 소비자, 2차 소비자)로 구성된 개체수피라미드를 생각하여 그려 본다.

❸ 생태피라미드에서 각 개체군이 증가했을 때 다른 개체군의 개체수가 어떻게 변동되는지 생각해 본다.

❹ 과정 ❸에서와 반대로 각 개체군이 감소했을 때 다른 개체군의 개체수가 어떻게 변동되는지 생각해 본다.

결과
❶ 안정된 생태계에서 각 영양단계(생산자, 1차 소비자, 2차 소비자)로 구성된 개체수피라미드의 형태는 다음과 같다.

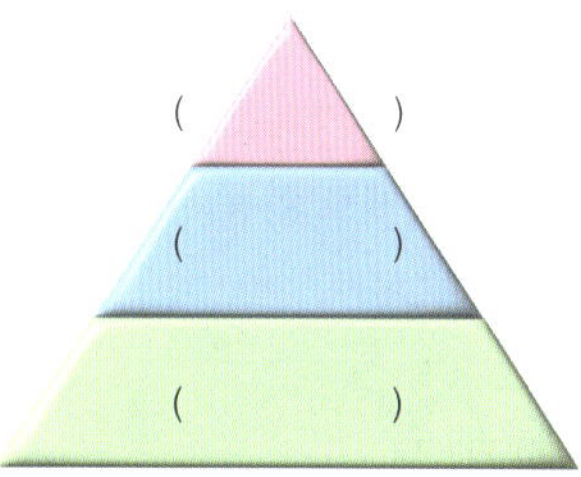

❷ 생태피라미드에서 각 개체군의 개체수가 증가했을 때 다른 개체군의 개체수는
➡ **생산자 증가**: 1차 소비자 (   ), 2차 소비자 (   )
➡ **1차 소비자 증가**: 생산자 (   ), 2차 소비자 (   )
➡ **2차 소비자 증가**: 생산자 (   ), 1차 소비자 (   )

❸ 생태피라미드에서 각 개체군의 개체수가 감소했을 때 다른 개체군의 개체수는
➡ **생산자 감소**: 1차 소비자 (   ), 2차 소비자 (   )
➡ **1차 소비자 감소**: 생산자 (   ), 2차 소비자 (   )
➡ **2차 소비자 감소**: 생산자 (   ), 1차 소비자 (   )

정리

1 안정된 생태계에서 생태계평형이 유지되는 원리는 무엇인가?
➡ 생태계평형은 주로 생물들 사이에 먹고 먹히는 관계인 (   )에 의해 유지된다.

2 안정된 생태계에서 어떤 원인에 의해 1차 소비자의 개체수가 일시적으로 증가했을 때 생태계평형이 회복되는 과정을 써 보자.
➡ 1차 소비자 증가 → (   ) 증가, (   ) 감소 → (   ) 감소 → (   ) 증가, (   ) 감소 → 생태계평형 회복

08 생태계평형

① 먹이 관계와 생태피라미드

01 ✔빈출

그림은 두 생태계 (가)와 (나)의 먹이 관계를 나타낸 것이다.

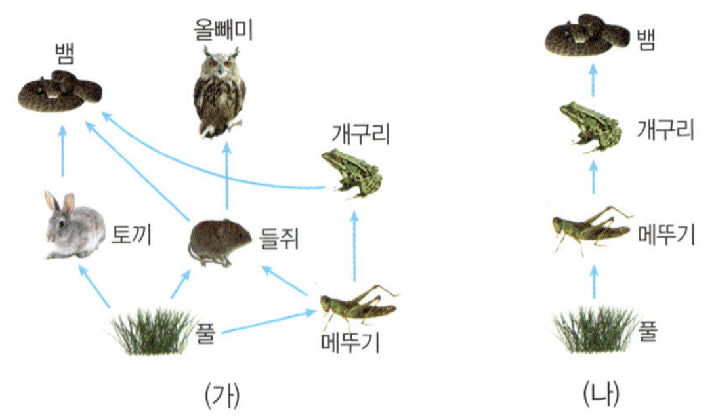

이에 대한 설명으로 옳은 것만을 〈보기〉에서 있는 대로 고른 것은?

〈보기〉
ㄱ. (가)와 (나)에서 각각 메뚜기는 2차 소비자이다.
ㄴ. 개구리가 사라질 때 생태계평형은 (가)에서가 (나)에서보다 잘 유지된다.
ㄷ. (나)에서 풀이 갖는 에너지는 모두 메뚜기에게로 이동한다.

① ㄴ　　　② ㄷ　　　③ ㄱ, ㄴ
④ ㄱ, ㄷ　　　⑤ ㄴ, ㄷ

02

다음은 생태계에서 먹이 관계를 통해 일어나는 에너지의 이동에 대한 자료이다. ㉠은 물질 중 하나이고, ㉡은 에너지의 형태 중 하나이다.

• 생산자는 광합성을 통해 　㉠　 에 에너지를 저장한다.
• 모든 생물은 생명활동에 필요한 에너지를 얻기 위해 호흡을 하며, 이 과정에서 　㉡　 이 방출된다.

이에 대한 설명으로 옳은 것만을 〈보기〉에서 있는 대로 고른 것은?

〈보기〉
ㄱ. 포도당은 ㉠에 해당한다.
ㄴ. ㉡은 빛에너지이다.
ㄷ. ㉡이 방출되므로 상위 영양단계로 갈수록 에너지양이 증가한다.

① ㄱ　　　② ㄷ　　　③ ㄱ, ㄴ
④ ㄱ, ㄷ　　　⑤ ㄴ, ㄷ

03 ✔빈출　　　　　　　　　　난이도 상

그림은 두 생태계 (가)와 (나)의 먹이 관계를 나타낸 것이다. A∼H는 서로 다른 생물종이며, 이 중 2종은 생산자이다. 종다양성은 (가)가 (나)보다 높다.

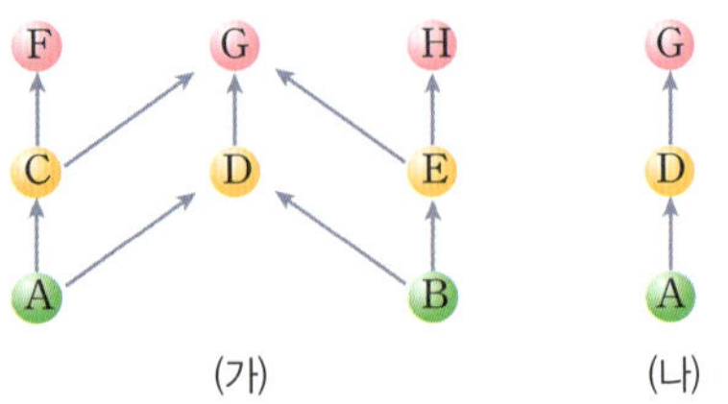

이에 대한 설명으로 옳은 것만을 〈보기〉에서 있는 대로 고른 것은? (단, 주어진 자료만 고려한다.)

〈보기〉
ㄱ. A와 B는 모두 광합성을 한다.
ㄴ. (나)에서는 D가 사라지면 G도 사라진다.
ㄷ. 생태계평형은 (나)에서가 (가)에서보다 안정적으로 유지된다.

① ㄱ　　　② ㄷ　　　③ ㄱ, ㄴ
④ ㄱ, ㄷ　　　⑤ ㄴ, ㄷ

04

그림은 어떤 생태계에서 영양단계에 따른 에너지양을 나타낸 것이다. A∼C 중 하나는 생산자이다.

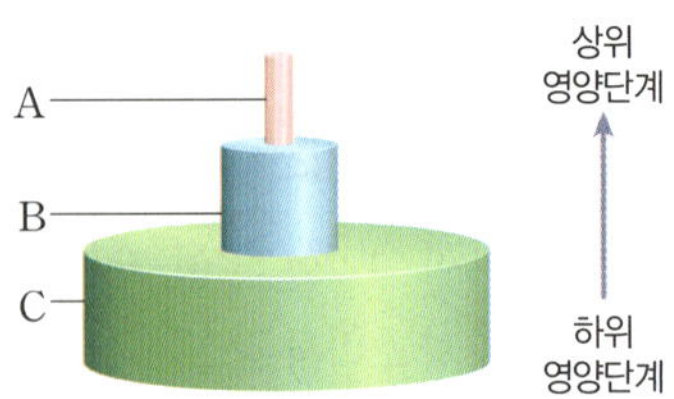

이에 대한 설명으로 옳은 것만을 〈보기〉에서 있는 대로 고른 것은?

〈보기〉
ㄱ. A는 광합성을 한다.
ㄴ. 이 그림은 생태피라미드에 해당한다.
ㄷ. B의 개체수가 증가하면 C의 개체수는 일시적으로 감소한다.

① ㄱ　　　② ㄴ　　　③ ㄷ
④ ㄱ, ㄴ　　　⑤ ㄴ, ㄷ

2 환경 변화와 생태계평형

05

그림은 어떤 생태계에서 개체군 A와 B의 개체수 변화를 나타낸 것이다. A와 B는 먹이사슬로 연결되어 있으며, A는 1차 소비자이다. 이에 대한 설명으로 옳은 것만을 〈보기〉에서 있는 대로 고른 것은?

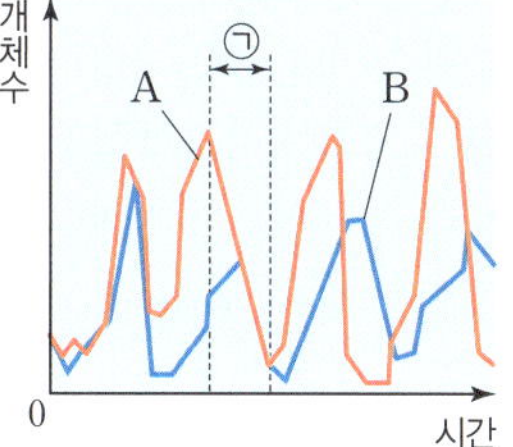

<보기>
ㄱ. B는 2차 소비자이다.
ㄴ. 먹이사슬을 통해 B에서 A로 에너지가 이동한다.
ㄷ. 구간 ㉠에서는 A의 개체수가 감소해 B의 개체수가 증가하는 현상이 일어난다.

① ㄱ ② ㄴ ③ ㄱ, ㄷ
④ ㄴ, ㄷ ⑤ ㄱ, ㄴ, ㄷ

06 ✔빈출 난이도 상

그림은 생산자, 1차 소비자, 2차 소비자로 구성된 어떤 생태계에서 1차 소비자의 개체수가 변하는 현상이 일어난 후 평형이 회복되는 과정을 개체수피라미드로 나타낸 것이다.

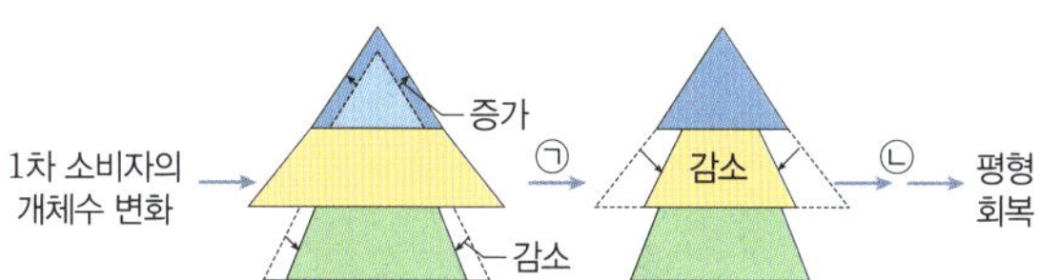

이에 대한 설명으로 옳은 것만을 〈보기〉에서 있는 대로 고른 것은?

<보기>
ㄱ. 1차 소비자의 개체수가 감소하는 현상이 일어난 후의 평형 회복 과정이다.
ㄴ. ㉠ 과정에서 생산자에서 1차 소비자로 에너지가 이동한다.
ㄷ. ㉡ 과정에서 2차 소비자의 개체수가 감소하는 현상이 일어난다.

① ㄱ ② ㄷ ③ ㄱ, ㄴ
④ ㄴ, ㄷ ⑤ ㄱ, ㄴ, ㄷ

07 ✔빈출

다음은 어떤 생태계에서 두 개체군 A와 B의 개체수가 변화되는 과정을 나타낸 것이다. A와 B 중 하나는 생산자에 속하고, 나머지 하나는 1차 소비자에 속한다.

A의 개체수 증가 → B의 개체수 증가 → A의 개체수 감소 → B의 개체수 감소 → A의 개체수 증가

이에 대한 설명으로 옳은 것만을 〈보기〉에서 있는 대로 고른 것은? (단, 주어진 자료만 고려한다.)

<보기>
ㄱ. A는 포도당을 합성한다.
ㄴ. A에서 B로 유기물과 에너지가 이동한다.
ㄷ. 먹이 관계는 A와 B의 개체수에 영향을 미치지 않는다.

① ㄱ ② ㄷ ③ ㄱ, ㄴ
④ ㄱ, ㄷ ⑤ ㄴ, ㄷ

08

표는 생태계평형에 영향을 미치는 요인과 각 요인에 의한 영향을 나타낸 것이다.

요인	영향
㉠	생물의 수를 줄여 생태계평형을 파괴할 수 있다.
기후 변화	ⓐ

이에 대한 설명으로 옳은 것만을 〈보기〉에서 있는 대로 고른 것은?

<보기>
ㄱ. '환경오염'은 ㉠에 해당한다.
ㄴ. '생물의 서식지가 사라질 수 있다.'는 ⓐ에 해당한다.
ㄷ. ㉠과 지구 온난화는 모두 생태계의 먹이 관계를 복잡하게 만든다.

① ㄱ ② ㄷ ③ ㄱ, ㄴ
④ ㄴ, ㄷ ⑤ ㄱ, ㄴ, ㄷ

09

다음은 생태계를 보전하기 위한 여러 가지 노력을 나타낸 것이다.

> (가) 생태계 복원
> (나) 생태통로 설치
> (다) 도시 숲과 옥상 정원 조성

이에 대한 설명으로 옳은 것만을 〈보기〉에서 있는 대로 고른 것은?

〈보기〉

> ㄱ. 하천 복원은 (가)에 해당한다.
> ㄴ. (나)는 생물의 서식지를 보다 작게 나누기 위한 노력이다.
> ㄷ. (다)에 의해 도시와 건물의 온도는 높아진다.

① ㄱ   ② ㄴ   ③ ㄷ
④ ㄱ, ㄴ   ⑤ ㄴ, ㄷ

10

그림 (가)~(다)는 생태계보전을 위한 노력을 나타낸 것이다. (가)~(다)는 도시 숲, 옥상 정원, 생태통로를 순서 없이 나타낸 것이다.

(가)   (나)   (다)

이에 대한 설명으로 옳은 것만을 〈보기〉에서 있는 대로 고른 것은?

〈보기〉

> ㄱ. (가)는 생태통로이다.
> ㄴ. (나)는 다양한 생물의 서식 공간을 제공한다.
> ㄷ. (다)를 활용해 건물의 온도를 낮출 수 있다.

① ㄱ   ② ㄷ   ③ ㄱ, ㄴ
④ ㄴ, ㄷ   ⑤ ㄱ, ㄴ, ㄷ

서술형 문제

11

그림은 어떤 생태계에서 일어나는 물질과 에너지의 이동 경로를 나타낸 것이다. (가)~(다)는 각각 분해자, 생산자, 소비자 중 하나이고, A와 B는 각각 물질과 에너지 중 하나이다.

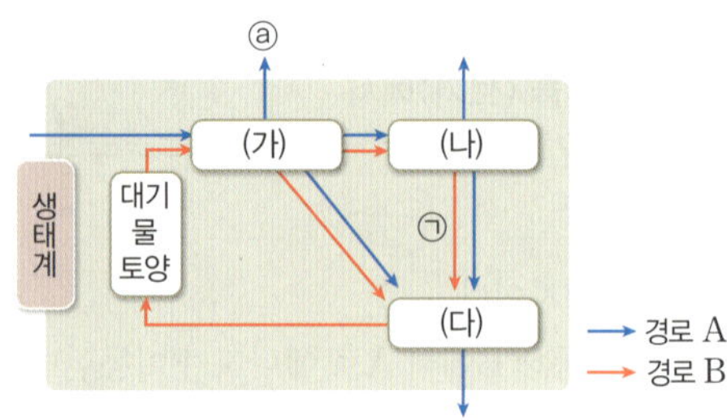

(1) A와 B 중 에너지의 기호를 쓰시오.

(2) ⓐ는 무엇인지 (가)의 명칭을 포함하여 서술하시오. (단, ⓐ는 물질과 에너지 중 하나에 속한다.)

(3) ⓒ은 어떤 경로인지 (나)와 (다)의 명칭을 포함하여 서술하시오.

12 ✓빈출

그림은 생태계평형이 일시적으로 파괴되었을 때 회복되는 과정의 일부를 나타낸 것이다.

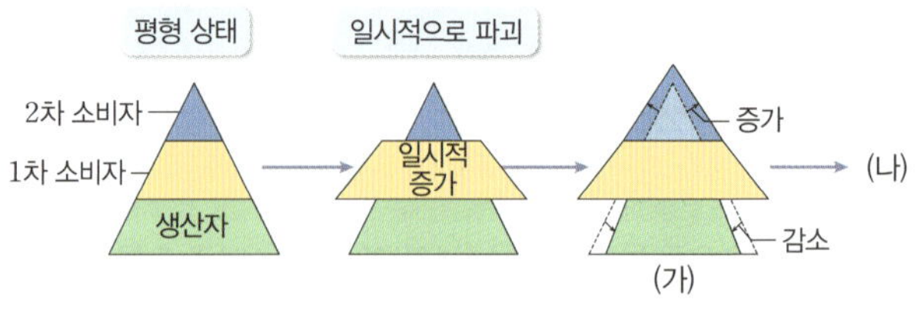

(1) (가)에서 생산자와 2차 소비자의 개체수가 변한 까닭을 각각 서술하시오.

(2) 생태계의 평형이 회복되기까지 (나)에서 일어나는 각 영양단계의 개체수 변화 과정을 모두 서술하시오.

09 지구 환경 변화와 인간 생활

1 온실 효과와 지구 온난화

1 지구 복사 평형

(1) **복사 평형**: 물체가 흡수하는 만큼의 에너지를 방출하여 에너지 평형을 이루는 상태

(2) **지구 복사 평형**: 지구는 흡수한 태양 복사 에너지량과 같은 양의 지구 복사 에너지를 우주로 방출하면서 에너지 평형을 이룬다. ➡ 지구의 연평균 기온이 일정하게 유지된다.

(3) **위도별 에너지 불균형과 지구의 복사 평형**

저위도 지역	태양 복사 에너지 흡수량 > 지구 복사 에너지 방출량 ➡ 에너지 과잉 상태 적도 ~ 위도 약 38°
고위도 지역	태양 복사 에너지 흡수량 < 지구 복사 에너지 방출량 ➡ 에너지 부족 상태 위도 약 38° ~ 극

➡ 저위도의 남는 에너지가 대기와 해수의 순환에 의해 부족한 고위도로 이동하기 때문에 지구 전체적으로 복사 평형을 이룬다.

2 온실 효과: 대기 중 온실 기체❶가 태양 복사 에너지를 거의 통과시키고, 지표에서 방출되는 지구 복사 에너지는 흡수했다가 지표로 재복사하여 지구의 평균 기온이 대기가 없을 때보다 높게 유지되는 효과

주로 파장이 짧은 가시광선으로 지구 대기를 투과한다.

대부분 파장이 긴 적외선으로 대기의 온실 기체에 잘 흡수된다.

3 지구 열수지❷: 복사 평형 상태에 있는 지구에서 지표, 대기, 우주 간에 나타나는 열출입 관계

자세하게 지구 열수지

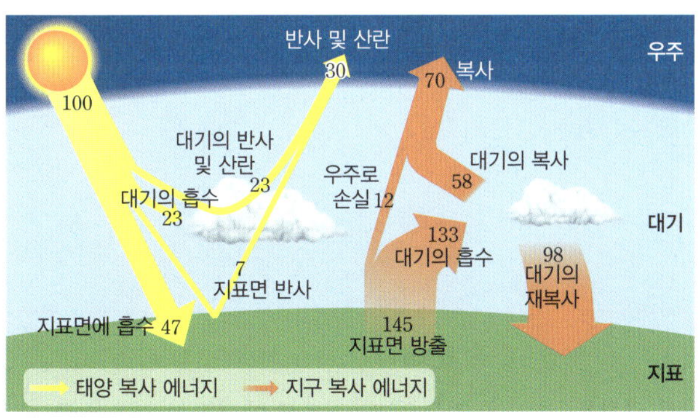

• 지구에 도달하는 태양 복사 에너지의 일부는 대기와 지표에서 반사(30 %)되고, 나머지는 흡수(70 %)되며, 지구는 흡수한 에너지를 우주 공간으로 방출(70 %)한다.

• 각 영역에서 복사 에너지의 흡수와 방출: 흡수량 = 방출량

구분	흡수	방출
대기	태양으로부터 흡수(23) + 지표로부터 흡수(133) = 156	우주로 방출(58) + 지표로 방출(98) = 156
지표	태양으로부터 흡수(47) + 대기로부터 흡수(98) = 145	우주로 방출(12) + 대기로 방출(133) = 145

• 대기 중 온실 기체의 농도 증가 ➡ 지표에서 방출된 에너지를 대기가 더 많이 흡수 ➡ 대기에서 지표로 재복사하는 에너지양 증가

지구 환경 변화와 인간 생활

온실 효과 — 지구 복사 평형 / 지구 열수지 / 온실 기체

지구 온난화

영향

엘니뇨 — 대기 대순환과 해수의 운동

사막화

환경 변화의 영향과 대처 방안

정리 노트

❶ 온실 기체

온실 효과를 일으키는 기체로, 수증기, 이산화 탄소, 메테인, 오존 등이 있다.

❷ 지구의 에너지 출입 관계

• 대기가 있을 때는 대기가 지구 복사 에너지 중 일부를 흡수했다가 지표로 다시 방출한다. 이를 온실 효과라고 한다.

• 온실 효과에 의해 지구의 평균 기온이 약 15 ℃로 유지되고, 생명체가 살아가는 데 적절한 환경이 된다.

용어 알기

• **열수지** 어떤 장소에서 에너지를 흡수하고 방출하는 과정에서의 에너지 차이

4 **지구 온난화**❸: 대기 중 온실 기체의 양이 증가하면서 온실 효과가 강화되어 지구의 평균 기온이 점점 상승하는 현상 ➡ 대기에서 흡수되는 에너지양이 증가하여 지표로 재복사하는 에너지가 증가되기 때문이다.

(1) **지구 온난화에 따른 지구 열수지 변동**: 대기 중 온실 기체의 양 증가 ➡ 대기가 흡수하는 지표에서 방출된 지구 복사 에너지량 증가 ➡ 대기에서 지표로 재복사하는 에너지양 증가 ➡ 지구는 더 높은 온도에서 복사 평형 ➡ 지구의 평균 기온 상승 ➡ 지구 온난화가 심해짐

(2) **지구 온난화의 원인**: 화석 연료의 사용량 증가, 지나친 삼림 벌채, 과도한 가축 사육 등으로 인한 대기 중 온실 기체의 양 증가 ➡ 주요 원인은 화석 연료의 사용량 증가로 인한 대기 중 이산화 탄소의 농도 증가

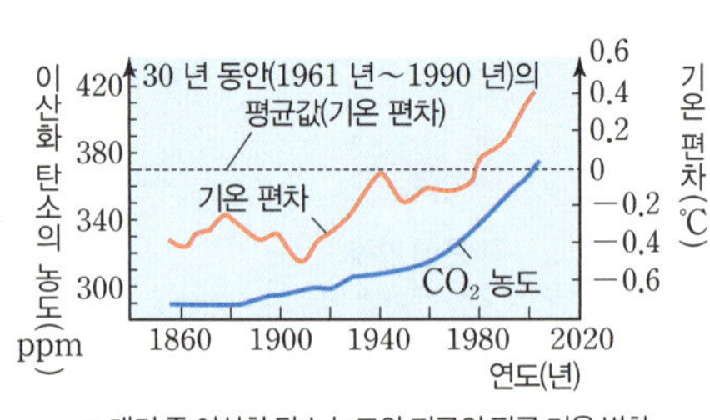

자세하게 지구의 평균 기온과 대기 중 이산화 탄소의 농도 변화

▲ 대기 중 이산화 탄소 농도와 지구의 평균 기온 변화

• 대기 중 이산화 탄소의 농도는 계속 증가하고 있다.
• 지구의 평균 기온은 대체로 상승하고 있다.
➡ 대기 중 이산화 탄소의 농도 증가로 인한 온실 효과의 강화로 지구 온난화가 심화된다.

(3) **지구 온난화의 영향과 대책**

영향	• 해수면 상승: 기온 상승 ➡ 해수의 열팽창, 빙하의 융해 ➡ 해수면 높이 상승 ➡ 육지의 면적 감소 ➡ 생활 공간(서식지) 감소, 곡물 생산량 감소 • 기상 이변: 강수량과 증발량 변화에 따른 홍수, 가뭄 등 기상 이변 발생, 대규모 태풍 발생에 의한 피해 증가 • 생태계 변화: 아열대 기후의 북상, 식생대 변화에 의한 생태계 변화로 생물다양성 감소, 열대성 질병 확대 등
대책	• 온실 기체 배출량 줄이기: 화석 연료 사용을 줄이고, 온실 기체가 발생하지 않는 신재생 에너지를 개발한다. • 온실 기체의 농도 낮추기: 삼림의 무분별한 벌목을 막고, 숲의 면적을 늘린다.

❸ 온실 효과와 지구 온난화

▲ 온실 효과

▲ 지구 온난화

대기 중 온실 기체의 양이 증가하면 온실 기체들이 지구 복사 에너지를 흡수한 뒤 다시 지표로 방출하는 복사 에너지량이 증가하면서 지구의 평균 기온이 상승한다.
➡ 지구 온난화

우리나라의 평균 기온 변화

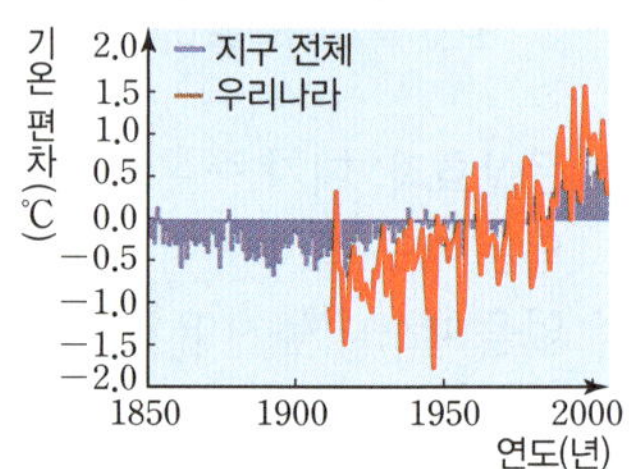

▲ 우리나라의 평균 기온 편차

• 우리나라의 평균 기온은 지구 전체에 비해 약 2 배 큰 폭으로 상승했다.
• 우리나라를 포함한 지구 전체의 평균 기온이 약 30 년 동안 급격히 상승했다.
➡ 대기 중 온실 기체의 농도 증가 때문이다.

바로 복습

정답과 해설 **29**쪽

빈칸 채우기 문제

01 물체가 흡수하는 만큼의 에너지를 방출하여 에너지 평형을 이루는 상태를 (   )이라고 한다.

02 지구는 (   )하는 태양 복사 에너지량과 (   )하는 지구 복사 에너지량이 같아 복사 평형을 이룬다.

03 지구 온난화의 원인은 (   )의 증가로 인한 (   )의 강화이다.

04 지구 온난화가 진행되면 지구는 더 (   ) 온도에서 복사 평형이 이루어진다.

○✕ 문제

05 지구의 태양 복사 에너지 반사율은 30 %이다. (○ ✕)

06 지구 대기 중 온실 기체는 지표에서 방출되는 지구 복사 에너지를 거의 통과시킨다. (○ ✕)

07 지구 온난화의 주된 원인은 화석 연료 사용량 증가로 인한 대기 중 메테인 농도의 급격한 증가이다. (○ ✕)

08 지구 온난화에 의해 해수면이 상승하고 생물다양성이 증가한다. (○ ✕)

1 엘니뇨[4]: 적도 부근 동태평양 해역의 표층 수온이 평년보다 높은 상태가 지속되는 현상

(1) 발생 원인: 대기 대순환(무역풍)[5]의 변화로 표층 해수의 흐름이 영향을 받아 발생한다.
➡ 기권과 수권의 상호작용 엘니뇨는 수년마다 불규칙하게 발생해~

(2) 발생 과정: 태평양 적도 부근에서 부는 무역풍이 평상시보다 약화됨 ➡ 동태평양의 따뜻한 해수의 이동이 약해짐 ➡ 동태평양(페루 연안)에서 평상시보다 용승이 약화됨 ➡ 태평양 중앙부에서 동태평양(페루 연안)에 이르는 해역의 표층 수온이 높아짐

(3) 평상시와 엘니뇨 발생 시의 비교

구분	평상시	엘니뇨 발생 시
모식도	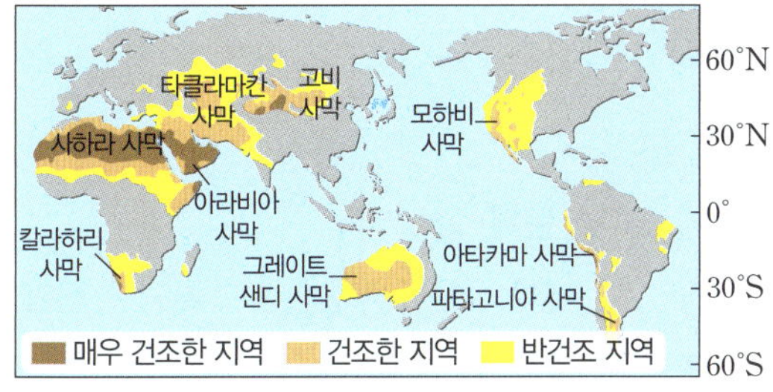	
대기 순환과 해수의 이동	무역풍에 의해 적도 부근의 따뜻한 해수가 동쪽에서 서쪽으로 이동	무역풍이 약화되어 적도 부근의 따뜻한 해수가 평상시에 비해 동쪽으로 이동
동태평양 해역의 기후	차가운 해수가 표층으로 용승하여 표층 수온이 낮음 ➡ 하강 기류 발달(고기압 분포) ➡ 맑고 건조	평상시보다 용승이 약화되어 표층 수온이 높아짐 ➡ 해수의 증발↑, 상승 기류 발달(저기압 분포) ➡ 강수량↑, 홍수와 폭우 발생
서태평양 해역의 기후	따뜻한 해수가 서쪽으로 이동하여 표층 수온이 높음 ➡ 상승 기류 발달(저기압 분포) ➡ 강수량↑	평상시보다 표층 수온이 낮아짐 ➡ 해수의 증발↓, 하강 기류 발달(고기압 분포) ➡ 강수량↓, 가뭄 지속, 산불 발생

(4) 엘니뇨가 기후에 미치는 영향[6]: 엘니뇨는 가뭄, 산불, 홍수 등 지구 환경의 변화를 일으켜 농작물의 재배지와 수확량 변화, 생물의 개체수와 서식지 변화를 유발한다. 엘니뇨의 규모가 커지면서 그 영향이 전 세계적으로 확대되고 있다.

2 사막화: 강수량 감소로 인해 사막 주변 지역의 토지가 황폐해져 점차 사막으로 변하는 현상

▲ 사막과 사막화 지역

(1) 사막과 사막화 지역: 고압대가 형성되는 위도 30° 부근 지역에 주로 분포 ➡ 대기 대순환의 영향으로 위도 30° 부근에서 증발량이 강수량보다 많기 때문이다.
위도 30° 부근은 하강 기류가 발달하여 날씨가 맑고 건조한 기후가 나타나지.

(2) 사막화의 발생 원인
　① 자연적인 원인: 대기 대순환의 변화로 인한 강수량 감소로 나타난 지속적인 가뭄
　② 인위적인 원인: 과잉 경작 및 방목, 무분별한 삼림 벌채, 부실한 수자원 관리 등

[4] 엘니뇨 발생 시
엘니뇨가 발생하면 평상시보다 적도 부근 동태평양의 표층 수온이 높아지고, 적도 부근 서태평양의 표층 수온이 낮아진다.

[5] 대기 대순환

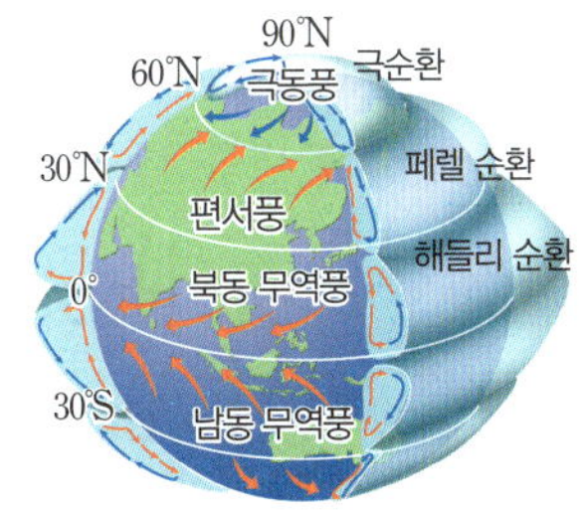

· 지구 자전의 영향으로 해들리 순환, 페렐 순환, 극순환의 순환 세포가 형성된다.
· 지표면 부근에서는 저위도 지역에서 무역풍, 중위도 지역에서 편서풍, 고위도 지역에서 극동풍이 연중 불게 된다.

라니냐
라니냐는 무역풍이 평상시보다 강할 때 적도 부근 동태평양 해역의 표층 수온이 평년보다 낮은 상태가 지속되는 현상으로, 엘니뇨와 반대로 나타난다. 라니냐 시기에는 서태평양 지역에서는 강수량이 증가하여 홍수 피해가 나타나고, 동태평양 지역에서는 가뭄 피해가 나타난다.

[6] 엘니뇨가 세계 기후에 미치는 영향

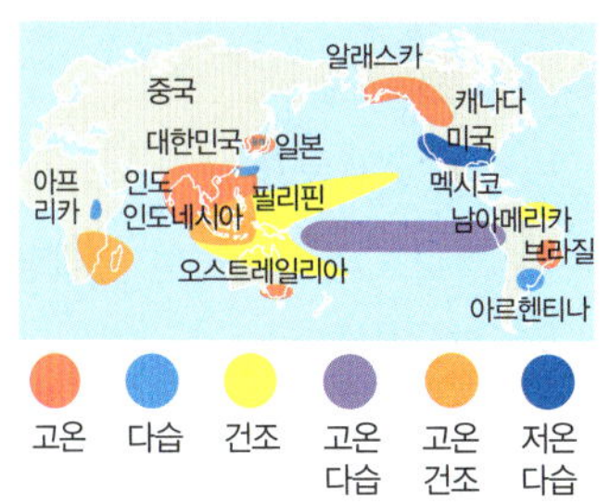

사막화의 발생 과정
삼림 벌채 → 지표의 반사율 증가 → 하강 기류 형성 → 지표가 건조해짐 → 사막화

(3) 사막화의 피해와 대책

| 피해 | 토지 황폐화, 생물의 서식지 감소, 농작물 생산량 감소, 용수 및 식량 부족, 황사 발생 빈도 및 세력 강화 등 |
| 대책 | 숲 면적 늘리기, 삼림 벌채 최소화, 가축의 방목 줄이기, 사막화 방지 협약 준수 등 |

③ 환경 변화의 영향과 대처 방안

1 기후 변화 시나리오를 통한 미래 기후 예측: 온실 기체의 배출량이 많을수록 지구 온난화로 인한 기후 변화, 환경 변화가 더 크게 나타날 것으로 예측된다.

🔍 자세하게 기후 변화가 생태계와 지구계에 미치는 영향

표는 지구의 평균 기온이 산업화 이전(1850 년 ~ 1900 년)과 대비하여 1.5 ℃, 2 ℃, 4 ℃ 상승할 때 나타날 기후 변화를 예상하여 나타낸 것이다.

구분	현재(+1.1 ℃)	1.5 ℃ 상승	2 ℃ 상승	4 ℃ 상승
최고 기온	1.2 ℃ 상승	1.9 ℃ 상승	2.6 ℃ 상승	5.1 ℃ 상승
가뭄	1.7 배	2.0 배	2.6 배	4.1 배
강수량	1.3 배	1.5 배	1.7 배	2.7 배
적설량	1 % 감소	5 % 감소	9 % 감소	26 % 감소
태풍 강도		10 % 증가	13 % 증가	30 % 증가

- 태풍이나 홍수의 발생 횟수 및 세기 증가, 가뭄, 사막화, 해수면 상승 등은 모두 지구 온난화와 밀접한 관련이 있다.
- 지구 온난화의 영향으로 해수면이 상승하고 육지의 면적이 감소할 것이다. 이에 따라 생물다양성이 감소하고 물 부족을 비롯한 식량난, 기상 재해, 감염병의 확산 등 다양한 피해가 나타날 것으로 예상된다.

2 기후 변화로 발생하는 지구 환경 변화에 대한 대처 방안

| 일상생활에서의 노력 | 온실 기체 배출을 줄이기 위한 노력과 실천 필요 ⑩ 화석 연료 사용 억제, 대중교통 이용, 일회용품 사용하지 않기, 친환경 제품 구입하기 등 |
| 사회, 국가적 노력 | • 탄소 저감 기술, 지속가능한 에너지 사용 기술, 에너지 효율을 높이는 기술 개발
• 국가 간 협력 ⑩ 유엔 기후 변화 협약❼에 가입 |

❼ **유엔 기후 변화 협약(UNFCC)**
정식 명칭은 '기후 변화에 관한 국제 연합 기본 협약'으로 온실 기체의 인위적인 배출을 제한하여 지구 온난화를 방지하기 위한 협약이다. 교토 의정서, 파리 협정, 글래스고 기후 합의 등이 있다.

✏️ 바로 복습

정답과 해설 29쪽

빈칸 채우기 문제

09 엘니뇨가 발생하면 동태평양 적도 부근 해역은 용승이 평상시보다 (   )해진다.

10 엘니뇨는 평상시보다 무역풍이 (   )해질 때 발생한다.

11 사막 주변 지역의 토지가 점차 사막으로 변하는 현상을 (   )라고 한다.

12 위도 (   ) 부근은 강수량이 적고, 증발량이 많아 사막이 많이 분포한다.

⭕❌ 문제

13 엘니뇨가 발생하면 적도 부근 동태평양의 표층 수온이 평상시보다 낮아진다. (⭕ ❌)

14 엘니뇨는 기권과 수권의 상호작용으로 발생한다. (⭕ ❌)

15 지구 온난화에 의해 대기 대순환이 변화하여 사막의 면적이 넓어지는 사막화 현상이 발생하고 있다. (⭕ ❌)

탐구 지구 온난화에 따른 지구 열수지 변동 탐구하기

목표 지구의 열수지 자료를 해석하여 지구 온난화에 따른 열수지 변동을 추론할 수 있다.

과정 그림은 인공위성을 통해 수집한 자료를 토대로 최근 지구의 열수지를 나타낸 것이다. 숫자는 지구에 도달하는 태양 복사 에너지량을 100 %라고 할 때의 비율을 백분율(%)로 나타낸 것이다.

> ⚠ **주의신**
>
> 지구가 흡수하고 방출하는 에너지의 양이 평형을 이룰 때 열수지 평형이라고 한다. 이 자료를 해석할 때는 열수지 평형의 관점에서 접근하도록 한다.

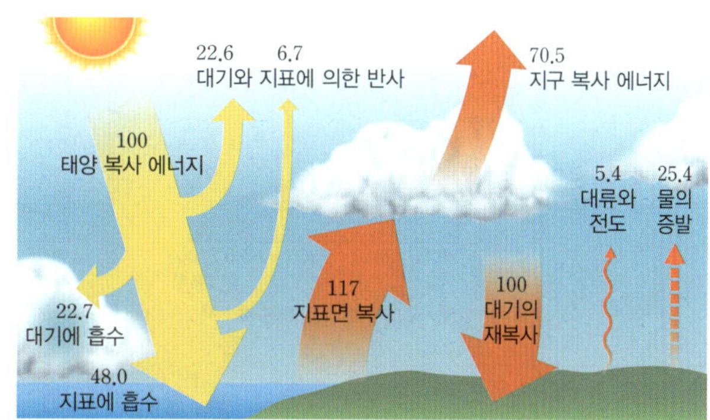

❶ 지구가 태양으로부터 흡수하는 복사 에너지의 총량과 지구가 우주 공간으로 방출하는 복사 에너지의 총량을 비교한다.

❷ 대기와 지표가 각각 흡수하는 복사 에너지의 총량과 방출하는 복사 에너지의 총량을 비교한다.

❸ 최근 지구의 열수지는 어떤 상태인지 해석하고, 이러한 상태가 지속될 때 지구의 평균 기온 변화를 추론한다.

결과

❶ 지구에 도달한 태양 복사 에너지 중 29.3은 대기와 지표에서 반사되고, 대기에 22.7, 지표에 48.0이 흡수되므로 지구에 흡수되는 복사 에너지의 총량은 (   )이다. 한편 지구가 우주 공간으로 방출하는 복사 에너지는 (   )이다.

❷ 대기는 태양 복사 22.7, 지표면 복사 117, 대류와 전도 5.4, 물의 증발 25.4를 흡수하여 총 (   )를 흡수하고, 우주 공간과 지표로 각각 70.5, 100을 방출하여 총 (   )를 방출한다.

❸ 지표는 태양 복사 48.0, 대기의 재복사 100을 흡수하여 총 (   )을 흡수하고, 지표면 복사 117, 대류와 전도 5.4, 물의 증발 25.4를 방출하여 총 (   )을 방출한다.

구분	지구	대기	지표
에너지 흡수량(%)	70.7	170.5	148.0
에너지 방출량(%)	70.5	170.5	147.8

❹ 지구 온난화로 인해 최근 지구의 열수지는 불균형 상태에 있으며, 0.2 %의 에너지가 계속 축적된다.

➡ 이러한 상태가 지속되면 지구는 평균 기온이 높아진 상태에서 새로운 복사 평형을 이루게 되며, 그 과정에서 지구 환경은 여러 가지 변화를 겪게 된다.

정리

1 태양으로부터 100의 복사 에너지가 지구에 도달하지만 지구는 70.5의 복사 에너지만 방출하는 까닭은 무엇인가?

➡ 지표와 대기에서 총 (   )을 반사하였기 때문이다.

2 대기 중에 온실 기체의 양이 더 증가하면 대기의 지표로의 재복사 에너지양은 어떻게 변하겠는가?

➡ 대기의 온도가 상승하므로 현재의 100보다 (   )한다.

기후 변화로 인한 미래 시나리오 구상하기

정답과 해설 29쪽

목표   기후 변화로 인한 생태계와 지구계의 변화를 예측하는 시나리오를 구상할 수 있다.

준비물 > 스마트 기기, 참고 도서

그림은 두 가지 상황 A, B에 따른 연도별 이산화 탄소 배출량과 지표 기온 변화량 예상을, 표는 지구의 평균 기온이 각각 1.5 ℃, 2.0 ℃ 높아졌을 때의 변화를 나타낸 것이다.

A: 탄소 감축 노력 없이 화석 연료를 사용한 상황, B: 탄소 감축 노력으로 화석 연료 사용을 줄인 상황

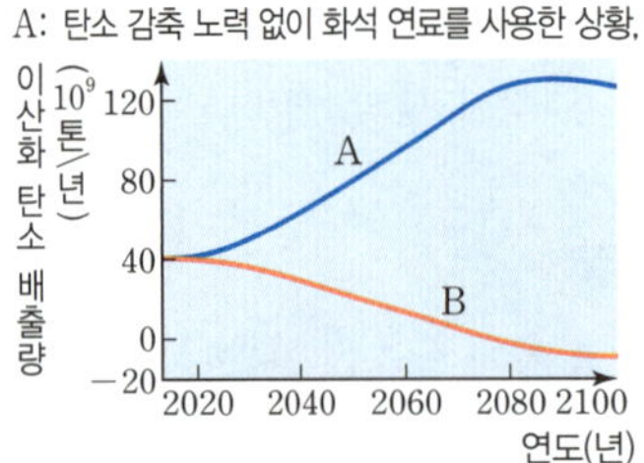

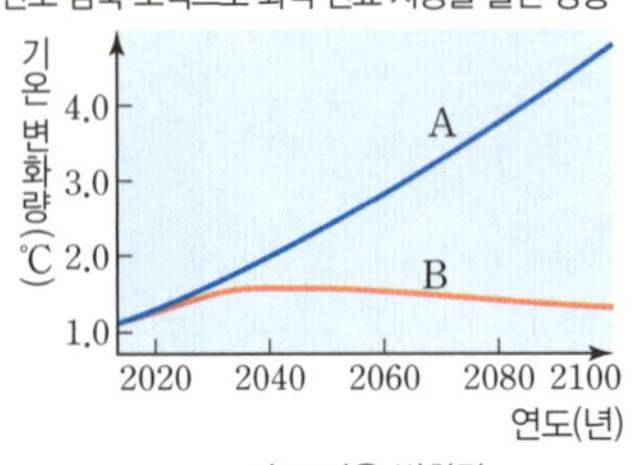

지구의 평균 기온 변화	1.5 ℃ 상승	2.0 ℃ 상승
여름에 북극해가 얼지 않는 경우	100 년에 한 번 발생	10 년에 한 번 발생
산호 소멸	70~90 %	99 %
해수면 상승	0.4 m	0.46 m
홍수 위험 증가	100 %	170 %
폭염 피해 인구	10 억 명	27 억 명

❶ A, B에서 각각 이산화 탄소 배출량과 기온 변화량은 어떻게 변하는지 해석한다.

❷ A의 경우 2100 년에는 생태계와 인간 생활이 어떻게 변할지 표에 제시된 지구 환경 변화를 참고하여 미래 시나리오를 구상하여 작성한다.

결과

❶ 화석 연료의 사용량 변화에 따라 온실 기체인 이산화 탄소 배출량이 변하고, 그에 따라 기온이 영향을 받아 지구 온난화 정도가 달라진다.

➡ A의 경우 이산화 탄소 배출량이 증가함에 따라 지표 기온이 계속 (　　　　)한다.

➡ B의 경우 이산화 탄소 배출량이 감소함에 따라 지표 기온의 상승이 둔화되다가 (　　　　)한다.

❷ A의 경우 2100 년의 생태계와 인간 생활은 지구 온난화의 영향으로 현재와 크게 달라질 것이다.

구분	예상되는 변화
여름에 북극해가 얼지 않는 경우	아시아와 유럽 사이의 (　　　　) 항로가 개발되어 해상 운송의 변화가 일어난다.
산호 소멸	산호초를 서식지로 하는 해양 생물의 (　　　　)이 일어난다.
해수면 상승	해안가 대도시 쇠퇴, 경작지 면적 (　　　　) 등이 일어난다.
홍수 위험 증가, 폭염 피해 인구	극단적인 기상 이상 현상이 발생하여 홍수, 가뭄, 태풍 등의 피해가 커지고, 폭염에 의한 인명과 동식물의 피해가 일어난다.

정리

1 화석 연료의 사용으로 인해 지표 기온의 상승을 일으키는 주된 온실 기체는 무엇인가?

➡ 화석 연료가 연소되면 (　　　　　　)가 방출되므로 지구 온난화를 일으킨다.

2 지구 온난화가 진행됨에 따라 해수면 높이는 어떻게 변하는가?

➡ 지구 온난화에 의해 수온이 상승하면 해수의 부피가 팽창하고, 대륙의 빙하 면적이 (　　　　)하여 해수면이 상승한다.

심화

엘니뇨와 라니냐 자료 해석하기

무역풍과 표층 해수의 흐름 변화로 발생하는 엘니뇨와 라니냐 현상을 평상시와 비교하여 한눈에 파악해 보자.

구분	평상시	엘니뇨 발생 시	라니냐 발생 시
형태	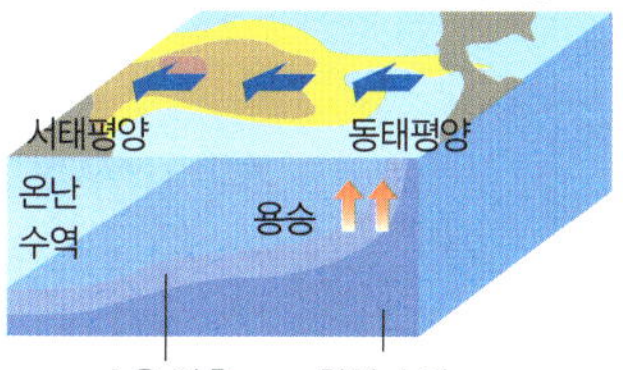	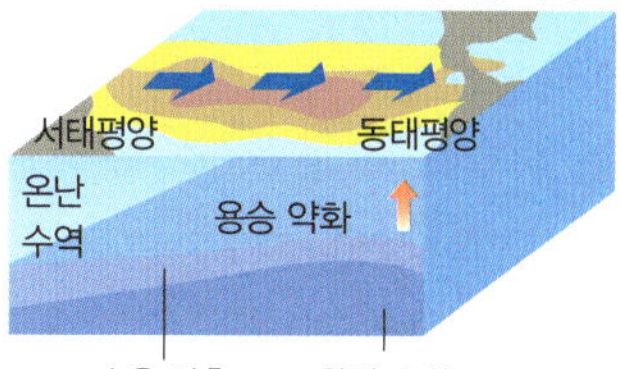	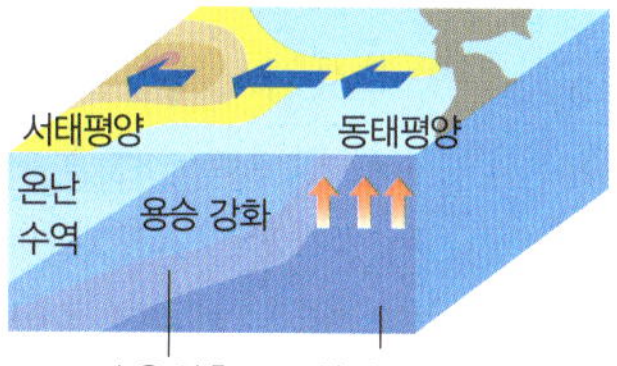
발생 과정	무역풍에 의해 적도 부근의 따뜻한 해수가 동쪽에서 서쪽으로 이동	무역풍이 약화되어 적도 부근의 따뜻한 해수가 평상시보다 동쪽으로 이동	무역풍이 강화되어 평상시보다 많은 양의 따뜻한 해수가 서쪽으로 이동
동태평양	차가운 해수가 표층으로 상승하는 용승이 일어나 표층 수온이 낮고, 온난 수역의 두께가 얇음	용승이 약화되어 표층 수온이 높아지고, 온난 수역의 두께가 두꺼워짐	용승이 강화되어 표층 수온이 낮아지고, 온난 수역의 두께가 얇아짐
서태평양	따뜻한 해수가 서쪽으로 이동하여 표층 수온이 높고, 온난 수역의 두께가 두꺼움	표층 수온이 낮아지고, 온난 수역의 두께가 얇아짐	표층 수온이 더 높아지고, 온난 수역의 두께가 더 두꺼워짐
태평양 적도 부근 해역의 표층 수온 분포	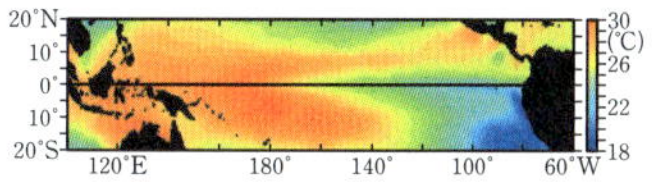 동태평양보다 서태평양이 높음	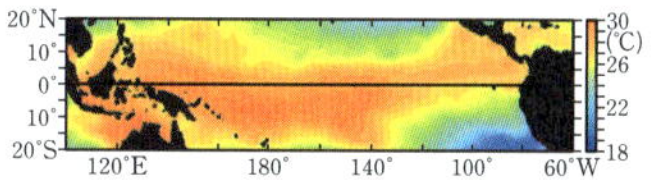 동태평양은 평상시보다 높아지고, 서태평양은 평상시보다 낮아짐	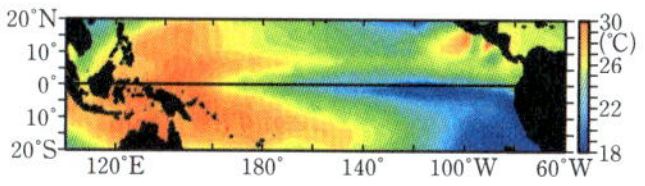 동태평양은 평상시보다 낮아지고, 서태평양은 평상시보다 높아짐
해수면 높이	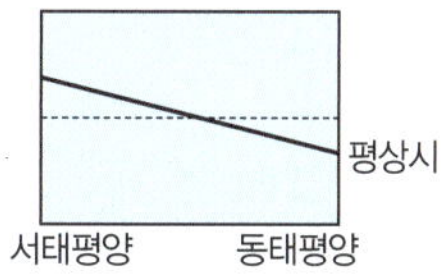 동태평양보다 서태평양의 해수면 높이가 높음	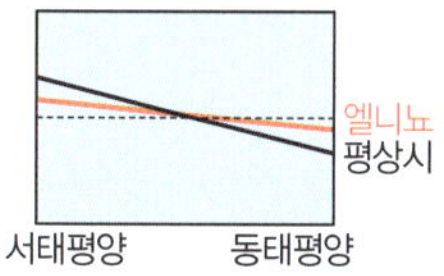 평상시보다 서태평양의 해수면 높이는 낮아지고, 동태평양의 해수면 높이는 높아짐	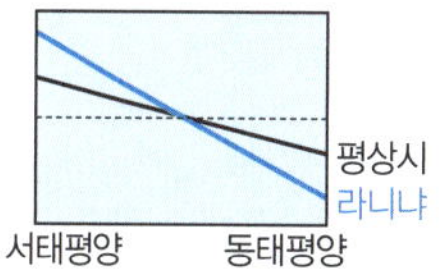 평상시보다 서태평양의 해수면 높이는 높아지고, 동태평양의 해수면 높이는 낮아짐
태평양 적도 부근 해역의 기압 배치	• 서태평양: 저기압 • 동태평양: 고기압	• 서태평양: 평상시보다 기압이 높아짐 • 동태평양: 평상시보다 기압이 낮아짐	• 서태평양: 평상시보다 기압이 낮아짐 • 동태평양: 평상시보다 기압이 높아짐

동태평양 적도 부근 해역의 수온이 20 ℃ 이상인 해수의 부피 편차(관측값－평년값)	태평양 적도 부근 해역에서 무역풍의 동서 성분 풍속 편차(관측값－평년값) (단, 무역풍에서 서쪽으로 향하는 방향을 양(＋)의 값으로 한다.)
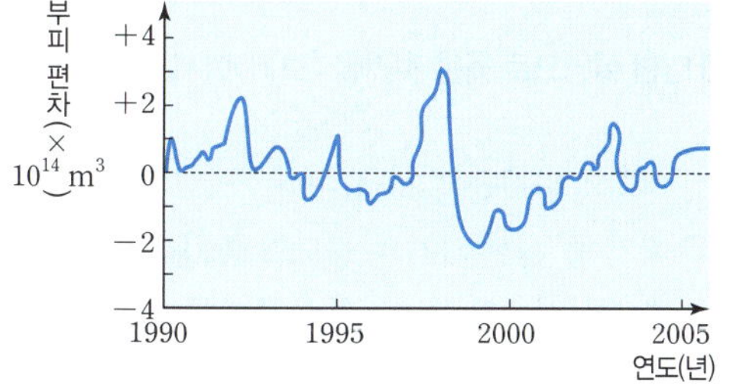	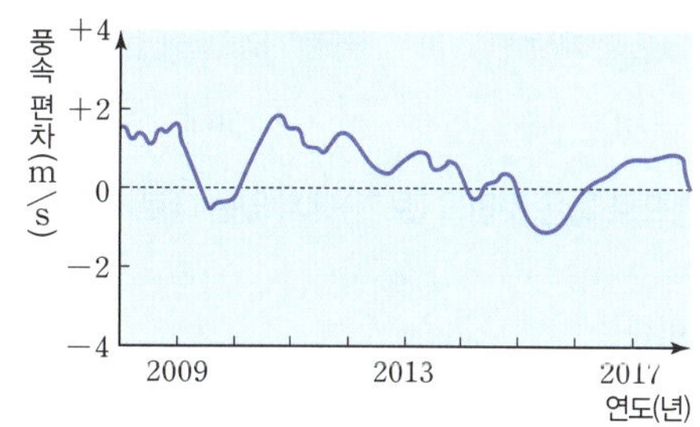
동태평양 적도 부근 해역의 수온이 20 ℃ 이상인 해수의 부피 편차는 엘니뇨 시기에 큰 양(＋)의 값이고, 라니냐 시기에 큰 음(－)의 값이다.	태평양 적도 부근 해역에서 무역풍의 동서 성분 풍속 편차는 엘니뇨 시기에 큰 음(－)의 값이고, 라니냐 시기에 큰 양(＋)의 값이다.

09 지구 환경 변화와 인간 생활

1 온실 효과와 지구 온난화

01 ✔빈출

다음은 지구 열수지에 대한 설명이다.

> 지구는 태양 복사 에너지를 흡수하고, 우주 공간으로 지구 복사 에너지를 방출하여 ㉠ 복사 평형을 이룬다. 이때 대기 중의 ㉡ 온실 기체는 지표가 방출하는 지구 복사 에너지의 일부를 흡수하고, 지표로 재방출함으로써 지구의 평균 기온을 상승시키는데, 이를 (㉢)(이)라고 한다.

이에 대한 설명으로 옳은 것만을 〈보기〉에서 있는 대로 고른 것은?

〈보기〉
ㄱ. ㉠은 지구의 열수지가 0인 상태이다.
ㄴ. ㉡은 지구 복사 에너지보다 태양 복사 에너지를 잘 흡수한다.
ㄷ. '온실 효과'는 ㉢에 해당한다.

① ㄱ ② ㄴ ③ ㄱ, ㄷ
④ ㄴ, ㄷ ⑤ ㄱ, ㄴ, ㄷ

02

그림 (가)는 지구에 대기가 없는 경우, (나)는 대기가 있는 경우의 지구 열수지를 나타낸 것이다. A, B, C는 복사 에너지량이고, (가)와 (나)에서 지구는 각각 복사 평형을 이룬다.

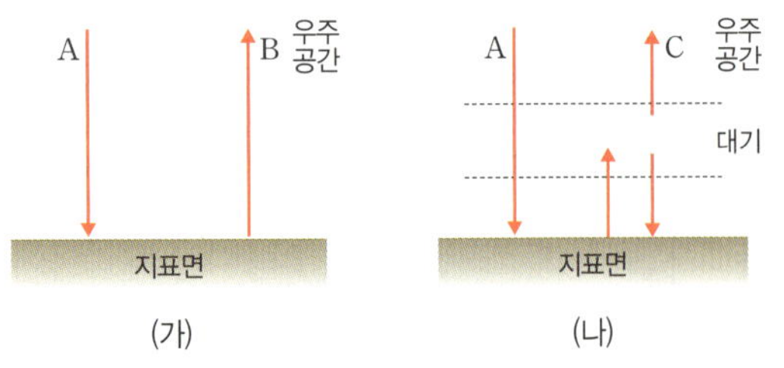

이에 대한 설명으로 옳은 것만을 〈보기〉에서 있는 대로 고른 것은?

〈보기〉
ㄱ. A＝B이다.
ㄴ. B＞C이다.
ㄷ. 지표면의 온도는 (가)가 (나)보다 높다.

① ㄱ ② ㄴ ③ ㄱ, ㄷ
④ ㄴ, ㄷ ⑤ ㄱ, ㄴ, ㄷ

03 ✔빈출

그림은 과거 약 130 년 동안의 대기 중 이산화 탄소 평균 농도와 지구의 평균 기온 변화를 나타낸 것이다.

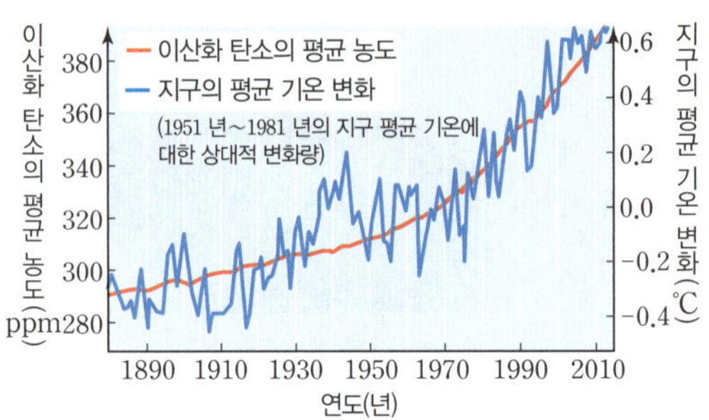

이에 대한 설명으로 옳은 것만을 〈보기〉에서 있는 대로 고른 것은?

〈보기〉
ㄱ. 이 기간 동안 화석 연료의 사용량이 증가하였다.
ㄴ. 기온 상승률은 1970 년 이전이 1970 년 이후보다 크다.
ㄷ. 10 년 동안의 평균 해수면 높이는 2000 년~2010 년이 1880 년~1890 년보다 높았을 것이다.

① ㄱ ② ㄴ ③ ㄱ, ㄷ
④ ㄴ, ㄷ ⑤ ㄱ, ㄴ, ㄷ

04 ✔빈출

그림은 지구에 도달하는 태양 복사 에너지를 100이라고 할 때, 지구 열수지 평형을 나타낸 것이다.

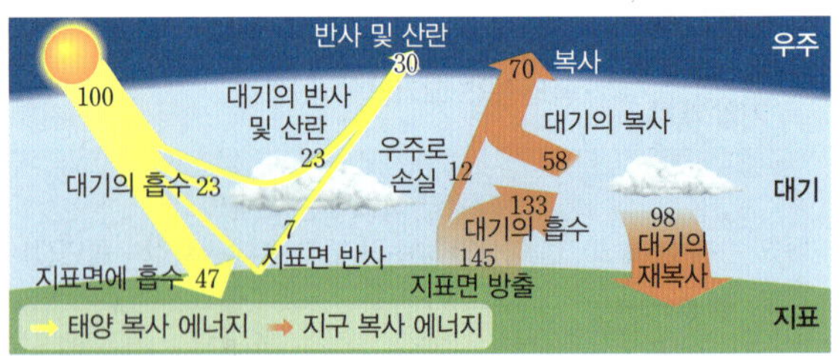

이에 대한 설명으로 옳은 것만을 〈보기〉에서 있는 대로 고른 것은?

〈보기〉
ㄱ. 지구의 반사율은 30 %이다.
ㄴ. 대기 중 온실 기체의 농도가 증가하면 대기에서 지표로 재복사하는 에너지양이 증가한다.
ㄷ. 대기가 지표로부터 흡수하는 에너지양은 대기에서 지표로 재복사하는 에너지양보다 적다.

① ㄱ ② ㄷ ③ ㄱ, ㄴ
④ ㄱ, ㄷ ⑤ ㄴ, ㄷ

05

그림 (가)와 (나)는 대기가 없을 경우와 있을 경우의 에너지 출입 관계를 나타낸 것이다.

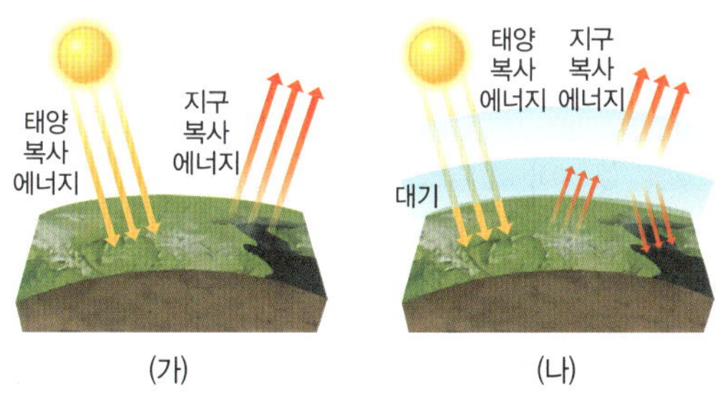

이에 대한 설명으로 옳은 것만을 〈보기〉에서 있는 대로 고른 것은?

보기
ㄱ. 지표면의 평균 온도는 (나)가 (가)보다 높다.
ㄴ. (가)에서 지구는 복사 평형 상태이다.
ㄷ. (나)에서 대기는 지표에서 방출한 에너지를 흡수한 뒤 지표로 재복사한다.

① ㄱ　　　　② ㄴ　　　　③ ㄱ, ㄷ
④ ㄴ, ㄷ　　　⑤ ㄱ, ㄴ, ㄷ

② 엘니뇨와 사막화

06 ✔빈출

그림은 어느 해에 발생한 엘니뇨의 영향을 나타낸 것이다.

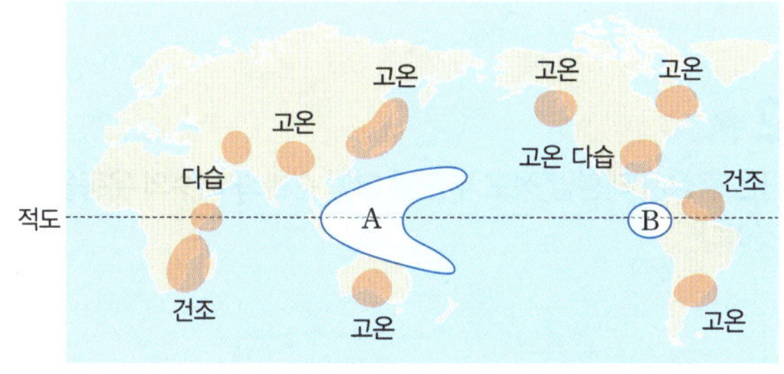

이에 대한 설명으로 옳은 것만을 〈보기〉에서 있는 대로 고른 것은?

보기
ㄱ. A 지역에서는 가뭄 피해가 발생한다.
ㄴ. B 지역에서는 평상시보다 어획량이 증가한다.
ㄷ. 엘니뇨는 우리나라에는 영향을 미치지 않는다.

① ㄱ　　　　② ㄷ　　　　③ ㄱ, ㄴ
④ ㄱ, ㄷ　　　⑤ ㄴ, ㄷ

07

난이도 **상**

그림은 2010 년 이후 적도 부근 태평양에서 중앙부~동태평양 해역의 수온 편차(관측값−평년값)를 나타낸 것이다.

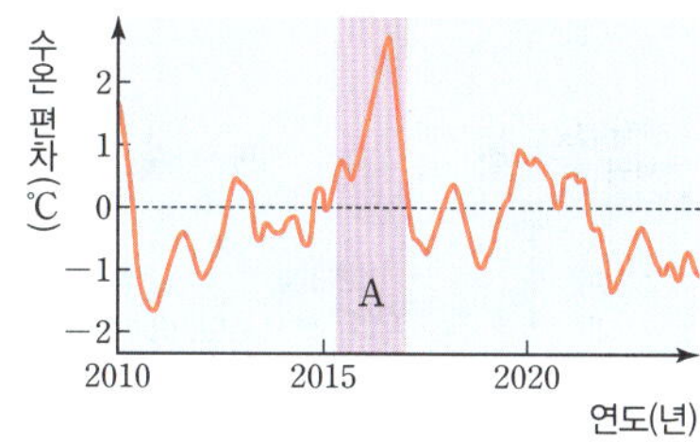

평상시와 비교하여 A 시기의 적도 부근 해역에 대한 설명으로 옳은 것만을 〈보기〉에서 있는 대로 고른 것은?

보기
ㄱ. 무역풍의 세기가 강해진다.
ㄴ. 서태평양에서 구름이 많이 발생한다.
ㄷ. 동태평양 연안 해역에서는 심층에서 상승하는 해수의 흐름이 약해진다.

① ㄱ　　　　② ㄷ　　　　③ ㄱ, ㄴ
④ ㄴ, ㄷ　　　⑤ ㄱ, ㄴ, ㄷ

08 ✔빈출

그림 (가)와 (나)는 태평양 적도 부근에서 평상시와 엘니뇨 발생 시의 대기 순환과 표층 해수 이동을 순서 없이 나타낸 것이다.

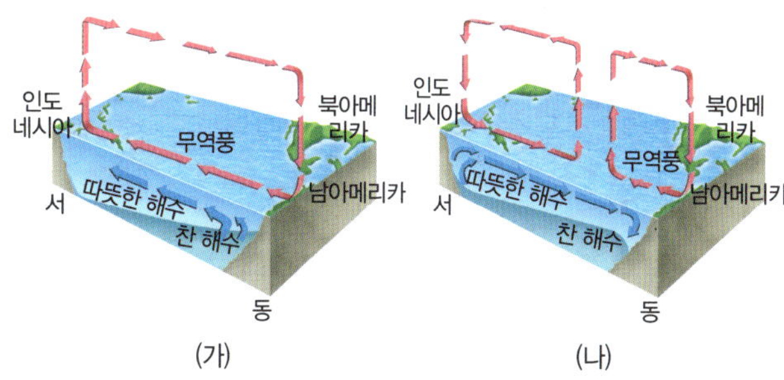

이에 대한 설명으로 옳은 것만을 〈보기〉에서 있는 대로 고른 것은?

보기
ㄱ. (가)는 평상시, (나)는 엘니뇨 발생 시이다.
ㄴ. 서태평양의 강수량은 (가)보다 (나)의 시기에 더 많다.
ㄷ. 동태평양의 해수면 온도는 (가)보다 (나)의 시기에 낮다.

① ㄱ　　　　② ㄷ　　　　③ ㄱ, ㄴ
④ ㄴ, ㄷ　　　⑤ ㄱ, ㄴ, ㄷ

09

그림은 전 세계 주요 사막과 사막화 지역을 나타낸 것이다.

이에 대한 설명으로 옳은 것만을 〈보기〉에서 있는 대로 고른 것은?

〈보기〉

ㄱ. 사막은 주로 저압대가 발달하는 곳에 형성된다.

ㄴ. 사막화는 현재의 사막 주변 지역을 중심으로 진행된다.

ㄷ. 중국 내륙에서 사막화가 진행되면 우리나라는 황사의 발생 빈도가 증가한다.

① ㄱ 　② ㄷ 　③ ㄱ, ㄴ

④ ㄴ, ㄷ 　⑤ ㄱ, ㄴ, ㄷ

3 환경 변화의 영향과 대처 방안

10

그림 (가)와 (나)는 각각 약 2015 년부터 2100 년까지의 이산화 탄소 배출량과 지표 기온 변화량을 나타낸 것이다. A와 B는 각각 화석 연료의 사용을 억제하거나 규제하지 않은 상황을 가정한 것이고, ㉠과 ㉡은 각각 A와 B 중 하나이다.

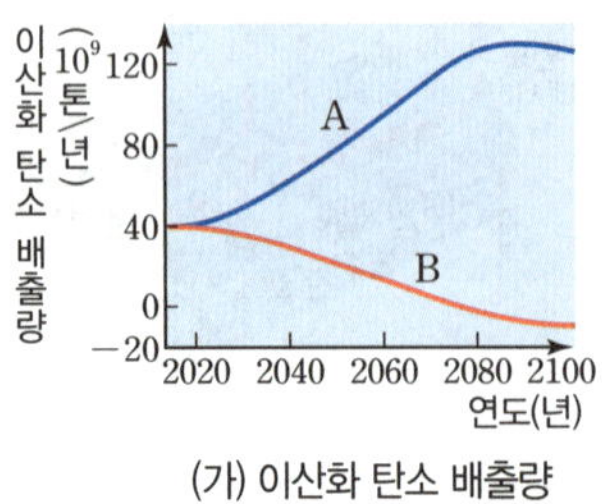

(가) 이산화 탄소 배출량

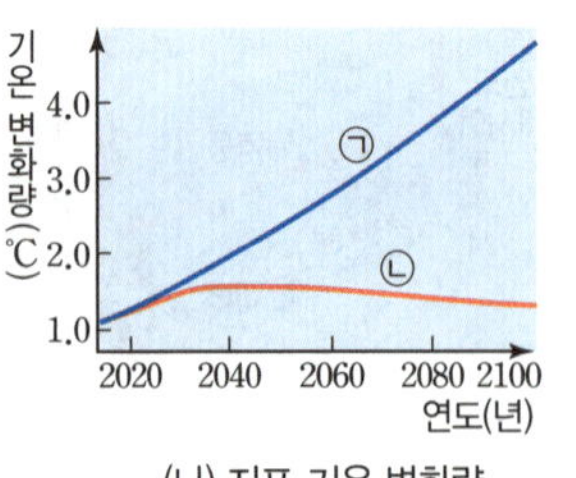

(나) 지표 기온 변화량

이에 대한 설명으로 옳은 것만을 〈보기〉에서 있는 대로 고른 것은?

〈보기〉

ㄱ. 화석 연료의 사용을 억제한 상황은 A이다.

ㄴ. B에 해당하는 기온 변화량은 ㉠이다.

ㄷ. 2100 년의 해수면 높이는 ㉠이 ㉡보다 높을 것이다.

① ㄱ 　② ㄷ 　③ ㄱ, ㄴ

④ ㄴ, ㄷ 　⑤ ㄱ, ㄴ, ㄷ

11

그림은 1960 년부터 2020 년까지 대기 중의 이산화 탄소 농도 변화를 나타낸 것이다.

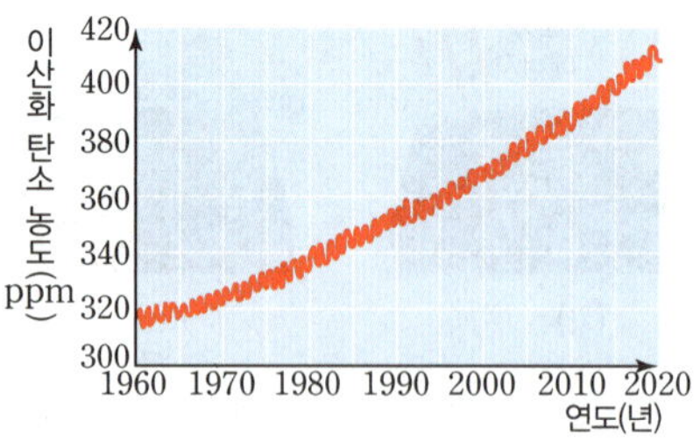

이 기간 동안 해수면 높이는 어떻게 변하였는지 쓰고, 해수면 높이에 영향을 준 두 가지 요인에 대해 서술하시오.

____

____

12 빈출

그림은 평상시 태평양 적도 부근의 대기 순환과 해수의 운동을 나타낸 것이다.

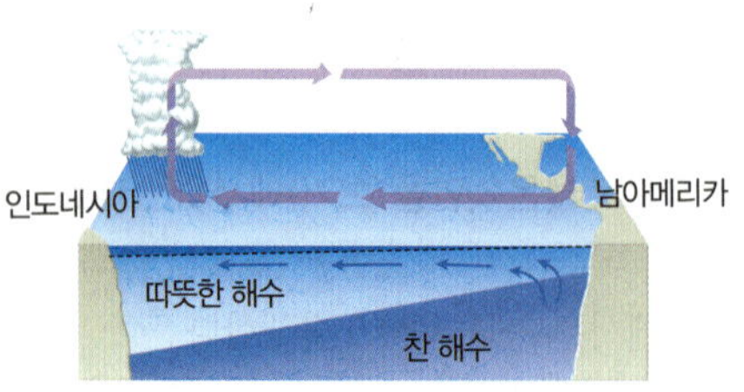

평상시보다 무역풍이 약해질 때 서태평양에서 해수면 온도와 해수면 기압은 어떻게 변하는지 서술하시오.

____

____

07 생물과 환경

빈출 개념   생태계의 구성요소와 상호 관계 ★★★★   개체군과 군집의 특징 ★★★★★   생물과 환경의 관계 ★★★★

1 생태계의 구성요소와 상호 관계

그림은 생태계를 구성하는 요소 사이의 상호 관계를 나타낸 것이다.

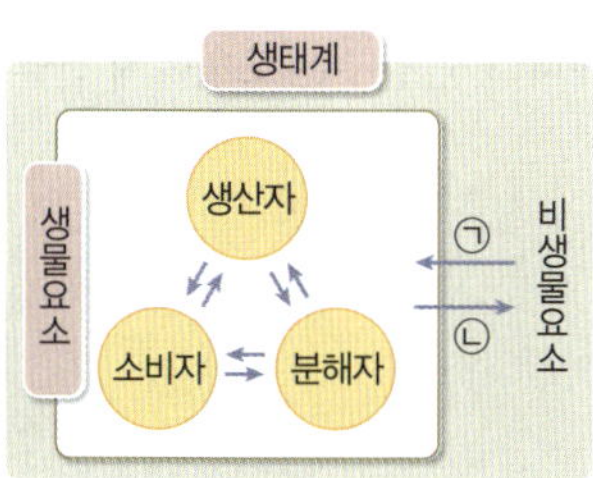

● 다음 설명 중 옳은 것은○표, 옳지 <u>않은</u> 것은✕표 하시오.

1 토끼는 분해자에 해당한다. (○ ✕)

2 빛은 비생물요소에 속한다. (○ ✕)

3 토양 속 세균은 생물요소에 해당한다. (○ ✕)

4 광합성을 통해 양분을 만드는 생물은 생산자이다. (○ ✕)

5 선인장의 잎이 가시로 변한 것은 ㉡에 해당한다. (○ ✕)

6 지렁이에 의해 토양의 통기성이 높아지는 것은 ㉠에 해당한다.
(○ ✕)

2 개체군과 군집의 특징

그림은 생태계를 구성하는 요소 중 일부를 단계적으로 나타낸 것이다. A와 B는 각각 군집과 개체군 중 하나이다.

● 다음 설명 중 옳은 것은○표, 옳지 <u>않은</u> 것은✕표 하시오.

1 A는 개체군이다. (○ ✕)

2 사슴과 호랑이는 동일한 A에 속한다. (○ ✕)

3 B는 하나의 생물종으로 구성된다. (○ ✕)

4 여러 A가 모여 B를 구성한다. (○ ✕)

5 A와 B는 모두 생태계의 생물요소를 구성한다. (○ ✕)

3 생물과 환경의 관계

다음은 생태계구성요소 사이의 상호 관계의 예이다.

(가) ㉠ 지렁이는 토양 속 무기물의 양을 증가시킨다.
(나) 식물의 ㉡ 광합성으로 숲속 공기의 산소 농도가 높다.
(다) 북극여우는 사막여우보다 몸집이 크고, 귀와 꼬리가 짧다.

● 다음 설명 중 옳은 것은○표, 옳지 <u>않은</u> 것은✕표 하시오.

1 ㉠은 세포로 구성된다. (○ ✕)

2 ㉡에 효소가 이용된다. (○ ✕)

3 (가)와 (나)는 모두 비생물요소가 생물요소에 영향을 미치는 예이다. (○ ✕)

4 (다)와 가장 관련이 깊은 비생물요소는 빛이다. (○ ✕)

5 (다)는 생물요소가 비생물요소에 영향을 미치는 예이다.
(○ ✕)

08 생태계평형

4 생태계 먹이 관계의 특징

그림은 생태계 A와 B의 먹이 관계를 나타낸 것이다. 생물다양성은 B가 A보다 높다.

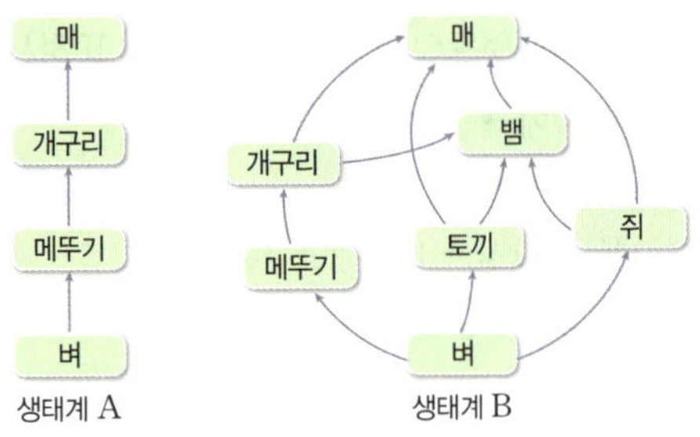

• 다음 설명 중 옳은 것은○표, 옳지 않은 것은×표 하시오.

1 종다양성은 B가 A보다 높다. (○ ×)
2 생태계평형은 B가 A보다 안정적으로 유지된다. (○ ×)
3 A에서 메뚜기는 2차 소비자이다. (○ ×)
4 A에서 개구리의 에너지는 모두 매에게 전달된다. (○ ×)
5 B에서는 먹이그물이 형성되어 있다. (○ ×)
6 B에서 벼의 에너지 중 일부는 토끼에게 전달된다. (○ ×)

5 생태피라미드의 특징

그림은 어떤 안정된 생태계에서 영양단계에 따른 개체수피라미드와 에너지피라미드를 나타낸 것이다. A~C는 생산자, 1차 소비자, 2차 소비자를 순서 없이 나타낸 것이다.

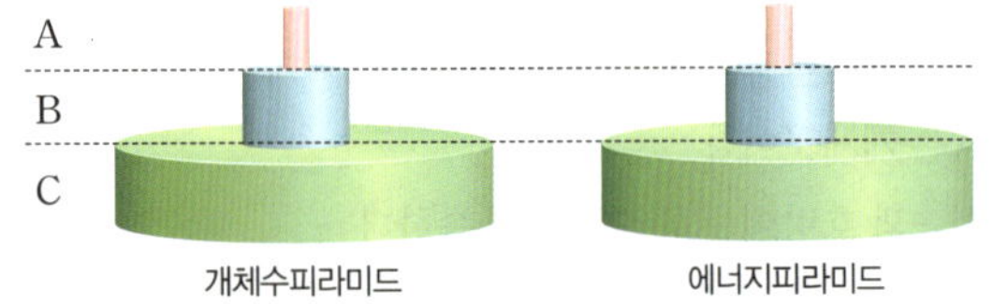

• 다음 설명 중 옳은 것은○표, 옳지 않은 것은×표 하시오.

1 A는 광합성을 통해 탄소 화합물을 합성한다. (○ ×)
2 B의 개체수가 증가하면 C의 개체수는 일시적으로 감소한다. (○ ×)
3 B에서 A로 에너지가 이동한다. (○ ×)
4 C는 최종 소비자이다. (○ ×)
5 이 생태계에서 에너지양은 상위 영양단계로 갈수록 증가한다. (○ ×)

6 생태계평형 회복 과정

다음은 생태계평형이 회복되는 과정에 대한 자료이다.

• 그림은 어떤 생태계에서 영양단계별 개체수 변화를 나타낸 것이다.

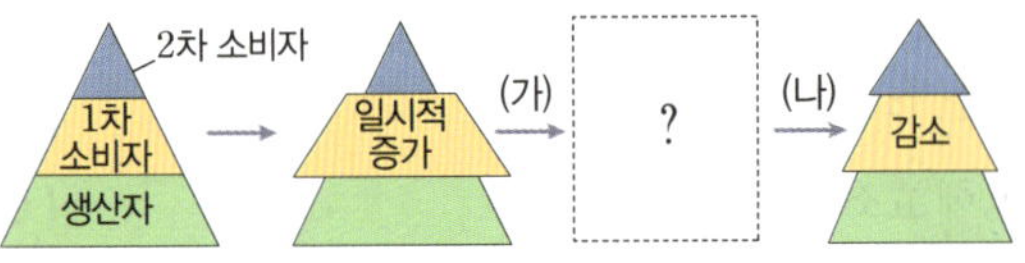

• 1차 소비자의 개체수 증가로 인해 과정 (가)에서 생산자의 개체수는 (㉠)하고, 2차 소비자의 개체수는 (㉡) 했다.
• 과정 (나)에서 1차 소비자의 개체수는 감소하였다.

• 다음 설명 중 옳은 것은○표, 옳지 않은 것은×표 하시오.

1 ㉠은 '증가', ㉡은 '감소'이다. (○ ×)
2 이 생태계에서 초식동물은 생산자에 속한다. (○ ×)
3 생산자의 개체수가 감소한 것은 (나)에서 1차 소비자의 개체수가 감소한 까닭에 해당한다. (○ ×)
4 (나) 이후에 생태계평형이 회복되는 과정에서 2차 소비자의 개체수가 감소한다. (○ ×)
5 먹이 관계에 의해 (가)와 (나)에서 모두 영양단계별 개체수의 변화가 일어난다. (○ ×)

09 지구 환경 변화와 인간 생활

빈출 개념 지구 열수지 ★★★★ 엘니뇨 ★★★★ 사막화 ★★★★★

7 지구 열수지

그림은 지구에 도달하는 태양 복사 에너지량을 100이라고 할 때 지구의 열수지 평형을 나타낸 것이다.

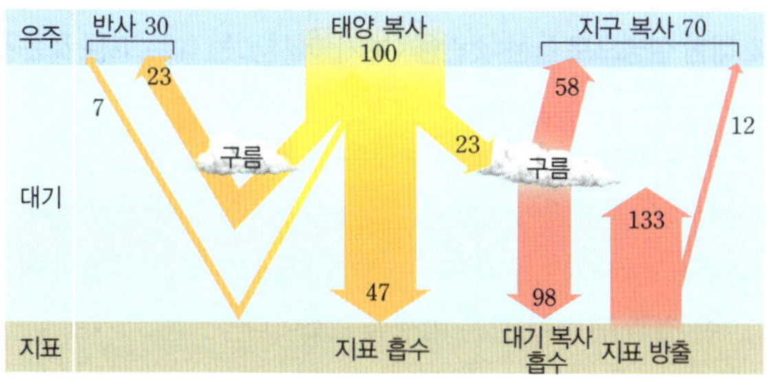

• 다음 설명 중 옳은 것은 ○표, 옳지 않은 것은 ×표 하시오.

1 태양 복사의 입사량 중 반사량이 차지하는 비율은 30 %이다.
(○ ｜ ×)

2 대기는 태양 복사 에너지보다 지구 복사 에너지를 잘 흡수한다.
(○ ｜ ×)

3 대기가 태양과 지표로부터 흡수하는 에너지의 총량은 133 %이다.
(○ ｜ ×)

4 지표는 대기가 없는 경우보다 대기가 있는 경우에 에너지를 더 많이 흡수한다.
(○ ｜ ×)

5 지구는 열수지가 −30 %이므로 지구 전체의 온도는 점차 낮아진다.
(○ ｜ ×)

6 지표와 대기는 각각 흡수하는 에너지양과 방출하는 에너지양이 같은 상태이다.
(○ ｜ ×)

8 엘니뇨

그림은 평상시와 엘니뇨 발생 시 대기와 해수의 흐름을 나타낸 것이다.

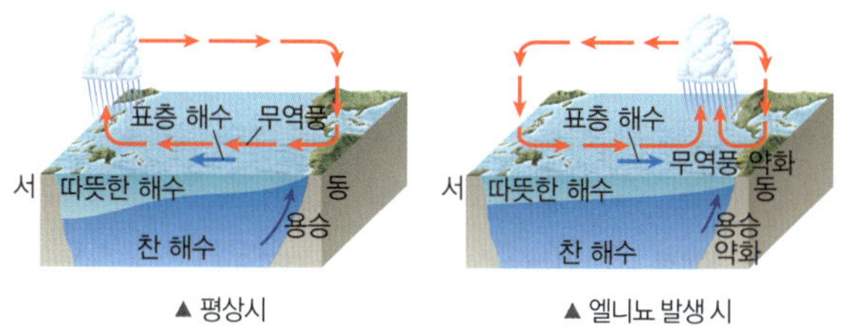

• 다음 설명 중 옳은 것은 ○표, 옳지 않은 것은 ×표 하시오.

1 평상시에 적도 부근의 해수면 온도는 동태평양 해역이 서태평양 해역보다 높다.
(○ ｜ ×)

2 평상시에 적도 부근의 강수량은 동태평양 해역이 서태평양 해역보다 많다.
(○ ｜ ×)

3 엘니뇨 발생 시에 적도 부근의 서태평양 해역에서는 따뜻한 해수층의 두께가 얇아진다.
(○ ｜ ×)

4 동쪽에서 서쪽으로 부는 무역풍의 세기는 엘니뇨 발생 시가 평상시보다 약하다.
(○ ｜ ×)

5 엘니뇨에 의한 기후 변화는 $5°N \sim 5°S$의 위도에 국한되어 나타난다.
(○ ｜ ×)

9 사막화

그림은 사막화의 원인과 과정을 나타낸 것이다.

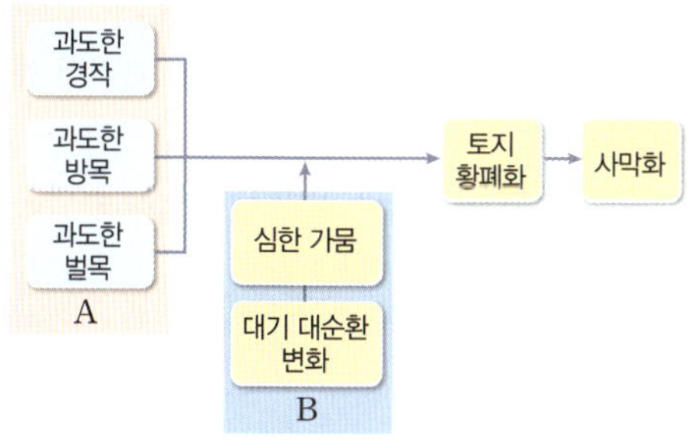

• 다음 설명 중 옳은 것은 ○표, 옳지 않은 것은 ×표 하시오.

1 사막화는 현재의 사막 지역을 중심으로 사막 면적이 확대되는 현상이다.
(○ ｜ ×)

2 A는 사막화의 인위적 요인, B는 자연적 요인이다. (○ ｜ ×)

3 과도한 벌목과 경작은 지표의 태양 복사 에너지 반사율을 감소시킨다.
(○ ｜ ×)

4 대기 대순환의 변화에 의해 강수량이 감소하고, 증발량이 많아지면 사막화가 일어난다.
(○ ｜ ×)

5 현재 사막화가 진행되는 지역은 주로 위도 60° 부근에 위치한다.
(○ ｜ ×)

07 생물과 환경

01

다음은 생태계의 구성요소에 대한 학생 A～C의 발표 내용이다.

발표한 내용이 옳은 학생만을 있는 대로 고른 것은?

① A 　② B 　③ A, C
④ B, C 　⑤ A, B, C

02 ✔빈출

표는 (가)～(다)의 특징을 나타낸 것이다. (가)～(다)는 각각 군집, 개체군, 생태계를 순서 없이 나타낸 것이다.

구분	특징
(가)	?
(나)	같은 생물종의 개체가 무리를 이루어 산다.
(다)	㉠ 생물요소와 ㉡ 비생물요소를 모두 포함한다.

이에 대한 설명으로 옳은 것만을 〈보기〉에서 있는 대로 고른 것은?

보기

ㄱ. '여러 종류의 (나)로 구성된다.'는 (가)의 특징에 해당한다.
ㄴ. 빛과 온도는 모두 ㉡에 해당한다.
ㄷ. ㉠에는 빛에너지를 이용하여 양분을 생산하는 생물이 속해 있다.

① ㄱ 　② ㄷ 　③ ㄱ, ㄴ
④ ㄴ, ㄷ 　⑤ ㄱ, ㄴ, ㄷ

03

그림은 생물요소와 비생물요소 사이의 관계를 나타낸 것이다.

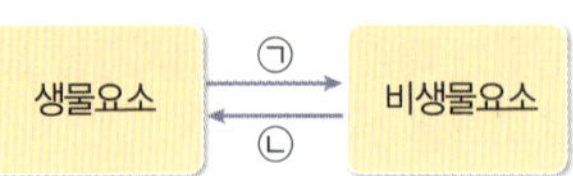

이에 대한 설명으로 옳은 것만을 〈보기〉에서 있는 대로 고른 것은?

보기

ㄱ. 꾀꼬리가 봄에 번식하는 것은 ㉠에 해당한다.
ㄴ. 낙엽이 분해되어 토양이 비옥해지는 것은 ㉡에 해당한다.
ㄷ. 온도는 사막여우가 북극여우보다 귀가 크고 몸집이 작은 것과 관련이 깊은 비생물요소이다.

① ㄱ 　② ㄴ 　③ ㄷ
④ ㄱ, ㄴ 　⑤ ㄴ, ㄷ

04

다음은 생태계를 구성하는 ㉠～㉢에 대한 자료이다.

• ㉠～㉢은 빛, 공기, 온도를 순서 없이 나타낸 것이다.
• 고산 지대에 사는 사람이 평지에 사는 사람보다 적혈구 수가 많은 것은 ㉠에 대한 적응 결과이다.
• 녹색의 단풍잎이 가을이 되면 노란색으로 변하는 것과 가장 관련이 깊은 요인은 ㉡이다.

이에 대한 설명으로 옳은 것만을 〈보기〉에서 있는 대로 고른 것은?

보기

ㄱ. ㉠～㉢은 모두 생태계의 비생물요소이다.
ㄴ. 노루가 가을에 번식을 하는 것과 가장 관련이 깊은 요소는 ㉡이다.
ㄷ. 한 식물에서 위치에 따라 잎의 두께가 서로 다른 것은 생물이 ㉠에 영향을 준 예이다.

① ㄱ 　② ㄷ 　③ ㄱ, ㄴ
④ ㄱ, ㄷ 　⑤ ㄴ, ㄷ

05

다음은 미국의 카이바브 고원 생태계에 대한 자료이다.

카이바브 고원에서는 사슴을 보호하기 위해 사슴의 포식자인 늑대를 사냥하기 시작한 결과 ㉠ 사슴의 개체수가 급격히 증가하였다. 그러나 이후 초원의 생산량이 변하면서 ㉡ 사슴의 개체수가 급격하게 감소하였다.

이에 대한 설명으로 옳은 것만을 〈보기〉에서 있는 대로 고른 것은?

〈보기〉
ㄱ. 늑대의 개체수가 감소해 ㉠이 일어났다.
ㄴ. 초원의 생산량이 증가해 ㉡이 일어났다.
ㄷ. ㉠과 ㉡이 일어나는 데 모두 인간이 영향을 주었다.

① ㄱ ② ㄷ ③ ㄱ, ㄴ
④ ㄱ, ㄷ ⑤ ㄴ, ㄷ

08 생태계평형

06

학평 기출

그림은 어떤 생태계의 먹이그물을 나타낸 것이다.

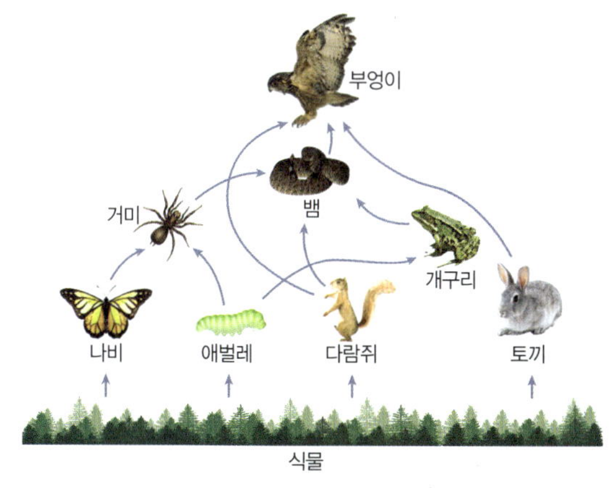

이에 대한 설명으로 옳은 것만을 〈보기〉에서 있는 대로 고른 것은? (단, 제시된 먹이 관계 이외에는 고려하지 않는다.)

〈보기〉
ㄱ. 거미는 1차 소비자에 속한다.
ㄴ. 부엉이는 토끼의 포식자이다.
ㄷ. 하위 영양단계 생물이 가진 모든 에너지는 상위 영양단계의 생물로 이동한다.

① ㄱ ② ㄴ ③ ㄱ, ㄷ
④ ㄴ, ㄷ ⑤ ㄱ, ㄴ, ㄷ

07

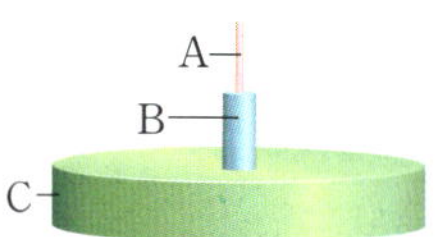
학평 기출변형

그림은 어떤 생태계의 생태피라미드를, 자료는 이 생태계평형 회복 과정을 나타낸 것이다. A~C 중 하나는 생산자이며, ㉠과 ㉡은 각각 A와 C 중 하나이다.

B의 개체수 감소 → ㉠의 개체수 감소, ㉡의 개체수 증가 → B의 개체수 ⓐ → ㉠의 개체수 ⓑ , ㉡의 개체수 감소 → 평형 회복

이에 대한 설명으로 옳은 것만을 〈보기〉에서 있는 대로 고른 것은?

〈보기〉
ㄱ. ㉠은 광합성을 한다.
ㄴ. 에너지양은 ㉠이 ㉡보다 많다.
ㄷ. ⓐ와 ⓑ는 모두 '증가'이다.

① ㄱ ② ㄴ ③ ㄷ
④ ㄱ, ㄴ ⑤ ㄴ, ㄷ

08

표는 환경 변화 요인과 각 요인에 의해 생태계가 받는 영향을 나타낸 것이다.

요인	생태계가 받는 영향
㉠	천적이 없는 경우 토착 생물의 생존을 위협한다.
㉡	특정 생물의 개체수를 감소시켜 멸종에 이르게 한다.
기후 변화	ⓐ

이에 대한 설명으로 옳은 것만을 〈보기〉에서 있는 대로 고른 것은?

〈보기〉
ㄱ. 외래종의 유입은 ㉠에 해당한다.
ㄴ. '특정 생물의 서식지를 감소시킨다.'는 ⓐ에 해당한다.
ㄷ. ㉠과 ㉡은 모두 생태계의 평형 회복 능력을 증가시킨다.

① ㄱ ② ㄷ ③ ㄱ, ㄴ
④ ㄴ, ㄷ ⑤ ㄱ, ㄴ, ㄷ

09

그림은 위도에 따른 태양 복사 에너지의 입사량과 지구 복사 에너지의 방출량을 A, B로 순서 없이 나타낸 것이다.

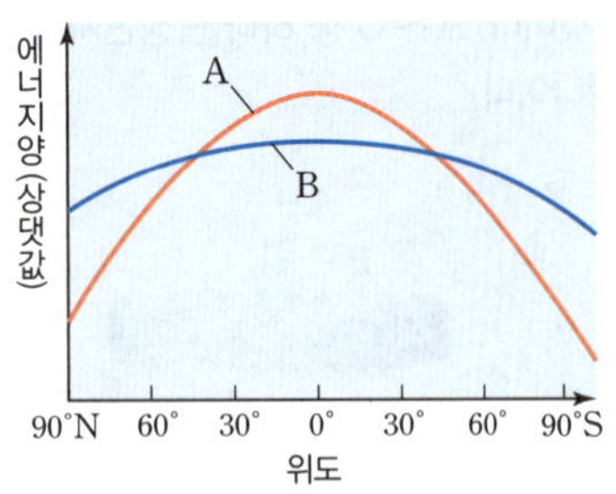

이에 대한 설명으로 옳은 것만을 〈보기〉에서 있는 대로 고른 것은?

보기
ㄱ. A는 태양 복사 에너지 입사량이다.
ㄴ. 위도 약 38°~극 지역 사이는 에너지 과잉 상태이다.
ㄷ. 대기와 해수에 의한 에너지 수송은 저위도에서 고위도 방향으로 일어난다.

① ㄱ ② ㄴ ③ ㄱ, ㄷ
④ ㄴ, ㄷ ⑤ ㄱ, ㄴ, ㄷ

10

그림은 지구의 열수지를 모식적으로 나타낸 것이다. A~D는 복사 에너지이고, 지표와 대기, 지구는 각각 열수지 평형을 이룬다.

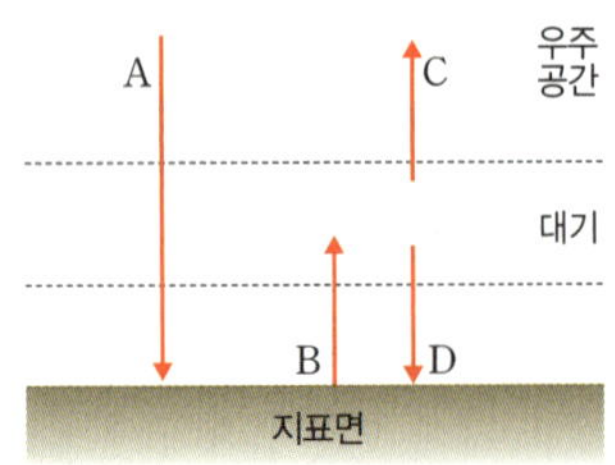

이에 대한 설명으로 옳은 것만을 〈보기〉에서 있는 대로 고른 것은?

보기
ㄱ. 에너지양은 A가 B보다 많다.
ㄴ. 지구 대기의 투과율은 A가 B보다 크다.
ㄷ. B의 에너지양은 C와 D의 에너지양을 합한 값과 같다.

① ㄱ ② ㄴ ③ ㄱ, ㄷ
④ ㄴ, ㄷ ⑤ ㄱ, ㄴ, ㄷ

11 빈출

그림은 지구에 도달하는 태양 복사 에너지를 100이라고 할 때, 지구의 열수지 평형을 나타낸 것이다.

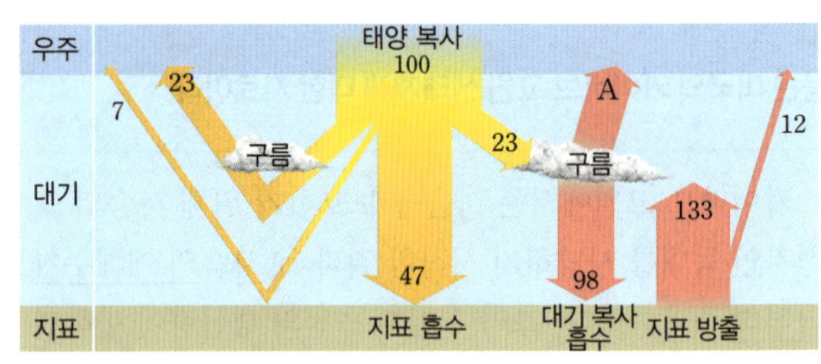

이에 대한 설명으로 옳은 것만을 〈보기〉에서 있는 대로 고른 것은?

보기
ㄱ. A는 58이다.
ㄴ. 지표 방출 에너지의 대기 흡수율은 91 %보다 크다.
ㄷ. 대기 중의 온실 기체 농도가 증가하면 대기 재복사량은 98보다 커진다.

① ㄱ ② ㄴ ③ ㄱ, ㄷ
④ ㄴ, ㄷ ⑤ ㄱ, ㄴ, ㄷ

12

그림은 과거 약 40 년 동안 북극해 얼음 면적과 해수면 높이 편차(관측값−기준값)를 나타낸 것이다.

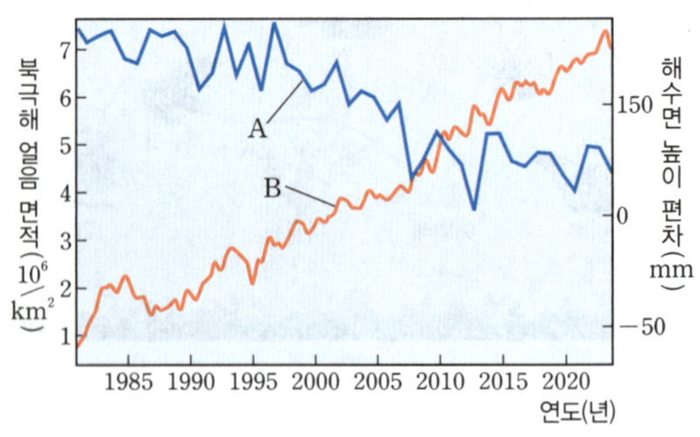

이에 대한 설명으로 옳은 것만을 〈보기〉에서 있는 대로 고른 것은?

보기
ㄱ. A는 북극해 얼음 면적이다.
ㄴ. 대기가 연간 흡수하는 수증기량은 증가하였다.
ㄷ. A, B의 변화는 성층권의 오존 농도 감소에 의해 일어났다.

① ㄱ ② ㄷ ③ ㄱ, ㄴ
④ ㄴ, ㄷ ⑤ ㄱ, ㄴ, ㄷ

13 ✔빈출

그림 (가)와 (나)는 엘니뇨 발생 시와 평상시에 적도 부근 태평양의 표층 해수 흐름을 순서 없이 나타낸 것이다.

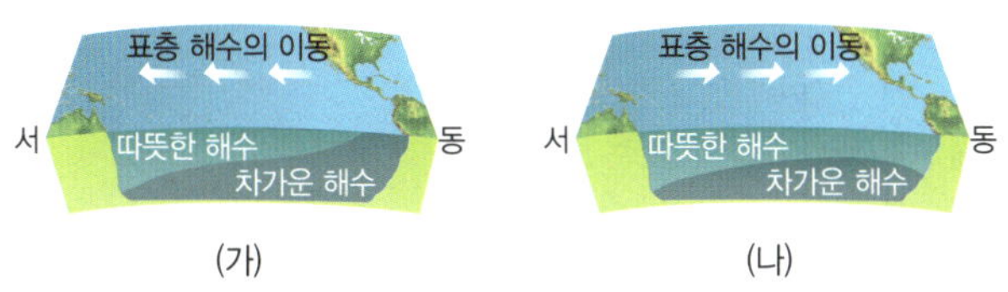

이에 대한 설명으로 옳은 것만을 〈보기〉에서 있는 대로 고른 것은?

〈보기〉

ㄱ. 무역풍은 (가)보다 (나)일 때 약하다.
ㄴ. 동태평양 해역에서 기압은 (가)보다 (나)일 때 높다.
ㄷ. 적도 부근 동태평양 해역의 해수면 높이는 (가)보다 (나)일 때 낮다.

① ㄱ   ② ㄴ   ③ ㄱ, ㄷ
④ ㄴ, ㄷ   ⑤ ㄱ, ㄴ, ㄷ

14

그림은 어느 시기에 적도 부근 태평양의 수온 편차(관측값 − 평년값)를 나타낸 것이다.

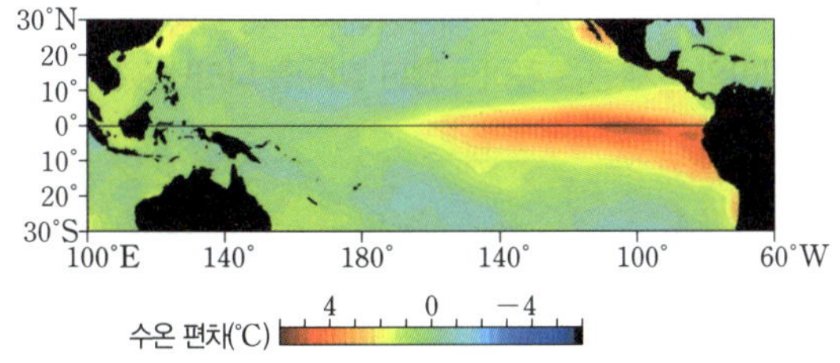

평상시와 비교하여 이 시기의 적도 부근 해역에 대한 설명으로 옳은 것만을 〈보기〉에서 있는 대로 고른 것은?

〈보기〉

ㄱ. 서태평양의 강수량이 증가한다.
ㄴ. 동태평양에서는 심층으로부터 찬 해수의 상승 흐름이 강해진다.
ㄷ. 서태평양과 동태평양 사이의 해수면 높이 차가 감소한다.

① ㄱ   ② ㄷ   ③ ㄱ, ㄴ
④ ㄴ, ㄷ   ⑤ ㄱ, ㄴ, ㄷ

15

그림은 전 세계 주요 사막과 사막화 지역을 나타낸 것이다.

이에 대한 설명으로 옳은 것만을 〈보기〉에서 있는 대로 고른 것은?

〈보기〉

ㄱ. 사막은 주로 증발량이 적고 강수량이 많은 위도에 분포한다.
ㄴ. A 지역의 모래 먼지는 무역풍을 타고 우리나라로 이동한다.
ㄷ. 과잉 경작이나 벌목은 대기 순환의 변화를 일으켜 사막화를 일으킨다.

① ㄱ   ② ㄷ   ③ ㄱ, ㄴ
④ ㄴ, ㄷ   ⑤ ㄱ, ㄴ, ㄷ

16

다음은 사막화에 대해 간략하게 정리한 것이다.

1. 사막화의 원인
   - 자연적 원인: ㉠ 대기 대순환의 변화
   - 인위적 원인: 과잉 경작, 과잉 방목, 무분별한 삼림 벌채 등
2. 주요 사막화 지역: ㉡ 사하라 사막, 타클라마칸 사막, 고비 사막 등 건조 지대의 주변 지역
3. 사막화의 영향
   (㉢   )

이에 대한 설명으로 옳은 것만을 〈보기〉에서 있는 대로 고른 것은?

〈보기〉

ㄱ. ㉠에 의해 증발량이 강수량보다 많아지면 사막화가 일어난다.
ㄴ. ㉡은 대부분 위도 60° 부근에 위치한다.
ㄷ. '농경지 감소'는 ㉢에 해당한다.

① ㄱ   ② ㄴ   ③ ㄱ, ㄷ
④ ㄴ, ㄷ   ⑤ ㄱ, ㄴ, ㄷ

만점 도전 문제

17 빈출 학평 기출

그림은 어떤 생태계에서 A∼D의 에너지양을 상댓값으로 나타낸 생태피라미드이다. A∼D는 각각 생산자, 1차 소비자, 2차 소비자, 3차 소비자 중 하나이다.

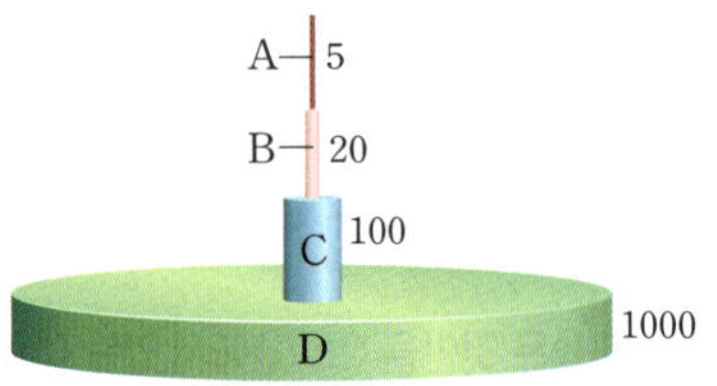

이에 대한 설명으로 옳은 것만을 〈보기〉에서 있는 대로 고른 것은?

〈보기〉
ㄱ. A는 3차 소비자이다.
ㄴ. D의 에너지는 모두 D의 생명활동에 이용된다.
ㄷ. C에서 B로 이동하는 에너지양은 B에서 A로 이동하는 에너지양보다 적다.

① ㄱ ② ㄴ ③ ㄱ, ㄷ
④ ㄴ, ㄷ ⑤ ㄱ, ㄴ, ㄷ

18

표는 식물 플랑크톤 개체군과 개체군 A∼C가 먹이사슬을 이루고 있는 생태계에서 한 개체군의 개체수가 증가했을 때 나머지 개체군의 개체수 변화를 나타낸 것이다.

개체수가 증가한 개체군	개체수 변화			
	식물 플랑크톤	A	B	C
식물 플랑크톤	—	증가	㉠	증가
A	감소	—	증가	감소
B	감소	증가	—	㉡
C	증가	증가	㉢ 감소	—

이에 대한 설명으로 옳은 것만을 〈보기〉에서 있는 대로 고른 것은? (단, 주어진 자료만 고려한다.)

〈보기〉
ㄱ. ㉠과 ㉡은 모두 '증가'이다.
ㄴ. C에서 A로 에너지가 이동한다.
ㄷ. ㉢은 B의 먹이가 부족하여 일어난 결과이다.

① ㄱ ② ㄷ ③ ㄱ, ㄴ
④ ㄱ, ㄷ ⑤ ㄴ, ㄷ

19

그림 (가)는 지구 전체의 대기 중 이산화 탄소 농도를, (나)는 지구 전체의 기온 편차와 우리나라의 기온 편차를 나타낸 것이다. (단, 기온 편차＝관측값－평균값이다.)

(가)

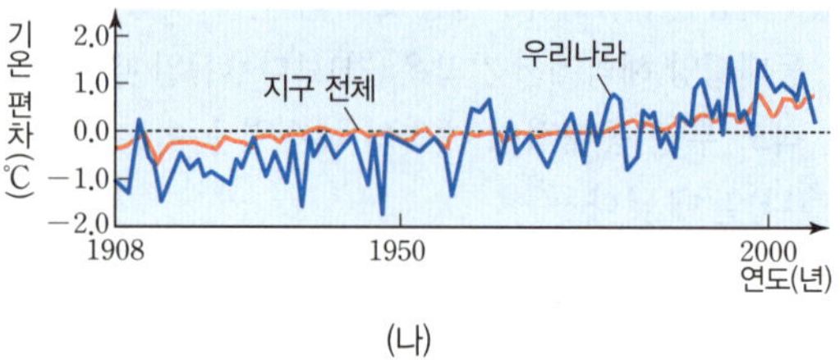

(나)

이에 대한 설명으로 옳은 것만을 〈보기〉에서 있는 대로 고른 것은?

〈보기〉
ㄱ. (가)의 주요 원인은 화석 연료의 사용 급증이다.
ㄴ. (나)의 변화는 (가)와 밀접한 관련이 있다.
ㄷ. 우리나라의 평균 기온은 지구 전체에 비해 빠르게 상승했다.

① ㄱ ② ㄴ ③ ㄱ, ㄷ
④ ㄴ, ㄷ ⑤ ㄱ, ㄴ, ㄷ

20

그림은 어느 시기에 적도 부근 태평양에서 수온 약층이 나타나기 시작하는 깊이의 편차(관측 깊이－평년 깊이)를 나타낸 것이다.

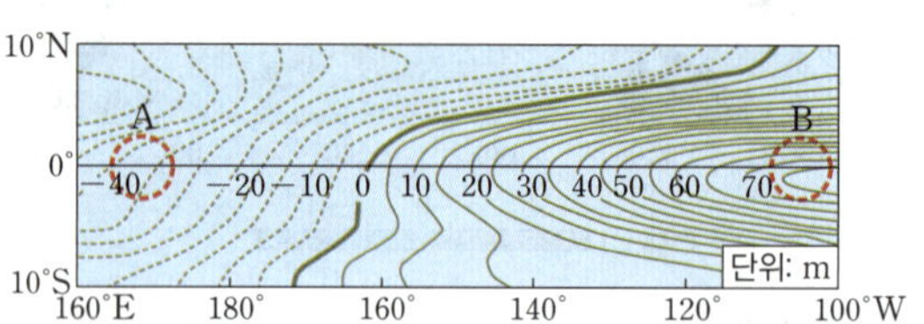

이 시기에 A, B 해역에 대한 설명으로 옳은 것만을 〈보기〉에서 있는 대로 고른 것은?

〈보기〉
ㄱ. A의 해면 기압이 평상시보다 높다.
ㄴ. B의 해수면 높이가 평상시보다 높다.
ㄷ. (A의 표층 수온 편차－B의 표층 수온 편차)는 음(－)의 값을 가진다.

① ㄱ ② ㄴ ③ ㄱ, ㄷ
④ ㄴ, ㄷ ⑤ ㄱ, ㄴ, ㄷ

서술형 문제

21 빈출

표는 생태계를 구성하는 요소 (가)~(다)의 예를, 자료는 생명체의 어떤 물질대사에서 물질의 변화를 나타낸 것이다. (가)~(다)는 각각 분해자, 생산자, 소비자, 비생물요소 중 서로 다른 하나이며, (가)~(다) 중 하나는 ⊙의 물질대사가 일어나는 생물요소이다.

구분	요소
(가)	빛, 물, 토양
(나)	사슴, 토끼, 사자
(다)	?

$$CO_2 + H_2O \longrightarrow 포도당 + O_2$$
⊙

(1) (가)~(다)의 예를 각각 한 가지씩 쓰시오.

(2) (가)~(다) 중 자료의 물질대사가 일어나는 생물요소의 기호를 쓰고, 이 생물요소가 양분을 얻는 방법을 서술하시오.

(3) (가)가 (나)에게 영향을 주는 예를 한 가지만 서술하시오.

22

해양 생태계에서 멸치는 상어, 동물 플랑크톤과 함께 먹이사슬을 이룬다. 다음은 멸치가 생태계평형 유지에 미치는 영향을 알아보기 위한 실험이다. (단, 주어진 자료만 고려한다.)

(가) 마른 멸치를 해부하여 위를 분리한다.
(나) 위를 절개한 후 안에 있는 내용물을 꺼내 현미경으로 관찰한다.
(다) 관찰 결과 동물 플랑크톤이 발견되었다.

▲ 동물 플랑크톤

(1) 이 실험을 통해 알 수 있는 멸치의 영양단계를 쓰시오.

(2) 해양 생태계에서 멸치의 개체수가 감소할 경우에 예상되는 상어와 동물 플랑크톤의 개체수 변화에 대해 각각 그 까닭과 함께 서술하시오.

23

그림은 가상의 지구에 도달하는 태양 복사 에너지량을 100이라고 할 때, 지구 열수지를 모식도로 나타낸 것이고, 자료는 지구 열수지의 특징에 대한 설명이다.

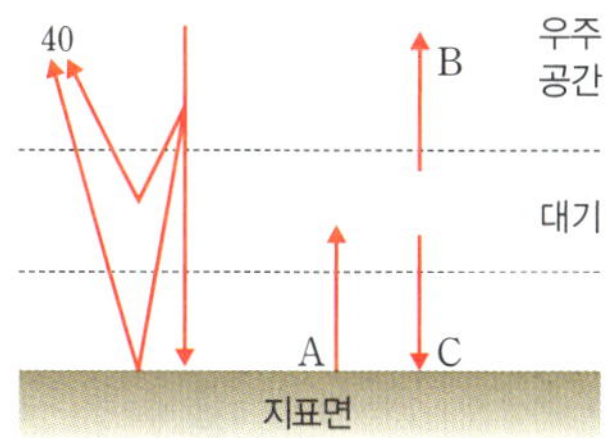

- 지표와 대기에서 반사되는 태양 복사 에너지량은 40이다.
- 대기는 태양 복사 에너지를 흡수하지 않고, 지표 복사 에너지를 모두 흡수한다.
- 대기가 우주 공간과 지표로 방출하는 에너지양의 비율은 $B : C = 1 : 2$이다.

지구, 지표, 대기가 각각 열수지 평형을 이룰 때, 지표가 방출하는 복사 에너지(A)의 양을 구하는 과정과 답을 쓰시오.

24 빈출

그림은 지구의 평균 기온 변화를 나타낸 것이다.

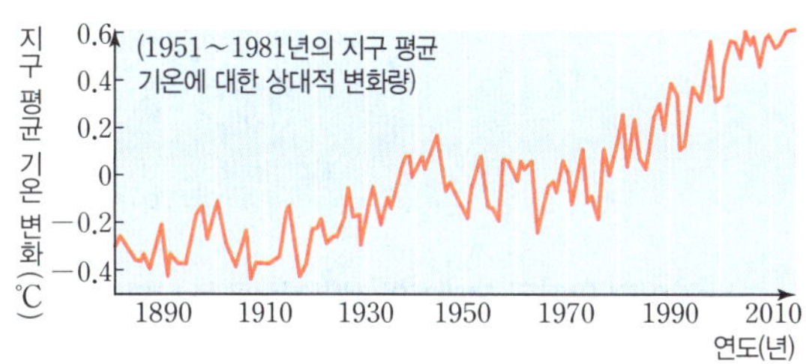

지구의 평균 기온 변화가 생긴 주된 원인을 탄소의 순환과 관련지어 서술하고, 이러한 변화가 수권에 주는 영향에 대해 서술하시오.

25

적도 부근의 저위도는 태양 에너지를 많이 받아 에너지가 남는 상태이고, 극 부근의 고위도는 태양 에너지를 적게 받아 에너지가 부족한 상태이다. 그러나 저위도의 기온이 계속 상승하거나 고위도의 기온이 계속 하강하지 않는데, 그 까닭은 무엇인지 기권과 수권에서 일어나는 현상으로 서술하시오.

Ⅱ-1 생태계와 환경 변화

01 그림은 생태계를 구성하는 요소 사이의 상호 관계와 생물군집 내 탄소의 이동을, 표는 어떤 어항 생태계를 구성하는 생물요소 중 일부를 A~C의 예로 구분하여 나타낸 것이다. A~C는 생산자, 소비자, 분해자를 순서 없이 나타낸 것이고, ⓐ~ⓒ은 각각 곰팡이, 물벼룩, 식물 플랑크톤 중 하나이다.

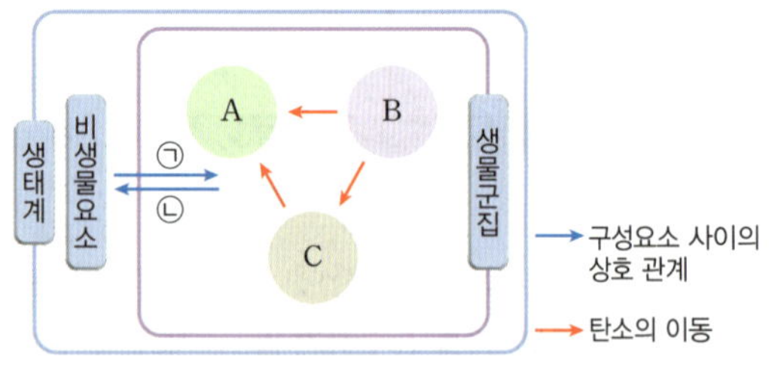

구분	예
A	ⓐ
B	ⓑ
C	ⓒ

이에 대한 설명으로 옳은 것만을 〈보기〉에서 있는 대로 고른 것은?

〈보기〉

ㄱ. ⓐ는 식물 플랑크톤이다.
ㄴ. 지의류가 산성 물질을 분비하여 토양을 풍화시키는 것은 ㉡에 해당한다.
ㄷ. ⓑ에서 ⓒ로 탄소는 유기물의 형태로 이동한다.

① ㄱ   ② ㄷ   ③ ㄱ, ㄴ   ④ ㄴ, ㄷ   ⑤ ㄱ, ㄴ, ㄷ

02 그림은 어떤 안정된 생태계의 에너지흐름을 나타낸 것이다. A~C는 각각 생산자, 1차 소비자, 2차 소비자 중 하나이며, 에너지양은 상댓값이다.

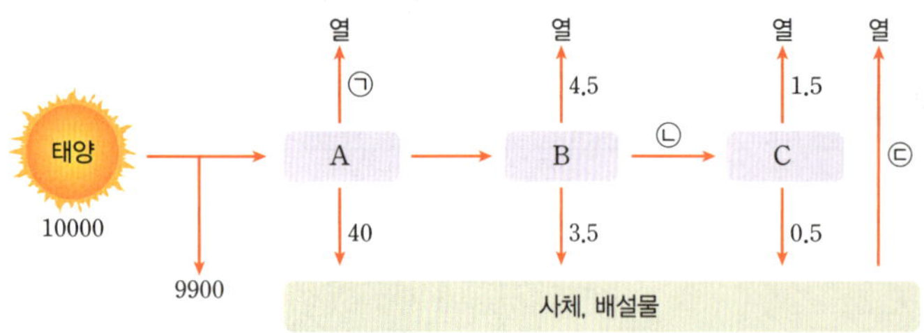

이에 대한 설명으로 옳은 것만을 〈보기〉에서 있는 대로 고른 것은? (단, 에너지효율은 전 영양단계 에너지양에 대한 현 영양단계 에너지양의 비율이다.)

〈보기〉

ㄱ. A는 주로 빛에너지를 이용해 유기물을 합성한다.
ㄴ. ㉠은 ㉡과 ㉢의 합보다 크다.
ㄷ. 2차 소비자의 에너지효율은 25 %이다.

① ㄱ   ② ㄷ   ③ ㄱ, ㄴ   ④ ㄴ, ㄷ   ⑤ ㄱ, ㄴ, ㄷ

03 다음은 지구 기후와 관련된 어떤 현상을 알아보기 위한 탐구 활동이다.

[목표]　　　ㄱ　　　을 알 수 있다.

[과정]

(가) 물을 중간 높이까지 채운 페트병 A, B를 준비하여 한쪽의 페트병 A에는 이산화 탄소 발포정을 넣는다.

(나) 두 페트병에 온도계를 설치한 후 뚜껑을 잘 밀폐한 후 그림과 같이 전등에서 20 cm 거리에 나란히 둔다.

(다) 전등을 켠 후 온도 변화를 측정한다.

[결과]

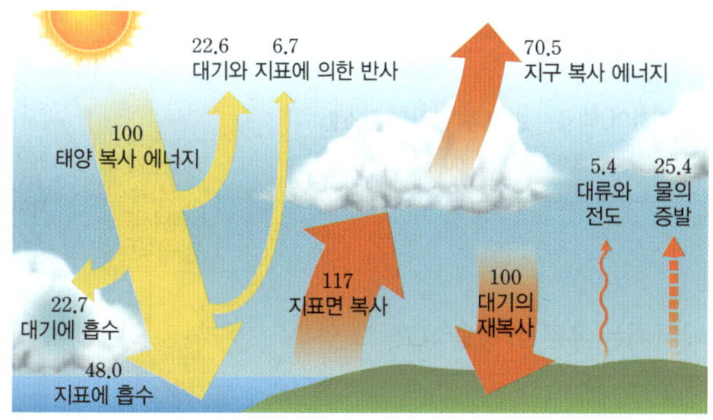

이에 대한 설명으로 옳은 것만을 〈보기〉에서 있는 대로 고른 것은?

보기

ㄱ. '이산화 탄소가 지구 기후에 미치는 영향'은 ㉠에 해당한다.

ㄴ. 페트병 A의 온도 변화는 a이다.

ㄷ. b는 시간이 경과하면 온도가 계속 상승한다.

① ㄱ　　　② ㄴ　　　③ ㄱ, ㄴ　　　④ ㄴ, ㄷ　　　⑤ ㄱ, ㄴ, ㄷ

04 그림은 지구에 도달하는 태양 복사 에너지를 100이라고 할 때, 최근의 지구 열수지를 나타낸 것이다.

이에 대한 설명으로 옳은 것만을 〈보기〉에서 있는 대로 고른 것은?

보기

ㄱ. 지구는 열수지 평형을 이룬다.

ㄴ. 지표의 에너지 방출량 중 복사가 차지하는 비율은 80 %보다 크다.

ㄷ. 지표에 저장되는 에너지양은 증가하고 있다.

① ㄱ　　　② ㄷ　　　③ ㄴ　　　④ ㄴ, ㄷ　　　⑤ ㄱ, ㄴ, ㄷ

10 태양 에너지의 생성과 전환

❶ 태양 에너지의 생성

1 태양의 내부 구조: 중심에서부터 핵, 복사층, 대류층으로 구분되며, 태양의 중심부인 핵은 초고온 상태(약 1500만 K)로, 수소와 헬륨의 원자들이 원자핵과 전자가 분리되어 활발하게 움직이는 플라스마 상태로 존재한다. — 플라스마 상태에서는 원자핵의 운동이 매우 활발해서 원자핵 사이의 척력을 극복하고, 핵융합 반응이 가능해져!

2 태양 에너지의 생성: 태양의 핵에서 수소 핵융합 반응이 일어날 때 발생하는 질량 결손에 의해 태양 에너지가 생성된다.

(1) 수소 핵융합 반응❶: 초고온 상태에서 4 개의 수소 원자핵이 융합하여 1 개의 헬륨 원자핵으로 바뀌는 반응

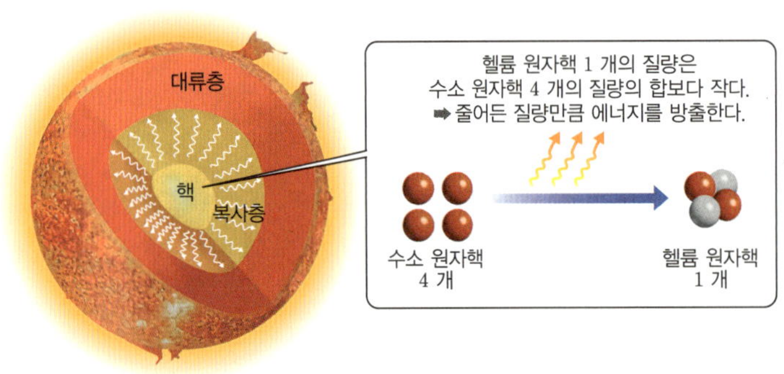

(2) 질량 결손: 핵융합 반응이 일어날 때 반응 전 질량의 합보다 반응 후 질량의 합이 작아져서 생기는 질량의 차를 질량 결손이라고 한다.

(3) 질량 결손과 에너지: 감소한 질량이 Δm일 때, 방출되는 에너지는 $E = \Delta m c^2$(c: 빛의 속도)이다. — 질량과 에너지는 서로 전환될 수 있다는 것을 질량 — 에너지 등가 원리라고 해! 아인슈타인이 제시한 이론인데, 이 원리에 의하면 1 kg의 질량은 약 9×10^{16} J의 에너지로 전환될 수 있어!

> 🔍 **자세하게** **핵융합 반응과 질량 결손**
>
> - 양성자의 질량: 1.0073 u ❷
> - 중성자의 질량: 1.0087 u
> - 양성자 2 개와 중성자 2 개의 질량 합:
> $(1.0073\ \text{u} + 1.0087\ \text{u}) \times 2 = 4.0320\ \text{u}$
> - 헬륨 원자핵의 질량: 4.0015 u
> - ➡ 헬륨 원자핵이 만들어질 때 반응 전후 질량의 차(질량 결손)가 존재하며, 핵융합 반응 후 질량이 감소한 만큼 에너지가 발생한다.

❷ 태양 에너지의 전환과 물질의 순환

1 태양 에너지의 전달: 태양의 핵에서 만들어진 태양 에너지는 우주로 방출되고, 그 일부가 지구에 도달한다. — 태양에서 방출하는 에너지 중 약 20 억 분의 1만 지구에 도달해~

2 태양 에너지의 전환: 지구에 도달한 태양 에너지❸는 다양한 에너지로 전환되어 지구 환경과 지구의 모든 생명체에 영향을 준다.

(1) 바람: 태양의 열에너지는 대기에 흡수되어 바람을 일으킨다. (열에너지 ➡ 운동 에너지)

(2) 광합성: 태양의 빛에너지는 광합성을 통해 화학 에너지의 형태로 식물의 양분으로 저장된다. (빛에너지 ➡ 화학 에너지)

(3) 태양광 발전: 태양의 빛에너지는 태양 전지를 이용하여 전기 에너지로 전환된다. (빛에너지 ➡ 전기 에너지)

---

❶ 핵융합 반응
2 개 이상의 가벼운 원자핵이 융합하여 무거운 원자핵이 되면서 에너지를 방출하는 반응이다.

❷ 원자 질량 단위(u)
원자나 분자 등의 매우 작은 질량의 단위로, 자연계에 가장 많이 존재하는 탄소 원자의 질량 12를 기준으로 정한다. 이 질량의 $\frac{1}{12}$ 을 1 원자 질량 단위라고 한다.
$1\ \text{u} = 1.66 \times 10^{-27}\ \text{kg}$

❸ 태양 에너지
지구상의 모든 생명활동의 에너지원이다.

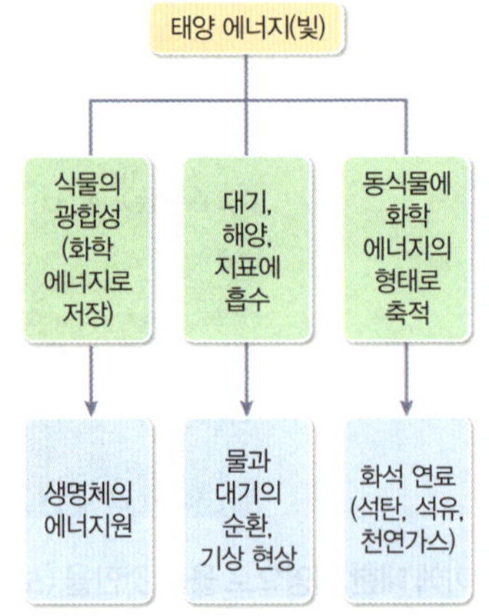

📘 **용어쏙**
- **플라스마 상태** 초고온 상태에 있는 원자에서 원자핵과 전자가 분리되어 활발하게 움직이는 상태

3 **태양 에너지의 전환과 이용**: 태양 에너지는 지구에 열에너지, 빛에너지의 형태로 도달하여 여러 가지 다른 형태의 에너지로 전환되며 물질 순환을 일으킨다.

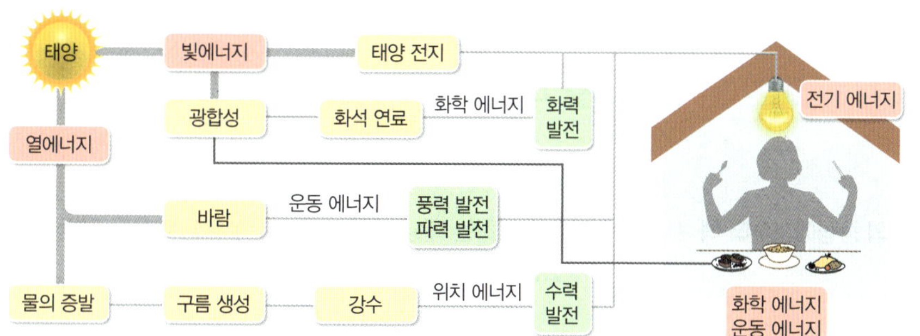

태양 에너지가 근원이 아닌 에너지
• 핵에너지: 우라늄과 같은 핵연료의 에너지로, 양성자와 중성자가 결합하고 있는 힘에 의한 에너지이다.
• 지구 내부 에너지: 지진의 발생 원인이 되는 에너지로, 지구 내부에 있는 방사성 원소가 붕괴할 때 발생한다.

4 **태양 에너지의 흐름**: 태양 에너지의 전환은 연속적으로 이루어지며, 지구시스템의 각 권역을 이동하면서 다양한 에너지 흐름을 일으킨다.

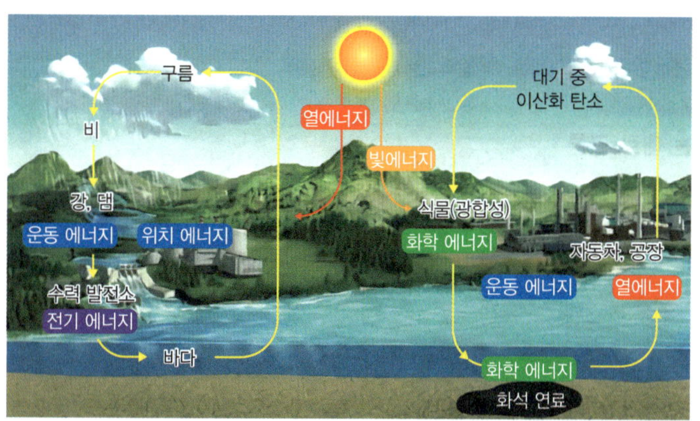

대기와 해수의 순환	탄소의 순환
• 태양 에너지가 열에너지 형태로 지표에 흡수되어 물을 증발시켜 구름을 만들어 비, 눈 등 기상 현상을 일으킴 • 비, 눈이 위치 에너지 형태로 강의 상류, 댐에 저장 • 물이 흐르며 생긴 운동 에너지가 수력 발전을 통해 전기 에너지로 전환됨 • 다시 바다로 흘러감	• 태양 에너지는 빛에너지 형태로 광합성을 통해 식물의 화학 에너지로 전환되며 동물의 에너지원이 됨 • 생명체의 유해가 높은 열과 압력을 받으면서 석탄, 석유 등의 화석 연료가 됨 • 화석 연료의 화학 에너지는 공장에서 연소하여 운동 에너지, 열에너지로 전환 • 연료의 연소를 통해 다시 대기 중에 이산화 탄소로 배출

• **전환** 다른 방향이나 상태로 바꾼다.

정답과 해설 35쪽

빈칸 채우기 문제

01 태양의 핵에서 일어나는 핵융합 과정에서 에너지가 생성되는 것은 (   )에 의한 것이다.

02 (   )는 대기, 해양에 흡수되어 대기와 물의 순환을 일으킨다.

03 식물이 태양 에너지를 흡수하면 광합성 과정에서 (   )를 흡수하고, 식물의 유해는 (   )가 된다.

○✕ 문제

04 태양의 중심부인 핵에서는 수소 핵융합 반응이 일어나 태양 에너지가 생성된다.　(○ ✕)

05 수소 원자핵 4 개가 질량을 합한 것과 헬륨 원자핵 1 개의 질량은 같다.　(○ ✕)

06 지구에서의 대기와 해수, 탄소의 순환은 태양의 열에너지에 의해 일어난다.　(○ ✕)

10 태양 에너지의 생성과 전환

1 태양 에너지의 생성

01 ✔빈출

그림은 태양의 내부 구조를 나타낸 것으로 태양의 중심에서부터 핵, 복사층, 대류층으로 구분된다.

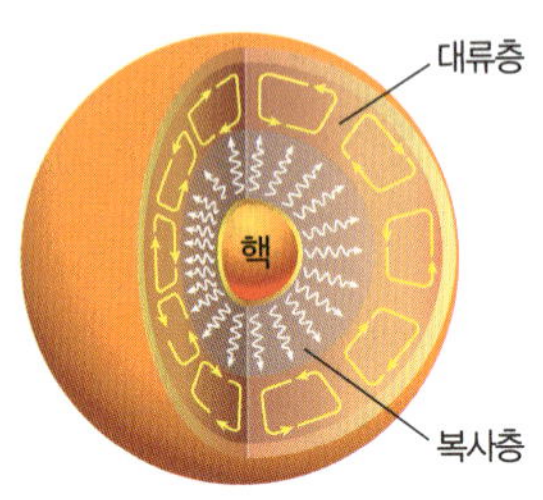

태양에 대한 설명으로 옳은 것만을 〈보기〉에서 있는 대로 고른 것은?

보기
ㄱ. 태양의 주성분은 헬륨이다.
ㄴ. 온도는 핵이 대류층보다 높다.
ㄷ. 태양 에너지는 핵에서 생성된다.

① ㄱ   ② ㄴ   ③ ㄱ, ㄴ
④ ㄱ, ㄷ   ⑤ ㄴ, ㄷ

02 ✔빈출   난이도 상

그림은 태양에서 일어나는 핵반응을 나타낸 것이다. 수소(H) 원자핵 1 개의 질량은 m이고, 헬륨(He) 원자핵 1 개의 질량은 M이다.

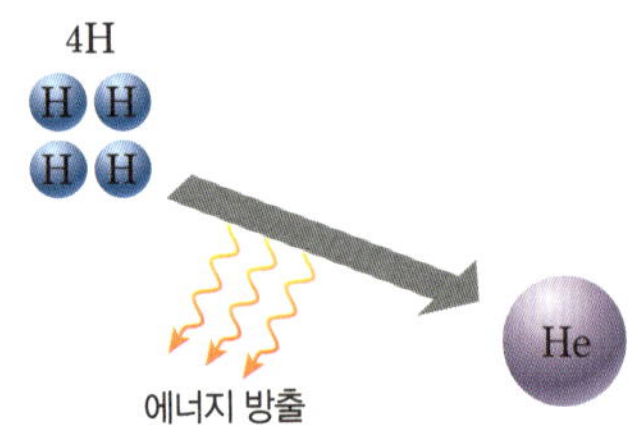

이에 대한 설명으로 옳은 것만을 〈보기〉에서 있는 대로 고른 것은?

보기
ㄱ. 핵융합 반응이다.
ㄴ. 태양의 표면에서 핵반응이 일어난다.
ㄷ. $M = 4m$이다.

① ㄱ   ② ㄴ   ③ ㄱ, ㄷ
④ ㄴ, ㄷ   ⑤ ㄱ, ㄴ, ㄷ

2 태양 에너지의 전환과 물질의 순환

03

지구에 도달하는 태양 에너지에 대한 설명으로 옳은 것만을 〈보기〉에서 있는 대로 고른 것은?

보기
ㄱ. 태양에서 지구로 에너지가 전달되는 방식은 복사이다.
ㄴ. 지구 내에서 물질의 순환을 일으킨다.
ㄷ. 태양이 우주 공간으로 방출하는 에너지는 모두 지구에 도달한다.

① ㄱ   ② ㄷ   ③ ㄱ, ㄴ
④ ㄴ, ㄷ   ⑤ ㄱ, ㄴ, ㄷ

04

표는 태양 에너지의 전환 과정을 나타낸 것이다.

구름의 생성	태양의 열에너지 → (가)
화석 연료 생성	태양의 빛에너지 → (나)
태양 전지	태양의 빛에너지 → (다)

(가)~(다)에 해당하는 에너지를 옳게 짝 지은 것은?

	(가)	(나)	(다)
①	운동 에너지	전기 에너지	화학 에너지
②	운동 에너지	위치 에너지	전기 에너지
③	위치 에너지	전기 에너지	화학 에너지
④	위치 에너지	화학 에너지	전기 에너지
⑤	위치 에너지	화학 에너지	운동 에너지

05

다음 발전 중에서 사용하는 에너지의 근원이 태양 에너지가 아닌 것은?

① 핵발전   ② 수력 발전   ③ 풍력 발전
④ 화력 발전   ⑤ 태양열 발전

06

다음은 지표에 도달한 태양 에너지의 전환 과정에 대한 설명이다.

> 대기를 통과하여 지표와 해수에 도달하는 태양 에너지
> 는 ⏤㉠⏤의 형태로 흡수되어 지표와 해수를 가열한다.
> 바다에서는 가열된 해수에서 ㉡ 물이 증발하여 대기로 이
> 동하고, 대기에서 구름이 만들어진다. 한편 지표의 여러
> 지역에서 온도 차가 생기면 바람이 불게 되는데, 해수면
> 위에서 부는 ㉢ 바람은 파도를 일으킨다.

이에 대한 설명으로 옳은 것만을 〈보기〉에서 있는 대로 고른 것은?

〈보기〉
ㄱ. '열에너지'는 ㉠에 해당한다.
ㄴ. ㉡에서는 태양 에너지가 화학 에너지로 전환된다.
ㄷ. ㉢에서 공기의 역학적 에너지는 해수의 역학적 에너지
　　로 전환된다.

① ㄱ　　　　　② ㄴ　　　　　③ ㄱ, ㄷ
④ ㄴ, ㄷ　　　　⑤ ㄱ, ㄴ, ㄷ

07

그림 (가)~(다)는 지구 환경에서 일어나는 여러 가지 현상을 나타낸 것이다.

(가) 화산 분화　　　　(나) 태풍 발생　　　　(다) 해수의 순환

이에 대한 설명으로 옳은 것만을 〈보기〉에서 있는 대로 고른 것은?

〈보기〉
ㄱ. (가)는 태양 에너지에 의해 발생한다.
ㄴ. (나)에서 태양 에너지는 역학적 에너지로 전환된다.
ㄷ. (다)는 위도별로 입사되는 태양 에너지의 차이에 의해
　　발생한다.

① ㄱ　　　　　② ㄴ　　　　　③ ㄱ, ㄷ
④ ㄴ, ㄷ　　　　⑤ ㄱ, ㄴ, ㄷ

---

08 ✅빈출

그림은 식물이 광합성을 하는 모습을 나타낸 것이다. 식물은 광합성으로 이산화 탄소와 물을 이용하여 포도당과 산소를 생성한다.

광합성 과정에서의 에너지 전환에 대해 서술하시오.

＿＿＿＿＿＿＿＿＿＿＿＿＿＿＿＿＿＿＿＿＿＿＿＿＿＿

＿＿＿＿＿＿＿＿＿＿＿＿＿＿＿＿＿＿＿＿＿＿＿＿＿＿

09 ✅빈출

그림은 태양에서 A 원자핵 4 개가 융합하여 헬륨 원자핵 1 개가 생성되면서 에너지가 방출되는 과정을 나타낸 것이다.

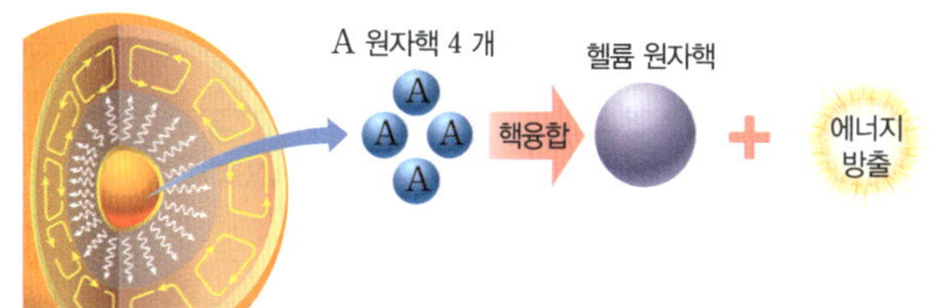

(1) A는 어떤 원소인지 쓰시오.

＿＿＿＿＿＿＿＿＿＿＿＿＿＿＿＿＿＿＿＿＿＿＿＿＿＿

(2) 핵융합 반응 전후 질량의 변화와 에너지가 발생하는 원리를 서술하시오.

＿＿＿＿＿＿＿＿＿＿＿＿＿＿＿＿＿＿＿＿＿＿＿＿＿＿

＿＿＿＿＿＿＿＿＿＿＿＿＿＿＿＿＿＿＿＿＿＿＿＿＿＿

11 전기 에너지의 생산

① 전자기 유도

1 전자기 유도 — 대부분의 전기 에너지는 전자기 유도로 만들어져!

(1) **전자기 유도**: 코일 주위에서 자석을 움직일 때 코일을 통과하는 자기장❶이 변하여 코일에 전류가 유도되어 흐르는 현상

(2) **자기장의 변화와 전자기 유도❷**

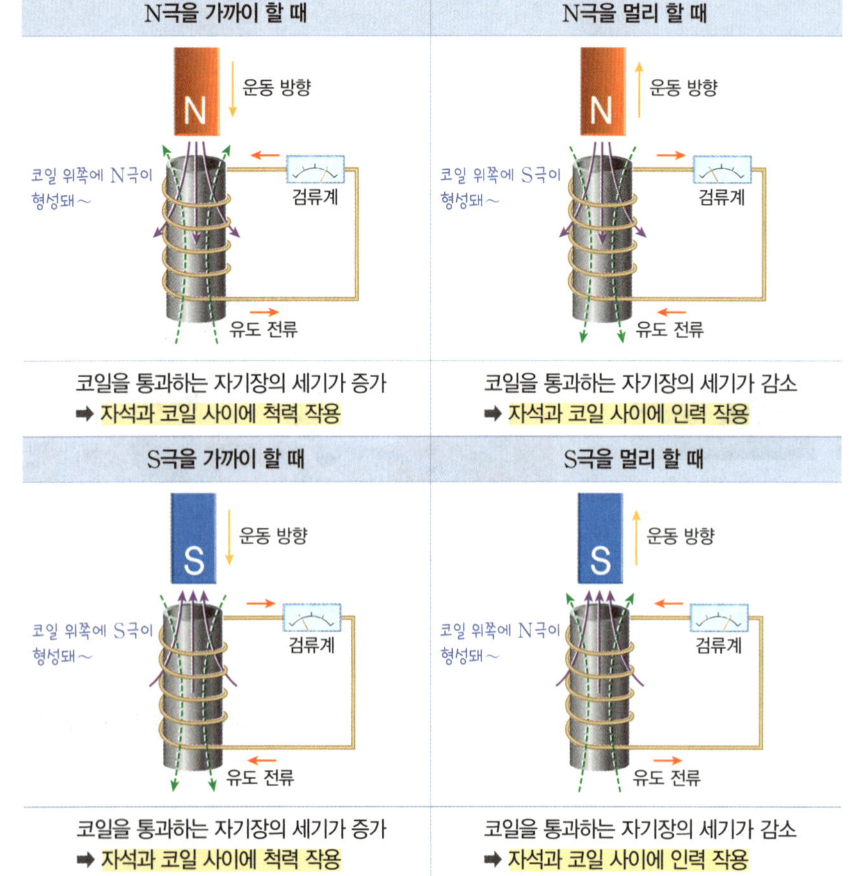

2 유도 전류 유도 전류는 자기장이 변할 때만 흐르는 거야!
코일 내부에 자석이 있더라도 움직이지 않으면 전류가 흐르지 않는다는 것! 꼭 알아두자~

(1) **유도 전류**: 전자기 유도에 의해 코일에 흐르는 전류
— 자석의 운동 방향과 자석의 극에 따라 달라져.

① 유도 전류의 방향: 코일을 통과하는 자기장의 변화를 방해하는 방향

➞ 자석에 의한 자기장, --➞ 유도 전류에 의한 자기장

❶ 코일 주변의 자기장

코일에 전류가 흐르면 내부에는 중심축에 나란하고 균일한 자기장이 형성된다. 코일 내부에서 자기장의 방향은 오른손 네 손가락을 전류의 방향으로 감아쥘 때 엄지손가락이 가리키는 방향이다.

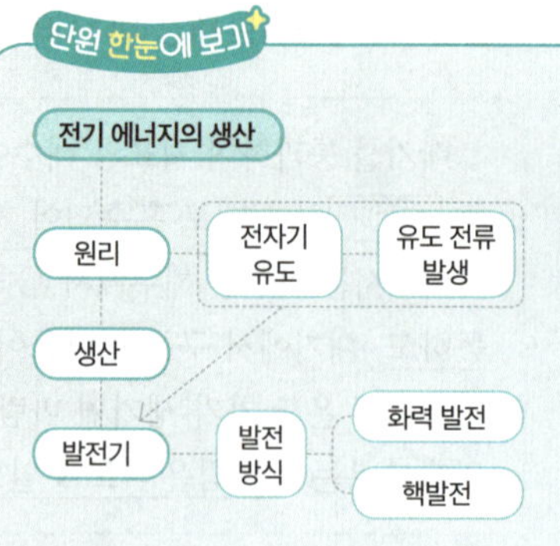

❷ 자석과 코일의 상대 운동과 전자기 유도

전자기 유도 현상은 자석을 코일 주위에서 움직일 때나 코일을 자석 주위에서 움직일 때 자석과 코일의 상대적인 운동에 의해 발생한다.

전자기 유도 현상의 이용

교통 카드와 단말기, 스마트 기기의 무선 충전기, 상점의 도난 방지 장치 등에 이용된다.

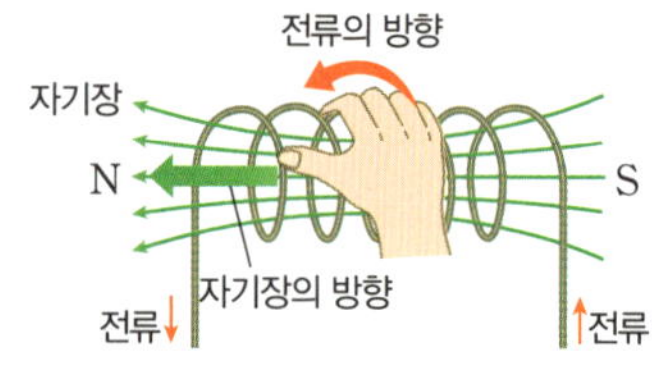

⚠ 주의

유도 전류가 흐르지 않는 경우

코일과 자석이 같은 방향, 같은 속력으로 움직이는 경우에는 유도 전류가 흐르지 않는다.

② 유도 전류의 세기(패러데이 법칙): 자석이나 코일을 빠르게 움직일수록, 자석의 세기가 셀수록, 코일을 감은 횟수가 많을수록 자기장의 변화가 빨라지거나 커져 유도 전류의 세기가 커진다. — 검류계의 바늘이 움직이는 폭으로 유도 전류의 세기를 비교할 수 있어.

자석을 빠르게 움직일 때	자석의 세기가 셀 때	코일의 감은 횟수가 많을 때

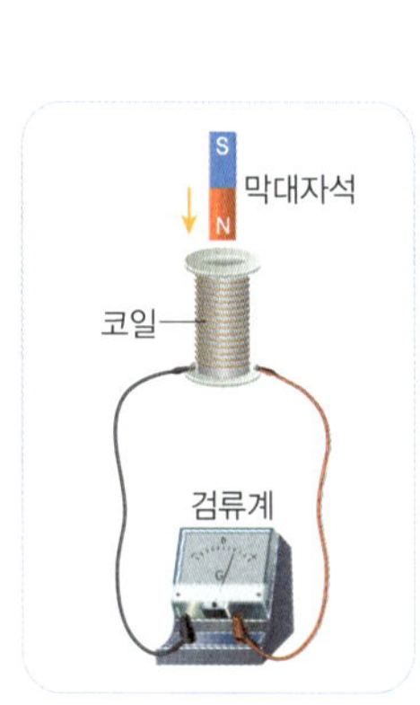

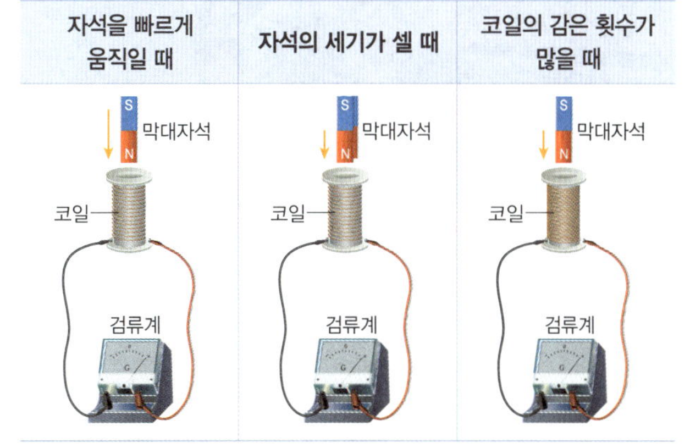

(2) **유도 기전력**: 전자기 유도에 의해 코일에 생기는 전압으로, 유도 기전력이 클수록 유도 전류의 세기가 커진다.

3 **전자기 유도에서 에너지 전환**: 자석을 코일 주위에서 움직이거나 코일을 자석 주위에서 움직일 때 운동 에너지가 전기 에너지로 전환된다.

② 발전기의 원리

1 **발전기❸**: 전자기 유도를 이용하여 전기를 생산하는 장치

(1) **원리**: 자석 사이에서 코일이 회전하면서 코일의 단면을 수직으로 통과하는 자기장이 변한다. 이때 전자기 유도에 의해 유도 전류가 발생하여 전기 에너지가 만들어진다.

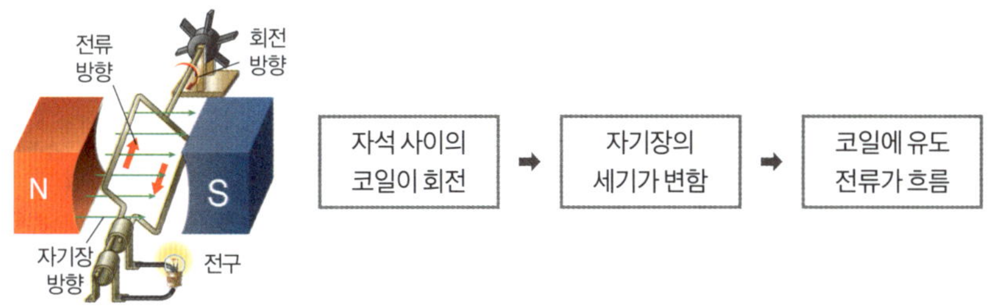

(2) **특징**

① 에너지 전환: 코일의 운동 에너지 → 전기 에너지

② 전류의 세기: 코일이 빠르게 회전할수록 전류의 세기가 커진다.

🔍 자세하게   발전기의 원리

• 코일의 회전에 따라 전류의 세기와 방향이 계속해서 바뀌는 교류❹가 발생한다.

• 발전기에서의 에너지 전환❺: 운동 에너지 → 전기 에너지

2 발전소의 발전기: 발전기의 터빈을 회전시키면 연결된 코일 속 자석이 회전하여 전자기 유도에 의한 전기 에너지가 생성된다.

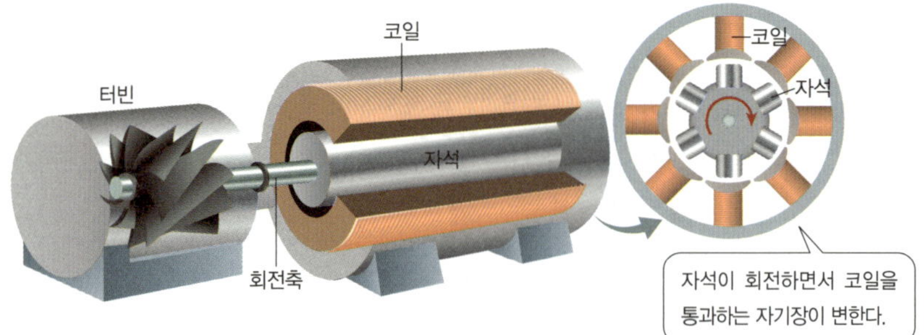

터빈을 돌리는 에너지원에 따라 화력 발전, 핵발전, 수력 발전 등으로 구분된다.

탐구분석 간이 발전기 만들기

〈과정〉

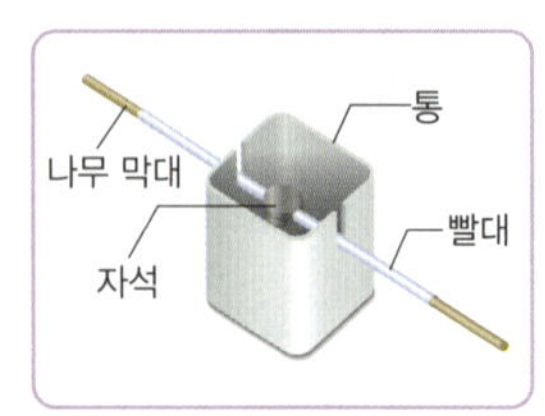

1. 2 개의 네오디뮴 자석 사이에 나무 막대를 넣고 고정한다. 빨대 두 개를 나무 막대 양쪽에 각각 끼운다.

2. 두꺼운 종이로 통을 만들어 마주 보는 두 곳에 홈을 파고, 빨대를 끼운 나무 막대를 홈에 넣는다.

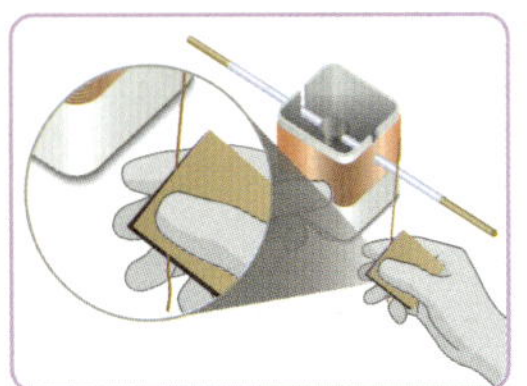

3. 통에 에나멜선을 400 회 이상 감고, 에나멜선의 양 끝을 벗긴다.

4. 벗긴 에나멜선 양 끝에 발광 다이오드(LED)를 연결한다.

5. 나무 막대를 빠르게 회전시키면서 변화를 관찰한다.

〈결과〉
1. 나무 막대를 회전시키면 발광 다이오드(LED)에 불이 들어온다.
2. 에너지 전환: 자석의 운동 에너지 ➡ 전기 에너지 ➡ 발광 다이오드의 빛에너지

수력 발전의 원리
높은 곳의 물이 아래로 내려오며 발전기에 연결된 터빈을 회전시킨다.
물의 위치 에너지 → 터빈의 운동 에너지 → 전기 에너지

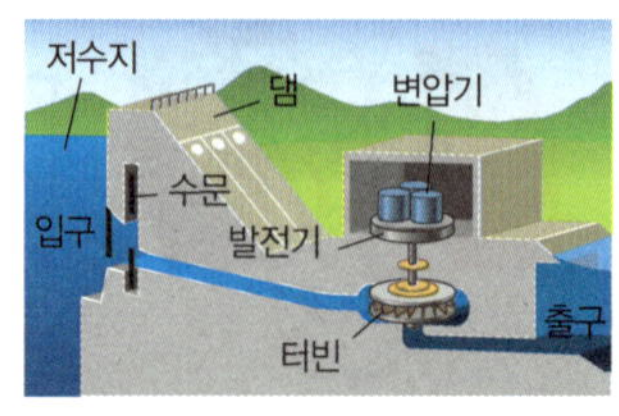

❸ 화력 발전과 핵발전

1 화력 발전과 핵발전의 원리

구분	화력 발전	핵발전
원리	화석 연료를 연소시켜 물을 끓이고 물이 끓을 때 발생한 고온·고압 증기로 터빈을 회전시킨다.	원자로에서 핵연료가 핵분열할 때 발생하는 열에너지로 물을 끓이고 물이 끓을 때 발생한 고온·고압 증기로 터빈을 회전시킨다.
에너지 변화	화석 연료의 화학 에너지 ➡ 열에너지 ➡ 터빈의 운동 에너지 ➡ 전기 에너지	핵에너지 ➡ 열에너지 ➡ 터빈의 운동 에너지 ➡ 전기 에너지

우리나라의 발전
우리나라에서 사용하는 전기 에너지는 주로 화석 연료를 이용하는 화력 발전과 핵연료를 이용하는 핵발전을 통해 생산된다.

2 화력 발전과 핵발전의 장점과 단점

구분	화력 발전	핵발전
발전소	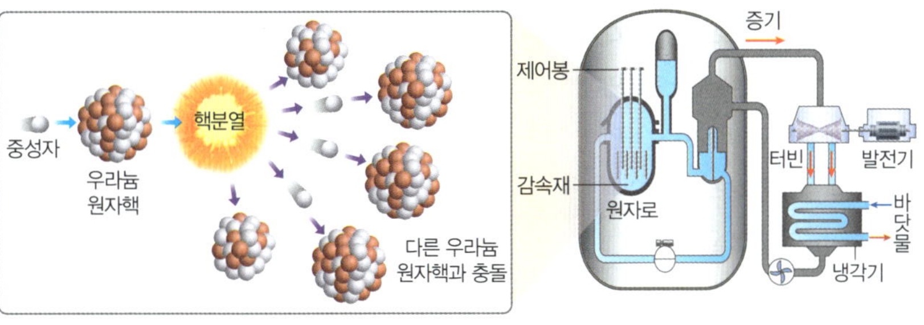 ▲ 당진 화력 발전소	▲ 신고리 원자력 발전소
장점	• 건설 비용이 적게 든다. • 짧은 시간에 건설 가능하다. • 석탄, 석유, 천연가스 등과 같은 다양한 화석 연료 사용이 가능하다. • 에너지가 부족할 때 빠른 대처가 가능하다.	• 화력 발전에 비해 연료비가 저렴하다. • 에너지 효율이 높아 대용량 발전이 가능하다. • 이산화 탄소 배출량이 거의 없다.
단점	• 화석 연료가 고갈된다. • 매장 지역이 일부 지역에 편중되어 있어 가격과 공급이 불안정하다. • 화석 연료 연소 시 발생하는 이산화 탄소는 지구 온난화의 원인이 된다.	• 방사능 유출 위험성이 높다. • 방사성 폐기물 처리 비용이 많이 들고, 우라늄 매장량에 한계가 있다.

우리나라의 발전소 위치

▲ 화력 발전소 위치

▲ 핵발전소 위치

화력 발전과 핵발전은 터빈을 통과한 고온·고압의 증기를 식혀 물로 되돌린 후 재사용하는데, 증기를 식히는 데 많은 양의 물이 필요하기 때문에 화력 발전소와 핵발전소는 주로 물을 얻기 쉬운 바닷가에 위치한다.

🔍 자세하게 핵발전의 에너지 생성 원리

핵분열	우라늄 원자핵에 느린 중성자가 충돌 ➡ 우라늄 원자핵의 핵분열 ➡ 이때 질량 결손에 의해 열에너지와 2~3 개의 중성자 방출	연쇄 반응	핵분열 과정에서 발생한 중성자가 주변에 있는 다른 우라늄 원자핵과 충돌 ➡ 연쇄적으로 핵분열을 일으킴 ➡ 막대한 양의 에너지 방출

📗 용어신

• **천연가스** 단독으로 매장되어 있기도 하지만, 대부분 석유와 함께 생성되어 매장되어 있다. 천연가스는 기체 상태이므로 안전하게 운반하기 위해 LNG로 액화시킨다.

✏️ 바로 복습

정답과 해설 36쪽

빈칸 채우기 문제

01 코일 주위에서 자석을 움직일 때 코일을 통과하는 (   )이 변하여 코일에 전류가 흐른다.

02 발전기는 (   ) 현상을 이용하여 전기 에너지를 생산하는 장치이다.

03 (   )은 원자로에서 핵연료가 핵분열할 때 방출되는 열에너지를 전기 에너지로 전환한다.

04 화석 연료는 연소 시 (   )가 많이 발생하고, 핵발전에서는 (   )가 거의 배출되지 않는다.

○✕ 문제

05 자석의 N극을 코일에 가까이 할 때와 S극을 코일로부터 멀리 할 때의 유도 전류의 방향은 같다. (○ ✕)

06 자석의 S극을 코일로부터 멀리 하면 자석과 코일 사이에는 서로 밀어 내는 자기력이 작용한다. (○ ✕)

07 화력 발진은 진력 수요가 갑자기 증가하거나 에너지가 부족한 상황에 빠르게 대처할 수 있다. (○ ✕)

08 화력 발전의 장점은 핵발전에 비해 연료비가 저렴하고 발전 효율이 높다는 점이다. (○ ✕)

운동 에너지가 전기 에너지로 전환되는 과정 탐구하기

목표 코일과 자석의 상대적인 운동을 통해 전기 에너지가 만들어지는 원리를 설명할 수 있다.

준비물 > 코일, 막대자석, 검류계, 집게 전선

과정

❶ 코일에 검류계와 집게 전선을 연결한다.

❷ 코일의 윗면에서 자석의 N극을 코일에 가까이 하거나 멀리 하면서 검류계 바늘을 관찰한다.

❸ 코일의 윗면에서 자석의 S극을 코일에 가까이 하거나 멀리 하면서 검류계 바늘을 관찰한다.

❹ 코일의 윗면에서 자석을 코일을 향해 빠르게 또는 느리게 움직이며 검류계 바늘을 관찰한다.

❺ 동일한 자석 2 개를 같은 극끼리 나란히 하여 묶은 후 N극을 코일에 가까이 하거나 멀리 하면서 검류계 바늘을 관찰하며 ❷의 결과와 비교한다.

❻ 코일 속에 자석을 넣고 가만히 있을 때, 검류계 바늘을 관찰한다.

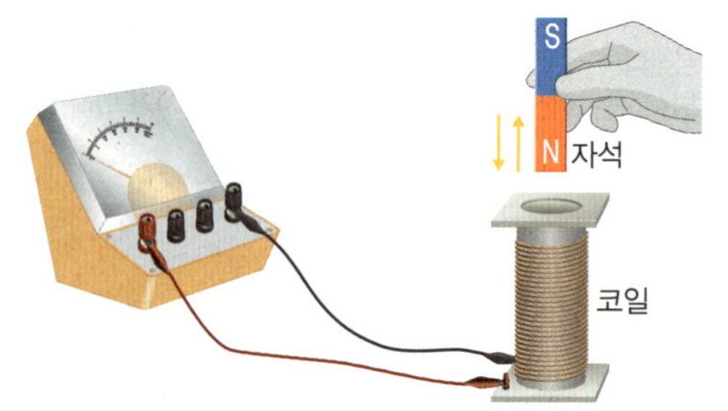

결과

과정		결과	검류계 바늘의 움직임
❷	N극을 가까이	검류계 바늘이 왼쪽으로 움직인다.	가까이 할 때와 멀리 할 때의 방향이 반대이다.
	N극을 멀리	검류계 바늘이 오른쪽으로 움직인다.	
❸	S극을 가까이	검류계 바늘이 오른쪽으로 움직인다.	
	S극을 멀리	검류계 바늘이 왼쪽으로 움직인다.	
❹	빠르게	검류계 바늘이 크게 움직인다.	자석을 빠르게 움직일수록, 자석의 세기가 셀수록 크게 움직인다.
	느리게	검류계 바늘이 작게 움직인다.	
❺	가까이	검류계 바늘이 왼쪽으로 ❷에서보다 크게 움직인다.	
	멀리	검류계 바늘이 오른쪽으로 ❷에서보다 크게 움직인다.	
❻	—	검류계 바늘이 움직이지 않는다.	

❶ 검류계 바늘이 크게 움직인다.

➡ 코일을 통과하는 자기장의 변화가 (   ).

❷ 자석의 같은 극을 코일에 가까이 할 때와 멀리 할 때 검류계 바늘이 움직이는 방향이 반대이다.

➡ 자석을 코일에 가까이 할 때와 멀리 할 때 코일에 흐르는 유도 전류의 방향은 (   )이다.

❸ 자석의 (   ) 에너지가 (   ) 에너지로 전환된다.

정리

1 코일 속에 자석을 넣고 가만히 있을 때, 검류계 바늘이 움직이지 않는 까닭은 무엇인가?

➡ 코일을 통과하는 자기장의 세기가 (   )하기 때문이다.

2 자석 2 개를 같은 극끼리 겹쳐서 움직일 때가 자석 1 개를 움직일 때보다 검류계 바늘이 크게 움직이는 까닭은 무엇인가?

➡ 코일을 통과하는 자기장의 세기가 (   ) 코일에 흐르는 유도 전류의 세기가 커졌기 때문이다.

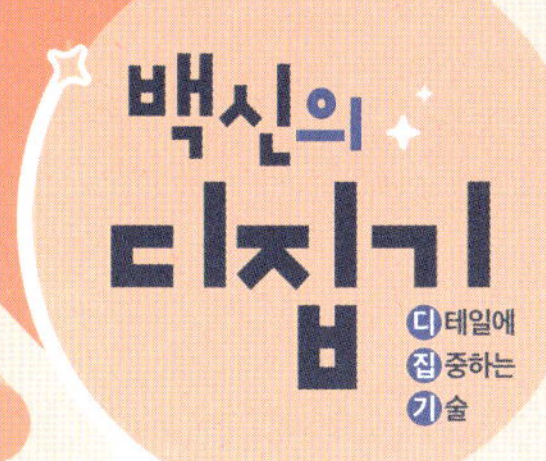

전기의 기초

중학교 과학에서 배운 전류, 전압, 저항의 관계에 대해 알아보고, 전동기의 원리를 이해해 보자.

1 전류, 전압, 저항

1 전류(I): 전하의 흐름으로, (+)극에서 (−)극으로 흐른다. [단위: A(암페어), mA(밀리 암페어)]

2 전압(V): 전기 회로에서 전류를 흐르게 하는 능력 [단위: V(볼트)]

- **물의 흐름 모형과 전기 회로:** 전압에 의해 전류가 흐르는 것은 물의 높이 차에 의해 물이 흐르는 것과 같다.

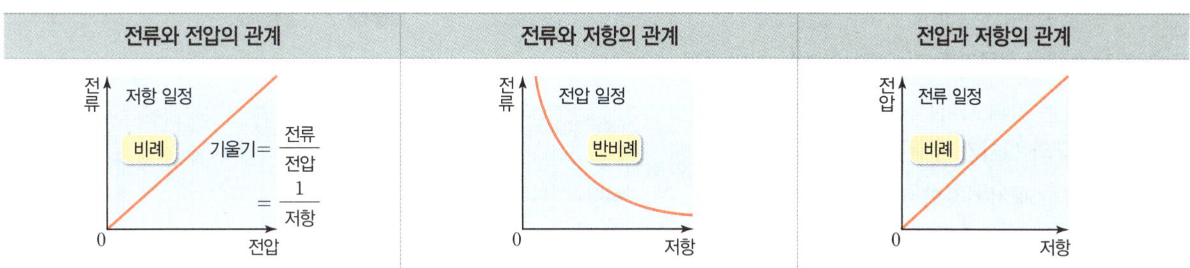

물의 흐름 모형	비유	전기 회로
펌프에 의해 수압이 유지되어 물이 흐른다.	• 물의 흐름 – 전류 • 물레방아 – 전구 • 밸브 – 스위치 • 파이프 – 전선 • 펌프 – 전지 • 물의 높이 차(수압) – 전압	전지에 의해 전압이 유지되어 전류가 흐른다.

3 전기 저항(R): 전류의 흐름(또는 전자의 이동)을 방해하는 정도 [단위: Ω(옴)]

- **전기 저항에 영향을 미치는 요인:** 물질의 종류, 물질의 길이와 단면적 — 물질의 길이가 길수록, 단면적이 좁을수록 전기 저항이 커!

2 전류, 전압, 저항의 관계

전류와 전압의 관계	전류와 저항의 관계	전압과 저항의 관계
저항 일정 / 비례 / 기울기 $= \dfrac{전류}{전압} = \dfrac{1}{저항}$	전압 일정 / 반비례	전류 일정 / 비례

3 옴의 법칙

전선에 흐르는 전류의 세기(I)는 전압(V)에 비례하고, 저항(R)에 반비례한다.

$$전류의 세기 = \frac{전압}{저항} \ \Rightarrow\ I = \frac{V}{R},\ V = IR,\ R = \frac{V}{I}$$

4 전류와 자기장

1 자기력선: 눈에 보이지 않는 자기장의 모습을 선으로 나타낸 것

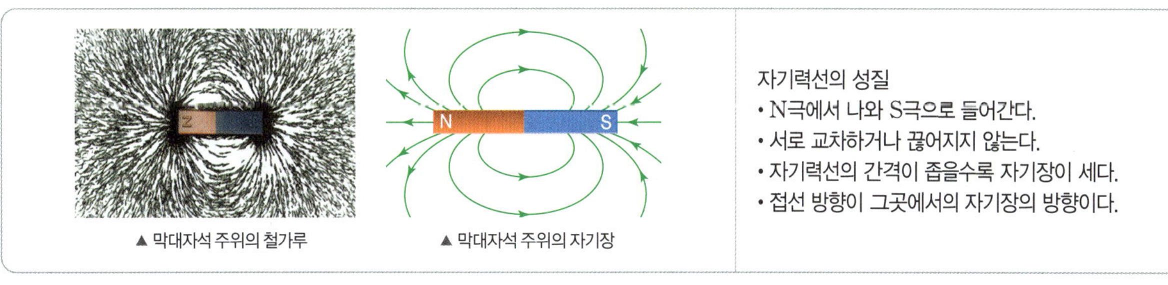

▲ 막대자석 주위의 철가루

▲ 막대자석 주위의 자기장

자기력선의 성질
- N극에서 나와 S극으로 들어간다.
- 서로 교차하거나 끊어지지 않는다.
- 자기력선의 간격이 좁을수록 자기장이 세다.
- 접선 방향이 그곳에서의 자기장의 방향이다.

2 전류가 흐르는 도선 주위의 자기장

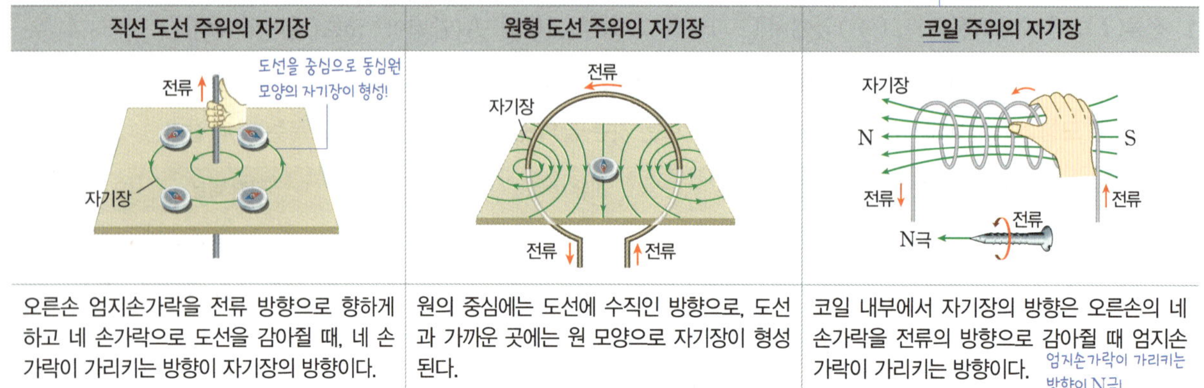

직선 도선 주위의 자기장	원형 도선 주위의 자기장	코일 주위의 자기장
오른손 엄지손가락을 전류 방향으로 향하게 하고 네 손가락으로 도선을 감아쥘 때, 네 손가락이 가리키는 방향이 자기장의 방향이다.	원의 중심에는 도선에 수직인 방향으로, 도선과 가까운 곳에는 원 모양으로 자기장이 형성된다.	코일 내부에서 자기장의 방향은 오른손의 네 손가락을 전류의 방향으로 감아쥘 때 엄지손가락이 가리키는 방향이다. 엄지손가락이 가리키는 방향이 N극!

---

5 자기장 속에서 전류가 흐르는 도선이 받는 힘

1 자기장 속에서 전류가 흐르는 도선이 받는 힘: 전류의 방향과 자기장의 방향에 각각 수직인 방향으로 힘을 받는다. ➡ 오른손의 네 손가락을 자기장의 방향, 엄지손가락을 전류의 방향으로 향하게 할 때, 손바닥이 향하는 방향이 도선이 받는 힘의 방향이다. ─ 도선이 받는 힘의 방향은 전류의 방향, 자기장의 방향에 따라 달라져!

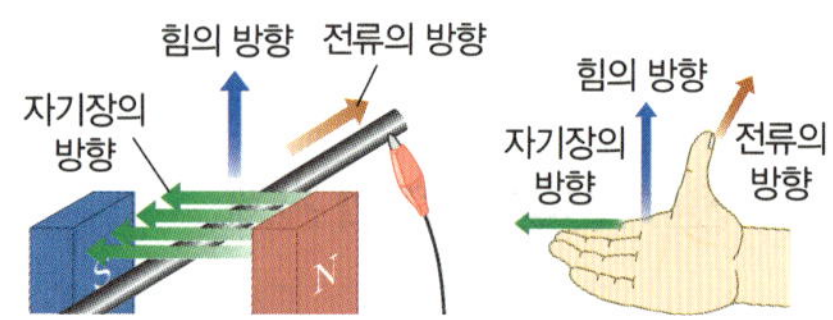

2 자기장 속에서 전류가 흐르는 도선이 받는 힘의 크기

(1) 도선이 받는 힘의 크기는 전류의 세기가 셀수록, 자기장의 세기가 셀수록 크다.

(2) 전류의 방향과 자기장의 방향이 수직일 때 도선이 받는 힘의 크기가 가장 크다.

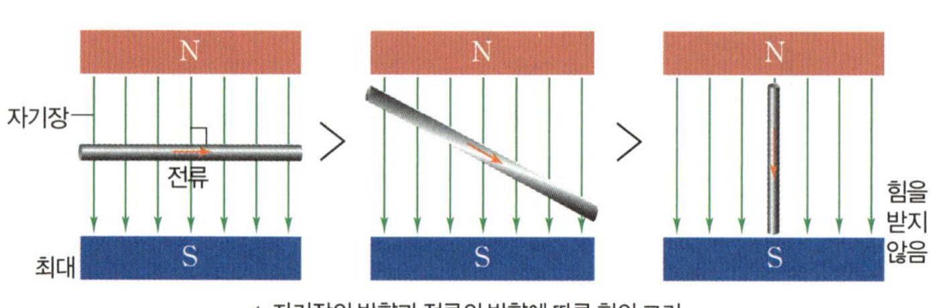

▲ 자기장의 방향과 전류의 방향에 따른 힘의 크기

3 전동기: 자기장 속에서 전류가 흐르는 도선이 받는 힘을 이용하여 전기 에너지를 운동 에너지로 전환시키는 장치

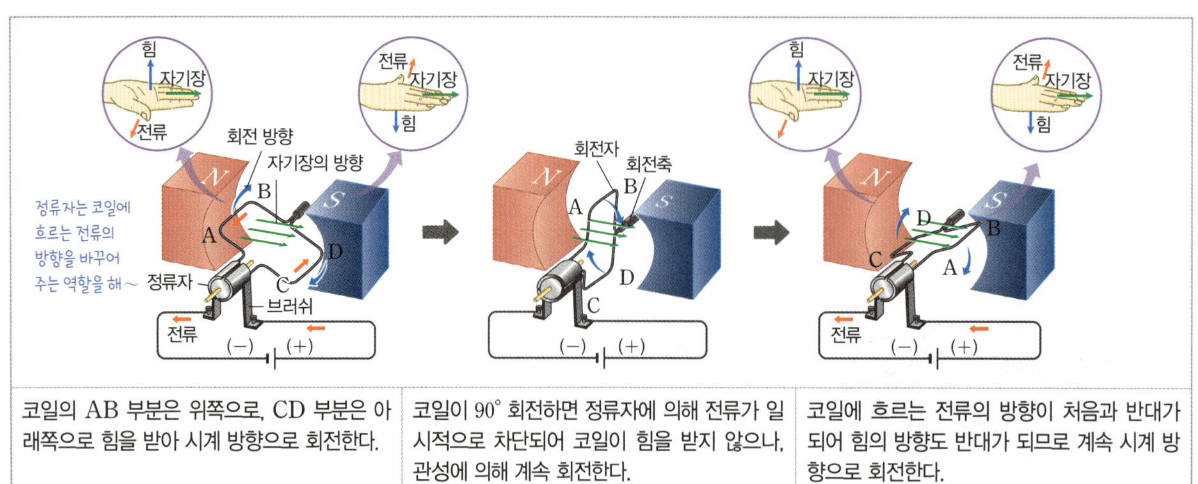

코일의 AB 부분은 위쪽으로, CD 부분은 아래쪽으로 힘을 받아 시계 방향으로 회전한다.	코일이 90° 회전하면 정류자에 의해 전류가 일시적으로 차단되어 코일이 힘을 받지 않으나, 관성에 의해 계속 회전한다.	코일에 흐르는 전류의 방향이 처음과 반대가 되어 힘의 방향도 반대가 되므로 계속 시계 방향으로 회전한다.

실력 다지기 문제

11 전기 에너지의 생산

① 전자기 유도

01

그림은 전자기 유도 현상에 대해 학생 A~C가 대화하는 모습을 나타낸 것이다.

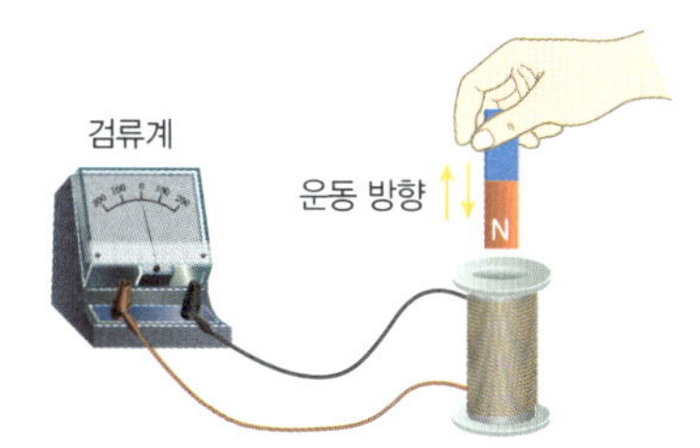

제시한 내용이 옳은 학생만을 있는 대로 고른 것은?

① A   ② B   ③ A, C
④ B, C   ⑤ A, B, C

02 ✔빈출

그림은 검류계가 연결된 코일에 자석의 N극이 가까워지는 모습을 나타낸 것이다. 자석의 N극이 코일에 가까워지는 동안, 검류계에 흐르는 전류의 방향은 a → ⓖ → b 방향이다. 이에 대한 설명으로 옳은 것만을 〈보기〉에서 있는 대로 고른 것은?

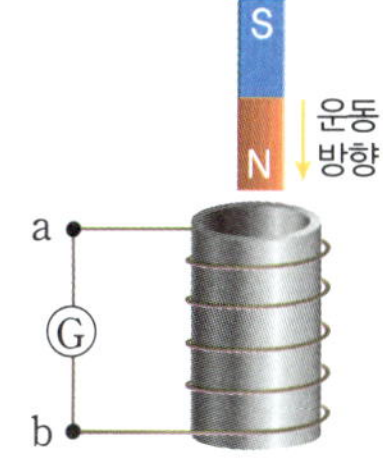

〈보기〉

ㄱ. 코일을 통과하는 자기장의 세기는 일정하다.
ㄴ. 코일과 자석 사이에는 밀어 내는 자기력이 작용한다.
ㄷ. 자석의 N극을 코일에서 멀리 하면 검류계에 흐르는 전류의 방향은 b → ⓖ → a이다.

① ㄱ   ② ㄴ   ③ ㄱ, ㄷ
④ ㄴ, ㄷ   ⑤ ㄱ, ㄴ, ㄷ

03   난이도 상

그림은 빗면을 따라 내려온 자석이 수평인 레일을 따라 저항이 연결된 코일을 통과하는 모습을 나타낸 것이다. 점 a와 b는 레일상의 점이고, 코일의 중심으로부터 떨어진 거리가 같다.

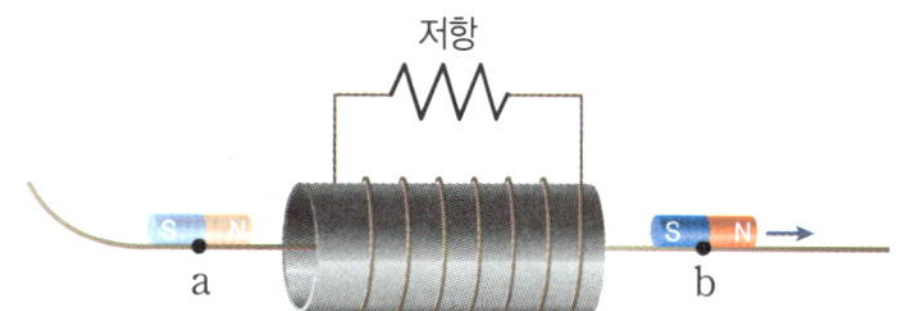

이에 대한 설명으로 옳은 것만을 〈보기〉에서 있는 대로 고른 것은? (단, 모든 마찰과 공기 저항은 무시한다.)

〈보기〉

ㄱ. 저항에 흐르는 전류의 방향은 자석이 a를 지날 때와 b를 지날 때가 같다.
ㄴ. 저항에 흐르는 전류의 세기는 자석이 a를 지날 때가 b를 지날 때보다 세다.
ㄷ. 자석이 b를 지날 때, 코일과 자석 사이에는 끌어당기는 자기력이 작용한다.

① ㄱ   ② ㄴ   ③ ㄱ, ㄷ
④ ㄴ, ㄷ   ⑤ ㄱ, ㄴ, ㄷ

04

다음 (가)~(다) 중에서 전자기 유도 현상을 이용하는 것만을 있는 대로 고른 것은?

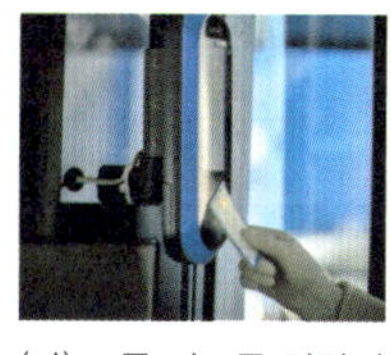

(가) 무선 충전기 위에 휴대 전화를 올려놓고 충전한다.

(나) 전자석 기중기로 고철을 들어 올린다.

(다) 교통 카드를 단말기에 가까이 하여 요금을 지불한다.

① (가)   ② (나)   ③ (가), (다)
④ (나), (다)   ⑤ (가), (나), (다)

2 발전기의 원리

05 ✔빈출

그림은 발전기의 구조를 나타낸 것이다. 코일이 자기장 속에서 회전할 때 전구에 불이 켜진다.

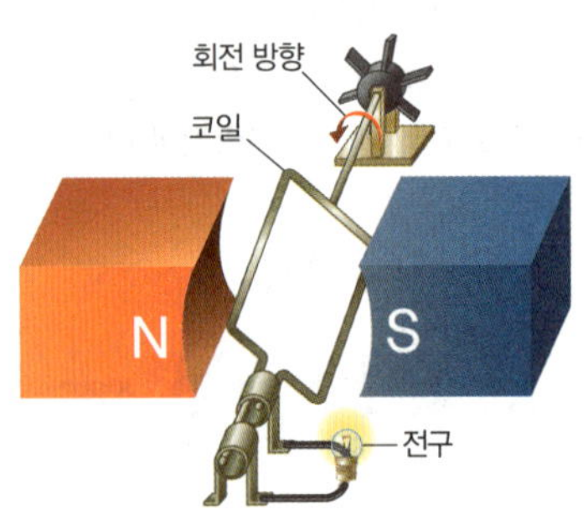

이에 대한 설명으로 옳은 것만을 〈보기〉에서 있는 대로 고른 것은?

보기
ㄱ. 발전기는 전자기 유도 현상을 이용한다.
ㄴ. 전구에 흐르는 전류의 세기와 방향은 계속 바뀐다.
ㄷ. 발전기에서는 운동 에너지가 전기 에너지로 전환된다.

① ㄱ　　　② ㄴ　　　③ ㄱ, ㄷ
④ ㄴ, ㄷ　　　⑤ ㄱ, ㄴ, ㄷ

06

난이도 상

그림은 발전기의 구조를 나타낸 것이다.

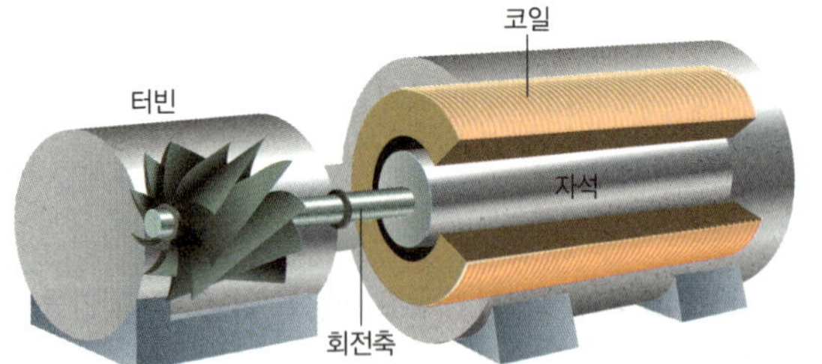

이에 대한 설명으로 옳은 것만을 〈보기〉에서 있는 대로 고른 것은?

보기
ㄱ. 발전기에서는 운동 에너지가 전기 에너지로 전환된다.
ㄴ. 터빈이 돌아가면 자석이 코일 속에서 회전한다.
ㄷ. 터빈의 회전 속력이 클수록 유도 전류의 세기는 감소한다.

① ㄱ　　　② ㄴ　　　③ ㄷ
④ ㄱ, ㄴ　　　⑤ ㄱ, ㄷ

3 화력 발전과 핵발전

07

다음은 화력 발전소와 핵발전소에서 전기 에너지를 얻는 에너지 전환 과정을 순서대로 나타낸 것이다.

화력 발전소	화학 에너지 → (가) → 운동 에너지 → 전기 에너지
핵발전소	핵에너지 → 열에너지 → (나) → 전기 에너지

(가)와 (나)에 들어갈 에너지를 옳게 짝 지은 것은?

	(가)	(나)
①	열에너지	운동 에너지
②	열에너지	위치 에너지
③	빛에너지	위치 에너지
④	위치 에너지	빛에너지
⑤	위치 에너지	운동 에너지

08

그림은 여러 발전소의 발전 과정을 나타낸 것이다. (가)와 (나)는 각각 화력 발전, 핵발전 중 하나이다.

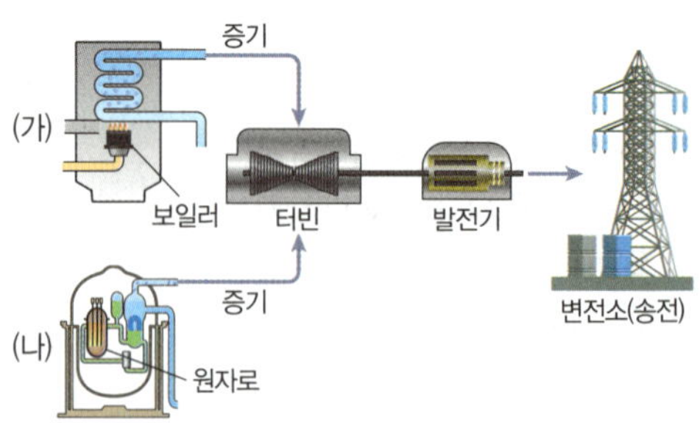

이에 대한 설명으로 옳은 것만을 〈보기〉에서 있는 대로 고른 것은?

보기
ㄱ. (가)에서 이용하는 연료는 탄소 화합물이다.
ㄴ. (나)의 원자로에서는 핵분열 반응이 일어난다.
ㄷ. (가), (나)는 공통으로 전자기 유도 현상을 이용한다.

① ㄱ　　　② ㄴ　　　③ ㄱ, ㄷ
④ ㄴ, ㄷ　　　⑤ ㄱ, ㄴ, ㄷ

09

그림은 핵발전소의 원리를 나타낸 것이다.

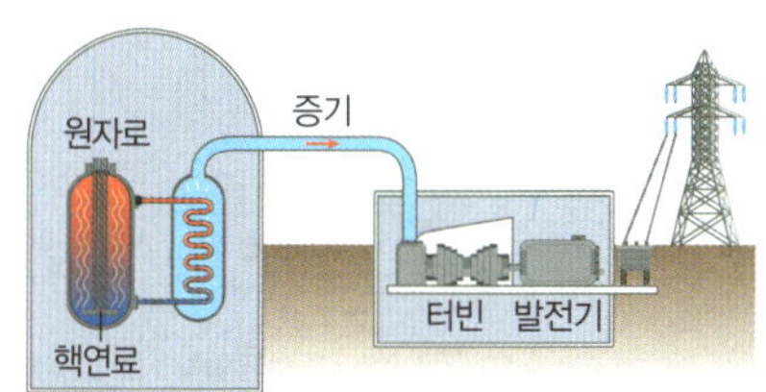

이에 대한 설명으로 옳은 것만을 〈보기〉에서 있는 대로 고른 것은?

〈보기〉
ㄱ. 원자로에서는 핵융합 반응이 일어난다.
ㄴ. 화석 연료의 화학 에너지를 에너지원으로 사용한다.
ㄷ. 전기 에너지를 생산하는 과정에서 열에너지가 운동 에너지로 전환된다.

① ㄱ　　　　② ㄷ　　　　③ ㄱ, ㄴ
④ ㄴ, ㄷ　　　⑤ ㄱ, ㄴ, ㄷ

10 ✔빈출

그림은 화력 발전소와 핵발전소를 나타낸 것이다.

화력 발전소　　　　　　　핵발전소

이에 대한 설명으로 옳은 것만을 〈보기〉에서 있는 대로 고른 것은?

〈보기〉
ㄱ. 화력 발전소의 에너지원은 고갈되지 않는다.
ㄴ. 화력 발전소와 핵발전소에서 터빈은 발전기에 운동 에너지를 전달한다.
ㄷ. 발전기는 전자기 유도 현상을 이용하여 운동 에너지를 전기 에너지로 전환한다.

① ㄱ　　　　② ㄴ　　　　③ ㄱ, ㄷ
④ ㄴ, ㄷ　　　⑤ ㄱ, ㄴ, ㄷ

---

11 ✔빈출

그림과 같이 검류계를 연결한 코일에 자석을 가까이 하거나 멀리 하였다.

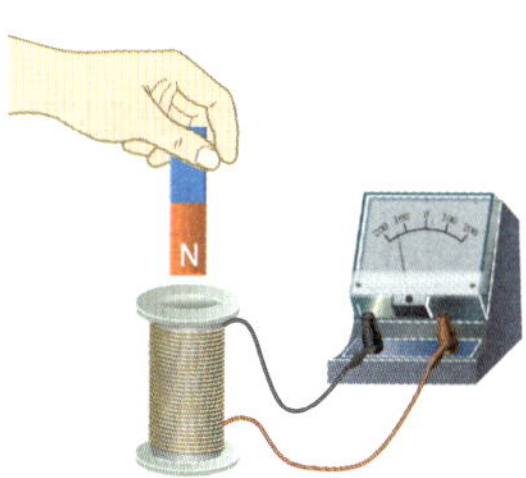

(1) 검류계에 흐르는 유도 전류의 세기를 세게 하는 방법 세 가지를 서술하시오.

(2) 그림 (가)는 자석의 N극을 코일에 가까이 하는 모습을, (나)는 자석의 S극을 코일에서 멀리 하는 모습을 나타낸 것이다.

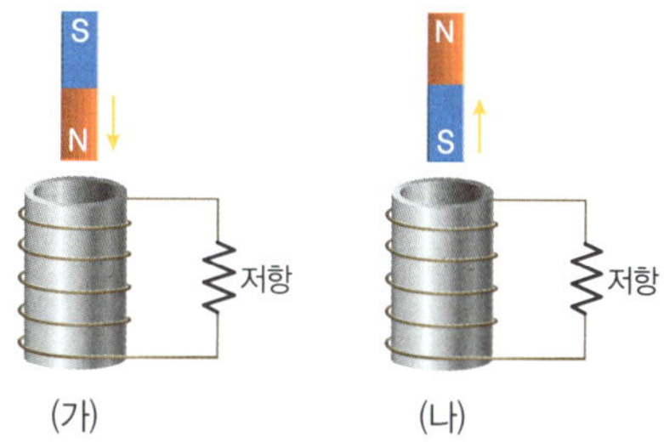

(나)에서 저항에 흐르는 유도 전류의 방향을 (가)와 비교하고, 그 까닭을 서술하시오.

12

그림은 화력 발전과 핵발전의 발전 과정을 나타낸 것이다.

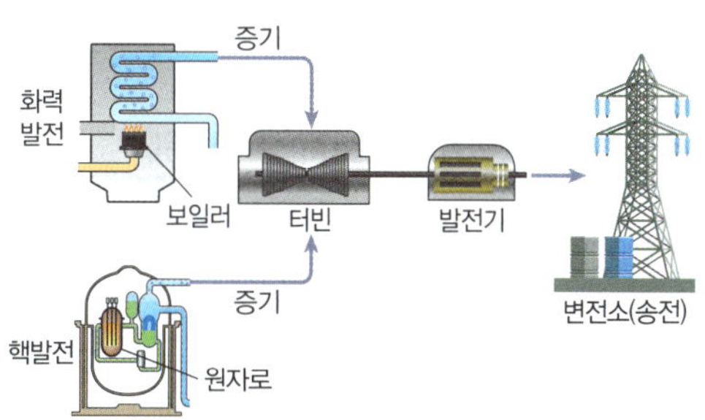

(1) 화력 발전에서 일어나는 에너지 전환 과정을 순서대로 서술하시오.

(2) 원자로에서 일어나는 반응과 에너지 전환에 대해 서술하시오.

(3) 화력 발전과 핵발전의 공통점과 차이점에 대해 서술하시오.

12 에너지 효율과 신재생 에너지

1 에너지의 전환과 보존

1 여러 가지 에너지

(1) **에너지**: 일을 할 수 있는 능력 [단위 J(줄)] 힘과 에너지는 다른 거야! 힘의 단위는 N!

(2) 에너지의 종류

종류		정의
역학적 에너지	운동 에너지	운동하고 있는 물체가 가지는 에너지
	위치 에너지 (퍼텐셜 에너지)	물체가 위치에 따라 잠재적으로 가지는 에너지 예 중력에 의한 위치 에너지, 탄성력에 의한 위치 에너지
파동 에너지	빛에너지	가시광선, X선, 적외선, 자외선 등과 같이 빛의 형태로 전달되는 에너지
	소리 에너지	공기와 같은 매질의 진동에 의해 전달되는 에너지
열에너지		물체를 이루는 원자의 진동이나 분자 운동에 의한 에너지로, 고온의 물체에서 저온의 물체로 이동하며 물체의 온도와 상태를 변화시키는 에너지
핵에너지		원자핵이 분열하거나 융합할 때 발생하는 에너지
전기 에너지		전류의 흐름에 의해 발생하는 에너지
화학 에너지		화학 결합에 의해 물질 속에 저장되어 있는 에너지

2 에너지의 전환과 보존

(1) **에너지의 전환**: 한 형태의 에너지가 다른 형태로 바뀌는 것이며, 자연이나 일상생활의 모든 현상에서 에너지 전환이 일어난다.

자연 현상에서의 에너지 전환		일상생활에서의 에너지 전환	
폭포	물의 위치 에너지 → 운동 에너지	전기밥솥	전기 에너지 → 열에너지
번개	구름의 전하량, 전하의 종류 차이에 의한 전기 에너지 → 빛에너지	음식 섭취	음식의 화학 에너지 → 운동 에너지, 열에너지
동물	저장된 화학 에너지 → 운동 에너지	세탁기	전기 에너지 → 운동 에너지

🔍 자세하게 여러 가지 에너지 전환의 예

일상에서는 에너지를 다양한 형태로 전환하여 사용하고 있다.

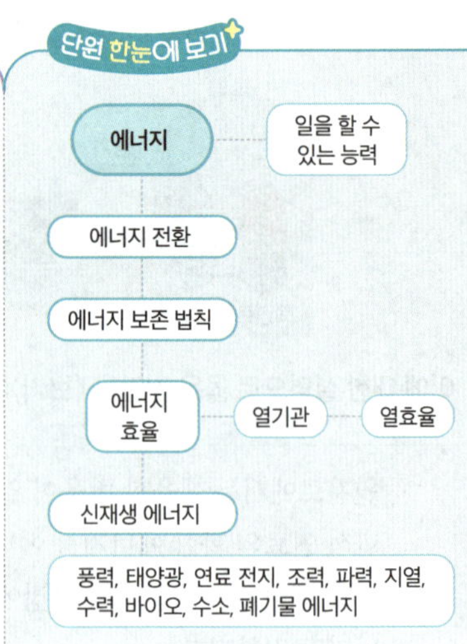

(2) **에너지 보존 법칙**: 에너지는 한 형태에서 다른 형태로의 전환은 가능하지만 새로 생기거나 사라지지는 않으며, 에너지의 총량은 항상 일정하게 보존된다는 법칙이다.

- 에너지의 총량은 보존되지만 에너지가 전환될 때마다 일부 에너지는 다시 사용할 수 없는 열에너지로 전환❶된다. ➡ 에너지가 전환될수록 우리가 사용할 수 있는 에너지의 양은 감소하므로, 에너지를 효율적으로 이용해야 한다.

단원 한눈에 보기

에너지 ─ 일을 할 수 있는 능력

에너지 전환

에너지 보존 법칙

에너지 효율 ─ 열기관 ─ 열효율

신재생 에너지

풍력, 태양광, 연료 전지, 조력, 파력, 지열, 수력, 바이오, 수소, 폐기물 에너지

일과 에너지의 관계

과학에서의 에너지는 일을 할 수 있는 능력으로, 물체가 외부에 한 일만큼 물체의 에너지가 변한다.

❶ 에너지 전환

에너지가 전환될 때마다 다시 사용할 수 없는 열에너지가 발생하기 때문에 유용한 에너지의 양은 점점 감소한다.

📖 용어인

- **J(줄)** 에너지 단위인 J(줄)은 19세기의 물리학자로, 역학적 에너지와 열에너지 사이의 정량적 관계를 밝힌 과학자 줄의 이름에서 인용하였다.

- 에너지 전환 과정에서 생기는 모든 에너지를 합한 양은 전환되기 전 에너지의 양과 같다.
- 휴대 전화에 공급된 전기 에너지＝운동 에너지＋빛에너지＋소리 에너지＋열에너지

최종적인 에너지의 형태
에너지는 최종적으로 다시 사용하기 어려운 열에너지의 형태로 전환된다.

❷ 에너지의 효율적 이용

1 에너지 효율: 공급한 에너지 중에서 유용하게 사용한 에너지의 비율

$$\text{에너지 효율}(\%) = \frac{\text{유용하게 사용한 에너지}}{\text{공급한 에너지}} \times 100$$

2 열기관과 열효율

(1) **열기관**: 열에너지를 이용하여 동력을 얻는 장치
　└─ 주로 화석 연료를 연소시켜 열에너지를 얻어!

(2) **열효율(e)❷**: 열기관의 에너지 효율

① 열기관에 공급된 열에너지(Q_1) 중에서 열기관이 실제로 한 일(W)❸이 차지하는 비율

$$\text{열효율}(\%) = \frac{\text{열기관이 한 일}(W)}{\text{공급한 열에너지}(Q_1)} \times 100 = \frac{Q_1 - Q_2}{Q_1} \times 100$$

② 효율이 1(＝100 %)인 열기관은 존재하지 않는다. ➡ 열기관에서는 마찰이나 배기 가스 등으로 방출되는 열에너지가 존재하므로 열효율의 최댓값은 항상 1보다 작다. 공급한 열을 모두 일로 전환하는 열기관은 존재할 수 없지!

3 에너지를 효율적으로 이용하는 예

(1) **전기 자동차**: 전기 자동차는 배터리의 전기 에너지로 전동기를 작동하여 바퀴를 움직이므로 발생하는 열에너지의 양이 적어 에너지 효율이 높다.

❷ 열효율
$$\text{열효율}(\%) = \frac{\text{열기관이 한 일}}{\text{공급한 열에너지}} \times 100$$

❸ 열기관에서의 에너지 흐름

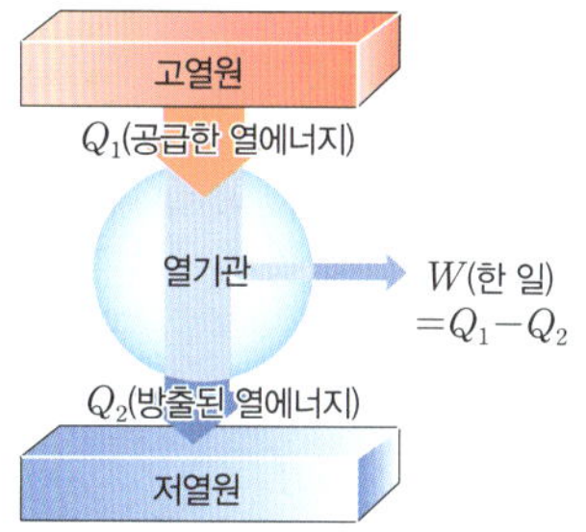

- 온도가 높은 고열원에서 온도가 낮은 저열원으로 이동하는 열의 일부를 역학적 에너지로 전환하여 외부에 일을 한다.
- 고열원에서 열기관으로 공급한 열에너지(Q_1)는 열기관이 한 일(W)과 저열원으로 빠져나간 열에너지(Q_2)의 합과 같다. ➡ $Q_1 = W + Q_2$

화석 연료를 사용하는 내연 기관 자동차의 에너지 효율은 전기 자동차의 에너지 효율보다 낮다.

내연 기관 자동차의 효율	전기 자동차의 효율
내연 기관 자동차의 에너지 효율(%) $= \dfrac{\text{운동 에너지}(20\,\%)}{\text{화학 에너지}(100\,\%)} \times 100 = 20\,\%$	전기 자동차의 에너지 효율(%) $= \dfrac{\text{운동 에너지}(80\%)}{\text{전기 에너지}(100\%)} \times 100 = 80\,\%$

- **열기관** 에너지 전환 과정에서 에너지의 총량은 일정하게 유지되며, 열기관은 열을 일로 전환하는 장치이다.

(2) **하이브리드 자동차❹**: 주행 중 버려지는 에너지를 전기 에너지로 전환하여 배터리에 저장하였다가 전기 모터를 통해 다시 운동 에너지로 전환하여 에너지 낭비를 줄인다.

하이브리드 자동차의 원리

높은 효율의 운전 실현			에너지 전환	연료 낭비 최소화
시동	가속/오르막	정속 주행	감속/내리막	정지
모터	엔진＋모터	엔진	배터리 충전	엔진 정지
모터를 이용하여 엔진을 시동하기 때문에 가솔린 자동차보다 조용하고 연비가 우수하다.	모터가 엔진의 동력을 보조하기 때문에 연료가 절약된다.	엔진은 자동차를 움직이고, 여분의 운동 에너지는 전기 에너지로 전환되어 배터리에 저장된다.	연료 공급이 중단되고 자동차의 운동 에너지가 전기 에너지로 전환되어 배터리에 저장된다.	신호 대기 등 자동차가 정지했을 때는 엔진이 자동으로 정지되어 연료를 절약하고 배기가스를 줄인다.

(3) **LED등**: 전등은 전기 에너지가 빛에너지로 전환되는 비율이 높을수록 효율이 높다. 백열등의 경우는 공급된 에너지의 대부분이 필라멘트에서 발생하는 열에너지로 전환되어 에너지 효율이 매우 낮고, 형광등은 백열등보다는 효율이 높으나 가장 에너지 효율이 높은 것은 LED등이다. 백열등은 5 ~ 10 %, 형광등은 20 %의 효율이지만, LED는 30 % 정도의 효율과 긴 수명이 장점이야~

(4) **에너지 절약을 유도하기 위한 제도**

① 에너지 소비 효율 등급: 에너지 소비가 많은 제품에 소비 효율을 1~5등급으로 구분하여 표시 ➡ 에너지 소비 효율 등급의 숫자가 작은 제품일수록 불필요한 열에너지가 적게 발생한다.

② 대기 전력❺ 저감 프로그램: 대기 전력을 줄인 제품에 에너지 절약 표시를 붙인다.

▲ 에너지 소비 효율 등급 표시　　　▲ 에너지 절약 표시

---

❹ 하이브리드 자동차의 효율
일반 자동차에 전기 자동차의 원리를 접목한 자동차로 기존의 가솔린 엔진과 전기 모터(전동기), 배터리(전지)를 함께 사용하여 에너지 효율을 높인다.

에너지 제로 하우스
에너지를 자체적으로 생산하거나, 낭비되는 에너지를 줄여 외부로부터의 에너지 공급 없이 에너지 자급이 가능한 친환경적 미래형 주택이다.

❺ 대기 전력을 줄이는 방법
대기 전력이란 전기 제품을 사용하지 않고 콘센트만 꽂아 두어도 소비되는 전력을 의미한다. 따라서 사용하지 않는 전기 제품의 플러그를 콘센트에서 뽑아 두면 대기 전력을 줄일 수 있다.
• 스마트 플러그: 인터넷을 이용하여 스마트 플러그에 연결된 전기 제품을 원격으로 제어할 수 있다.

정답과 해설 38쪽

빈칸 채우기 문제

01 휴대 전화의 충전기에서는 (　　　) 에너지가 (　　　) 에너지로 전환된다.

02 에너지는 새로 생겨나거나 없어지지 않고 총량이 일정하게 보존되는데, 이를 (　　　　)이라고 한다.

03 (　　　　)은 공급한 에너지 중에서 유용하게 사용한 에너지의 비율이다.

04 전기 자동차는 전기 에너지로 바퀴를 움직이므로 발생하는 열에너지의 양이 (　　　) 에너지 효율이 (　　　).

○✕ 문제

05 식물에서 광합성이 일어날 때 빛에너지는 전기 에너지로 전환된다. （○✕）

06 에너지가 전환될 때마다 일부 에너지는 다시 사용할 수 없는 열에너지로 전환된다. （○✕）

07 휴대 전화를 사용할 때 발생하는 열에너지는 유용하게 사용된 에너지이다. （○✕）

08 열기관에 200 J의 열에너지가 공급되었을 때 열기관이 한 일이 20 J이라면 이 열기관의 열효율은 10 %이다. （○✕）

❸ 신재생 에너지 기술의 활용

1 신재생 에너지 ❻

(1) **신재생 에너지**: 기존의 화석 연료를 변환하여 이용하거나 햇빛, 물, 지열, 강수, 생물 유기체 등을 포함한 재생 가능한 에너지를 변환하여 이용하는 에너지

신에너지	기존에 사용하지 않았던 에너지를 전환하여 사용하는 새로운 에너지 ⑩ 연료 전지, 수소 에너지, 석탄의 액화·가스화 등
재생 에너지	생물, 물, 지열, 햇빛, 바람 등 양이 무한한 자원을 에너지로 사용하는 재생 가능한 에너지 ⑩ 바이오, 수력, 지열, 태양광, 태양열, 풍력, 해양, 폐기물 에너지 등

(2) **신재생 에너지의 특징**

① 에너지원의 양이 무한해 자원 고갈의 염려가 없다.

② 지속가능한 발전이 가능하다.

③ 환경 오염이나 기후 변화를 유발하는 정도가 낮아 친환경적이다.

④ 초기 투자 비용이 많이 들고 발전 효율이 낮다.

2 신재생 에너지 기술의 활용

(1) **풍력 에너지 ❼**: 바람의 운동 에너지를 이용하여 발전기에 연결된 날개를 돌려 전기를 생산하는 발전 방식으로 풍력 발전기는 지속적으로 바람이 부는 바닷가나 높은 산에 주로 설치한다.

(2) **태양광 발전 에너지**: 태양 전지판을 이용하여 태양의 빛에너지를 전기 에너지로 전환하여 직류 전기를 생산하는 발전 방식이다. 전자기유도 현상을 이용하지않아!

🔍 자세하게 태양 전지의 원리

• 태양 전지: 반도체로 만들어진 전지로, 태양의 빛에너지를 흡수하면 전지 내부의 전자가 한 쪽으로 이동하여 기전력이 발생하고, 외부 전기 회로에 연결하면 전류가 흐른다.

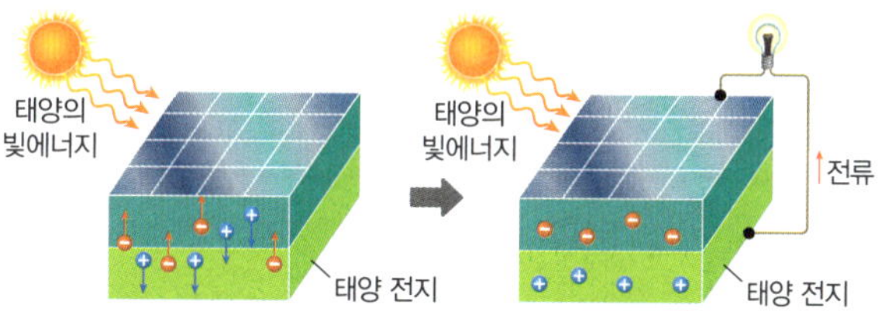

(3) **연료 전지 에너지**: 수소와 산소를 반응시켜 전기 에너지와 열에너지를 생산한다. 유일한 생성물이 물이어서 친환경적이고 에너지 효율이 높다. 수소 저장 기술과 안정화를 위한 기술 개발이 필요하다.

(4) **조력 발전 에너지**: 밀물 때 바닷물을 가두었다가 썰물 때 흘려보내면서 낙차(역학적 에너지)를 이용하여 터빈을 돌려 전기 에너지를 생산한다.

(5) **파력 발전 에너지**: 파도가 칠 때 해수면이 상승하거나 하강하여 생기는 공기의 흐름을 이용하여 전기 에너지를 생산하는 발전 방식이다.

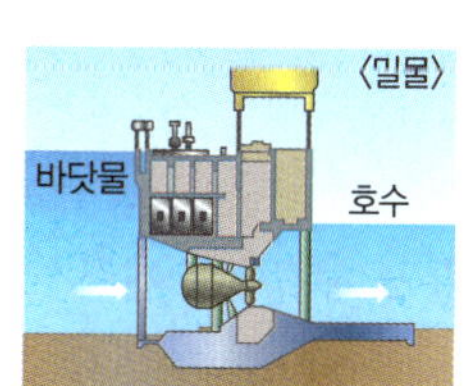

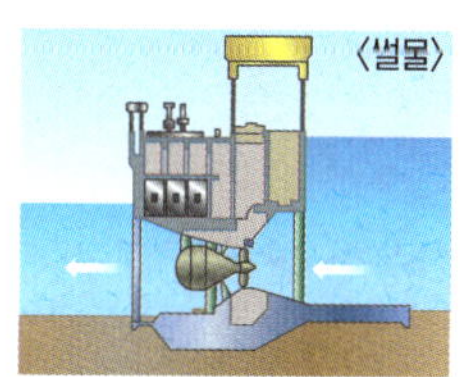

▲ 조력 발전

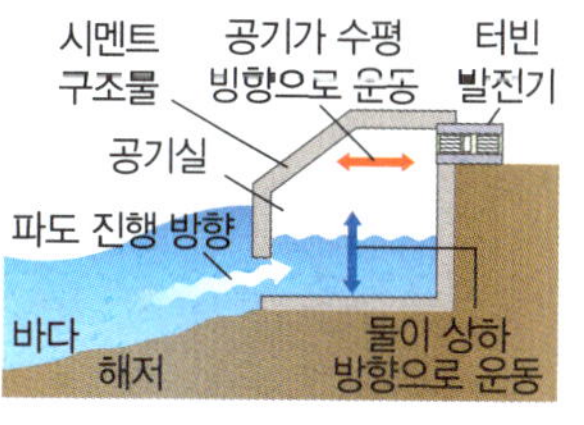

▲ 파력 발전

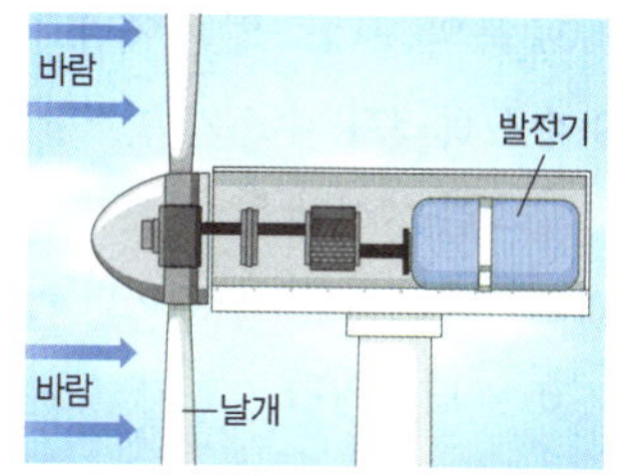

풍력 발전을 위해서는 풍력 발전기의 날개가 있는 높이에서의 바람의 속도가 평균 4 m/s 이상이어야 한다.
⑩ 우리나라 제주도, 대관령, 울릉도, 양양, 군산 등

태양열 발전

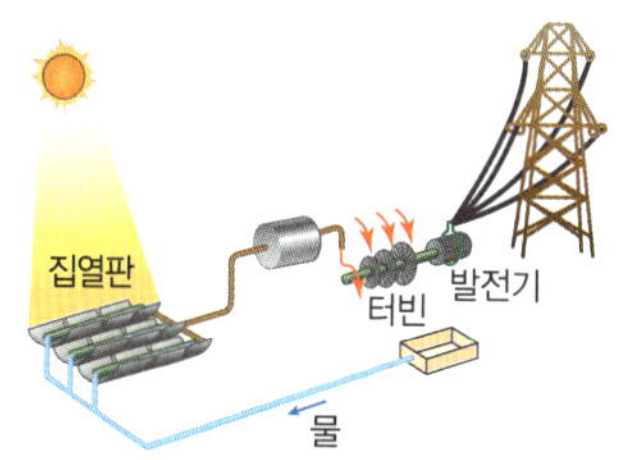

태양열에 의해 가열된 물의 증기를 이용하여 터빈을 돌려 전기 에너지를 생산한다.
전자기 유도 이용!   교류가 생성!

조류 발전

밀물과 썰물에 의한 조류가 빠른 곳에 터빈을 설치하여 전기 에너지를 생산한다.

(6) **지열 발전 에너지:** 땅속에 있는 고온의 지하수나 수증기를 끌어올려 터빈을 돌려 전기 에너지를 생산하는 발전 방식이다.

(7) **수력 발전 에너지:** 높은 곳의 물이 아래로 내려오며 발전기에 연결된 터빈을 돌려 전기 에너지를 생산하는 발전 방식이다.

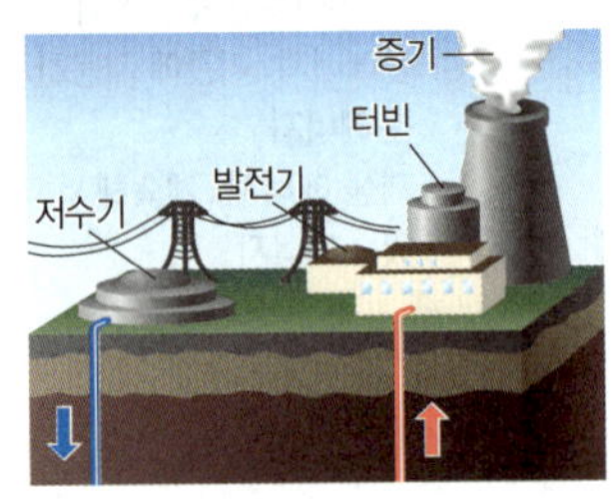

▲ 지열 발전

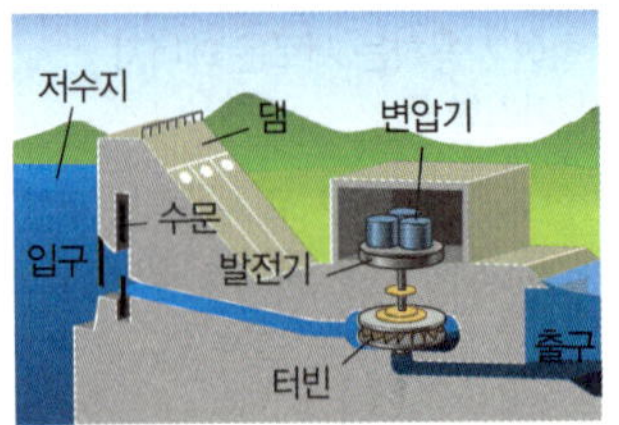

▲ 수력 발전

(8) **바이오 에너지:** 농작물, 나무, 음식물 쓰레기 등을 직접 태워서 얻거나 가스나 고체 연료 등의 형태로 얻는 에너지이다.

(9) **수소 에너지:** 수소가 연소할 때 발생하는 에너지이다. 물이나 유기 물질을 변환하는 등 수소를 생산해 활용한다.

(10) **폐기물 에너지:** 산업이나 가정에서 발생하는 폐기물을 연료로 하여 소각할 때 얻어지는 에너지이다.

3 친환경 에너지 도시: 환경 오염과 에너지 문제를 해결하기 위해 도시 지역 환경에 맞는 신재생 에너지나 기술을 활용하여 에너지 필요량을 최소화하는 도시이다.
　　예 영국의 베드제드❽ 마을, 독일의 프라이부르크❾ 마을, 삼척시 도계읍 무지개 마을 등

4 지속가능한 발전을 위한 국제적 노력: 국제 사회에서는 에너지 소비로 인한 화석 연료의 고갈과 환경 문제를 해결하고자 노력하고 있다.

❽ **베드제드(BedZED)**
영국 런던에 위치한 친환경 도시로, 수동 환기 시스템, 빗물을 모을 수 있는 지붕, 공동 차량 제도 등의 기술 및 정책을 통해 에너지 문제를 해결하고자 한다.

❾ **프라이부르크(Freiburg)**
독일의 남부에 위치한 친환경 도시로, 태양광이나 태양열을 이용한 난방과 수로를 통한 도시 내부 온도 조절, 건물의 높이와 건물 사이 간격 규제를 통한 도시의 바람길 조성, 자전거 사용 장려 등을 통해 에너지 문제를 해결하고자 한다.

정답과 해설 **38쪽**

바로 복습

빈칸 채우기 문제

09 기존에 사용하지 않았던 에너지를 전환하여 사용하는 새로운 에너지를 (　　　　　)라 하고, 계속해서 다시 사용할 수 있는 에너지를 (　　　　　)라고 한다.

10 풍력 발전은 바람의 (　　　) 에너지를 이용하여 발전기와 연결된 날개를 돌려 (　　　) 에너지로 전환하는 발전 방식이다.

11 태양광 발전은 (　　　　　)를 이용하여 빛에너지를 직접 전기 에너지로 전환한다.

12 (　　　) 에너지는 농작물, 나무, 음식물 쓰레기 등을 태워서 가스나 고체 연료 등의 형태로 얻는다.

13 (　　　　　) 도시의 예로는 영국의 베드제드, 독일의 프라이부르크, 삼척시 무지개 마을 등이 있다.

OX 문제

14 기존의 화석 연료를 변환하여 이용하는 것도 신재생 에너지에 포함된다. 　〇　✕

15 연료 전지는 연료를 연소시켜 발생한 열에너지로 전기 에너지를 생산하는 장치이다. 　〇　✕

16 파도가 칠 때 해수면 변화를 이용하여 전기 에너지를 생산하는 것을 조력 발전이라고 한다. 　〇　✕

17 지열 발전은 땅속에 있는 고온의 지하수나 수증기를 이용한다. 　〇　✕

18 지속가능한 발전과 지구 환경 문제 해결에 신재생 에너지 기술을 활용하고 있다. 　〇　✕

실력 다지기 문제

12 에너지 효율과 신재생 에너지

❶ 에너지의 전환과 보존

01

그림은 에너지 전환 과정에 대해 설명하는 모습을 나타낸 것이다.

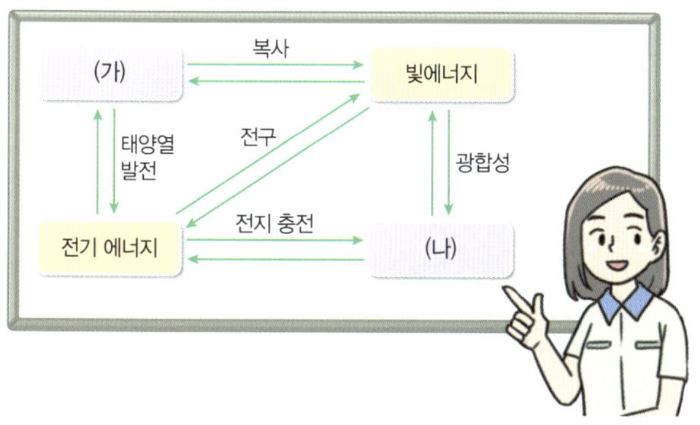

(가)와 (나)에 들어갈 에너지로 가장 적절한 것을 옳게 짝 지은 것은?

	(가)	(나)
①	열에너지	화학 에너지
②	열에너지	운동 에너지
③	화학 에너지	위치 에너지
④	화학 에너지	열에너지
⑤	핵에너지	운동 에너지

02

그림은 에너지 전환 과정을 나타낸 것이다.

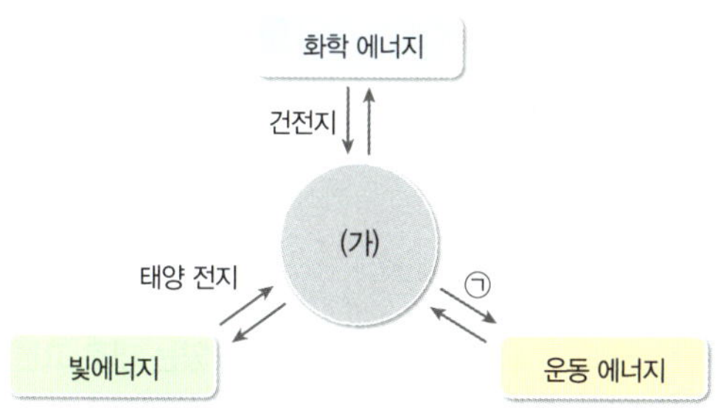

이에 대한 설명으로 옳은 것만을 〈보기〉에서 있는 대로 고른 것은?

보기
ㄱ. '전기 에너지'는 (가)에 해당한다.
ㄴ. 컴퓨터의 모니터에서는 ㉠에 해당하는 에너지 전환이 일어난다.
ㄷ. 태양 전지는 빛에너지를 모두 (가)로 전환시킨다.

① ㄱ   ② ㄷ   ③ ㄱ, ㄴ
④ ㄴ, ㄷ   ⑤ ㄱ, ㄴ, ㄷ

03 ✓빈출   난이도 상

그림은 에너지 효율이 25 %인 달리는 자동차에 공급된 에너지와 사용된 에너지의 비율을 나타낸 것이다.

이에 대한 설명으로 옳은 것만을 〈보기〉에서 있는 대로 고른 것은? (단, 자동차에 공급된 에너지는 모두 제시된 에너지로만 사용된다.)

보기
ㄱ. 휘발유는 화학 에너지에 해당한다.
ㄴ. ㉠은 달리는 데 사용된 에너지이다.
ㄷ. ㉡은 30 %이다.

① ㄱ   ② ㄷ   ③ ㄱ, ㄴ
④ ㄴ, ㄷ   ⑤ ㄱ, ㄴ, ㄷ

❷ 에너지의 효율적 이용

04

표는 화석 연료를 사용하는 자동차 A와 B가 같은 속력으로 주행할 때, 단위 시간당 엔진에 공급된 에너지와 엔진이 하는 일을 나타낸 것이다.

자동차	A	B
엔진에 공급된 에너지(kJ)	200	200
엔진이 하는 일(kJ)	40	50

이에 대한 설명으로 옳은 것만을 〈보기〉에서 있는 대로 고른 것은?

보기
ㄱ. 엔진에 공급된 에너지는 모두 운동 에너지로 전환된다.
ㄴ. 자동차의 에너지 효율은 A가 B보다 작다.
ㄷ. 같은 속력으로 같은 거리를 주행할 때, 버려지는 열에너지는 B가 A보다 적다.

① ㄱ   ② ㄷ   ③ ㄱ, ㄴ
④ ㄴ, ㄷ   ⑤ ㄱ, ㄴ, ㄷ

05

그림은 태양 전지를 이용하여 휴대 전화의 배터리를 충전하는 모습을 나타낸 것이다.

이에 대한 설명으로 옳은 것만을 〈보기〉에서 있는 대로 고른 것은?

〈보기〉

ㄱ. 태양 전지는 빛에너지를 전기 에너지로 전환한다.
ㄴ. 충전되는 배터리는 전기 에너지를 화학 에너지로 전환한다.
ㄷ. 태양 전지에 공급되는 에너지의 양과 배터리에 저장되는 에너지의 양은 같다.

① ㄱ   ② ㄷ   ③ ㄱ, ㄴ
④ ㄴ, ㄷ   ⑤ ㄱ, ㄴ, ㄷ

06

그림은 열기관을 나타낸 것이고, 표는 열기관 A, B가 고열원으로부터 흡수한 열에너지 Q_1, 외부에 한 일 W, 저열원으로 방출한 열에너지 Q_2를 나타낸 것이다.

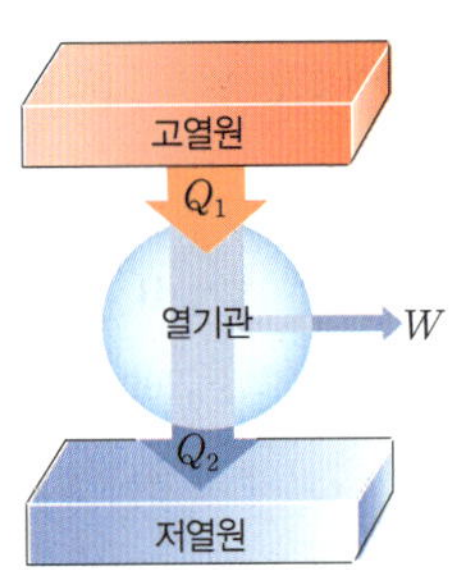

구분	A	B
$Q_1(J)$	240	㉡
$W(J)$	㉠	30
$Q_2(J)$	180	120

이에 대한 설명으로 옳은 것만을 〈보기〉에서 있는 대로 고른 것은?

〈보기〉

ㄱ. ㉠은 60이다.
ㄴ. ㉡은 150이다.
ㄷ. 열효율은 A가 B의 $\frac{4}{3}$배이다.

① ㄱ   ② ㄷ   ③ ㄱ, ㄴ
④ ㄴ, ㄷ   ⑤ ㄱ, ㄴ, ㄷ

07

표는 조명 장치 A, B에 공급된 전기 에너지가 빛에너지로 전환될 때의 효율을 나타낸 것이다.

구분	A	B
공급된 전기 에너지	E_0	$2E_0$
전환된 빛에너지	E	㉠
효율(%)	40	60

㉠으로 옳은 것은?

① E ② $2E$ ③ $3E$
④ $4E$ ⑤ $5E$

08 ✔빈출

그림은 휘발유를 연료로 사용하는 두 자동차 (가)와 (나)의 에너지 소비 효율 등급을 나타낸 것이다.

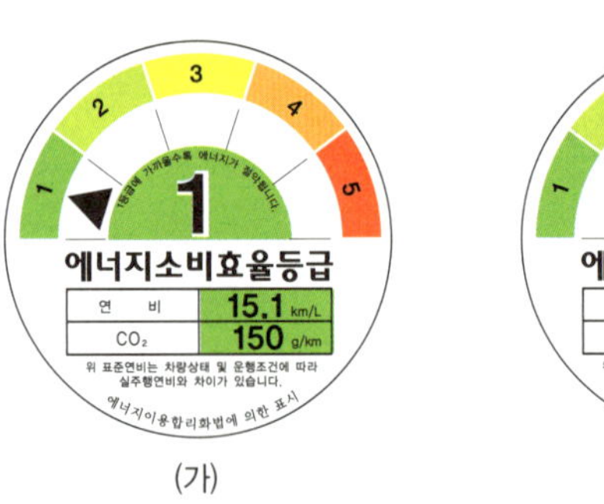

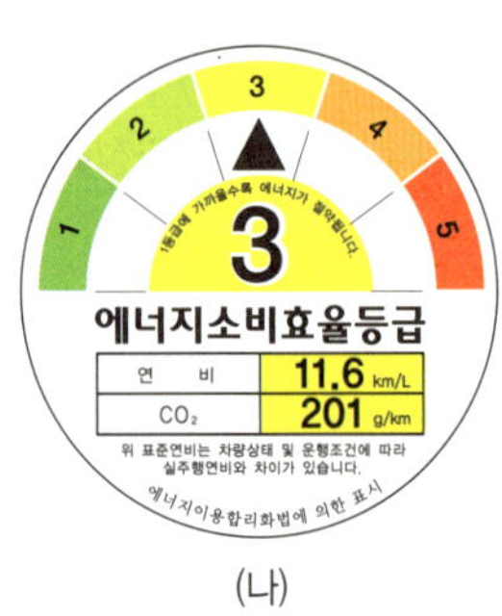

이에 대한 설명으로 옳은 것만을 〈보기〉에서 있는 대로 고른 것은? (단, CO_2는 1 km 주행하는 동안 배출하는 이산화 탄소의 양을 g으로 나타낸 것이다.)

〈보기〉

ㄱ. 자동차의 에너지 효율은 (가)가 (나)보다 낮다.
ㄴ. (가)가 (나)보다 친환경적인 자동차이다.
ㄷ. 같은 양의 연료로 주행할 수 있는 거리는 (가)가 (나)보다 길다.

① ㄱ   ② ㄴ   ③ ㄱ, ㄷ
④ ㄴ, ㄷ   ⑤ ㄱ, ㄴ, ㄷ

3 신재생 에너지 기술의 활용

09 ✔빈출

그림은 태양광 발전에 대해 학생 A∼C가 대화하는 모습을 나타낸 것이다.

제시한 내용이 옳은 학생만을 있는 대로 고른 것은?

① A ② C ③ A, B
④ B, C ⑤ A, B, C

10

난이도 상

그림 (가)와 (나)는 각각 태양광 발전소와 태양열 발전소를 나타낸 것이다.

(가)　　　　(나)

태양광 발전과 태양열 발전의 공통점으로 옳은 것만을 〈보기〉에서 있는 대로 고른 것은?

〈보기〉
ㄱ. 재생 에너지를 이용한다.
ㄴ. 전자기 유도 현상을 이용한다.
ㄷ. 열에너지가 운동 에너지로 전환되는 과정이 있다.

① ㄱ ② ㄴ ③ ㄱ, ㄷ
④ ㄴ, ㄷ ⑤ ㄱ, ㄴ, ㄷ

11

신재생 에너지를 이용한 발전 방식이 아닌 것은?

① 풍력 발전 ② 연료 전지 ③ 조력 발전
④ 화력 발전 ⑤ 태양광 발전

12

그림 (가)와 (나)는 각각 조력 발전과 파력 발전을 나타낸 것이다.

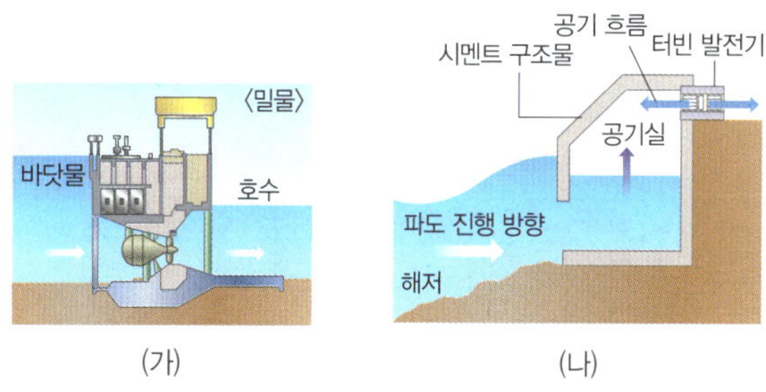

이에 대한 설명으로 옳은 것만을 〈보기〉에서 있는 대로 고른 것은?

〈보기〉
ㄱ. (가)와 (나)는 물의 역학적 에너지를 이용한다.
ㄴ. (가)는 밀물과 썰물 때 발생하는 해수면의 높이 차가 큰 지역에 설치해야 한다.
ㄷ. (가)와 (나)는 자원이 고갈될 염려가 크고, 발전 과정에서 온실 기체를 많이 배출한다.

① ㄱ ② ㄷ ③ ㄱ, ㄴ
④ ㄴ, ㄷ ⑤ ㄱ, ㄴ, ㄷ

13 ✔빈출

그림 (가)∼(다)는 각각 태양광 발전, 풍력 발전, 조력 발전을 나타낸 것이다.

(가)　　　　(나)　　　　(다)

이에 대한 설명으로 옳은 것만을 〈보기〉에서 있는 대로 고른 것은?

〈보기〉
ㄱ. (가)와 (나)는 날씨의 영향을 많이 받는다.
ㄴ. (나)와 (다)는 역학적 에너지를 이용하여 전기 에너지를 생산한다.
ㄷ. (가), (나), (다)는 모두 재생 가능한 에너지를 이용한다.

① ㄱ ② ㄷ ③ ㄱ, ㄴ
④ ㄴ, ㄷ ⑤ ㄱ, ㄴ, ㄷ

14

그림은 퀴즈 대회에서 출연자가 단계별로 공개되는 도움말을 통해 정답을 말하는 모습을 나타낸 것이다.

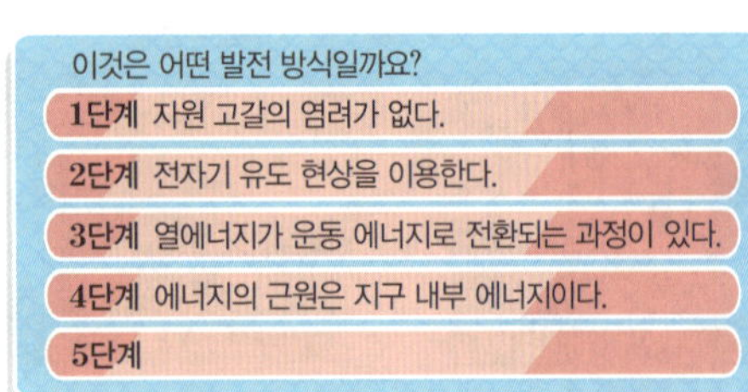

㉠에 들어갈 말로 옳은 것은?

① 핵발전   ② 지열 발전   ③ 조력 발전
④ 태양열 발전   ⑤ 태양광 발전

15

다음은 친환경 에너지 도시로 개발된 어느 도시의 에너지 관리 시스템에 대한 설명이다.

> (가) 건물 외벽에 고효율 단열재를 사용한다.
> (나) 모든 주택의 지붕에 태양 전지판을 설치한다.
> (다) 주거용 공간은 남쪽으로 배치한다.
> (라) 유리창은 3중창이고, 채광이 잘 되도록 넓은 창을 사용한다.
>
> 

이에 대한 설명으로 옳은 것만을 〈보기〉에서 있는 대로 고른 것은?

〈보기〉
ㄱ. (가)는 건물에서의 열손실을 막기 위해서이다.
ㄴ. (나)에서 전기 에너지를 얻는다.
ㄷ. (나), (다), (라)는 모두 태양 에너지를 이용하기 위해서이다.

① ㄱ   ② ㄷ   ③ ㄱ, ㄴ
④ ㄴ, ㄷ   ⑤ ㄱ, ㄴ, ㄷ

16

그림과 같이 헤어드라이어에 전기 에너지가 공급되면 송풍기의 전동기가 회전하면서 유입된 공기가 가열된 니크롬선을 통과해 따뜻한 공기로 배출된다.

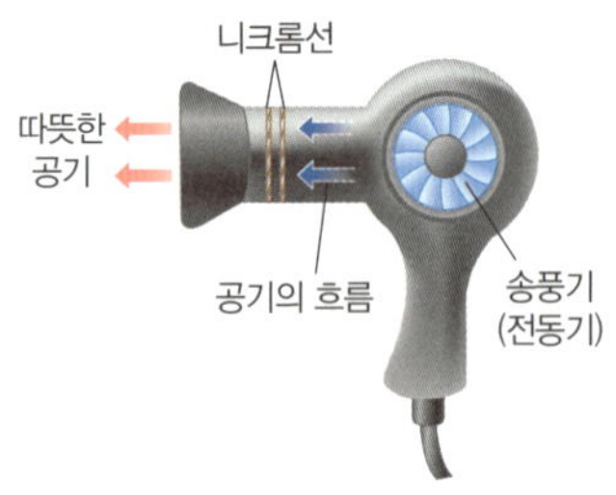

(1) 송풍기의 전동기에서 일어나는 에너지 전환을 서술하시오.

____

(2) 니크롬선에서 일어나는 에너지 전환을 서술하시오.

____

17

에너지가 전환될 때 전환되기 전의 에너지 총량은 전환된 후의 에너지 총량과 같다. 즉, 에너지는 새로 생겨나거나 없어지지 않는다. 그럼에도 에너지를 절약해야 하는 까닭은 무엇인지 서술하시오.

____

____

18 빈출

그림은 신재생 에너지를 이용하는 발전 방식을 분류 기준 (가)~(다)에 따라 분류한 것을 나타낸 것이다.

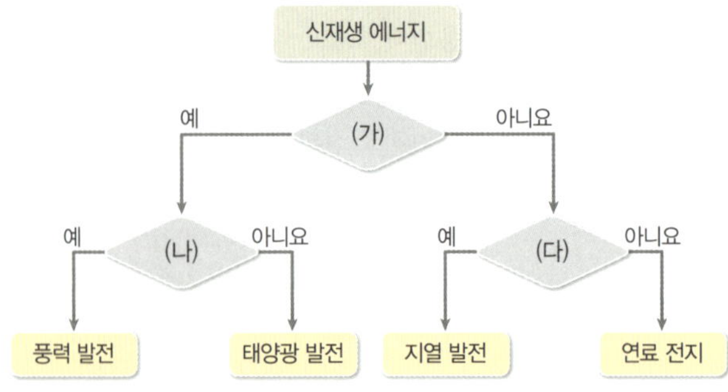

(가)~(다)에 들어갈 말을 다음 단어를 모두 사용하여 서술하시오.

> • 근원   • 전자기 유도   • 운동 에너지

____

____

10 태양 에너지의 생성과 전환

빈출 개념   핵융합 반응 ★★   태양 에너지의 전환 ★

1 태양 에너지의 생성 과정

그림 (가)는 태양에서 수소 원자핵 4 개가 헬륨 원자핵 1 개로 변할 때 태양 에너지가 방출되는 모습을, (나)는 지구에 도달한 태양 에너지에 의해 발생하는 기상 현상을 나타낸 것이다.

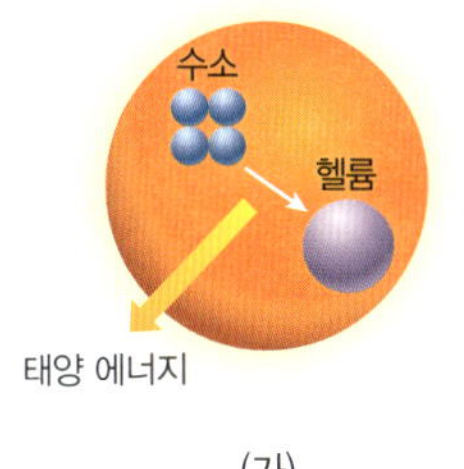
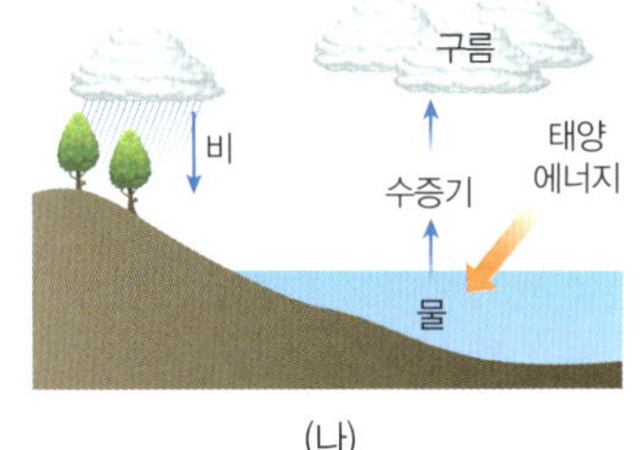

(가)   (나)

• 다음 설명 중 옳은 것은 ○표, 옳지 않은 것은 ✕표 하시오.

1 태양의 내부에서는 핵분열 반응이 일어난다. (○ ✕)

2 핵반응 과정에서 질량이 감소한다. (○ ✕)

3 수소 원자핵 4 개의 질량의 합은 헬륨 원자핵 1 개의 질량보다 크다. (○ ✕)

4 (나)에서 물이 수증기가 될 때 태양 에너지를 흡수한다.
(○ ✕)

5 비가 내릴 때, 떨어지는 빗방울의 위치 에너지는 증가한다.
(○ ✕)

2 태양 에너지의 생성과 전환

다음은 학생이 태양 에너지에 대해 조사한 자료이다.

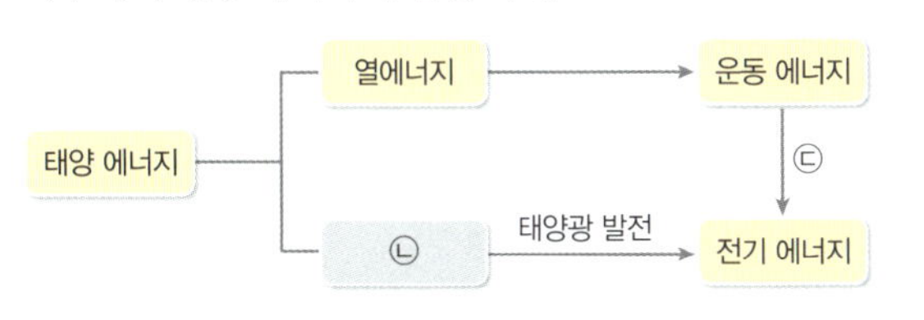

• 다음 설명 중 옳은 것은 ○표, 옳지 않은 것은 ✕표 하시오.

1 ㉠은 '핵융합 반응'이다. (○ ✕)

2 ㉠에서 반응 전 질량의 합과 반응 후 질량의 합은 같다.
(○ ✕)

3 ㉡은 '빛에너지'이다. (○ ✕)

4 조력 발전은 ㉢에 해당한다. (○ ✕)

5 태양열 발전은 핵분열 반응을 이용한다. (○ ✕)

3 태양 에너지의 전환 과정

그림은 태양 에너지의 전환 과정을 예시로 나타낸 것이다.

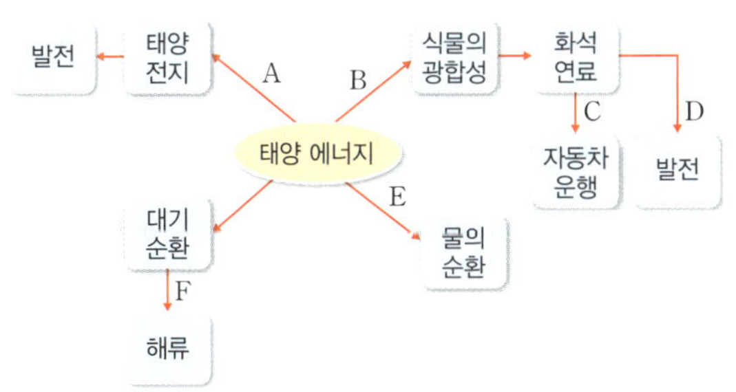

• 다음 설명 중 옳은 것은 ○표, 옳지 않은 것은 ✕표 하시오.

1 A와 B에서 태양 에너지는 열에너지 형태로 이용된다.
(○ ✕)

2 C는 화학 에너지가 열에너지로 전환되는 과정을 거친다.
(○ ✕)

3 D는 열에너지 → 역학적 에너지 → 전기 에너지 순으로 전환되는 과정을 거친다. (○ ✕)

4 E에서 태양 에너지는 물의 위치 에너지를 감소시키는 과정에 쓰인다. (○ ✕)

5 F에서 공기의 역학적 에너지는 해수의 역학적 에너지로 전환된다. (○ ✕)

11 전기 에너지의 생산

빈출 개념   전자기 유도 ★★★   여러 가지 발전 방식 ★★

4 전자기 유도

그림과 같이 코일 가까이에서 자석을 위아래로 움직이고 있다. 자석을 a 방향으로 움직이는 동안 검류계의 바늘이 오른쪽으로 움직였다.

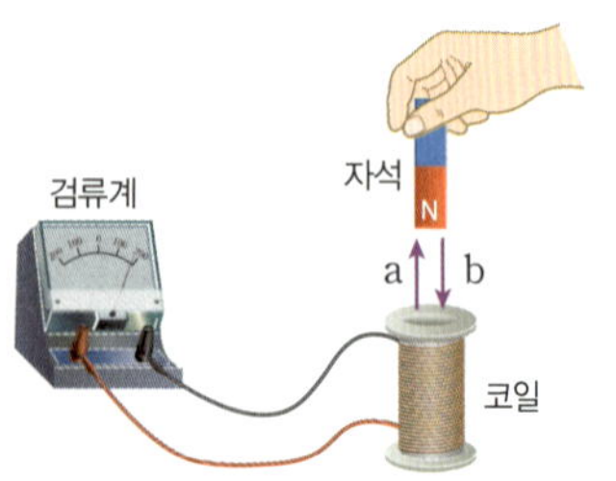

• 다음 설명 중 옳은 것은 ○ 표, 옳지 않은 것은 ✕ 표 하시오.

1 자석을 움직이면 코일을 통과하는 자기장의 세기가 변한다.
(○ ┊ ✕)

2 자석을 b 방향으로 움직이는 동안 검류계의 바늘이 오른쪽으로 움직인다.
(○ ┊ ✕)

3 자석의 S극을 코일에 가까이 하는 동안 검류계의 바늘은 오른쪽으로 움직인다.
(○ ┊ ✕)

4 자석을 빠르게 움직일수록 코일에 흐르는 전류의 세기가 약하다.
(○ ┊ ✕)

5 유도 전류의 방향

그림과 같이 N극이 아래로 향한 자석이 금속 고리의 중심축을 따라 운동하여 점 p, q를 지난다. p, q로부터 고리의 중심까지의 거리는 서로 같다. 자석이 p를 지날 때 유도 전류의 방향은 ⓑ이고, 고리에 흐르는 유도 전류의 세기는 자석이 p를 지날 때가 q를 지날 때보다 작다.

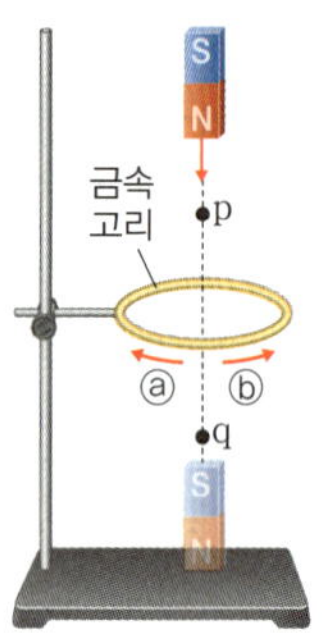

• 다음 설명 중 옳은 것은 ○ 표, 옳지 않은 것은 ✕ 표 하시오.

1 자석이 p를 지날 때 자석과 고리 사이에는 서로 당기는 자기력이 작용한다.
(○ ┊ ✕)

2 자석이 q를 지날 때 자석과 고리 사이에는 서로 미는 자기력이 작용한다.
(○ ┊ ✕)

3 자석이 q를 지날 때 고리에 흐르는 유도 전류의 방향은 ⓐ이다.
(○ ┊ ✕)

4 자석의 속력은 p에서가 q에서보다 작다. (○ ┊ ✕)

5 자석이 고리로부터 받는 자기력의 방향은 p를 지날 때와 q를 지날 때가 같다.
(○ ┊ ✕)

6 발전 원리

그림은 화력 발전과 핵발전에서 일어나는 에너지 전환 과정을 나타낸 것이다.

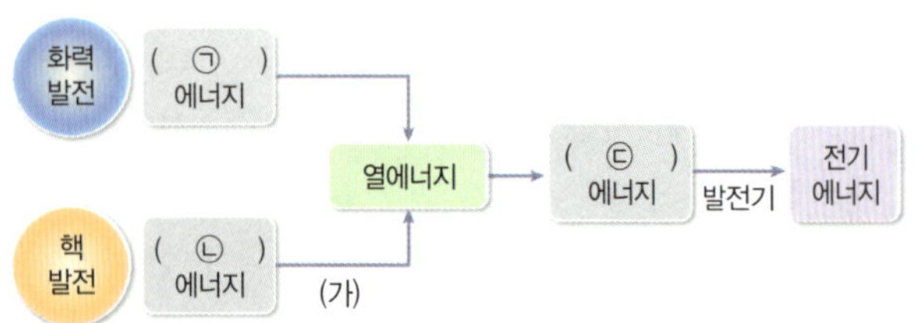

• 다음 설명 중 옳은 것은 ○ 표, 옳지 않은 것은 ✕ 표 하시오.

1 ㉠은 '화학'이다. (○ ┊ ✕)

2 ㉡은 '화학'이다. (○ ┊ ✕)

3 ㉡ 에너지가 열에너지로 전환되는 곳은 원자로이다.
(○ ┊ ✕)

4 (가)는 '핵융합'이다. (○ ┊ ✕)

5 ㉢은 '운동'이다. (○ ┊ ✕)

6 발전기는 정전기 유도 현상을 이용한다. (○ ┊ ✕)

7 핵발전과 화력 발전

그림 (가)와 (나)는 각각 핵발전소와 화력 발전소를 나타낸 것이다.

(가)   (나)

• 다음 설명 중 옳은 것은 ○표, 옳지 <u>않은</u> 것은 ×표 하시오.

1 (가)는 핵융합 반응을 이용한다. (○ ×)

2 (나)는 연소 반응을 이용한다. (○ ×)

3 (가), (나) 모두 '열에너지 → 운동 에너지 → 전기 에너지'의 에너지 전환 과정이 나타난다. (○ ×)

4 (나)는 지속가능한 발전 방식이다. (○ ×)

5 (가), (나)는 모두 전자기 유도 현상을 이용한다. (○ ×)

---

12 에너지 효율과 신재생 에너지

빈출 개념 에너지 전환과 보존 ★★   에너지 효율 ★★★   신재생 에너지 ★★★

8 에너지의 전환

그림은 우리 생활에서 볼 수 있는 여러 가지 에너지와 에너지 전환을 나타낸 것이다.

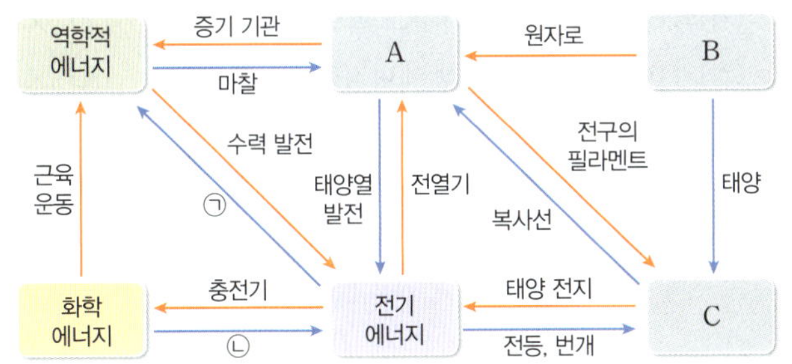

• 다음 설명 중 옳은 것은 ○표, 옳지 <u>않은</u> 것은 ×표 하시오.

1 A는 열에너지이다. (○ ×)

2 B는 태양열 에너지이다. (○ ×)

3 C는 빛에너지이다. (○ ×)

4 발광 다이오드(LED)는 ㉠에 해당한다. (○ ×)

5 휴대폰의 배터리는 ㉡에 해당한다. (○ ×)

6 에너지의 전환 과정에서 사용할 수 없는 열에너지가 발생한다. (○ ×)

9 에너지 보존과 효율

그림은 발전기에 공급된 화학 에너지의 에너지 전환 과정을 나타낸 것이다. 발전기는 화학 에너지를 모두 전기 에너지와 ㉠으로, 조명 장치는 전기 에너지를 모두 빛에너지와 ㉡으로 전환한다.

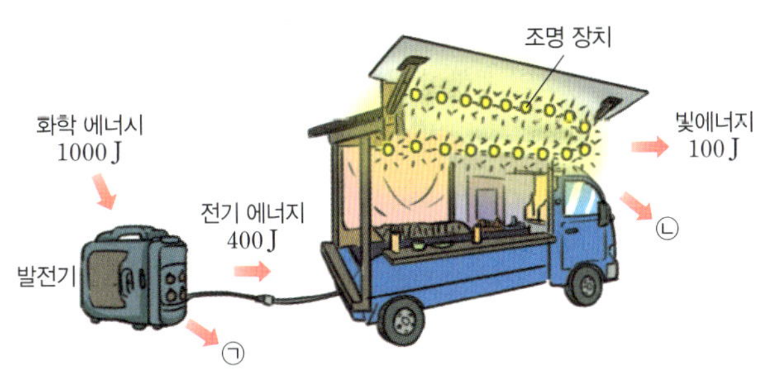

• 다음 설명 중 옳은 것은 ○표, 옳지 <u>않은</u> 것은 ×표 하시오.

1 발전기는 화학 에너지를 전기 에너지로 전환한다. (○ ×)

2 발전기의 에너지 효율은 50 %이다. (○ ×)

3 ㉠과 ㉡에는 열에너지가 포함된다. (○ ×)

4 조명 장치의 에너지 효율은 25 %이다. (○ ×)

5 ㉠과 ㉡의 합은 500 J이다. (○ ×)

10 신재생 에너지를 이용한 발전

표는 발전 방식 A~C에 대한 자료이다. A~C는 각각 화력 발전, 태양광 발전, 풍력 발전 중 하나이다.

발전 과정의 특징	A	B	C
신재생 에너지를 이용한다.	○	×	○
전자기 유도를 이용한다.	×	○	○

(○: 예, ×: 아니요)

• 다음 설명 중 옳은 것은 ○표, 옳지 <u>않은</u> 것은 ×표 하시오.

1 A는 풍력 발전이다.　　　　　　　　(○ ┊ ×)

2 B는 발전 과정에서 터빈을 돌린다.　　(○ ┊ ×)

3 A와 C의 발전량은 날씨에 관계없이 일정하다.　(○ ┊ ×)

4 A에서 얻어지는 전류는 직류 전류이다.　(○ ┊ ×)

5 A, B, C는 모두 발전기를 이용하여 전기 에너지를 생산한다.　　　　　　　　　　　(○ ┊ ×)

---

11 신재생 에너지 기술의 활용

그림 (가)는 연료 전지를, (나)는 태양광 발전을 나타낸 것이다. ㉠은 연료 전지에 공급되는 물질이다.

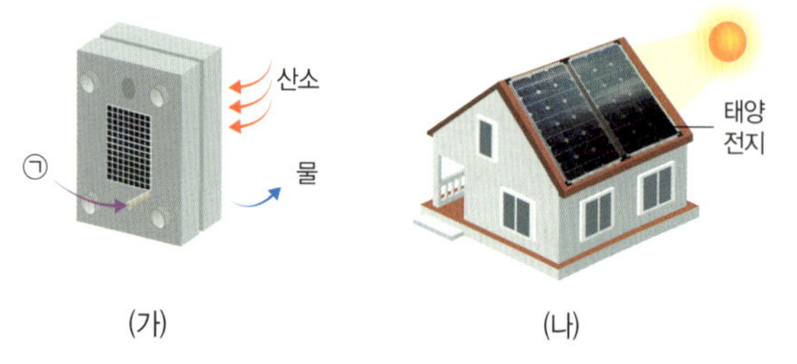

• 다음 설명 중 옳은 것은 ○표, 옳지 <u>않은</u> 것은 ×표 하시오.

1 (가)는 화학 에너지를 전기 에너지로 전환한다.　(○ ┊ ×)

2 ㉠은 '탄소'이다.　　　　　　　　　(○ ┊ ×)

3 (나)는 환경 오염 물질을 배출하지 않는다.　(○ ┊ ×)

4 (가)와 (나)는 모두 전자기 유도 현상을 이용한다.　(○ ┊ ×)

5 (가)와 (나)는 모두 신재생 에너지를 이용한다.　(○ ┊ ×)

---

12 조력 발전과 파력 발전

그림 (가)와 (나)는 각각 우리나라의 조력 발전소와 파력 발전소를 나타낸 것이다.

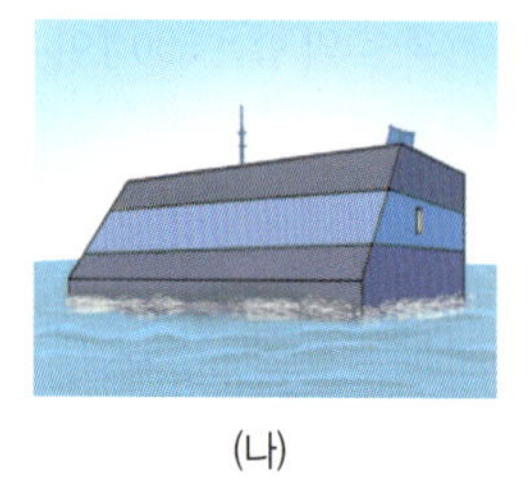

(가)　　　　　　　(나)

• 다음 설명 중 옳은 것은 ○표, 옳지 <u>않은</u> 것은 ×표 하시오.

1 (가), (나)에서 모두 역학적 에너지가 전기 에너지로 전환된다.　　　　　　　　　　(○ ┊ ×)

2 (가)는 설치 장소의 제한이 없다.　　(○ ┊ ×)

3 (가)는 재생 가능한 에너지를 이용한다.　(○ ┊ ×)

4 (나)는 파도의 상황에 관계없이 발전량이 일정하다.　(○ ┊ ×)

5 (가)와 (나)는 우리나라 전력의 대부분을 생산한다.　(○ ┊ ×)

시험 대비 문제

10 태양 에너지의 생성과 전환

01 빈출

그림은 태양 에너지에 대해 학생 A~C가 대화하는 모습을 나타낸 것이다.

제시한 내용이 옳은 학생만을 있는 대로 고른 것은?

① A ② C ③ A, B
④ B, C ⑤ A, B, C

02

그림은 태양 에너지가 전기 에너지로 전환되는 3가지 예시를 나타낸 것이다.

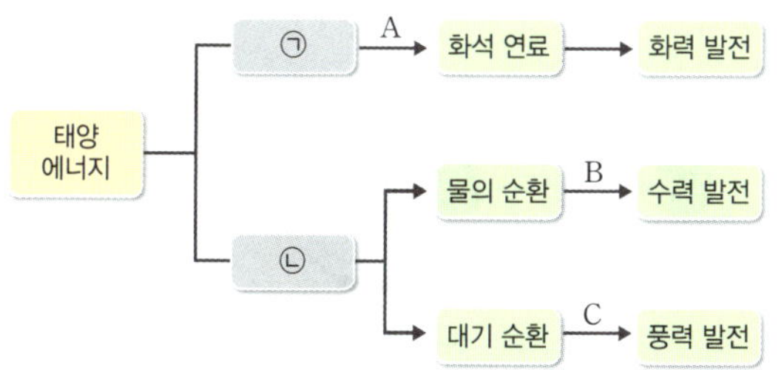

이에 대한 설명으로 옳은 것만을 〈보기〉에서 있는 대로 고른 것은?

보기

ㄱ. ㉠은 열에너지, ㉡은 빛에너지이다.
ㄴ. A에서 태양 에너지는 화학 에너지로 전환된다.
ㄷ. B와 C는 터빈을 돌리는 과정에서 역학적 에너지가 전기 에너지로 전환된다.

① ㄱ ② ㄷ ③ ㄱ, ㄴ
④ ㄴ, ㄷ ⑤ ㄱ, ㄴ, ㄷ

11 전기 에너지의 생산

03

그림은 간이 발전기의 손잡이를 돌려 휴대 전화를 충전하는 모습을 나타낸 것이다. 발전기의 내부는 회전할 수 있는 자석과 코일로 구성되어 있다. 이에 대한 설명으로 옳은 것만을 〈보기〉에서 있는 대로 고른 것은?

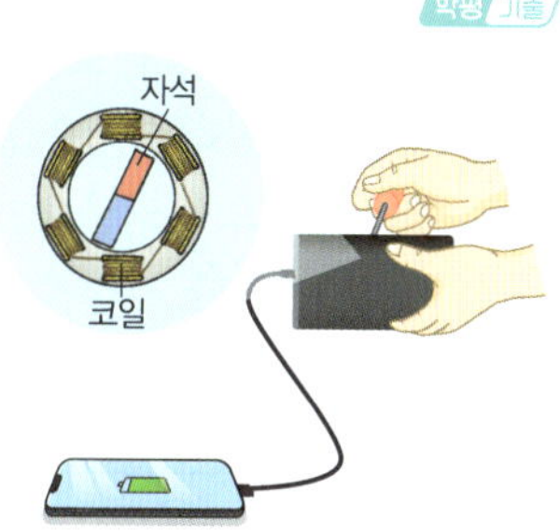

보기

ㄱ. 발전기는 전자기 유도 현상을 이용한다.
ㄴ. 발전기에서는 운동 에너지가 전기 에너지로 전환된다.
ㄷ. 손잡이를 돌리는 속력이 클수록 코일에 흐르는 전류의 세기가 세다.

① ㄱ ② ㄷ ③ ㄱ, ㄴ
④ ㄴ, ㄷ ⑤ ㄱ, ㄴ, ㄷ

04

그림 (가)는 발전기의 구조를 나타낸 것이고, (나)는 (가)에서 전구에 흐르는 유도 전류를 시간에 따라 나타낸 것이다.

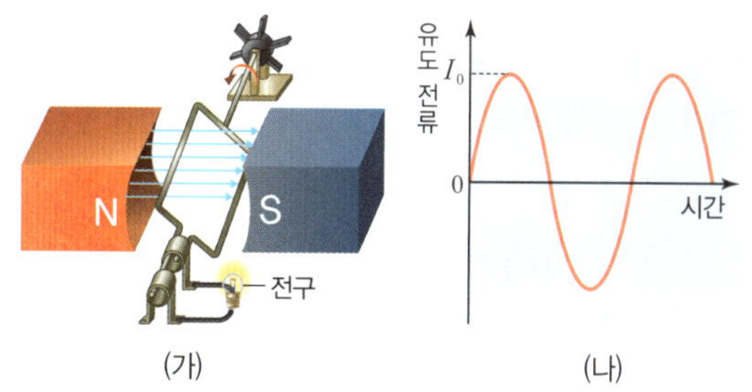

전구에 흐르는 유도 전류의 세기를 I_0보다 크게 변화시키는 경우로 옳은 것만을 〈보기〉에서 있는 대로 고른 것은?

보기

ㄱ. 코일의 감은 수를 증가시킨다.
ㄴ. 코일의 회전 속력을 감소시킨다.
ㄷ. 코일의 회전 방향을 반대로 바꾼다.

① ㄱ ② ㄴ ③ ㄷ
④ ㄱ, ㄴ ⑤ ㄴ, ㄷ

05

다음은 전자기 유도 실험이다.

[실험 과정]

(가) 그림과 같이 코일에 검류계를 연결하고 자석의 N극을 아래로 한 채 코일의 중심축을 따라 자석을 일정한 속력으로 코일에 가까이 가져간다.

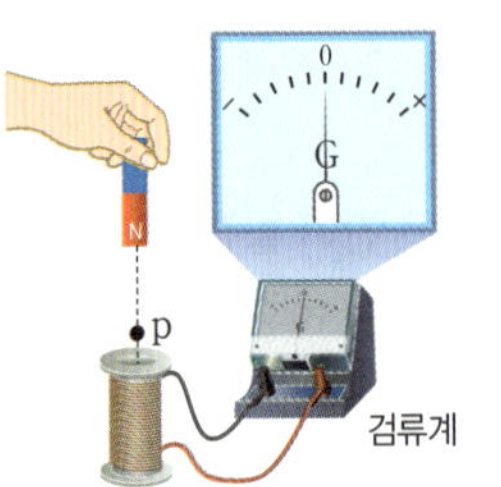

(나) 자석이 점 p에 도달하는 순간 검류계의 눈금을 관찰한다.

(다) (가)에서 [㉠] 후, (나)를 반복한다.

[실험 결과]

(나)의 결과	(다)의 결과
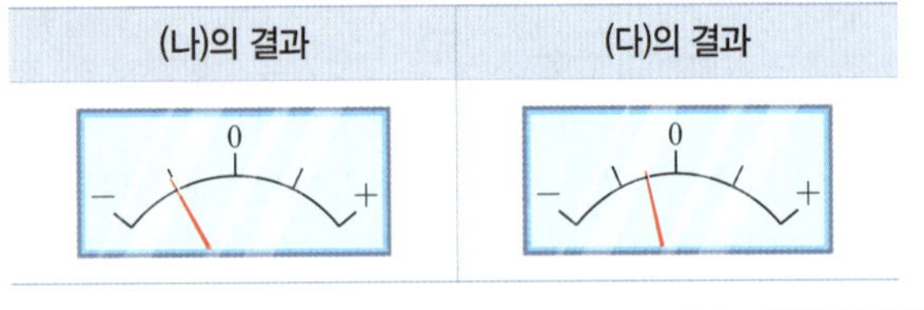	

㉠에 들어갈 내용으로 적절한 것만을 〈보기〉에서 있는 대로 고른 것은?

보기

ㄱ. 자석의 속력만 감소시킨

ㄴ. 자석의 극만 반대로 바꾼

ㄷ. 코일의 감은 수만 2 배로 바꾼

① ㄱ　　　② ㄴ　　　③ ㄱ, ㄷ
④ ㄴ, ㄷ　　　⑤ ㄱ, ㄴ, ㄷ

06 ✔빈출

다음은 발전 방식 A~C를 두 가지 기준에 따라 분류한 것을 나타낸 것이다. A~C는 각각 화력 발전, 조력 발전, 태양광 발전 중 하나이다.

분류 기준	예	아니요
전자기 유도 현상을 이용하여 전기를 생산하는가?	A, C	B
재생 에너지를 이용하는가?	B, C	A

이에 대한 설명으로 옳은 것만을 〈보기〉에서 있는 대로 고른 것은?

보기

ㄱ. A는 연소 반응을 이용한다.

ㄴ. B는 역학적 에너지를 전기 에너지로 전환한다.

ㄷ. C는 발전 과정에서 이산화 탄소를 많이 배출한다.

① ㄱ　　　② ㄷ　　　③ ㄱ, ㄴ
④ ㄴ, ㄷ　　　⑤ ㄱ, ㄴ, ㄷ

12 에너지 효율과 신재생 에너지

07

그림은 물체의 온도를 시각적으로 보여 주는 열화상 카메라로 사용 중인 휴대 전화를 촬영하는 모습을 나타낸 것이다.

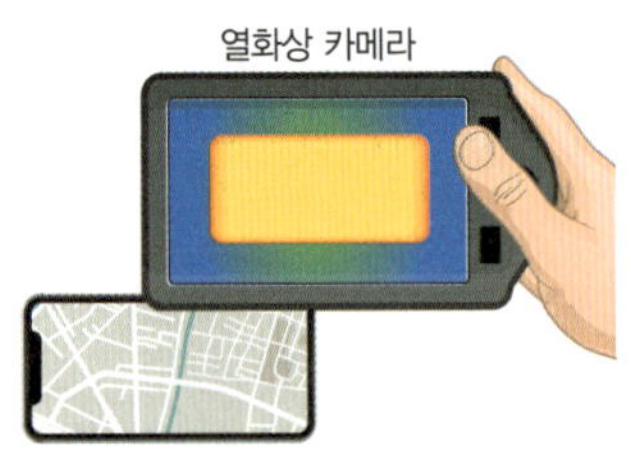

휴대 전화에서의 에너지 전환에 대한 설명으로 옳은 것만을 〈보기〉에서 있는 대로 고른 것은?

보기

ㄱ. 배터리에서는 화학 에너지가 전기 에너지로 전환된다.

ㄴ. 전기 에너지의 일부가 열에너지로 전환된다.

ㄷ. 전환된 열에너지의 총량은 배터리에서 감소한 화학 에너지보다 많다.

① ㄱ　　　② ㄷ　　　③ ㄱ, ㄴ
④ ㄴ, ㄷ　　　⑤ ㄱ, ㄴ, ㄷ

08 ✔빈출

그림 (가)~(다)는 일상생활에서 사용하는 여러 전기 제품을 나타낸 것이다.

(가) 세탁기　　　(나) 전기 밥솥　　　(다) LED등

이에 대한 설명으로 옳은 것만을 〈보기〉에서 있는 대로 고른 것은?

보기

ㄱ. (가)에서 전기 에너지는 운동 에너지로 전환된다.

ㄴ. (나)에서 전기 에너지는 열에너지로 전환된다.

ㄷ. (가), (다)에서 전기 에너지의 일부는 열에너지로 전환된다.

① ㄱ　　　② ㄷ　　　③ ㄱ, ㄴ
④ ㄴ, ㄷ　　　⑤ ㄱ, ㄴ, ㄷ

09

표는 열기관 A와 B에 공급된 열에너지, 방출한 열에너지, 외부에 한 일, 열효율을 나타낸 것이다.

열기관	A	B
공급된 열에너지	Q_0	Q_1
방출한 열에너지	$\bigcirc$	Q_0
외부에 한 일	W_0	$2W_0$
열효율	e	$1.5e$

$\bigcirc$으로 옳은 것은?

① $\dfrac{2}{3}Q_0$ ② $\dfrac{3}{4}Q_0$ ③ $\dfrac{7}{9}Q_0$

④ $\dfrac{5}{6}Q_0$ ⑤ $\dfrac{8}{9}Q_0$

11

그림은 세 가지 발전 방식 (가)~(다)에 대해 세 학생이 대화하는 모습을 나타낸 것이다.

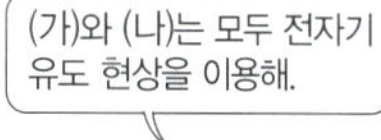
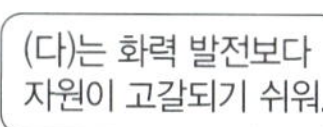

(가) 태양열 발전　(나) 태양광 발전　(다) 풍력 발전

제시한 내용이 옳은 학생만을 있는 대로 고른 것은?

① A　② C　③ A, B

④ B, C　⑤ A, B, C

10

그림은 태양 전지에 빛을 비출 때 태양 전지에 연결된 발광 다이오드에 불이 켜진 모습을 나타낸 것이다.

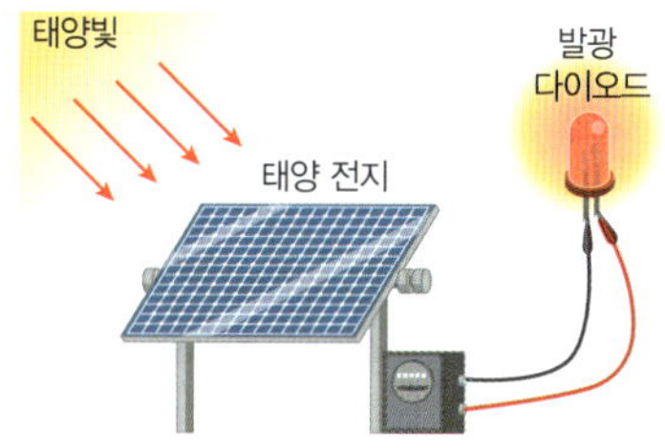

이에 대한 설명으로 옳은 것만을 〈보기〉에서 있는 대로 고른 것은?

보기

ㄱ. 태양 전지는 빛에너지를 전기 에너지로 전환한다.
ㄴ. 태양 전지에 비춘 빛에너지의 양과 발광 다이오드에서 방출되는 빛에너지의 양은 같다.
ㄷ. 날씨에 따라 발전량이 다르다.

① ㄱ　② ㄴ　③ ㄱ, ㄴ

④ ㄱ, ㄷ　⑤ ㄴ, ㄷ

12

그림은 밀물과 썰물 때 발생하는 해수면의 높이 차를 이용하는 조력 발전을 나타낸 것이다.

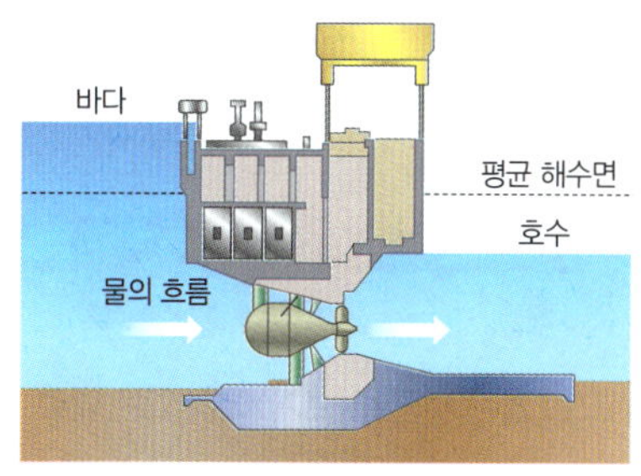

이에 대한 설명으로 옳은 것만을 〈보기〉에서 있는 대로 고른 것은?

보기

ㄱ. 물의 역학적 에너지를 이용한다.
ㄴ. 발전에 사용하는 에너지의 근원은 태양 에너지이다.
ㄷ. 전자기 유도 현상을 이용하여 전기 에너지를 얻는다.

① ㄱ　② ㄴ　③ ㄱ, ㄷ

④ ㄴ, ㄷ　⑤ ㄱ, ㄴ, ㄷ

만점 도전 문제

13

그림은 저항이 연결된 코일 위에서 용수철에 매달린 자석이 위아래로 운동하는 모습을 나타낸 것이다. 자석이 아래로 운동하는 동안, 저항에 흐르는 전류의 방향은 a → 저항 → b 방향이다.

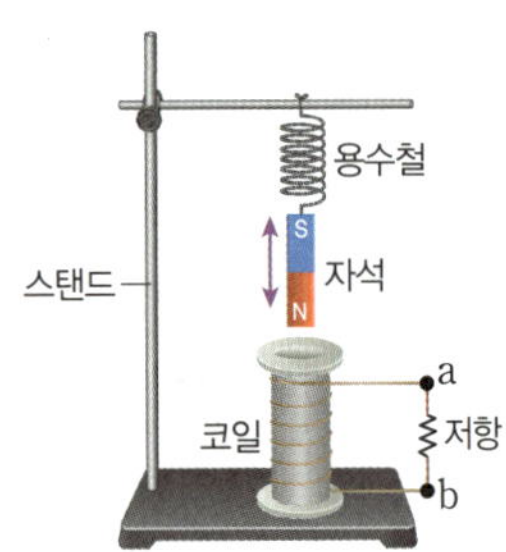

이에 대한 설명으로 옳은 것만을 〈보기〉에서 있는 대로 고른 것은? (단, 모든 마찰과 공기 저항은 무시한다.)

〈보기〉
ㄱ. 자석이 위로 운동하는 동안 저항에 흐르는 전류의 방향은 b → 저항 → a 방향이다.
ㄴ. 자석이 코일에 가장 가까운 순간 저항에 가장 센 전류가 흐른다.
ㄷ. 자석이 운동하는 동안 자석의 역학적 에너지는 일정하다.

① ㄱ 　　② ㄴ 　　③ ㄱ, ㄷ
④ ㄴ, ㄷ 　　⑤ ㄱ, ㄴ, ㄷ

14

그림은 빗면 위에 가만히 놓은 자석이 빗면을 따라 내려와 수평인 직선 레일에 고정된 코일의 중심축을 통과한 것을 나타낸 것이다. 자석이 a를 지나는 순간 LED에는 불이 켜졌다.

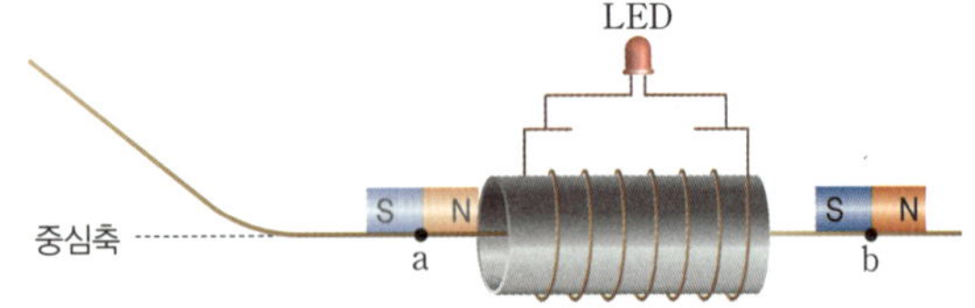

이에 대한 설명으로 옳은 것만을 〈보기〉에서 있는 대로 고른 것은?

〈보기〉
ㄱ. 자석은 a에서 b까지 등속도 운동을 한다.
ㄴ. 자석이 a를 지날 때 자석이 받는 자기력의 방향은 자석의 운동 방향과 반대이다.
ㄷ. 자석이 a를 지날 때와 b를 지날 때, LED에 흐르는 유도 전류의 방향은 반대이다.

① ㄱ 　　② ㄴ 　　③ ㄷ
④ ㄱ, ㄴ 　　⑤ ㄴ, ㄷ

15

그림 (가)와 (나)는 각각 화석 연료 자동차의 엔진 A와 전기 자동차의 모터 B에 공급된 에너지와 A, B에서 방출된 열에너지를 나타낸 것이다. A, B에 공급된 에너지는 모두 운동 에너지와 열에너지로만 전환되며, 공급된 에너지가 운동 에너지로 전환되었을 때 A, B의 에너지 효율은 각각 e_A, e_B이다.

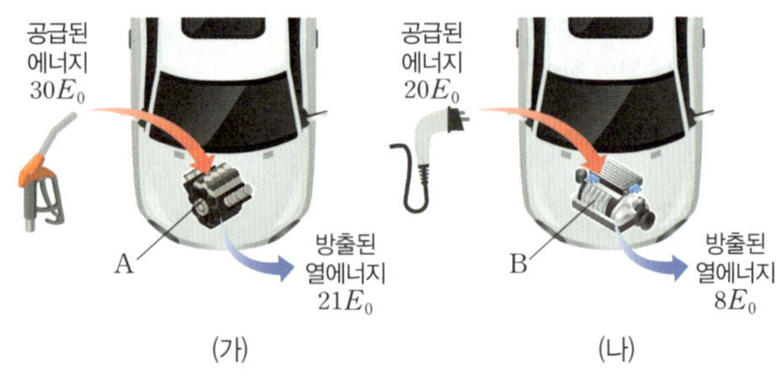

$e_A : e_B$는?

① 1 : 2 　　② 2 : 3 　　③ 3 : 4
④ 4 : 7 　　⑤ 7 : 4

16

그림은 풍력 발전, 연료 전지, 태양광 발전을 통해 전기를 공급받고, 지열 에너지를 이용하는 친환경 주택을 나타낸 것이다.

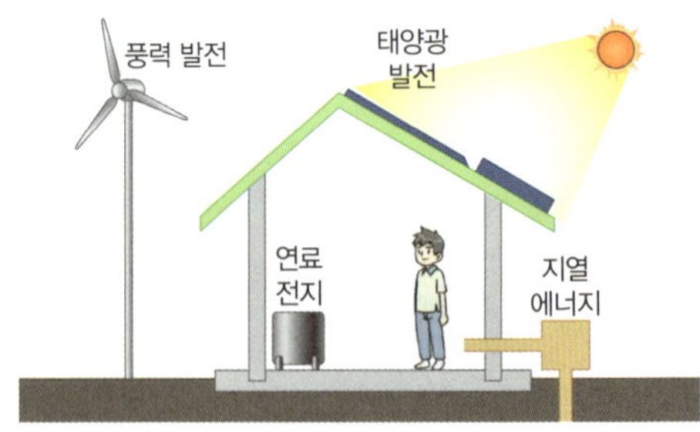

이에 대한 설명으로 옳은 것만을 〈보기〉에서 있는 대로 고른 것은?

〈보기〉
ㄱ. 풍력 발전에서는 역학적 에너지가 전기 에너지로 전환된다.
ㄴ. 태양광 발전과 연료 전지는 전자기 유도를 통해 전기를 생산한다.
ㄷ. 지열 에너지는 화석 연료를 연소시켜 얻는다.

① ㄱ 　　② ㄴ 　　③ ㄱ, ㄷ
④ ㄴ, ㄷ 　　⑤ ㄱ, ㄴ, ㄷ

17

그림은 태양의 내부 구조를 A, B, C 층으로 구분하여 나타낸 것이다.

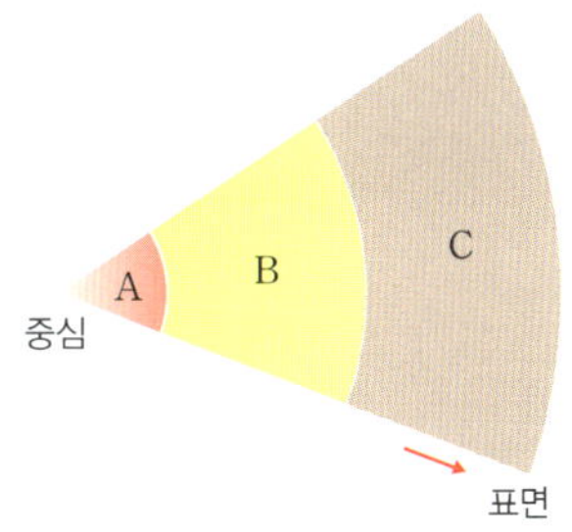

A∼C 중 태양에서 에너지가 생성되는 곳과 이곳에서 에너지가 생성되는 과정을 다음 단어를 모두 포함하여 서술하시오.

- 수소 원자핵
- 헬륨 원자핵
- 질량 변화

18

그림과 같이 막대자석의 N극을 코일에 가까이 하는 동안 코일에 연결된 검류계의 바늘이 가운데에서 ⓐ 방향으로 움직인다.

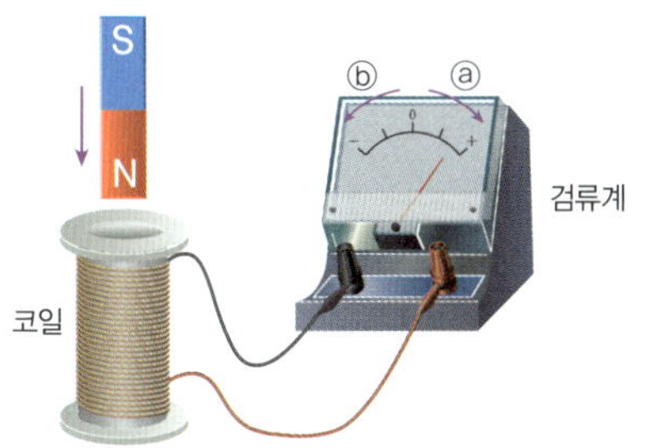

(1) 검류계의 바늘이 가운데에서 ⓑ 방향으로 움직이도록 하는 방법을 <u>두 가지</u>만 서술하시오.

(2) 자석을 코일 속에 넣고 가만히 있을 때 검류계 바늘은 어떻게 되는지 쓰고, 그 까닭을 서술하시오.

19 ✅빈출

다음은 텔레비전과 휴대 전화를 사용할 때의 에너지 전환 과정을 나타낸 것이다.

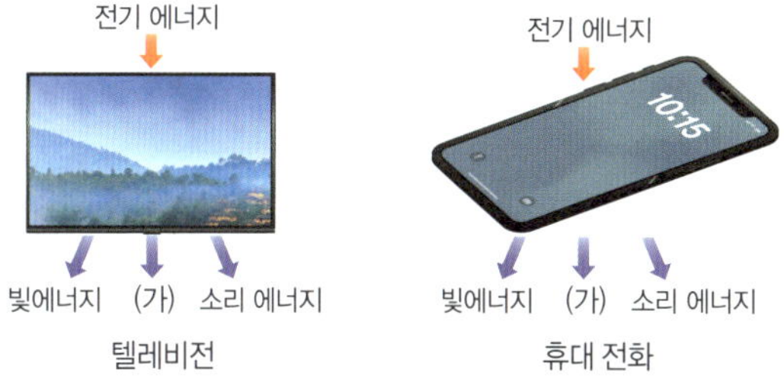

(1) 텔레비전과 휴대 전화에서 공통으로 전환되는 (가)에 해당하는 에너지가 무엇인지 쓰시오.

(2) (가)에 해당하는 에너지를 감소시키는 것이 에너지 효율에 어떤 영향을 주는지 서술하시오.

20

그림 (가)와 (나)는 신재생 에너지를 이용하는 발전을 나타낸 것이다.

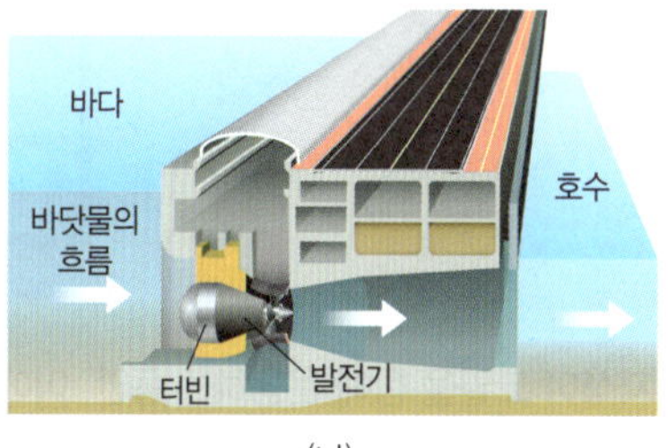

(가)   (나)

(1) (가)와 (나)의 발전 방식은 무엇인지 각각 쓰시오.

(2) (가)와 (나)의 발전 방식의 공통점을 <u>두 가지</u>만 서술하시오.

Ⅱ-2 에너지

01 그림 (가)는 태양의 내부 구조를, (나)는 태양 내부의 A에서 일어나는 핵융합 반응을 나타낸 것이다.

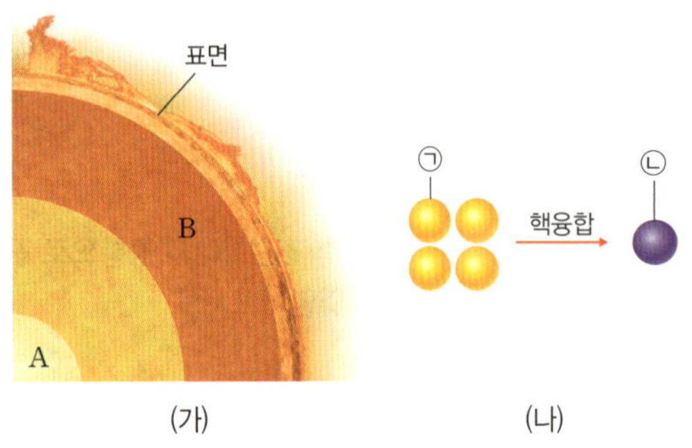

이에 대한 설명으로 옳은 것만을 〈보기〉에서 있는 대로 고른 것은?

〈보기〉

ㄱ. A에서 (나)가 일어나는 것은 B보다 $\dfrac{㉡의\ 개수}{(㉠+㉡)의\ 개수}$ 가 크기 때문이다.

ㄴ. 핵융합 반응 전후의 질량은 $(4 \times ㉠) > (1 \times ㉡)$이다.

ㄷ. (나)에서 생성된 에너지 중 지구에 도달한 에너지의 일부는 지진 해일(쓰나미)을 일으키는 데 쓰인다.

① ㄱ　　② ㄴ　　③ ㄱ, ㄷ　　④ ㄴ, ㄷ　　⑤ ㄱ, ㄴ, ㄷ

태양에서 수소 핵융합 반응을 통해 태양 에너지가 생성됨을 알아야 한다.

• 헬륨 원자핵 1개의 질량은 수소 원자핵 4개의 질량의 합보다 작다.
• 태양 에너지는 지구에서 물이나 탄소의 순환을 일으킨다.

02 그림과 같이 자석의 N극을 검류계가 연결된 코일에 가까이 가져갔더니 코일에는 $b \rightarrow ⓖ \rightarrow a$ 방향으로 유도 전류가 흘렀다.

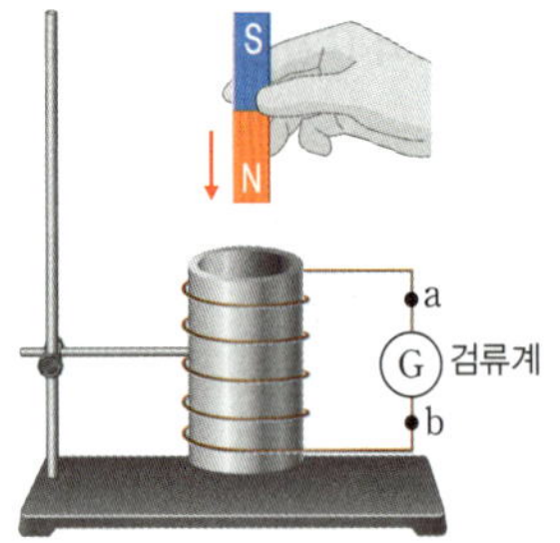

자석이 코일을 향해 운동하는 동안, 이에 대한 설명으로 옳은 것만을 〈보기〉에서 있는 대로 고른 것은?

〈보기〉

ㄱ. 코일 내부를 통과하는 자기장의 세기가 감소한다.

ㄴ. 코일에 흐르는 유도 전류에 의한 자기장의 방향은 위 방향이다.

ㄷ. 자석의 N극을 코일에서 멀리 하면 검류계에 흐르는 유도 전류의 방향은 $a \rightarrow ⓖ \rightarrow b$ 이다.

① ㄱ　　② ㄴ　　③ ㄷ　　④ ㄱ, ㄴ　　⑤ ㄴ, ㄷ

자석의 운동에 의한 자기장의 세기 변화와 유도 전류의 방향 변화를 알 수 있어야 한다.

• 코일에 흐르는 유도 전류의 방향은 코일을 통과하는 자기장의 변화를 방해하는 방향이다.

03 그림은 검류계가 연결된 고정된 코일 위에서 실로 연결된 자석을 점 a에서 가만히 놓은 것을 나타낸 것이다. 표는 자석이 점 a → b → c → b를 지나는 동안 검류계 바늘이 움직이는 방향을 나타낸 것이다.

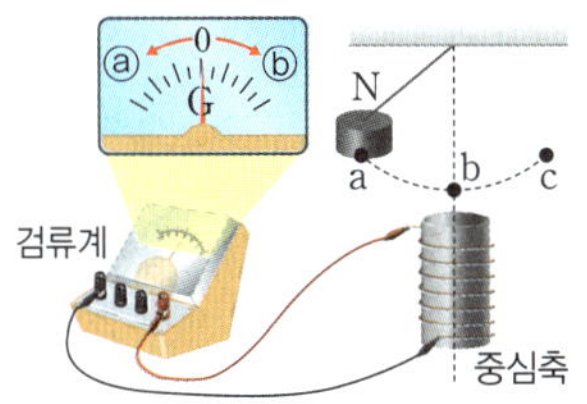

자석의 운동 경로	방향
a → b	ⓐ
b → c	ⓑ
c → b	㉠

이에 대한 설명으로 옳은 것만을 〈보기〉에서 있는 대로 고른 것은?

〈보기〉

ㄱ. 자석이 a에서 b로 운동하는 동안 코일을 통과하는 자기장의 세기는 증가한다.
ㄴ. ㉠은 ⓑ이다.
ㄷ. a와 c의 높이는 같다.

① ㄱ   ② ㄴ   ③ ㄷ   ④ ㄱ, ㄴ   ⑤ ㄴ, ㄷ

코일에 유도 전류가 흐르는 과정에서 자석의 역학적 에너지가 전기 에너지로 전환되는 것을 알 수 있어야 한다.

• 코일에 흐르는 유도 전류의 방향은 코일을 통과하는 자기장의 변화를 방해하는 방향이다.

---

04 그림은 세 가지 발전 방식을 분류한 것이다.

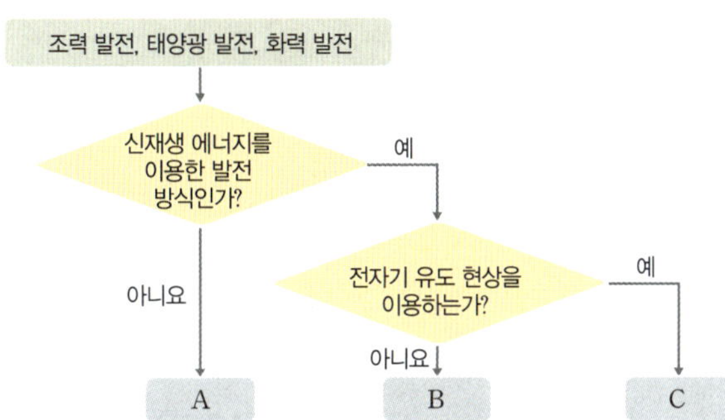

이에 대한 설명으로 옳은 것만을 〈보기〉에서 있는 대로 고른 것은?

〈보기〉

ㄱ. A는 발전 과정에서 터빈을 돌린다.
ㄴ. B는 태양광 발전이다.
ㄷ. C는 발전 과정에서 이산화 탄소를 배출한다.

① ㄱ   ② ㄷ   ③ ㄱ, ㄴ   ④ ㄴ, ㄷ   ⑤ ㄱ, ㄴ, ㄷ

발전 방식의 특징을 알고 있어야 한다.

• 조력 발전과 태양광 발전은 신재생 에너지에 해당한다.
• 태양광 발전은 전자기 유도 현상을 이용하지 않고 직접 전기 에너지를 생산한다.

Ⅲ

과학과 미래 사회

13 과학의 유용성과 필요성

1 감염병의 진단

1 감염과 감염병

(1) **감염**: 세균, 바이러스, 균류, 원생생물 등의 **병원체가 숙주에 침입**하여 증식하는 것

(2) **감염병**: **병원체에 감염되어 발생하는 질병**이다. **예** 감기, 독감, 결핵, 폐렴, 무좀, 말라리아 등

2 병원체의 감염 경로: 호흡을 통한 흡입, 오염된 물과 음식물의 섭취, 곤충과 같은 매개체, 피부 접촉, 수혈 등의 다양한 경로로 일어난다.

3 감염병 진단 검사: 병원체에 감염되었는지를 판별하는 검사이다.

(1) **감염병 진단 과정**

| 감염으로 인해 증상이 나타나는 사람으로부터 검체를 채취 | ➡ | 채취한 검체를 실험실에서 검사하여 감염 여부를 확인 |

(2) **감염병 진단 검사 기술**

검사 방법	특징
신속항원검사❶ └ 바이러스 감염병 진단!	채취한 검체에 바이러스를 구성하는 단백질의 존재 여부를 확인하는 검사
항체 검사 └ 바이러스 감염병 진단!	병원체에 감염되면 체내에서 병원체에 대항하는 항체가 생성되는데, 혈액을 채취하여 항체의 존재 여부를 확인하는 검사
유전자증폭검사❷ **(PCR 검사)**	채취한 검체에 들어 있는 바이러스의 특정 유전자(핵산)를 증폭한 다음 바이러스의 존재 여부를 확인하는 검사
나노바이오센서를 **이용한 기술** └ 최신 감염병 진단 기술!	물질을 검출하고 이를 해석 가능한 신호로 바꿔주는 바이오센서와 나노미터 크기의 물질을 다루는 나노 기술이 결합된 검사 기술로 아주 적은 양의 병원체도 확인이 가능하다.
생물정보학을 **이용한 기술** └ 최신 감염병 진단 기술!	빅데이터 기술과 인공지능(AI) 기술을 토대로 하는 생물정보학을 활용하여 신종 감염병을 연구하고 진단한다.

2 과학 기술을 이용한 감염병의 추적과 관리

1 감염병 추적: 최근에는 스마트 기기에 내장된 위성 위치 확인 시스템(GPS)이나 와이파이(WiFi), 블루투스, 센서 등을 활용하여 환자의 정보를 수집하고 공유하며 추적한다.

2 감염병 관리

(1) 빅데이터 기술과 인공지능 기술을 활용하여 감염병의 특성을 파악해 확산을 예측하고 방역과 소독이 가능한 방역 로봇과 같은 인공지능 로봇을 개발하여 감염병 환자와의 접촉을 최소화한다.

(2) 과학자들은 새로운 감염병의 유행에 대비하기 위해 감시 체계를 구축하고 백신과 치료 등을 확보하며 방역 시스템을 개선하고자 노력하고 있다.

(3) 생명과학 기술, 빅데이터 기술, 인공지능 기술, 무선통신 기술 등의 과학 기술이 감염병 관리에 이용된다.

단원 한눈에 보기

과학의 유용성과 필요성

감염병의 진단	감염병
	병원체의 감염 경로
	감염병 진단 검사
감염병의 추적과 관리	감염병 추적
	감염병 관리
미래 사회 문제 해결에서 과학의 필요성	미래 사회에 예측되는 문제
	문제 해결을 위한 과학 기술

암기신

❶ 신속항원검사

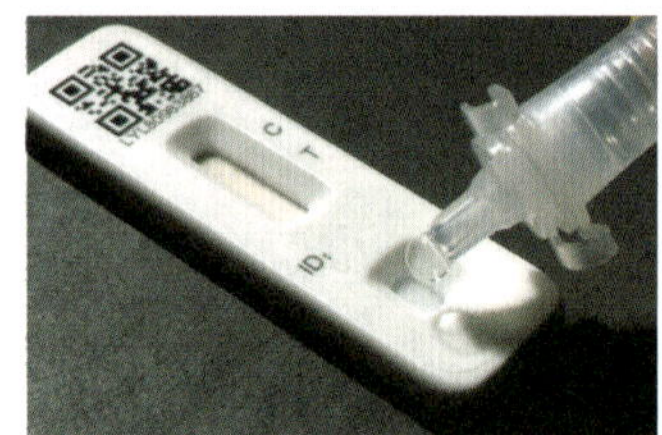

• 병원체의 단백질을 이용하는 검사이다.
• 검사 시간이 10 분 이내로 짧고, PCR 검사보다는 정확도가 낮지만 병원체의 감염 여부를 신속하게 확인할 수 있다.

❷ 유전자증폭검사(PCR 검사)

• PCR(중합효소연쇄반응): Polymerase Chain Reaction
• 검체에 들어 있는 매우 적은 양의 핵산을 단시간에 많은 양으로 복제한 다음 병원체의 감염 여부를 정밀하게 분석하는 검사이다.
• 검사 시간이 4 시간 정도로 항원 검사나 항체 검사에 비해 긴 시간이 소요되지만 가장 정확한 검사이다.

용어신

• **병원체** 동식물에서 감염병을 일으키는 원인이 되는 세균, 바이러스, 곰팡이 등
• **검체** 검사를 위해 사람 또는 생물로부터 수집하거나 채취하는 혈액이나 소변, 타액 등

신속항원검사	유전자증폭검사 (PCR)
단백질을 이용한 검사	유전자(핵산)를 이용한 검사

• 신속항원검사 키트에는 코로나바이러스를 검출할 수 있는 항체가 있다.

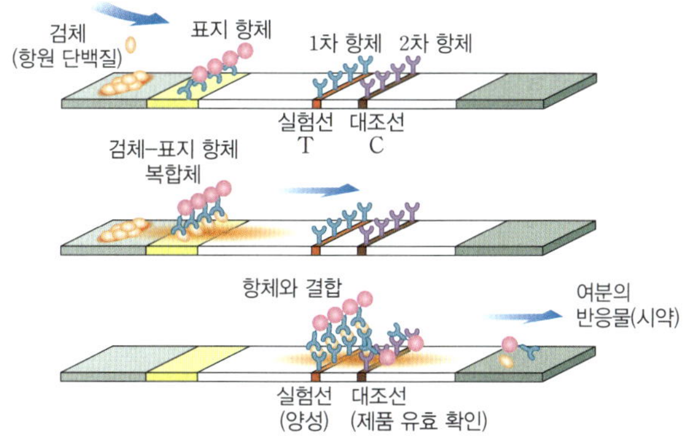

• 표지 항체에 부착된 표지 물질(골드 나노 입자)은 발색 반응을 일으켜 색깔 반응이 나타나게 한다.
• 검체 속 항원 단백질은 검사 키트를 따라 이동하며 항체와 결합하게 된다.
• 검체에 항원 단백질이 있으면 항원 단백질은 표지 물질이 부착된 항체와 결합한 후 실험선의 1차 항체와 대조선의 2차 항체에 모두 결합하여 2줄의 선이 나타나게 되고, 2줄의 선이 나타나는 것은 코로나바이러스에 감염되었을 가능성(양성)이 있다는 의미이다.
• 항원 단백질이 없다면 표지 물질이 부착된 항체만 대조선의 2차 항체와 결합하여 1줄의 선이 나타나게 된다.
• 만일 대조선에도 색깔 반응이 나타나지 않으면 검사 키트에 이상이 있음을 의미한다.

③ 미래 사회 문제 해결에서 과학의 필요성

1 미래 사회에 예측되는 문제: 감염병 대유행, 기후 변화, 자연재해 및 재난, 에너지 및 자원 고갈, 물 부족 및 식량 부족, 사생활 침해 및 보안, 인공지능과 자동화 기술의 발달에 따른 일자리 변화 등

2 미래 사회 문제 해결을 위해 필요한 과학 기술: 생명공학 기술, 인공지능 기술, 나노 기술, 로봇공학 기술, 우주 탐사 기술, 재생 에너지 기술, 빅데이터 기술, 생체 인증 기술, 배터리 기술, 지속가능한 농업 기술 등

• **표지 물질** 물질이나 생체 내에서 특정한 물질이나 원소의 이동을 추적하기 위해 사용하는 물질
• **대조선** 코로나바이러스(항원)의 유무와 상관없이 정상적인 키트 작용을 확인하기 위한 선

정답과 해설 45쪽

빈칸 채우기 문제

01 (   )은 바이러스나 세균과 같은 (   )에 감염되어 발생하는 질병이다.

02 신속항원검사는 바이러스를 구성하는 (   )을 이용하는 검사이다.

03 (   )는 혈액을 채취하여 항체의 존재 여부를 확인하는 검사이다.

04 (   )는 바이러스를 구성하는 (   )을 증폭하여 바이러스의 존재 여부를 확인하는 검사로, 신속항원검사에 비해 (   )가 높다.

05 나노바이오센서 기술은 바이오센서와 (   )이 결합된 기술로, 아주 (   ) 양의 병원체도 확인할 수 있다.

○✕ 문제

06 병원체는 호흡을 통한 흡입, 피부 접촉, 수혈 등 다양한 경로로 감염될 수 있다. (○ ✕)

07 신속항원검사는 복잡하지만 신속하게 진단이 가능하다. (○ ✕)

08 유전자증폭검사는 신속항원검사에 비해 검사 시간이 길지만 정확한 검사이다. (○ ✕)

09 나노바이오센서를 이용한 기술과 생물정보학을 이용한 기술은 최신 감염병 진단 기술이다. (○ ✕)

10 감염병 관리를 위해 빅데이터 기술과 인공지능 기술이 활용되지 않는다. (○ ✕)

단백질을 이용한 감염병 진단 기술 체험하기

정답과 해설 45쪽

목표
- 병원체가 있는 타액에 포함된 특정 단백질을 검출하여 감염 여부를 판단할 수 있다.
- 단백질을 이용한 감염병 진단 방법을 통해 과학의 유용성을 설명할 수 있다.

준비물 > 타액을 이용한 감염병 진단 검사 키트, 스마트 기기, 마스크, 실험복, 실험용 장갑

> ⚠ **주의신**
> - 탐구 활동 중에는 항상 실험복과 실험용 장갑을 착용하도록 한다.
> - 실험 과정에서 타액이 주변으로 튀지 않도록 주의한다.

과정

❶ 감염병 진단 검사 키트에 타액을 사용하여 다음 순서에 따라 검사를 실시한다.

> ① 튜브에 타액을 수집한다.
> ② 튜브를 위아래로 10 회 이상 흔든다.
> ③ 튜브의 용액을 진단 검사 키트의 검체 점적 부위에 4 방울 떨어뜨린다.

❷ 스마트 기기를 이용하여 예상 가능한 검사 결과를 검색한 후 결과에 대해 진단하여 표를 완성한다.

❸ 자신의 검사 결과를 확인한다.

결과

검사 결과에 대해 진단한 결과는 다음과 같다.

* C는 대조선, T는 실험선

검사 결과	C ─ T ▮	C ▮ T ─	C ▮ T ▮
진단 결과			

정리

1 신속항원검사 키트의 원리는 무엇인가?

→ 항원과 (　　　　)의 결합 반응이다.

2 PCR 검사와 비교했을 때 신속항원검사의 장점과 단점은 무엇인가?

→ PCR 검사에 비해 검사 시간이 (　　　　)아 감염 여부를 신속하게 확인할 수 있지만 검사의 (　　　　)가 낮다.

3 검사 결과를 보고 진단한 결과를 확인하시오.

→ 검사 결과 C와 T에 모두 선이 나타날 경우는 (　　　　), C에만 선이 나타날 경우는 (　　　　)으로 판단한다.

실력 다지기 문제

13 과학의 유용성과 필요성

① 감염병의 진단

01

감염병 진단에 대한 설명으로 옳은 것만을 〈보기〉에서 있는 대로 고른 것은?

〈보기〉

ㄱ. 무좀은 감염병에 해당한다.
ㄴ. 신속항원검사는 신속 진단이 가능하다.
ㄷ. 감염병은 유전이나 생활 방식의 차이에 의해 발생하는 질병이다.
ㄹ. 감염병은 검체 채취 없이 증상을 확인하는 것으로 진단이 가능하다.

① ㄱ, ㄴ ② ㄴ, ㄷ ③ ㄷ, ㄹ
④ ㄱ, ㄴ, ㄷ ⑤ ㄱ, ㄷ, ㄹ

02 ✔빈출

그림은 감염병을 진단하기 위한 검사 A를 나타낸 것이다. 이에 대한 설명으로 옳은 것만을 〈보기〉에서 있는 대로 고른 것은?

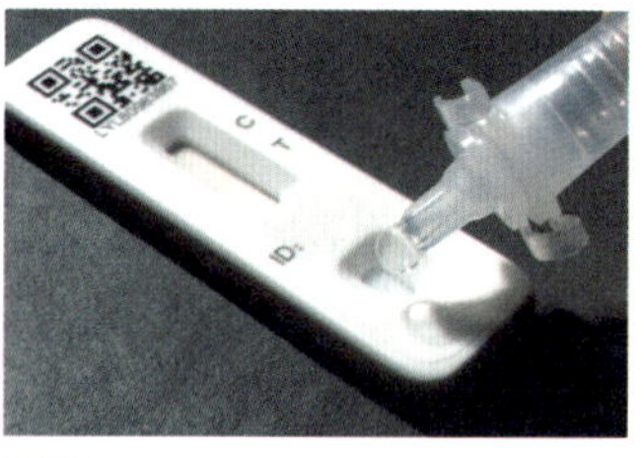

〈보기〉

ㄱ. A는 유전자증폭검사이다.
ㄴ. 항원의 단백질을 이용하는 검사이다.
ㄷ. 바이러스 감염에 의한 감염병을 진단하는 검사이다.

① ㄱ ② ㄴ ③ ㄱ, ㄷ
④ ㄴ, ㄷ ⑤ ㄱ, ㄴ, ㄷ

② 과학 기술을 이용한 감염병의 추적과 관리

03

효과적인 감염병의 관리를 위해 활용되는 과학 기술과 가장 거리가 먼 것은?

① 인공지능 기술 ② 생명과학 기술
③ 무선통신 기술 ④ 빅데이터 기술
⑤ 재생 에너지 기술

③ 미래 사회 문제 해결에서 과학의 필요성

04

미래 사회에서 과학의 역할에 대한 설명으로 옳은 것만을 〈보기〉에서 있는 대로 고른 것은?

〈보기〉

ㄱ. 과학 기술은 인류가 안전하고 풍요롭도록 삶의 질을 개선하는 데 기여할 수 없다.
ㄴ. 미래 사회의 문제는 너무 복잡하고 다양해져서 과학 기술을 활용하여 해결하기 쉽지 않다.
ㄷ. 과학 기술을 이용하여 질병에 대한 백신과 치료법을 개발하여 질병의 확산을 방지할 수 있다.

① ㄱ ② ㄷ ③ ㄱ, ㄴ
④ ㄴ, ㄷ ⑤ ㄱ, ㄴ, ㄷ

서술형 문제

05

표는 바이러스에 의한 감염병을 진단하는 검사 (가)와 (나)의 정확도와 검사 시간을 나타낸 것이다. (가)와 (나)는 신속항원검사와 유전자증폭검사를 순서 없이 나타낸 것이다.

구분	(가)	(나)
정확도	낮다.	높다.
검사 시간	짧다.	길다.

(1) (가)와 (나) 검사의 원리를 간략하게 서술하시오.

(2) 검체에 들어 있는 바이러스의 양이 매우 적을 경우 (가)와 (나)에서 예상되는 검사 결과를 까닭과 함께 서술하시오.

14 과학 기술 사회에서 빅데이터 활용

① 빅데이터

1 데이터와 정보

(1) **데이터**: 관찰이나 측정 등을 통해서 수집한 단순한 사실이나 값 — 데이터는 정보를 가지고 있는 값이야!

(2) **정보**: 여러 가지 사실이나 데이터를 이용하여 어떤 목적에 맞게 가공한 자료

(3) **실시간 생활 데이터 측정❶**: 현대 사회는 과학 기술의 발달로 다양한 데이터를 실시간으로 측정할 수 있게 되었다.

미세 먼지 농도 측정	건강 관련 데이터 측정
 미세 먼지 농도와 같은 데이터를 실시간으로 측정할 수 있게 되면서 공기의 질을 쉽게 파악하고 대처할 수 있게 되었다.	스마트워치를 사용하여 심박수, 수면 패턴과 같은 데이터 측정도 가능해지면서 건강 상태를 확인할 수 있게 되었다.

2 빅데이터

(1) **빅데이터**: 빅(Big)과 데이터(Data)가 합쳐진 용어로, 기존의 분석 체계로는 감당할 수 없을 정도의 규모가 큰 데이터를 뜻한다.

(2) **빅데이터의 생성**: 다양하고 많은 양의 데이터가 실시간으로 디지털 형태로 전환되어 수집되면서 빅데이터가 생성되고 있다.

　예 태풍의 경로나 일기를 보다 정확하게 예측하기 위해 매우 많은 양의 데이터가 빅데이터로 전환되어 축적된다.

자세하게　디지털 탐구 도구❷를 활용한 실시간 생활 데이터 측정하기

[측정 과정]

1. 확장 기판에 미세 먼지 센서와 센서 보드를 연결한 다음, 특정 장소에서 24시간 동안 미세 먼지 농도를 측정한다.
2. 측정한 데이터를 그래프로 나타내고 분석한다.

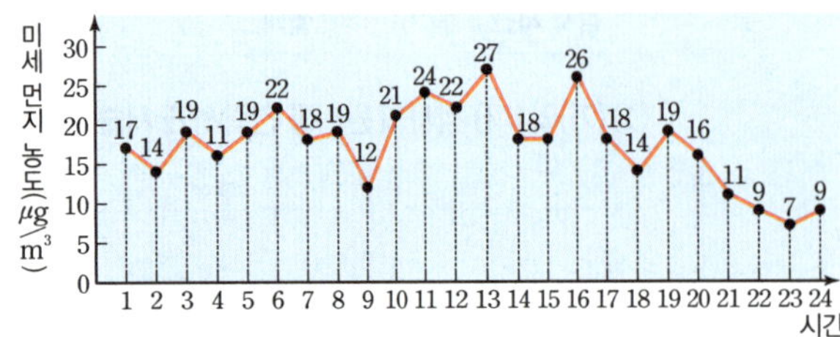

- 미세 먼지 농도가 시간에 따라 크게 달라진다.
- 미세 먼지 농도가 최대인 시간은 13 시이고 최소인 시간은 23 시이다.
- 미세 먼지 농도 데이터를 실시간으로 측정할 수 있게 되면서 공기의 질을 쉽게 파악하고 대처할 수 있게 되었다.

과학 기술의 활용

빅데이터	데이터와 정보
	실시간 생활 데이터 측정
빅데이터 활용	과학 실험
	유전체 분석
	신약 개발
빅데이터 활용 문제점	

❶ 실시간 생활 데이터 측정

마이크로컨트롤러와 센서가 포함된 피지컬 컴퓨팅 기기를 활용하면 쉽게 실시간 생활 데이터의 수집과 처리 과정을 체험할 수 있다.

현대 사회와 빅데이터

현대 사회에서는 다양하고 많은 양의 데이터가 디지털 형태로 전환되어 실시간으로 빠르게 수집되면서 빅데이터가 형성되고 있다.

❷ 디지털 탐구 도구

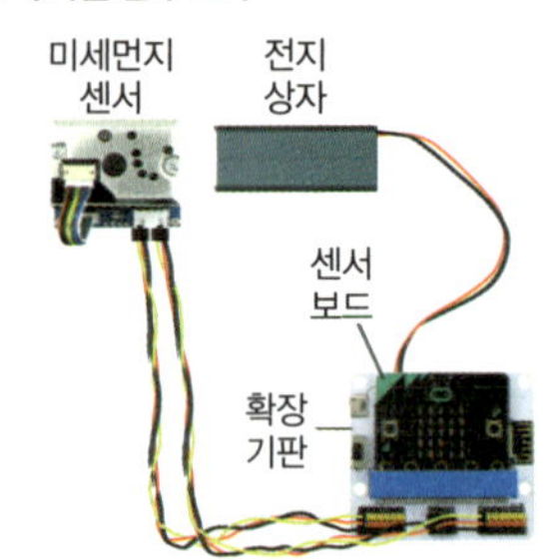

센서 보드에 미세 먼지 농도를 측정하고 저장하는 프로그램을 내려받는다.

1 빅데이터 활용

(1) 과학 실험: 빅데이터를 기반으로 개별 연구자만으로는 기존에 수행하기 어려웠던 과학 실험을 수행할 수 있게 되었다.

예 구글의 독감 예측 시스템

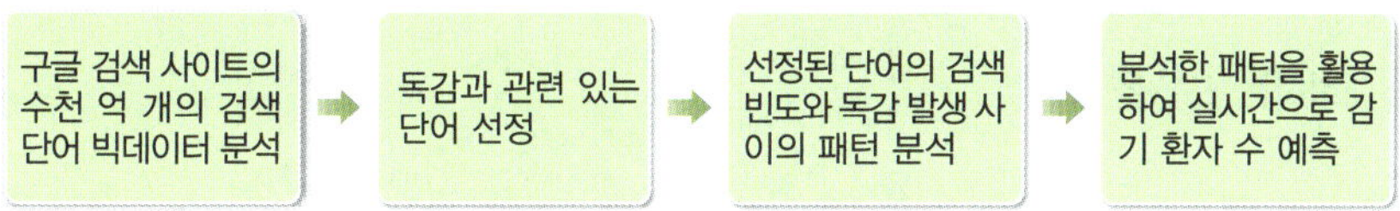

- 기존의 감기 감시 시스템은 1~2주 정도 분석 시간이 필요하지만, 빅데이터를 활용한 구글의 독감 예측 시스템은 실시간으로 처리된다.
- 구글 사용이 없거나 적은 중국, 한국 등에는 서비스가 불가하다.

(2) 유전체 분석: 빅데이터를 분석하여 개인에게 발생 가능한 질병을 예측하고, 유전적 특성에 맞는 적절한 치료를 받을 수 있게 되었다.

예 인간 게놈(유전체) 프로젝트

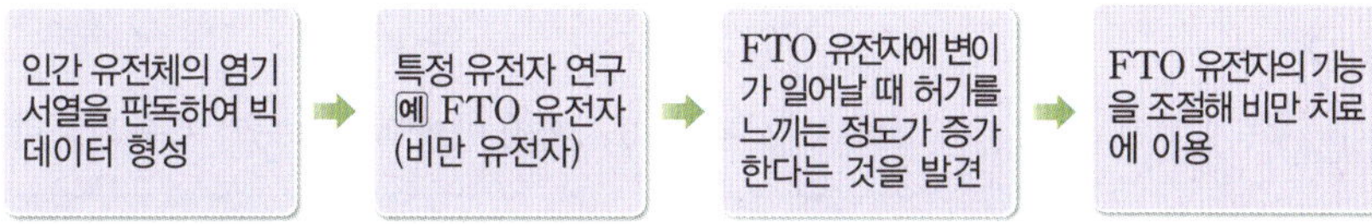

(3) 신약 개발: 빅데이터를 분석하여 특정 질병을 치료할 수 있는 신약 후보 물질을 찾아 신약을 더 빠른 시간에 개발할 수 있게 되었다.

예 신약 개발 과정

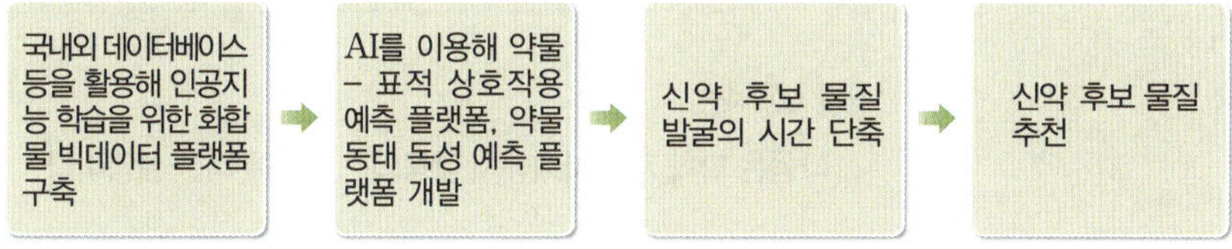

2 빅데이터 활용의 문제점과 태도

(1) 빅데이터 활용의 문제점

① 빅데이터를 수집, 분석, 관리하는 과정에서 개인 정보 유출 문제가 발생한다.
② 데이터의 품질과 분석 방법에 따라 편향되거나 잘못된 결과가 도출될 수 있다.
③ 빅데이터를 활용한 정보에 지나치게 의존할 수 있다.

(2) 빅데이터 활용의 태도: 빅데이터를 활용할 때에는 장점뿐만 아니라 단점도 인식해서, 발생할 수 있는 문제를 최소화하도록 노력해야 한다.

일상생활에서 빅데이터 사용 예
- 온라인 쇼핑에서 빅데이터를 바탕으로 맞춤형 상품을 제시한다.
- 음식 주문 애플리케이션에서 빅데이터를 활용하여 고객의 취향을 반영한 음식을 개발한다.

데이터 센터
- 빅데이터를 저장하고 서비스를 안정적으로 유지하기 위해서는 어마어마한 규모의 서버 컴퓨터가 필요한데, 이러한 서버 컴퓨터를 모아 놓은 곳을 데이터 센터라고 한다.
- 수많은 서버 컴퓨터에서 발생하는 열을 식히기 위한 냉방 장치의 개발이 매우 중요하게 되었다.

바로 복습

정답과 해설 46쪽

빈칸 채우기 문제

01 관찰이나 측정 등을 통해서 수집한 단순한 사실이나 값들을 ( )라고 한다.

02 현대 사회는 과학 기술의 발달로 다양한 데이터를 ( )으로 측정할 수 있게 되었다.

03 기존의 분석 체계로는 감당할 수 없을 정도의 규모가 큰 데이터를 ( )라고 한다.

OX 문제

04 컴퓨터, 스마트 기기에는 아날로그 값이 저장된다. (○ X)

05 빅데이터를 활용함으로써 더 정확한 예측이 가능해졌다. (○ X)

06 빅데이터를 활용할 때에는 개인 정보 유출이 발생하지 않도록 노력해야 한다. (○ X)

 14 과학 기술 사회에서 빅데이터 활용

1 빅데이터

01

그림은 빅데이터와 관련하여 학생 A, B, C가 대화하는 모습을 나타낸 것이다.

제시한 내용이 옳은 학생만을 있는 대로 고른 것은?

① A   ② B   ③ C
④ A, B   ⑤ B, C

02

그림 (가)와 (나)는 온도계와 스마트워치를 나타낸 것이다.

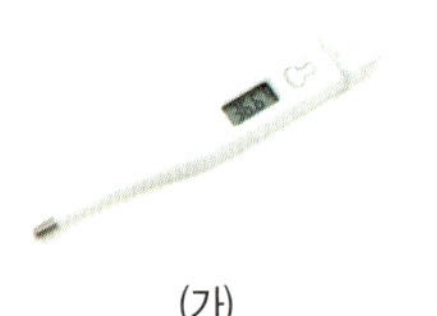

이에 대한 설명으로 옳은 것만을 〈보기〉에서 있는 대로 고른 것은?

〈보기〉
ㄱ. (가)는 아날로그로 온도를 표시한다.
ㄴ. (나)는 실시간으로 데이터를 측정할 수 있다.
ㄷ. (나)의 데이터가 디지털 형태로 전환되어 빅데이터가 형성된다.

① ㄱ   ② ㄷ   ③ ㄱ, ㄴ
④ ㄴ, ㄷ   ⑤ ㄱ, ㄴ, ㄷ

03 빈출   난이도 상

그림은 1 시간 단위로 측정한 미세 먼지 농도를 나타낸 것이다.

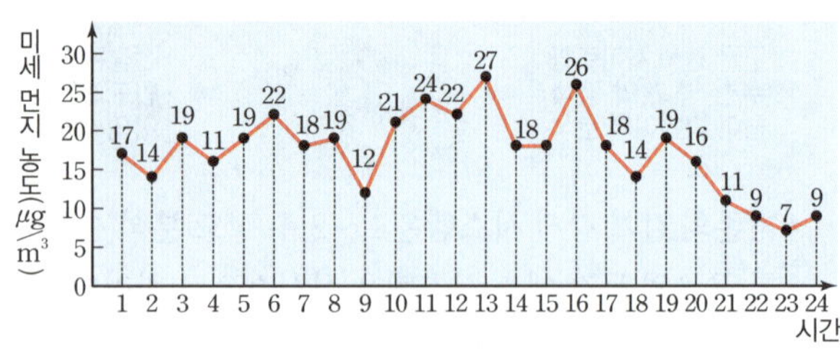

이에 대한 설명으로 옳은 것만을 〈보기〉에서 있는 대로 고른 것은?

〈보기〉
ㄱ. 미세 먼지 농도의 최대 측정값은 27 μg/m³이다.
ㄴ. 미세 먼지 농도가 가장 크게 증가한 시간대는 15 시와 16 시 사이이다.
ㄷ. 19 시부터 23 시까지 미세 먼지 농도가 계속 감소한다.

① ㄱ   ② ㄴ   ③ ㄱ, ㄷ   ④ ㄴ, ㄷ   ⑤ ㄱ, ㄴ, ㄷ

2 빅데이터의 활용과 문제점

04 빈출

다음은 과학 기술 사회에서 활용되는 용어에 대한 설명이다.

기존의 분석 체계로는 감당할 수 없을 정도의 규모가 큰 데이터를 ⓐ (이)라고 한다.

이에 대한 설명으로 옳은 것만을 〈보기〉에서 있는 대로 고른 것은?

〈보기〉
ㄱ. ⓐ에는 '빅데이터'가 적절하다.
ㄴ. ⓐ은 생성 속도가 느리다는 특징이 있다.
ㄷ. ⓐ을 수집 분석 관리하는 과정에서 개인 정보가 철저하게 보호된다.

① ㄱ   ② ㄷ   ③ ㄱ, ㄴ   ④ ㄱ, ㄷ   ⑤ ㄴ, ㄷ

서술형 문제

05

빅데이터를 활용하는 과정에서 발생할 수 있는 문제점을 두 가지 서술하시오.

15 과학 기술 발전과 미래 사회

① 과학 기술의 발전

1 사물 인터넷(IoT, Internet of Things) 기술: 사물을 인터넷으로 연결하여 사람과 사물, 또는 사물과 사물끼리 정보를 교환하며 작업을 수행하는 기술

(1) 사물 인터넷 기술의 활용: 사용자가 원격으로 사물의 상태를 파악하고 제어할 수 있다. 그리고 사람이 개입하지 않아도 스스로 작동할 수 있다.

(2) 활용 예

스마트 팜	온도, 습도 등을 실시간으로 파악하여 물과 영양분을 자동으로 공급한다.
스마트 의료	환자의 건강 상태를 실시간으로 파악하고, 응급 상황이 발생하면 병원에 즉시 연락해 신속한 조치를 취할 수 있다.
스마트 공장	생산 기계를 실시간으로 관리하고 생산량을 효율적으로 조절한다.
스마트 홈	집 안의 온도, 조명, 보안 장치 등을 실시간으로 관리하고 제어한다.
스마트 교통	실시간으로 교통 정보를 수집하여 최단 시간 경로를 추천하고, 주차장의 빈자리 정보를 알려준다.

▲ 스마트 팜

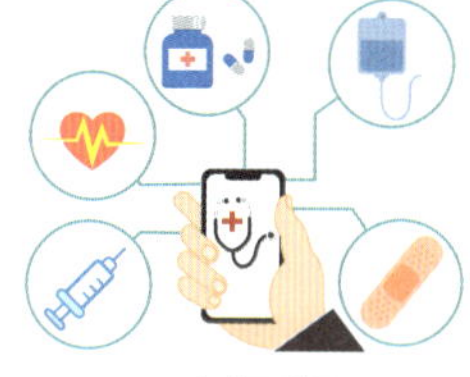

▲ 스마트 의료

▲ 스마트 홈

2 인공지능(AI, Artificial Intelligence) 기술: 인간의 인지·추론·판단 등의 능력을 컴퓨터 프로그램으로 실현한 기술

(1) 인공지능 로봇: 인공지능 기술을 바탕으로 스스로 판단하여 움직이는 로봇, 여러 가지 센서를 통해 주변 정보를 파악하고, 여러 개의 모터를 조작해 로봇을 움직이는 등 피지컬 컴퓨팅이 사용된다. ─ 센서로 주변 환경의 데이터를 수집하여 정보를 추출하고 이를 기반으로 최선의 작업을 수행하는 로봇

(2) 인공지능 로봇의 활용

네 발로 걷는 로봇	휴머노이드 로봇❶

네 발로 걷는 로봇은 사람이 접근하기 어려운 산업 현장이나 재난 지역에 투입된다.	인간을 닮은 휴머노이드 로봇은 여러 가지 면에서 사람이 할 일을 대신하기에 적합하다.

(3) 생성형 인공지능 기술❷: 텍스트, 오디오, 이미지 등 기존 데이터를 학습해 새로운 콘텐츠를 만드는 인공지능 기술이다. ⓔ chatGPT(챗지피티)

피지컬 컴퓨팅
컴퓨터가 피지컬한 실제 세계와 소통할 수 있도록 하는 시스템이다. 피지컬 컴퓨팅은 조이스틱, RFID 리더, 빛 센서, 열 센서 등을 통해 입력을 받을 수 있고, 모터, LED 등을 통해 결과를 출력할 수 있으므로, 일반적인 컴퓨터보다 다양한 입출력 장치를 사용한다.

❶ 휴머노이드 로봇의 장점
인간이 사용하는 도구나 생활 환경이 인간의 신체에 적합하도록 만들어져 있으므로, 인간이 하는 많은 일들을 대신 하기에 유리하다.

❷ 생성형 AI의 활용
생성형 AI는 소프트웨어 코드, 글쓰기, 미술, 음악 등 다양한 분야에서 독창적인 콘텐츠를 만드는 데 활용된다.

용어❗
• **센서** 빛, 온도, 압력 등의 물리적인 양이나 그 변화를 전기 신호로 전환하여 알려주는 장치

1 과학 기술 발전의 양면성: 과학 기술의 발전은 유용한 점도 많지만 문제점❸도 가지고 있어 양면성을 띤다.

구분	유용한 점	문제점
정보 통신 기술의 발전	필요한 정보를 빠르고 쉽게 활용할 수 있도록 돕는다.	익명성을 악용한 허위 사실 유포나 사이버 언어 폭력 등의 위험성이 있다.
사물 인터넷 기술의 발전	사용자의 스마트 기기 하나로 집안의 가전제품을 조작할 수 있어 편리하다.	인터넷에 연결되어 있어 해킹의 위험성이 있다.
매체 기술의 발전	영화나 음악과 같은 문화 예술에 대한 접근성을 높인다.	새로운 문화가 너무 빨리 생겨나고 사라지며, 세대 간 정보 격차와 소통의 문제를 일으킬 수 있다.
원격 의료의 발전	빅데이터와 대조하여 빠르고 저렴하게 진단할 수 있다.	AI가 잘못된 진단을 하면 심각한 결과를 초래할 수 있다.
인공지능 로봇의 발전	산업 현장의 생산성이 높아질 것이다.	인공지능 로봇이 인간을 대체하면서 인간의 일자리가 줄어들 수 있다.

2 과학 기술 발전에 대한 태도와 대비책

- 과학 기술의 한계를 알고 현명하게 이용할 필요가 있다.
- 무분별한 기술의 악용을 막는 <u>윤리 지침</u>을 설정해야 한다.
- 과학 기술을 적용하고 활용할 때 책임감을 가져야 한다.
- 인공지능이나 로봇이 대체할 수 없는 새롭고 창의적인 일자리를 창출해야 한다.
  └ 인공지능이 발달하면 법률 자문, 원격 의료 등의 도움을 받기 쉽지만 인간은 일자리를 잃을 위험이 있다.

❸ **과학 기술의 활용과 문제점**
- 개인 정보 활용 문제
- 예상하지 못한 오염과 폐기물의 발생 가능성
- 자율주행 자동차에서 운전자 보호를 우선시 할 지, 아니면 보행자 안전을 우선시 할 지 등의 윤리적 가치 판단 문제

인공지능 기술의 부정적 효과 예방
과학 기술이 사회 전반에 미치는 영향을 예측하고, 기술적·제도적으로 대비해야 한다.

정답과 해설 46쪽

✎ 바로 복습

빈칸 채우기 문제

01 사물을 인터넷으로 연결하여 사용자가 원격으로 사물의 상태를 파악하고 제어할 수 있는 기술을 (　　　　　) 기술이라고 한다.

02 인간의 인지·추론·판단 등의 능력을 컴퓨터 프로그램으로 실현한 기술을 (　　　　　) 기술이라고 한다.

03 인간을 닮은 로봇을 (　　　　　) 로봇이라고 한다.

04 자율주행에서 운전자 보호를 우선시할지, 보행자 안전을 우선시할지 등의 (　　　) 지침을 설정할 필요가 있다.

05 과학 기술의 발전은 유용한 점도 많지만 문제점도 가지고 있어 (　　　　　)을 띤다.

OX 문제

06 IoT는 인공지능을 의미하는 영문 약자이다. ○ ✕

07 스마트 팜 기술은 센서로 온도 등을 실시간으로 파악하여 물과 영양분을 자동으로 공급한다. ○ ✕

08 인공지능 로봇은 아직까지는 스스로 판단하여 움직일 수 없다. ○ ✕

09 과학 기술의 발전은 유용한 면이 훨씬 크기 때문에 문제점에 대해서는 걱정할 필요가 없다. ○ ✕

10 인공지능이나 로봇이 대체할 인간의 일자리에 대해 대비를 해야 한다. ○ ✕

15 과학 기술 발전과 미래 사회

① 과학 기술의 발전

01 ✔빈출

사물 인터넷 기술과 인공지능 기술에 대한 설명으로 옳은 것만을 〈보기〉에서 있는 대로 고른 것은?

〈보기〉
ㄱ. 사물 인터넷의 영어 약자는 LoT이다.
ㄴ. 사물 인터넷은 반드시 사용자인 사람과 연결되어 있어야 한다.
ㄷ. 자율주행 자동차에는 인공지능 기술이 연결되어 있다.

① ㄱ ② ㄴ ③ ㄷ ④ ㄱ, ㄴ ⑤ ㄴ, ㄷ

02

그림은 재난 현장에서 스스로 장애물을 피하면서 위험에 처한 사람을 찾아 구조 대원에게 알려주는 역할을 수행할 수 있는 로봇이다. 이에 대한 설명으로 옳은 것만을 〈보기〉에서 있는 대로 고른 것은?

〈보기〉
ㄱ. 인공지능 기술이 사용되었다.
ㄴ. 피지컬 컴퓨팅이 사용된다.
ㄷ. 생성형 인공지능에 해당한다.

① ㄱ ② ㄴ ③ ㄷ ④ ㄱ, ㄴ ⑤ ㄴ, ㄷ

② 과학 기술 발전의 유용성과 한계

03

그림은 스마트 기기로 집 안의 가전제품을 원격으로 관리하는 시스템을 나타낸 것이다. 이에 대한 설명으로 옳은 것만을 〈보기〉에서 있는 대로 고른 것은?

〈보기〉
ㄱ. 인공지능 기술을 활용한다.
ㄴ. 해킹에 대비해야 한다.
ㄷ. 인터넷에 연결하여 사용한다.

① ㄱ ② ㄴ ③ ㄱ, ㄷ ④ ㄴ, ㄷ ⑤ ㄱ, ㄴ, ㄷ

04

난이도 상

다음은 어떤 의료용 스마트워치에 대한 기사이다.

××신문
○○○○년○월○일
ⓐ □□□업체의 혈압 측정 스마트워치는 △△△에서 최고의 건강 기술로 선정되었다. 이 스마트워치는 혈압 등을 측정하여 스마트 기기 애플리케이션으로 전송하며, 담당 의사와 이 기록을 공유할 수 있다. ⓑ 이 스마트워치로 측정한 혈압을 확인함으로써 보다 편리하게 모든 질병의 원인으로 작용하는 고혈압을 관리할 수 있다.

이에 대한 설명으로 옳은 것만을 〈보기〉에서 있는 대로 고른 것은?

〈보기〉
ㄱ. ⓐ은 사물 인터넷 기술이 적용되었다.
ㄴ. ⓐ을 이용하면 전송된 자료를 분석하여 혈압을 알아내는 데 많은 시간이 필요하다.
ㄷ. ⓑ이 정상 범위보다 높으면, 의사와 상담할 필요 없이 혈압약을 복용해야 한다.

① ㄱ ② ㄷ ③ ㄱ, ㄴ
④ ㄴ, ㄷ ⑤ ㄱ, ㄴ, ㄷ

서술형 문제

05

인공지능 기술의 발달은 유용한 점과 문제점을 동시에 갖는 양면성이 있다. 인공지능 기술 발달의 유용한 점과 문제점의 예를 제시하고, 이에 대한 대비책을 제안하시오.

16 과학 관련 사회적 쟁점과 과학 윤리

❶ 과학 관련 사회적 쟁점

1 과학 관련 사회적 쟁점(SSI, Socio−Scientific Issues): 과학 기술의 발전 과정에서 발생하는 사회적·윤리적 문제들이다. — 과학 기술의 발전은 윤리, 경제, 환경 등 다양한 측면에서 논쟁을 일으킬 수 있어~

2 과학 관련 사회적 쟁점의 예

자율주행 자동차	운전의 피로를 덜고 운전자 부주의로 인한 사고 예방 등 많은 장점이 있지만, 사고가 발생했을 때의 책임 문제 등 윤리적 문제가 발생할 수 있다.
유전공학	태어나는 순간 개인의 유전자를 판독하여 직업 선택 등에서 사람을 차별할 수 있으며, 개인은 좋은 유전자의 후손을 갖기 위해 태아의 유전자를 조작할 수 있다.
유전자 변형 농산물❶	식량 부족 문제를 해결하기도 하지만 부작용에 대한 검증이 이루어지지 않았으므로 사용을 제한해야 한다는 의견도 있다.
생성형 인공지능	생성형 인공지능이 제작한 콘텐츠의 저작권과 관련된 논쟁이 있다.
전기차	전기차는 탄소 배출을 줄이기 위한 중요한 기술이지만, 주차한 전기차에 화재가 발생하여 손실을 입혔을 때 책임 소재의 문제가 있다.

❷ 과학 윤리

1 과학 윤리: 과학 기술을 연구하고 이용하면서 지켜야 할 원칙이나 행동 양식

(1) 과학 기술을 개발하고 이용하는 과정에서 과학 윤리를 지켜야 한다.

(2) **과학 윤리 준수의 필요성❷:** 과학 연구의 신뢰성을 높이고, 과학 기술의 지속가능한 발전과 이용이 가능하다.

2 과학자가 실천해야 할 연구 윤리 — 과학자가 과학 기술을 이용하면서 지켜야 할 원칙이나 행동 양식을 연구 윤리라고 해!

정직성	연구 절차 및 결과를 조작하지 않는다.
개방성	학문 발전을 위해 연구 내용을 공개한다.
사회적 책임	사회에 악영향을 미치는 연구는 피하고 공공의 이익을 위해 노력한다.
실험 대상에 대한 존중	• 동물 실험 윤리❸에 위배되는 행동은 하지 말아야 한다. • 임상 실험 중 참가자가 동의하지 않은 실험은 수행하지 않는다.
상호 존중	동료들을 존중하고, 연구 참여자들의 성과를 공정하게 나눈다.
지적 재산권 존중	타인의 연구 결과를 무단으로 사용하지 않는다.

단원 한눈에 보기

과학 기술의 발전

과학 관련 사회적 쟁점	과학 기술 발전 과정에서 발생하는 사회적·윤리적 문제
과학 윤리	과학 기술을 연구하고 이용하면서 지켜야 할 원칙

❶ 유전자변형 농산물(GMO) 표시제
• GMO: 유전공학 기술을 이용해 서로 다른 생물체의 유전자를 결합하는 등 특정 목적에 맞도록 유전자를 변형한 농산물
• GMO 표시제: 소비자의 알 권리와 선택권 보장을 위해 GMO를 원료로 사용할 경우 그 사용 여부를 표기해야 한다는 제도

❷ 과학 윤리의 중요성
과학 윤리를 준수해야 과학 기술을 올바르게 활용할 수 있고, 장기적으로 과학 연구의 신뢰성이 높아지며 지속가능한 생태계를 유지할 수 있다.

❸ 동물 실험 윤리의 3원칙(3R 원칙)
• 대체(Replacement): 동물을 사용하지 않고 목적을 달성할 수 있는 방법이 있다면, 동물을 대체하여 실험한다.
• 감소(Reduction): 실험에 사용되는 동물의 수를 가능한 줄인다.
• 개선(Refinement): 동물에게 가해지는 처치를 개선하여 고통과 스트레스를 최소화 한다.

✏ 바로 복습

정답과 해설 **47쪽**

빈칸 채우기 문제

01 과학 기술의 발전 과정에서 발생하는 사회적·윤리적 문제들을 ( )이라고 한다.

02 과학 기술을 연구하고 이용하면서 지켜야 할 원칙이나 행동 양식을 ( )라고 한다.

03 연구 절차 및 결과를 조작하지 않아야 하는 것은 연구 윤리의 ( )에 해당한다.

OX 문제

04 자율주행 도중 자동차 사고가 발생하면, 책임 문제가 발생할 수 있다. (O X)

05 유전공학 기술의 발전은 질병 발생의 조기 진단 등 긍정적인 측면만 존재한다. (O X)

06 임상 실험 참여자에 위해가 되지 않는 한, 참여자가 동의하지 않은 실험을 수행해도 된다. (O X)

실력 다지기 문제 16 과학 관련 사회적 쟁점과 과학 윤리

❶ 과학 관련 사회적 쟁점

01 ✔빈출

그림은 과학 관련 사회적 쟁점에 대해 학생 A, B, C가 대화하는 모습을 나타낸 것이다.

제시한 내용이 옳은 학생만을 있는 대로 고른 것은?

① A   ② B   ③ A, B
④ A, C   ⑤ B, C

02

난이도 상

다음은 유전공학의 발달과 관련 있는 공상과학 영화 내용의 일부이다.

> **영화 ○○○ 줄거리**
>
> 미래 사회 유전공학의 발달로 태아의 [㉠]를 판독하여 태어날 때부터 질병, 수명, 지능 등을 예상할 수 있게 되었다. 이에 따라 나쁜 [㉠]를 제거하고 완벽한 조건의 아이들이 인공수정으로 태어나고 있으며, [㉡]은 열등한 사람으로 하층민 취급을 받는다.

이에 대한 설명으로 옳은 것만을 〈보기〉에서 있는 대로 고른 것은?

> **보기**
> ㄱ. ㉠에는 '유전자'가 적절하다.
> ㄴ. ㉡에는 '유전자 조작 없이 태어난 아이들'이 적절하다.
> ㄷ. ㉡이 불평능한 대우를 받지 않도록 하는 법을 제정할 필요가 있다.

① ㄱ   ② ㄴ   ③ ㄱ, ㄷ
④ ㄴ, ㄷ   ⑤ ㄱ, ㄴ, ㄷ

❷ 과학 윤리

03

다음은 과학자가 실천해야 할 연구 윤리의 예이다.

> • 정직성   • 실험 대상에 대한 존중
> • 상호 존중   • 지적 재산권 존중

이에 대한 설명으로 옳은 것만을 〈보기〉에서 있는 대로 고른 것은?

> **보기**
> ㄱ. 연구 결과를 조작하는 것은 정직성을 위반하는 것이다.
> ㄴ. 연구 참여자들의 성과를 공정하게 나누는 것은 지적 재산권 존중에 해당한다.
> ㄷ. 실험 대상에 대한 존중은 사람을 대상으로 하는 실험에만 해당한다.

① ㄱ   ② ㄴ   ③ ㄷ
④ ㄱ, ㄷ   ⑤ ㄴ, ㄷ

서술형 문제

04

유전자변형 농산물(GMO)에 대한 찬반 논쟁이 뜨거운 우리나라에서는 GMO 표시제를 실시하고 있다. GMO 표시제를 실시해야 하는 까닭을 설명하시오.

05

다음은 배아줄기세포 연구와 관련 있는 신문 기사이다.

> (전략)
>
> ○○○ 교수는 국제과학전문지 '사이언스'지에 인간 체세포를 복제한 배아줄기세포를 만들었다는 논문을 실었다. 하지만 일부 내용이 조작된 사실이 드러났고, ××××년 ×월 △△△로부터 파면 처분을 받았다.

○○○ 교수가 위반한 연구 윤리가 어느 항목에 해당하는지 쓰고, 그 까닭을 서술하시오.

13 과학의 유용성과 필요성

빈출 개념 감염병의 진단 ★★★

1 감염병의 진단

그림 (가)와 (나)는 신속항원검사와 유전자증폭검사를 순서 없이 나타낸 것이다.

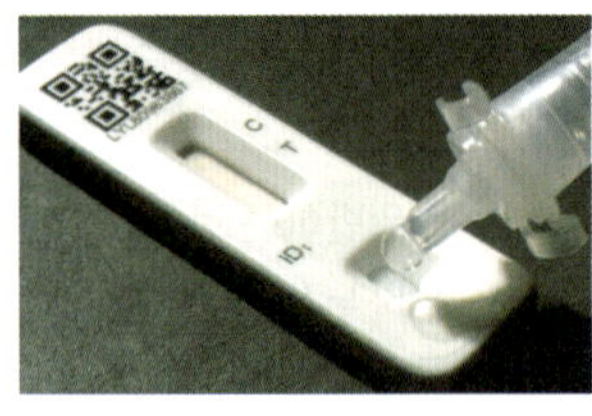
(가)

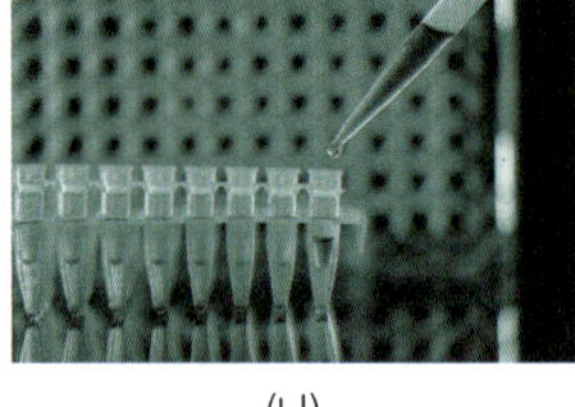
(나)

- 다음 설명 중 옳은 것은 ○표, 옳지 <u>않은</u> 것은 ✕표 하시오.

1 (가)는 유전자증폭검사, (나)는 신속항원검사이다.　（ ○ ｜ ✕ ）

2 (가)는 간편하고 신속한 진단이 가능하다.　（ ○ ｜ ✕ ）

3 (가)는 검체에 들어 있는 매우 적은 양의 병원체를 이용하여 검사할 수 있다.　（ ○ ｜ ✕ ）

4 (나)는 병원체를 구성하는 단백질을 이용하는 검사이다.
　（ ○ ｜ ✕ ）

5 (나)는 (가)에 비해 정확도가 높다.　（ ○ ｜ ✕ ）

6 (가)와 (나)는 모두 바이러스에 감염되어 발생하는 질병을 진단한다.　（ ○ ｜ ✕ ）

14 과학 기술 사회에서 빅데이터 활용

빈출 개념 빅데이터 활용 ★★★

2 농산물 생산성 예측 서비스

그림은 기상청 날씨마루에서 제공하는 A, B, C시의 양파 생산성 예측 서비스 자료이다.

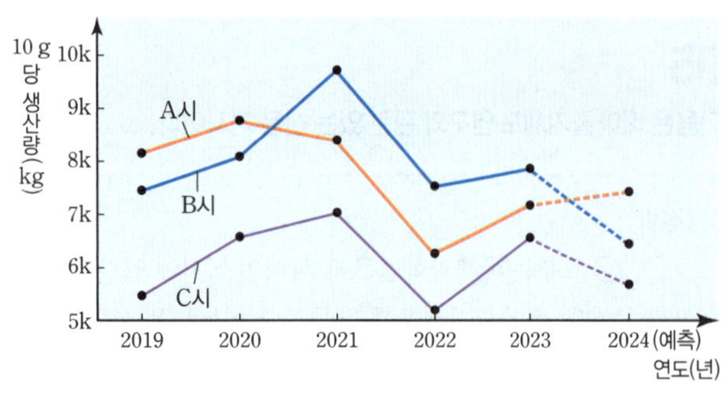

- 다음 설명 중 옳은 것은 ○표, 옳지 <u>않은</u> 것은 ✕표 하시오.

1 빅데이터를 활용한 자료이다.　（ ○ ｜ ✕ ）

2 2024 년도 양파 생산량이 2023 년도에 비해 증가할 것으로 예상되는 시는 B시이다.　（ ○ ｜ ✕ ）

3 2021 년부터 2023 년까지 양파를 가장 많이 생산한 시는 B시이다.　（ ○ ｜ ✕ ）

4 2019 년부터 2023 년까지 양파의 누적 생산량이 최소인 시는 C시이다.　（ ○ ｜ ✕ ）

5 빅데이터를 분석하면서 현상에 대한 더 빠른 이해와 정확한 예측이 가능해졌다.　（ ○ ｜ ✕ ）

6 이러한 데이터는 무조건 신뢰할 수 있다.　（ ○ ｜ ✕ ）

15 과학 기술 발전과 미래 사회

빈출 개념 과학 기술의 발전 ★★★

3 첨단 산불 감시 시스템

다음은 산불 감시를 위해 사용되는 새로운 기술을 소개한 글의 일부이다.

> 화재 감시를 위해 산에 설치된 수백 대의 폐쇄회로 텔레비전(CCTV)을 ○○의 인터넷 클라우드 시스템으로 연결한다. 카메라에 연기 발생 등 이상 징후가 발견되면 ㉠ 이 빠르게 ㉡ 영상을 분석해 화재 여부를 판단한 뒤 산불 감시 센터에 알리는 시스템이다. 이전에는 사람이 일일이 CCTV 영상을 봤기 때문에 놓치는 경우가 많았으나, ㉢ ○○의 산불 감시 시스템 덕분에 산불 감시원들은 100 만 장의 영상 중 1000 장만 살피면 된다. 나머지는 모두 ○○의 ㉠ 이 대신 판독한다.

• 다음 설명 중 옳은 것은 ○표, 옳지 **않은** 것은 ✕표 하시오.

1 ㉠에는 '인공지능'이 적절하다. (○ ✕)

2 ㉠은 물리적 동작을 수행하는 로봇에도 영향을 미치고 있다. (○ ✕)

3 ㉡은 사전 학습 없이 가능하다. (○ ✕)

4 ㉡은 무조건 인간의 판단보다 정확하다. (○ ✕)

5 ㉢에는 사물 인터넷 기술이 사용되었다. (○ ✕)

16 과학 관련 사회적 쟁점과 과학 윤리

빈출 개념 과학 윤리 ★★

4 과학 윤리

다음은 과학자의 연구 윤리와 관련 있는 신문 기사의 일부이다.

> ○○일보
>
> ××××년 × 월 × 일
>
> (전략) □□학계에 따르면 ㉠ 개의 눈을 적출하고 인공 눈을 넣은 ○○ 연구팀 논문을 실은 학술지의 논문 평가단이 ㉡ 를 문제 삼아 논문을 재평가 하고 있다. 또한 이 연구 과정에서 ㉢ 실험에 사용된 동물의 고통을 줄이기 위한 적절한 조치가 이루어졌는지도 쟁점 중 하나이다.

• 다음 설명 중 옳은 것은 ○표, 옳지 **않은** 것은 ✕표 하시오.

1 ㉠은 연구 윤리 중 상호 존중의 원칙을 위반하였다. (○ ✕)

2 ㉡에는 '과학 윤리'가 적절하다. (○ ✕)

3 ㉢은 동물 실험의 3원칙 중 '개선'의 원칙에 해당한다. (○ ✕)

4 과학 윤리는 과학 기술 관련 사회적 쟁점을 해결하는 과정에서 중요한 역할을 한다. (○ ✕)

13 과학의 유용성과 필요성

01 ✓빈출

표는 감염병을 진단하는 검사 (가)와 (나)의 장점과 단점을 나타낸 것이다. (가)와 (나)는 각각 신속항원검사와 유전자증폭검사를 순서 없이 나타낸 것이다.

구분	(가)	(나)
장점	?	간편하고 신속하다.
단점	검사 시간이 길다.	?

이에 대한 설명으로 옳은 것만을 〈보기〉에서 있는 대로 고른 것은?

〈보기〉
ㄱ. (가)는 (나)보다 정확도가 높다.
ㄴ. (나)는 적은 양의 핵산으로도 검사가 가능하다.
ㄷ. (가)와 (나)는 모두 바이러스에 감염된 질병을 진단하기 위한 검사이다.

① ㄱ　　　　② ㄴ　　　　③ ㄱ, ㄷ
④ ㄴ, ㄷ　　　⑤ ㄱ, ㄴ, ㄷ

02

표는 질병 A와 B의 병원체를 나타낸 것이다. A와 B는 각각 결핵과 독감 중 하나이다. 이에 대한 설명으로 옳은 것만을 〈보기〉에서 있는 대로 고른 것은?

질병	병원체
A	㉠
B	세균

〈보기〉
ㄱ. ㉠은 분해자에 해당한다.
ㄴ. A와 B는 모두 감염병에 해당한다.
ㄷ. A와 B는 모두 피부 접촉을 통해 감염이 가능하다.

① ㄱ　　　　② ㄴ　　　　③ ㄱ, ㄷ
④ ㄴ, ㄷ　　　⑤ ㄱ, ㄴ, ㄷ

03

다음은 감염병의 추적과 관리에 대한 학생 A~C의 대화이다.

제시한 내용이 옳은 학생만을 있는 대로 고른 것은?

① A　　　　② B　　　　③ A, B
④ B, C　　　⑤ A, B, C

14 과학 기술 사회에서 빅데이터 활용

04

다음은 A 회사에서 만든 독감 예측 프로그램에 대한 설명이다.

A 회사 검색 사이트의 ㉠수천 억 개의 검색어 분석

↓

독감과 관련 있는 검색어 선정

↓

㉡선정된 검색어의 검색 빈도와 독감 발생 사이의 패턴 분석

↓

분석한 패턴을 활용하여 ㉢감기 환자 수 예측

이에 대한 설명으로 옳은 것만을 〈보기〉에서 있는 대로 고른 것은?

〈보기〉
ㄱ. ㉠은 '빅데이터 분석'에 해당한다.
ㄴ. ㉡과 ㉢ 사이의 관계를 파악해야 한다.
ㄷ. 이 프로그램은 분석 시간이 길다는 단점이 있다.

① ㄱ　　　　② ㄷ　　　　③ ㄱ, ㄴ
④ ㄴ, ㄷ　　　⑤ ㄱ, ㄴ, ㄷ

05

다음은 스마트 팜에서 사용되는 기술의 예를 나타낸 것이다.

- ㉠ 빛 센서를 이용하여 ㉡ 메인 컴퓨터가 실내 밝기를 측정한 후, 자동으로 LED등을 켠다.
- 멀리 있는 사용자가 ㉢ 스마트 기기로 애플리케이션에 접속하여 창문을 연다.

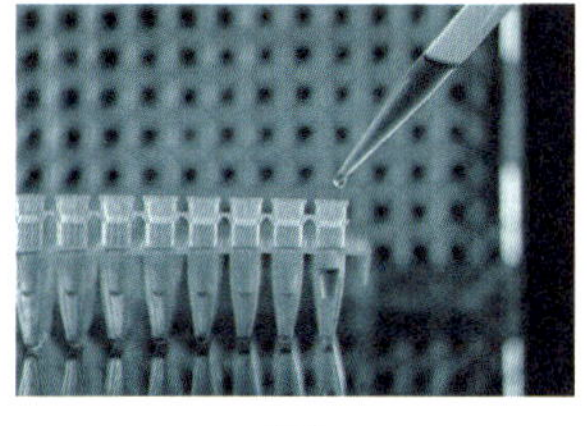

이에 대한 설명으로 옳은 것만을 〈보기〉에서 있는 대로 고른 것은?

〈보기〉

ㄱ. ㉠은 빛 신호를 전기 신호로 전환한다.
ㄴ. ㉡과 ㉢은 인터넷으로 연결되어 있다.
ㄷ. 스마트 팜에는 사물 인터넷 기술이 활용된다.

① ㄱ ② ㄷ ③ ㄱ, ㄴ
④ ㄴ, ㄷ ⑤ ㄱ, ㄴ, ㄷ

06

다음은 어느 지역에서 발생한 전기차 화재와 관련된 신문 기사의 일부이다.

○○ 신문

××××년 ×월 ××일

지난 ××일 ○○의 ㉠ 주차장에서 발생한 전기차 화재로 입주민 피해가 커지면서 ㉡ 누가 책임질 것인지 관심이 뜨겁다. (중략)
이에 정부에서는 다음과 같은 대응책을 고심 중이다.
— 전기차 지하 충전기를 지상으로 이전 유도
— 전기차 충전율을 90 %로 제한

이에 대한 설명으로 옳은 것만을 〈보기〉에서 있는 대로 고른 것은?

〈보기〉

ㄱ. ㉠은 지상 주차장이다.
ㄴ. ㉡은 과학 관련 사회적 쟁점에 해당한다.
ㄷ. 전기차는 100 % 충전할 때가 90 % 충전할 때보다 화재 발생 위험이 크다.

① ㄱ ② ㄴ ③ ㄱ, ㄷ
④ ㄴ, ㄷ ⑤ ㄱ, ㄴ, ㄷ

서술형 문제

07

그림은 바이러스에 감염되어 발생하는 감염병을 진단하는 검사 (가)와 (나)를 나타낸 것이다. (가)와 (나)는 각각 신속항원검사와 유전자 증폭검사 중 하나이다.

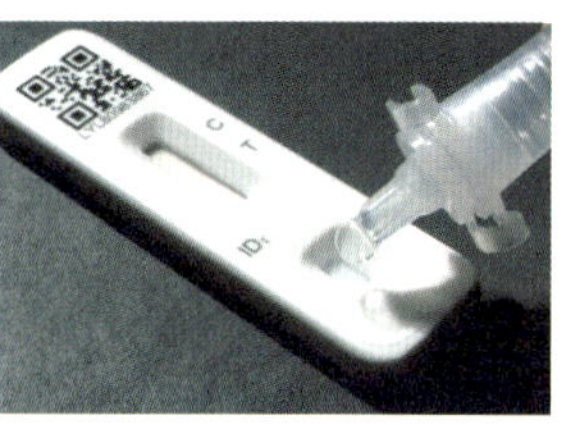

(가)   (나)

(1) (가)와 (나)의 명칭을 쓰시오.

(2) (가)와 (나)의 검사 시간과 정확도를 비교하시오.

(3) (나)는 일상생활에서 간편하게 할 수 있는 검사이지만 감염 여부의 최종 진단은 일반적으로 (가)에 의해 이루어지는 까닭을 서술하시오.

08

빅데이터의 특징을 세 가지 서술하시오.

09

그림은 인간의 모습을 닮은 휴머노이드 로봇을 나타낸 것이다. 휴머노이드 로봇은 제작하기 매우 어렵지만 첨단 기업에서 앞다투어 개발을 시도하고 있다. 휴머노이드 로봇의 장점을 서술하시오.

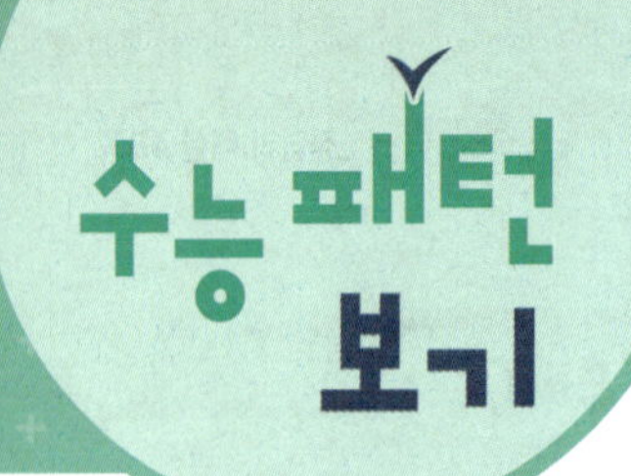

Ⅲ 과학과 미래 사회

01 표는 어떤 질병을 진단하는 검사 (가)와 (나)의 특징을, 그림은 진단 검사 A를 나타낸 것이다. A는 (가)와 (나) 중 하나이고, (가)와 (나)는 신속항원검사와 유전자증폭검사를 순서 없이 나타낸 것이다.

검사	특징
(가)	병원체의 핵산을 이용하는 검사이다.
(나)	㉠

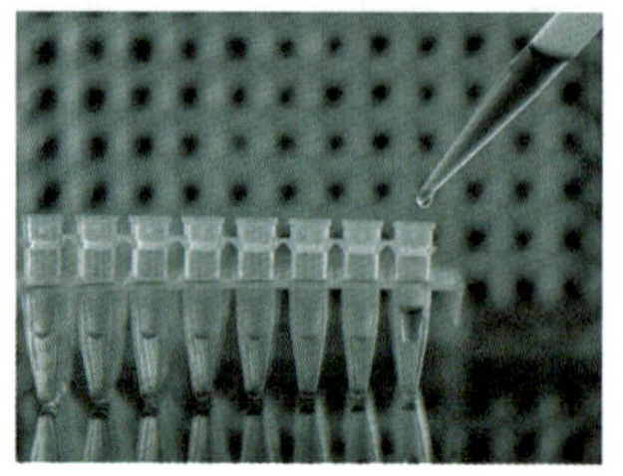

이에 대한 설명으로 옳은 것만을 〈보기〉에서 있는 대로 고른 것은?

보기

ㄱ. A는 (가)이다.
ㄴ. '항체의 존재 여부를 확인하는 검사이다.'는 ㉠에 해당한다.
ㄷ. (나)는 (가)에 비해 정확도가 높다.

① ㄱ ② ㄷ ③ ㄱ, ㄴ ④ ㄴ, ㄷ ⑤ ㄱ, ㄴ, ㄷ

기출 패턴

바이러스에 의한 감염병을 진단하는 신속항원검사와 유전자증폭검사의 원리와 특징을 알고 있어야 한다.

배경 지식

· 신속항원검사는 병원체의 단백질을 이용하는 검사이다.
· 유전자증폭검사(PCR 검사)는 검체에 들어 있는 매우 적은 양의 핵산을 단시간에 많은 양으로 복제한 다음 병원체의 감염 여부를 정밀하게 분석하는 검사이다.

02 그림은 간호사 나이팅게일이 크림전쟁에서 작성한 자료로 1854 년 4 월부터 다음 해 3 월까지 사망자 수를 사망 원인에 따라 나타낸 것이다.

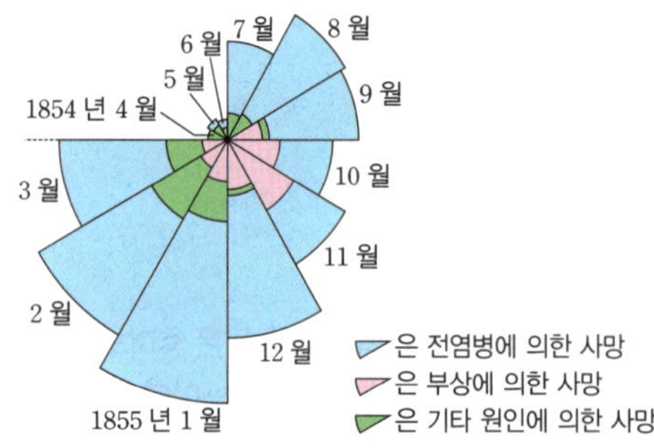

이에 대한 해석으로 옳은 것만을 〈보기〉에서 있는 대로 고른 것은?

보기

ㄱ. 사망자가 걸린 전염병의 종류를 알 수 있다.
ㄴ. 1854 년 12 월 전염병에 의한 사망자의 수는 전달보다 증가하였다.
ㄷ. 1 년 동안 사망자 중, 전쟁에서 입은 부상으로 사망한 사람이 가장 많다.

① ㄱ ② ㄴ ③ ㄷ ④ ㄱ, ㄴ ⑤ ㄴ, ㄷ

기출 패턴

데이터를 파악하기 쉽도록 그래프나 도표로 전환할 수 있어야 하며, 이를 정확하게 해석할 수 있어야 한다.

배경 지식

원형 도표의 중심 방향 길이가 사망자 수에 비례한다.

03 다음은 택배 드론 A에 대한 설명이다.

택배에 이용되는 드론 A는 카메라와 라이다의 정보를 융합해 스스로 장애물을 피해 비행하며, 안전하다고 판단되는 지역을 찾아 사람의 개입 없이 안전하게 착륙할 수 있다.

이에 대한 설명으로 옳은 것만을 〈보기〉에서 있는 대로 고른 것은?

〈보기〉

ㄱ. A에는 인공지능 기술이 사용된다.
ㄴ. A에는 피지컬 컴퓨팅이 활용된다.
ㄷ. A는 택배에 배치되기 전 사전 학습을 할 필요가 없다.

① ㄱ   ② ㄷ   ③ ㄱ, ㄴ   ④ ㄱ, ㄷ   ⑤ ㄴ, ㄷ

04 다음은 크리스퍼 유전자 가위에 대한 설명이다.

크리스퍼 유전자 가위 기술은 동물, 식물, 미생물의 DNA를 매우 정교하게 바꿀 수 있는 기술로, 암 치료제 개발 등 생명과학에 혁명적인 영향을 끼쳤다. 이 기술로 해충이나 가뭄에 강한 농작물, 우수한 특성을 가진 가축을 만들 수 있다.
이렇게 유용한 점이 많이 있지만, 이 기술이 인간 배아의 유전체 편집에 이용되면서 논쟁을 일으키고 있다.

이에 대한 설명으로 옳은 것만을 〈보기〉에서 있는 대로 고른 것은?

〈보기〉

ㄱ. 과학 관련 사회적 쟁점에 해당한다.
ㄴ. 이 기술을 사용할 때 지켜야 할 과학 윤리 제정이 필요하다.
ㄷ. 이 기술을 인간 배아의 유전체 편집에 이용하는 것을 무조건 금지해야 한다.

① ㄱ   ② ㄷ   ③ ㄱ, ㄴ   ④ ㄴ, ㄷ   ⑤ ㄱ, ㄴ, ㄷ

MEMO

백신

통합과학2

- 필수 개념 체크
- 중간·기말고사 대비

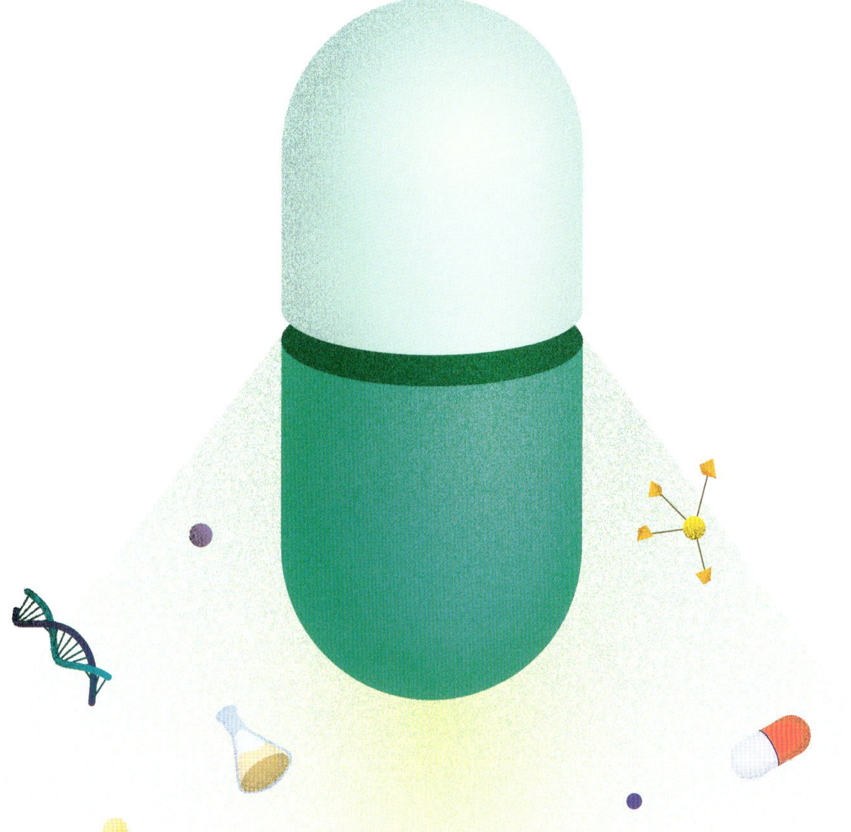

시험 대비

Ⅰ 변화와 다양성

Ⅰ-1 지구 환경 변화와 생물다양성

01 지질 시대의 환경과 생물 변화

1 (❶　　　): 지질 시대에 살았던 생물의 유해나 흔적이 지층에 남아 있는 것

구분	표준 화석	시상 화석
정의	지층의 생성 시기를 알려 주는 화석	지층 생성 당시의 환경을 알려 주는 화석
조건	생존 기간이 (❷　　　)고, 분포 면적이 (❸　　　)다.	생존 기간이 (❹　　　)고, 분포 면적이 (❺　　　)다.
예	• 고생대: 삼엽충, 방추충 • 중생대: 암모나이트, 공룡 • 신생대: 화폐석, 매머드	• 따뜻하고 습한 육지: 고사리 • 따뜻하고 얕은 바다: 산호 • 얕은 바다나 갯벌: 조개

2 (❻　　　): 지구가 탄생한 후부터 현재까지의 시간

지질 시대의 구분 기준	대규모 지각 변동에 의한 생물계의 큰 변화 시기를 기준으로 구분
지질 시대의 구분	선캄브리아시대, 고생대, 중생대, 신생대

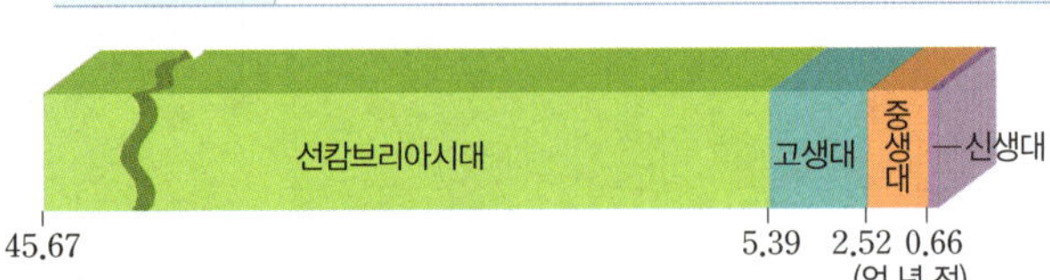

3 지질 시대의 환경과 생물

선캄브리아 시대	• 발견되는 화석이 드물다. • 광합성 생물(❼　　　) 출현 ➡ (❽　　　)가 바다와 대기에 축적되기 시작 ➡ 스트로마톨라이트 형성 • 다세포 생물 출현 ➡ 에디아카라 생물군 형성
(❾　　　)	• 대체로 온난, 중기와 말기에 빙하기 • 무척추동물(삼엽충, 완족류), 어류(갑주어) 번성 • (❿　　　)의 형성 ➡ 육상 생물 출현 • 양서류, 대형 곤충, 양치식물(고사리) 번성 • 말기에 생물 대멸종 ➡ 삼엽충, 방추충 멸종
중생대	• 빙하기 없이 전반적으로 온난 • 판게아 분리 • 화산 활동으로 대기 중 (⓫　　　) 농도 증가 ➡ 온난한 기후 • 암모나이트, 파충류(공룡), (⓬　　　)식물(은행나무) 번성, 조류 출현 • 말기에 생물 대멸종 ➡ 공룡, 암모나이트 멸종
(⓭　　　)	• 대체로 온난, 말기에 빙하기와 간빙기 반복 • 현재와 비슷한 수륙 분포 형성 • 화폐석, 포유류(매머드), 속씨식물(단풍나무, 참나무) 번성, 인류 조상 출현

4 대멸종과 생물다양성

(1) 대멸종: 지질 시대 동안 일어난 생물의 멸종 중 규모가 컸던 (⓮　　　) 번의 멸종

(2) 대멸종의 원인: 지구 환경의 급격한 변화

(3) 대멸종 이후 변화: 대멸종 이후 살아남은 생물은 더 번성하거나 환경에 적응하여 다양한 종으로 진화 ➡ 생물다양성 (⓯　　　)

02 생물의 진화

1 생물의 진화와 변이

(1) 진화: 생물이 오랜 시간 동안 여러 세대를 거쳐 환경에 적응하며 변화하는 과정

(2) 변이: 같은 종의 개체들 사이에 나타나는 다양한 형질의 차이

비유전적 변이	(❶　　　)에 의해 나타나는 변이 ➡ 자손 세대로 전달 ×
유전적 변이	(❷　　　) 차이에 의해 나타나는 변이 ➡ 자손 세대로 전달 ○

(3) 변이가 나타나는 원인

(❸　　　)	DNA의 유전정보가 변형되어 부모에게 없던 새로운 형질이 자손에게 나타나는 것
유성생식	암수의 두 개체가 각각 생식세포를 형성하고 그 생식세포가 결합하여 새로운 개체가 되는 생식 방법

2 자연선택설

(1) 다윈의 (❹　　　): 다양한 변이가 있는 개체들 중 환경에 잘 적응할 수 있는 형질을 가진 개체가 더 많이 생존하여 더 많은 자손을 남기는 과정

(2) 자연선택에 의한 진화 과정

(❺　　　)	생물은 주어진 환경에서 실제 생존할 수 있는 수보다 더 많은 자손을 낳음
(❻　　　)	같은 종 내의 개체 간에는 형태나 기능, 습성이 조금씩 다른 변이가 존재함
(❼　　　)	과잉생산에 의해 개체수가 많아지면 개체들 사이에서 먹이나 생활 공간, 배우자 등을 확보하기 위한 경쟁이 일어남
(❽　　　)	환경에 잘 적응할 수 있는 형질을 가진 개체는 더 많은 자손을 남겨 자손에게 형질을 물려줌
진화	자연선택 과정이 오랜 시간 동안 여러 세대를 거쳐 누적되면 종이 다양해짐

(3) 다윈 진화론의 한계

① 개체들 사이에서 다양한 변이가 나타나는 까닭 설명 불가

② 변이가 자손에게 전달되는 원리 설명 불가

3 자연선택에 의한 생물의 진화

(1) **갈라파고스 핀치의 진화**: 부리 모양에 변이가 있는 핀치 집단이 각 섬의 (⑨)에 따라 여러 종으로 진화한다.

(2) **낫모양적혈구 유전자의 자연선택**: 말라리아가 자주 발생되는 지역에서는 낫모양적혈구 유전자를 가진 사람이 자연선택되어 유전자빈도가 높다.

(3) **항생제 내성 세균의 진화**: 항생제를 사용하는 환경에서 항생제 내성이 있는 세균이 (⑩)되어 항생제 내성이 있는 세균 집단이 형성된다.

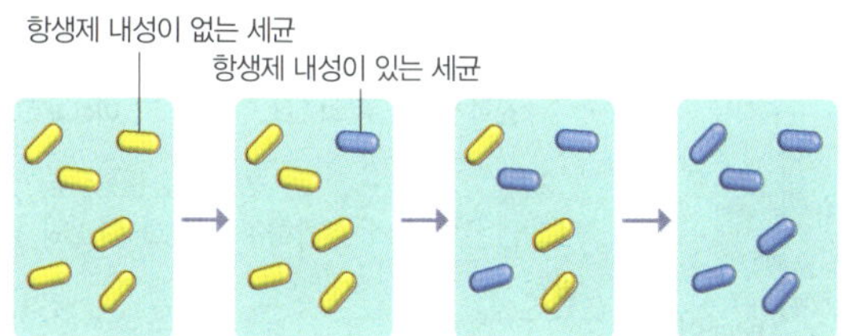

---

03 생물다양성과 보전

1 생물다양성: 특정 지역의 생태계에서 관찰되는 생물의 다양한 정도

• 생물다양성의 세 가지 구성요소

(①) 다양성	• (②)의 생물도 개체마다 서로 다른 유전자를 갖고 있음 ➡ 다양한 형질이 나타남 • 개체수↑ + 변이↑ ➡ 유전적 다양성↑ ➡ 환경 변화에 따른 적응 유리
(③) 다양성	• 일정 지역에 얼마나 많고 다양한 생물종이 (④)하게 분포하는지를 의미 • 생물종이 많을수록, 각 생물종이 고르게 분포할수록 종다양성↑ ➡ 먹이그물이 복잡해짐 ➡ 생태계평형이 유지됨
(⑤) 다양성	• 생물이 살아가고 있는 생태계의 다양한 정도 • 특정 지역의 (⑥)과 서식하는 생물을 모두 포함 • 생태계다양성↑ ➡ 종다양성과 유전적 다양성이 모두↑

▲ 유전적 다양성　　▲ 종다양성　　▲ 생태계다양성

2 생물다양성의 중요성과 보전

생태계평형과 생물다양성	• 생태계평형은 생태계를 구성하는 생물의 (⑦)에 의해 유지된다. • 먹이사슬이 (⑧)할수록 생태계평형이 잘 유지된다.
생물자원과 생물다양성	우리는 생태계에서 식량, 의복, 의약품 등의 (⑨)을 얻어 살아가고 있으며 생태계는 휴식, 여가 활동, 관광을 할 수 있는 장소로 활용된다.

생물다양성이 높은 생태계 ➡ 먹이그물이 복잡하게 얽혀 있음	생물다양성이 낮은 생태계 ➡ 먹이그물이 단순함

3 생물다양성 감소 원인

서식지파괴와 (⑩)	도로나 댐 건설 등 ➡ 서식지 줄어듦 ➡ 생물 이동 제한됨 ➡ 개체수 감소 • 해결책: 무분별한 개발 방지, (⑪) 설치
환경오염	산성비, 지구 온난화, 쓰레기나 폐수 속 중금속 ➡ 생태계평형 파괴 ➡ 생물다양성 감소 • 해결책: 에너지 절약, 자원 재활용, 저탄소 제품 사용 등
불법 포획, 남획	불법으로 포획과 남획 ➡ 생물종의 개체수 유지 × ➡ 먹이 사슬 붕괴 • 해결책: 야생 동식물 불법 포획 금지
(⑫) 유입	새로운 서식지로 유입된 외래종은 천적이나 질병이 없는 새로운 환경에서 대량으로 번식 ➡ 토착 생물의 생태계 파괴 • 해결책: 기존 생태계와 토종 생물에게 미칠 영향을 미리 파악하고 외래종의 무분별한 유입 방지

4 생물다양성보전을 위한 노력

(⑬)적 노력	자원과 에너지 절약, 저탄소 제품 사용 등 환경오염을 줄이기 위한 노력
국가적 노력	국립 공원 지정 및 관리, 불법 포획과 남획에 관한 법률 제정, 멸종 위기 야생 생물 지정 및 보호
(⑭)적 노력	국제 협약 체결 및 실천 예 람사르 협약, 생물다양성협약, 멸종 위기에 처한 야생 동식물의 국제 거래에 관한 협약, 이동성 야생 동물의 보전에 관한 협약

I-2 화학 변화

04 산화와 환원

1 자연과 인류의 역사를 바꾼 화학 반응

구분	반응물	생성물
(❶)	이산화 탄소＋물	포도당＋산소
(❷)	산화 철(Ⅲ)＋ 일산화 탄소	철＋이산화 탄소
(❸)	화석 연료＋산소	이산화 탄소＋물

2 산화 환원 반응

구분	산화	환원
산소의 이동	물질이 산소를 (❹) 반응	물질이 산소를 (❺) 반응
전자의 이동	물질이 전자를 (❻) 반응	물질이 전자를 (❼) 반응

3 산화 환원 반응의 (❽   ): 화학 반응이 일어날 때 어떤 물질이 산소를 얻거나 전자를 잃어 산화되면 다른 물질은 산소를 잃거나 전자를 얻어 환원된다. ➡ 산화와 환원은 항상 동시에 일어난다.

4 산소의 이동과 산화 환원 반응

구분	산화 구리(Ⅱ)와 탄소의 산화 환원 반응
화학 반응식	$2CuO + C \longrightarrow 2Cu + CO_2$ 산화 구리(Ⅱ)　탄소　　구리　이산화 탄소 (❾) (❿)
실험 장치	산화 구리(Ⅱ)＋탄소 가루 / 석회수

5 전자의 이동과 산화 환원 반응

구분	황산 구리(Ⅱ) 수용액과 아연의 산화 환원 반응
화학 반응식	$Zn + Cu^{2+} \longrightarrow Zn^{2+} + Cu$ (⓫) (⓬)
실험 장치	$CuSO_4$ 수용액　　석출된 Cu

6 우리 주변의 산화 환원 반응

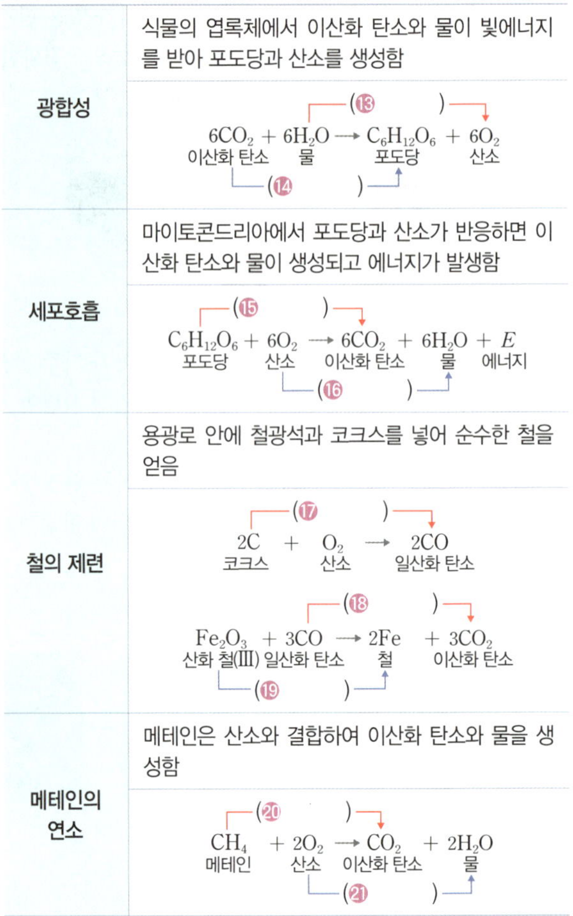

구분	내용
광합성	식물의 엽록체에서 이산화 탄소와 물이 빛에너지를 받아 포도당과 산소를 생성함 $6CO_2 + 6H_2O \longrightarrow C_6H_{12}O_6 + 6O_2$ 이산화 탄소　물　　포도당　　산소 (⓭) (⓮)
세포호흡	마이토콘드리아에서 포도당과 산소가 반응하면 이산화 탄소와 물이 생성되고 에너지가 발생함 $C_6H_{12}O_6 + 6O_2 \longrightarrow 6CO_2 + 6H_2O + E$ 포도당　　산소　이산화 탄소　물　에너지 (⓯) (⓰)
철의 제련	용광로 안에 철광석과 코크스를 넣어 순수한 철을 얻음 $2C + O_2 \longrightarrow 2CO$ 코크스　산소　일산화 탄소 (⓱) $Fe_2O_3 + 3CO \longrightarrow 2Fe + 3CO_2$ 산화 철(Ⅲ) 일산화 탄소　철　이산화 탄소 (⓲) (⓳)
메테인의 연소	메테인은 산소와 결합하여 이산화 탄소와 물을 생성함 $CH_4 + 2O_2 \longrightarrow CO_2 + 2H_2O$ 메테인　산소　이산화 탄소　물 (⓴) (㉑)

05 산과 염기의 중화 반응

1 산과 염기

구분	산	염기
정의	물에 녹아 (❶) 이온을 내놓는 물질	물에 녹아 (❷) 이온을 내놓는 물질
특징	신맛, 전해질, (❸)과 반응	쓴맛, 전해질, (❹) 분해

2 산과 염기의 이온화

(1) 산의 이온화

산		수소 이온		음이온
HCl(염산)	$\longrightarrow$	(❺)	＋	(❻)
H_2SO_4(황산)	$\longrightarrow$	(❼)	＋	(❽)
HNO_3(질산)	$\longrightarrow$	(❾)	＋	(❿)

(2) 염기의 이온화

염기		양이온		수산화 이온
NaOH (수산화 나트륨)	$\longrightarrow$	(⓫)	＋	(⓬)
$Ca(OH)_2$ (수산화 칼슘)	$\longrightarrow$	(⓭)	＋	(⓮)

3 산성과 염기성을 나타내는 이온의 확인

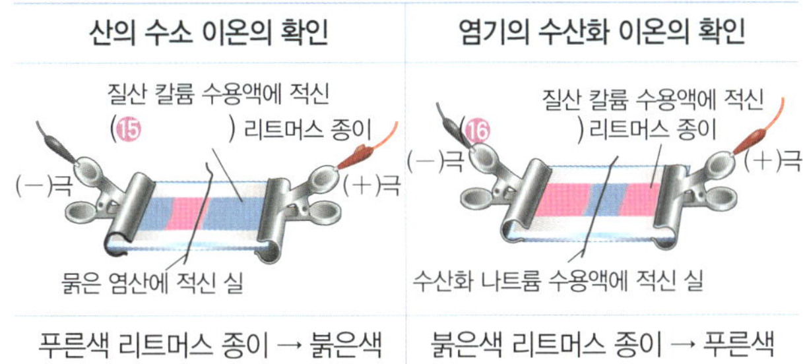

4 **지시약**: 수용액의 액성을 구별하는 데 사용하는 물질

구분	산성	중성	염기성
리트머스 종이	푸른색 → 붉은색	−	붉은색 → 푸른색
BTB 용액	(⑰)	초록색	파란색
페놀프탈레인	무색	무색	(⑱)
메틸 오렌지	빨간색	노란색	노란색

5 **산과 염기의 중화 반응**: 산의 수소 이온(H^+)과 염기의 수산화 이온(OH^-)이 반응하여 물을 생성하는 반응이다. 이때 H^+과 OH^-은 항상 1 : 1의 개수비로 반응한다.

$$H^+ + OH^- \longrightarrow H_2O$$

6 **중화 반응이 일어날 때 용액의 액성, 이온 수의 변화**: 일정량의 묽은 염산에 수산화 나트륨 수용액 첨가

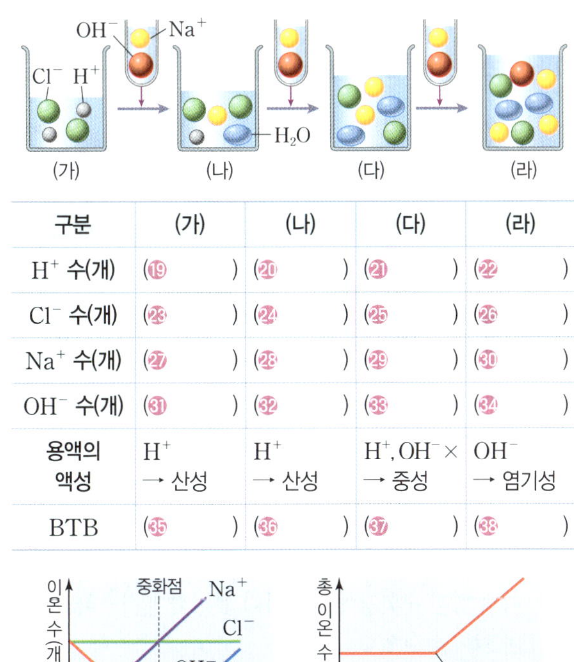

구분	(가)	(나)	(다)	(라)
H^+ 수(개)	(⑲)	(⑳)	(㉑)	(㉒)
Cl^- 수(개)	(㉓)	(㉔)	(㉕)	(㉖)
Na^+ 수(개)	(㉗)	(㉘)	(㉙)	(㉚)
OH^- 수(개)	(㉛)	(㉜)	(㉝)	(㉞)
용액의 액성	H^+ → 산성	H^+ → 산성	$H^+, OH^- \times$ → 중성	OH^- → 염기성
BTB	(㉟)	(㊱)	(㊲)	(㊳)

7 중화 반응이 일어날 때의 변화

(1) (㊴   ): 산의 H^+과 염기의 OH^-이 모두 반응하여 중화 반응이 완결되는 지점

(2) (㊵   ): 중화 반응이 일어나는 과정에서 발생하는 열로, 반응한 H^+과 OH^-의 수가 많아 중화되는 양이 많을수록 중화열↑ ➡ 중화점에서 온도 최대

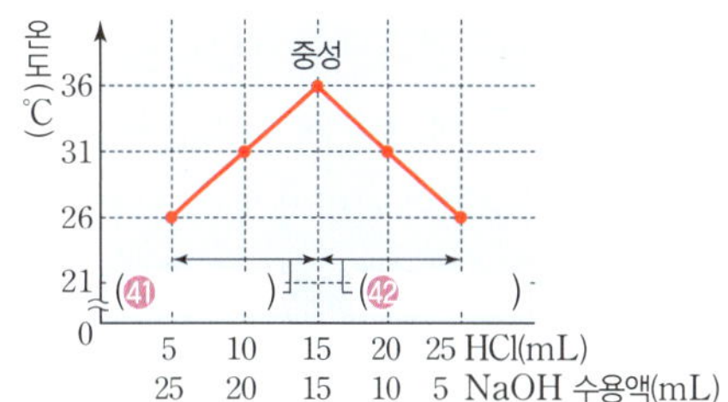

8 일상생활 속 중화 반응의 예

(1) 산성화된 호수나 토양에 석회 가루를 뿌린다.

(2) 위액이 과다 분비되면 제산제를 먹는다.

(3) 생선의 비린내를 없애기 위해 레몬즙을 뿌린다.

06 물질 변화에서 에너지 출입

1 발열 반응과 흡열 반응

구분	발열 반응	흡열 반응
정의	반응이 일어날 때 주위로 열을 (❶)하는 반응	반응이 일어날 때 주위의 열을 (❷)하는 반응
주위의 온도 변화	주위의 온도가 (❸)	주위의 온도가 (❹)
예	연소 반응, 금속과 산의 반응, 중화 반응 등	광합성, 질산 암모늄의 용해 반응, 물의 전기 분해 등

2 물질 변화에서 출입하는 열을 이용하는 예

(❺) 반응	• 수증기가 응결해 구름이 된다. • 이글루에서는 내부에 물을 뿌려 물이 응고되면서 방출하는 열을 난방에 이용한다. • 철 가루가 산화될 때 열을 방출하면서 주위의 온도가 높아지는 현상을 이용하여 휴대용 손난로를 만든다. • 조리용 발열 팩은 산화 칼슘과 물이 반응할 때 열을 방출하여 주위의 온도가 높아지는 것을 이용한다.
(❻) 반응	• 더운 여름날 마당에 물을 뿌리면 물이 증발하면서 기화열을 흡수하므로 시원해진다. • 손 소독제에 들어 있는 알코올이 기체로 증발하면서 에너지를 흡수한다. • 냉각 팩은 질산 암모늄이 물에 용해될 때 열을 흡수하여 주위의 온도가 낮아진다.

01 다음은 지질 시대의 환경 변화를 순서 없이 설명한 것이다. (가), (나), (다)는 각각 고생대, 중생대, 신생대 중 하나이다.

> (가) 판게아가 분리되기 시작하여 대륙과 해양의 분포가 다양해졌고, 화산 활동이 활발하게 일어났다.
> (나) 초기부터 중기까지 기후가 비교적 온난하였으나 말기에는 빙하기와 간빙기가 반복되었다.
> (다) 초기에는 바다에서만 생물이 번성하였으나 중기 이후로 육상에도 생물이 살 수 있게 되었다.

이에 대한 설명으로 옳은 것만을 〈보기〉에서 있는 대로 고른 것은?

> 〈보기〉
> ㄱ. 환경 변화는 (나) → (다) → (가) 순으로 일어났다.
> ㄴ. (가)의 시대에는 온난한 기후가 계속되었다.
> ㄷ. (가)의 시대에는 파충류, (나)의 시대에는 포유류가 번성하였다.

① ㄱ　　　② ㄴ　　　③ ㄱ, ㄷ
④ ㄴ, ㄷ　　　⑤ ㄱ, ㄴ, ㄷ

02 그림은 고생대 이후 해양 생물의 주요 멸종 시기와 비율을 육상 생물의 멸종 비율과 함께 나타낸 것이다.

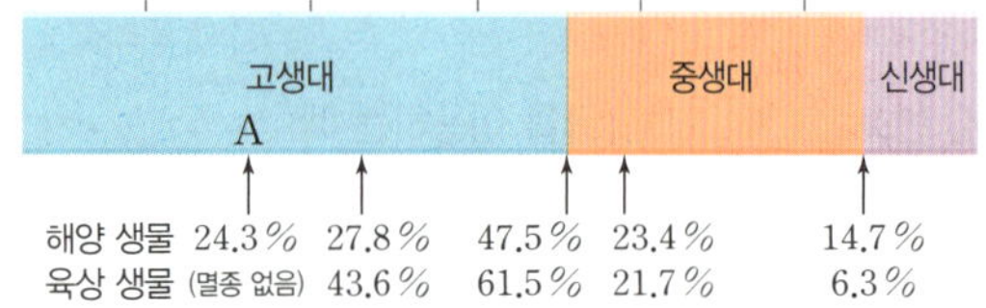

이에 대한 설명으로 옳은 것만을 〈보기〉에서 있는 대로 고른 것은?

> 〈보기〉
> ㄱ. 생물 대멸종은 일정한 시간 간격으로 반복된다.
> ㄴ. A 시기의 육상 생물은 지구 환경 변화에 잘 적응하였다.
> ㄷ. 가장 큰 규모의 생물 멸종이 일어났을 때 삼엽충이 멸종하였다.

① ㄱ　　　② ㄷ　　　③ ㄱ, ㄴ
④ ㄴ, ㄷ　　　⑤ ㄱ, ㄴ, ㄷ

03 다음은 갈라파고스 군도의 한 섬에서 일어난 핀치의 진화 과정을 나타낸 것이다.

> (가) 부리 모양이 다양한 개체들이 살고 있었다.
> (나) 크고 단단한 씨앗을 두고 먹이 경쟁이 일어났다.
> (다) 크고 두꺼운 부리 형질이 자손에게 전달되었다.
> (라) 자손의 부리가 더욱 크고 두꺼워져 오늘날 큰부리 땅핀치로 진화되었다.

이에 대한 설명으로 옳은 것만을 〈보기〉에서 있는 대로 고른 것은?

> 〈보기〉
> ㄱ. (가)의 개체들은 모두 유전적으로 동일했다.
> ㄴ. 핀치의 진화 과정에서 자연선택이 일어났다.
> ㄷ. 이 섬의 환경은 크고 두꺼운 부리를 가진 개체에게 유리했다.

① ㄱ　　　② ㄴ　　　③ ㄷ
④ ㄱ, ㄴ　　　⑤ ㄴ, ㄷ

04 그림은 어떤 생물 집단의 진화 과정을 나타낸 것이다. (가)와 (나)는 각각 돌연변이와 자연선택 중 하나이다.

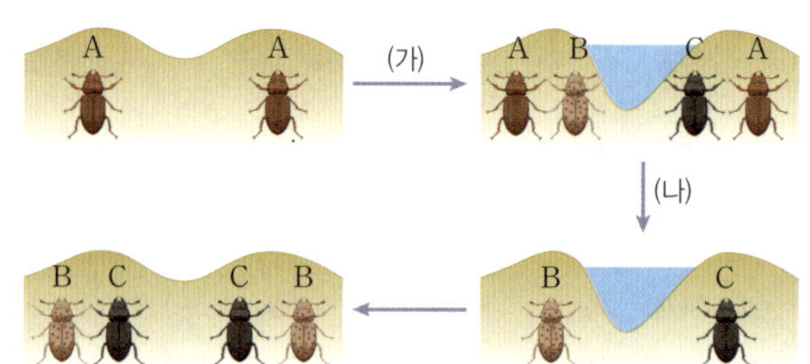

이에 대한 설명으로 옳은 것만을 〈보기〉에서 있는 대로 고른 것은? (단, 이 집단은 외부와의 개체 출입이 없다.)

> 〈보기〉
> ㄱ. (가)는 변이를 감소시킨다.
> ㄴ. 유전물질의 변화로 인해 (가)가 일어난다.
> ㄷ. 특정 형질이 환경에 적응하기 유리하게 작용하면 (나)가 일어날 수 있다.

① ㄱ　　　② ㄴ　　　③ ㄱ, ㄷ
④ ㄴ, ㄷ　　　⑤ ㄱ, ㄴ, ㄷ

05 다음은 항생제 내성 세균의 진화 과정을 나타낸 것이다.

> (가) 모든 세균에 항생제 내성이 없었다.
> (나) ㉠ 항생제 내성 유전자가 출현해 일부 세균이 항생제 내성을 갖게 되었다.
> (다) 항생제 내성 세균이 자손에게 항생제 내성 유전자를 전달했다.
> (라) 항생제 내성 세균의 비율이 증가하게 되었다.

이에 대한 설명으로 옳은 것만을 〈보기〉에서 있는 대로 고른 것은?

> 〈보기〉
> ㄱ. ㉠은 돌연변이에 의해 일어났다.
> ㄴ. (나) → (라) 과정에서 자연선택이 일어났다.
> ㄷ. (다)와 (라)는 모두 항생제를 사용하지 않는 환경에서 일어났다.

① ㄱ ② ㄷ ③ ㄱ, ㄴ
④ ㄴ, ㄷ ⑤ ㄱ, ㄴ, ㄷ

06 다음은 생물다양성의 중요성을 나타낸 것이다. ㉠은 생물다양성의 구성요소 중 하나이다.

> • ㉠이 높은 생태계일수록 먹이 관계가 복잡하게 형성되어 생태계가 더 안정적으로 유지된다.
> • ⓐ 푸른곰팡이, 주목, 버드나무 등은 인류에게 유용한 물질을 제공한다.

이에 대한 설명으로 옳은 것만을 〈보기〉에서 있는 대로 고른 것은?

> 〈보기〉
> ㄱ. 종다양성은 ㉠에 해당한다.
> ㄴ. ⓐ는 모두 생물자원에 해당한다.
> ㄷ. ㉠이 높은 생태계일수록 한 종이 멸종하면 다른 종이 멸종할 가능성이 높다.

① ㄱ ② ㄴ ③ ㄷ
④ ㄱ, ㄴ ⑤ ㄴ, ㄷ

07 그림은 생물다양성의 세 가지 구성요소를, 표는 ㉠의 예를 나타낸 것이다. ㉠과 ㉡은 종다양성과 유전적 다양성을 순서 없이 나타낸 것이다.

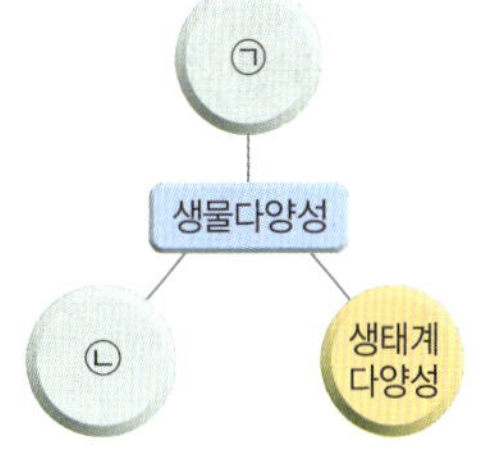

㉠
근친교배를 하는 표범 집단이 살고 있는 어떤 지역에 다른 지역의 표범을 들여와 함께 번식시킨 결과 표범 집단에 다양한 변이가 나타났다.

이에 대한 설명으로 옳은 것만을 〈보기〉에서 있는 대로 고른 것은?

> 〈보기〉
> ㄱ. ㉠은 종다양성이다.
> ㄴ. 서식지 면적이 넓어 서식하는 종 수가 많은 것은 ㉡의 예이다.
> ㄷ. 생태계다양성은 ㉡에 영향을 준다.

① ㄱ ② ㄴ ③ ㄱ, ㄷ
④ ㄴ, ㄷ ⑤ ㄱ, ㄴ, ㄷ

08 다음은 생물다양성과 관련된 자료이다.

> (가) DMZ(비무장지대)에는 ㉠ 산림, 덤불, 초지, 습지 등이 발달해 있고, ㉡ 2000여 종의 동·식물이 서식하며, 81종의 멸종 위기종과 보호종이 존재한다.
> (나) 1850년대 아일랜드에서는 ㉢ 재배 중인 감자가 대부분 감자잎마름병에 감염되어 썩는 일이 발생했다.

이에 대한 설명으로 옳은 것만을 〈보기〉에서 있는 대로 고른 것은?

> 〈보기〉
> ㄱ. ㉠은 생태계다양성의 예에 해당한다.
> ㄴ. ㉡과 관련된 생물다양성이 높을수록 생태계가 파괴되기 쉽다.
> ㄷ. ㉢은 당시 재배 중인 감자의 유전적 다양성이 높았기 때문에 나타난 현상이다.

① ㄱ ② ㄷ ③ ㄱ, ㄴ
④ ㄴ, ㄷ ⑤ ㄱ, ㄴ, ㄷ

09 다음은 지구와 생명의 역사에 변화를 가져온 화학 반응에 대한 설명이다.

남세균(사이아노박테리아)은 최초의 ☐㉠☐ 반응을 한 생물로 ☐㉠☐ 을/를 통해 대기 중의 산소 농도를 높여 생물이 지상으로 진출하는 데 큰 역할을 했다.

㉠의 화학 반응식으로 옳은 것은?

① $2C + O_2 \longrightarrow 2CO$
② $CH_4 + 2O_2 \longrightarrow CO_2 + 2H_2O$
③ $Fe_2O_3 + 3CO \longrightarrow 2Fe + 3CO_2$
④ $6CO_2 + 6H_2O \longrightarrow C_6H_{12}O_6 + 6O_2$
⑤ $C_6H_{12}O_6 + 6O_2 \longrightarrow 6CO_2 + 6H_2O$

10 다음은 구리와 관련된 반응의 화학 반응식이다.

(가) $2Cu + O_2 \longrightarrow 2CuO$
(나) $CuO + CO \longrightarrow Cu + CO_2$

이에 대한 설명으로 옳은 것만을 〈보기〉에서 있는 대로 고른 것은?

〈보기〉
ㄱ. (가)에서 Cu는 전자를 잃는다.
ㄴ. (나)에서 CO는 산화된다.
ㄷ. (가)와 (나)에서 모두 반응 후 공유 결합 물질이 생성된다.

① ㄱ   ② ㄷ   ③ ㄱ, ㄴ
④ ㄴ, ㄷ   ⑤ ㄱ, ㄴ, ㄷ

11 그림은 질산 은($AgNO_3$) 수용액이 들어 있는 비커에 구리(Cu)선을 넣었더니 반응이 일어난 것을 나타낸 것이다.

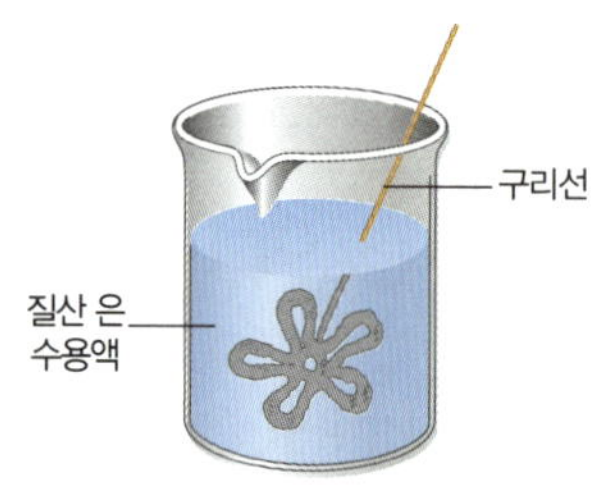

비커에서 일어나는 반응에 대한 설명으로 옳은 것은?

① 구리는 환원된다.
② 은 이온은 산화된다.
③ 구리가 석출되어 구리선이 두꺼워진다.
④ 구리에서 은 이온으로 산소가 이동한다.
⑤ 수용액의 색이 점점 푸른색으로 변한다.

12 다음은 철의 제련에서 일어나는 화학 반응이다.

(가) 코크스(C)의 불완전 연소: $2C + O_2 \longrightarrow 2CO$
(나) 철광석의 반응: $Fe_2O_3 + 3CO \longrightarrow 2Fe + 3CO_2$
(다) 석회석의 불순물 제거:
$CaCO_3 + SiO_2 \longrightarrow CaSiO_3 + CO_2$

이에 대한 설명으로 옳은 것만을 〈보기〉에서 있는 대로 고른 것은?

〈보기〉
ㄱ. (가)에서 O_2는 환원된다.
ㄴ. (나)에서 Fe_2O_3은 산화된다.
ㄷ. (다)는 산화 환원 반응이다.

① ㄱ   ② ㄷ   ③ ㄱ, ㄴ
④ ㄴ, ㄷ   ⑤ ㄱ, ㄴ, ㄷ

13 다음은 구리와 관련된 산화 환원 반응의 실험 과정이다.

[실험 과정]

  그림과 같은 장치의 시험관에 산화 구리(Ⅱ)와 탄소 가루를 넣고 가열한다.

이 실험 결과에 대한 설명으로 옳은 것만을 〈보기〉에서 있는 대로 고른 것은?

보기

  ㄱ. 붉은색의 구리(Cu)가 생성된다.
  ㄴ. 탄소(C)는 산화된다.
  ㄷ. 석회수가 들어 있는 비커의 질량은 증가한다.

① ㄱ　　　　　② ㄴ　　　　　③ ㄱ, ㄷ
④ ㄴ, ㄷ　　　　⑤ ㄱ, ㄴ, ㄷ

14 그림 (가)와 (나)는 수산화 나트륨($NaOH$) 수용액과 수산화 바륨($Ba(OH)_2$) 수용액의 이온 모형을 순서없이 나타낸 것이다.

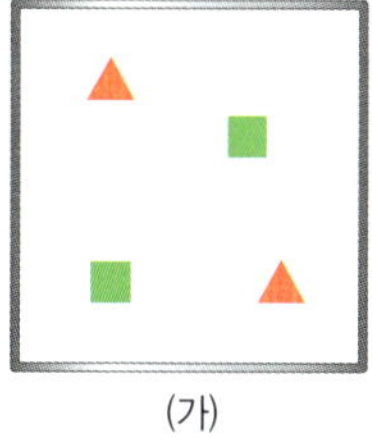

(가)　　　　　　　　(나)

이에 대한 설명으로 옳은 것만을 〈보기〉에서 있는 대로 고른 것은? (단, ■은 양이온이다.)

보기

  ㄱ. (가)는 $Ba(OH)_2$ 수용액이다.
  ㄴ. ▲은 음이온이다.
  ㄷ. 두 수용액은 모두 BTB 용액을 노란색으로 변화시킨다.

① ㄱ　　　　　② ㄴ　　　　　③ ㄷ
④ ㄱ, ㄴ　　　　⑤ ㄴ, ㄷ

[15~16] 그림은 묽은 염산(HCl)과 수산화 나트륨($NaOH$) 수용액을 농도와 부피를 달리하여 섞었을 때의 이온 모형을 나타낸 것이다. 혼합 용액 (가)~(다)의 부피는 같다.

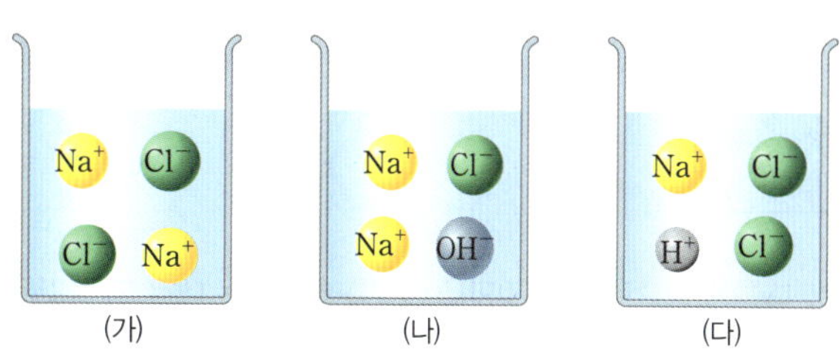

15 이에 대한 설명으로 옳은 것만을 〈보기〉에서 있는 대로 고른 것은? (단, 혼합 전 각 수용액의 온도는 모두 같다.)

보기

  ㄱ. 페놀프탈레인 용액을 떨어뜨렸을 때 붉은색으로 변하는 용액은 (가)이다.
  ㄴ. 반응이 일어날 때 최고 온도는 (가)가 (나)보다 높다.
  ㄷ. 생성된 물의 양은 (나)와 (다)가 같다.

① ㄱ　　　　　② ㄷ　　　　　③ ㄱ, ㄴ
④ ㄴ, ㄷ　　　　⑤ ㄱ, ㄴ, ㄷ

16 이 반응의 알짜 이온 반응식으로 옳은 것은?

① $HCl + NaOH \longrightarrow NaCl + H_2O$
② $H^+ + OH^- \longrightarrow H_2O$
③ $Na^+ + Cl^- \longrightarrow NaCl$
④ $2HCl + NaOH \longrightarrow NaCl + HCl + H_2O$
⑤ $HCl + 2NaOH \longrightarrow NaCl + NaOH + H_2O$

17 표는 25 °C에서 황산(H_2SO_4) 수용액과 수산화 나트륨($NaOH$) 수용액의 부피를 달리하여 혼합한 용액에 대한 자료이다. (가)는 중성이다.

혼합 용액		(가)	(나)	(다)
혼합 전 용액의 부피(mL)	H_2SO_4	20	30	40
	$NaOH$	40	30	20

이에 대한 설명으로 옳은 것만을 〈보기〉에서 있는 대로 고른 것은? (단, 용액은 모두 이온화되었고, 혼합 전 각 용액의 온도는 같다.)

〈보기〉
ㄱ. (나)에 BTB 용액을 떨어뜨리면 노란색으로 변한다.
ㄴ. 생성된 물의 양의 비는 (나) : (다)=3 : 2이다.
ㄷ. 혼합 용액 속 전체 이온 수비는 (가) : (다)=1 : 2이다.

① ㄱ　　　　　② ㄷ　　　　　③ ㄱ, ㄴ
④ ㄴ, ㄷ　　　　⑤ ㄱ, ㄴ, ㄷ

18 그림은 수산화 나트륨($NaOH$) 수용액과 묽은 염산(HCl)을 서로 다른 부피로 혼합했을 때, 생성된 물 분자 수를 나타낸 것이다.

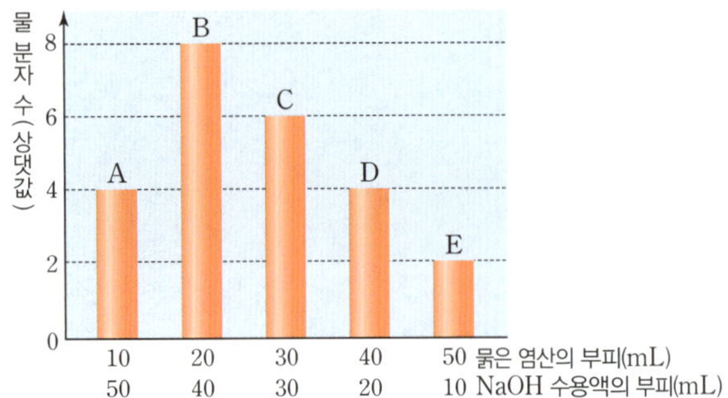

이에 대한 설명으로 옳은 것만을 〈보기〉에서 있는 대로 고른 것은?

〈보기〉
ㄱ. A는 산성이다.
ㄴ. 혼합 용액 속 전체 이온 수비는 C : D=3 : 4이다.
ㄷ. A와 E를 혼합하면 염기성 수용액이 된다.

① ㄱ　　　　　② ㄴ　　　　　③ ㄱ, ㄷ
④ ㄴ, ㄷ　　　　⑤ ㄱ, ㄴ, ㄷ

19 그림은 다이아몬드와 흑연이 산소와 반응하여 이산화 탄소로 될 때의 에너지 변화를 나타낸 것이다.

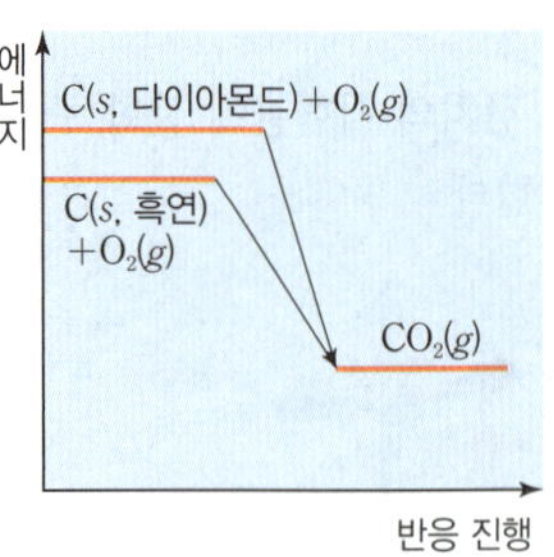

이에 대한 설명으로 옳은 것만을 〈보기〉에서 있는 대로 고른 것은?

〈보기〉
ㄱ. 흑연의 연소 반응은 발열 반응이다.
ㄴ. 다이아몬드가 흑연보다 상대적으로 더 안정하다.
ㄷ. 흑연이 다이아몬드가 되는 반응은 흡열 반응이다.

① ㄱ　　　　　② ㄴ　　　　　③ ㄱ, ㄷ
④ ㄴ, ㄷ　　　　⑤ ㄱ, ㄴ, ㄷ

20 더운 날 아이스크림을 잘 녹지 않게 하려고 그림과 같이 포장 용기 속에 드라이아이스 몇 조각을 함께 넣었다. 나중에 뚜껑을 열어 보니 드라이아이스의 크기가 작아졌다.

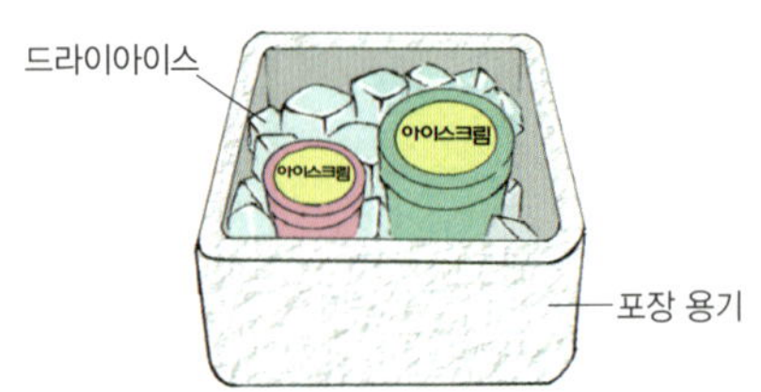

드라이아이스의 승화 과정에 대한 설명으로 옳은 것만을 〈보기〉에서 있는 대로 고른 것은?

〈보기〉
ㄱ. 흡열 반응이다.
ㄴ. 주위의 온도가 높아진다.
ㄷ. 화학 변화이다.

① ㄱ　　　　　② ㄷ　　　　　③ ㄱ, ㄴ
④ ㄴ, ㄷ　　　　⑤ ㄱ, ㄴ, ㄷ

21 어느 지역의 지층 A에서 고사리 화석, 지층 B에서 산호 화석이 산출된다면 두 지층 A와 B는 각각 어떤 환경에서 퇴적되었는지 서술하시오.

22 그림 (가)와 (나)는 생물다양성의 구성요소 중 두 가지의 예를, 자료는 어떤 지역에 대한 설명을 나타낸 것이다. (가)와 (나)는 각각 종다양성과 유전적 다양성 중 하나이다.

(가)　　　　　　　(나)

이 지역에는 ㉠ 2000여 종의 동물과 식물이 서식하며, ㉡ 산림, 덤불, 초원, 습지 등이 발달해 있다.

(1) (가)와 (나) 중 ㉠과 가장 관련이 깊은 생물다양성의 구성요소는 무엇인지 찾아 기호와 명칭을 각각 쓰시오.

(2) 생물다양성의 세 가지 구성요소 중 ㉡과 가장 관련이 깊은 것을 쓰고, 이 다양성의 의미를 서술하시오.

23 그림은 묽은 염산(HCl)에 아연(Zn)판을 넣어 반응시켰을 때의 모형을 나타낸 것이다.

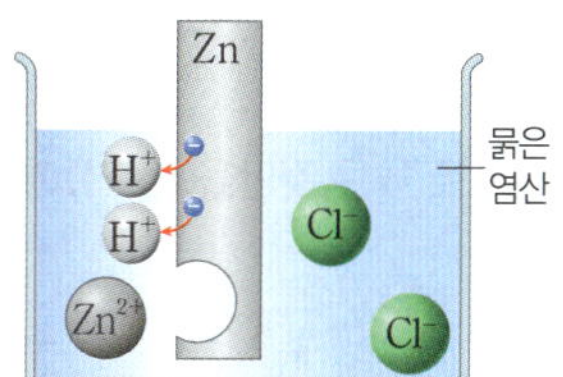

(1) 이 반응의 화학 반응식을 쓰시오.

(2) 이 반응에서 산화되는 물질과 환원되는 물질을 전자의 이동으로 서술하시오.

24 표는 $NaOH$ 수용액과 HCl 수용액의 부피를 달리하여 혼합한 용액 (가)~(다)에 대한 자료이다. ㉠과 ㉡은 각각 H^+, Na^+, Cl^-, OH^- 중 하나이다.

혼합 용액	혼합 전 수용액의 부피(mL)		$\dfrac{OH^- \text{의 수}}{Na^+ \text{의 수}}$	혼합 용액 속 $\dfrac{㉠\text{의 수}}{㉡\text{의 수}}$
	NaOH	HCl		
(가)	10	4	$\dfrac{3}{5}$	
(나)	10	15		$\dfrac{1}{2}$
(다)	10	20		x

x를 구하는 과정을 포함하여 서술하시오.

25 표는 물의 상태 변화에 따른 에너지 출입을 생활에서 이용한 예이다.

(가)	(나)
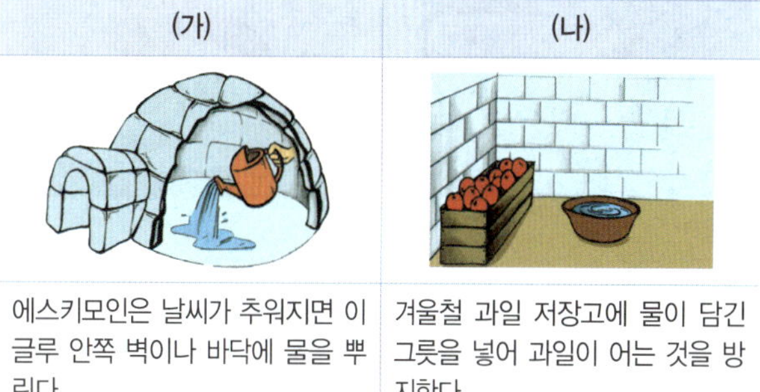	
에스키모인은 날씨가 추워지면 이글루 안쪽 벽이나 바닥에 물을 뿌린다.	겨울철 과일 저장고에 물이 담긴 그릇을 넣어 과일이 어는 것을 방지한다.

(가)와 (나)에서 이용된 원리를 에너지 출입과 관련하여 각각 서술하시오.

2회 중간 고사 대비

01 그림 (가)는 지질 시대의 상대적 길이를 비교한 것이고, (나)는 어느 지층에서 산출된 화석을 나타낸 것이다.

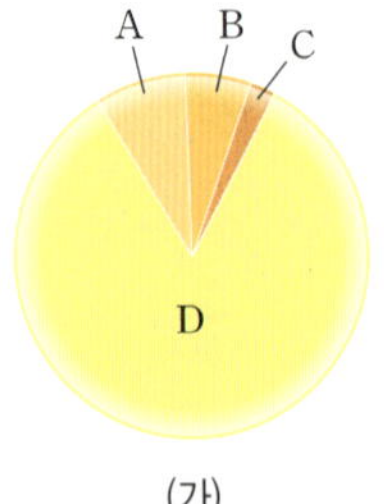

(가)　　　　　　(나)

이에 대한 설명으로 옳은 것만을 〈보기〉에서 있는 대로 고른 것은?

보기

ㄱ. 지질 시대의 순서는 D → A → B → C이다.
ㄴ. (나)는 A~D의 지층에서 모두 산출될 수 있다.
ㄷ. 가장 다양한 화석이 산출되는 지질 시대는 D이다.

① ㄱ　　　　　② ㄴ　　　　　③ ㄷ
④ ㄱ, ㄷ　　　　⑤ ㄴ, ㄷ

02 그림 (가)와 (나)는 서로 다른 지질 시대의 환경과 생물의 모습을 나타낸 것이다.

(가)　　　　　　(나)

이에 대한 설명으로 옳은 것만을 〈보기〉에서 있는 대로 고른 것은?

보기

ㄱ. 지질 시대의 순서는 (나) → (가)이다.
ㄴ. (가) 시기에 최초의 다세포 생물이 등장하였다.
ㄷ. (나) 시기에 육상에는 겉씨식물이 번성하였다.

① ㄱ　　　　　② ㄴ　　　　　③ ㄷ
④ ㄱ, ㄷ　　　　⑤ ㄴ, ㄷ

03 그림은 지질 시대 동안 일어난 주요 사건을 나타낸 것이다.

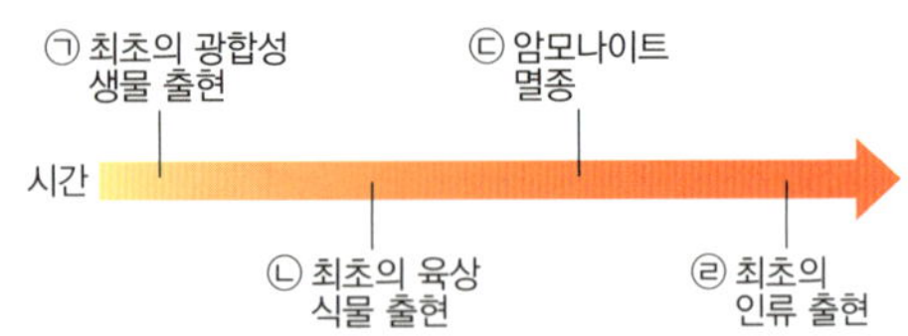

이에 대한 설명으로 옳은 것은?

① ㉠ 시기에는 대기 중의 산소가 풍부하였다.
② ㉡ 시기 이후에 오존층이 형성되었다.
③ ㉢ 시기에 삼엽충도 함께 멸종하였다.
④ ㉣ 시기에 파충류가 번성하였다.
⑤ 지질 시대의 길이는 ㉠~㉡ 기간이 ㉢~㉣ 기간보다 길다.

04 그림은 약 5.39 억 년 전부터 현재까지 40°N~90°N 지역의 평균 기온 변화를 나타낸 것이다. T는 40°N~90°N 지역의 현재 평균 기온이다.

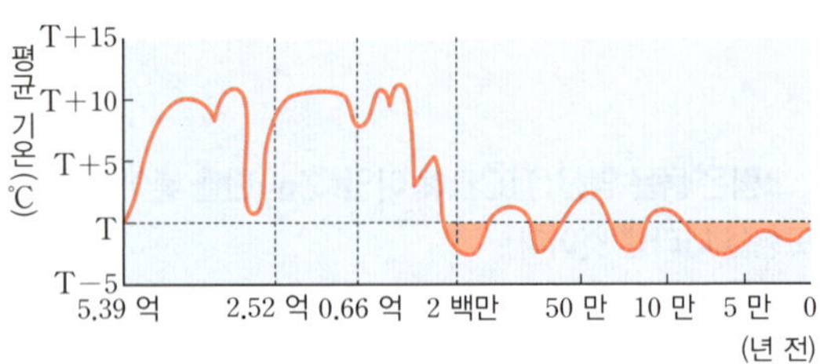

이 자료에 대한 설명으로 옳은 것만을 〈보기〉에서 있는 대로 고른 것은?

보기

ㄱ. 이 지역의 평균 기온은 중생대가 신생대보다 높다.
ㄴ. 판게아가 분리되기 시작한 시기에는 빙하 분포 범위가 크게 확장되었다.
ㄷ. 지구의 평균 해수면은 신생대 초기보다 신생대 말기에 높았다.

① ㄱ　　　　　② ㄴ　　　　　③ ㄷ
④ ㄱ, ㄷ　　　　⑤ ㄴ, ㄷ

05 그림은 나방 종 Z의 개체들이 보이는 날개 무늬의 일부를 나타낸 것이다. Z의 개체들은 포식자의 눈에 잘 띄지 않을 때 생존 확률이 높게 나타난다.

이에 대한 설명으로 옳은 것만을 〈보기〉에서 있는 대로 고른 것은?

ㄱ. 개체가 가지는 날개 무늬는 DNA와 관계 없다.
ㄴ. Z는 포식자의 눈에 잘 띄지 않는 날개 무늬가 자연선택된다.
ㄷ. 개체에 따라 날개 무늬가 다양하게 나타나는 것을 돌연변이라고 한다.

① ㄱ
② ㄴ
③ ㄷ
④ ㄱ, ㄷ
⑤ ㄴ, ㄷ

06 그림 (가)~(다)는 자연선택에 의해 기린의 목이 길어진 진화 과정을 순서 없이 나타낸 것이다.

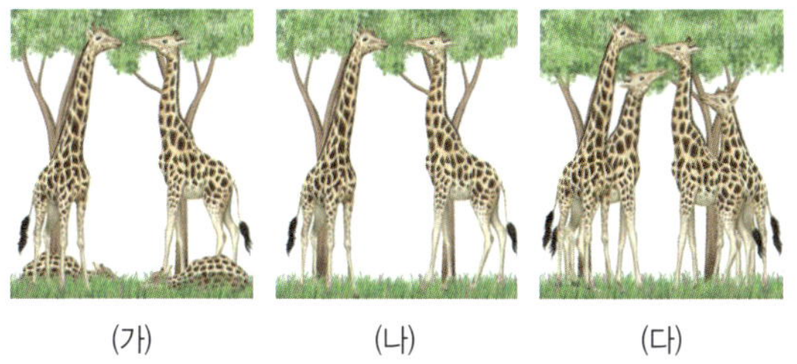

(가)   (나)   (다)

이에 대한 설명으로 옳은 것만을 〈보기〉에서 있는 대로 고른 것은?

ㄱ. 진화의 과정은 (나) → (가) → (다) 순이다.
ㄴ. (다)에서 목 길이가 다른 개체변이가 존재한다.
ㄷ. 자연선택설은 다윈이 주장한 진화설이다.

① ㄱ
② ㄷ
③ ㄱ, ㄴ
④ ㄱ, ㄷ
⑤ ㄴ, ㄷ

07 그림은 한 종으로 이루어진 세균 집단의 진화 과정을 나타낸 것이다. ㉠~㉢은 항생제 A에만 내성이 있는 세균, 항생제 B에만 내성이 있는 세균, 항생제 A와 B에 내성이 있는 세균을 순서 없이 나타낸 것이다.

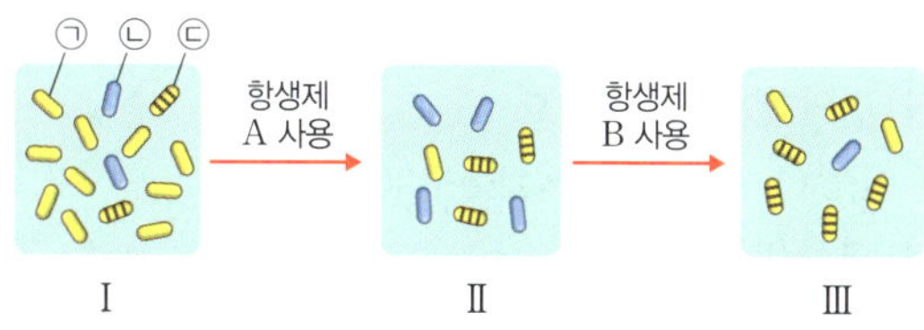

이에 대한 설명으로 옳은 것만을 〈보기〉에서 있는 대로 고른 것은? (제시된 조건 이외는 고려하지 않는다.)

ㄱ. ㉠은 B에만 내성이 있다.
ㄴ. Ⅰ→Ⅱ 과정에서 A에 내성이 있는 세균의 수가 감소했다.
ㄷ. Ⅱ→Ⅲ 과정에서 세균 집단에 B에 내성을 갖게 하는 유전자의 비율이 증가했다.

① ㄱ
② ㄴ
③ ㄱ, ㄷ
④ ㄴ, ㄷ
⑤ ㄱ, ㄴ, ㄷ

08 표는 생물다양성에 대한 세 학생의 의견을 나타낸 것이다.

학생	의견
A	유전자 자원을 확보하기 위해 생물다양성을 보전하는 것이 중요하다.
B	우리나라는 생물다양성이 낮은 지역을 국립 공원으로 지정해 관리한다.
C	생물다양성이 낮을수록 생태계는 더 안정적으로 유지될 수 있다.

옳은 의견을 제시한 학생만을 있는 대로 고른 것은?

① A
② B
③ A, B
④ A, C
⑤ B, C

09 다음은 자연과 인류의 역사를 바꾼 대표적인 3가지 반응에 대한 자료이다.

> (가) 광합성 반응
> $$6CO_2 + 6H_2O \longrightarrow C_6H_{12}O_6 + 6O_2$$
> (나) 철의 제련 반응
> $$Fe_2O_3 + 3CO \longrightarrow 2Fe + 3CO_2$$
> (다) 화석 연료의 연소
> $$CH_4 + 2O_2 \longrightarrow CO_2 + 2H_2O$$

이에 대한 설명으로 옳은 것만을 〈보기〉에서 있는 대로 고른 것은?

〈보기〉
ㄱ. (가)에서 CO_2는 환원된다.
ㄴ. (나)에서 Fe^{3+}은 전자를 얻는다.
ㄷ. (다)에서 발생하는 열에너지를 이용하면서 인류의 교통과 산업에 큰 변화가 일어났다.

① ㄱ   ② ㄴ   ③ ㄱ, ㄷ
④ ㄴ, ㄷ   ⑤ ㄱ, ㄴ, ㄷ

10 다음은 구리(Cu)와 관련된 산화 환원 반응 실험이다.

> [실험 과정 및 결과]
> (가) 붉은색의 구리(Cu)판을 알코올 램프의 겉불꽃에 넣으면 산화 구리($\mathbb{II}$)(CuO)가 생성된다.
> (나) (가)에서 생성된 CuO를 알코올 램프의 속불꽃에 넣으면 구리판이 다시 붉게 변한다.

이에 대한 설명으로 옳은 것만을 〈보기〉에서 있는 대로 고른 것은?

〈보기〉
ㄱ. (가)에서 환원되는 물질은 O_2이다.
ㄴ. (나)에서 Cu^{2+}은 전자를 얻는다.
ㄷ. (나)에서 반응 후에 O_2가 생성된다.

① ㄱ   ② ㄷ   ③ ㄱ, ㄴ
④ ㄴ, ㄷ   ⑤ ㄱ, ㄴ, ㄷ

11 그림은 A^{2+}이 들어 있는 수용액 (가)와 B^{b+}이 들어 있는 수용액 (나)에 금속 C를 넣은 모습을 나타낸 것이다. 반응 후 (가)와 (나)에는 모두 C^{2+}이 존재하였고, (나)에서 수용액 속 금속 양이온 수는 감소하였다.

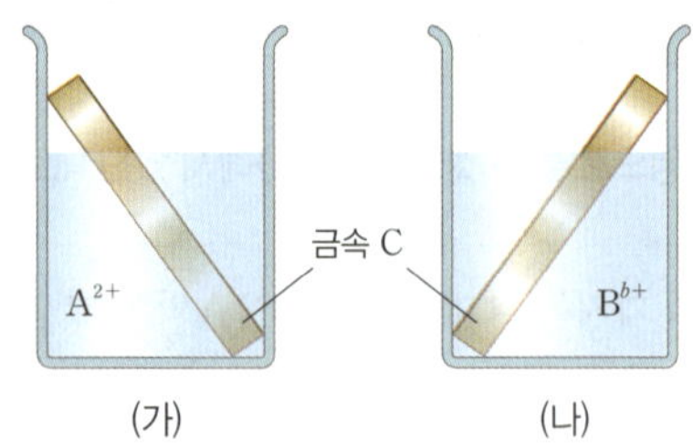

이에 대한 설명으로 옳은 것만을 〈보기〉에서 있는 대로 고른 것은? (단, A~C는 임의의 원소 기호이다.)

〈보기〉
ㄱ. (가)에서 금속 양이온 수는 증가한다.
ㄴ. (나)에서 B^{b+}은 환원된다.
ㄷ. $b > 2$이다.

① ㄱ   ② ㄴ   ③ ㄷ
④ ㄱ, ㄴ   ⑤ ㄴ, ㄷ

12 그림은 묽은 염산(HCl)에 금속 M과 N을 순서대로 넣고 반응시켰을 때 수용액에 존재하는 양이온만을 모형으로 나타낸 것이다. M과 N은 모두 물과 반응하지 않는다.

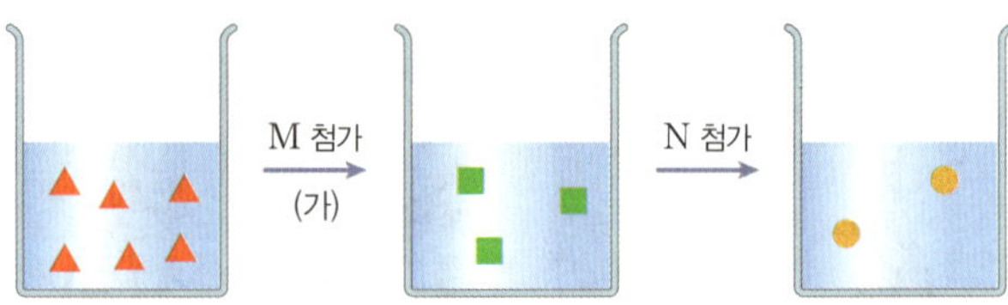

이에 대한 설명으로 옳은 것만을 〈보기〉에서 있는 대로 고른 것은? (단, M과 N은 임의의 원소 기호이다.)

〈보기〉
ㄱ. (가)에서 M은 산화된다.
ㄴ. 이온의 전하량의 비는 ■ : ● = 3 : 2이다.
ㄷ. ●이 들어 있는 수용액에 M을 넣어 주면 산화 환원 반응이 일어난다.

① ㄱ   ② ㄴ   ③ ㄱ, ㄷ
④ ㄴ, ㄷ   ⑤ ㄱ, ㄴ, ㄷ

13 그림은 2가지 수용액 (가)와 (나)에 들어 있는 이온을 모형으로 나타낸 것이다.

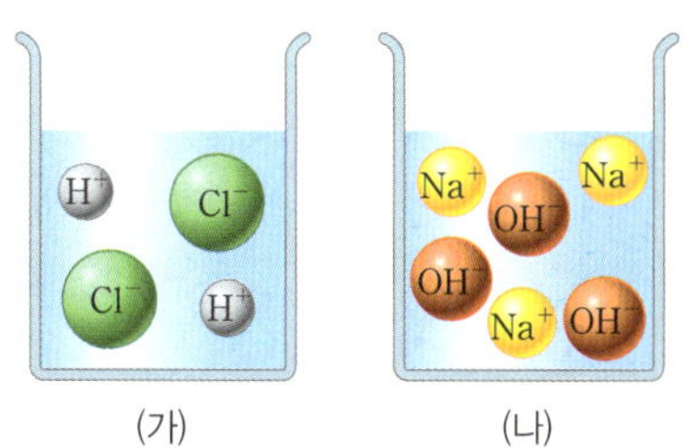

이에 대한 설명으로 옳은 것을 <u>모두</u> 고르면?

① (가)에 계란 껍데기를 넣으면 수소 기체가 발생한다.
② (나)는 BTB 용액을 파란색으로 변화시킨다.
③ (가)와 (나)의 수용액은 모두 전기 전도성이 있다.
④ (나)에 아연 조각을 넣으면 수소 기체가 발생한다.
⑤ (가)와 (나)를 혼합한 수용액의 액성은 중성이다.

14 그림과 같이 질산 칼륨 수용액을 적신 거름종이에 X 수용액을 적신 실을 올려놓고 전류를 흘려 주었더니 실에서부터 전극 A 쪽으로 붉은색 리트머스 종이가 푸르게 변하였다.

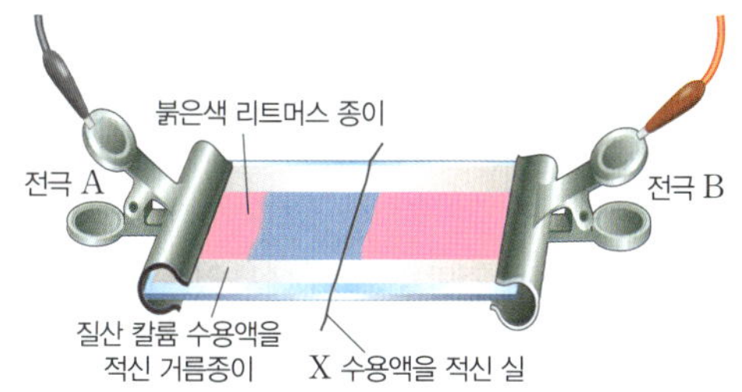

이에 대한 설명으로 옳지 <u>않은</u> 것은?

① 전극 A는 (+)극이다.
② X 수용액은 염기성이다.
③ 질산 칼륨은 전해질 역할을 한다.
④ 전극을 바꾸어 실험해도 푸른색의 이동 방향은 같다.
⑤ 전극 B 쪽으로 이동하는 이온은 색을 나타내지 않는다.

15 그림은 묽은 염산(HCl) 10 mL에 수산화 나트륨(NaOH)

수용액을 가할 때, 혼합 용액 속 $\dfrac{Na^+ \text{ 수}}{Cl^- \text{ 수}}$ 를 나타낸 것이다.

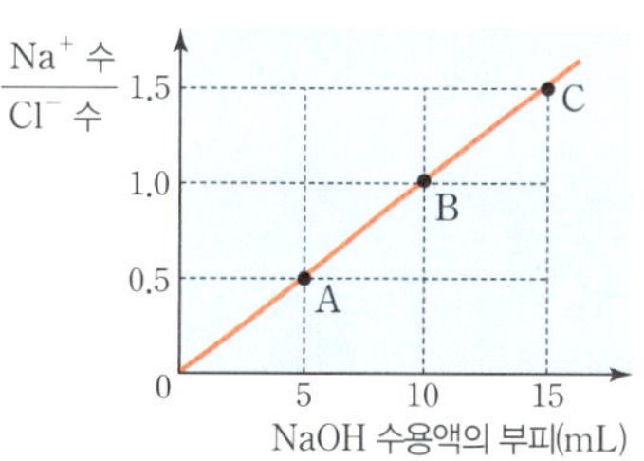

이에 대한 설명으로 옳은 것만을 〈보기〉에서 있는 대로 고른 것은? (단, 혼합 전 두 수용액의 온도는 같다.)

〈보기〉
ㄱ. A~C 중 수용액의 온도는 B에서 가장 높다.
ㄴ. C에 BTB 용액을 떨어뜨리면 파란색으로 변한다.
ㄷ. 생성된 물의 양은 C에서가 A에서의 3 배이다.

① ㄱ 　　② ㄷ 　　③ ㄱ, ㄴ
④ ㄴ, ㄷ 　② ㄱ, ㄴ, ㄷ

16 그림은 산 또는 염기의 수용액 (가)~(다)에 들어 있는 이온을 모형으로 나타낸 것이다.

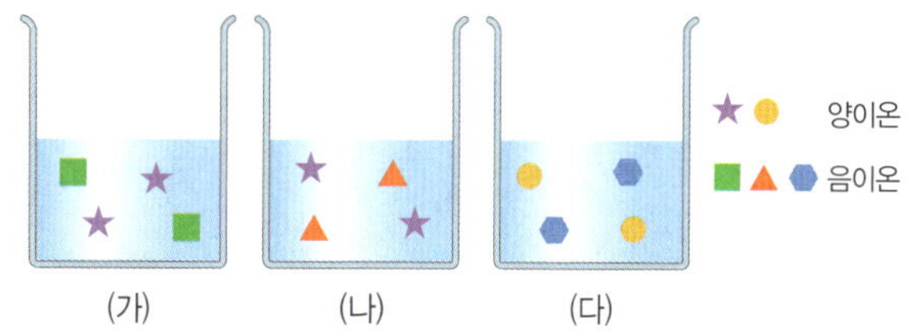

이에 대한 설명으로 옳은 것만을 〈보기〉에서 있는 대로 고른 것은?

〈보기〉
ㄱ. ●는 OH⁻이다.
ㄴ. (나)에 금속 마그네슘(Mg)을 넣으면 기체가 발생한다.
ㄷ. 페놀프탈레인 용액을 떨어뜨렸을 때 붉은색으로 변하는 것은 (다)이다.

① ㄱ 　　② ㄷ 　　③ ㄱ, ㄴ
④ ㄴ, ㄷ 　⑤ ㄱ, ㄴ, ㄷ

17 표는 HCl 수용액과 NaOH 수용액의 부피를 달리하여 혼합한 용액 (가)~(다)에 대한 자료이다. (가)는 중성이다.

혼합 용액		(가)	(나)	(다)
혼합 전 수용액의 부피(mL)	HCl	4	6	10
	NaOH	8	6	2
최고 온도(℃)		33	31	27
총 이온 수		xN	$3N$	yN

이에 대한 설명으로 옳은 것만을 〈보기〉에서 있는 대로 고른 것은? (단, 혼합 전 수용액의 온도는 모두 같다.)

〈보기〉
ㄱ. (나)는 산성이다.
ㄴ. 생성된 물 분자 수는 (가)에서가 (다)에서의 2 배이다.
ㄷ. $\dfrac{x}{y} = \dfrac{2}{5}$이다.

① ㄱ　　　　② ㄴ　　　　③ ㄷ
④ ㄱ, ㄷ　　　⑤ ㄴ, ㄷ

18 표는 일상 생활에서 사용되고 있는 물질에 대한 자료이다.

물질	손 소독제	손난로	휴대용 가스 레인지
이용 사례	손 소독제를 손에 바르면 ㉠ 에탄올이 증발하면서 손이 시원해진다.	손난로를 공기 중에서 흔들면 ㉡ 철 가루가 산화되면서 따뜻해진다.	㉢ 뷰테인을 연소시켜서 물을 끓일 수 있다.

㉠~㉢ 중 발열 반응만을 있는 대로 고른 것은?

① ㉠　　　　② ㉡　　　　③ ㉠, ㉢
④ ㉡, ㉢　　　⑤ ㉠, ㉡, ㉢

19 그림과 같이 산화 칼슘(CaO)에 물을 넣어 반응시켰더니 캠핑용 도시락이 따뜻하게 데워졌다.

산화 칼슘과 물의 반응에 대한 설명으로 옳은 것만을 〈보기〉에서 있는 대로 고른 것은?

〈보기〉
ㄱ. 반응이 일어날 때 주위의 온도가 높아진다.
ㄴ. 반응이 일어날 때 열에너지를 흡수한다.
ㄷ. 이 반응에서의 에너지 출입 방향은 손난로에서 반응이 일어날 때와 같다.

① ㄱ　　　　② ㄴ　　　　③ ㄱ, ㄷ
④ ㄴ, ㄷ　　　⑤ ㄱ, ㄴ, ㄷ

20 다음은 열에너지가 출입하는 현상을 이용하는 사례에 대한 설명이다.

(가) 빵 반죽 속에 넣은 탄산수소 나트륨(NaHCO₃)이 열에너지를 ㉠ 하여 분해되면 ㉡ 기체가 발생한다.
(나) 과수원에서는 개화 시기에 물을 뿌려 물이 얼음으로 응고하면서 ㉢ 하는 열에너지를 이용하여 냉해를 예방한다.

이에 대한 설명으로 옳은 것만을 〈보기〉에서 있는 대로 고른 것은?

〈보기〉
ㄱ. ㉠과 ㉢은 모두 흡수이다.
ㄴ. ㉡은 이산화 탄소이다.
ㄷ. 식물의 광합성과 같은 방향의 열에너지 출입이 일어나는 것은 (나)이다.

① ㄱ　　　　② ㄴ　　　　③ ㄷ
④ ㄱ, ㄷ　　　⑤ ㄴ, ㄷ

21 그림 (가)와 (나)는 서로 다른 두 지역의 지층에서 산출된 화석을 나타낸 것이다.

(가) 화폐석

(나) 공룡알 화석

(가)와 (나)가 산출된 지층의 생성 시기와 지층이 생성될 당시의 환경에 대해 서술하시오.

22 다음은 두 지역 Ⅰ, Ⅱ에서 주로 발견되는 나비의 날개 무늬에 대한 자료이다.

- 그림은 지역 Ⅰ에 주로 서식하는 나비 개체 A1, B1과, 지역 Ⅱ에 주로 서식하는 나비 개체 A2, B2의 날개 무늬를 나타낸 것이다. A1과 A2는 A 종이고, B1과 B2는 B 종이다.

A1

A2

B1

B2

[지역 Ⅰ]　　[지역 Ⅱ]

- A종의 나비는 특정 지역에 사는 포식자에게 독성을 나타내는 물질을 가지며 맛이 없는 특징이 있다.
- B종의 나비는 단순히 맛이 없는 특징이 있다.
- A, B 두 종의 나비는 포식자의 눈에 띄는 특별한 날개 무늬를 갖는다.

(1) 지역 Ⅰ의 포식자와 지역 Ⅱ의 포식자의 특징을 비교하여 서술하시오.

(2) 지역 Ⅰ에서 A1과 B1이 갖는 날개 무늬가 발달한 과정을 변이, 생존경쟁, 자연선택을 포함하여 자연선택에 의한 진화의 원리로 서술하시오.

23 다음은 수소 연료 전지에 대한 설명이다.

> 수소 연료 전지에서는 수소와 산소가 반응하여 물이 생성되는데, 이때 산화 환원 반응이 일어난다.

수소 연료 전지에서 일어나는 반응을 화학 반응식으로 쓰고, 이 반응에서 일어나는 산화와 환원 반응에 대하여 서술하시오.

24 표는 농도가 같은 HCl 수용액과 NaOH 수용액의 부피를 달리하여 중화 반응시켰을 때, 실험 (가)~(다)에서 혼합 용액에 존재하는 양이온을 모형으로 나타낸 것이다. ▲, ■는 H^+, Na^+을 순서없이 나타낸 것이다.

혼합 용액		(가)	(나)	(다)
혼합 전 수용액의 부피(mL)	HCl	30	20	30
	NaOH	10	20	20
혼합 용액에 존재하는 양이온 모형		▲ ■ ■	▲ ▲	

(다)의 양이온 모형을 그리고, 그렇게 그린 까닭을 함께 서술하시오.

25 다음은 휴대용 가스 레인지를 사용하여 물을 끓일 때 일어나는 현상에 대한 설명이다.

> 휴대용 가스 레인지는 가스통 속에 들어 있는 ㉠ 액체 상태의 연료가 기화되어 나온 후 연료를 연소시켜 발생되는 열로 ㉡ 주전자의 물을 끓인다.

(1) ㉠과 ㉡에서 에너지 출입에 대해 서술하시오.

(2) ㉠에서 가스통 속에 남아 있는 액체 연료의 온도는 낮아진다. 그 까닭을 서술하시오.

---

01 그림 (가)~(라)는 서로 다른 지질 시대에 산출된 화석을 나타낸 것이다. (가)~(라)의 지질 시대는 각각 선캄브리아시대, 고생대, 중생대, 신생대 중 하나이다.

(가) 산호

(나) 암모나이트

(다) 에디아카라 생물군

(라) 단풍나무 잎 화석

(가)~(라)를 지질 시대 순으로 옳게 나타낸 것은?

① (가) → (다) → (나) → (라)
② (가) → (다) → (라) → (나)
③ (다) → (가) → (나) → (라)
④ (다) → (가) → (라) → (나)
⑤ (다) → (라) → (나) → (가)

02 다음은 지질 시대 동안 일어난 환경과 생물계의 변화를 순서 없이 나타낸 것이다.

> (가) 히말라야산맥이 형성되었다.
> (나) ㉠ 최초의 광합성 생명체가 출현하였다.
> (다) 바다에서 방추충이 번성할 때 육상에서는 [㉡]이 번성하였다.

이에 대한 설명으로 옳은 것만을 〈보기〉에서 있는 대로 고른 것은?

〈보기〉
> ㄱ. 시간 순서는 (나) → (다) → (가)이다.
> ㄴ. ㉠은 남세균으로 추정하고 있다.
> ㄷ. ㉡은 겉씨식물이다.

① ㄱ   ② ㄴ   ③ ㄷ
④ ㄱ, ㄴ   ⑤ ㄴ, ㄷ

03 그림은 지질 시대 동안 해양 무척추동물과 육상 식물의 과의 수 변화를 나타낸 것이다.

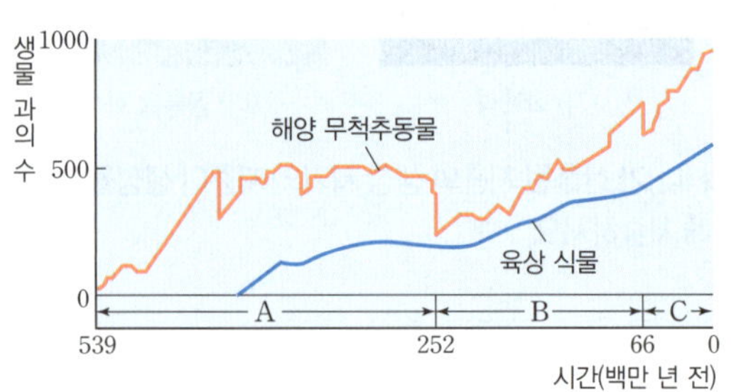

이에 대한 설명으로 옳은 것만을 〈보기〉에서 있는 대로 고른 것은?

〈보기〉
> ㄱ. 최대 규모의 생물 대멸종은 A 시기 말에 일어났다.
> ㄴ. 육상 식물은 표준 화석으로 이용하기에 적절하다.
> ㄷ. B 시기 말에 일어난 생물 대멸종의 원인을 설명하는 가설 중 소행성 충돌설이 가장 유력하다.

① ㄱ   ② ㄴ   ③ ㄷ
④ ㄱ, ㄴ   ⑤ ㄱ, ㄷ

04 그림은 핀치의 무리가 남아메리카 대륙에서 먹이 환경이 다른 두 섬 A, B로 이주한 뒤 각각 자연선택에 의한 진화가 일어난 결과 A와 B에 서식하는 핀치의 부리 모양을 나타낸 것이다. A와 B는 각각 선인장이 많은 섬과 크고 단단한 씨앗이 많은 섬 중 하나이다.

▲ A에 사는 핀치

▲ B에 사는 핀치

이에 대한 설명으로 옳은 것만을 〈보기〉에서 있는 대로 고른 것은?

〈보기〉
> ㄱ. A에는 선인장이 많다.
> ㄴ. 핀치 개체 사이에서 생존 경쟁이 있었다.
> ㄷ. A에 사는 핀치와 B에 사는 핀치는 유전자 구성에 차이가 있다.

① ㄱ   ② ㄴ   ③ ㄱ, ㄷ
④ ㄴ, ㄷ   ⑤ ㄱ, ㄴ, ㄷ

05 그림은 생물다양성의 3가지 구성요소를 나타낸 것이다. (가), (나), (다)는 각각 종다양성, 생태계다양성, 유전적 다양성 중 하나이다.

(가)　　　　(나)　　　　(다)

이에 대한 설명으로 옳은 것만을 〈보기〉에서 있는 대로 고른 것은?

〈보기〉
ㄱ. (가)는 종다양성을 나타낸 것이다.
ㄴ. 대한민국에 90여 종의 무당벌레가 살고 있는 것은 (나)의 예이다.
ㄷ. 갯벌을 간척하여 메우는 것은 (다)를 증가시킨다.

① ㄱ　　　　② ㄴ　　　　③ ㄱ, ㄷ
④ ㄴ, ㄷ　　　⑤ ㄱ, ㄴ, ㄷ

06 다음은 자연선택에 의한 진화의 과정을 나타낸 것이다.

$$(\quad A \quad) \rightarrow 생존경쟁 \rightarrow (\quad B \quad) \rightarrow 진화$$

이에 대한 설명으로 옳은 것만을 〈보기〉에서 있는 대로 고른 것은?

〈보기〉
ㄱ. A 과정에서 태어난 개체들의 형질은 모두 같다.
ㄴ. B 과정에서 자연선택이 일어난다.
ㄷ. 자연선택설로 진화의 과정을 설명한 사람은 라마르크이다.

① ㄱ　　　　② ㄴ　　　　③ ㄱ, ㄷ
④ ㄴ, ㄷ　　　⑤ ㄱ, ㄴ, ㄷ

07 다음은 아프리카에 살고 있는 한 종의 코끼리 집단에 대한 자료이다.

- 표는 시점 $t_1 \sim t_3$에서 상아가 있는 코끼리와 상아가 없는 코끼리의 비율을 나타낸 것이다.

시점	비율(%)	
	상아가 있는 코끼리	상아가 없는 코끼리
t_1	100	0
t_2	81.5	18.5
t_3	40.1	59.9

- 상아를 얻기 위한 밀렵으로 자연선택이 일어났다.
- 상아의 유무가 코끼리의 생존에 영향을 미친다.

이에 대한 설명으로 옳은 것만을 〈보기〉에서 있는 대로 고른 것은? (단, 시간은 $t_1 \rightarrow t_3$ 방향으로 흐르며, 돌연변이와 인간의 밀렵에 의한 자연선택 이외의 다른 진화 요인은 고려하지 않는다.)

〈보기〉
ㄱ. $t_1 \sim t_2$ 구간에서 돌연변이가 일어났다.
ㄴ. 이 코끼리 집단의 유전자 구성은 t_2와 t_3일 때가 같다.
ㄷ. 상아를 얻기 위한 밀렵이 이루어질 때 상아가 있는 코끼리가 상아가 없는 코끼리보다 생존 경쟁에 유리하다.

① ㄱ　　　　② ㄷ　　　　③ ㄱ, ㄴ
④ ㄴ, ㄷ　　　⑤ ㄱ, ㄴ, ㄷ

08 그림은 생물다양성에 대한 학생 A~C의 대화를 나타낸 것이다.

제시한 내용이 옳은 학생만을 있는 대로 고른 것은?

① A　　　　② B　　　　③ A, C
④ B, C　　　⑤ A, B, C

09 다음은 세 가지 산화 환원 반응의 화학 반응식이다.

> (가) $2Mg + O_2 \longrightarrow 2MgO$
> (나) $CuSO_4 + Zn \longrightarrow ZnSO_4 + Cu$
> (다) $2AgNO_3 + Cu \longrightarrow 2Ag + Cu(NO_3)_2$

(가)~(다)에서 환원되는 것을 옳게 짝 지은 것은?

	(가)	(나)	(다)
①	Mg	$CuSO_4$	$AgNO_3$
②	Mg	Zn	Cu
③	O_2	$CuSO_4$	$AgNO_3$
④	O_2	Zn	Cu
⑤	O_2	$CuSO_4$	Cu

10 그림은 금속 A^+이 들어 있는 수용액에 금속 B를 넣었을 때, 반응한 금속 B 원자 수에 대한 총 금속 양이온 수를 나타낸 것이다. (가)에서 B^{b+}이 생성되고 A가 석출되었다.

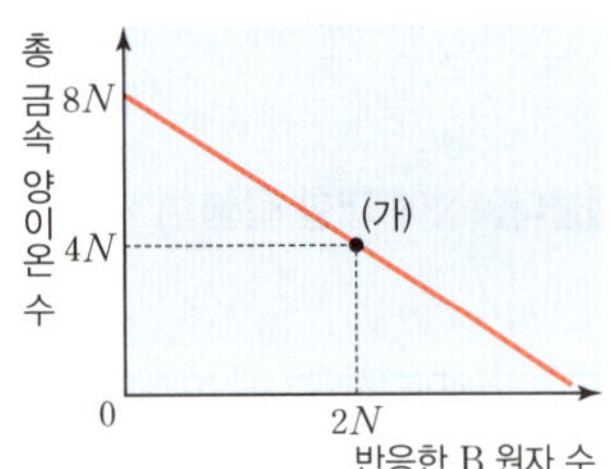

이에 대한 설명으로 옳은 것만을 〈보기〉에서 있는 대로 고른 것은? (단, A와 B는 임의의 원소 기호이다.)

〈보기〉
ㄱ. A^+은 B와 반응할 때 환원된다.
ㄴ. $b=3$이다.
ㄷ. (가)에서 이온 수비는 A 이온 : B 이온 = 2 : 1이다.

① ㄱ ② ㄷ ③ ㄱ, ㄴ
④ ㄴ, ㄷ ⑤ ㄱ, ㄴ, ㄷ

11 다음은 금속 A~C의 산화 환원 반응 실험이다.

[실험 과정]
- 비커 Ⅰ과 Ⅱ에 각각 A^{2+}이 들어 있는 수용액, B^+이 들어 있는 수용액을 넣고 Ⅰ에는 금속 B를, Ⅱ에는 금속 C를 넣어 반응시킨다.

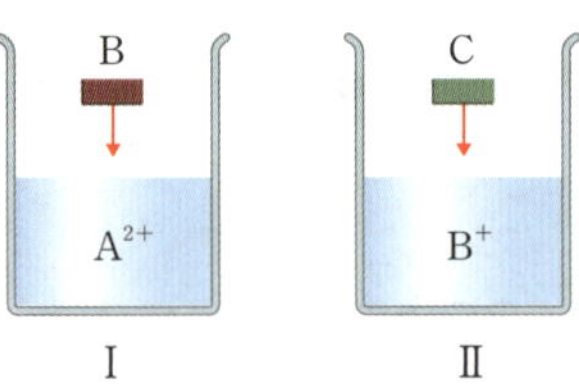

[실험 결과]
- 반응 후 각 비커의 수용액에 들어 있는 양이온의 종류

비커	Ⅰ	Ⅱ
양이온의 종류	B^+	C^{3+}

이에 대한 설명으로 옳은 것만을 〈보기〉에서 있는 대로 고른 것은? (단, 음이온은 반응에 참여하지 않는다.)

〈보기〉
ㄱ. A^{2+}이 들어 있는 수용액에 C를 넣으면 C는 산화된다.
ㄴ. Ⅰ에서 수용액의 금속 양이온 수는 증가한다.
ㄷ. Ⅱ에서 전자는 C에서 B^+으로 이동한다.

① ㄱ ② ㄷ ③ ㄱ, ㄴ
④ ㄴ, ㄷ ⑤ ㄱ, ㄴ, ㄷ

12 그림은 A 수용액을 적신 실을 실험 장치의 가운데에 놓은 모습을 나타낸 것이다.

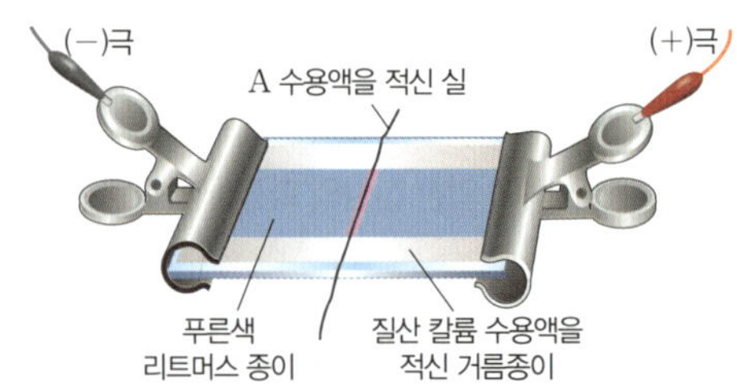

이에 대한 설명으로 옳은 것만을 〈보기〉에서 있는 대로 고른 것은?

〈보기〉
ㄱ. A는 염기이다.
ㄴ. 전류를 흘려 주면 (−)극 쪽으로 붉은색이 이동한다.
ㄷ. 전류를 흘려 주면 (+)극 쪽으로 이동하는 이온은 1가 지이다.

① ㄱ ② ㄴ ③ ㄷ
④ ㄱ, ㄴ ⑤ ㄴ, ㄷ

13 표는 온도와 농도가 같은 묽은 염산(HCl)과 수산화 나트륨($NaOH$) 수용액의 부피를 다르게 하여 혼합하였을 때, 혼합 용액의 최고 온도를 나타낸 것이다.

혼합 용액		(가)	(나)	(다)	(라)	(마)
혼합 전 수용액의 부피(mL)	HCl	2	4	6	7	10
	NaOH	10	8	6	5	2
최고 온도(°C)		27	29	31	t	27

이에 대한 설명으로 옳은 것만을 〈보기〉에서 있는 대로 고른 것은? (단, 혼합 후 수용액의 부피는 혼합 전 수용액의 부피의 합과 같다.)

〈보기〉
ㄱ. $t=29$이다.
ㄴ. 생성된 물 분자의 수는 (다)가 (가)의 3배이다.
ㄷ. 들어 있는 총 이온 수는 (라) > (나)이다.

① ㄱ　　　　　② ㄴ　　　　　③ ㄷ
④ ㄱ, ㄴ　　　⑤ ㄴ, ㄷ

14 그림은 묽은 황산(H_2SO_4) 10 mL에 수산화 나트륨($NaOH$) 수용액 10 mL를 넣어 반응시킬 때, 혼합 용액에 존재하는 이온 모형을 나타낸 것이다.

이에 대한 설명으로 옳은 것만을 〈보기〉에서 있는 대로 고른 것은?

〈보기〉
ㄱ. ▲와 ■는 모두 구경꾼 이온이다.
ㄴ. (나)에 $NaOH$ 수용액 5 mL를 가하면 중화점에 도달한다.
ㄷ. 같은 부피에 들어 있는 이온 수비는
$$\frac{H_2SO_4 \text{ 수용액}}{NaOH \text{ 수용액}} = \frac{3}{2} \text{이다.}$$

① ㄱ　　　　　② ㄴ　　　　　③ ㄱ, ㄷ
④ ㄴ, ㄷ　　　⑤ ㄱ, ㄴ, ㄷ

15 다음은 2가지 화학 반응이 일어날 때 열에너지 출입에 대해 나타낸 것이다.

(가) 산화 칼슘과 물이 반응할 때 주위의 온도가 높아진다.
(나) 질산 암모늄이 물에 용해될 때 열에너지를 ⟨　⟩ 하므로 온도가 낮아진다.

이에 대한 설명으로 옳은 것만을 〈보기〉에서 있는 대로 고른 것은?

〈보기〉
ㄱ. (가)에서 반응이 일어날 때 열에너지를 방출한다.
ㄴ. '흡수'는 ⟨⟩으로 적절하다.
ㄷ. (나)의 반응을 이용하여 냉찜질 팩을 만들 수 있다.

① ㄱ　　　　　② ㄷ　　　　　③ ㄱ, ㄴ
④ ㄴ, ㄷ　　　⑤ ㄱ, ㄴ, ㄷ

16 그림은 엽록체에서 일어나는 광합성의 반응 경로에 따른 에너지 변화를 나타낸 것이다.

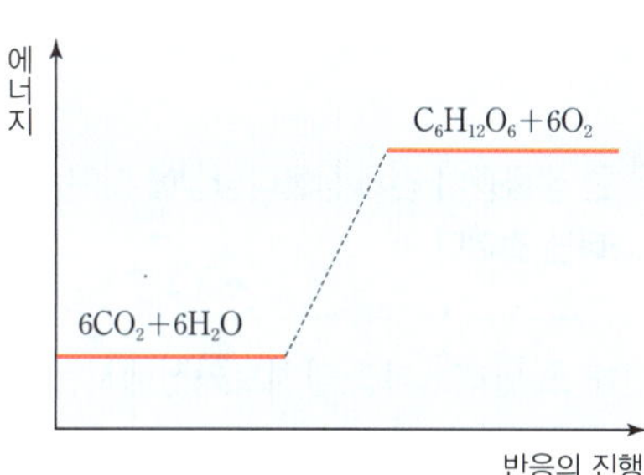

위 반응과 출입하는 열의 이동 방향이 같은 것만을 〈보기〉에서 있는 대로 고른 것은?

〈보기〉
ㄱ. 알코올을 손등에 바르면 시원해진다.
ㄴ. 묽은 염산에 수산화 나트륨 수용액을 가하여 중화 반응한다.
ㄷ. LPG가 뿜어져 나오는 저장 용기 입구에 손을 대면 동상에 걸릴 수 있다.

① ㄱ　　　　　② ㄴ　　　　　③ ㄱ, ㄷ
④ ㄴ, ㄷ　　　⑤ ㄱ, ㄴ, ㄷ

● 정답과 해설 56쪽

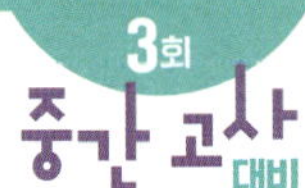

서술형 문제

17 그림은 고생대, 중생대, 신생대에 생성된 지층이 모두 존재하는 어느 지역에서 발견된 화석 A~E의 산출 범위를 나타낸 것이다. A~E 중 3개는 표준 화석이고, 2개는 시상 화석이다.

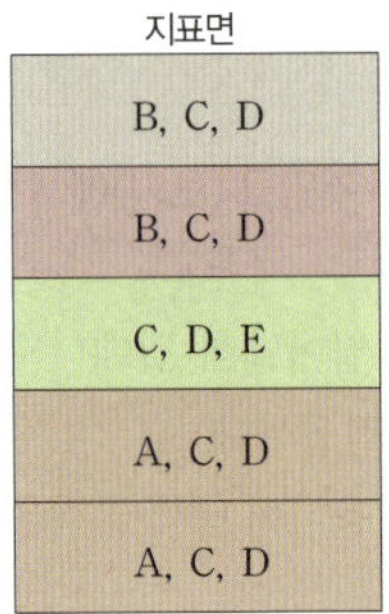

지표면

B, C, D
B, C, D
C, D, E
A, C, D
A, C, D

이 자료에 근거하여 A~E를 표준 화석과 시상 화석으로 구분하고, 고생대, 중생대, 신생대의 표준 화석은 각각 무엇인지 서술하시오. (단, 지층의 역전은 고려하지 않는다.)

18 다음은 한 생물종이 전체 생물다양성에 미치는 영향에 대한 연구 결과를 나타낸 것이다.

> 1970년대 초 알래스카의 암치트카섬에서는 모피를 노린 사냥꾼들에 의해 해달의 수가 급감하였다. 해달이 대부분 사라지자 섬에는 다시마 등 해조류를 먹고 사는 성게들이 크게 번식하며, 해조류의 수가 급감하였다. 결과적으로 해조류가 사라져 암치트카섬의 생물다양성은 급감하게 되었다.

이 섬에서 생물다양성 급감의 원인으로 작용한 사건이 생물다양성 감소 원인 중 어느 것에 해당하는지 쓰고, 이것이 어떻게 지역의 전체 생물다양성 감소로 이어질 수 있는지를 종다양성 측면에서 서술하시오.

19 그림은 질산 은($AgNO_3$) 수용액에 구리(Cu) 조각을 넣어 반응시켰을 때, 반응 전과 후의 수용액에 들어 있는 금속 양이온을 모형으로 나타낸 것이다. ▲와 ●는 각각 Cu^{2+}과 Ag^+ 중 하나이다.

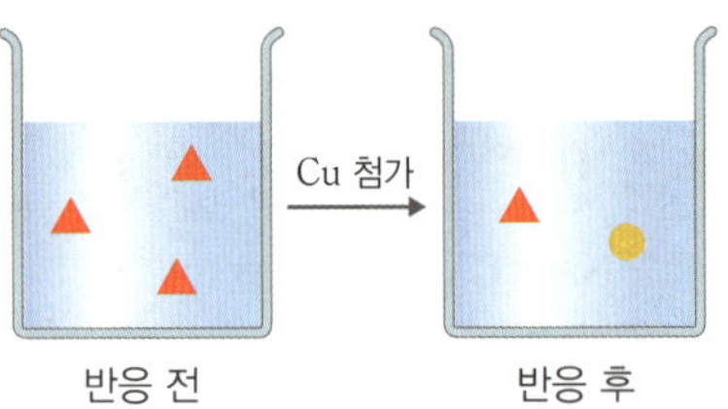

(1) 이 반응의 화학 반응식을 쓰고, 산화된 물질과 환원된 물질을 구분하시오.

(2) 이 반응이 일어날 때 수용액 속 총 이온 수의 변화를 양이온과 음이온의 수 변화로 구분하여 서술하시오.

20 그림은 HCl 수용액과 NaOH 수용액을 여러 부피비로 혼합했을 때, 혼합 용액의 최고 온도를 나타낸 것이다.

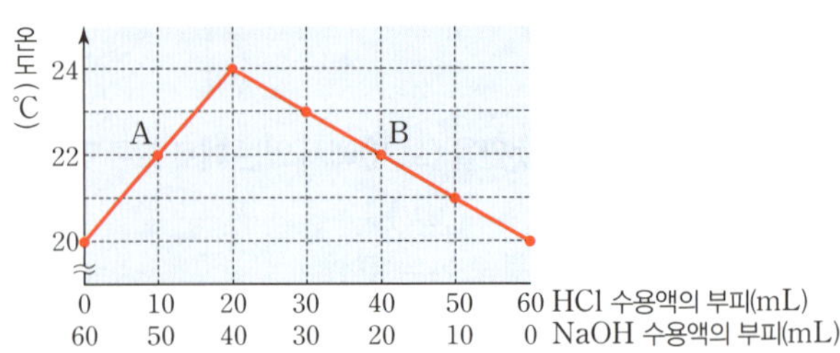

(1) 중화점에서 HCl 수용액과 NaOH 수용액의 부피비를 쓰시오.

(2) A와 B에서 최고 온도가 같은 까닭을 서술하시오.

Ⅱ-1 생태계와 환경 변화

07 생물과 환경

1 생태계의 구성요소

(1) 생태계의 구성 단계: 개체 < (❶   ) < (❷   ) < 생태계

(2) 생태계의 구성요소

생물 요소	(❸)	빛에너지를 이용하여 무기물로부터 유기물을 합성하는 (❹) 영양 생물 예 녹색 식물, 식물 플랑크톤
	(❺)	다른 생물을 먹이로 섭취해 유기물을 얻는 (❻) 영양 생물 예 1차 소비자(초식동물), 육식동물
	(❼)	생물의 사체나 배설물에 포함된 유기물을 무기물로 분해하여 에너지를 얻는 생물 예 세균, 곰팡이
비생물요소		생물을 둘러싸고 있는 모든 (❽) 요소 예 빛, 온도, 물, 공기, 토양, 무기염류

(3) 생태계구성요소 사이의 관계

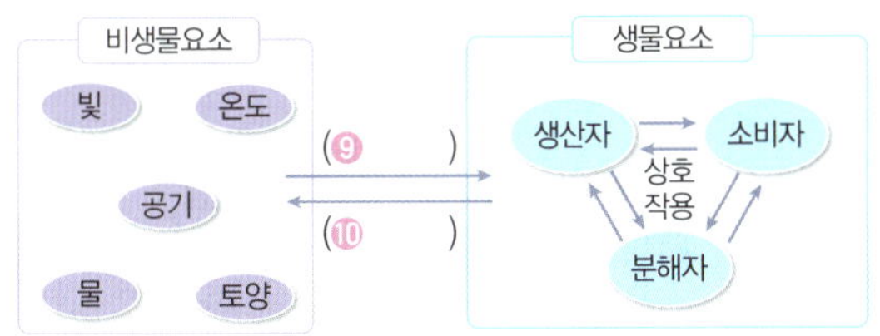

2 생물과 환경

빛과 생물	빛의 세기	• 잎이 받는 빛의 세기↑ ➡ (⓫) 조직 발달 ➡ 잎의 두께↑ • 같은 식물에서도 받는 빛의 양에 따라 잎의 두께 달라짐
	일조 시간	• 식물의 개화 시기 변화 예 붓꽃(봄, 초여름에 개화), 코스모스(가을에 개화) • 동물의 생식 변화 예 꾀꼬리, 종달새(봄에 번식), 송어, 노루(가을에 번식)
온도와 생물	식물	단풍과 낙엽, 식물의 개화, 잎의 삼투압 변화
	동물	변온동물, 정온동물, 계절형, 철새의 이동 예 북극여우 — 몸집이 (⓬)고 말단부가 (⓭)음, 사막여우 — 몸집이 (⓮)고 말단부가 (⓯)
물과 생물	식물	건조한 지역 ➡ 잎이 뾰족, (⓰)조직 발달
	동물	동물(키틴질), 파충류(비늘)
토양과 생물		입자 크기, 무기염류 함량, 통기성 등이 미생물의 생활에 영향
공기와 생물		• 광합성이나 호흡에 영향을 줌 • 고산 지대 ➡ (⓱) 수↑

08 생태계평형

1 먹이 관계와 생태피라미드

(1) 먹이사슬: 생태계를 구성하는 생물 간의 먹고 먹히는 관계를 순서대로 나열한 것 ➡ 먹이그물(먹이사슬이 얽힌 것)

(2) (❶   )↑ ➡ 먹이그물 복잡 ➡ (❷   ) 유지

(3) 생태피라미드: (❸   ) 영양단계로 갈수록 개체수, 생물량, 에너지양이 감소 ➡ 피라미드 모양

2 환경 변화와 생태계

(1) 생태계평형

① 생물군집의 개체수, 유기물의 양, 에너지 흐름 ➡ 일정하게 유지

② (❹   ) 복잡 ➡ 생태계평형 유지

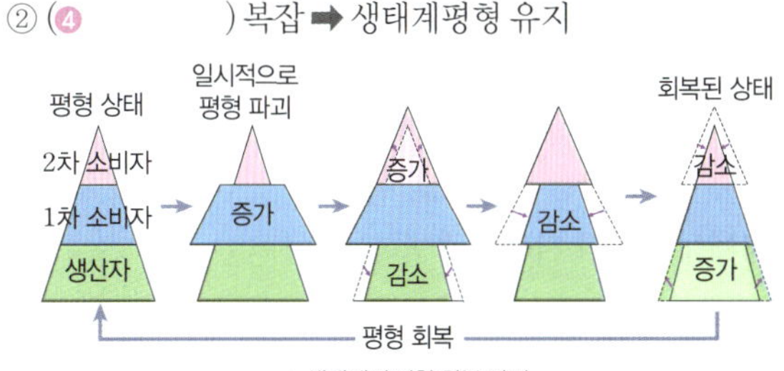

(2) 환경 변화와 생태계

① 생태계평형을 깨뜨릴 수 있는 환경 변화

(❺)	지진, 홍수, 산불, 산사태, 화산 폭발 등
(❻)	무분별한 벌목, 대기오염, 수질오염, 토양오염, 무분별한 포획과 남획, 외래종의 도입

② 생태계보전을 위한 노력: 자원 절약, 생태통로 설치, 도시 숲 또는 공원 조성, 하천 복원 등

09 지구 환경 변화와 인간 생활

1 온실 효과

(1) 지구 복사 평형: 지구는 흡수한 태양 복사 에너지량과 (❶   ) 양의 지구 복사 에너지를 우주로 방출하면서 에너지 (❷   )을 이루고 있다.

(2) (❸   ): 대기 중 온실 기체가 태양 복사 에너지는 거의 통과시키고, 지표에서 방출되는 지구 복사 에너지는 흡수했다가 지표로 재복사하여 지구의 평균 기온이 대기가 없을 때보다 높게 유지되는 효과

(3) 지구 열수지: 복사 (❹   ) 상태에 있는 지구에서 지표, 대기, 우주 간에 나타나는 열출입 관계

2 지구 온난화: 대기 중 온실 기체 증가로 지구의 평균 기온이 상승하는 현상

발생 원인	• 화석 연료의 사용↑ ➡ 대기 중 (⑤)의 농도↑ • 삼림 벌채↑ ➡ 광합성량↓ ➡ 대기 중 이산화 탄소량↑
영향	• 빙하의 융해, 해수의 열팽창 ➡ 해수면 (⑥) ➡ 해안 저지대 침수 ➡ 육지 면적 감소 • 기상 이변 급증, 생태계 변화, 사막화 가속

3 엘니뇨: 무역풍 (⑦)로 동태평양 적도 부근 해역의 표층 수온이 평상시보다 높은 상태로 지속되는 현상

구분	평상시	엘니뇨 발생 시
표층 해수	적도 부근의 따뜻한 해수가 서쪽으로 이동	서쪽으로 이동하는 따뜻한 해수의 흐름 (⑧)
동태평양	수온 하강, 강수량 감소	수온 (⑨), 강수량 (⑩), 홍수
서태평양	수온 상승, 강수량 증가	수온 하강, 강수량 감소, 가뭄

4 (⑪): 강수량 감소로 인해 사막 주변 지역의 토지가 황폐해져 점차 사막으로 변하는 현상

발생 원인	자연적 요인	대기 대순환의 변화 ➡ 강수량↓
	인위적 요인	• 과잉 경작 및 방목 ➡ 강수량↓ • 무분별한 삼림 벌채 ➡ 황사 발생 빈도↑

Ⅱ-2 에너지

10 태양 에너지의 생성과 전환

1 태양 에너지의 생성

(1) 수소 핵융합 반응: 태양 중심부에서 4 개의 (❶) 원자핵이 융합하여 1 개의 (❷) 원자핵이 만들어진다.

(2) (❸): 핵반응 전 질량의 합 > 핵반응 후 질량 ➡ 감소한 질량에 해당하는 에너지가 발생한다.

수소 원자핵 4 개의 질량 합　＞　헬륨 원자핵 1 개 질량

2 태양 에너지의 전환과 이용, 물질의 순환

전환	지구에 도달한 태양 에너지는 여러 가지 다른 형태의 에너지로 전환된다.
물질의 순환	태양 에너지에 의해 대기와 해수의 순환, 탄소의 순환 등이 일어난다.
이용	기상 현상, 생명 활동, 태양광·태양열 발전 등

11 전기 에너지의 생산

1 전자기 유도: 코일 주위에서 자석을 움직일 때 코일을 통과하는 (❶)이 변하여 코일에 전류가 유도되는 현상

유도 전류의 방향	(❷)를 방해하는 방향
유도 전류의 세기 (패러데이 법칙)	자석이나 코일을 (❸)게 움직일수록, 자석의 세기가 셀수록, 코일을 감은 수가 많을수록 크다.

2 발전기의 원리

(1) 발전기: 자석이나 코일을 (❹)시켜 전자기 유도를 이용하여 전기를 얻는 장치

(2) 에너지 전환: (❺) 에너지 ➡ 전기 에너지

3 여러 가지 발전 방식

(1) 발전 방식과 에너지 전환

화력 발전	화석 연료의 (❻) 에너지 ➡ 열에너지 ➡ 운동 에너지 ➡ 전기 에너지
핵발전	(❼)에너지 ➡ 열에너지 ➡ 운동 에너지 ➡ 전기 에너지
수력 발전	물의 (❽) 에너지 ➡ 운동 에너지 ➡ 전기 에너지

(2) 화력 발전과 핵발전의 장단점

구분	화력 발전	핵발전
장점	• 건설 비용이 적게 듦 • 짧은 시간에 건설 가능	• 화력 발전에 비해 연료비가 저렴 • 이산화 탄소 배출량이 거의 없음
단점	• 화석 연료의 고갈 • (❾) 배출로 인한 지구 온난화	• (❿) 유출 위험 • 우라늄 매장량에 한계

12 에너지 효율과 신재생 에너지

1 에너지의 전환과 보존

전환	광합성	빛에너지 ➡ 화학 에너지
	전동기	전기 에너지 ➡ (❶) 에너지
	발전기	운동 에너지 ➡ (❷) 에너지
보존		에너지의 총량은 항상 일정하게 보존된다.

2 에너지의 효율적 이용

(1) 에너지 효율(%) $= \dfrac{\text{유용하게 사용한 에너지의 양}}{(❸ \qquad)\text{한 에너지}} \times 100$

(2) 열기관: 고열원에서 저열원으로 이동하는 열에너지 일부를 (❹) 에너지로 전환한다.

$$열효율(\%) = \frac{W}{Q_1} \times 100 = \frac{Q_1 - Q_2}{Q_1} \times 100$$

3 신재생 에너지: 기존의 화석 연료를 변환하거나 재생 가능한 에너지를 변환하여 이용하는 에너지

(❺)	연료 전지, 석탄의 액화·가스화, 수소 에너지
(❻)	태양열, 태양광, 지열, 바이오, 수력, 풍력, 폐기물, 해양 에너지 등

4 에너지 문제 해결을 위한 노력
(1) (❼) 도시: 지역 환경에 맞는 신재생 에너지나 기술을 활용하여 에너지와 환경 문제를 해결할 수 있는 도시 ⓔ 영국의 베드제드, 삼척시 무지개 마을 등
(2) 국제적 노력: 국제 사회에서는 에너지 소비로 인한 화석 연료의 고갈과 환경 문제를 해결하고자 노력하고 있다.

Ⅲ-1 과학 기술의 활용

13 과학의 유용성과 필요성

1 감염병

정의	바이러스, 세균, 곰팡이, 원생생물 등과 같은 병원체에 감염되어 발생하는 질병
감염 경로	호흡을 통한 흡입, 오염된 물과 음식물의 섭취, 곤충과 같은 매개체, 피부 접촉, 수혈 등

2 감염병의 진단

과정	감염으로 인해 증상이 나타나는 사람으로부터 검체를 채취 ➡ 채취한 검체를 실험실에서 검사하여 감염 여부 확인
진단 검사 기술	(❶), 항체 검사, 유전자증폭검사(PCR), 나노바이오센서를 이용한 기술, 생물정보학을 이용한 기술 등

3 감염병의 추적과 관리

추적	GPS, 와이파이, 블루투스, 센서 등을 활용하여 환자의 정보를 수집하고 추적
관리	• 빅데이터 기술과 인공지능 기술을 활용하여 감염병의 특성을 파악하고 확산 예측 • 방역과 소독이 가능한 방역 로봇과 같은 인공지능 로봇 개발 • 새로운 감염병의 유행에 대비하기 위해 감시 체계 구축하고 백신과 치료제 등을 확보

14 과학 기술 사회에서 빅데이터 활용

1 (❶): 기존의 분석 체계로는 감당할 수 없을 정도의 규모가 큰 데이터

2 빅데이터 활용: 과학 실험, 유전체 분석, 신약 개발 등에 빅데이터를 활용한다.

3 빅데이터 활용의 문제점: (❷) 유출, 검증되지 않은 데이터 활용, 빅데이터를 활용한 정보에 지나친 의존

Ⅲ-2 과학 기술의 발전과 쟁점

15 과학 기술 발전과 미래 사회

1 사물 인터넷과 인공지능
(1) 사물 인터넷(IoT) 기술

정의	사물을 (❶)으로 연결하여 사람과 사물, 또는 사물과 사물끼리 정보를 교환하며 작업을 수행하는 기술
활용	(❷) 팜, 스마트 의료, 스마트 공장, 스마트 홈, 스마트 교통 등

(2) 인공지능(AI) 기술

정의	인간의 인지·추론·판단 등의 능력을 컴퓨터 프로그램으로 실현한 기술
활용	인공지능 로봇, 생성형 인공지능 등

2 과학 기술 발전의 유용성과 한계: 과학 기술의 발전은 정보 통신 기술의 발전, 사물 인터넷 기술의 발전 등 유용한 점이 많지만 해결해야 할 문제점도 가지고 있다.

3 과학 기술 발전에 대한 올바른 태도: 과학 기술의 한계를 알고 잘 이용하며, 과학 기술을 활용할 때 책임감을 가진다.

16 과학 관련 사회적 쟁점과 과학 윤리

1 과학 관련 사회적 쟁점

정의	(❶)의 발전 과정에서 발생하는 사회적·윤리적 문제
쟁점	• 자율주행 자동차: 운전의 피로를 줄이고 사고 예방 등의 장점이 있지만 사고가 발생했을 때 책임 문제 등 발생 • 생성형 인공지능: 생성형 인공지능이 제작한 콘텐츠의 저작권과 관련하여 논쟁

2 (❷): 과학 기술을 연구하고 이용하면서 지켜야 할 원칙이나 행동 양식

3 실천해야 할 과학 윤리: 정직성, 개방성, 사회적 책임, 실험 대상에 대한 존중, 상호 존중, 지적 재산권 존중 등

01 표는 (가)~(다)의 특징을 나타낸 것이다. (가)~(다)는 각각 군집, 개체군, 생태계를 순서 없이 나타낸 것이다.

구분	특징
(가)	여러 생물종으로 구성되어 있다.
(나)	빛, ㉠온도, 버섯, 곰팡이가 모두 포함되어 있다.
(다)	?

이에 대한 설명으로 옳은 것만을 〈보기〉에서 있는 대로 고른 것은?

보기
ㄱ. (가)는 군집이다.
ㄴ. ㉠은 모두 비생물요소에 해당한다.
ㄷ. 같은 지역에 서식하는 토끼와 토끼풀은 동일한 (다)에 속한다.

① ㄱ　　　　　② ㄷ　　　　　③ ㄱ, ㄴ
④ ㄴ, ㄷ　　　　⑤ ㄱ, ㄴ, ㄷ

02 다음 (가)~(다)는 생물과 환경의 상호 관계의 예를 나타낸 것이다.

(가) 숲에 나무가 우거지면 숲의 습도는 높아진다.
(나) 토끼풀의 수가 증가하면 토끼의 수가 증가한다.
(다) 파충류의 알은 단단한 껍질에 싸여 있다.

이에 대한 설명으로 옳은 것만을 〈보기〉에서 있는 대로 고른 것은?

보기
ㄱ. (가)는 환경이 생물에 영향을 준 예이다.
ㄴ. (나)의 토끼풀에서 토끼에게로 에너지가 이동한다.
ㄷ. (다)는 물의 손실을 줄이기 위해 파충류가 적응한 결과에 해당한다.

① ㄱ　　　　　② ㄷ　　　　　③ ㄱ, ㄴ
④ ㄴ, ㄷ　　　　⑤ ㄱ, ㄴ, ㄷ

03 그림은 생태계 A와 B의 먹이 관계를 나타낸 것이다. 생물다양성은 A에서가 B에서보다 높다.

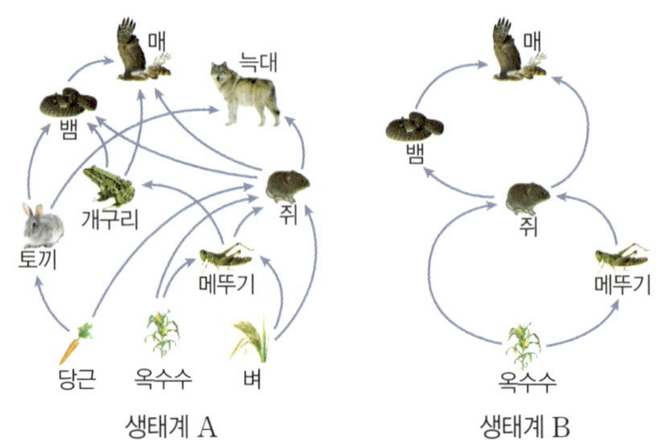

이에 대한 설명으로 옳은 것만을 〈보기〉에서 있는 대로 고른 것은?

보기
ㄱ. A와 B 중 A에서만 먹이그물이 나타난다.
ㄴ. A와 B에서 모두 메뚜기는 2차 소비자이다.
ㄷ. A와 B 중 생태계평형이 보다 안정적으로 유지되는 생태계는 A이다.

① ㄱ　　　　　② ㄷ　　　　　③ ㄱ, ㄴ
④ ㄴ, ㄷ　　　　⑤ ㄱ, ㄴ, ㄷ

04 다음은 생태계 (가)와 (나)에 대한 자료이다.

• (가)와 (나) 중 하나에서는 먹이그물이 형성되어 있고, 다른 하나에서는 1개의 먹이사슬만 형성되어 있다.
• (가)와 (나)에서 모두 개구리는 메뚜기를 잡아먹는다.
• (나)에서 여치는 개구리의 피식자이다.

이에 대한 설명으로 옳은 것만을 〈보기〉에서 있는 대로 고른 것은? (단, 주어진 자료만 고려한다.)

보기
ㄱ. (가)에는 먹이그물이 형성되어 있다.
ㄴ. (나)에서는 여치 → 개구리의 에너지 이동과 메뚜기 → 개구리의 에너지 이동이 모두 일어난다.
ㄷ. 메뚜기가 사라졌을 때 생태계평형이 유지될 가능성은 (나)에서가 (가)에서보다 낮다.

① ㄴ　　　　　② ㄷ　　　　　③ ㄱ, ㄴ
④ ㄱ, ㄷ　　　　⑤ ㄱ, ㄴ, ㄷ

05 그림은 어떤 생태계에서 사건 X가 일어난 후 각 영양단계의 개체수가 어떻게 변했는지를 개체수피라미드로 나타낸 것이다. X는 '생산자의 남획', '1차 소비자의 도입', '3차 소비자의 도입' 중 하나이고, ㉠은 영양단계이다.

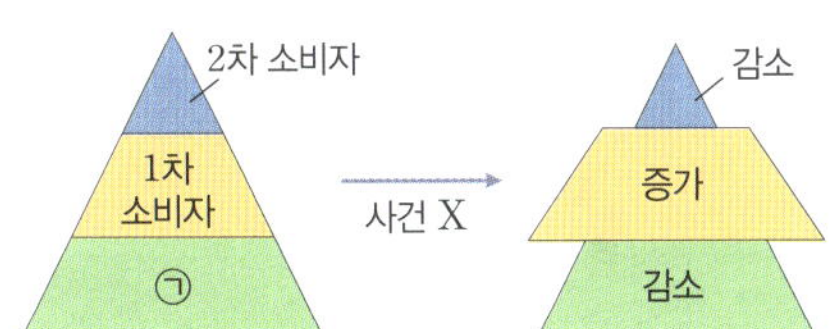

이에 대한 설명으로 옳은 것만을 〈보기〉에서 있는 대로 고른 것은? (단, 주어진 자료만 고려한다.)

> **보기**
> ㄱ. X는 '3차 소비자의 도입'이다.
> ㄴ. ㉠은 다른 생물을 먹이로 섭취해 양분을 얻는다.
> ㄷ. X로 인해 ㉠에서 1차 소비자로 이동하는 에너지양이 감소했다.

① ㄱ   ② ㄷ   ③ ㄱ, ㄴ
④ ㄱ, ㄷ   ⑤ ㄱ, ㄴ, ㄷ

06 그림은 지구 온난화의 원인과 영향을 나타낸 것이다.

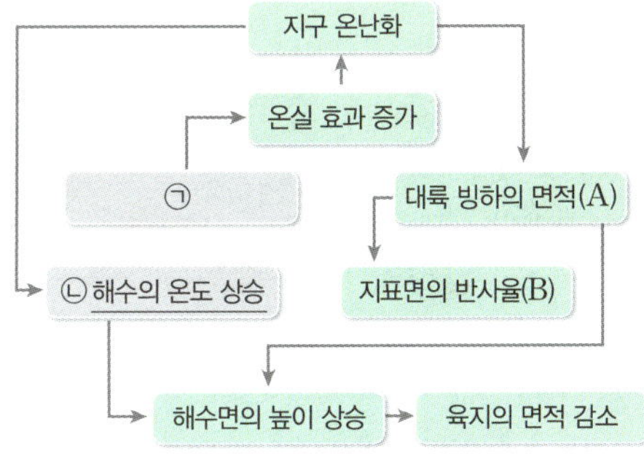

이에 대한 설명으로 옳은 것만을 〈보기〉에서 있는 대로 고른 것은?

> **보기**
> ㄱ. 메테인의 방출은 ㉠에 해당한다.
> ㄴ. A는 '증가', B는 '증가'이다.
> ㄷ. ㉡에 의해 지구의 총 강수량은 감소한다.

① ㄱ   ② ㄴ   ③ ㄱ, ㄷ
④ ㄴ, ㄷ   ⑤ ㄱ, ㄴ, ㄷ

07 그림은 어느 시기에 관측된 태평양 적도 부근 해역의 수온 편차(관측값−평년값)를 나타낸 것이다.

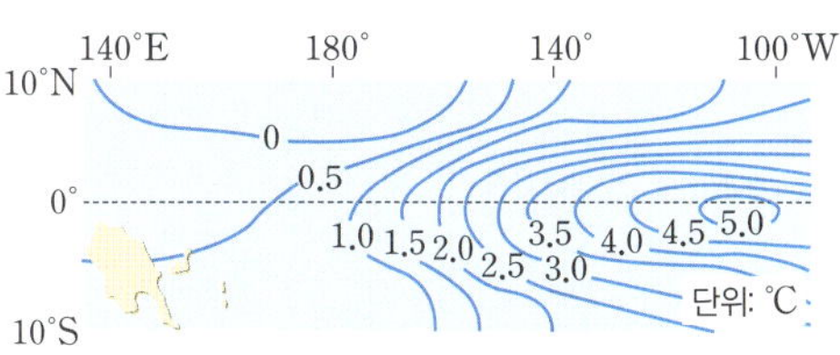

평상시와 비교할 때, 이 시기에 대한 설명으로 옳은 것만을 〈보기〉에서 있는 대로 고른 것은?

> **보기**
> ㄱ. 서태평양에서 강수량이 증가한다.
> ㄴ. 동태평양에서 해수의 증발량이 감소한다.
> ㄷ. 서태평양과 동태평양의 해수면 기압 차이는 감소한다.

① ㄱ   ② ㄷ   ③ ㄱ, ㄴ
④ ㄴ, ㄷ   ⑤ ㄱ, ㄴ, ㄷ

08 그림은 전 세계 주요 사막과 사막화 지역을 나타낸 것이다.

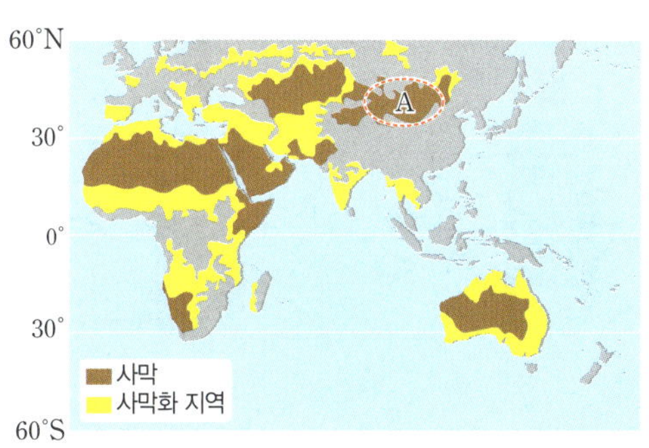

이에 대한 설명으로 옳은 것만을 〈보기〉에서 있는 대로 고른 것은?

> **보기**
> ㄱ. 사막은 주로 강수량이 증발량보다 많은 위도대에 분포한다.
> ㄴ. 사막화 지역에서는 (강수량−증발량)이 음(−)의 값을 갖는다.
> ㄷ. A가 확장되면 우리나라의 황사 피해가 증가할 것이다.

① ㄱ   ② ㄷ   ③ ㄱ, ㄴ
④ ㄴ, ㄷ   ⑤ ㄱ, ㄴ, ㄷ

09 그림은 지구에 도달한 태양 에너지가 여러 형태의 에너지로 전환되어 이용되는 과정을 나타낸 것이다. (가)~(다)는 각각 여러 가지 발전 방식 중 하나이다.

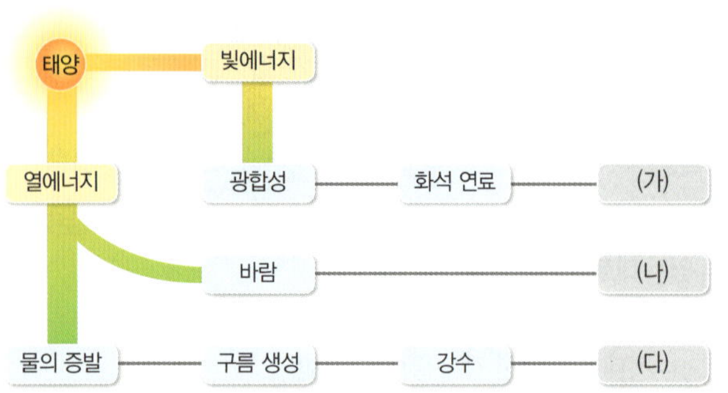

(가), (나), (다)에 해당하는 발전 방식을 옳게 짝 지은 것은?

	(가)	(나)	(다)
①	핵발전	풍력 발전	수력 발전
②	핵발전	파력 발전	조력 발전
③	화력 발전	풍력 발전	수력 발전
④	화력 발전	조류 발전	조력 발전
⑤	지열 발전	풍력 발전	파력 발전

10 그림 (가)와 (나)는 동일한 자석이 코일 A, B의 중심축을 따라 A, B로부터 같은 거리만큼 떨어진 지점을 같은 속도로 지나는 모습을 나타낸 것이다. 코일의 감은 수는 A가 B보다 크고, 코일이 감긴 방향은 서로 반대이다.

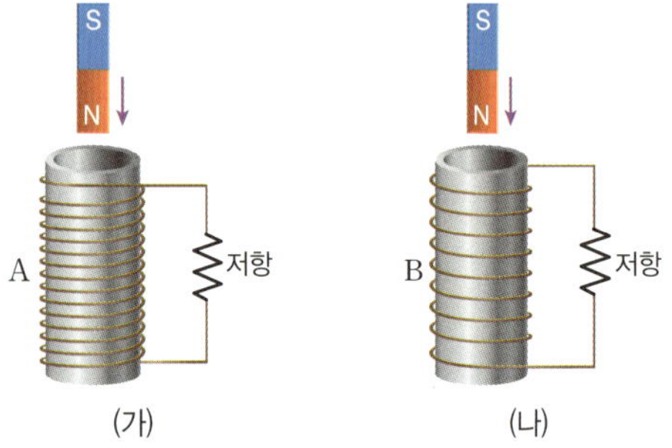

이에 대한 설명으로 옳은 것만을 〈보기〉에서 있는 대로 고른 것은?

보기
ㄱ. 자석이 코일로부터 받는 자기력의 방향은 (가)에서와 (나)에서가 같다.
ㄴ. 저항에 흐르는 유도 전류의 방향은 (가)에서와 (나)에서가 반대이다.
ㄷ. 저항에 흐르는 유도 전류의 세기는 (가)에서가 (나)에서보다 작다.

① ㄱ ② ㄷ ③ ㄱ, ㄴ
④ ㄴ, ㄷ ⑤ ㄱ, ㄴ, ㄷ

11 그림은 금속 고리에 자석을 가까이 접근시킬 때 금속 고리에 ⓐ 방향으로 유도 전류가 흐르는 것을 나타낸 것이다. ㉠은 자석의 N극과 S극 중 하나이다.

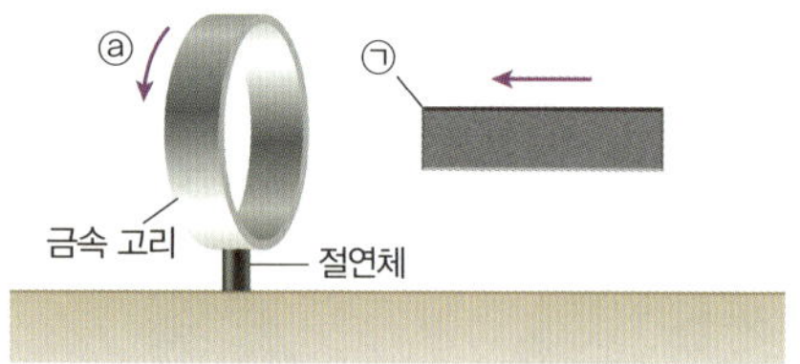

이에 대한 설명으로 옳은 것만을 〈보기〉에서 있는 대로 고른 것은?

보기
ㄱ. ㉠을 멀리 하면 ⓐ 방향으로 전류가 흐른다.
ㄴ. 자석과 금속 고리 사이에는 서로 밀어 내는 자기력이 작용한다.
ㄷ. 자석이 접근하는 속력이 빠를수록 고리에 흐르는 전류의 세기는 작다.

① ㄱ ② ㄴ ③ ㄱ, ㄴ
④ ㄱ, ㄷ ⑤ ㄴ, ㄷ

12 그림 (가)와 (나)는 각각 태양의 내부에서 일어나는 핵반응과 핵발전소의 원자로에서 일어나는 핵반응을 순서 없이 나타낸 것이다.

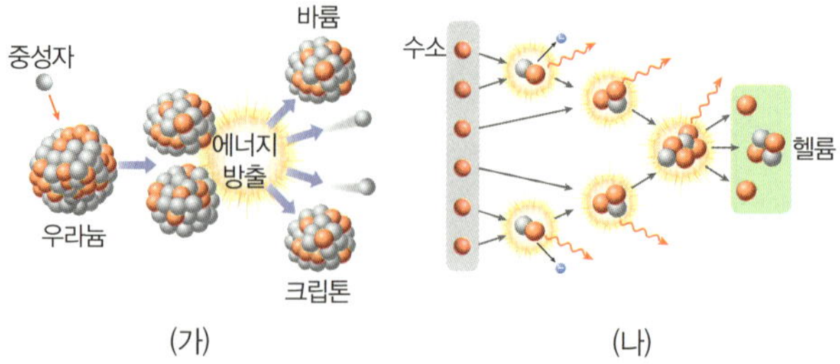

이에 대한 설명으로 옳은 것만을 〈보기〉에서 있는 대로 고른 것은?

보기
ㄱ. (가)는 핵발전소의 원자로에서 일어나는 핵반응이다.
ㄴ. (나)는 핵융합 반응이다.
ㄷ. (나)에서 헬륨 원자핵의 질량은 수소 원자핵의 질량의 4 배이다.

① ㄱ ② ㄷ ③ ㄱ, ㄴ
④ ㄴ, ㄷ ⑤ ㄱ, ㄴ, ㄷ

13 그림 (가)~(다)는 여러 가지 발전 방식을 나타낸 것이다.

(가) 태양광 발전

(나) 화력 발전

(다) 수력 발전

이에 대한 설명으로 옳은 것만을 <보기>에서 있는 대로 고른 것은?

보기
ㄱ. (가)는 빛에너지를 전기 에너지로 전환한다.
ㄴ. (나)는 탄소 순환 과정에서 전환된 화학 에너지를 이용한다.
ㄷ. (가), (나), (다)에서 얻은 전기 에너지의 근원은 태양 에너지이다.

① ㄱ　　　② ㄷ　　　③ ㄱ, ㄴ
④ ㄴ, ㄷ　　　⑤ ㄱ, ㄴ, ㄷ

14 다음은 감염병에 대한 자료와 병원체에 감염된 질병을 진단하는 검사 A를 나타낸 것이다. A는 신속항원검사와 유전자증폭검사 중 하나이다.

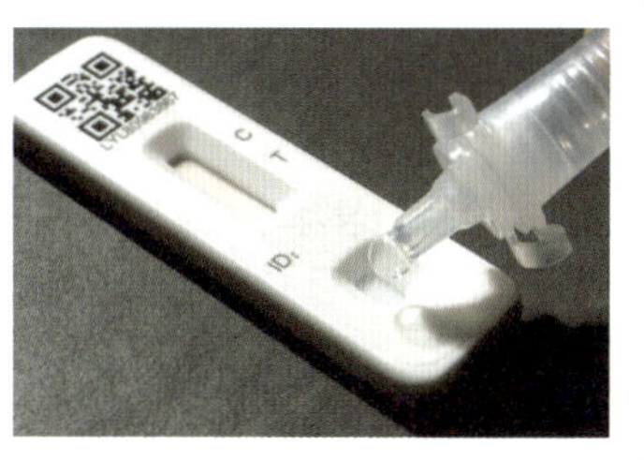

• 감염병은 ㉠병원체에 감염되어 발생하는 질병이다.
• 감염병의 예로는 ㉡독감, 결핵, 무좀 등이 있다.

이에 대한 설명으로 옳은 것만을 <보기>에서 있는 대로 고른 것은?

보기
ㄱ. 곰팡이는 ㉠에 해당한다.
ㄴ. ㉡은 A로 검사할 수 있다.
ㄷ. A는 바이러스의 핵산을 증폭시키는 방식의 검사이다.

① ㄱ　　　② ㄷ　　　③ ㄱ, ㄴ
④ ㄴ, ㄷ　　　⑤ ㄱ, ㄴ, ㄷ

15 그림은 어느 지역에서 발생한 소음의 크기를 1 시간 간격으로 측정한 자료를 국가소음정보시스템에서 내려받기 한 후 그래프로 전환하여 나타낸 것이다.

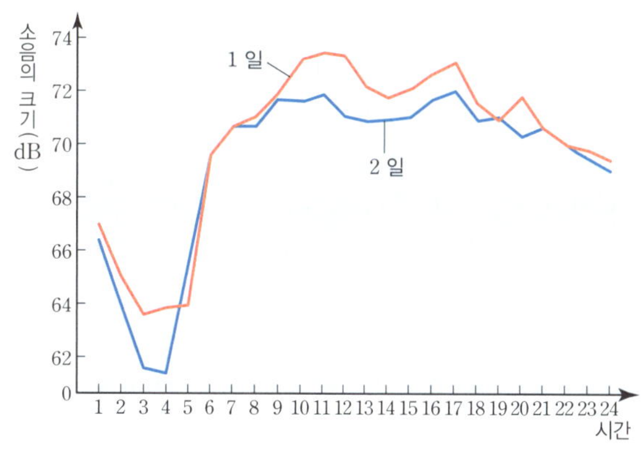

이에 대한 설명으로 옳은 것만을 <보기>에서 있는 대로 고른 것은?

보기
ㄱ. 1 일 소음의 크기는 오후 4 시가 오전 4 시보다 크다.
ㄴ. 1 일 오후 10 시부터 2 일 새벽 2 시까지 소음의 크기가 감소하였다.
ㄷ. 72 dB 이상의 소음이 발생한 시간은 1 일이 2 일보다 길다.

① ㄱ　　　② ㄴ　　　③ ㄱ, ㄷ
④ ㄴ, ㄷ　　　⑤ ㄱ, ㄴ, ㄷ

16 그림은 과학 기술 발전으로 발생하는 현상과 이에 대한 대비책에 대하여 학생 A, B, C가 대화하는 모습을 나타낸 것이다.

제시한 내용이 옳은 학생만을 있는 대로 고른 것은?

① A　　　② B　　　③ A, B
④ A, C　　　⑤ B, C

17 다음은 어떤 안정된 생태계에 대한 자료이다.

- A∼C 사이에서 먹이사슬이 형성되어 있다. A∼C는 생산자, 1차 소비자, 2차 소비자를 순서 없이 나타낸 것이다.
- 에너지양은 생태피라미드를 나타내며, B의 에너지양은 C의 에너지양보다 적다.
- C의 개체수가 증가하면 ㉠B의 개체수는 증가하고, A의 개체수는 감소한다.

(1) A∼C 사이에서 일어나는 에너지의 이동 방향을 화살표(→)를 이용하여 나타내시오.

(2) 이 생태계에서 ㉠이 일어나면 A와 C의 개체수는 어떻게 변하는지를 각각 그 까닭과 함께 서술하시오.

18 그림은 지구에 도달하는 태양 복사 에너지량을 100이라고 할 때, 지구의 열수지 중 지표와 대기가 방출하는 에너지량을 나타낸 것이다. 지표, 대기, 지구는 각각 열수지 평형을 이룬다.

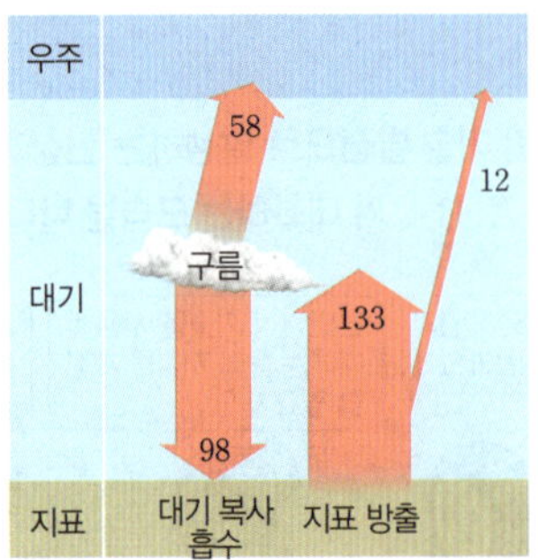

제시된 자료만으로 판단하여 ㉠ 지표가 흡수하는 태양 복사 에너지량과 ㉡ 대기가 흡수하는 태양 복사 에너지량은 각각 얼마인지 구하는 과정과 답을 쓰시오.

19 그림 (가)와 (나)는 각각 열기관 A, B에 공급한 에너지, 한 일, 방출한 에너지를 나타낸 것이다. A와 B의 일은 같다.

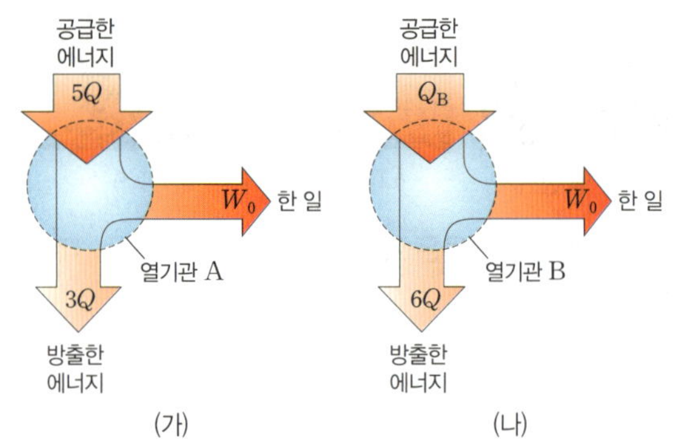

(1) A와 B의 열효율을 각각 풀이 과정과 함께 구하시오.

(2) 공급된 에너지가 같을 때, A와 B 중 어떤 열기관이 한 일이 더 많은지 그 까닭과 함께 서술하시오.

20 그림은 기상청의 기상자료개방포털에 접속하여 서울의 연도별 평균 기온 자료를 내려받기 한 후 그래프로 변환하여 나타낸 것이다.

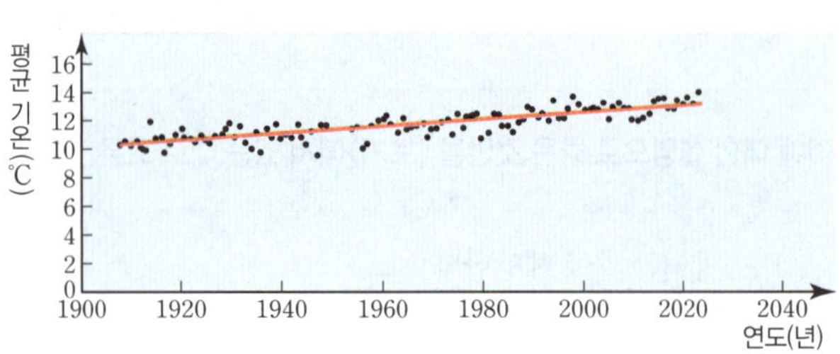

이러한 자료를 내려받기 할 때까지의 과정을 서술하시오.

2회 기말고사 대비

Ⅱ 환경과 에너지~
Ⅲ 과학과 미래 사회

---

01 그림은 생태계를 구성하는 요소 사이의 상호 관계를, 표는 상호 관계 (가)와 (나)의 예를 나타낸 것이다. (가)와 (나)는 ㉠~㉢ 중 하나이다.

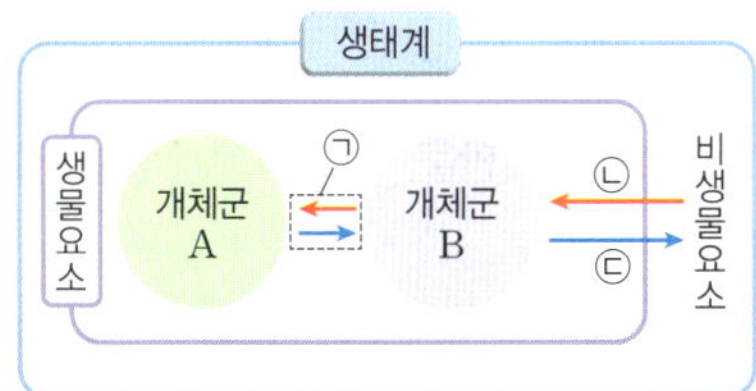

상호 관계	예
(가)	숲의 나무로 인해 햇빛이 차단되어 ⓐ 토양의 수분 증발량이 감소한다.
(나)	ⓑ 뿌리혹박테리아는 ⓒ 콩과식물에게 질소 화합물을 제공하고, 콩과식물은 뿌리혹박테리아에게 양분을 제공한다.

이에 대한 설명으로 옳은 것만을 〈보기〉에서 있는 대로 고른 것은?

보기
ㄱ. (가)는 ㉢이다.
ㄴ. ⓐ는 비생물요소에 해당한다.
ㄷ. 먹이 관계에 의해 ⓒ에서 ⓑ로 에너지가 이동한다.

① ㄱ ② ㄷ ③ ㄱ, ㄴ
④ ㄴ, ㄷ ⑤ ㄱ, ㄴ, ㄷ

---

02 그림 (가)는 생태계를 구성하는 요소 사이의 상호 관계 중 일부를, (나)는 어떤 지역에서 수심에 따른 해조류의 분포를 나타낸 것이다.

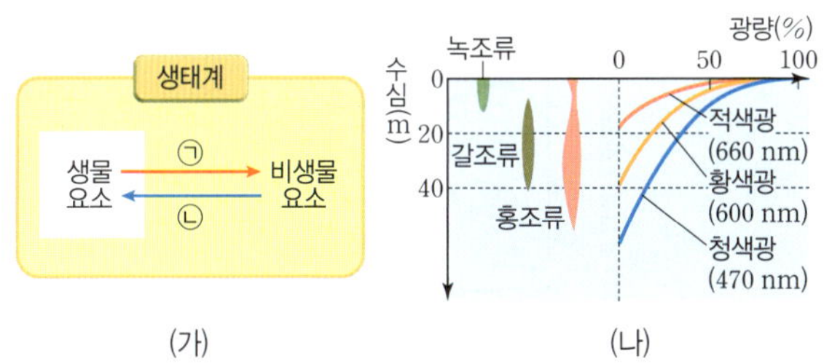

(가)   (나)

이에 대한 설명으로 옳은 것만을 〈보기〉에서 있는 대로 고른 것은?

보기
ㄱ. 갈조류는 분해자에 해당한다.
ㄴ. 수심에 따른 해조류의 분포가 다른 것은 ㉡에 해당한다.
ㄷ. 홍조류는 갈조류보다 깊은 수심에서 적색광을 흡수할 수 있다.

① ㄱ ② ㄴ ③ ㄱ, ㄷ
④ ㄴ, ㄷ ⑤ ㄱ, ㄴ, ㄷ

---

03 그림 (가)는 빛의 세기에 따른 식물 A와 B의 광합성량을, (나)는 어떤 한 식물 개체에 있는 서로 다른 잎의 내부 구조 ㉠과 ㉡을 나타낸 것이다. A와 B는 각각 음지 식물과 양지 식물 중 하나이고, ㉠과 ㉡은 각각 음엽과 양엽의 내부 구조 중 하나이다.

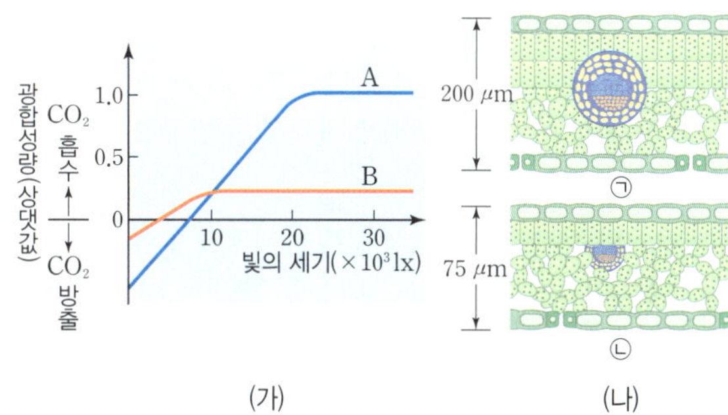

(가)   (나)

이에 대한 설명으로 옳은 것만을 〈보기〉에서 있는 대로 고른 것은?

보기
ㄱ. B는 A보다 약한 빛에서 잘 산다.
ㄴ. ㉠은 ㉡보다 약한 빛을 받는 잎의 내부 구조이다.
ㄷ. (가)와 (나)에 영향을 미치는 비생물요소는 모두 빛의 세기이다.

① ㄱ ② ㄴ ③ ㄱ, ㄷ
④ ㄴ, ㄷ ⑤ ㄱ, ㄴ, ㄷ

---

04 그림은 평형이 유지되고 있는 두 종류의 생태계 (가)와 (나)에서의 먹이 관계를 나타낸 것이다.

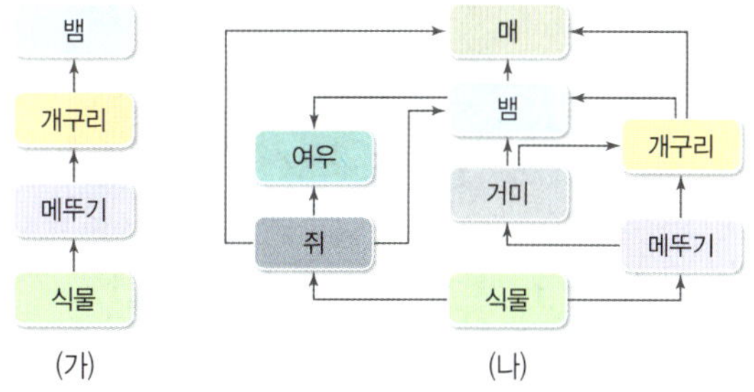

(가)   (나)

이에 대한 설명으로 옳은 것만을 〈보기〉에서 있는 대로 고른 것은?

보기
ㄱ. (가)에서 메뚜기의 개체수가 증가하면 개구리의 개체수가 일시적으로 증가한다.
ㄴ. (가)와 (나)에서 모두 최종 소비자는 뱀이다.
ㄷ. (가)가 (나)보다 생태계평형이 안정적으로 유지된다.

① ㄱ ② ㄷ ③ ㄱ, ㄴ
④ ㄴ, ㄷ ⑤ ㄱ, ㄴ, ㄷ

05 그림 (가)와 (나)는 서로 다른 생태계에서 생산자, 1차 소비자, 2차 소비자의 에너지양을 상댓값으로 각각 나타낸 생태피라미드이다.

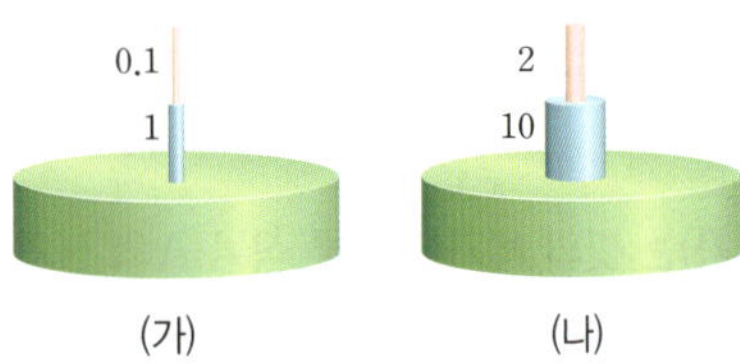

이에 대한 설명으로 옳은 것만을 〈보기〉에서 있는 대로 고른 것은? (단, 에너지효율은 전 영양단계의 에너지양에 대한 현 영양단계의 에너지양을 백분율로 나타낸 것이다.)

〈보기〉
ㄱ. (가)에서 에너지는 생태계 내에서 한 방향으로만 이동한다.
ㄴ. (나)의 각 영양단계에서 일부 에너지가 열에너지의 형태로 방출된다.
ㄷ. 2차 소비자의 에너지효율은 (나)에서가 (가)에서보다 높다.

① ㄱ　　　　② ㄷ　　　　③ ㄱ, ㄴ
④ ㄴ, ㄷ　　　　⑤ ㄱ, ㄴ, ㄷ

06 그림은 과거 70 년 동안 관측한 해양 열용량 편차(관측값−기준값)를 나타낸 것이다.

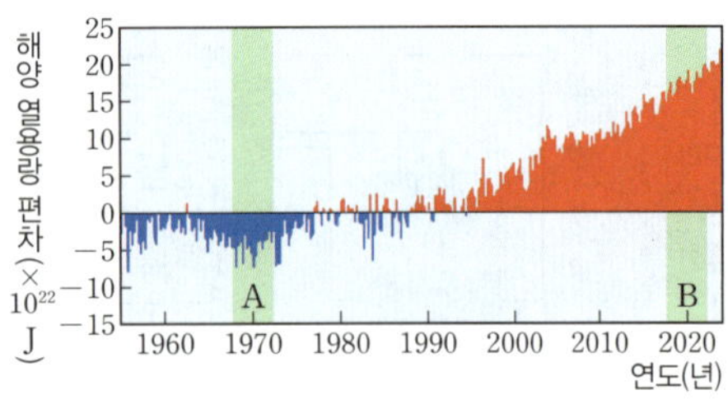

A 시기와 비교하여 B 시기에 대한 설명으로 옳은 것만을 〈보기〉에서 있는 대로 고른 것은?

〈보기〉
ㄱ. 지구에 도달하는 태양 복사 에너지량이 많다.
ㄴ. 해수면이 방출하는 복사 에너지량이 많다.
ㄷ. 북극해의 해수면에 도달하는 태양 복사 에너지 중 반사되는 에너지양이 많다.

① ㄱ　　　　② ㄴ　　　　③ ㄱ, ㄷ
④ ㄴ, ㄷ　　　　⑤ ㄱ, ㄴ, ㄷ

07 그림은 적도 부근 태평양에서 무역풍의 동서 성분 풍속 편차(관측값−평년값)를 나타낸 것이다. 무역풍에서 서쪽으로 향하는 방향을 양(+)의 값으로 한다.

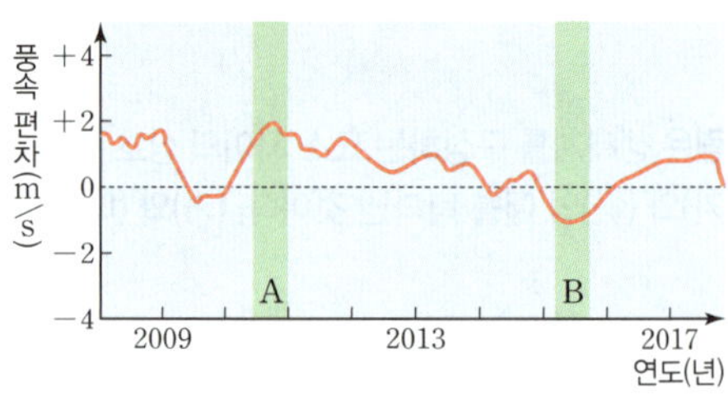

이에 대한 설명으로 옳은 것만을 〈보기〉에서 있는 대로 고른 것은?

〈보기〉
ㄱ. A 시기에 무역풍은 평상시보다 강하게 분다.
ㄴ. B 시기에 서태평양에서는 평상시보다 강수량이 적다.
ㄷ. B 시기에 동태평양에서는 평상시보다 온난 수역의 두께가 두껍다.

① ㄱ　　　　② ㄷ　　　　③ ㄱ, ㄴ
④ ㄴ, ㄷ　　　　⑤ ㄱ, ㄴ, ㄷ

08 그림은 태양이 생성된 후 현재까지 태양 중심부에서 원자핵 ㉠, ㉡이 차지하는 질량의 비율 변화를 나타낸 것이다. ㉠, ㉡은 각각 수소 원자핵과 헬륨 원자핵 중 하나이다.

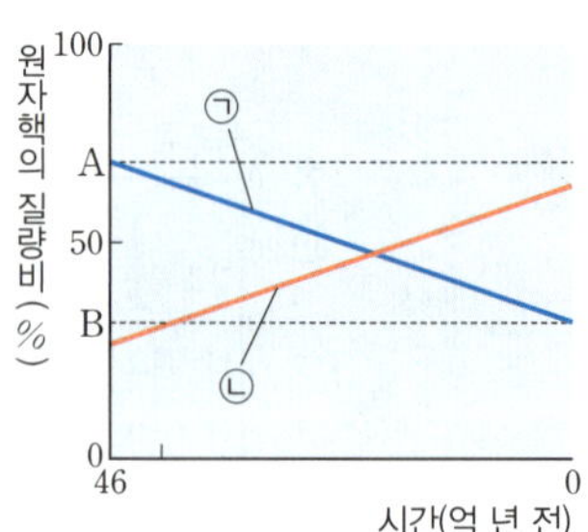

이에 대한 설명으로 옳은 것만을 〈보기〉에서 있는 대로 고른 것은?

〈보기〉
ㄱ. 태양 중심부에서는 ㉠의 핵융합 반응이 일어난다.
ㄴ. 원자핵 1 개의 질량은 ㉠이 ㉡보다 크다.
ㄷ. ㉠에서 (A−B)의 질량은 모두 에너지로 변환되어 방출되었다.

① ㄱ　　　　② ㄴ　　　　③ ㄱ, ㄷ
④ ㄴ, ㄷ　　　　⑤ ㄱ, ㄴ, ㄷ

09 다음은 지구 환경에서 에너지가 전환되는 예를 나타낸 것이다.

- 해수면에서 바람이 불어 ㉠ 파도가 발생한다.
- 식물이 물과 이산화 탄소로부터 ㉡ 포도당과 산소를 생성한다.
- 태양 전지를 이용하여 ㉢ 태양광 발전을 한다.
- 방사성 원소가 붕괴할 때 발생하는 열을 이용하여 ㉣ 원자력 발전을 한다.

이에 대한 설명으로 옳은 것만을 <보기>에서 있는 대로 고른 것은?

보기

ㄱ. ㉠은 태양 에너지가 역학적 에너지로 전환된 것이다.
ㄴ. ㉡과 ㉢은 태양 빛에너지를 이용한다.
ㄷ. ㉣은 태양 열에너지를 전기 에너지로 전환한다.

① ㄱ   ② ㄷ   ③ ㄱ, ㄴ
④ ㄴ, ㄷ   ⑤ ㄱ, ㄴ, ㄷ

10 그림은 자석의 N극을 아래로 향하게 하고 발광 다이오드 A, B가 연결된 코일 속에 넣을 때 A에만 불이 켜진 모습을 나타낸 것이다.

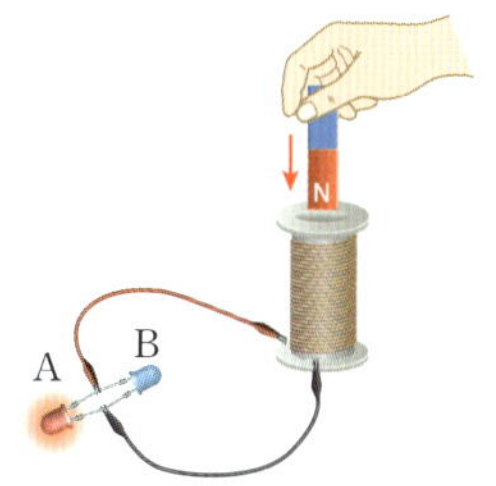

발광 다이오드 B에만 불이 켜지는 경우만을 <보기>에서 있는 대로 고른 것은?

보기

ㄱ. 자석의 N극을 아래로 향하게 하고 코일 속에서 뺄 때
ㄴ. 자석의 S극을 아래로 향하게 하고 코일 속에 넣을 때
ㄷ. 자석의 S극을 아래로 향하게 하고 코일 속에서 정지시킬 때

① ㄱ   ② ㄷ   ③ ㄱ, ㄴ
④ ㄴ, ㄷ   ⑤ ㄱ, ㄴ, ㄷ

11 그림은 달리는 자동차에 공급된 에너지와 사용된 에너지의 비율을 나타낸 것이다.

이에 대한 설명으로 옳은 것만을 〈보기〉에서 있는 대로 고른 것은? (단, 자동차에 공급된 에너지는 모두 제시된 에너지로만 사용된다.)

보기

ㄱ. 자동차에 공급된 에너지는 화학 에너지이다.
ㄴ. ㉠은 30 %이다.
ㄷ. 자동차의 에너지 효율은 25 %이다.

① ㄱ   ② ㄷ   ③ ㄱ, ㄴ
④ ㄴ, ㄷ   ⑤ ㄱ, ㄴ, ㄷ

12 표는 전동기 A, B에 공급된 전기 에너지가 운동 에너지로 전환될 때 효율을 나타낸 것이다.

구분	A	B
공급된 전기 에너지	㉠	E_0
운동 에너지	E	$2E$
에너지 효율	20 %	30 %

㉠은?

① $\frac{1}{4}E_0$ ② $\frac{1}{2}E_0$ ③ $\frac{3}{4}E_0$
④ $\frac{5}{4}E_0$ ⑤ $\frac{3}{2}E_0$

13 그림 (가)와 (나)는 각각 파력 발전과 조력 발전을 순서 없이 나타낸 것이다.

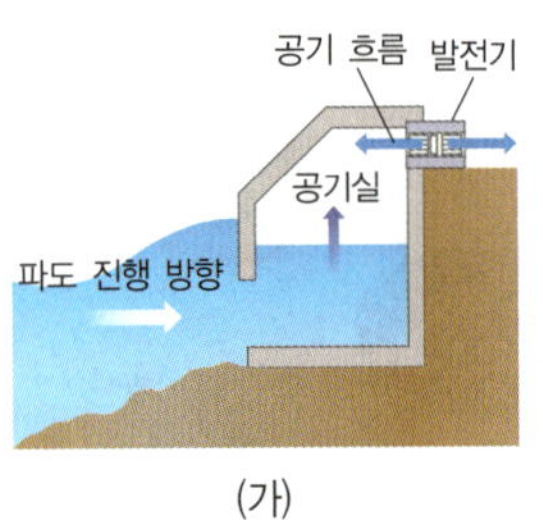

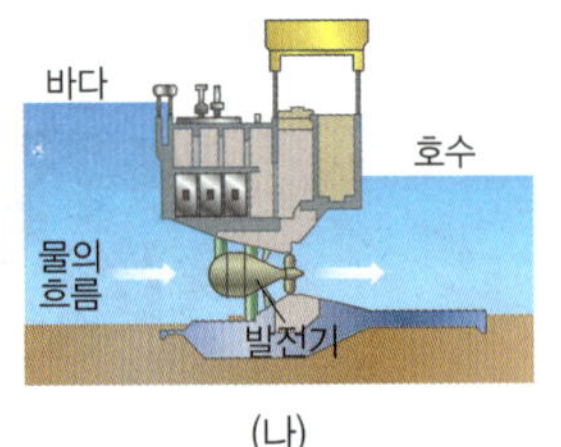

이에 대한 설명으로 옳은 것만을 〈보기〉에서 있는 대로 고른 것은?

〈보기〉
ㄱ. (가)는 조력 발전이고, (나)는 파력 발전이다.
ㄴ. (가)의 근원 에너지는 태양 복사 에너지이다.
ㄷ. (가)와 (나)는 모두 발전 과정에서 전자기 유도 현상을 이용한다.

① ㄱ ② ㄴ ③ ㄷ
④ ㄱ, ㄴ ⑤ ㄴ, ㄷ

14 그림은 화력 발전과 수력 발전을 나타낸 것이다.

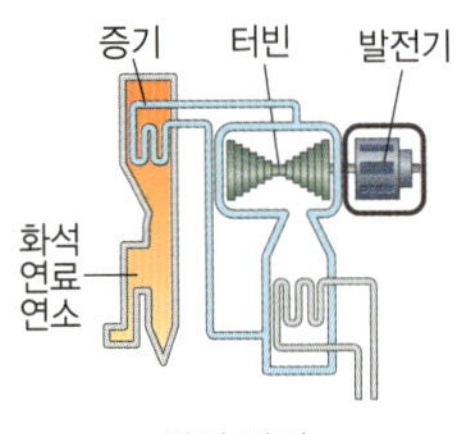

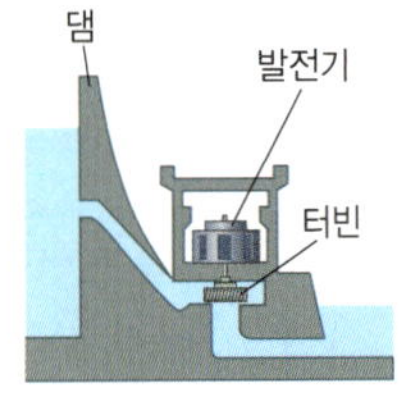

이에 대한 설명으로 옳은 것만을 〈보기〉에서 있는 대로 고른 것은?

〈보기〉
ㄱ. 화력 발전 과정에서 화학 에너지가 운동 에너지로 전환된다.
ㄴ. 수력 발전 과정에서 물의 역학적 에너지가 전기 에너지로 전환된다.
ㄷ. 화력 발전과 수력 발전은 모두 전자기 유도 현상을 이용한다.

① ㄱ ② ㄷ ③ ㄱ, ㄴ
④ ㄴ, ㄷ ⑤ ㄱ, ㄴ, ㄷ

15 그림은 저울로 가방의 무게를 측정하는 것을 나타낸 것이다. 이에 대한 설명으로 옳은 것만을 〈보기〉에서 있는 대로 고른 것은?

〈보기〉
ㄱ. 저울은 디지털 저울이다.
ㄴ. 저울에는 연속적으로 변하는 방식으로 측정값이 표시된다.
ㄷ. 스마트 기기에는 이 저울과 같은 방식으로 값이 저장된다.

① ㄱ ② ㄴ ③ ㄷ
④ ㄱ, ㄴ ⑤ ㄱ, ㄷ

16 다음은 유전자 변형 농산물(GMO)을 찬성하는 쪽과 반대하는 쪽의 주장을 나타낸 것이다.

[찬성]
• ⃝㉠ 문제를 해결할 수 있다.
• 동물 사료로 10 년 이상 사용하였으나 아무런 문제가 없었다. 따라서 사람에게도 ⃝㉡ 이 없을 것이다.

[반대]
• ⃝㉢ 문제를 해결하지 못한다. 굶주리는 인구가 증가하는 까닭은 식량 자체가 부족해서가 아니라 불평등한 분배와 정치적 문제 등이 주요 원인이며, GMO가 증가하고 있지만 굶주리는 인구는 지속적으로 ⃝㉣ 있다.
• GMO의 안전성이 충분히 입증되지 않았다. GMO를 사용한 기간이 너무 짧기 때문이다.

이에 대한 설명으로 옳은 것만을 〈보기〉에서 있는 대로 고른 것은?

〈보기〉
ㄱ. ㉠에는 '식량 부족'이 적절하다.
ㄴ. ㉡에는 '안전성'이 적절하다.
ㄷ. ㉢에는 '줄고'가 적절하다.

① ㄱ ② ㄴ ③ ㄷ
④ ㄱ, ㄷ ⑤ ㄴ, ㄷ

17 그림은 어떤 생태계의 에너지 흐름을 나타낸 것이다. A~D는 생물요소이고, 에너지양은 상댓값이다. 에너지효율은 전 영양 단계의 에너지양에 대한 현 영양단계의 에너지양을 백분율로 나타낸 것이다.

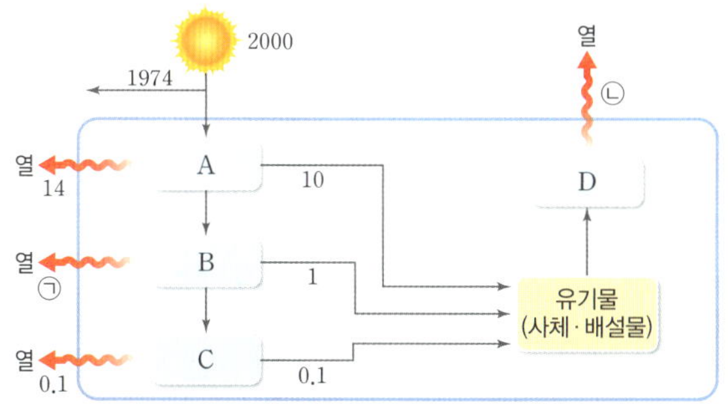

(1) A~D의 명칭을 각각 쓰시오.

(2) 영양단계 A~C의 에너지양을 각각 쓰시오.

(3) 열로 방출되는 에너지양 ㉠과 ㉡을 각각 쓰시오.

(4) 1차 소비자의 에너지효율과 2차 소비자의 에너지효율을 비교하시오.

(5) 상위 영양단계로 갈수록 에너지효율이 증가하는 까닭을 서술하시오.

18 최근 들어 사막 주변의 초원 지대가 사막 지역으로 변하는 사막화가 여러 지역에서 진행되고 있다. 사막화가 진행되는 까닭을 자연적인 원인과 인위적인 원인으로 구분하여 서술하시오.

19 그림 (가)와 (나)는 각각 태양광 발전과 풍력 발전을 나타낸 것이다.

(가) 태양광 발전   (나) 풍력 발전

(가)와 (나)의 발전 과정에서 공통점과 차이점을 각각 <u>한 가지씩</u> 서술하시오.

20 다음은 감염병 진단 기술에 대한 자료이다.

(가) 검체에 들어 있는 매우 적은 양의 핵산을 단시간에 많은 양으로 복제한 다음 병원체의 감염 여부를 정밀하게 분석하는 검사이다.
(나) 일상생활에서 간편하게 할 수 있는 검사이지만 검체에 들어 있는 병원체의 양이 적을 경우 병원체가 검출되지 않을 수도 있다.

(1) (가)와 (나)에서 나타낸 감염병 진단 기술을 쓰시오.

(2) (가)와 (나) 이외에 감염병 진단 검사에 활용되는 기술을 <u>두 가지</u> 서술하시오.

01 표 (가)는 생태계를 구성하는 요소 A~C에서 특징 ㉠과 ㉡의 유무를, (나)는 ㉠과 ㉡을 순서 없이 나타낸 것이다. A~C는 물, 버섯, 토끼풀을 순서 없이 나타낸 것이다.

특징 구성요소	㉠	㉡
A	○	×
B	ⓐ	○
C	×	?

(○: 있음, ×: 없음)

특징(㉠, ㉡)

- 생물요소이다.
- 스스로 양분을 합성한다.

(가)　　　　　　(나)

이에 대한 설명으로 옳은 것만을 〈보기〉에서 있는 대로 고른 것은?

〈보기〉
ㄱ. ⓐ는 '○'이다.
ㄴ. ㉠은 '스스로 양분을 합성한다.'이다.
ㄷ. C는 버섯이다.

① ㄱ　　　② ㄷ　　　③ ㄱ, ㄴ
④ ㄴ, ㄷ　　　⑤ ㄱ, ㄴ, ㄷ

02 그림은 생태계를 구성하는 요소 사이의 상호 관계 중 일부를 나타낸 것이고, 자료는 강에서 나타나는 녹조 현상에 대해 조사한 내용이다.

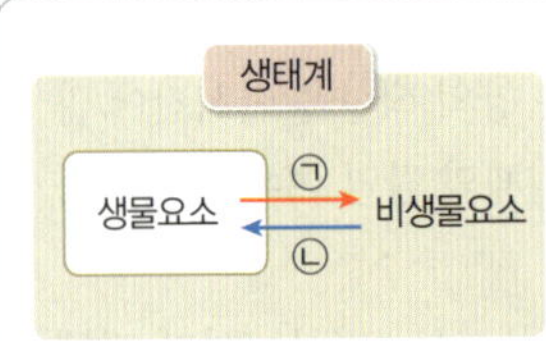

- ⓐ 강수량 감소, 수온 상승, 영양염류 증가로 인해 남세균이 과다 증식하여 물이 녹색으로 변하는 녹조 현상이 나타난다.
- 녹조 현상이 발생하면 물고기가 떼죽음을 하는 등 ⓑ 강에 서식하는 생물의 종류와 개체수가 감소한다.

이에 대한 설명으로 옳은 것만을 〈보기〉에서 있는 대로 고른 것은?

〈보기〉
ㄱ. 영양염류는 비생물요소에 해당한다.
ㄴ. ⓐ는 ㉡에 해당한다.
ㄷ. ⓑ로 인해 다양한 먹이사슬이 복잡하게 형성된다.

① ㄱ　　　② ㄷ　　　③ ㄱ, ㄴ
④ ㄴ, ㄷ　　　⑤ ㄱ, ㄴ, ㄷ

03 그림 (가)와 (나)는 동일 지역에서 환경 변화에 따른 생태계를 구성하는 요소의 변화를 나타낸 것이다. A~C는 각각 분해자, 생산자, 소비자 중 하나이다.

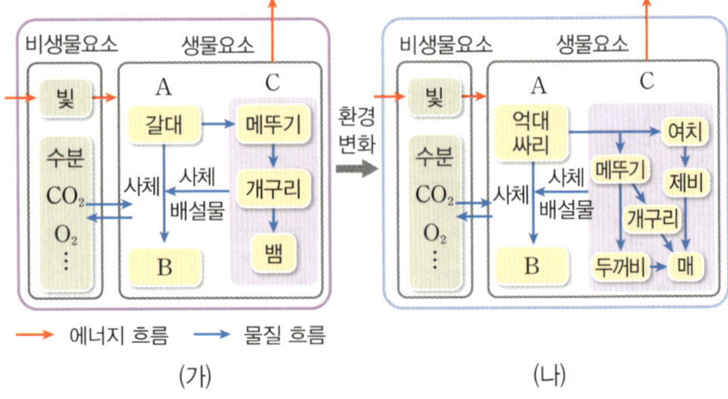

(가)　　　　　　(나)

이에 대한 설명으로 옳은 것만을 〈보기〉에서 있는 대로 고른 것은?

〈보기〉
ㄱ. A와 B 사이에 먹고 먹히는 관계가 형성된다.
ㄴ. (나)는 (가)보다 생태계평형이 잘 유지된다.
ㄷ. (가)와 (나) 모두 생태계 내에서 에너지는 순환한다.

① ㄱ　　　② ㄴ　　　③ ㄱ, ㄷ
④ ㄴ, ㄷ　　　⑤ ㄱ, ㄴ, ㄷ

04 표 (가)는 생태계를 구성하는 요소 중 일부 A~D가 갖는 특징을, (나)는 (가)의 특징 ㉠~㉣을 순서 없이 나타낸 것이다. A~D는 각각 분해자, 생산자, 1차 소비자, 2차 소비자 중 하나이다.

구분	특징
A	㉠, ㉢
B	㉡, ㉢, ㉣
C	㉢
D	㉢, ㉣

특징(㉠~㉣)

- 육식 동물이 포함된다.
- 생물요소에 해당한다.
- 다른 생물을 먹어 에너지를 얻는다.
- 생물의 사체나 배설물을 분해하여 에너지를 얻는다.

(가)　　　　　　(나)

이에 대한 설명으로 옳은 것만을 〈보기〉에서 있는 대로 고른 것은? (단, 제시된 생물요소만 고려한다.)

〈보기〉
ㄱ. C는 광합성을 통해 양분을 합성한다.
ㄴ. D의 개체수가 증가하면 B의 개체수가 일시적으로 증가한다.
ㄷ. B~D에서 A로 전달되는 에너지양의 합은 A에서 열에너지로 방출되는 에너지양과 같다.

① ㄱ　　　② ㄷ　　　③ ㄱ, ㄴ
④ ㄴ, ㄷ　　　⑤ ㄱ, ㄴ, ㄷ

05 그림은 어떤 생태계에서 A∼D의 에너지양을 상댓값으로 나타낸 생태피라미드이다. A∼D는 각각 생산자, 1차 소비자, 2차 소비자, 3차 소비자를 순서 없이 나타낸 것이다.

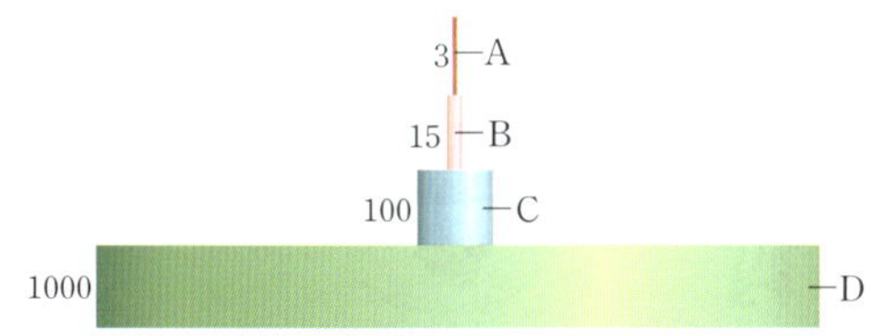

이에 대한 설명으로 옳은 것만을 〈보기〉에서 있는 대로 고른 것은? (단, 에너지효율은 전 영양단계의 에너지양에 대한 현 영양단계의 에너지양을 백분율로 나타낸 것이다.)

〈보기〉

ㄱ. A로 전달된 에너지는 모두 열에너지로 전환되어 방출된다.
ㄴ. 에너지효율은 B가 C의 1.5 배이다.
ㄷ. 식물 플랑크톤은 D에 해당한다.

① ㄱ   ② ㄴ   ③ ㄱ, ㄷ
④ ㄴ, ㄷ   ⑤ ㄱ, ㄴ, ㄷ

06 그림은 지구에서 복사 에너지 A∼D의 흐름을 간략하게 나타낸 것이다.

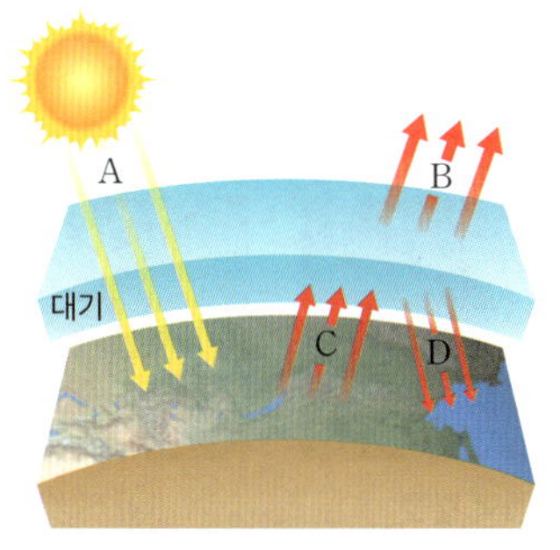

이에 대한 설명으로 옳은 것만을 〈보기〉에서 있는 대로 고른 것은?

〈보기〉

ㄱ. 대기 투과율은 A가 C보다 크다.
ㄴ. 열수지 평형일 때, 온실 효과가 일어나면 A > B이다.
ㄷ. D의 양이 증가할수록 지구 온난화가 심화된다.

① ㄱ   ② ㄴ   ③ ㄱ, ㄷ
④ ㄴ, ㄷ   ⑤ ㄱ, ㄴ, ㄷ

07 그림은 1880 년 이후로 북반구와 남반구의 연평균 기온의 편차(관측값−기준값)를 나타낸 것이다.

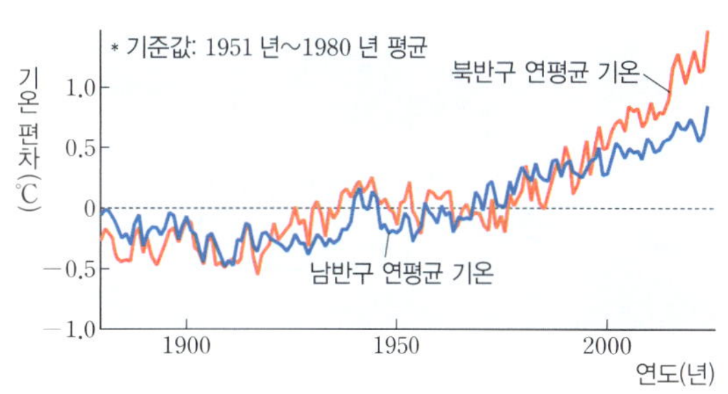

이에 대한 설명으로 옳은 것만을 〈보기〉에서 있는 대로 고른 것은?

〈보기〉

ㄱ. 기온 상승률은 1900 년대가 2000 년대보다 높다.
ㄴ. 대기 중의 연 수증기량은 1900 년대가 2000 년대보다 크다.
ㄷ. 2000 년 이후 단위 부피의 해수에 저장되는 평균 열량은 북반구가 남반구보다 많다.

① ㄱ   ② ㄷ   ③ ㄱ, ㄴ
④ ㄴ, ㄷ   ⑤ ㄱ, ㄴ, ㄷ

08 그림은 태양 중심으로부터의 거리에 따른 온도, 에너지 생성률의 누적값을 ㉠, ㉡으로 순서 없이 나타낸 것이다.

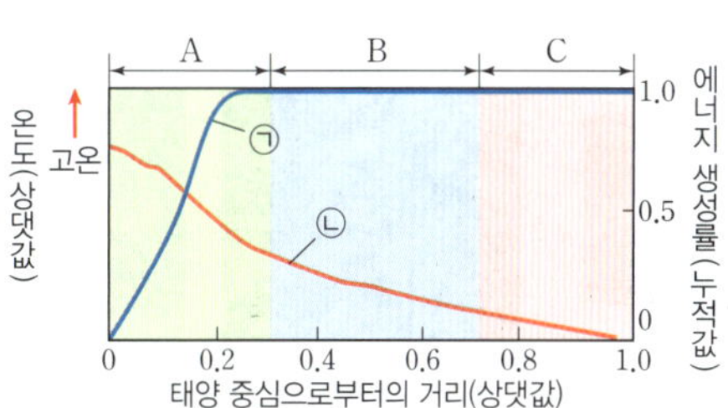

이에 대한 설명으로 옳은 것만을 ＜보기＞에서 있는 대로 고른 것은?

〈보기〉

ㄱ. ㉠은 온도이다.
ㄴ. 수소 핵융합 반응은 B와 C에서 일어난다.
ㄷ. 시간이 지남에 따라 A에서 수소 원자핵의 양은 감소한다.

① ㄱ   ② ㄷ   ③ ㄱ, ㄴ
④ ㄴ, ㄷ   ⑤ ㄱ, ㄴ, ㄷ

09 그림은 막대자석의 P면이 코일을 향해 다가갈 때, 코일에 흐르는 유도 전류에 의한 자기장의 방향을 나타낸 것이다.

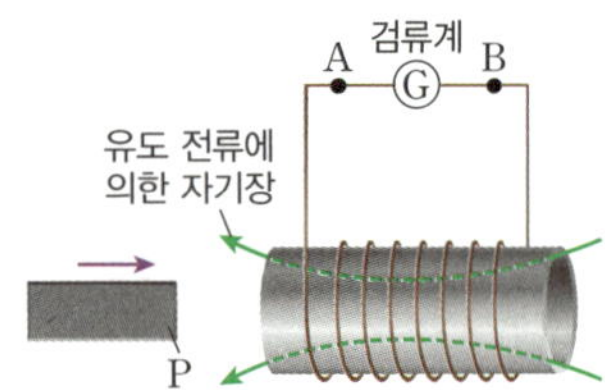

이에 대한 설명으로 옳은 것만을 〈보기〉에서 있는 대로 고른 것은?

〈보기〉
ㄱ. 자석과 코일 사이에는 서로 당기는 자기력이 작용한다.
ㄴ. P면이 코일에서 멀어 질 때 유도 전류에 의한 자기장의 방향은 오른쪽이다.
ㄷ. 막대자석이 다가오는 속력이 빨라지면 유도 전류의 세기가 커진다.

① ㄱ   ② ㄴ   ③ ㄷ
④ ㄱ, ㄴ   ⑤ ㄴ, ㄷ

10 그림 (가)~(다)는 현재 사용하는 여러 가지 에너지 자원을 나타낸 것이다.

(가) 석유   (나) 석탄   (다) 핵에너지

(가)~(다)의 공통점에 해당하는 것만을 〈보기〉에서 있는 대로 고른 것은?

〈보기〉
ㄱ. 에너지의 근원은 태양 에너지이다.
ㄴ. 자원 고갈의 염려가 있다.
ㄷ. 사용 과정에서 이산화 탄소가 발생한다.

① ㄱ   ② ㄴ   ③ ㄱ, ㄷ
④ ㄴ, ㄷ   ⑤ ㄱ, ㄴ, ㄷ

11 그림은 내연 기관 자동차 A와 전기 자동차 B에 공급된 에너지가 운동 에너지로 전환되는 것을 나타낸 것이다. 석유에서 A로 공급된 에너지와 전기차 충전소에서 B로 공급된 에너지는 E로 같다. A, B의 운동 에너지는 각각 $0.2E$, $0.4E$이다.

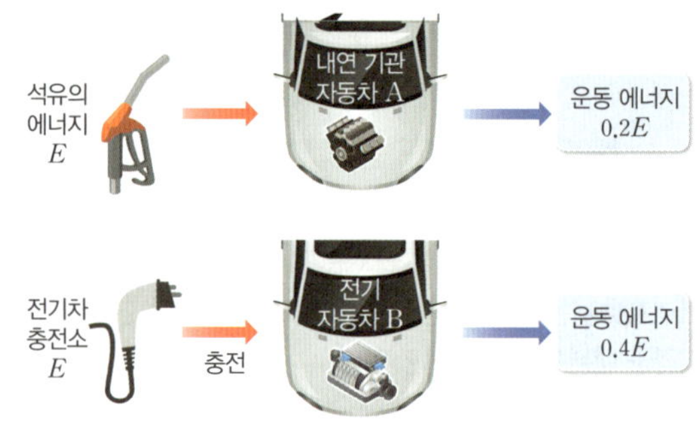

이에 대한 설명으로 옳은 것만을 〈보기〉에서 있는 대로 고른 것은?

〈보기〉
ㄱ. A가 운동하는 동안 이산화 탄소가 배출된다.
ㄴ. 자동차에 공급된 에너지가 운동 에너지로 전환되는 과정에서 에너지 효율은 B가 A의 2 배이다.
ㄷ. B의 배터리를 충전할 때, 전기 에너지가 화학 에너지로 전환된다.

① ㄱ   ② ㄴ   ③ ㄱ, ㄴ
④ ㄴ, ㄷ   ⑤ ㄱ, ㄴ, ㄷ

12 그림 (가)와 (나)는 각각 풍력 발전과 태양광 발전을 나타낸 것이다.

(가) 풍력 발전   (나) 태양광 발전

이에 대한 설명으로 옳은 것만을 〈보기〉에서 있는 대로 고른 것은?

〈보기〉
ㄱ. (가)는 발전 과정 중에 방사능 오염 물질을 배출한다.
ㄴ. (가)의 발전기에서 발생한 전류는 직류이다.
ㄷ. (가)와 (나)는 모두 날씨의 영향을 받는다.

① ㄱ   ② ㄴ   ③ ㄷ
④ ㄱ, ㄴ   ⑤ ㄴ, ㄷ

13 그림은 풍력 발전, 핵발전, 조력 발전을 분류한 것이다.

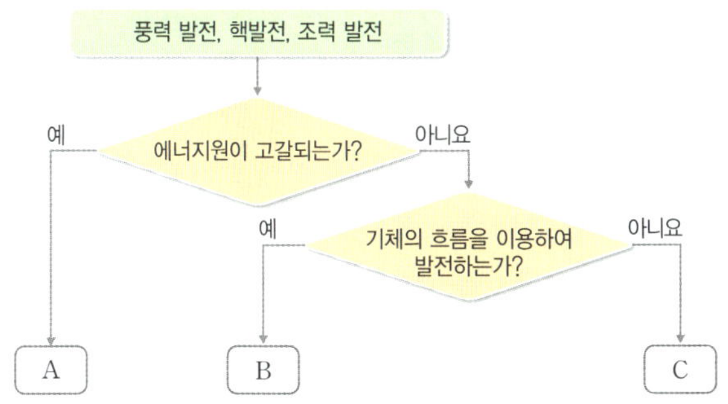

이에 대한 설명으로 옳은 것만을 〈보기〉에서 있는 대로 고른 것은?

〈보기〉

ㄱ. A는 발전 과정에서 방사성 폐기물이 발생한다.
ㄴ. B와 C는 모두 발전량을 정확히 예측할 수 있다.
ㄷ. C는 풍력 발전이다.

① ㄱ 　　　② ㄴ 　　　③ ㄷ
④ ㄱ, ㄴ 　　　⑤ ㄴ, ㄷ

14 표에서 (가)와 (나)는 코로나바이러스에 의한 감염병을 진단하는 검사 A에 따른 검사 결과와 결과 진단을 나타낸 것이다. ㉠과 ㉡은 각각 양성과 음성 중 하나이다. C는 대조선으로 항원의 유무와 상관없이 정상적인 키트 작용을 확인하기 위한 선이다.

구분	(가)	(나)
검사 결과	C　T	C　T
결과 진단	㉠	㉡

이에 대한 설명으로 옳은 것만을 〈보기〉에서 있는 대로 고른 것은?

〈보기〉

ㄱ. A는 바이러스를 구성하는 핵산을 이용하는 검사이다.
ㄴ. ㉠일 경우 검사 키트에 이상이 있음을 의미한다.
ㄷ. ㉡은 양성이다.

① ㄱ 　　　② ㄷ 　　　③ ㄱ, ㄴ
④ ㄴ, ㄷ 　　　⑤ ㄱ, ㄴ, ㄷ

15 감염병의 추적과 관리에 대한 설명으로 옳지 <u>않은</u> 것은?

① 감염병이 발생하면 발생 규모를 파악하여 질병의 확산을 막아야 한다.
② 과학 기술은 감염병의 진단, 추적뿐만 아니라 감염병의 관리에 이용된다.
③ 과학 기술이 발전함에 따라 병원체의 유전 정보를 분석하는 것이 가능해졌다.
④ 과학자들은 감염병에 대한 감시 체계를 구축하고 방역 시스템의 개선을 위해 노력하고 있다.
⑤ 최근에는 역학 조사관의 직접 조사를 통해 병원체의 변이와 감염병의 유행 상황, 전파 경로를 추적한다.

16 다음은 화장품 동물 실험 금지법의 일부를 나타낸 것이다.

[화장품 동물 실험 금지법]
… ㉠ <u>동물 실험을 실시한 화장품을 유통·판매해서는 아니 된다.</u> 다만 다음 어느 하나에 해당하는 경우는 그러하지 아니하다. (중략)
－ 동물 실험을 [㉡]할 수 있는 실험을 실시하기 곤란한 경우로서 ○○○이 정하는 경우

이에 대한 설명으로 옳은 것만을 〈보기〉에서 있는 대로 고른 것은?

〈보기〉

ㄱ. ㉠은 과학 윤리의 '실험 대상에 대한 존중'에 해당한다.
ㄴ. ㉡에는 동물 실험 윤리의 3원칙인 대체, 감소, 개선 중 '개선'이 가장 적절하다.
ㄷ. 동물 실험이 꼭 필요한 경우에는 동물에게 가해지는 고통과 스트레스를 걱정하지 않아도 된다.

① ㄱ 　　　② ㄴ 　　　③ ㄱ, ㄷ
④ ㄴ, ㄷ 　　　⑤ ㄱ, ㄴ, ㄷ

17 그림은 어떤 안정된 생태계의 에너지 흐름을 나타낸 것이다. A~C는 각각 생산자, 1차 소비자, 2차 소비자 중 하나이다. A에서 B로 전달되는 에너지양은 B에서 C로 전달되는 에너지양의 4 배이며, 에너지양은 상댓값이다. 에너지효율은 전 영양단계의 에너지양에 대한 현 영양단계의 에너지양을 백분율로 나타낸 것이다.

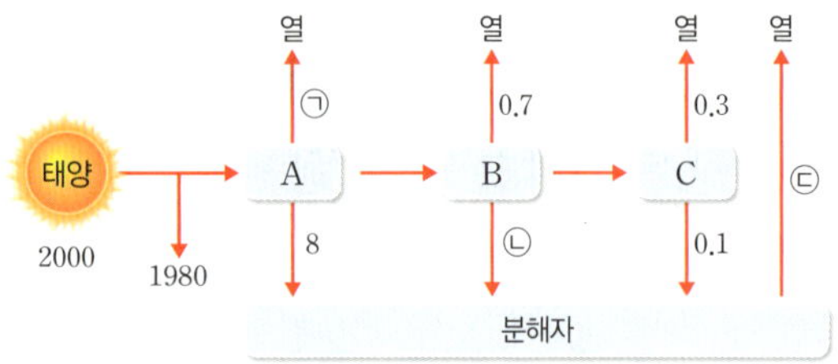

(1) A에서 B로 전달되는 에너지양과 B에서 C로 전달되는 에너지양을 각각 구하시오.

(2) 에너지양 ㉠~㉢을 각각 구하시오.

(3) 1차 소비자의 에너지효율과 2차 소비자의 에너지효율을 각각 구하시오.

18 그림은 어느 시기에 태평양 적도 부근 해역에서 해수면의 높이 편차(관측값 − 평년값)를 나타낸 것이다.

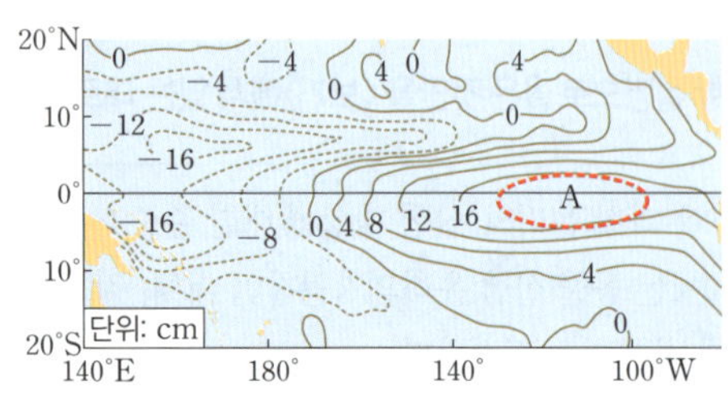

평상시와 비교하여 이 시기의 A 해역에서 수온 약층이 시작되는 깊이와 강수량이 어떻게 변하는지 근거를 제시하여 서술하시오.

19 그림은 막대자석을 코일 위에서 운동시키는 것을 나타낸 것이다. 코일에 흐르는 유도 전류의 세기를 증가시키는 방법을 두 가지 이상 서술하시오.

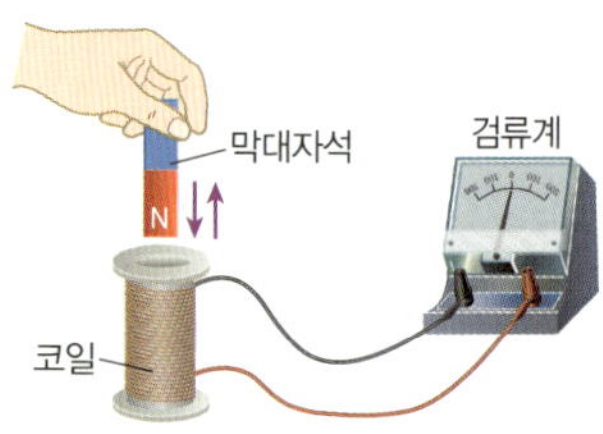

20 다음은 태양에서 생성된 에너지에 의해 해식 동굴이 형성되기까지의 과정을 나타낸 것이다.

이 과정에서 에너지의 생성과 전환되는 에너지를 <보기>에 제시한 용어를 모두 포함하여 서술하시오.

21 다음은 드론을 이용한 농약 살포에 대한 설명이다.

　세 대의 드론 편대는 스스로 장애물을 피하면서 비행하고 농약을 살포한다. 또한 드론 편대는 인터넷으로 연결되어 정보를 공유함으로써, 농약 살포가 중복되거나 빠지는 곳이 없도록 조절한다.

(1) 사물 인터넷 기술이 사용되었는지 판단하고, 근거를 서술하시오.

(2) 인공 지능 기술이 사용되었는지 판단하고, 근거를 서술하시오.

백신

통합과학 2

정답과 해설

메가스터디 BOOKS

백신

통합과학2

정답과 해설

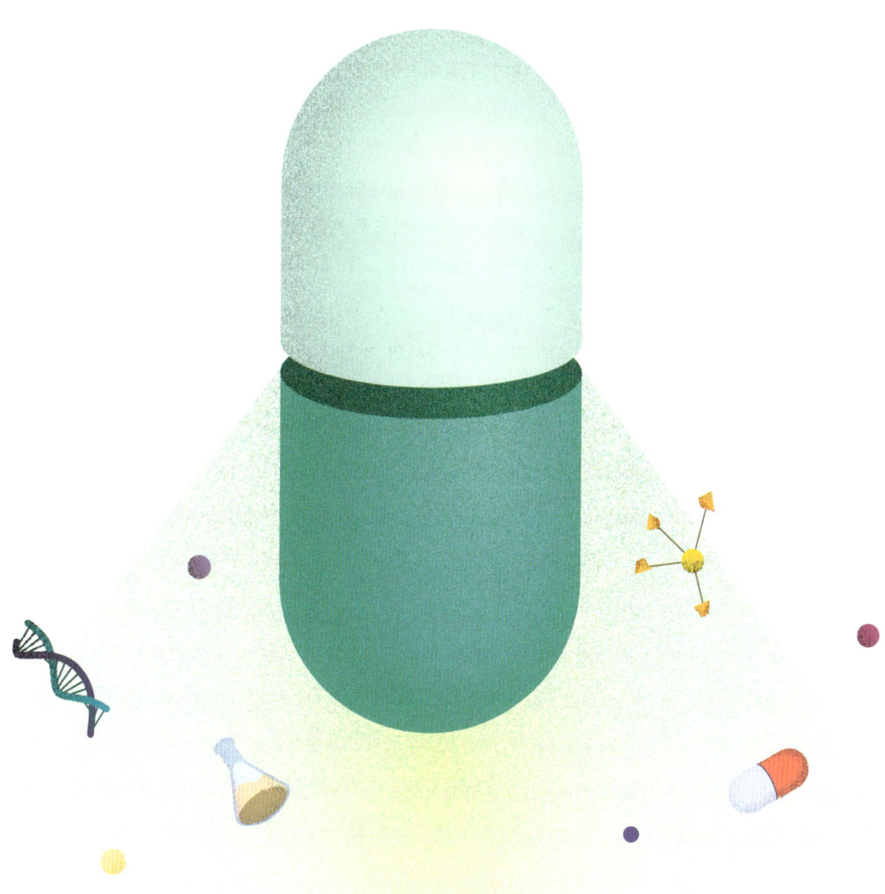

I 변화와 다양성

I-1 지구 환경 변화와 생물의 다양성

✓ 중학교에서 배운 내용을 떠올려 볼까요? ▶8~9쪽

01 생물다양성   **02** 변이
03 높을수록   **04** 외래종, 서식지, 남획
05 기화, 흡수   **06** 기체, 고체, 방출

01 지질 시대의 환경과 생물 변화

✎ 바로 복습 ▶12쪽

01 표준, 시상   **02** 고생대, 중생대, 신생대
03 남세균, 산소   **04** 멸종, 진화   **05** ×   **06** ×
07 ○   **08** ○

05 매머드는 신생대 표준 화석이고 방추충은 고생대 표준 화석이므로, 매머드 화석이 발견된 지층이 방추충 화석이 발견된 지층보다 더 나중에 만들어졌다.

06 육상 생물은 대기 중에 오존층이 형성된 이후인 고생대에 출현하였다.

🔬 탐구 ▶13쪽

결과 ❷ 화산 폭발설   ❸ 소행성 충돌설
정리 1 기후 변화설   2 소행성, 운석 구덩이

실력 다지기 문제 ▶15~17쪽

01 ⑤   **02** ②   **03** ④   **04** ②   **05** ④   **06** ①
07 ②   **08** ④   **09** ①   **10** ③
서술형 **11~13** 해설 참조

01 ㄱ. 생물의 사체가 퇴적물 속에 천천히 매몰되면 부패될 가능성이 커지므로 (가)는 빨리 매몰될수록 화석이 되기에 유리하다.
ㄴ. 화석화 작용이 진행될 때 생물의 유해가 다른 물질로 치환되거나 빈틈에 광물질이 침투하는 작용 등을 받아 단단하게 굳어진다.
ㄷ. 대부분의 생물은 단단한 골격이 화석으로 남지만 생물이 빙하나 호박 속에 갇혀 그대로 보존된 것도 있다.

02 ㄷ. 산호는 고생대 이후부터 현재까지 수온이 높고 수심이 얕은 바다에 서식하는 해양 생물이므로 A의 조건에 부합된다.
바로 알기 > ㄱ. A는 분포 지역이 좁고 생존 기간이 길므로 시상 화석으로 적합하고, B는 분포 지역이 넓고 생존 기간이 짧으므로 표준 화석으로 적합하다.
ㄴ. 퇴적 환경의 연구는 시상 화석을 이용하므로 B보다 A가 유리하다.

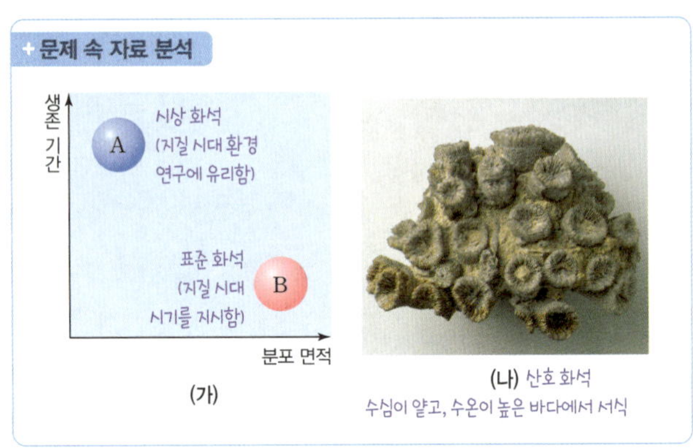

(나) 산호 화석
수심이 얕고, 수온이 높은 바다에서 서식

03 ㄴ. 산호는 수온이 높고 수심이 얕은 바다에서 번성하므로 산호 화석이 산출되는 (나)의 하부 지층이 퇴적될 당시에 이 지역은 수온이 높은 바다였다.
ㄷ. 산호는 바다에서 번성하였고, 고사리는 육지에서 번성하였으므로 (나)의 퇴적 환경은 바다에서 육지로 바뀌었다.
바로 알기 > ㄱ. 삼엽충은 고생대의 표준 화석이고, 암모나이트는 중생대의 표준 화석이므로 (가)의 지층은 고생대와 중생대에 퇴적되었다.

04 ㄴ. 지질 시대의 상대적인 길이는 선캄브리아시대>고생대>중생대>신생대이므로 A는 선캄브리아시대, B는 고생대, C는 중생대, D는 신생대이다.
바로 알기 > ㄱ. A(선캄브리아시대)는 생물종의 수와 개체수가 적었고, 여러 차례의 지각 변동을 받았으므로 산출되는 화석이 가장 적다. B(고생대)는 생물종이 폭발적으로 증가하여 산출되는 화석이 많다.
ㄷ. 지질 시대는 지구가 탄생한 후부터 현재까지이므로 약 46억 년의 기간이다.

05 ㄴ. 지층 E와 F 사이에서 화석 e가 멸종하였고, 화석 a, b, f, h가 출현하였으므로 환경 변화가 가장 컸다.
ㄷ. 지질 시대는 생물계의 급격한 변화를 기준으로 구분하므로 이 지역의 지층은 (A, B, C), (D, E), (F)로 구분된다. 따라서 C와 D는 서로 다른 시대에 속한다.
바로 알기 > ㄱ. 화석 c는 이 지역의 지질 시대 중 전 기간에 걸쳐 산출되므로 표준 화석으로의 가치가 가장 낮다.

06 ㄱ. A 기간에 남세균이 바다에서 출현하여 광합성을 함으로써 대기 중에 산소가 증가하기 시작하였다.

 ㄴ. 오존층이 형성되기 전에는 태양으로부터 오는 유해한 자외선이 지표에 도달하였으므로 육상에는 생물이 살 수 없었다. 따라서 최초의 육상 생물은 C 기간에 출현하였다.

ㄹ. 스트로마톨라이트는 남세균에 퇴적물이 붙어 여러 겹의 층을 이룬 구조이므로 최초의 스트로마톨라이트는 A 기간에 생성되었다.

07 ㄴ. 암모나이트는 중생대 바다에서 번성하였고, 공룡은 중생대 육지에서 번성하였으므로 암모나이트가 번성한 시기에 공룡도 함께 번성하였다.

 ㄱ. 방추충은 고생대의 표준 화석이므로 선캄브리아시대에는 출현하지 않았다.

ㄷ. 삼엽충은 고생대의 표준 화석이고, 매머드는 신생대의 표준 화석이므로 삼엽충과 매머드 화석이 동일한 지층에서 산출될 수 없다.

08 ㄴ. (가)는 포유류가 번성한 신생대이다. 이 시기에 육지에서는 속씨식물이 번성하였다.

ㄷ. (나)는 삼엽충과 양치식물이 번성한 고생대이다. 이 시기에 거대한 삼림을 이루었던 양치식물은 지층에 매몰되어 세계 곳곳에 석탄층을 형성하였다.

 ㄱ. (가)는 신생대, (나)는 고생대이므로 지질 시대의 순서는 (나)→(가)이다.

+ 문제 속 자료 분석

(가) 포유류 번성
신생대

(나) 삼엽충, 양치식물 번성
고생대

1. 동물계의 변화: 고생대(삼엽충, 방추충, 어류 번성) → 중생대(공룡, 암모나이트, 파충류 번성) → 신생대(매머드, 화폐석, 포유류 번성)
2. 식물계의 변화: 고생대 중기(육상 식물 출현) → 고생대 후기(양치식물 번성) → 중생대(겉씨식물 번성) → 신생대(속씨식물 번성)

09 ㄱ. (가)는 판게아가 형성된 고생대 말기이고, (나)는 판게아가 분리되어 현재의 수륙 분포로 변해가는 중생대 말기이다. 따라서 수륙 분포는 (가)에서 (나)로 변하였다.

 ㄴ. 고생대 말기인 (가)의 시기에 육지에서는 양서류가 번성하였다. 공룡이 번성한 시기는 중생대이다.

ㄷ. 중생대 말기인 (나)의 시기에 바다에서는 암모나이트가 번성하였다. 화폐석이 번성한 시기는 신생대이다.

10 ㄷ. 대멸종 이후 변화된 환경에 적응한 새로운 종이 번성한다. 이로 인해 생물다양성은 다시 회복된다.

 ㄱ. 지질 시대 동안 대멸종은 고생대에 3회, 중생대에 2회 일어났다.

ㄴ. 지질 시대 동안 대멸종은 5차례 일어났으며 대멸종 시기 직전에 가장 번성했던 생물은 대멸종 시기에 대부분 멸종한다.

11 모범 답안 | A 시기의 산소 농도 증가는 남세균이 번성하여 광합성이 활발해졌기 때문이며, B 시기의 오존층 형성으로 육상 생물이 출현할 수 있게 되었다.

해설 | 남세균이 출현한 후 바다에서 번성하였으며, 활발한 광합성으로 생성된 산소는 대기로 방출되어 대기 중의 산소 농도가 높아졌다. 그 후 오존층이 형성됨으로써 유해한 자외선이 차단되어 육지에서도 생물이 살 수 있게 되었다.

채점 기준	배점
대기 중 산소 농도 증가의 원인과 오존층 형성의 영향을 모두 옳게 서술한 경우	100 %
대기 중 산소 농도 증가의 원인과 오존층 형성의 영향 중 한 가지만 옳게 서술한 경우	50 %

12 (1) **모범 답안 |** 해양 환경에서 육상 환경으로 바뀌었다.

해설 | 바다에서 번성하였던 삼엽충이 고생대의 하부 지층에서 산출되고, 육지에서 번성하였던 양치식물이 고생대의 상부 지층에서 산출된다. 따라서 우리나라 고생대 지층의 퇴적 환경은 해양 환경에서 육상 환경으로 바뀌었다.

채점 기준	배점
우리나라 고생대 지층의 퇴적 환경 변화를 옳게 서술한 경우	100 %
우리나라 고생대 지층의 퇴적 환경 변화를 옳게 서술하지 못한 경우	0 %

(2) **모범 답안 |** 육지에서 퇴적되었다.

해설 | 공룡은 중생대의 육지에서 번성하였고, 암모나이트는 중생대의 바다에서 번성하였다. 우리나라 중생대 지층에서 공룡 화석이 많이 산출되는 반면 암모나이트 화석이 산출되지 않는 것은 지층이 육지의 호수 등에서 퇴적되었기 때문이다.

채점 기준	배점
우리나라 중생대 지층의 퇴적 환경을 옳게 서술한 경우	100 %
우리나라 중생대 지층의 퇴적 환경을 옳게 서술하지 못한 경우	0 %

13 모범 답안 | 대기로 방출된 먼지나 화산재가 햇빛을 차단하여 지구의 평균 기온을 낮추고, 식물의 광합성을 억제하여 많은 식물이 멸종하고, 뒤이어 동물이 멸종하게 된다.

해설 | 소행성이 지표에 충돌할 때 발생한 막대한 먼지, 화산 활동이 일어날 때 방출되는 화산재는 대기 중에 장기간 체류하면서 햇빛을 차단한다. 이로 인해 지구의 평균 기온이 낮아지고, 식물의 광합성량이 급격히 감소하여 많은 식물이 멸종하고, 연쇄적으로 수많은 동물이 멸종하게 된다.

채점 기준	배점
기권의 변화와 생물권의 변화를 모두 옳게 서술한 경우	100 %
기권의 변화와 생물권의 변화 중 한 가지만 옳게 서술한 경우	50 %

02 생물의 진화

01 진화　　**02** 생존 경쟁　　**03** 변이, 자연선택
04 돌연변이　　**05** ×　　**06** ○　　**07** ×　　**08** ×

05 같은 종의 개체들 사이에서 나타나는 특성의 차이를 변이라고 한다.

07 크고 단단한 씨앗을 만드는 식물이 잘 자라는 섬에서는 크고 두꺼운 부리를 가진 핀치가 살아남아 더 많은 자손을 남겼다.

08 환경에 잘 적응하는 형질을 가진 개체가 살아남고 그렇지 못한 개체가 도태되는 것은 자연선택이다.

탐구 ○ 21쪽

결과 **①** 감소, 증가
정리 **1** 생물 무리(피식자), 환경, 포식
　　2 변이, 증식, 돌연변이　　**3** 다를, 높, 낮아

실력 다지기 문제 ○ 22~25쪽

01 ③　**02** ④　**03** ④　**04** ③　**05** ①　**06** ④
07 ⑤　**08** ③　**09** ④　**10** ①　**11** ③　**12** ②
13 ④　**14** ①
서술형 **15~16** 해설 참조

01 A: 변이는 한 생물종의 개체 사이에서 유전자의 차이에 의해 나타나는 형질의 차이이다.
C: 다양한 변이가 있는 집단에서는 형질이 다양하다. 이 중 생존에 유리하게 작용하는 형질이 있으므로 진화가 일어날 수 있다.

바로 알기 B: 유전자의 차이에 의해 나타나는 유전적 변이는 자손에게 전달되지만, 환경적 차이에 의해 나타나는 비유전적 변이는 자손에게 전달되지 않는다.

02 ㄱ. (나)는 암수 생식세포의 수정으로 자손이 태어나는 유성생식에서 나타나는 현상이므로 (가)는 돌연변이이다. 돌연변이가 일어나면 DNA에 변화가 생겨 새로운 유전자(㉠)가 만들어지고, 그 결과 새로운 형질이 나타날 수 있다.
ㄴ. 유성생식(나)에서는 부모가 가진 유전자가 자손에게 하나씩 전달되어 자손이 부모와 다른 형질을 나타낼 수 있다.

바로 알기 ㄷ. 돌연변이(가)와 유성생식(나)은 모두 다양한 형질의 개체가 나타나게 하여 생물 집단에서 변이를 증가시키는 요인이다.

03 ㄱ. (가)~(다)는 모두 같은 생물종의 개체 사이에서 유전자의 차이에 따라 형질이 다양하게 나타나는 변이의 예이다.

ㄴ. 완두의 모양과 색깔(㉠)은 유전자에 의해 결정되는 형질이므로 자손에게 전달된다.

바로 알기 ㄷ. 무당벌레의 딱지날개의 무늬가 서로 다른 것은 딱지날개의 무늬를 결정하는 유전자의 차이 때문이므로 무당벌레 개체들은 유전적으로 서로 다르다.

04 ㄱ. (가)에서 기린 개체군 내 개체들의 다양한 목 길이는 같은 생물종에서 유전자의 차이에 의해 나타나는 것이므로 변이의 예에 해당한다.
ㄴ. (나)에서 생존경쟁이 일어나 환경에 적응하는 데 유리한 형질을 가진 개체가 더 많이 살아남는다.

바로 알기 ㄷ. (가) → (나) → (다) 과정으로 진화가 일어나면서 기린의 목이 길어졌으므로 (다)에서 목이 긴 형질이 생존에 유리해 자손에게 유전되는 자연선택이 일어난다.

05 ㄱ. (가)에서 목 길이가 다양한 기린이 존재한 것은 같은 생물종에서 유전자(㉠)의 차이로 인해 나타나는 변이에 해당한다.

바로 알기 ㄴ. (다)에서는 기린 집단에서 높은 곳에 있는 나뭇잎(먹이)을 두고 생존경쟁이 일어나 생존에 유리한 목이 긴 형질을 가진 개체의 비율이 증가(ⓐ)했다.
ㄷ. 기린의 진화는 (가) 유전자(㉠)의 차이에 따른 변이 → (나) 환경 변화에 의한 생존경쟁 → (라) 생존에 유리한 목이 긴 형질의 자연선택 → (다) 자연선택에 의한 기린 집단 내 목이 긴 형질의 비율 증가(ⓐ) 순서로 일어났다.

06 ㄴ. (가)에서는 총 16개의 대립유전자 중 A가 12개이고, (나)에서는 총 16개의 대립유전자 중 5개가 A이므로 A의 비율은 (나)에서가 (가)에서보다 낮다.
ㄷ. 유전자 조성이 (가)에서 (나)로 변하면서 A의 비율은 감소하고, a의 비율은 증가하므로 a가 생존에 유리하여 자연선택되었다.

바로 알기 ㄱ. 이 집단은 유전자 조성이 (가)에서 (나)로 변하면서 A와 a의 비율이 달라졌으므로 자연선택에 의한 진화가 일어났다.

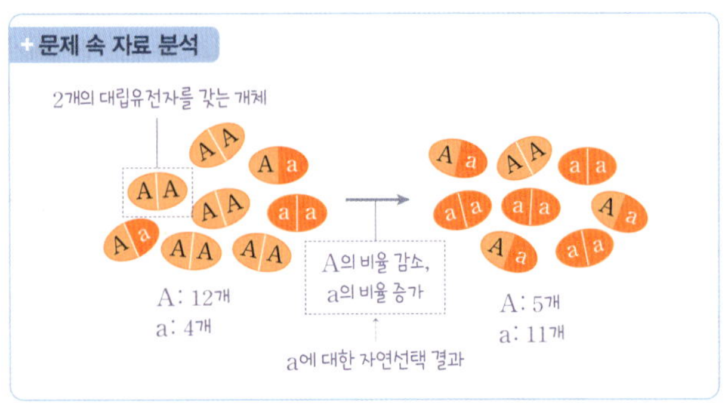

07 ㄱ. (가)와 (나)는 각각 선인장 또는 단단한 씨를 먹는데, (가)는 크고 두꺼운 부리를 가지므로 단단한 씨를 먹기에 적합하고, (나)는 작고 가는 부리를 가지므로 선인장을 먹기에 적합하다.
ㄴ. (나)가 서식하는 섬에서 작고 가는 부리로 먹기에 적합한 먹이(선인장)를 두고 생존경쟁이 일어났으며, 그 결과 자연선택에 의해 작고

가는 부리를 갖는 핀치로 진화했다.

ㄷ. 먹이의 종류에 따라 적합한 부리의 모양이 서로 다르므로 먹이의 종류는 생존에 영향을 미쳐 자연선택에 영향을 주는 요인이다.

08 ㄱ. t_1일 때에는 이 집단에 ㉠만 있었지만, t_2일 때에는 ㉡도 있으므로 $t_1 \sim t_2$ 사이에 돌연변이가 일어나 새로운 형질을 갖는 개체(㉡)가 출현하였다.

ㄷ. t_1, t_2, t_3의 순서로 시간이 흐르면서 이 집단에서 ㉠의 비율은 감소하고, ㉡의 비율은 증가했다. 따라서 ㉡이 ㉠보다 생존에 유리했으며, $t_2 \sim t_3$ 사이에 자연선택이 일어나 ㉡은 ㉠보다 더 많은 자손에게 유전자를 전달하였다.

바로 알기 ㄴ. $t_2 \sim t_3$ 사이에 ㉠은 ㉡보다 생존경쟁에서 불리했기 때문에 시간이 흐르면서 ㉠의 비율이 감소했다.

09 ㄱ. (가)에서 DNA에 변화가 일어나는 돌연변이에 의해 항생제 내성 유전자가 새롭게 출현했다.

ㄴ. (나)를 거치면서 항생제 내성 세균만 살아남아 진화했으므로 (나)에서 항생제 내성 세균이 생존에 유리해 자연선택되었다.

바로 알기 ㄷ. 항생제 내성 형질은 세균 개체의 생존에 유리하게 작용하였으므로 항생제 내성 형질이 자연선택되면서 진화가 일어났다.

10 ㄱ. ㉠과 ㉡은 살충제 내성에 대한 형질이 다른 것은 서로 다른 유전자를 가지기 때문이다.

바로 알기 ㄴ. 살충제를 사용한 결과 (나)일 때는 (가)일 때보다 ㉡의 비율이 높으므로 ㉡은 살충제를 사용하는 환경에서 생존에 유리한 살충제 내성이 있는 모기이고, ㉠은 살충제 내성이 없는 모기이다. 따라서 (가)일 때가 (나)일 때보다 살충제 내성이 있는 모기(㉡)의 비율이 낮다.

ㄷ. 살충제의 사용으로 인해 살충제 내성이 있는 모기(㉡)가 자연선택되어 (가)에서 (나)로 시간이 흐르면서 살충제 내성이 있는 모기(㉡)의 비율이 증가했다.

11 ㄱ, ㄴ. (가)를 통해 새로운 몸 색깔을 갖는 나비가 나타났으므로 (가)는 유전물질인 DNA에 변화가 생겨 새로운 유전자(형질)가 출현하게 하는 돌연변이이다.

바로 알기 ㄷ. (나)를 통해 몸 색깔이 흰색인 나비가 사라졌으므로 몸 색깔이 흰색인 나비가 생존에 불리하고, 몸 색깔이 새로운 나비가 생존에 유리해 자연선택(나)이 일어났다.

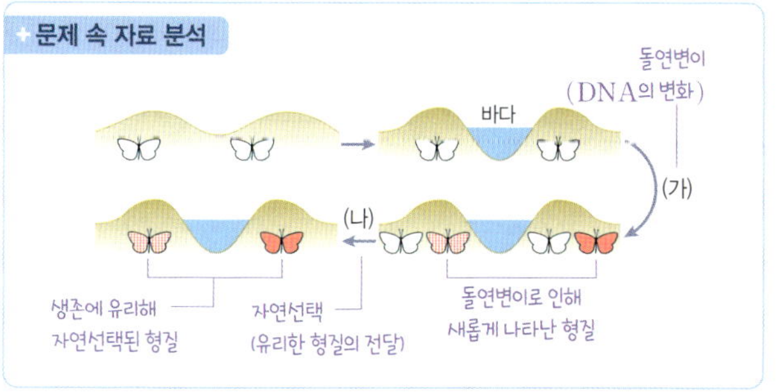

12 ㄷ. 살충제의 살포 결과 ㉠은 사라지고, ㉡의 비율이 증가했으므로 살충제의 살포는 ㉡에게 유리한 환경을 만들어 ㉡이 자연선택되도록 했다.

바로 알기 ㄱ. 살충제의 살포 결과 ㉠은 사라졌으므로 ㉠은 살충제 내성을 갖지 않는다.

ㄴ. ㉠은 살충제 내성을 갖지 않고, ㉡은 살충제 내성을 가지므로 ㉠과 ㉡은 살충제 내성에 대한 유전자가 서로 다르다.

13 다윈의 자연선택설에서 진화의 과정은 (라) 과잉 생산과 다양한 변이 → (가) 생존경쟁 → (다) 자연선택 → (나) 생물의 진화의 순서이다.

14 ㄱ. DDT 살포 후 모기의 사망률이 점점 감소하였으므로, DDT 살포로 인해 모기 집단의 유전자 구성이 점차 변화하는 자연선택이 일어났다.

바로 알기 ㄴ. 모기의 사망률이 점차 감소하였으므로, DDT 살포 후 시간 경과에 따라 자연선택에 의해 DDT 내성 모기의 비율이 점차 증가하였다.

ㄷ. 전체 모기의 사망률이 20 %인 것은 생존률이 80 %인 것이므로, DDT 내성 모기의 비율은 20 %보다 훨씬 높다.

서술형 문제

15 (1) **모범 답안** | 크고 단단한 씨앗을 두고 생존경쟁이 일어나 크고 두꺼운 부리를 가진 개체가 살아남았다.

해설 | (가)에서는 이 섬에 사는 핀치의 먹이가 되는 크고 단단한 씨앗에 대한 생존경쟁이 일어나 이 먹이를 먹기에 적합한 크고 두꺼운 부리를 가진 개체가 살아남았다.

채점 기준	배점
생존경쟁이 일어났다는 것과 크고 두꺼운 부리를 가진 개체가 살아남은 것을 모두 옳게 서술한 경우	100 %
생존경쟁이 일어난 것과 크고 두꺼운 부리를 가진 개체가 살아남은 것 중 한 가지만 옳게 서술한 경우	50 %

(2) **모범 답안** | 자연선택이 일어나 크고 두꺼운 부리 형질이 자손에게 전달되면서 태어나는 자손의 부리가 크고 두꺼워졌다.

해설 | (나)에서는 생존에 유리한 크고 두꺼운 부리 형질에 대한 자연선택이 일어나 여러 세대에 걸쳐 자손에게 크고 두꺼운 부리 형질이 전달되면서 태어나는 자손의 부리가 크고 두꺼워져 큰부리땅핀치로 진화되었다.

채점 기준	배점
자연선택이 일어난 것과 크고 두꺼운 부리 형질이 자손에게 전달된 것을 모두 옳게 서술한 경우	100 %
자연선택이 일어난 것과 크고 두꺼운 부리 형질이 자손에게 전달된 것 중 한 가지만 서술한 경우	50 %

+ 문제 속 자료 분석

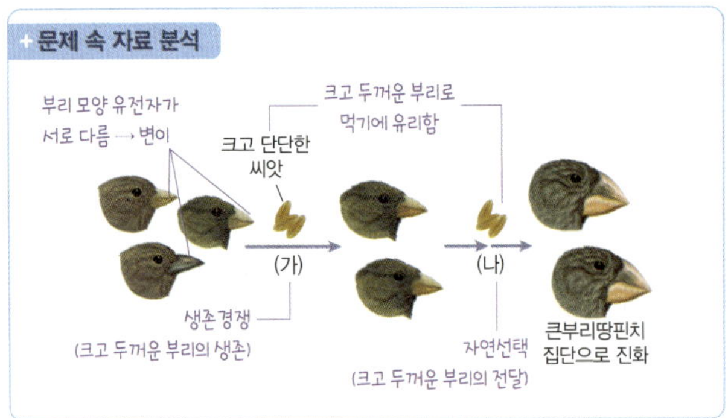

16 (1) **답** | 검은색 후추나방

해설 | 흰색 후추나방이 검은색 후추나방보다 포식자에게 쉽게 노출되므로 흰색 후추나방은 포식자에게 많이 잡아먹혀 생존에 불리해졌고, 검은색 후추나방은 포식자에게 적게 잡아먹혀 생존에 유리해졌다.

(2) **모범 답안** | 생존에 유리한 검은색 후추나방에 대한 자연선택이 일어나 이 집단에서 흰색 후추나방의 비율은 감소하고, 검은색 후추나방의 비율은 증가하였다.

해설 | 생존에 유리한 검은색 후추나방에 대한 자연선택이 일어나 검은색 후추나방이 더 많은 자손을 낳아 생존에 유리한 유전자를 물려준다. 이 과정이 반복되면서 이 집단에서 흰색 후추나방의 비율은 감소하고, 검은색 후추나방의 비율은 증가하였다.

채점 기준	배점
자연선택이 일어난 것, 흰색 후추나방의 비율이 감소한 것, 검은색 후추나방의 비율이 증가한 것을 모두 옳게 서술한 경우	100 %
자연선택이 일어난 것, 흰색 후추나방의 비율이 감소한 것, 검은색 후추나방의 비율이 증가한 것 중 두 가지만 옳게 서술한 경우	70 %
자연선택이 일어난 것, 흰색 후추나방의 비율이 감소한 것, 검은색 후추나방의 비율이 증가한 것 중 한 가지만 옳게 서술한 경우	30 %

03 생물다양성과 보전

✎ 바로 복습
◎ 27, 29쪽

01 생물다양성	**02** 낮	**03** 종		
04 생태계, 생태계, 높	**05** ×	**06** ○	**07** ○	**08** ○
09 생물자원	**10** 생태계	**11** 서식지, 외래종 도입		
12 국제적	**13** ×	**14** ×	**15** ○	**16** ×

05 생물이 사는 환경이 다양할수록 생물다양성이 높다.

13 종다양성이 높으면 생태평형이 쉽게 깨지지 않는다.

14 천적이 없는 외래종이 도입되어 크게 번식하면 토종 생물의 생존을 위협하여 생물다양성을 감소시킨다.

16 숲을 개간하여 농경지로 만드는 것은 서식지를 파괴하는 것으로, 생물다양성을 보전하는 것과는 거리가 멀다.

01 ②	**02** ④	**03** ⑤	**04** ①	**05** ②	**06** ①
07 ⑤	**08** ③	**09** ④	**10** ⑤		

서술형 **11~12** 해설 참조

01 B: 생태계다양성은 생물요소의 다양함뿐만 아니라, 생태계를 구성하는 비생물요소의 다양함까지 포함한다.

바로 알기 ▷ A: 하나의 생물종으로 이루어진 집단에서는 개체마다 유전자의 차이에 따라 형질이 다양한 유전적 다양성이 나타난다.
C: 생물이 갖는 유전자는 생물다양성 중 유전적 다양성에 영향을 주는 요인이다.

02 ㄴ. 생물다양성은 유전적 다양성(㉠), 종다양성, 생태계다양성으로 구성된다.
ㄷ. 같은 종의 무당벌레에서 딱지날개의 무늬가 다양한 것은 유전자의 차이에 의해 나타나는 유전적 다양성(㉠)에 해당한다.

바로 알기 ▷ ㄱ. '생물다양성 10년'은 생물다양성을 보전(ⓐ)하기 위해 국제적으로 정한 기간이다.

03 ㄱ. 심해저에 비생물요소가 서로 다른 해령, 해산, 해구가 있는 것은 생태계다양성(가)의 예이다.
ㄴ. 같은 종의 달팽이에서 껍데기 무늬가 다양(㉠)한 것은 개체마다 유전자가 서로 달라 나타나는 유전적 다양성(나)의 예이다.
ㄷ. (다)는 종다양성이다. 해저의 진흙에 다양한 미생물이 살고 있는 것은 한 지역에 다양한 종류의 생물종이 서식하는 것으로 종다양성의 예에 해당한다.

04 ㄱ. 앵무새의 깃털 색 차이는 한 생물종에서 유전자의 차이로 나타나는 유전적 다양성의 예이므로 ㉠은 '비생물요소를 포함하는가?'이고, ㉡은 '한 생물종에서 나타나는가?'이다. 따라서 A는 비생물요소를 포함하는 생태계다양성이다.

바로 알기 ▷ ㄴ. ㉠은 '비생물요소를 포함하는가?'이다.
ㄷ. B는 한 생물종에서 나타나는 유전적 다양성이므로 C는 종다양성이다. 종다양성(C)이 낮을수록 적은 종류의 생물만 서식하게 되므로 생태계가 안정적으로 유지되기 어렵다.

+ 문제 속 자료 분석

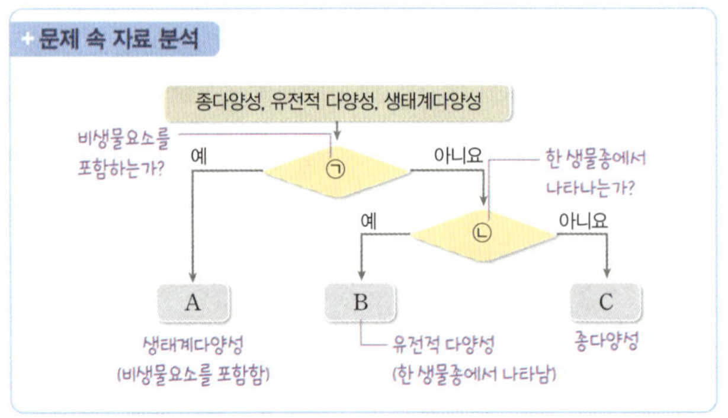

05 ㄷ. 아마존 열대 우림에서 441종이 새로운 생물이 발견된 것은 종다양성(다)의 예이다. 다양한 생물종이 서식하는 지역일수록 종다양성(다)이 높다.

[바로 알기] ㄱ. 같은 종의 고양이에서 개체마다 털 색깔이 다른 것은 유전자의 차이에 의해 나타나는 유전적 다양성(가)의 예이다. 변이는 유전자의 차이에 의해 나타나므로 변이가 다양할수록 유전적 다양성(가)은 높아진다.
ㄴ. (나)는 생물요소의 다양함뿐만 아니라, 생물을 둘러싼 비생물요소의 다양함까지 포함하는 생태계다양성이다.

06 ㄴ. ⓒ은 생물군집(생물요소)과 비생물요소로 구성된 생태계이며, 생태계(ⓒ)에 대한 다양성은 생물다양성의 구성요소 중 생태계다양성에 해당한다.

[바로 알기] ㄱ. ㉠은 한 생물종 안에서 나타나는 다양성이므로 유전적 다양성이고, ㉡은 여러 생물종 사이에서 나타나는 다양성이므로 종다양성이다.
ㄷ. 바다에 다양한 종류의 물고기가 서식하는 것은 종다양성(ㄴ)의 예이다.

07 ㄴ. 습지를 보전하기 위해 체결한 람사르 협약은 생물다양성을 보전하기 위한 국제 협약(㉠)이다.
ㄷ. 생물다양성이 감소할수록 생태계가 파괴될 가능성이 높고, 사람이 이용할 수 있는 생물자원의 종류가 감소(ⓑ)하므로 생물다양성은 인류의 생존에 영향을 준다.

[바로 알기] ㄱ. 분할된 서식지 사이에 생물이 이동할 수 있는 생태통로를 만드는 것은 생물다양성을 증가(ⓐ)시키는 방안에 해당하며, 생물다양성이 감소하면 서식하는 생물의 종류가 감소하므로 생물자원의 종류도 감소(ⓑ)한다.

08 ㄱ. 해양오염의 방지를 위한 런던 협약은 생물다양성을 보전하기 위한 국제 협약(㉠)의 예이다.
ㄴ. 다양한 식물 등의 종자를 보관하는 종자 은행을 설립하는 것은 생물의 유전자를 관리하고 보호하기 위한 방안이므로 (나)를 위한 활동이다.

[바로 알기] ㄷ. 배스, 뉴트리아, 가시박 등은 외래종이다. 외래종의 유입은 천적이 없는 경우 토착 생물의 생존을 위협해 생물다양성을 감소시킬 수 있다.

09 ㄴ. 다양한 식물 등의 종자를 보관하는 종자 은행은 생물자원을 관리하고 보전하는 방안이므로 ㉠에 해당한다.
ㄷ. 람사르 협약은 습지를 보전하기 위해 체결한 국제 협약이므로 ㉡에 해당한다.

[바로 알기] ㄱ. 생물다양성을 보전하기 위해서는 에너지효율이 높은(ⓐ) 제품을 사용하여 에너지와 자원을 절약해야 한다.

10 ㄴ. 야생 생물 보호법을 제정하는 것은 국가적 수준(나)에서의 생물다양성보전 방안이며, 국립 공원을 지정하는 것 역시 국가적 수

준에서의 생물다양성보전 방안이다.
ㄷ. 생물다양성협약은 사라져가는 생물과 생태계를 보호함으로써 생물다양성을 보전하기 위한 국제 협약이므로 ㉠에 해당한다.

[바로 알기] ㄱ. 에너지 절약, 자원 재활용은 개인적 수준(가)에서 이루어지는 생물다양성보전 방안이다.

서술형 문제

11 (1) **답** | 종다양성
해설 | (가)와 (나)에는 각각 4종의 식물(소나무, 자작나무, 신갈나무, 구상나무)이 서식하며, 이것은 한 지역에 여러 종류의 생물이 서식하는 종다양성을 나타낸다.
(2) **모범 답안** | (나). (나)에서가 (가)에서보다 4종의 식물이 고르게 분포하므로 종다양성은 (나)에서가 (가)에서보다 높다.
해설 | 서식하는 생물의 종류가 다양하고, 각 생물종이 고르게 서식하고 있는 지역일수록 종다양성이 높다. 그런데 (가)와 (나)에는 각각 4종류의 식물이 서식하지만, (나)에서 각 식물이 보다 고르게 서식하고 있으므로 종다양성은 (나)에서가 (가)에서보다 더 높다.

채점 기준	배점
(나)에서 4종의 식물이 고르게 분포하는 것과 종다양성이 (나)에서 높은 것을 모두 옳게 서술한 경우	100 %
(나)에서 4종의 식물이 고르게 분포하는 것과 종다양성이 (나)에서 높은 것 중 한 가지만 옳게 서술한 경우	50 %

12 (1) **답** | (가) 생태계다양성, (나) 종다양성, (다) 유전적 다양성
해설 | 산, 강, 초원 등 비생물요소가 서로 다른 생태계가 존재하는 것은 생태계다양성(가)의 예이고, 같은 생물종인 아시아 무당벌레의 딱지날개의 색과 무늬가 개체마다 다른 것은 유전자의 차이에 의한 유전적 다양성(다)의 예이므로 (나)는 종다양성이다.
(2) **모범 답안** | 숲에는 무당벌레, 고슴도치, 개구리, 참나무 등 다양한 생물이 살고 있다.
해설 | 종다양성(나)은 한 지역에 서식하는 생물종이 다양한 정도를 의미한다.

채점 기준	배점
다양한 생물종을 제시하면서 종다양성의 예를 옳게 서술한 경우	100 %
두 가지 이상의 생물종의 이름만 단순하게 제시(나열)하여 서술한 경우	50 %

(3) **모범 답안** | 같은 생물종의 개체라도 갖고 있는 유전자가 달라 형질이 서로 다르게 나타나기 때문이다.
해설 | 유전적 다양성(다)은 같은 생물종의 개체라도 유전자가 서로 달라 형질이 다양한 것을 의미한다.

채점 기준	배점
같은 생물종의 개체마다 유전자가 다른 것을 옳게 서술한 경우	100 %
개체마다 형질이 다르다고만 서술한 경우	50 %

콕콕 빈출자료   ◎ 33~36쪽

①	1 ×	2 ○	3 ○	4 ○	5 ×	6 ○
②	1 ○	2 ×	3 ○			
③	1 ○	2 ○	3 ×	4 ○	5 ○	6 ×
④	1 ○	2 ○	3 ×	4 ○	5 ×	
⑤	1 ○	2 ○	3 ○	4 ×		
⑥	1 ×	2 ○	3 ×	4 ○	5 ○	
⑦	1 ×	2 ○	3 ○	4 ×	5 ×	6 ○
⑧	1 ×	2 ○	3 ×	4 ○		
⑨	1 ○	2 ×	3 ○	4 ○	5 ×	
⑩	1 ○	2 ○	3 ×	4 ○	5 ×	
⑪	1 ○	2 ×	3 ○	4 ×	5 ○	
⑫	1 ○	2 ○	3 ○	4 ×	5 ×	6 ×

① -1 (가)는 수온이 높고 수심이 얕은 바다 환경이었음을 알려준다.

① -5 (사)와 (아)는 신생대에 번성하였고, 이 시기에 육지에서는 속씨식물이 번성하였다.

② -2 지질 시대 중 고생대의 기간은 $\dfrac{5.39-2.52}{45.67}\times100≒6.3(\%)$ 이다.

③ -1 선캄브리아시대에는 유해한 자외선이 지표에 도달하였으므로 최초의 생명체는 바다에서 출현하였다.

③ -3 최초의 육상 생물은 대기에 오존층이 형성된 이후 고생대 중기에 출현하였다.

③ -6 매머드와 화폐석은 신생대에 번성하였다가 멸종하였다.

④ -2 가장 큰 규모의 대멸종은 고생대 말(B)에 일어났으며, 삼엽충, 방추충 등을 비롯한 많은 해양 생물이 멸종하였다.

④ -3 판게아는 고생대 말기에 형성되었다. A 시기의 대멸종은 빙하의 확장으로 인한 해수면 하강, 기온 하강 등에 의해 일어났다.

④ -5 D 시기에는 소행성 충돌이나 화산 폭발 등으로 기온이 하강하여 대멸종이 일어났다.

⑤ -2 (나)에서 목의 길이가 서로 다른 것은 같은 종에서 유전자의 차이에 의해 나타나는 변이에 해당한다.

⑤ -4 기린의 진화는 변이(나) → 생존경쟁(다) → 자연선택(가)의 순서로 일어났다.

⑥ -1 ⊙과 ⓒ은 부리 모양이 서로 다르므로 부리 모양 유전자도 서로 다르다.

⑥ -3 A 과정 결과 ⊙과 같은 부리 모양의 개체들만 살아남았으므로 A 과정에서 ⊙이 가진 부리 모양이 ⓒ이 가진 부리 모양보다 생존에 유리하였다.

⑦ -1 X를 처리하면 X에 내성이 없는 세균이 죽고 X에 내성이 있는 세균이 살아남아 증식하므로 Ⅱ에 X를 처리하였다.

⑦ -4, 5 ⓐ에 X를 처리하면서 여러 세대 배양하면 X에 대한 내성이 있는 세균의 비율이 증가하고, X를 처리하지 않으면서 여러 세대 배양하면 X에 대한 내성이 세균의 생존에 영향을 주지 않기 때문에 X에 내성이 있는 세균의 비율이 증가하지 않는다.

⑧ -1 ⊙은 생존에 불리한 형질을 가진 개체가 생존경쟁 과정에서 제거되는 상황이다.

⑧ -3 배경(환경)이 노란색 도화지이므로 ⓒ의 노란색 초콜릿은 항생제에 내성이 있어 생존에 유리한 세균에 해당한다.

⑨ -2 유전적 다양성(A)이 높은 종은 다양한 형질의 개체들로 구성되므로 환경 변화 등에 의해 멸종될 가능성이 낮다.

⑨ -5 같은 종의 얼룩말에서 줄무늬가 다양한 것은 유전자의 차이에 따른 유전적 다양성에 해당한다.

⑩ -3 (나)는 같은 종의 초파리에서 유전자의 차이로 인해 나타나는 것이므로 유전적 다양성(⊙)의 예이다.

⑩ -5 종다양성은 생물다양성의 구성요소이므로 종다양성이 감소할수록 생물다양성도 감소하게 된다.

⑪ -2 유전적 다양성(가)이 높을수록 환경이 변했을 때 유리한 형질을 가진 개체가 살아남을 가능성이 높으므로 멸종할 가능성이 낮다.

⑪ -4 같은 종의 무당벌레에서 딱지날개의 무늬가 다양한 것은 유전적다양성(가)의 예이다.

⑫ -4 생물의 생물자원으로서의 가치는 의약품뿐만 아니라, 식품, 의복, 산업용품, 에너지로의 이용 등 다양한 가치도 있다.

⑫ -5 생물의 서식지를 개발하여 산업단지를 조성하는 것은 서식지가 파괴되므로 생물다양성보전을 위한 노력이 아니다.

⑫ -6 환경 보호 활동은 자원을 절약하고 환경오염을 줄이는 역할을 하여 생물자원의 사용량을 과도하지 않게 조절하고 생태계가 파괴되거나 교란되지 않도록 하므로 생물다양성보전 방안이다.

시험대비 문제   ◎ 37~41쪽

01 ①	02 ②	03 ②	04 ⑤	05 ④	06 ②
07 ①	08 ③	09 ②	10 ④	11 ①	12 ③
13 ④					

만점 도전 14 ⑤   15 ②   16 ③   17 ②

서술형 18~23 해설 참조

01 ㄱ. A는 육지와 바다의 넓은 지역에 걸쳐 분포하고, 생존 기간이 매우 짧으므로 표준 화석으로 적합하다.

 ㄴ. B는 육지 환경에서만 산출되므로 B가 산출되는 지층은 육지의 강이나 호수에서 퇴적되었다.

ㄷ. C는 수심이 얕은 바다에 분포하였고, 생존 기간이 매우 길므로 시상 화석으로의 가치가 높다. 삼엽충은 대표적인 표준 화석이다.

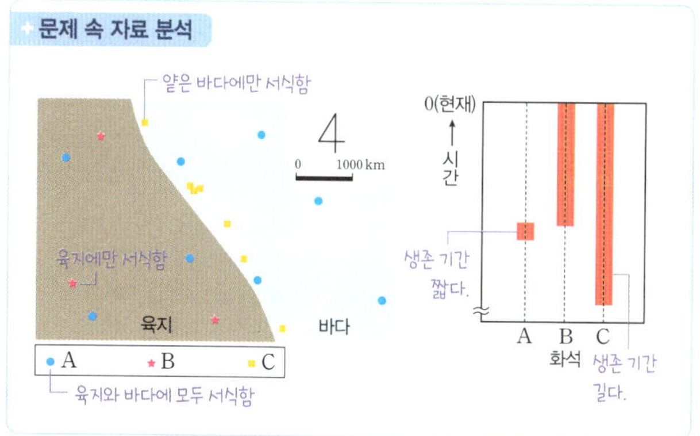

02 ㄴ. 화폐석은 바다에서 번성하였던 고생물 화석이므로 A가 퇴적될 당시 이 지역은 바다였다.

 ㄱ. 화폐석은 신생대의 표준 화석이고, 암모나이트는 중생대의 표준 화석이므로 A는 B보다 나중에 생성되었다.

ㄷ. 암모나이트와 공룡은 중생대의 표준 화석이지만 암모나이트는 바다에서 번성하였고, 공룡은 육지에서 번성하였으므로 두 화석이 B(동일한 지층)에서 함께 산출될 수 없다.

03 ㄷ. A는 고생대, B는 중생대, C는 신생대, D는 선캄브리아시대이다. 매머드가 번성한 시대는 신생대(C)이다.

 ㄱ. 남세균은 선캄브리아시대(D)에 최초로 출현하였다.
ㄴ. 최초의 육상 생물이 출현한 시대는 고생대(A)이다.

04 ㄱ. 남세균(A)은 선캄브리아시대에 출현한 최초의 광합성 생물이다. 남세균에 퇴적물 입자가 달라붙어 여러 겹으로 형성된 구조를 스트로마톨라이트라고 한다.

ㄴ. 광합성은 식물이 빛에너지를 이용하여 탄소 화합물을 만드는 생물학적 과정이다.

ㄷ. 오존층이 형성되면서 유해한 자외선이 대기에서 차단되었고, 이로 인해 바다에서만 서식하였던 생물의 서식 범위가 육지로 확장되었다.

05 ㄴ. (가)는 암모나이트, (나)는 방추충, (다)는 화폐석이므로 모두 바다에서 번성하였다.

ㄷ. 방추충은 고생대 말에 멸종하였고, 이 시기에 가장 큰 규모의 생물 대멸종이 일어났다.

 ㄱ. (가)는 중생대, (나)는 고생대, (다)는 신생대의 표준 화석이므로 번성하였던 시간 순서는 (나) → (가) → (다)이다.

06 ㄴ. 파충류와 공룡이 번성한 시기이므로 중생대이다. 이 시기에 육지에서는 겉씨식물이 번성하였다.

 ㄱ. 중생대는 전 기간에 걸쳐 온난하여 빙하기가 없었다.
ㄷ. 중생대의 바다에서는 암모나이트가 번성하였다. 화폐석은 신생대에 번성하였다.

07 ㄱ. 지질 시대 동안 5회의 생물 대멸종이 있었으며, 그중에서 C는 멸종 규모가 가장 컸던 고생대 말의 대멸종이다.

 ㄴ. 대멸종의 시기를 제외하면 생물 과의 수가 증가하는 추세가 나타난다. 따라서 현재는 1.5억 년 전보다 해양 생물 과의 수가 많다.

ㄷ. E(중생대 말)의 생물 과의 멸종 비율은 B(고생대 중기)의 생물 과의 멸종 비율보다 높다.

08 ㄱ. (가)와 (나)는 모두 같은 생물종에서 유전자의 차이에 의해 나타나는 형질의 차이이다. 따라서 변이의 예이다.

ㄴ. ㉠과 ㉡은 서로 다른 특징을 가진 개체이므로 딱지날개의 무늬와 색깔을 결정하는 서로 다른 유전자를 갖고 있다.

 ㄷ. (나)에 나타난 앵무새의 차이는 유전자의 차이에 따라 나타나는 변이에 해당하며, 변이가 있는 집단에서 특정 형질이 생존에 유리하게 작용하는 경우 자연선택이 일어나 생물 집단이 진화할 수 있다.

09 ㄷ. (다)에서 목이 긴 기린이 더 많은 자손을 남기므로 이 자손은 부모로부터 긴 목을 갖게 하는 유전자를 물려받았다.

 ㄱ. (가)의 ㉠과 ㉡은 목 길이를 결정하는 유전자가 서로 다르다.

ㄴ. (다)에서 목이 긴 기린이 더 많은 자손을 남긴 것은 (나)에서 목이 긴 기린이 생존경쟁에 유리하고 목이 짧은 기린은 생존경쟁에 불리했기 때문이다.

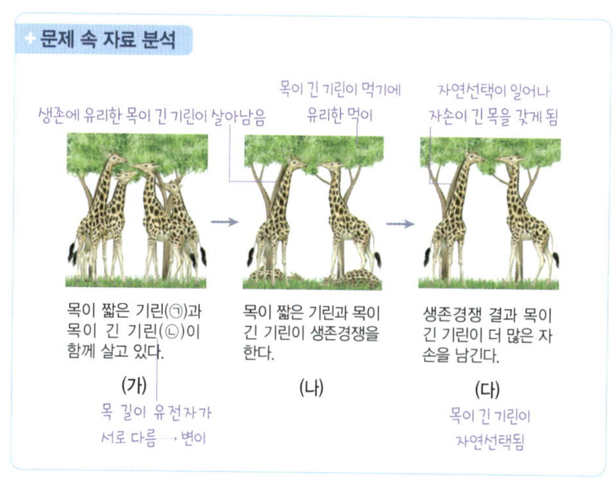

10 ㄱ. 습지가 형성되기 전에는 큰 부리를 가진 핀치가 가장 많았지만, 습지가 형성된 후 자연선택이 일어나 작은 부리를 가진 핀치가 가장 많아졌다.

ㄷ. 핀치는 부리가 클수록 크고 딱딱한 씨를 잘 먹으므로 먹이의 종류에 따라 적합한 부리 모양이 있다. 따라서 먹이의 종류는 핀치의 생존에 영향을 미쳐 자연선택을 통해 진화가 일어나게 하는 요인이 된다.

바로 알기 ㄴ. 습지가 형성된 후 이 지역에서 핀치의 먹이가 작고 연한 씨로 바뀌면서 작고 연한 씨를 먹기에 적합한 작은 부리를 가진 핀치가 가장 많아지게 되었다.

11 ㄴ. (가)에는 3종의 식물이 서식하고, (나)에는 4종의 식물이 서식하므로 종다양성은 (나)에서가 (가)에서보다 높다.

바로 알기 ㄱ. 종다양성은 생물다양성의 구성요소이며, (가)와 (나)에서 종다양성이 서로 다르므로 생물다양성도 (가)와 (나)에서 서로 다르다.

ㄷ. 서식하는 식물 종의 수가 많고, 각 식물 종이 고르게 서식할수록 식물의 종다양성이 높아지므로 생물다양성도 높아진다.

12 ㄱ. 생물다양성은 유전적 다양성(㉠), 종다양성, 생태계다양성으로 구성된다. 유전적 다양성은 같은 생물종 내에서 나타나는 유전자의 다양함이다.

ㄴ. 얼룩말의 줄무늬가 다른 것은 유전자가 다양하기 때문이므로 유전적 다양성(㉠)에 해당한다.

바로 알기 ㄷ. 한 생태계에 다양한 종류의 생물이 서식하는 것은 종다양성에 해당한다.

13 B: 새로운 종을 발견하게 되면 인류가 새로운 종의 유전자를 활용할 수 있으므로 미래에 사용할 수 있는 유전자 자원을 증가시킬 수 있다.

C: 괭이눈 서식지를 보호하는 것은 괭이눈의 멸종을 막으므로 생물다양성을 보전할 수 있는 노력 중 하나이다.

바로 알기 A: 괭이눈이 의약품으로 사용될 수 없더라도 생물은 그 자체로 보전되어야 하며, 괭이눈이 가진 유전자를 활용하는 등 다른 용도의 생물자원으로써 가치가 있다.

만점 도전 문제

14 ㄱ. (가)는 고생대 말기, (나)는 중생대 말기이므로 수륙 분포는 (가)에서 (나)로 변하였다.

ㄴ. 대륙이 갈라져 여러 개로 분리되면 해안선의 총 길이는 길어지므로 (가)보다 (나)에서 해안선의 총 길이가 길다.

ㄷ. (가)는 고생대 말이므로 육지에서는 양치식물이 번성하였다.

15 ㄴ. A 시기에 해양 동물은 과의 수가 크게 감소하였으나 육상 식물은 큰 변화가 없었다. 이는 해양 동물이 육상 식물보다 환경 변화에 민감하기 때문이다.

바로 알기 ㄱ. 최초의 육상 식물은 대기 중에 오존층이 형성되고, 자외선이 차단된 이후인 고생대 중기에 출현하였다.

ㄷ. 삼엽충은 고생대 초기에 출현하여 말기에 멸종하였으므로 A 시기에 멸종하였다.

16 ㄱ. 돌연변이에 의해 DNA에 변화가 일어나 항생제 A에 내성이 있는 형질이 나타남으로써 세균 ㉡이 새롭게 출현하였다.

ㄴ. (가)에서 (나)로 변하면서 ㉠의 비율은 감소하고, ㉡의 비율은 증가하므로 (가) → (나) 과정에서 ㉡이 ㉠보다 생존에 유리해 자연선택되었다.

바로 알기 ㄷ. 항생제 A를 지속적으로 사용하면 항생제 A에 내성을 가져 생존에 유리한 ㉡의 비율이 증가한다.

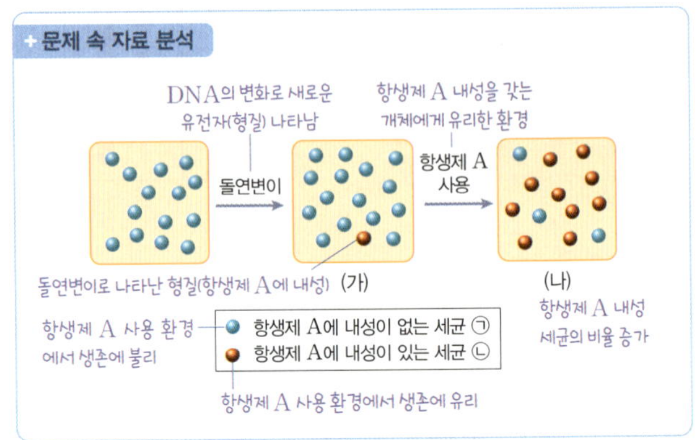

17 ㄷ. Ⅲ은 비생물요소의 다양함을 포함하므로 생태계다양성이다. 우리나라에 숲, 강, 바다, 호수 등 비생물요소가 서로 다른 다양한 생태계가 있는 것은 생태계다양성(Ⅲ)의 예에 해당한다.

바로 알기 ㄱ. 같은 종의 무당벌레에서 딱지날개의 무늬가 다양한 것은 유전적 다양성의 예이므로 Ⅰ은 유전적 다양성이다.

ㄴ. Ⅱ는 종다양성이다. 서식하는 생물종의 수가 많은 지역일수록 종다양성(Ⅱ)이 높다.

서술형 문제

18 **모범 답안** | A는 고생대에 수심이 얕고 수온이 높은 바다 환경에서 퇴적되었다. 그 후 B는 중생대에 온난 다습한 육지 환경에서 퇴적되었다.

해설 | 삼엽충 화석은 고생대, 공룡 발자국 화석은 중생대의 화석이므로 A는 고생대, B는 중생대에 퇴적되었다. 산호는 수심이 얕고 수온이 높은 바다에서 번성하며, 고사리는 온난 다습한 육지에서 번성한다. 따라서 퇴적 환경은 바다에서 육지로 변하였다.

채점 기준	배점
퇴적 시기와 퇴적 환경을 모두 옳게 서술한 경우	100 %
퇴적 시기와 퇴적 환경 중 한 가지만 옳게 서술한 경우	50 %

19 **모범 답안** | C, 오존층이 형성되어 지표에 도달하는 유해한 자외선이 차단되었다.

해설 | A는 신생대, B는 중생대, C는 고생대이다. 선캄브리아시대에 출현한 남세균의 광합성으로 대기 중의 산소 농도는 증가하였으며, 오존층이 형성된 이후로는 지표에 도달하는 유해한 자외선이 차단되어 육지에서 생물이 출현할 수 있게 되었다.

채점 기준	배점
출현 시기와 지구 환경의 변화를 모두 옳게 서술한 경우	100 %
지구 환경의 변화만 옳게 서술한 경우	70 %
출현 시기만 옳게 쓴 경우	30 %

20 모범 답안 | 화산 활동이 활발하게 일어나 대기 중 이산화 탄소의 농도가 증가하였고, 온실 효과가 증가하여 기온이 높아졌다.
해설 | 화산 활동이 일어나면 화산 가스 중의 이산화 탄소가 다량 방출된다. 대기 중의 이산화 탄소 농도가 증가하면 온실 효과가 증가하여 기온이 높아진다.

채점 기준	배점
'이산화 탄소'와 '온실 효과'를 언급하여 까닭을 옳게 서술한 경우	100 %
'이산화 탄소'와 '온실 효과' 중 한 가지만 언급하여 까닭을 옳게 서술한 경우	50 %

21 모범 답안 | A 시기에 초대륙 판게아가 존재하였고, 이후 판게아가 분리되면서 대륙이 이동하여 수륙 분포가 현재에 가까워졌다.
해설 | A는 고생대 말, B는 중생대 말이다. 고생대 말에는 판게아가 형성되어 대륙붕 면적 변화, 해류 변화 등 지구 환경이 변하여 대규모 생물 멸종이 있었다. 그 후 중생대에 들어 판게아가 분리되고, 대륙이 이동하면서 점차 현재에 가까운 수륙 분포로 변하였다.

채점 기준	배점
A 시기의 수륙 분포 특징과 이후 수륙 분포 변화에 대해 모두 옳게 서술한 경우	100 %
A 시기의 수륙 분포 특징과 이후 수륙 분포 변화 중 한 가지만 옳게 서술한 경우	50 %

22 (1) 답 | B, ㉠에 붙지 않는다.
해설 | 1세대에서 4세대로 가면서 쟁반에 남아 있는 A의 수는 감소하고, B의 수는 증가하므로 B는 항생제 역할을 하는 벨크로 테이프(㉠)에 붙지 않아 잘 제거되지 않는 항생제 내성 세균 모형이다.
(2) 모범 답안 | 항생제의 사용 이후 생존한 세균이 증식하여 자손을 만드는 현상을 나타낸다.
해설 | 벨크로 테이프로 세균 모형을 제거한 후 쟁반에 남은 것과 같은 종류의 모형을 각각의 수만큼 더하는 것은 항생제를 사용한 후 생존한 세균이 증식하여 자손을 만드는 현상을 나타낸다.

채점 기준	배점
항생제 사용 이후 생존한 세균이 증식하는 현상임을 옳게 서술한 경우	100 %
세균이 증식하는 현상이라고만 서술한 경우	50 %

23 (1) 답 | ㉠ 유전적 다양성, ㉡ 생태계다양성
해설 | (나)는 어떤 달팽이 종에서 유전자의 차이에 따른 껍데기 무늬의 다양함을 나타내므로 ㉠은 유전적 다양성이고, ㉡은 생태계다양성이다.
(2) 모범 답안 | 유전적 다양성(㉠)이 높은 생물은 변화된 환경에 적응하기 유리한 형질을 가진 개체가 생존할 가능성이 높아 멸종할 가능성이 낮다.

해설 | 유전적 다양성(㉠)이 높은 생물은 집단에 다양한 형질을 가진 개체들이 있으므로 환경이 변해도 환경에 적응하기 유리한 형질을 가져 생존하는 개체가 존재할 가능성이 높아 멸종할 가능성이 낮다.

채점 기준	배점
환경이 변해도 생존할 가능성이 높은 것과 멸종할 가능성이 낮은 것을 모두 옳게 서술한 경우	100 %
환경이 변해도 생존할 가능성이 높은 것과 멸종할 가능성이 낮은 것 중 한 가지만 옳게 서술한 경우	50 %

01 ㄱ. 지질 시대별 길이는 선캄브리아시대 > 고생대 > 중생대 > 신생대이므로 순서는 A → D → B → C이다.
ㄷ. 방추충은 고생대 말에 멸종했으며 이 시기에 초대륙 판게아가 존재하였다.

바로 알기 ㄴ. 방추충은 고생대 후기에 해양에서 번성했던 생물이므로 D 시기의 표준 화석이다.

02 ㄴ. 판게아는 고생대 말에 형성되었고 이 시기에 큰 빙하기가 나타났다.
ㄷ. ㉠과 ㉡은 각각 고생대와 중생대의 경계, 중생대와 신생대의 경계이다. 고생대 말과 중생대 말에는 대멸종이 일어났다.

바로 알기 ㄱ. 가장 온난했던 지질 시대는 중생대이다. 중생대에는 파충류가 번성했다.

03 ㄱ. 딱정벌레 집단의 진화 과정에서 환경에 적응하기 유리한 형질을 가진 개체가 더 많이 살아남아 자손을 더 많이 남기는 자연선택이 일어났다.
ㄷ. 변이는 돌연변이와 유성생식 과정에서 생식세포의 다양한 조합 형성으로 발생한다.

바로 알기 ㄴ. 나무껍질의 색깔과 딱정벌레의 몸 색깔과 차이가 큰 밝은색 딱정벌레는 포식자인 새의 눈에 잘 띄어 생존에 불리하다.

04 (가)는 종다양성, (나)는 유전적 다양성, (다)는 생태계다양성이다.
ㄱ. 적도 근처 지역이 극 지역에 비해 생물종의 수가 많은 것은 적도 근처 지역이 극 지역에 비해 종다양성이 높은 것을 의미하므로 종다양성인 (가)의 사례인 ㉠에 해당한다.
ㄷ. (다)는 생태계다양성이며, 생태계의 종류뿐만 아니라 생태계구성 요소 간의 상호작용의 다양한 정도를 포함한다.

바로 알기 ㄴ. 개체수가 많은 종이 개체수가 적은 종에 비해 다양한 변이가 나타나는 것은 유전적 다양성의 차이를 설명하는 것이다.

I-2 화학 변화

04 산화와 환원

바로 복습 ▶ 45, 48쪽

01 산소 **02** 연소 **03** 산화, 환원
04 산소, 산소, 산화 환원 **05** × **06** ○ **07** ×
08 ○ **09** 산화, 환원 **10** 산화, 환원
11 잃고, 환원 **12** 산화 **13** 전자, 산화
14 산화 **15** × **16** ○ **17** × **18** ○ **19** ×
20 ○

05 철의 제련은 철광석에서 산소를 분리하여 철을 얻는 과정이다.

07 전자를 잃는 반응은 산화이고, 전자를 얻는 반응은 환원이다.

15 산화 구리(II)와 탄소 가루를 섞어 가열하면 산화 구리(II)는 환원되고 탄소는 산화되어 이산화 탄소가 발생한다.

17 광합성을 할 때 탄소는 포도당이 되면서 산소를 잃어 환원되고, 세포호흡을 할 때 탄소는 산소를 얻어 이산화 탄소로 산화된다.

19 철의 부식은 수분의 존재 하에 철이 공기 중의 산소와 결합하여 산화되는 것이다.

탐구 ▶ 49쪽

결과 ❶ 구리 ❷ 뿌옇게 흐려진다
정리 1 산소, 잃어
　　　2 이산화 탄소, 탄산 칼슘($CaCO_3$)
　　　3 ① 산화 ② 환원

다지기 문제 ▶ 51~56쪽

01 ⑤ **02** ② **03** ④ **04** ⑤ **05** ③ **06** ②
07 ⑤ **08** ④ **09** ③ **10** ⑤ **11** ④ **12** ⑤
13 ① **14** ② **15** ④ **16** ② **17** ⑤ **18** ③
19 ③ **20** ①
서술형 **21~25** 해설 참조

01 ㄱ. 연료의 연소 반응은 열에너지를 방출하는 반응이다.
ㄴ. 원시 바다의 남세균의 광합성으로 인하여 대기 중 산소 농도가 증가하게 되었고, 이는 산소 호흡을 하는 생물의 출현을 가져오게 되었다.
ㄷ. 철의 제련 반응으로 철을 얻게 되면서 농기구가 발달하게 되어 청동기 시대에서 철기 시대로의 문명의 발달이 이어지게 되었다.

02 (가)는 연료의 연소 반응, (나)는 철의 제련 반응, (다)는 광합성 반응이다.
ㄴ. 연료의 연소 반응에서 생성되는 물질 ⊙은 CO_2이고, 철의 제련 과정에서 생성되는 물질 ⓒ도 CO_2이다.

바로 알기 ㄱ. (가)는 메테인(CH_4)이 산소(O_2)와 반응하여 연소되는 연료의 연소 반응이다.
ㄷ. 광합성 반응은 엽록체에서 일어난다. 세포 내의 마이토콘드리아에서는 호흡이 일어난다.

03 ㄴ. ⊙은 탄화수소의 연소로 생성되는 이산화 탄소이다.
ㄷ. X는 지질 시대 생물들이 땅속에 묻혀 생성된 것이다.

바로 알기 ㄱ. X는 탄소와 수소로 구성된 탄화수소이다. 석유, 석탄, 천연 가스 등은 탄화수소의 종류이다.

04 주어진 반응은 CO_2, H_2O과 빛에너지를 이용하여 포도당과 산소를 생성하는 광합성 반응의 화학 반응식이다.
ㄱ. 광합성은 식물의 엽록체에서 일어난다.
ㄴ. 광합성은 빛에너지를 흡수하는 반응이다.
ㄷ. 광합성으로 인하여 원시 지구의 대기 성분에서 산소(O_2)의 농도가 증가하게 된다.

05 ㄱ. 화석 연료는 생명체로부터 얻어진 것이므로 탄소(C)와 수소(H)가 주요 구성 원소이다.
ㄴ. 화석 연료의 연소 반응에서 에너지를 얻을 수 있다.

바로 알기 ㄷ. 철의 제련 과정에서 철광석은 산소를 잃게 되므로 환원된다.

06 질량 보존 법칙에 따라 화학 반응식을 완성하면 ⊙은 광합성 반응의 생성물인 O_2, ⓒ은 C의 불완전 연소 생성물인 CO, ⓒ은 철의 제련 반응의 생성물인 Fe이다.

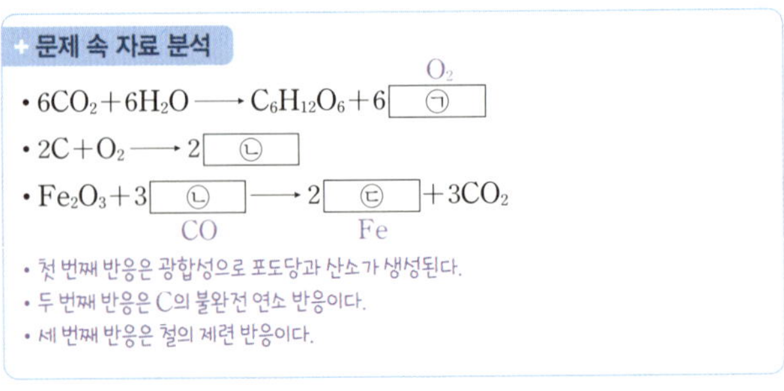

문제 속 자료 분석
- $6CO_2 + 6H_2O \longrightarrow C_6H_{12}O_6 + 6\ \boxed{⊙}$　O_2
- $2C + O_2 \longrightarrow 2\ \boxed{ⓒ}$
- $Fe_2O_3 + 3\ \boxed{ⓒ} \longrightarrow 2\ \boxed{ⓒ} + 3CO_2$　CO　Fe
- 첫 번째 반응은 광합성으로 포도당과 산소가 생성된다.
- 두 번째 반응은 C의 불완전 연소 반응이다.
- 세 번째 반응은 철의 제련 반응이다.

07 산화 구리(II)와 탄소(C) 반응의 화학 반응식은 다음과 같다.
$2CuO + C \longrightarrow CO_2 + 2Cu$
ㄱ. 탄소는 산소를 얻어 이산화 탄소가 된다.
ㄴ. 산화 구리(II)는 산소를 잃고 구리가 되므로 환원된다.
ㄷ. 생성된 기체는 석회수를 뿌옇게 흐려지게 하였으므로 이산화 탄소이다.

08 ㄴ. (나)에서 산화 구리(Ⅱ)는 산소를 잃고 환원된다.

ㄷ. (나)에서는 수소가 산화되어 물이 생성된다.

바로 알기 ㄱ. (가)에서 구리가 산소를 얻었으므로 구리가 산화되고 산소가 환원된다.

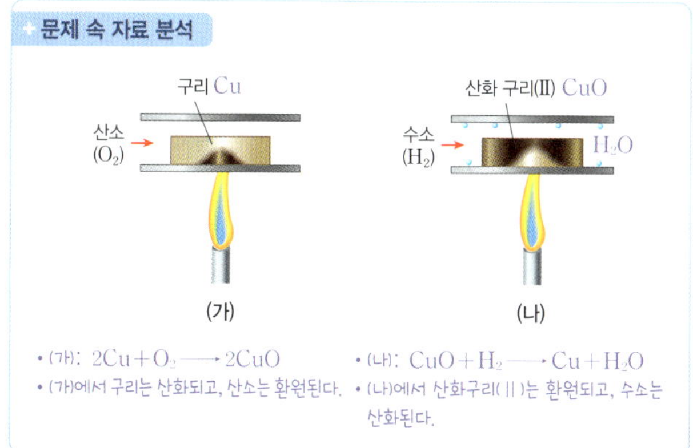

09 ㄱ. 산화 구리(Ⅱ)와 탄소가 반응하여 구리와 이산화 탄소가 생성되는 산화 환원 반응이 일어난다.

ㄴ. 검은색의 산화 구리(Ⅱ)가 산소를 잃고 환원되어 붉은색의 구리가 생성된다.

바로 알기 ㄷ. 시험관 내에서 생성된 이산화 탄소가 빠져나가 석회수가 뿌옇게 흐려지므로 시험관 내 물질의 질량은 감소한다.

10 ㄱ. (가)에서는 마그네슘이 산소와 반응하여 산화 마그네슘이 생성된다. 따라서 마그네슘은 산화된다.

$$2Mg+O_2 \longrightarrow 2MgO$$

ㄴ. (가)와 (다)에서 생성된 은회색 고체 A는 산화 마그네슘이다.

ㄷ. (다)에서 마그네슘은 산화되어 산화 마그네슘이 되고 이산화 탄소는 산소를 마그네슘에게 빼앗겨 탄소가 된다. 따라서 드라이아이스는 환원된다.

$$2Mg+CO_2 \longrightarrow 2MgO+C$$

11 ①, ② 구리와 질산 은 수용액이 반응하면 구리가 전자를 잃고 산화되어 구리 이온(Cu^{2+})이 되고, 은 이온은 전자를 얻어 환원되어 은으로 석출된다.

③ 구리가 구리 이온(Cu^{2+})으로 산화되므로 수용액 속 Cu^{2+}의 수는 증가한다.

⑤ 구리 테이프에 생긴 결정은 은 이온이 환원되어 생성된 은이다.

바로 알기 ④ 전자는 구리에서 은 이온으로 이동한다.

12 황산 구리(Ⅱ) 수용액에 아연판을 넣으면 아연이 산화되면서 나온 전자가 구리 이온(Cu^{2+})을 환원시켜 아연판에 구리가 석출된다.

$$Cu^{2+}+Zn \longrightarrow Cu+Zn^{2+}$$

ㄱ. 아연은 전자를 잃고 아연 이온으로 산화된다.

ㄴ. 구리 이온(Cu^{2+})은 전자를 얻어 구리로 환원된다.

ㄷ. 수용액 속 푸른색은 구리 이온(Cu^{2+}) 때문인데, 구리 이온이 구리로 환원되므로 구리 이온의 양이 감소하여 수용액의 푸른색은 옅어진다.

13 묽은 염산과 마그네슘이 반응하면 마그네슘은 산화되어 마그네슘 이온(Mg^{2+})이 되고, 묽은 염산의 수소 이온(H^+)이 환원되어 수소(H_2) 기체가 발생한다.

ㄱ. Mg은 전자를 잃어 Mg^{2+}이 되므로 산화된다.

바로 알기 ㄴ. X는 수소이다.

ㄷ. 전자는 마그네슘에서 수소 이온(H^+)으로 이동한다.

14 황산 구리(Ⅱ)와 마그네슘의 산화 환원 반응을 화학 반응식으로 나타내면 다음과 같다.

$$CuSO_4+Mg \longrightarrow MgSO_4+Cu$$

ㄴ. 황산 이온(SO_4^{2-})은 반응 전과 후에 변화가 없으므로 반응에 참여하지 않는다.

바로 알기 ㄱ. 구리 이온은 전자를 얻어 구리로 환원된다.

ㄷ. 환원되는 구리 이온(Cu^{2+})과 산화되는 마그네슘 이온(Mg^{2+})의 전하량이 같으므로 수용액 속 양이온 수는 일정하게 유지된다.

15 ④ (다)에서는 Fe_2O_3이 Fe이 되므로 환원된다.

바로 알기 ① ㉠과 ㉡은 모두 O_2이다.

② (가)에서 CO_2는 환원되어 포도당이 된다.

③ (나)에서는 O_2가 환원된다.

⑤ (라)에서는 CH_4이 산화된다.

16 화학 결합 모형에서 (가)는 염소(Cl)이고, (나)는 나트륨(Na)이다. 염화 나트륨(NaCl)이 형성되는 과정에서 (나)에 있는 전자가 (가)로 이동하여 Na^+과 Cl^-이 되고, 정전기적 인력으로 이온들이 결합한다.

ㄴ. (나)는 Na으로 전자를 잃고 Na^+이 되므로 산화된다.

바로 알기 ㄱ. (가)는 3주기 17족 원소이므로 염소(Cl)이다.

ㄷ. 전자는 (나)인 Na에서 (가)인 Cl로 이동한다.

17 ㄱ. ▲은 금속 Y가 X^+과 반응하여 생성된 금속 양이온이므로 Y 이온이다.

ㄴ. Y 이온(▲)이 들어 있는 수용액과 Z가 반응하면 Y 이온(▲)은 사라지고 ■이 생성되므로 ■은 Z가 산화되어 생성된 Z^{3+}이다.

ㄷ. 수용액 속 모형에서 금속 양이온의 총 전하량은 같아야 하므로 모형의 이온의 종류와 수의 변화는 X^+ 6 개 → Y^{2+} 3 개 → Z^{3+} 2 개이다. 따라서 전하량의 비는 ▲ : ■=2 : 3이다.

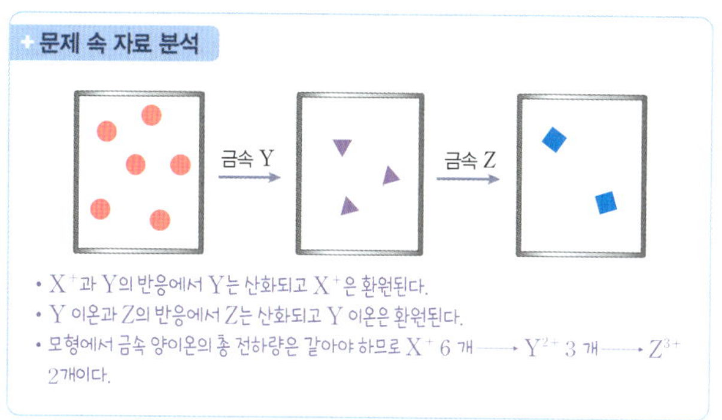

18 ㄱ. ㉠은 엽록체에서 일어나는 광합성 반응이다.

ㄷ. ㉡의 호흡에서 포도당은 산화되고, (나)인 O_2는 환원된다.

바로 알기 ㄴ. 엽록체의 광합성 과정에서 필요한 물질은 물과 이산화 탄소이므로 (가)는 이산화 탄소이다.

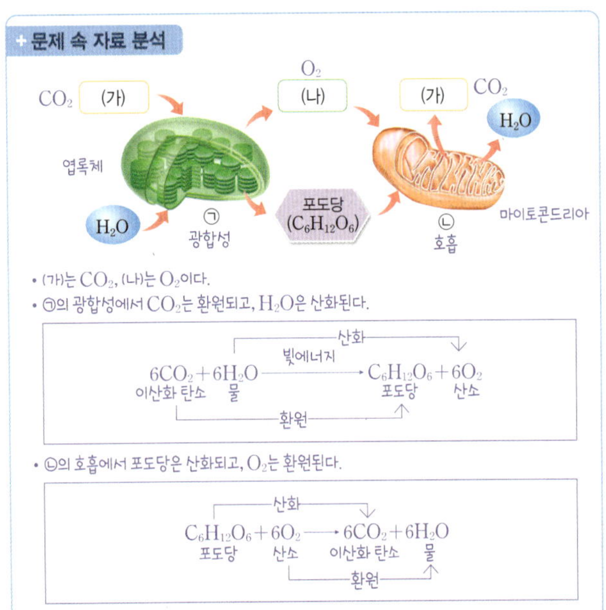

19 ㄱ. 질량 보존 법칙에 따라 은 숟가락의 검은 녹을 제거하는 반응의 화학 반응식은 다음과 같다.

$3Ag_2S + 2Al \longrightarrow 6Ag + Al_2S_3$

따라서 $a=3$, $b=2$, $c=6$이고 $a+b+c=11$이다.

ㄴ. Ag_2S은 Ag으로 환원된다.

바로 알기 ㄷ. Ag과 Al의 이온의 전하는 각각 $+1$, $+3$이다.

20 ㄱ. (가)에서 C는 산소와 반응하므로 산화된 것이다.

바로 알기 ㄴ. (나)에서 CO는 산소를 얻었으므로 산화된 것이다.

ㄷ. 산소의 이동이 일어나는 산화 환원 반응은 전자의 이동으로도 설명할 수 있다.

서술형 문제

21 (1) 답 | 12

해설 | 질량 보존 법칙에 따라 반응 전과 후 C의 개수는 6, H의 개수는 12, O의 개수는 18이므로 $a=b=6$이다. 따라서 $a+b=12$이다.

(2) 모범 답안 | 원시 바다에서 광합성 세균(남세균)이 광합성 반응으로 산소를 생성하면서 대기 중의 산소 농도가 높아지게 되었고, 산소가 태양 자외선과 반응하여 흡수해 오존층을 형성하면서 유해한 자외선이 차단되었고, 이로 인해 육상 생물이 출현하게 되었다.

해설 | 원시 지구의 바다에서 광합성이 가능한 세균이 광합성 반응을 일으켰고, 이 반응으로 인해 증가한 산소가 태양의 자외선과 반응하여 오존층을 형성하면서 태양에서 오는 자외선이 차단되었고, 이로 인해 생물들이 육상으로 진출할 수 있게 되었다.

채점 기준	배점
광합성 세균의 광합성 반응과 대기 중 산소 농도의 증가로 인한 오존층 형성을 언급한 경우	100 %
광합성 세균의 광합성 반응만 언급한 경우	30 %

22 모범 답안 | A~C는 각각 ㉢, ㉡, ㉠이다. ㉠~㉢은 각각 $C_6H_{12}O_6$, CO_2, Fe_2O_3이다. A는 이온 결합 물질이므로 금속과 비금속 원소가 화학 결합한 Fe_2O_3이고, B는 공유 전자쌍 수가 4이므로 CO_2이며, C는 $C_6H_{12}O_6$이다.

해설 | ㉠~㉢은 각각 $C_6H_{12}O_6$, CO_2, Fe_2O_3이다. 이온 결합은 금속과 비금속 원소 사이의 결합이고, CO_2의 C 원자는 2 개의 O와 2 개의 전자쌍을 공유하여 화학 결합한다. 따라서 A~C는 각각 ㉢(Fe_2O_3), ㉡(CO_2), ㉠($C_6H_{12}O_6$)이다.

채점 기준	배점
A~C와 까닭을 모두 옳게 서술한 경우	100 %
A~C에 해당하는 것만 옳게 쓴 경우	40 %

23 (1) 답 | $Cu + 2Ag^+ \longrightarrow 2Ag + Cu^{2+}$

해설 | 구리(Cu)와 은 이온(Ag^+)이 반응하여 구리 이온(Cu^{2+})과 은(Ag)이 생성되는 반응이다.

(2) 모범 답안 | 반응 전 무색이었던 수용액에서 Cu^{2+}이 생성되고 Ag^+이 감소하게 되므로 수용액의 색이 푸른색으로 변한다.

해설 | 반응 전에는 무색의 Ag^+이 들어 있는 수용액이고, 반응 후에는 푸른색을 나타내는 Cu^{2+}이 생성되므로 수용액이 푸른색으로 변한다.

채점 기준	배점
색 변화와 까닭을 모두 옳게 서술한 경우	100 %
색 변화만 옳게 서술한 경우	50 %

24 모범 답안 | 수용액에 들어 있는 이온 수는 감소하므로 생성되는 금속 A 이온이 수용액에 들어 있는 B 이온보다 전하가 크다. 따라서 금속 이온의 전하는 A 이온>B 이온이다.

해설 | 반응이 진행됨에 따라 금속 A에서 B 이온으로 전자가 이동한다. 이때 A 원자 1 개가 이온화되면서 내보내는 전자 수가, B 이온 1 개가 받아들이는 전자 수보다 크기 때문에 전체 이온의 수가 점점 줄어드는 것이다.

채점 기준	배점
전하의 비교와 까닭을 모두 옳게 서술한 경우	100 %
전하의 비교만 옳게 서술한 경우	50 %

25 (1) 답 | $CO_2 + 2Mg \longrightarrow 2MgO + C$

해설 | CO_2가 산소를 잃고, Mg이 산소를 얻는 산화 환원 반응이 일어난다. 이 반응에서 생성물은 탄소(C) 가루와 산화 마그네슘(MgO)이다.

(2) 모범 답안 | 산소는 CO_2에서 Mg으로 이동하므로 산화된 물질은 산소를 얻는 Mg이고, 환원된 물질은 산소를 잃는 CO_2이다.

해설 | 산소는 환원된 물질에서 산화된 물질로 이동한다. 이 반응에서는 CO_2에서 Mg으로 산소의 이동이 일어난다.

채점 기준	배점
산소의 이동과 산화, 환원된 물질을 모두 옳게 서술한 경우	100 %
산소의 이동만 옳게 서술한 경우	50 %
산화, 환원된 물질만 옳게 쓴 경우	30 %

05 산과 염기의 중화 반응

바로 복습   〉 59, 61쪽

01 산성, 수소 이온(H^+)   02 단백질

03 수소 이온(H^+), 수산화 이온(OH^-)

04 이산화 탄소(CO_2)   05 페놀프탈레인   06 H^+, OH^-

07 1 : 1   08 ×   09 ○   10 ○   11 ×   12 ×

13 ○   14 ○   15 중화열   16 물(H_2O), 많이

17 염기, 중화   18 ×   19 ×   20 ×

08 탄산 칼슘과 반응해 이산화 탄소 기체를 발생시키는 물질은 대부분 신맛이 난다.

10 푸른색 리트머스 종이를 붉은색으로 변화시키는 것은 산의 수소 이온(H^+)이고, 붉은색 리트머스 종이를 푸른색으로 변화시키는 것은 염기의 수산화 이온(OH^-)이다.

11 산 수용액과 염기 수용액 모두 전류가 흐른다.

12 BTB 용액에 비누 조각을 떨어뜨리면 BTB 용액이 파란색으로 변한다.

18 BTB 용액을 넣은 묽은 염산에 수산화 나트륨 수용액을 넣어 주는 실험에서 용액의 색은 노란색 → 초록색 → 파란색으로 변한다.

19 중성이 된 혼합 수용액에 묽은 염산을 넣어도 중화 반응이 일어나지 않으므로 용액의 온도가 높아지지 않는다.

20 레몬즙이 산성이므로 생선 비린내의 원인 물질은 염기성 물질이다.

탐구   〉 62쪽

결과 ❶ (1) 노란색 (2) 노란색 (3) 초록색 (4) 파란색 (5) 파란색

(6) 1 : 5 : 4 (7) 1 : 2 : 1 (8) 1 : 1 (9) 2 : 1 : 1 (10) 5 : 1 : 4

❷
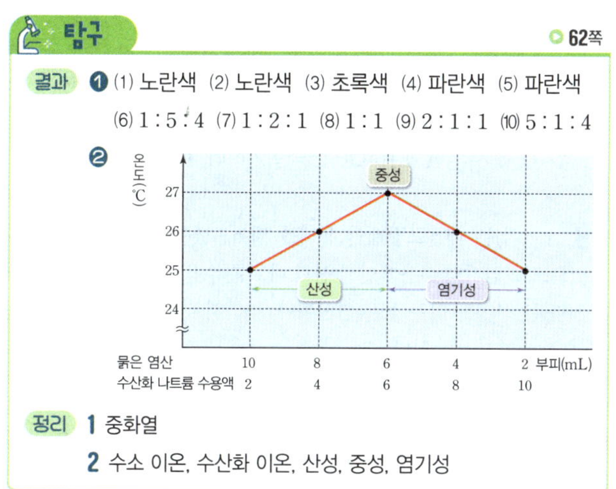

정리 1 중화열

2 수소 이온, 수산화 이온, 산성, 중성, 염기성

Quiz ❶

답 | (1) ① 2   ② 1   ③ 0   ④ 1   ⑤ 염기성   ⑥ 파란색

⑦ 2   ⑧ 0   ⑨ 0   ⑩ 2   ⑪ 중성   ⑫ 초록색

⑬ 2   ⑭ 0   ⑮ 1   ⑯ 3   ⑰ 산성   ⑱ 노란색

(2)
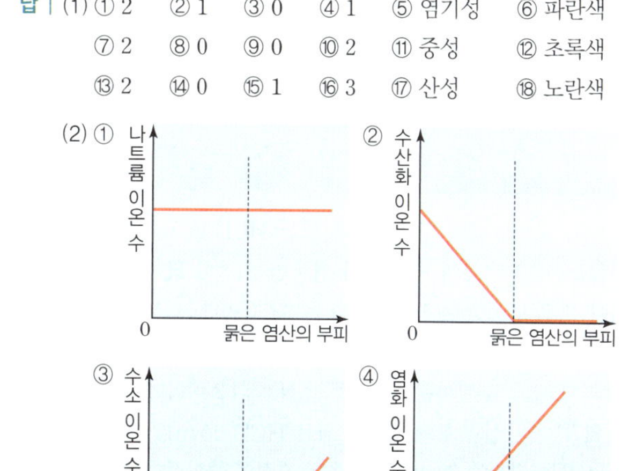

Quiz ❷

답 | (1) 산성

(2) 묽은 염산(HCl): 30 mL, 수산화 나트륨(NaOH) 수용액: 20 mL

Quiz ❸

답 | (1) 파란색

(2)
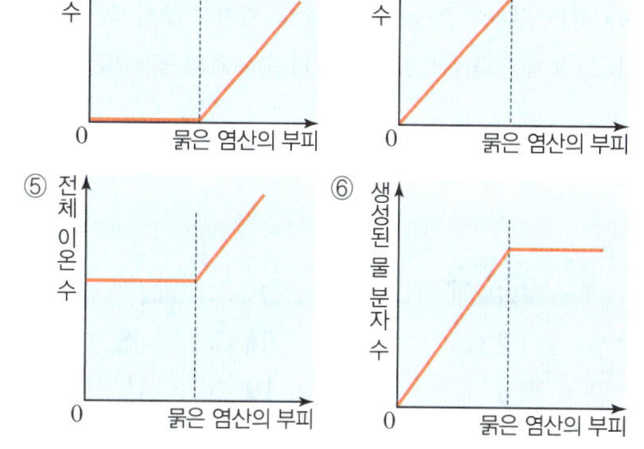

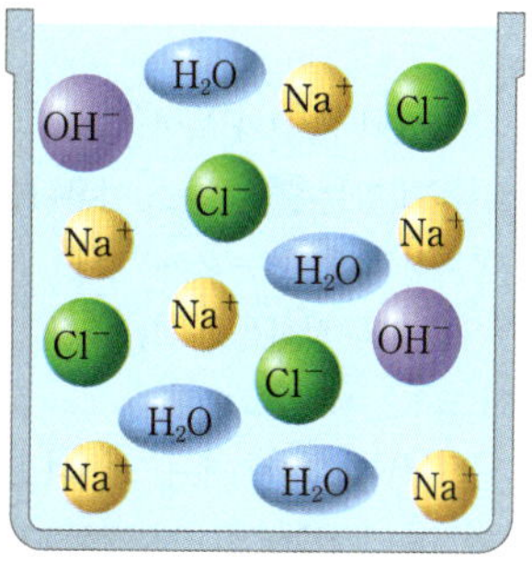

Quiz ❹

답 | (1) 염기성   (2) 파란색   (3) 0   (4) $3N$ (5) $15N$ (6) $12N$

(7) 염기성   (8) 파란색   (9) 0   (10) $6N$ (11) $12N$ (12) $6N$

(13) 중성   (14) 초록색   (15) 0   (16) $9N$ (17) $9N$ (18) 0

(19) 산성   (20) 노란색   (21) $6N$ (22) $12N$ (23) $6N$ (24) 0

(25) 산성   (26) 노란색   (27) $12N$ (28) $15N$ (29) $3N$ (30) 0

Quiz 5

답 | (1) ③

(2) 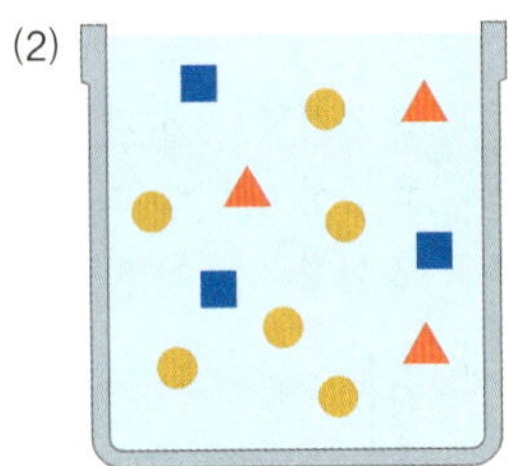

해설 | (1) ㄱ, ㄴ. 실험 I 에서 묽은 염산(HCl) 20 mL와 수산화 나트륨(NaOH) 수용액 40 mL가 반응한 지점이 H^+과 OH^-이 남김없이 모두 반응한 지점으로 온도는 32 °C이다. 따라서 묽은 염산(HCl)과 수산화 나트륨(NaOH) 수용액의 농도비는 2 : 1이고, 같은 부피에 들어 있는 이온 수는 Cl^-이 Na^+의 2 배이다.

바로 알기 ㄷ. 실험 II 에서 묽은 염산(HCl) 40 mL와 수산화 나트륨(NaOH) 수용액 20 mL가 반응한 지점이 중화점이므로, 묽은 염산(HCl)과 수산화 나트륨(NaOH) 수용액의 농도비는 1 : 2이다.

실력 다지기 문제 ◎ 66~71쪽

01 ①	**02** ⑤	**03** ⑤	**04** ③	**05** ②	**06** ④
07 ④	**08** ⑤	**09** ⑤	**10** ②	**11** ⑤	**12** ③
13 ⑤	**14** ③	**15** ③	**16** ⑤	**17** ②	**18** ②
19 ①	**20** ③	**21** ③	**22** ④		

서술형 23~27 해설 참조

01 ㄱ. 네 가지 물질 중 산성을 띠는 물질은 식초, 레몬즙 두 가지이다.

바로 알기 ㄴ. (나)는 염기성인 수산화 칼슘이므로 BTB 용액을 넣으면 파란색으로 변한다.
ㄷ. (다)는 중성을 띠는 염화 나트륨으로, 수용액 상태에서 수소 이온(H^+)이나 수산화 이온(OH^-)이 들어 있지 않다.

02 ㄱ. (가)와 (나)는 각각 산 HA와 H_2B가 녹아 있는 수용액이므로 산성이다. 따라서 공통으로 들어 있는 ■는 수소 이온(H^+)이다.
ㄴ. HA는 H^+과 A^-으로 이온화하고, H_2B는 2 개의 H^+과 B^{2-}으로 이온화한다. 따라서 ▲(A^-)은 -1의 전하를 띠고, ●(B^{2-})은 -2의 전하를 띠므로 이온의 전하 크기는 ● > ▲이다.
ㄷ. (가)에는 3 개의 HA를 넣은 것이고, (나)에는 2 개의 H_2B를 넣은 것이므로 넣어 준 산 입자의 수는 (가)에서가 (나)에서보다 크다.

03 ⑤ HCl와 CH_3COOH은 산이고, NaOH과 NH_3는 염기이다. 산은 수용액에서 마그네슘과 반응하면 수소 기체가 발생한다.

바로 알기 ① 모두 수용액에서 이온화하는 물질들이므로 모두 수용액에서 전류가 흐른다.
② 단백질을 녹이는 성질을 갖는 물질은 염기성이어야 하므로 NaOH과 NH_3가 이에 해당한다.

③ 수용액에서 대부분 이온화하는 물질은 HCl와 NaOH이다.
④ 페놀프탈레인 용액의 색을 붉게 변화시키는 것은 염기성 물질이다.

04 ㄱ, ㄴ. 푸른색 리트머스 종이가 붉게 변한 것은 묽은 염산에 들어 있는 수소 이온(H^+) 때문인데, A극 쪽으로 이동한 것으로 보아 A극은 (−)극이다.

바로 알기 ㄷ. 수산화 나트륨 수용액은 염기성이므로 같은 결과가 나타나지 않는다.

+ **문제 속 자료 분석**

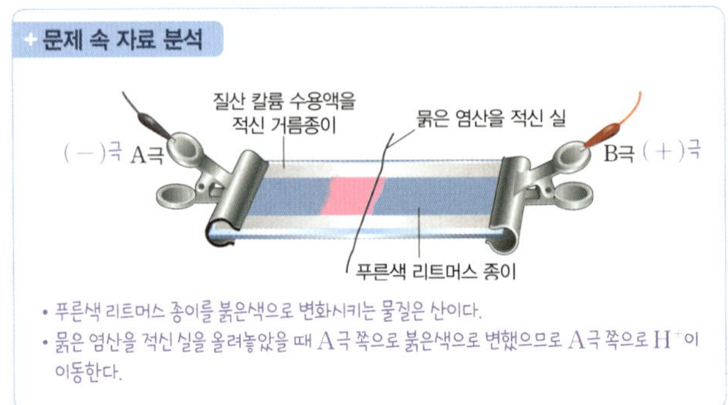

• 푸른색 리트머스 종이를 붉은색으로 변화시키는 물질은 산이다.
• 묽은 염산을 적신 실을 올려놓았을 때 A극 쪽으로 붉은색으로 변했으므로 A극 쪽으로 H^+이 이동한다.

05 바로 알기 ② NH_3는 염기이므로 수용액에서 NH_4^+과 OH^-으로 이온화된다.

06 ㄴ. AOH 수용액은 수용액 속에 OH^-이 존재하므로 염기성이다. 염기는 단백질을 녹이는 성질이 있다.
ㄷ. 메틸 오렌지 용액은 염기성에서 노란색으로 변한다.

바로 알기 ㄱ. 마그네슘 조각을 넣으면 수소 기체가 발생하는 것은 산 수용액이다.

07 ㄴ. 달걀 껍데기와 반응하는 것은 산이다. 반응하는 물질이 산이고, 반응하지 않는 물질이 염기이다.
ㄷ. BTB 용액은 산에서 노란색, 염기에서 파란색으로 색이 변한다. 따라서 색 변화로 산과 염기를 구별할 수 있다.
ㄹ. 마그네슘 조각을 넣었을 때 기체가 발생하는 것은 산이다. 따라서 기체의 발생 유무로 산과 염기를 구별할 수 있다.

바로 알기 ㄱ. 산과 염기 수용액은 이온이 존재하므로 모두 전류가 흐른다. 따라서 구별할 수 없다.

08 ㄱ. A는 BTB 용액이 노란색으로 변하므로 산이고, '붉은색'은 (가)로 적절하다.
ㄴ. C는 메틸 오렌지 용액이 노란색으로 변하고 A~D 중 염기가 한 가지이므로 염기이고, '파란색'은 (나)로 적절하다.
ㄷ. A~D 중 산은 A와 B이고, C는 염기이며, D는 중성이다.

09 ㄱ. (가)는 페놀프탈레인 용액을 떨어뜨렸을 때 붉은색으로 변하였으므로 염기성 수용액인 수산화 나트륨 수용액이다.
ㄷ. (다)는 산성을 띠는 묽은 염산이다. 따라서 마그네슘 조각을 넣으면 수소 기체가 발생한다.

바로 알기 ㄴ. (나)는 BTB 용액을 떨어뜨렸을 때 초록색을 띠므로 중성인 염화 나트륨 수용액이다. (나)에는 나트륨 이온과 염화 이온이 들어 있다.

10 A는 BTB 용액의 색이 초록색이므로 중성, B는 메틸 오렌지 용액의 색이 붉은색이므로 산성, C는 BTB 용액의 색이 파란색이므로 염기성이다.

ㄷ. 페놀프탈레인 용액은 산성, 중성에서 색 변화가 없다.

바로 알기 ㄱ. B는 산이므로 (가)로 '노란색'이 적절하다.

ㄴ. 염기는 C 1가지이다.

11 ① (가)~(라) 수용액에는 모두 이온이 존재하므로 전류가 흐른다.

② (다)의 혼합 용액의 액성은 중성이다.

③ (라)에는 H^+이 존재하므로 산성이다. 따라서 (라)에 BTB 용액을 떨어뜨리면 노란색으로 변한다.

④ 중화 반응이 일어나면 중화열이 발생하므로 수용액의 온도가 증가한다. 따라서 수용액의 온도는 (다)>(나)이다.

바로 알기 ⑤ (다)에서 수용액에 들어 있는 OH^-이 모두 반응하므로 (라)에서는 추가로 생성되는 물 분자가 없다. 따라서 생성된 물 분자 수는 (다)와 (라)에서 같다.

12 중화점에서는 혼합 용액의 온도가 가장 높으므로 C가 중화점이다.

13 OH^-이 가장 많이 들어 있는 (다)가 A이고, (나)가 B이며, 용액의 액성이 중성인 (가)가 C이다.

14 A~D는 각각 Cl^-, Na^+, OH^-, H^+이다.

ㄱ. B는 반응 전부터 들어 있는 이온으로 반응에 참여하지 않으므로 Na^+이다.

ㄴ. A는 반응이 시작되면서 이온 수가 증가하고 반응에 참여하지 않는다.

바로 알기 ㄷ. 중화점에서 반응하는 부피비는 NaOH 수용액이 묽은 염산의 2 배이므로 같은 부피의 이온 수는 묽은 염산이 수산화 나트륨 수용액의 2 배이다.

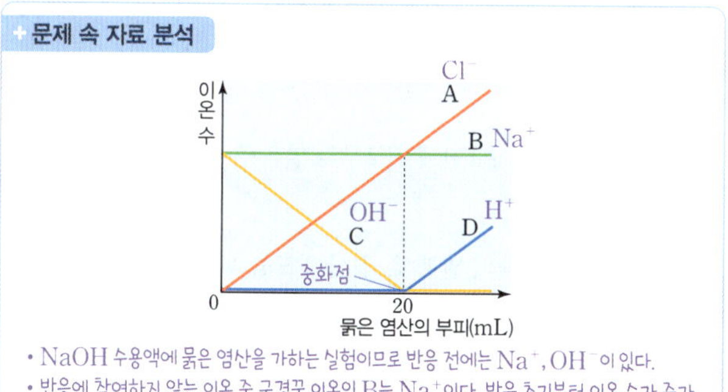

15 ㄱ. (가)와 (마)에서 혼합 용액의 전체 부피가 같고 최고 온도가 같으며, (다)에서 부피가 같을 때 혼합 용액의 최고 온도가 가장 높으므로 중화점은 (다)이다.

ㄴ. (나)와 (라)에서 혼합 용액의 전체 부피가 같고 최고 온도가 같으므로 생성된 물 분자 수는 (나)와 (라)에서 같다.

바로 알기 ㄷ. (마)에서 H^+과 OH^-이 중화 반응하므로 가장 많은 이온은 Cl^-이다.

16 ㄱ. B와 C에서 혼합 용액의 부피가 같고, 최고 온도가 같으므로 생성된 물 분자 수가 같다. 따라서 중화점에서의 부피비는 묽은 염산 : NaOH 수용액=3 : 2이다.

ㄴ. B에서 묽은 염산 30 mL가 모두 반응하였으므로 A에서 묽은 염산 10 mL가 모두 반응한 것이다. 따라서 생성된 물 분자 수는 B에서가 A에서의 3 배이다.

ㄷ. 같은 부피에 들어 있는 이온 수는 수산화 나트륨 수용액 : 묽은 염산=3 : 2이다.

17 ㄴ. 혼합 용액에는 OH^-이 존재하므로 염기성이다.

바로 알기 ㄱ. 혼합 용액에서 양이온과 음이온 수는 같으므로 (가)는 양이온, (나)는 음이온이다. 따라서 (가)는 Na^+, (나)는 OH^-이다.

ㄷ. 이 혼합 용액에 묽은 염산 10 mL를 추가하면 중화점에 도달한다. 따라서 Na^+, Cl^-만 혼합 용액에 존재하게 된다.

18 ㄴ. 중화점에서의 부피는 묽은 염산 : NaOH 수용액=1 : 2이므로 같은 부피의 이온 수는 묽은 염산이 NaOH 수용액의 2 배이다.

바로 알기 ㄱ. A와 D에서 혼합 용액의 전체 부피는 같고, 최고 온도도 같으므로 생성된 물 분자 수는 A와 D에서 같다.

ㄷ. E에서 생성된 물의 양은 D보다 작으므로 x는 25.3보다 작다.

19 ㄱ. A는 알짜 이온인 OH^-, B는 구경꾼 이온인 Cl^-이다.

바로 알기 ㄴ. 중화점에서의 부피는 묽은 염산 : 수산화 나트륨 수용액=4 : 1이므로 같은 부피에 들어 있는 이온 수는 수산화 나트륨 수용액이 묽은 염산의 4 배이다.

ㄷ. NaOH 수용액 10 mL를 가했을 때에는 Cl^- $2N$, OH^- $2N$, Na^+ $4N$이 존재한다. 따라서 혼합 용액 속 전체 이온 수는 $8N$이다.

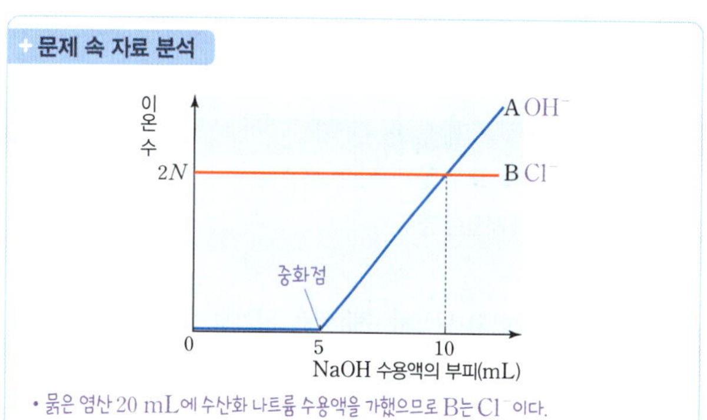

20 ㄱ. (가)는 기름 성분을 녹이는 성질을 이용할 수 있는 염기이고, (나)는 단백질을 녹이는 성질을 이용할 수 있는 염기이다.

ㄴ. (다)는 아스피린이고, (라)는 아세트산이므로 모두 산이다. 따라서 산의 수용액에 아연을 넣으면 모두 수소 기체가 발생한다.

바로 알기 ㄷ. 산성비의 원인 물질은 황산, 질산 등 대기 중의 산이므로 (라)에 사용하는 아세트산과는 다르다.

21 A는 염기성인 제산제, B는 염기성인 암모니아수, C는 산성인 레몬즙, D는 염기성인 하수구 세정제이다. (가)~(다)는 중화 반응을 이용한 예, (라)는 단백질을 녹이는 염기의 성질을 이용한 예이다.

22 ④ (라)에서 비린내를 내는 물질은 염기이고, 이를 중화시키기 위해서 산성인 레몬즙을 뿌린다.

바로 알기 ① (가)에서 염기인 표백제가 단백질을 포함한 얼룩을 제거한다.

② (나)에서 발생하는 기체는 수소이다.

③ (다)에서는 중화 반응을 이용하여 속 쓰림을 완화한다. 제산제는 염기이다.

⑤ (가)~(라) 중 중화 반응이 일어나는 것은 (다)와 (라)이다.

서술형 문제

23 모범 답안 | (가)는 산과 염기의 공통적인 성질이므로 '수용액이 전기 전도성이 있다.'가 해당한다. 이를 확인하기 위한 실험 방법으로는 산과 염기의 수용액에 각각 전기 전도도 측정 장치를 넣어 전류가 흐르는지 여부를 확인하면 된다.

해설 | 산과 염기의 수용액은 공통적으로 이온이 존재하므로 전기 전도성이 있다. 따라서 이를 확인하기 위해서는 전기 전도성을 확인하는 실험이 적절하다.

채점 기준	배점
산과 염기의 공통적인 성질인 (가)를 옳게 작성하고, 실험 방법도 옳게 제시한 경우	100 %
(가)를 옳게 작성하였으나 실험 방법이 적절하지 않은 경우	50 %

24 모범 답안 | 고무풍선의 크기가 커진다. 그 까닭은 묽은 염산인 산이 마그네슘 조각과 반응하면서 수소 기체가 발생하기 때문이다.

해설 | 묽은 염산은 산이므로 마그네슘과 반응하면 $Mg + 2HCl \longrightarrow H_2 + MgCl_2$의 반응이 일어난다. 따라서 수소 기체가 발생하므로 발생한 기체가 풍선의 크기를 커지게 한다.

채점 기준	배점
풍선의 변화와 까닭을 모두 옳게 서술한 경우	100 %
풍선의 변화만 옳게 서술한 경우	50 %

25 모범 답안 | 수산화 나트륨 수용액은 염기성이므로 붉은 양배추 지시약을 떨어뜨리면 노란색을 띠고, 드라이아이스가 물과 반응하여 산성 용액이 되므로 염기성 수용액이 중성, 산성을 거치면서 색이 보라색에서 붉은색으로 순차적으로 변하게 된다.

해설 | 붉은 양배추 지시약은 염기성에서 노란색이다. 드라이아이스는 물에 녹아 탄산을 만들고 산성을 띠게 된다. 따라서 드라이아이스는 용액을 점점 산성으로 만들게 된다.

채점 기준	배점
반응에 따른 지시약의 색 변화를 옳게 서술한 경우	100 %
반응만 옳게 서술한 경우	50 %

26 모범 답안 | (나)>(다)>(가), 묽은 염산(HCl)과 수산화 나트륨(NaOH) 수용액이 중화 반응하면 중화열이 발생하므로 혼합 용액의 온도가 높아지는데 두 수용액의 농도가 같으므로 중화 반응에 참여하는 이온 수는 (나)>(다)>(가)로 혼합 용액의 최고 온도는 (나)>(다)>(가)이다.

해설 | 반응 전 묽은 염산과 수산화 나트륨 수용액의 농도가 같으므로 같은 부피로 반응하는 (나)의 온도가 가장 높고, (가)에서보다 (다)에서 중화 반응이 더 일어난다.

채점 기준	배점
(가)~(다)의 온도 비교와 중화열의 발생과 가장 많은 중화 반응이 일어나는 까닭을 옳게 서술한 경우	100 %
(가)~(다)의 온도 비교만 옳은 경우	50 %

27 (1) 답 | ■: Cl^-, ●: H^+, ▲: Na^+, ★: OH^-

해설 | (가)와 (다)에 같은 수로 있는 이온은 구경꾼 이온이므로 ■은 Cl^-이다. ●은 (다)에 존재하지 않으므로 H^+이고, ▲의 수는 (다)에서 4이므로 구경꾼 이온인 Na^+이다. ★은 (다)에 1개만 존재하므로 OH^-이다.

(2) 모범 답안 | (다)의 모형으로부터 NaOH 수용액 20 mL를 가했을 때 ▲ 4개, ★ 4개가 가해진 것을 알 수 있다. 따라서 NaOH 수용액 10 mL가 가해진 (나)에는 ■ 3개, ● 1개, ▲ 2개가 들어 있다.

해설 | NaOH 수용액 10 mL가 가해진 (나)에는 ■ 3개, ● 1개, ▲ 2개가 들어 있다.

채점 기준	배점
모형의 종류와 수와 까닭을 모두 옳게 서술한 경우	100 %
모형의 종류와 수만 옳게 서술한 경우	50 %

06 물질 변화에서 에너지 출입

바로 복습 ▶73쪽

01 발열, 흡열	**02** 발열, 방출, 높아	**03** 흡수, 낮아
04 발열, 흡열	**05** ○　**06** ×	**07** ○　**08** ×

06 흡열 반응이 일어나면 주위로부터 열을 흡수하여 주위의 온도가 낮아진다.

08 탄산수소 나트륨의 열분해, 질산 암모늄의 용해 등은 흡열 반응이다.

실력 다지기 문제 ▶74~76쪽

01 ③	**02** ③	**03** ②	**04** ⑤	**05** ④	**06** ④
07 ⑤	**08** ③	**09** ①	**10** ②	**11** ③	**12** ①
서술형	**13~15** 해설 참조				

01 ㄱ. 물질 변화가 일어날 때 반응물과 생성물이 가지고 있는 에너지가 다르기 때문에 그 차이만큼 항상 에너지가 출입한다.

ㄷ. 중화 반응은 발열 반응이다.

 ㄴ. 흡열 반응이 일어나면 주위로부터 열에너지를 흡수하기 때문에 주위의 온도가 낮아진다.

02 ㄱ. 발열 반응은 에너지를 방출하는 반응이다.
ㄷ. 연료의 연소 반응은 발열 반응의 예이다.

 ㄴ. 발열 반응이 일어나면 주위로 에너지를 방출하기 때문에 주위의 온도가 높아진다.

03 ㄴ. 발열 반응은 반응이 진행되면 주위로 방출하기 때문에 방출하는 에너지만큼 에너지가 감소한다. 따라서 생성물의 에너지 합이 반응물의 에너지 합보다 작다.

 ㄱ. 아연은 금속이고, 묽은 염산은 산이다. 금속과 산의 반응은 발열 반응이다.
ㄷ. 물의 증발은 흡열 반응으로 발열 반응인 금속과 산의 반응과 에너지의 출입 방향이 다르다.

04 ㄱ, ㄷ. 생성물의 에너지 합이 반응물의 에너지 합보다 작아 그 차이만큼 에너지를 방출하는 발열 반응이다.
ㄴ. 발열 반응이 일어나면 주위로 에너지를 방출하기 때문에 주위의 온도가 높아진다.

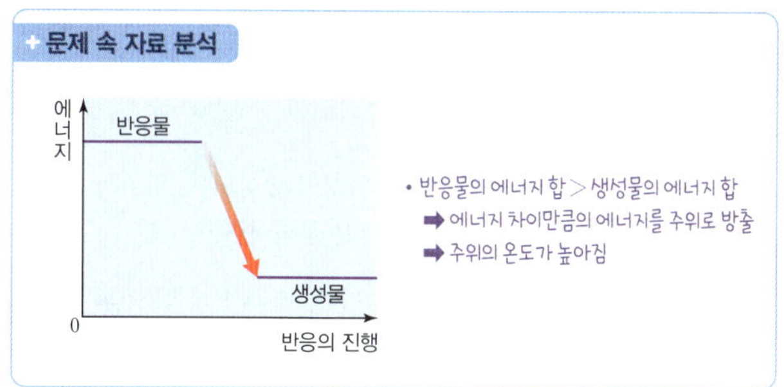

05 ㄴ. 생성물의 에너지 합이 반응물의 에너지 합보다 커서 그 차이만큼 에너지를 흡수하는 흡열 반응이다.
ㄷ. 흡열 반응이 일어나면 주위로부터 에너지를 흡수하기 때문에 주위의 온도가 낮아진다. 이를 냉각 팩에 이용할 수 있다.

 ㄱ. 에너지를 흡수하는 흡열 반응이다.

06 (나) 산화 칼슘과 물이 반응할 때 에너지를 방출하며 이를 조리용 발열 팩 등에 이용한다.
(다) 수증기가 응결해 구름이 될 때 액화열에 해당하는 에너지를 방출한다.

 (가) 광합성은 이산화 탄소와 물이 빛에너지를 흡수해 포도당과 물을 만드는 반응으로 흡열 반응이다.
$6CO_2 + 6H_2O + 빛 \longrightarrow C_6H_{12}O_6 + 6O_2$

07 물질의 운동 에너지는 고체 < 액체 < 기체이다. 액체인 알코올이 증발해서 기체가 되면 에너지가 더 높은 상태가 된다. 액체가 에너지가 더 높은 기체로 될 때 주위로부터 에너지를 흡수하는 흡열 반응이 일어나고, 주위의 온도는 낮아지므로 손 소독제를 손에 뿌리면 손이 시원해진다.

08 염화 칼슘의 용해 반응은 화학 반응식에서 생성물에 열이 포함되어 있으므로 발열 반응이다. 연료의 연소 반응, 휴대용 손난로도 발열 반응을 이용한 것이므로 열에너지의 출입 방향이 서로 같다.

 ㄷ. 냉각 팩은 흡열 반응을 이용한 것이다.

09 ㄱ. 산화 칼슘의 용해 반응은 발열 반응으로 반응이 일어날 때 주위의 온도가 높아진다.

 ㄴ. 에너지를 방출한 만큼 생성물의 에너지 합이 반응물의 에너지 합보다 작다.
ㄷ. 질산 암모늄의 용해 반응은 흡열 반응이다.

10 (가), (다) 연료의 연소는 발열 반응이고, 이글루의 내부에 물을 뿌리면 물이 응고하면서 응고열을 방출하여 내부 온도가 높아진다.
(나), (라) 여름철 마당에 물을 뿌리면 물이 증발하면서 기화열을 흡수하여 시원해지고, 냉매가 기화하면서 기화열을 흡수하여 냉장고 안이 시원해진다.

11 ㄱ. 발열 반응은 ㉠과 ㉢ 두 가지이다.
ㄷ. 반응물의 에너지 합이 생성물의 에너지 합보다 작은 것은 흡열 반응으로 ㉡ 한 가지이다.

 ㄴ. 화학 변화가 일어나는 것은 ㉠과 ㉢ 두 가지이다. 얼음이 녹는 것은 물리 변화이다.

12 탄산수소 나트륨의 열분해 반응을 화학 반응식으로 나타내면 다음과 같다.
$$2NaHCO_3 \longrightarrow NaCO_3 + H_2O + CO_2$$
ㄱ. X는 CO_2이다.

 ㄴ. 열분해 반응은 열을 흡수하면서 일어나는 반응이므로 흡열 반응이다.
ㄷ. 염화 칼슘의 용해 반응은 발열 반응으로, 염화 칼슘이 용해될 때 나오는 열로 눈을 녹이는 제설제로 이용된다.

13 **모범 답안 |** 반응이 진행되면 반응물의 에너지 합보다 생성물의 에너지 합이 더 크므로 그 차이만큼 에너지를 주위로부터 흡수해야 한다.
해설 | 화학 반응이 일어날 때 반응물과 생성물이 가지고 있는 에너지가 다르기 때문에 그 차이만큼 항상 에너지가 출입한다. 반응이 진행되면 반응물의 에너지 합보다 생성물의 에너지 합이 더 크므로 그 차이만큼 에너지를 주위로부터 흡수해야 한다.

채점 기준	배점
에너지의 출입 방향과 에너지 출입이 일어나는 까닭을 모두 옳게 서술한 경우	100 %
에너지의 출입 방향과 에너지 출입이 일어나는 까닭 중 한 가지만 옳게 서술한 경우	50 %

14 **모범 답안 |** ㉠은 끓음, ㉡은 증발로 모두 주위에서 에너지를 흡수하여 액체에서 기체로 되는 기화이다.

해설 | ㉠은 끓음으로 주위로부터 열에너지를 흡수하여 물이 수증기로 변한다. ㉡ 물이 끓을 때 보이는 김은 주전자에서 나온 수증기가 찬 공기에 닿아 식어서 작은 물방울로 액화된 것이며, 김은 공기 중에서 주위로부터 열에너지를 흡수하여 서서히 증발하여 다시 보이지 않게 된다. 즉, ㉠은 끓음, ㉡은 증발로 모두 주위에서 에너지를 흡수하여 액체에서 기체로 되는 기화이다.

채점 기준	배점
상태 변화와 에너지의 출입 방향을 모두 옳게 서술한 경우	100 %
상태 변화와 에너지의 출입 방향 중 한 가지만 옳게 서술한 경우	50 %

15 (1) **모범 답안 |** 액체 상태의 냉매가 기화할 때 주위로부터 에너지를 흡수한다. 따라서 주위의 온도는 낮아진다.

해설 | 냉장고 내부에서 액체 상태의 냉매가 주위의 에너지를 흡수하여 기화되면 냉장고 안의 온도가 낮아진다.

채점 기준	배점
에너지 출입 방향과 주위의 온도 변화를 옳게 서술한 경우	100 %
에너지 출입 방향과 주위의 온도 변화 중 한 가지만 옳게 서술한 경우	50 %

(2) **모범 답안 |** 압축된 기체 상태의 냉매가 액화될 때 주위로 에너지를 방출한다. 따라서 주위의 온도는 높아진다.

해설 | 응축기에서 기체 상태의 냉매가 주위로 에너지를 방출하며 액화된다.

채점 기준	배점
에너지 출입 방향과 주위의 온도 변화를 옳게 서술한 경우	100 %
에너지 출입 방향과 주위의 온도 변화 중 한 가지만 옳게 서술한 경우	50 %

빈출자료 · 77~81쪽

	1	2	3	4	5	6	7
1	1 ○	2 ○	3 ○	4 ×	5 ○		
2	1 ○	2 ×	3 ○	4 ○	5 ○	6 ○	
3	1 ○	2 ×	3 ×	4 ○	5 ×	6 ○	
4	1 ○	2 ○	3 ○	4 ○	5 ○	6 ×	
5	1 ○	2 ×	3 ×	4 ○	5 ○	6 ○	
6	1 ○	2 ○	3 ○	4 ○	5 ×		
7	1 ○	2 ○	3 ×	4 ○	5 ×		
8	1 ○	2 ○	3 ○	4 ×	5 ×		
9	1 ○	2 ○	3 ×	4 ×	5 ×	6 ○	7 ×
10	1 ○	2 ×	3 ○	4 ○	5 ○		
11	1 ○	2 ○	3 ×	4 ×	5 ×		
12	1 ○	2 ○	3 ○	4 ○	5 ×		
13	1 ○	2 ×	3 ○	4 ×	5 ×		
14	1 ○	2 ×	3 ○	4 ○	5 ×		
15	1 ○	2 ○	3 ×	4 ○			

1-4 (나)에서 CO_2는 환원된다.

2-2 (나)는 중화 반응이다.

3-2 (나) → (다) 과정에서 H_2는 O를 얻어 H_2O이 되므로 산화된다.

3-3 (나)에서 산화 구리(Ⅱ)가 (다)에서 구리로 변하므로 질량은 감소한다.

3-5 (나) → (다) 과정에서 산화 구리(Ⅱ)가 환원된다.

4-3 산화 구리(Ⅱ)가 구리로 변하므로 질량은 감소한다.

4-6 석회수에서 일어나는 반응의 화학 반응식은 $Ca(OH)_2+CO_2 \longrightarrow CaCO_3+H_2O$이므로 앙금 생성 반응이 일어난다.

5-2 수용액에서 일어나는 반응의 화학 반응식은 $A+2B^+ \longrightarrow A^{2+}+2B$이므로 반응이 진행될 때 수용액 속 양이온 수는 감소한다.

5-3 A 1 개가 반응할 때 B 2 개가 생성되므로 감소한 A의 질량 : 석출된 B의 질량$=207 : 2×108=23 : 24$이다.

6-5 나트륨은 공기 중의 산소, 물과 반응하므로 석유나 파라핀에 보관해야 한다.

7-3 (다)는 NaCl 수용액이므로 액성이 중성이다. 따라서 페놀프탈레인 용액을 넣었을 때 수용액의 색은 무색이다.

7-5 (나)는 HCl 수용액으로 산성이다. 따라서 금속 Zn과 반응하여 수소 기체가 발생한다.

8-4 식초와 묽은 염산이 각각 탄산 칼슘과 반응하여 생성되는 기체는 이산화 탄소이다.

8-5 수용액에서 H^+이 존재하는 것은 산성인데 식초, 묽은 염산이 이에 해당한다.

9-3 (가)에서 붉은색으로 변한 부분이 ($-$)극 쪽으로 이동하므로 산성을 나타내는 이온은 ($+$)전하를 띰을 알 수 있다.

9-4 (나)에서 푸른색으로 변한 부분이 ($+$)극 쪽으로 이동하므로 염기성을 나타내는 이온은 ($-$)전하를 띰을 알 수 있다.

9-5 (가)에서 수소 이온은 ($-$)극 쪽으로 이동하고, ($+$)극 쪽으로는 염화 이온(Cl^-)과 질산 이온(NO_3^-)이 이동한다.

9-7 (나)에서 ($+$)극 쪽으로 이동하는 이온의 종류는 OH^-과 NO_3^-의 두 가지이다.

10-2 (다)에서 A와 B의 수용액이 같은 부피로 혼합되었을 때 중성이므로 (가)가 산성인 것은 B 수용액이 HCl 수용액이고 A 수용액이 NaOH 수용액이기 때문이다. (나)에서는 A 수용액의 부피가 더 크므로 이온 수는 $Na^+>Cl^-$이다.

11-3 (다)에서 OH^-이 존재하므로 염기성이다.

11-4 (나)와 (다)에서 반응한 HCl 수용액의 부피가 같으므로 (나)에서 생성된 물 분자 수를 10이라고 하면 (다)에서 생성된 물 분자 수도 10으로 같다.

11-5 혼합 용액 속 전체 이온 수를 (나)에서 20(Na^+ 10, Cl^- 10)이라고 하면, (다)에서 전체 이온 수는 40(Na^+ 20, Cl^- 10, OH^- 10)이다.

12-1 ●은 (나)와 (다)에서 그 수가 변하지 않으므로 반응 초기부터 존재한 구경꾼 이온인 Cl^-이다.

12-5 묽은 염산 10 mL에 들어 있는 H^+과 Cl^-이 각각 3 개이고, 수산화 나트륨 수용액 10 mL에 들어 있는 Na^+과 OH^-이 각각 2 개이므로 같은 부피에 들어 있는 이온 수비는 묽은 염산 : 수산화 나트륨 수요액=3 : 2이다.

13-2 (가)는 발열 반응으로 반응이 진행되면 주위의 온도가 높아진다.

13-4 (나)는 흡열 반응으로 생성물의 에너지 합이 반응물의 에너지 합보다 크다.

13-5 냉각 팩은 흡열 반응로 에너지 출입 방향은 (나)에서와 같다.

14-2 A는 고체가 액체로 변하는 융해이다. 액화는 기체가 액체로 변하는 것으로 D이다.

14-5 소나기가 내리기 전 수증기가 물로 액화되면서 액화열을 방출하기 때문에 무덥다. 액화는 D이다.

15-3 ©은 흡열 반응으로 생성물의 에너지 합이 반응물의 에너지 합보다 크다.

시험대비 문제
◎ 82~87쪽

01 ③	02 ③	03 ⑤	04 ④	05 ⑤	06 ⑤
07 ④	08 ③	09 ④	10 ①	11 ⑤	12 ③
13 ③	14 ③	15 ⑤	16 ②		
만점 도전 17 ③	18 ①	19 ①	20 ①		
서술형 21~26 해설 참조					

01 ㄱ. (가)는 메테인이 산소와 반응하는 연소 반응이다.
ㄷ. (가)~(다)의 반응은 모두 인류 문명 발전에 기여하였다.

바로 알기 ㄴ. (나)의 반응을 통해서 포도당을 얻을 수 있는 것은 식물만 가능하다.

02 환원되는 물질은 산소를 잃거나 전자를 얻는 물질이다. (가)에서 환원되는 물질은 O_2이고, (나)에서 환원되는 물질은 NO이며, (다)에서 환원되는 물질은 Fe_2O_3이다.

03 ㄱ. (가)는 Cu가 산소와 반응하여 산화 구리(Ⅱ)(CuO)가 되는 반응이다.
ㄴ. (나)는 산화 구리(Ⅱ)(CuO)가 H_2와 반응하여 Cu가 되는 반응이다.
ㄷ. 두 반응에서 모두 산소의 이동이 있으므로 산화 환원 반응이다.

04 ㄴ. (나)에서 생성된 A는 MgO이고, CO_2는 산소를 잃으므로 환원된다.
ㄷ. (가)에서 전자를 잃는 물질은 산화된 것이므로 Mg이다.

바로 알기 ㄱ. (가)에서 일어나는 반응은 $2Mg + CO_2 \longrightarrow 2MgO + C$이다. 따라서 A는 MgO이다.

05 ㄱ. Zn은 Zn^{2+}이 되므로 전자를 잃는다.
ㄴ. Cu^{2+}이 사라지면서 수용액의 색이 무색이 된 것으로 보아 Cu^{2+}은 푸른색을 띤다.
ㄷ. SO_4^{2-}은 이온 수의 변화가 없는 구경꾼 이온이다.

+ 문제 속 자료 분석

구분	반응 전	반응 후
수용액에 들어 있는 이온의 모형	Cu^{2+} SO_4^{2-} SO_4^{2-} Cu^{2+}	SO_4^{2-} Zn^{2+} Zn^{2+} SO_4^{2-}
수용액의 색	푸른색	무색

- 화학 반응식: $Zn + Cu^{2+} \longrightarrow Zn^{2+} + Cu$
- 반응 전과 반응 후에 SO_4^{2-}의 수는 변화없으므로 SO_4^{2-}은 반응에 참여하지 않는다.

06 ㄱ. 구리가 산소와 반응하면 검은색의 산화 구리(Ⅱ)가 생성된다.
ㄴ. 구리에 산소가 결합한 것이므로 질량은 증가하게 된다.
ㄷ. 산화 구리(Ⅱ)의 색은 검은색이다.

07 KOH 수용액은 염기성이므로 (가)의 분류 기준으로 적절한 것은 ㄴ이고, H_2SO_4 수용액은 산성이므로 탄산 칼슘을 넣으면 이산화 탄소 기체를 발생시킬 수 있다. 따라서 분류 기준으로 가장 적절한 것은 (가)는 ㄴ, (나)는 ㄷ이다.

바로 알기 ㄱ. 세 가지 수용액 모두 전기 전도성이 있다.

08 ㄱ. 푸른색 리트머스 종이를 붉게 변화시키는 물질은 산성이고, 그 물질이 나타내는 이온이 (−)극 쪽으로 이동한 것이므로 산성을 나타내는 물질은 (+)전하를 띤다는 것을 알 수 있다.
ㄴ. 아세트산도 산성을 띠는 물질이므로 묽은 염산과 같은 결과를 나타낸다.

바로 알기 ㄷ. (+)극 쪽으로는 염화 이온(Cl^-), 질산 이온(NO_3^-)이 이동한다.

09 (가)~(라) 중 중화 반응의 사례에 해당하는 것은 (가), (다), (라)이고, (나)는 산화 환원 반응을 이용한 사례이다.

10 페놀프탈레인 용액의 색으로 보아 Ⅰ의 용액은 산성 또는 중성이고, Ⅱ의 용액은 염기성이다.

ㄱ. (다)에서 HCl 수용액과 NaOH 수용액의 중화 반응이 일어나므로 중화열이 발생한다.

바로 알기 ㄴ. 용액의 액성이 바뀌었으므로 생성된 물의 양은 Ⅱ에서가 Ⅰ에서보다 많거나 같다.

ㄷ. (라)에서 Ⅱ에 들어 있는 용액은 페놀프탈레인 용액의 색을 붉은색으로 만들었으므로 염기성이다.

> **+ 문제 속 자료 분석**
>
> NaOH 수용액 5 mL   NaOH 수용액 15 mL
>
> HCl 수용액 10 mL + 페놀프탈레인 용액
>
> Ⅰ   Ⅱ
>
> Ⅰ → Ⅱ로 되면서 NaOH 수용액의 부피가 증가하고 액성이 바뀌므로 중화 반응이 더 일어난 것이다.

11 ㄱ. 혼합 용액의 부피는 (가)~(다)에서 같은데, 온도는 (나)에서 가장 높으므로 (나)가 중화점이다.

ㄴ. (나)가 중화점이므로 (가)에서는 묽은 염산 20 mL가 모두 반응하고, (다)에서는 NaOH 수용액 10 mL가 모두 반응하게 되므로 생성된 물의 양은 (가)에서가 (다)에서의 2배이다.

ㄷ. 두 수용액은 1:1의 부피비일 때 모두 반응하므로 혼합 용액 속 전체 이온 수는 과량으로 반응한 용액에 의해 좌우된다. 따라서 전체 이온 수비는 (가):(나)=4:3이다.

12 ㄱ. 세 가지 수용액 중 염기성이 2개이므로 ●은 OH^-이다. (다)는 묽은 염산(HCl)이다.

ㄴ. (가)와 (다)를 혼합한 용액에는 H^+이 1개 들어 있으므로 산성이다.

바로 알기 ㄷ. (나)와 (다)를 모두 혼합한 용액에 들어 있는 전체 이온 수는 6이고, (가)에 들어 있는 전체 이온 수는 4이다.

13 ㄱ, ㄴ. 반응물인 $H_2O(g)$의 에너지가 생성물인 $H_2O(l)$의 에너지보다 크므로 반응물과 생성물의 에너지 차이만큼 에너지를 방출하는 발열 반응이다.

바로 알기 ㄷ. 에너지가 낮을수록 안정하다. 따라서 $H_2O(l)$이 $H_2O(g)$보다 안정하다.

14 ㄱ. (가)는 액체 수소가 기체 수소로 변하는 상태 변화로 기화열에 해당하는 열에너지를 흡수한다.

ㄷ. (나)에서 에너지를 방출하므로 (나)에서 반응물의 에너지 합이 생성물의 에너지 합보다 크다.

바로 알기 ㄴ. (나)는 수소와 산소가 반응하여 물과 에너지를 방출하는 반응으로 화학 변화이다.

15 ㉠과 ㉡을 화학 반응식으로 나타내면 다음과 같다.

㉠ $4Fe(s) + 3O_2(g) \longrightarrow 2Fe_2O_3(s) + 열$

㉡ $CaO(s) + H_2O(l) \longrightarrow Ca(OH)_2(aq) + 열$

ㄱ. 발열 반응이다.

ㄴ. 발열 반응이 일어나면 주위로 에너지를 방출하기 때문에 주위의 온도가 높아진다.

ㄷ. 발열 반응은 반응물의 에너지 합이 생성물의 에너지 합보다 크고, 그 차이만큼 에너지를 방출한다.

16 화학 반응식에서 생성물에 열을 같이 쓰면 발열 반응, 반응물에 열을 같이 쓰면 흡열 반응이다. 따라서 (가)와 (나)는 발열 반응, (다)는 흡열 반응이다.

ㄴ. (나)는 발열 반응이므로 반응물의 에너지 합이 생성물의 에너지 합보다 크다.

바로 알기 ㄱ. (가)는 발열 반응으로 반응이 일어나면 주위로 열을 방출하여 주위의 온도가 높아진다.

ㄷ. (다)는 흡열 반응이고, 손난로에서는 발열 반응이 일어난다.

만점 도전 문제

17 ㄱ. A는 A^{2+}이 되므로 A는 산화된다.

ㄴ. $A + 2B^+ \longrightarrow A^{2+} + 2B$의 반응이 일어나므로 수용액 속 양이온 수는 감소한다.

바로 알기 ㄷ. 석출된 B의 입자 수가 감소한 A의 입자 수의 2배이고, 원자량비는 A:B=207:108이므로 석출된 B의 질량>감소한 A의 질량이다.

18 ㄱ. 중화점은 넣어 준 NaOH 수용액의 부피가 5 mL일 때이다. A는 중화점 이후에 이온 수가 증가하므로 OH^-이다.

바로 알기 ㄴ. 중화점에서 혼합 용액의 온도가 최고이다. 따라서 넣어 준 NaOH 수용액의 부피가 5 mL일 때 혼합 용액의 온도가 최고이다.

ㄷ. 넣어 준 NaOH 수용액의 부피가 7.5 mL일 때 Na^+ $3N$, OH^- $3N$이 들어가므로 혼합 용액 속 전체 이온 수는 $6N$이다.

> **+ 문제 속 자료 분석**
>
> 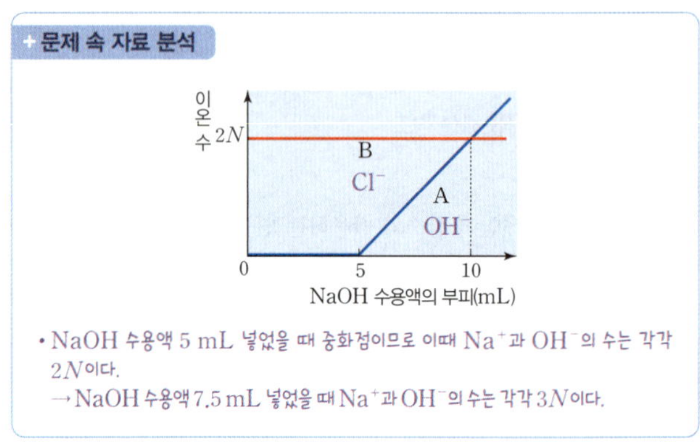
>
>
> • NaOH 수용액 5 mL 넣었을 때 중화점이므로 이때 Na^+과 OH^-의 수는 각각 $2N$이다.
> → NaOH 수용액 7.5 mL 넣었을 때 Na^+과 OH^-의 수는 각각 $3N$이다.

19 혼합 전 $Ca(OH)_2$ 수용액에서 양이온 수와 음이온 수의 비는 1:2이므로 (가)와 (나)에는 Ca^{2+}이 들어 있다. 이때 (가)와 (나)의

혼합 전 Ca(OH)₂ 수용액의 부피가 같으므로 (가)와 (나)에서 같은 개수로 존재하는 ▲은 Ca^{2+}이다. 따라서 ■은 OH^-, ★은 Na^+, ●은 Cl^-이고, (다)는 HCl 수용액과 NaOH 수용액을 같은 부피로 혼합한 용액이므로 들어 있는 이온은 ★, ●이다.

20 ㄱ. $NH_4NO_3(s)$이 용해되면서 수용액의 온도가 낮아지므로 $NH_4NO_3(s)$의 용해 반응은 흡열 반응이다.

바로 알기 ㄴ. ㉠은 흡열 반응이므로 반응물의 에너지 합보다 생성물의 에너지 합이 더 크다.
ㄷ. ㉡은 에너지가 높은 수증기가 에너지가 낮은 물로 상태 변화하므로 주위로 에너지를 방출한다.

서술형 문제

21 (1) **답** | (가): 호흡, (나): 광합성
해설 | 포도당과 산소가 반응하여 이산화 탄소와 물이 생성되는 반응은 호흡이고, 이산화 탄소와 물이 반응하여 포도당과 산소가 생성되는 반응은 광합성이다.
(2) **모범 답안** | (가)는 호흡으로, 생명체는 호흡으로 생성되는 에너지를 이용하기 때문이다.
해설 | 생명체는 호흡 과정에서 발생하는 에너지를 이용하여 생명 활동을 이어갈 수 있다.

채점 기준	배점
호흡으로 생성되는 에너지를 이용한다는 점을 언급한 경우	100 %
공기의 출입만을 서술한 경우	25 %

22 **모범 답안** | (가) $2Cu+O_2 \longrightarrow 2CuO$, (나) $CuO+CO \longrightarrow Cu+CO_2$, (가)에서 CuO가 생성되므로 검게 변하고, (나)에서 Cu가 다시 생성되므로 붉게 변하게 된다.
해설 | (가)에서는 구리판이 검게 변했으므로 CuO가 생성된 것이고, (나)에서는 검은색 구리판이 다시 붉게 변하였으므로 Cu가 생성된 것이다. 두 반응에서 모두 공기 중에서 연소시키는 것이므로 산소가 관여된다.

채점 기준	배점
화학 반응식과 까닭을 모두 옳게 서술한 경우	100 %
화학 반응식만 옳게 쓴 경우	50 %

23 (1) **답** | $B \longrightarrow A^{m+}$
(2) **모범 답안** | $n>m$, A^{m+}은 B로부터 전자를 얻어 환원된다. 수용액의 전체 양이온 수는 감소하므로 B 이온의 전하가 A 이온의 전하보다 크다. 따라서 $n>m$이다.
해설 | B가 산화되고 A^{m+}이 환원되는 반응이 일어나는 과정에서 전체 양이온 수가 감소하였으므로 B^{n+}의 전하량이 A^{m+}보다 크다는 것을 알 수 있다. 수용액에서 양이온의 총 전하량은 변화가 없다.

채점 기준	배점
크기 비교와 까닭을 모두 옳게 서술한 경우	100 %
크기 비교만 옳게 서술한 경우	50 %

24 **모범 답안** |

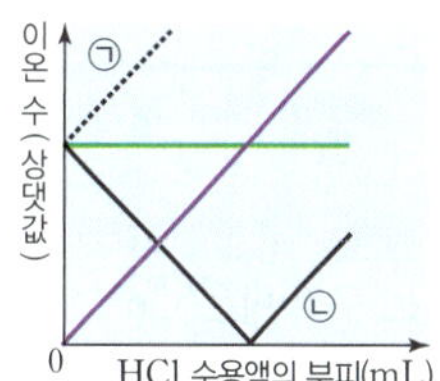

해설 | 구경꾼 이온 수 합(㉠)은 초기 값에서 계속 증가하고, 알짜 이온 수 합(㉡)은 초기에는 계속 감소하다가 중화점 이후에 증가한다.

채점 기준	배점
㉠과 ㉡을 모두 그림에 옳게 나타낸 경우	100 %
한 가지만 옳게 나타낸 경우	50 %

25 **모범 답안** | 묽은 염산 수용액과 NaOH 수용액이 각각 30 mL씩 반응한 수용액과 각각 40 mL, 20 mL 반응한 수용액의 최고 온도가 같으므로 중화 반응으로 생성된 물 분자 수가 같다. 따라서 중화점의 부피비는 묽은 염산 : NaOH 수용액=3 : 2이므로 같은 부피의 이온 수비는 묽은 염산 : NaOH 수용액=2 : 3이다.
해설 | 혼합 용액 전체의 부피가 60 mL로 같은 실험에서 온도가 같은 지점을 찾아보면 묽은 염산과 NaOH 수용액이 각각 30 mL씩 반응할 때와 각각 40 mL, 20 mL가 반응할 때의 온도가 같다. 따라서 중화점에서 수용액의 부피비는 묽은 염산 : NaOH 수용액=3 : 2이고, 묽은 염산과 NaOH 수용액은 1 : 1의 이온 수비로 반응하므로 이온 수비는 부피비와 반비례하여 묽은 염산 : NaOH 수용액=2 : 3이다.

채점 기준	배점
이온 수비와 풀이 과정을 모두 옳게 서술한 경우	100 %
이온 수비만 옳게 구한 경우	50 %

＋ 문제 속 자료 분석

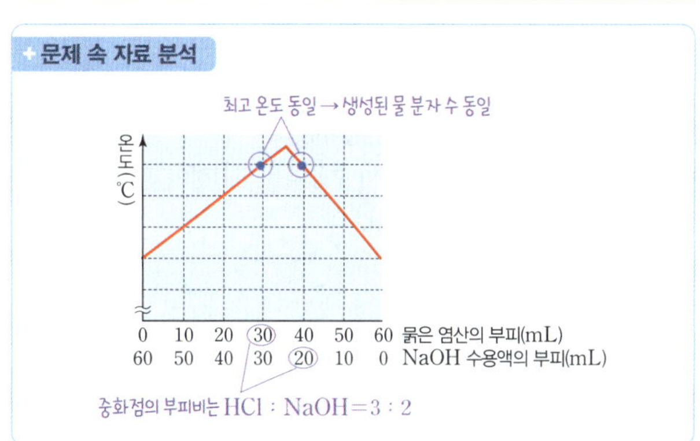

26 **모범 답안** | 구제역을 일으키는 바이러스는 열에 약하므로 산화 칼슘과 물이 반응할 때 방출하는 많은 열에너지를 이용하여 바이러스를 살균할 수 있다.
해설 | 산화 칼슘(CaO)이 물에 녹는 반응은 많은 열에너지를 방출하는 발열 반응이다. 구제역을 일으키는 바이러스는 열에 약하므로 산화 칼슘과 물이 반응할 때 방출하는 많은 열에너지를 이용하여 바이러스를 살균할 수 있다.

채점 기준	배점
산화 칼슘과 물의 반응이 발열 반응이라는 것과 바이러스가 열에 약하다는 것을 모두 옳게 서술한 경우	100 %
산화 칼슘과 물의 반응이 발열 반응이라는 것과 바이러스가 열에 약하다는 것 중 한 가지만 옳게 서술한 경우	50 %

01 ③　　**02** ①　　**03** ⑤　　**04** ⑤

01 ㄱ. 산화 구리(Ⅱ)는 구리 이온(Cu^{2+})과 산화 이온(O^{2-})이 결합한 이온 결합 물질이고 반응 후 구리(Cu)가 생성되었으므로 구리 이온은 전자를 얻는다.

ㄷ. 석회수에서는 발생한 이산화 탄소가 석회수와 반응하여 앙금 생성 반응과 중화 반응이 일어난다. 중화 반응이 일어났으므로 중화열이 방출되어 온도가 높아진다.

바로 알기　ㄴ. 탄소(C) 가루는 산화 구리(Ⅱ)의 산소를 얻어 이산화 탄소가 되므로 산화된다.

＋문제 속 자료 분석

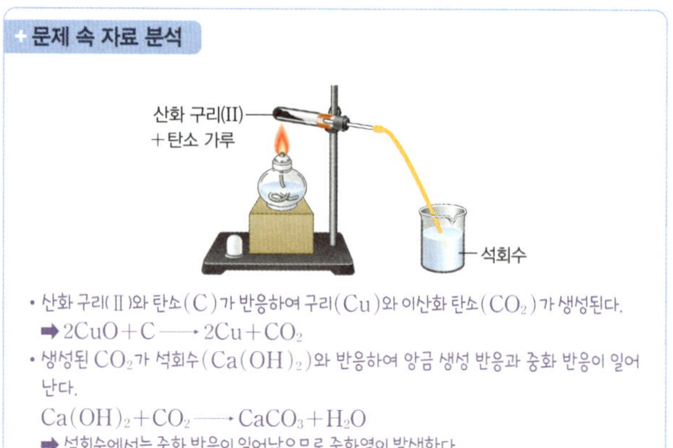

• 산화 구리(Ⅱ)와 탄소(C)가 반응하여 구리(Cu)와 이산화 탄소(CO_2)가 생성된다.
➡ $2CuO + C \longrightarrow 2Cu + CO_2$
• 생성된 CO_2가 석회수($Ca(OH)_2$)와 반응하여 앙금 생성 반응과 중화 반응이 일어난다.
$Ca(OH)_2 + CO_2 \longrightarrow CaCO_3 + H_2O$
➡ 석회수에서는 중화 반응이 일어났으므로 중화열이 발생한다.

02 ㄱ. (나)에서 생성되는 ㉡은 $NaCl$이므로 나트륨은 전자를 잃고, 염소는 전자를 얻는 산화 환원 반응이 일어난다.

바로 알기　ㄴ. ㉠은 HCl로 물에 녹인 수용액은 산성이다. ㉡은 $NaCl$으로 물에 녹인 수용액은 중성이다.
ㄷ. ㉢은 $Ca(OH)_2$으로 물에 녹인 수용액은 염기성이고, BTB 용액을 떨어뜨리면 푸른색으로 변한다.

＋문제 속 자료 분석

(가) $H_2 + Cl_2 \longrightarrow 2HCl$
　　→HCl 수용액은 산성이다.

(나) $2Na + \longrightarrow 2NaCl$
　　→(나)에서 Na은 전자를 잃고, Cl_2는 전자를 얻어 Na^+과 Cl^-이 생성되므로 산화 환원 반응이 일어난다.

(다) $CaO + H_2O \longrightarrow Ca(OH)_2$
　　→(나)에서 Na은 전자를 잃고, Cl_2는 전자를 얻어 Na^+과 Cl^-이 생성되므로 산화 환원 반응이 일어난다. →$Ca(OH)_2$ 수용액은 염기성이다.

03 ㄱ. ㉠은 H^+이고, ㉡은 OH^-이므로 ㉠과 ㉡이 반응하면 H_2O이 생성된다.

ㄴ. (가)와 (다)에서 최고 온도가 t_1 ℃로 같으므로 전체 수용액의 부피가 같고 같은 양의 중화 반응이 일어난 것이다. 따라서 $x=5$이다.

ㄷ. (가)에서는 $NaOH$ 수용액 5 mL에 들어 있는 OH^-이 모두 반응한 것이고, (나)에서는 $NaOH$ 수용액 10 mL에 들어 있는 OH^-이 모두 반응한 것이므로 생성된 물 분자 수는 (나)가 (가)의 2배이다.

＋문제 속 자료 분석

혼합 용액	수용액의 부피(mL)		수용액 속 이온의 종류	최고 온도 (℃)
	HCl	NaOH		
(가)	15	5	㉠H^+, Na^+, Cl^-	t_1
(나)	10	10	Na^+, Cl^-	t_2
(다)	x ⑤	15	㉡OH^-, Na^+, Cl^-	t_1

• (나)가 중화점이므로 묽은 염산과 $NaOH$ 수용액의 농도는 같음을 알 수 있다.
• (가)와 (다)에서 최고 온도가 t_1℃로 같으므로 전체 수용액의 부피가 같고, 반응한 H^+과 OH^-의 수가 같음을 알 수 있다. 따라서 $x=5$이다.
• (가)는 산성이므로 ㉠은 H^+이고, (다)는 염기성이므로 ㉡은 OH^-이다.

04 ㄱ, ㄴ. ㉠이 일어날 때 물이 어는 것으로 보아 삼각 플라스크 안의 온도가 낮아졌으므로 ㉠은 흡열 반응이다.

ㄷ. ㉠은 흡열 반응이고, 액체인 물이 고체인 물로 어는 ㉡은 발열 반응이므로 나무판에서 적신 물에서 삼각 플라스크 안의 용액으로 에너지가 이동하였다.

Ⅱ 환경과 에너지

Ⅱ-1 생태계와 환경 변화

✔ 중학교에서 배운 내용을 떠올려 볼까요?　　◉ 90~91쪽

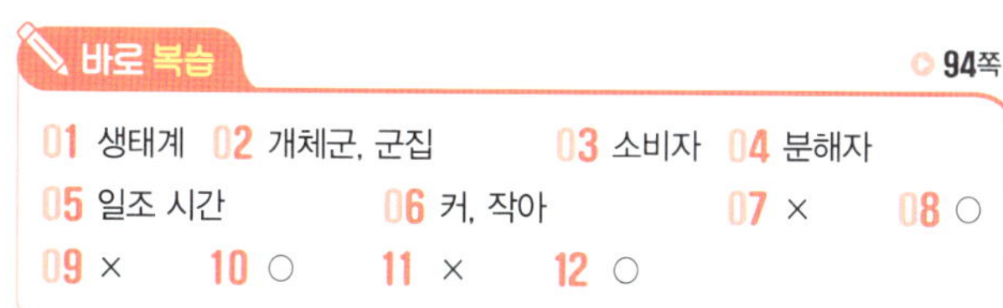

01 높을수록, 먹이그물　　02 온실 효과
03 이산화 탄소　　04 전환
05 전기 에너지, 보존

07 생물과 환경

✎ 바로 복습　　◉ 94쪽

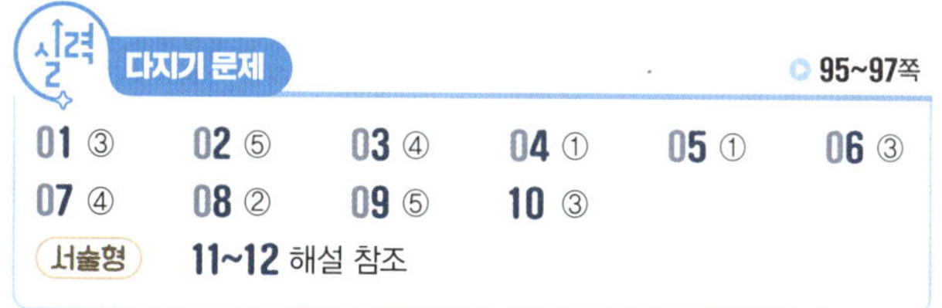

01 생태계　02 개체군, 군집　　03 소비자　04 분해자
05 일조 시간　　06 커, 작아　　07 ×　　08 ○
09 ×　　10 ○　　11 ×　　12 ○

07 일정 지역에서 같은 종의 개체들이 모여 개체군을 형성한다.

09 생물요소에는 생산자, 소비자, 분해자가 있으며, 스스로 양분을 합성할 수 있는 독립영양생물은 생산자이다.

11 선인장의 잎이 가시로 변한 것은 물의 손실을 줄이기 위한 것이다.

12 산소가 부족한 고산 지대에 사는 사람이 산소를 효율적으로 이용하기 위해 적혈구 수가 많은 것은 공기가 생물에 영향을 준 것이다.

실력 다지기 문제　　◉ 95~97쪽

01 ③　　02 ⑤　　03 ④　　04 ①　　05 ①　　06 ③
07 ④　　08 ②　　09 ⑤　　10 ③
[서술형]　11~12 해설 참조

01 ㄱ. 멸치와 고등어는 모두 다른 생물을 먹이로 잡아먹어 양분을 얻는 소비자이다.

ㄴ. 미역과 멸치는 같은 지역에 서식하며 서로 영향을 주고받으므로 같은 군집에 속한다.

[바로 알기] ㄷ. 식물 플랑크톤은 광합성을 하는 생물이므로 생산자에 속하는 생물요소이다.

02 ㄴ. (나)는 여러 생물종으로 구성되어 있으므로 군집이다.

ㄷ. (가)는 같은 생물종으로 구성되어 있으므로 개체군이다. 개체군에서는 개체마다 유전자의 차이에 의해 형질이 다양한 유전적 다양성이 나타난다.

[바로 알기] ㄱ. (가)는 같은 생물종으로 구성된 개체군이다. 군집(나)은 여러 생물종으로 구성되어 있다.

03 ㄱ. (가)는 다른 생물을 먹이로 섭취하므로 소비자이고, (다)는 생물의 사체나 배설물을 분해하므로 분해자이다. 따라서 (나)는 생산자이며, 생산자는 빛에너지를 흡수해 광합성(㉠)을 한다.

ㄴ. 사람과 동물 플랑크톤은 모두 다른 생물을 먹이로 섭취하여 양분을 얻는 소비자(가)에 속한다.

[바로 알기] ㄷ. 분해자(다)가 생물의 사체나 배설물에 포함된 유기물을 분해하여 생성된 물질이 토양을 비옥하게 하는 등의 작용이 일어나므로 분해자는 비생물요소에 영향을 준다.

04 ㄱ. (가)는 빛, 공기, 물, 토양 등을 포함하는 비생물요소이며, 온도도 비생물요소에 속한다.

[바로 알기] ㄴ. (나)는 생산자, 소비자, 분해자(A)로 구성된 생물요소이며, 이 중 분해자(A)는 생물의 사체나 배설물을 분해한다. 빛에너지를 흡수해 포도당을 합성하는 생물은 생산자이다.

ㄷ. 선인장의 잎이 가시로 변한 것은 물이 부족한 환경에서 물의 손실을 줄이기 위해 적응한 결과이므로 비생물요소(물)가 생물요소(선인장)에 영향을 준 예이다.

▸ 문제 속 자료 분석

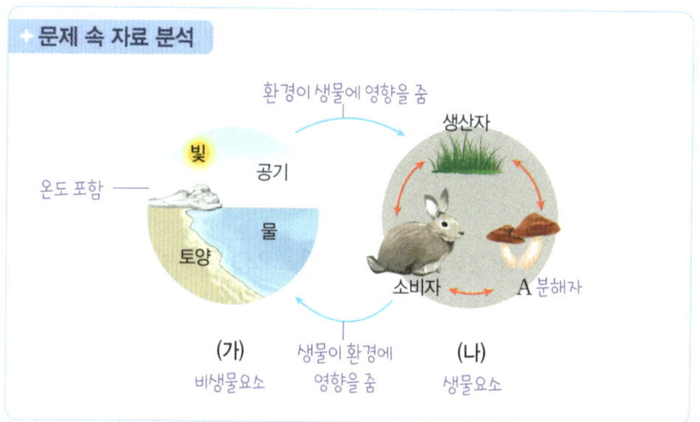

05 ㄱ. 한 식물에서 서로 다른 부위에 달린 잎의 두께가 다른 것은 각 부위마다 받는 빛의 세기가 다르기 때문이며, 강한 빛을 받는 부위의 잎일수록 두께가 두껍다. 따라서 이 자료는 생물이 빛에 대해 적응한 예이다.

[바로 알기] ㄴ. (가)는 (나)보다 강한 빛을 받는 부위에 달린 잎이며, 강한 빛을 많이 흡수해 활발하게 광합성을 하기 위하여 잎이 두껍고 좁다.

ㄷ. 이 식물에서 (나)는 (가)보다 약한 빛을 받는 부위에 달려 있는 잎이며, 약한 빛을 효율적으로 흡수해 광합성을 하기 위해 잎이 얇고 넓게 발달되어 있다.

06 선인장의 잎이 가시로 변한 것과 곤충의 몸 표면이 단단한 키틴질로 되어 있는 것은 모두 물이 부족한 환경에서 물의 손실을 줄이기 위해 적응한 결과이므로 X는 물이다.

ㄱ. 조류가 단단한 껍질을 가진 알을 낳는 것은 알의 껍질을 통해 물이 손실(증발)되는 것을 막기 위해서이므로 물(X)이 생물에 영향을 준 예이다.

ㄴ. 수생 식물의 뿌리가 잘 발달하지 않는 것은 수생 식물의 주위에 물이 풍부해 물을 쉽게 흡수할 수 있기 때문이므로 물(X)이 생물에 영향을 준 예이다.

바로 알기 ㄷ. 바다 깊이에 따라 녹조류, 갈조류, 홍조류가 서식하는 곳이 다른 것은 깊이(수심)에 따라 도달하는 빛의 파장이 다르기 때문이므로, 이것은 빛이 생물에 영향을 준 예이다.

07 ㄴ. 북극토끼가 서식하는 고위도는 아메리카 사막토끼가 서식하는 저위도에 비해 기온이 낮다. 추운 지방에 사는 북극토끼는 아메리카 사막토끼에 비해 말단 부위인 귀와 꼬리가 작아 열 방출량이 적다.
ㄷ. 아메리카 사막토끼인 (나)가 서식하는 지역의 연평균 기온은 북극토끼인 (가)가 서식하는 지역의 연평균 기온보다 높다.

바로 알기 ㄱ. 위도가 서로 다른 두 지역은 평균 기온이 서로 다르다. 따라서 북극토끼(가)와 아메리카 사막토끼(나)의 몸집 크기의 차이는 생물이 온도에 대해 적응한 예이다.

08 ㄴ. 얕은 바다에는 녹조류가, 깊은 바다에는 홍조류가 많이 분포하는 것(㉠)은 빛의 파장에 해조류가 적응한 결과이다. 바다의 깊이에 따라 도달하는 빛의 파장이 다르며, 해조류가 이에 적응하여 서로 다르게 분포한다.

바로 알기 ㄱ. 큰바다사자가 피하 지방을 두껍게 축적하는 것은 추운 환경에서 피부를 통해 열이 손실되는 것을 막기 위해 적응한 결과이므로 (가)는 온도이다.
ㄷ. 세 가지 예는 각각 온도(가), 물(나), 빛(다)의 비생물요소가 각각 큰바다사자, 수련, 해조류와 같은 생물요소에 영향을 준 것이다.

09 ㄱ. (가)는 식물(생물요소)의 증산 작용으로 습도(비생물요소)가 높아지는 것이므로 생물요소가 비생물요소에 영향을 미치는 ㉠의 예이다.
ㄴ. (나)에서 파충류의 몸 표면이 비늘로 덮여 있는 것은 물이 부족한 환경에서 피부를 통한 물의 손실을 줄이기 위해 적응한 결과이므로 물은 (나)와 관련이 깊은 비생물요소이다.
ㄷ. 추운 겨울에 개구리가 겨울잠을 자는 것은 온도(비생물요소)가 개구리(생물요소)에 영향을 준 것이므로 ㉡의 예이다.

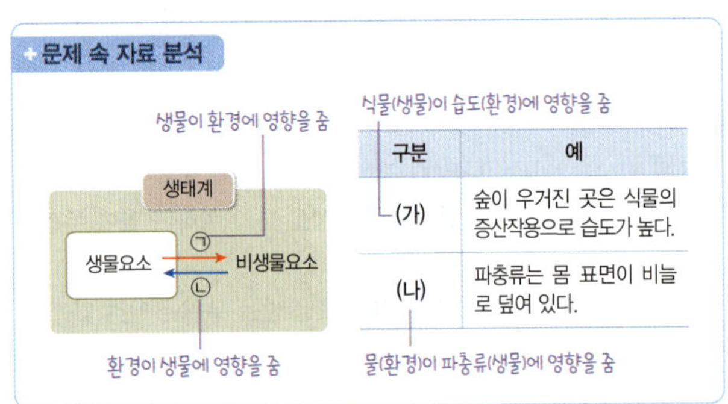

10 ㄱ. 산소가 희박한 고산 지대에 사는 사람이 평지에 사는 사람보다 혈액 속 적혈구의 수가 많은 것은 고산 지대에서 산소를 효율적으로 운반하기 위한 것으로 비생물요소가 생물요소에 영향을 주는 ㉠의 예에 해당한다.
ㄷ. 비버가 강의 물질을 막는 댐을 만들면 강의 흐름이 느려지고 댐 주변이 습지 환경으로 바뀌게 된다. 이것은 생물요소가 비생물요소에 영향을 주는 (나)의 예에 해당한다.

바로 알기 ㄴ. A는 생산자, B는 분해자이다. 버섯은 생물의 사체나 배설물 속의 유기물을 분해하여 에너지를 얻는 분해자(B)이다.

11 (1) **답** | (가) 비생물요소, (나) 생물요소
해설 | (나)에는 소비자가 속해 있으므로 (나)는 생물요소이고, (가)는 비생물요소(환경)이다.
(2) **모범 답안** | A: 생산자, B: 분해자 / 생산자(A)는 광합성을 통해 양분을 스스로 합성(생산)하는 반면, 분해자(B)는 생물의 사체나 배설물을 분해하여 양분을 얻는다.
해설 | A에서 B와 소비자로 유기물이 이동하고, 소비자에서 B로 유기물이 이동하므로 소비자는 A로부터 양분을 얻고, B는 A와 소비자로부터 모두 양분을 얻는다. 따라서 A는 광합성을 하여 양분을 생산하는 생산자이고, B는 생산자(A)와 소비자의 사체나 배설물을 분해하는 분해자이다.

채점 기준	배점
A와 B의 명칭을 각각 옳게 쓰고, A가 양분을 스스로 합성하는 것과 B가 사체나 배설물로부터 양분을 얻는 것을 모두 옳게 서술한 경우	100 %
A와 B의 명칭을 각각 옳게 쓰고, A가 양분을 스스로 합성하는 것과 B가 사체나 배설물로부터 양분을 얻는 것 중 한 가지만 옳게 서술한 경우	70 %
A와 B의 명칭만 옳게 쓴 경우	30 %

12 (1) **답** | (가) 토양, (나) 물, (다) 온도
해설 | 지렁이에 의해 토양이 비옥해지는 것은 토양(가)과 가장 관계가 깊고, 연꽃의 줄기에 통기조직이 발달한 것은 물(나)과 가장 관계가 깊으며, 추운 곳에 사는 북극여우가 사막여우보다 몸집이 크고, 귀와 꼬리가 짧은 것은 온도(다)와 가장 관계가 깊다.
(2) **모범 답안** | 추운 곳에 서식하는 북극여우가 열의 방출을 줄이기 위해 적응했기 때문이다.
해설 | 추운 곳에 서식하는 북극여우는 더운 곳에 서식하는 사막여우보다 피부를 통해 방출(손실)되는 열의 양을 줄이기 위해 몸집이 크고, 몸집에 비해 귀와 꼬리가 짧다.

채점 기준	배점
북극여우가 추운 곳에 서식하는 것과 열의 방출(손실)을 줄이기 위해 적응한 것을 모두 옳게 서술한 경우	100 %
북극여우가 추운 곳에 서식하는 것과 열의 방출(손실)을 줄이기 위해 적응한 것 중 한 가지만 옳게 서술한 경우	50 %

(3) **모범 답안** | (가)는 생물이 환경에 영향을 주는 예이고, (나)와 (다)는 환경이 생물에 영향을 주는 예이다.
해설 | (가)는 생물(지렁이)이 환경(토양)에 영향을 주는 예이다. 반면 (나)는 환경(물)이 생물(연꽃)에 영향을 주는 예이고, (다)도 환경(온도)이 생물(여우)에 영향을 주는 예이다.

채점 기준	배점
(가)는 생물이 환경에 영향을 주는 예이고, (나)와 (다)는 환경이 생물에 영향을 주는 예라는 것을 모두 옳게 서술한 경우	100 %
(가)는 생물이 환경에 영향을 주는 예이고, (나)와 (다)는 환경이 생물에 영향을 주는 예라는 것 중 한 가지만 옳게 서술한 경우	50 %

바로 복습
○100쪽

01 먹이그물   **02** 생태계평형   **03** 생태피라미드
04 환경 변화   **05** ○   **06** ×   **07** ×   **08** ×
09 ○

05 생태계평형에 영향을 주는 요인은 먹이사슬과 비생물요소이다. 먹이사슬이 복잡하게 얽혀 복잡한 먹이그물을 형성할수록 생태계평형이 잘 유지된다.

06 생태계평형을 파괴할 수 있는 환경 변화에는 자연재해와 인간의 활동이 있다.

07 생산자가 합성한 에너지 중 일부의 에너지만 먹이사슬을 통해 상위 영양단계로 이동한다.

08 생태계평형이 깨지더라도 다시 회복할 수 있다. 생태계평형이 유지되는 조건에는 급격한 환경 변화가 일어나지 않아야 한다는 것과 먹이그물이 복잡해야 한다는 것이 있다.

탐구
○101쪽

결과 ❶

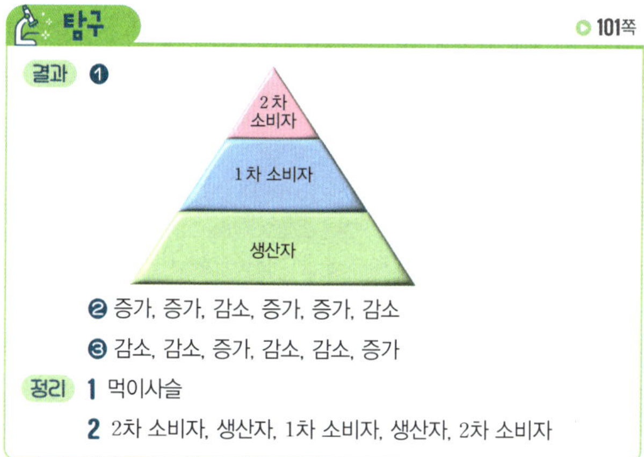

❷ 증가, 증가, 감소, 증가, 증가, 감소
❸ 감소, 감소, 증가, 감소, 감소, 증가

정리 1 먹이사슬

2 2차 소비자, 생산자, 1차 소비자, 생산자, 2차 소비자

다지기 문제
○102~104쪽

01 ①   **02** ①   **03** ③   **04** ⑤   **05** ①   **06** ④
07 ③   **08** ③   **09** ①   **10** ⑤
서술형 **11~12** 해설 참조

01 ㄴ. 개구리가 사라지면 (가)에서는 뱀이 토끼나 들쥐를 잡아먹을 수 있어 뱀이 사라질 확률이 낮지만, (나)에서는 뱀의 먹이가 없어 뱀도 사라질 확률이 높다. 따라서 개구리가 사라질 때 생태계평형은 (가)에서가 (나)에서보다 잘 유지된다.

바로 알기 ㄱ. (가)와 (나)에서 각각 메뚜기는 생산자인 풀을 먹으므로 1차 소비자이다.

ㄷ. (나)에서 풀이 갖는 에너지 중 일부는 풀의 생명활동에 사용되고, 나머지 에너지 중 일부만 메뚜기에게로 이동한다.

02 ㄱ. 생산자는 빛에너지를 흡수한 후 광합성을 통해 포도당(㉠)을 합성하여 에너지를 저장한다.

바로 알기 ㄴ. 모든 생물은 생명활동에 필요한 에너지를 얻기 위해 호흡을 하며, 이 과정에서 열에너지(㉡)가 방출된다.

ㄷ. 생물의 호흡 결과 열에너지(㉡)가 방출되므로 한 영양단계의 에너지 중 일부만이 상위 영양단계로 이동한다. 따라서 상위 영양단계로 갈수록 에너지양이 감소한다.

03 ㄱ. A와 B는 모두 먹이 관계에서 가장 아래에 있는 영양단계인 생산자이므로 광합성을 하여 양분을 생산(합성)한다.

ㄴ. (나)에는 D가 사라지면 G의 먹이가 없어지므로 G도 사라진다.

바로 알기 ㄷ. (가)에서가 (나)에서보다 더 많은 생물종에 의해 먹이 관계가 복잡하게 형성되어 있으므로 한 생물종이 사라져도 다른 생물종이 사라질 가능성이 낮다. 따라서 생태계평형은 (가)에서가 (나)에서보다 안정적으로 유지된다.

➕ 문제 속 자료 분석

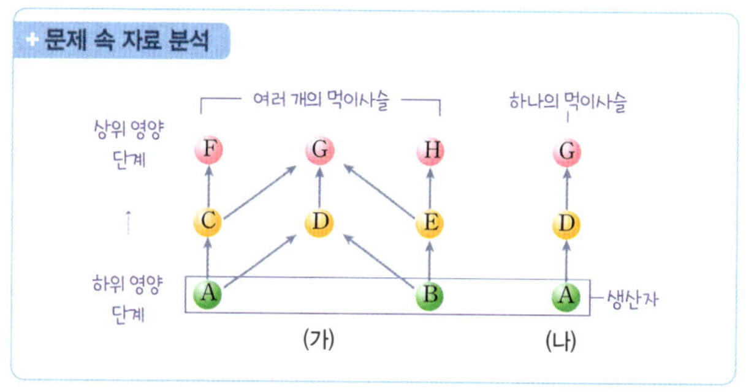

04 ㄴ. 그림은 상위 영양단계로 갈수록 에너지양이 점점 감소해 피라미드 형태를 나타내므로 생태피라미드에 해당한다.

ㄷ. C는 가장 하위 영양단계에 있는 생산자이고, B는 생산자를 먹는 1차 소비자이다. B(1차 소비자)의 개체수가 증가하면 C(생산자)는 B에게 더 많이 먹히므로 C의 개체수는 일시적으로 감소한다.

바로 알기 ㄱ. A는 이 생태계에서 가장 상위에 있는 영양단계이므로 2차 소비자이다. 광합성은 생산자(C)가 한다.

05 ㄱ. A의 개체수가 증가하면 B의 개체수도 증가하고, A의 개체수가 감소하면 B의 개체수도 감소하므로 A는 1차 소비자이고, B는 2차 소비자이다.

바로 알기 ㄴ. 에너지는 2차 소비자가 1차 소비자를 잡아 먹는 먹이사슬을 통해 1차 소비자(A)에서 2차 소비자(B)로 이동한다.

ㄷ. ㉠에서는 2차 소비자(B)의 개체수 증가 → 1차 소비자(A)의 개체수 감소 → 2차 소비자(B)의 개체수 감소 현상이 일어난다.

06 ㄴ. 1차 소비자의 개체수가 감소하는 것은 1차 소비자의 먹이가 되는 생산자의 개체수가 감소하였기 때문이며, 생산자에서 1차 소비자로 에너지가 이동한다.

ㄷ. ㉡이 일어나기 전에 1차 소비자의 개체수가 감소했으므로 ㉡에서 2차 소비자는 먹이(1차 소비자)가 줄어들어 개체수가 감소하는 현상이 일어난다.

바로 알기 ㄱ. 1차 소비자의 개체수 변화로 인해 1차 소비자를 먹는 2차 소비자의 개체수가 증가하였고, 1차 소비자에게 먹히는 생산자의 개체수가 감소하였으므로 그림은 1차 소비자의 개체수가 증가하는 현상이 일어난 후의 평형 회복 과정이다.

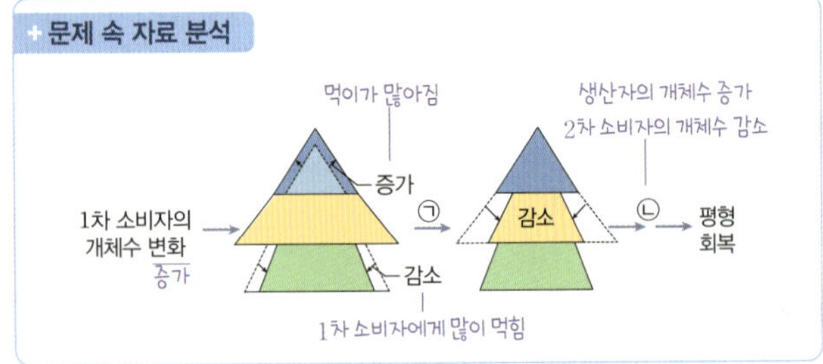

07 ㄱ. A의 개체수가 증가하자 B의 개체수가 증가하고, B의 개체수가 증가하자 A의 개체수가 감소하므로 A는 B에게 먹히는 피식자이고, B는 A를 먹는 포식자이다. 따라서 A는 광합성을 하여 포도당을 합성하는 생산자이고, B는 1차 소비자이다.

ㄴ. 생산자(A)는 1차 소비자(B)에게 먹히므로 생산자(A)에서 1차 소비자(B)로 유기물과 에너지가 이동한다.

바로 알기 ㄷ. 생산자(A)와 1차 소비자(B)가 서로 먹고 먹히는 먹이 관계를 형성하기 때문에 이 두 개체군의 개체수가 주기적으로 변한다.

08 ㄱ. 환경오염(㉠)은 생물의 서식 범위를 좁히고, 생물의 생존을 어렵게 만들어 생물의 수를 줄여 생태계평형을 파괴할 수 있다.

ㄴ. 기후 변화는 생물의 서식 환경을 변화시킴으로써 생물의 서식지가 사라지게 만들 수 있다.

바로 알기 ㄷ. ㉠과 기후 변화는 모두 생물의 수를 줄이므로 생태계의 먹이 관계를 단순하게 만들어 생태계를 파괴할 수 있다.

09 생태계보전을 위한 노력에는 생태통로 설치, 도시 숲과 옥상 정원, 하천 복원 등이 있다.

ㄱ. 파괴된 생태계를 복원하는 (가)의 예에는 하천 복원이 있다.

바로 알기 ㄴ. 생태통로를 설치(나)하는 것은 도로나 철도의 건설 등으로 인해 작게 나누어진 생물의 서식지를 연결해 생물이 안전하게 서식지 사이를 이동할 수 있게 하기 위해서이다.

ㄷ. 도시 숲과 옥상 정원을 건설하면 도시와 건물의 온도가 낮아지는 효과를 얻을 수 있다.

10 ㄱ. (가)는 도로나 철도의 건설 등으로 인해 작게 나누어진 생물의 서식지를 연결해 생물이 안전하게 서식지 사이를 이동할 수 있게 하기 위한 생태통로이다.

ㄴ. (나)는 도시 숲이며, 도시 숲은 나무와 같은 식물뿐 아니라 새나 곤충 등 다양한 생물의 서식 공간을 제공해 생태계를 보전하는 데 도움을 줄 수 있다.

ㄷ. (다)의 옥상 정원을 활용하면 건물의 온도를 낮출 수 있다.

서술형 문제

11 (1) **답 |** A

해설 | A가 에너지이다. 물질(B)은 생태계 안에서 순환한다. 에너지(A)는 순환하지 않고 한쪽 방향으로 흐르며, 각 영양단계에서 에너지가 사용되므로 상위 영양단계로 갈수록 전달되는 에너지양은 감소한다.

(2) **모범 답안 |** 생산자(가)로부터 방출되는 열에너지이다.

해설 | (가)에서 (나)와 (다)로 모두 에너지(A)와 물질(B)이 이동하므로 (가)는 광합성을 하는 생산자이고, ⓐ는 생산자가 방출하는 열에너지이다.

채점 기준	배점
(가)가 생산자인 것과 ⓐ가 열에너지라는 것을 모두 옳게 서술한 경우	100 %
(가)가 생산자인 것과 ⓐ가 열에너지라는 것 중 한 가지만 옳게 서술한 경우	50 %

(3) **모범 답안 |** 소비자(나)의 사체나 배설물의 형태로 물질(유기물)이 분해자(다)로 이동하는 경로이다.

해설 | (나)에서 (다)로 에너지(A)와 물질(B)이 이동하므로 (나)는 소비자, (다)는 분해자이고, ㉠은 분해자가 소비자의 사체나 배설물로부터 물질을 얻는 경로이다.

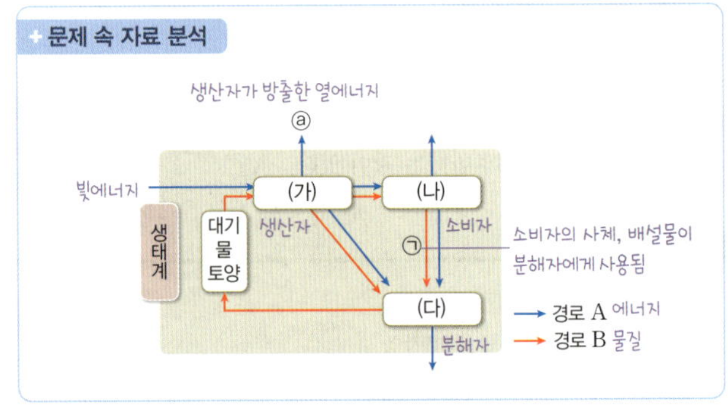

채점 기준	배점
(나)는 소비자, (다)는 분해자인 것과 ㉠은 (나)에서 (다)로 물질이 이동하는 경로라는 것을 모두 옳게 서술한 경우	100 %
㉠은 (나)에서 (다)로 물질이 이동하는 경로라는 것만을 옳게 서술한 경우	50 %
(나)는 소비자, (다)는 분해자라고만 쓴 경우	30 %

12 (1) **모범 답안 |** 1차 소비자의 개체수가 증가해 생산자는 1차 소비자에게 많이 먹혀 개체수가 감소하였고, 2차 소비자는 1차 소비자를 많이 먹을 수 있어 개체수가 증가하였다.

채점 기준	배점
생산자가 1차 소비자에게 많이 먹힌 것과 2차 소비자가 1차 소비자를 많이 먹은 것을 모두 옳게 서술한 경우	100 %
생산자가 1차 소비자에게 많이 먹힌 것과 2차 소비자가 1차 소비자를 많이 먹은 것 중 한 가지만 서술한 경우	50 %

(2) **모범 답안 |** 1차 소비자의 개체수가 감소하고, 그 결과 생산자의 개체수는 증가하고, 2차 소비자의 개체수는 감소하면서 생태계평형이 회복된다.

채점 기준	배점
1차 소비자의 개체수 감소, 생산자의 개체수 증가, 2차 소비자의 개체수 감소를 모두 옳게 서술한 경우	100 %
1차 소비자의 개체수 감소, 생산자의 개체수 증가, 2차 소비자의 개체수 감소 중 두 가지만 옳게 서술한 경우	60 %
1차 소비자의 개체수 감소, 생산자의 개체수 증가, 2차 소비자의 개체수 감소 중 한 가지만 옳게 서술한 경우	30 %

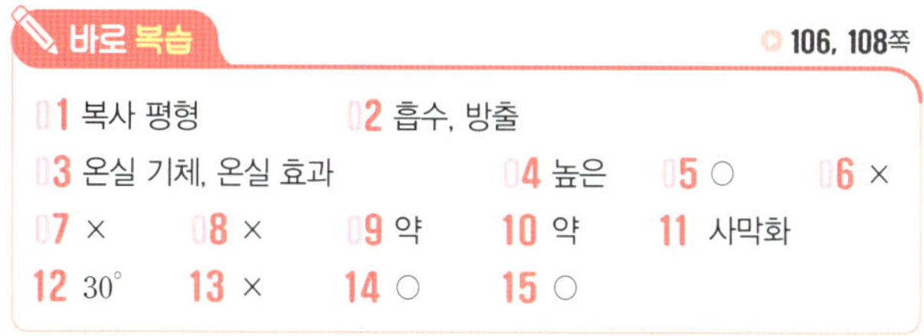

06 지구 대기 중 온실 기체는 태양 복사 에너지는 거의 통과시키고, 지구 복사 에너지는 흡수했다가 지표로 재복사하여 온실 효과를 일으킨다.

07 지구 온난화의 주요 원인은 화석 연료의 사용량 증가로 인한 대기 중 이산화 탄소의 농도 증가이다.

08 지구 온난화에 의한 생태계 변화로 생물다양성이 감소한다.

13 엘니뇨는 무역풍이 약화될 때 적도 부근 동태평양의 표층 수온이 평상시보다 높아지는 현상이다.

01 ㄱ. 물체가 에너지를 얻은 양과 잃은 양의 차이를 열수지라고 한다. 열수지가 0인 경우 물체가 흡수한 에너지양과 방출한 에너지양이 같으므로 복사 평형을 이룬다.
ㄷ. 대기의 역할에 의해 지구의 평균 기온이 대기가 없는 경우보다 더 높아지는 현상을 온실 효과라고 하므로 ㉢에 적합한 용어는 '온실 효과'이다.

바로 알기 ㄴ. 대기 중 온실 기체가 태양 복사 에너지는 대부분 통과시키지만 지구 복사 에너지는 흡수하여 지구의 평균 기온을 높인다.

02 ㄱ. A는 태양 복사 에너지이고, B는 지구 복사 에너지이다. (가)는 복사 평형을 이루므로 입사량과 방출량이 같은 A=B이다.

바로 알기 ㄴ. (나)는 복사 평형을 이루므로 입사량과 방출량이 같은 A=C이다. 따라서 B=C이다.

ㄷ. (가)에서 지표면이 흡수하는 에너지양은 A이지만 (나)에서는 지표면이 흡수하는 에너지양은 (A+대기 재복사량)이므로 지표면이 흡수하는 에너지양은 (가)가 (나)보다 적다. 따라서 지표면의 온도는 (가)가 (나)보다 낮다.

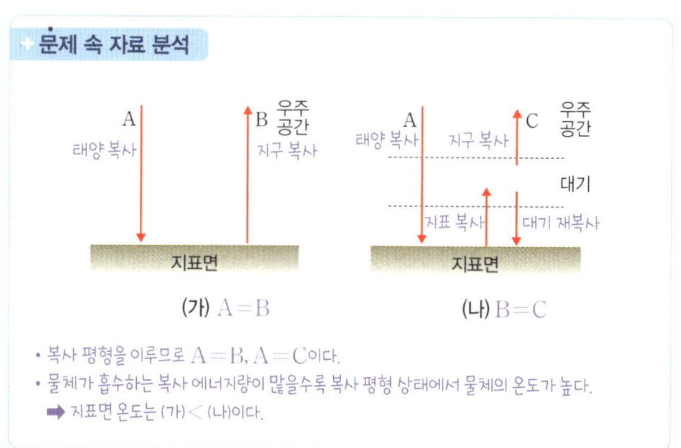

03 ㄱ. 최근 대기 중의 이산화 탄소 농도는 인위적인 요인에 의해 증가하였으며, 대부분 화석 연료의 연소 과정에서 이산화 탄소가 대기로 방출되었다. 따라서 대기 중의 이산화 탄소 농도가 증가한 것은 화석 연료의 사용량이 증가하였기 때문이다.
ㄷ. 기온이 높아지면 해수의 부피가 팽창하고, 빙하의 융해량이 증가하여 해수면이 높아진다. 따라서 평균 해수면 높이는 2000 년~2010 년이 1880 년~1890 년보다 높았을 것이다.

바로 알기 ㄴ. 기온 상승률은 그래프에서 추세선의 기울기에 해당하므로 1970 년 이전보다 1970 년 이후에 크다. 이는 지구 온난화가 가속화됨을 의미한다.

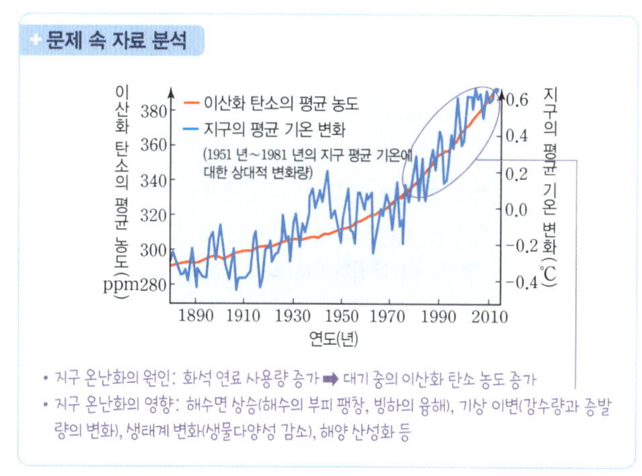

04 ㄱ. 입사된 태양 복사 에너지 100 중 대기의 반사 및 산란으로 23, 지표면 반사로 7이 우주 공간으로 반사되므로 지구의 반사율은 30 %이다.
ㄴ. 대기 중 온실 기체의 농도가 증가하면 대기가 지표에서 방출하는 에너지를 더 많이 흡수하게 되고, 대기에서 지표로 재복사하는 에너지양이 증가한다.

바로 알기 ㄷ. 대기가 지표로부터 흡수하는 에너지양(133)은 대기에서 지표로 재복사하는 에너지양(98)보다 많다.

05 ㄱ. 지표면의 평균 온도는 대기의 온실 효과로 인해 (나)가 (가)보다 높다.

ㄴ. 지구는 대기의 존재 여부와 관계 없이 입사된 에너지양과 방출하는 에너지양이 같으면 복사 평형을 이룬다.

ㄷ. 대기가 존재할 경우에는 대기에서 지표로 재복사하는 에너지로 인해 더 높은 온도에서 복사 평형을 이룬다.

06 ㄱ. A 지역은 평상시보다 수온이 낮아지고 기압이 높아져 건조한 날씨가 되므로 가뭄이 든다.

바로 알기 ㄴ. B 지역은 평상시보다 용승이 약화되어 어획량이 감소한다.

ㄷ. 엘니뇨는 적도 부근 지역뿐만 아니라 전 세계 기후에 영향을 미친다.

07 ㄷ. A 시기에 중앙부~동태평양 해역의 수온이 평상시보다 높아진 것은 서태평양에서 따뜻한 해수가 유입되었기 때문이다. 따라서 A는 엘니뇨 시기이고, 무역풍이 약하므로 동태평양에서는 심층에서 상승하는 해수의 흐름이 약해진다.

바로 알기 ㄱ. 엘니뇨 시기에는 무역풍이 평상시보다 약하여 서태평양의 따뜻한 해수가 동태평양 쪽으로 이동한다.

ㄴ. 엘니뇨 시기에는 평상시보다 서태평양의 따뜻한 해수가 동쪽으로 이동하면 서태평양에서는 수온이 낮아지므로 하강 기류가 발생하여 구름이 평상시보다 적게 발생하게 된다.

08 ㄱ. (가)는 따뜻한 해수가 서쪽으로 이동하여 서태평양에서 상승 기류가 나타나므로 평상시이고, (나)는 평상시보다 무역풍이 약해져 서태평양의 따뜻한 해수가 동쪽으로 이동하므로 엘니뇨 발생 시이다.

바로 알기 ㄴ. 서태평양에서 (가)의 시기에는 상승 기류가 발달하므로 강수량이 많고, (나)의 시기에는 하강 기류가 발달하므로 강수량이 적다.

ㄷ. (가)의 시기에는 따뜻한 해수가 서쪽으로 이동하고 동태평양에서는 심층의 찬 해수가 솟아올라 동태평양의 해수면 온도가 낮지만, (나)의 시기에는 무역풍이 약해지면서 따뜻한 해수가 동쪽으로 이동하여 동태평양의 해수면 온도가 높아진다.

09 ㄴ. 사막화란 기후 변동이나 인간의 활동 등으로 기존의 사막 면적이 확대되는 현상을 말하므로 사막 주변 지역을 중심으로 사막화가 진행된다.

ㄷ. 우리나라의 황사 현상은 중국 내륙에서 이동해온 모래 먼지에 의해 생기므로 중국 내륙에서 사막화가 진행되면 우리나라는 황사의 발생 빈도가 증가한다.

바로 알기 ㄱ. 사막은 건조 지대에서 형성된다. 위도 30° 부근의 고압대에서는 하강 기류가 발달하므로 강수량이 적고, 증발량이 많아 세계의 주요 사막이 많이 분포한다.

10 ㄷ. 2100 년의 기온 변화량은 ㉠이 ㉡보다 높으므로 지구 온난화의 영향은 ㉠이 크다. 따라서 해수면 높이는 ㉠이 ㉡보다 높다.

바로 알기 ㄱ. A는 이산화 탄소의 배출량이 크게 증가하므로 화석 연료의 사용을 규제하지 않은 상황이고, B는 이산화 탄소 배출량이

감소하므로 화석 연료의 사용을 억제한 상황이다.

ㄴ. 이산화 탄소의 배출량과 기온 변화량은 대체로 비례하므로 A는 ㉠, B는 ㉡에 해당한다.

서술형 문제

11 **모범 답안** | 해수면이 높아진다. / 수온 상승에 의해 해수가 열팽창하고, 기온 상승에 의해 대륙 빙하가 녹아 해양으로 유입되어 해수면이 높아진다.

해설 | 대기 중의 이산화 탄소 농도가 증가하였으므로 지구 온난화에 의해 지구 기온이 상승하였다. 이에 따라 극지방과 고산 지대에 분포하는 빙하가 녹아 해양으로 유입되었고, 수온이 상승하면서 해수의 부피가 증가하여 해수면이 상승하였다.

채점 기준	배점
해수면 높이 변화와 영향을 준 요인 두 가지를 모두 옳게 서술한 경우	100 %
영향을 준 요인 두 가지만 옳게 서술한 경우	60 %
해수면 높이 변화만 옳게 쓴 경우	40 %

12 **모범 답안** | 해수면 온도는 낮아지고, 해수면 기압은 높아진다.

해설 | 무역풍이 약해지면 따뜻한 해수가 평상시에 비해 동태평양 쪽으로 이동하여 서태평양에서는 찬 해수의 영향으로 해수면 온도가 낮아지고, 그에 따라 해수면 기압이 높아진다.

채점 기준	배점
해수면 온도와 해수면 기압 변화를 모두 옳게 서술한 경우	100 %
해수면 온도와 해수면 기압 변화 중 한 가지만 옳게 서술한 경우	50 %

빈출자료 ◑ 115~117쪽

	1	2	3	4	5	6
1	1 ×	2 ○	3 ○	4 ○	5 ×	6 ×
2	1 ○	2 ×	3 ×	4 ○	5 ○	
3	1 ○	2 ○	3 ×	4 ×	5 ×	
4	1 ○	2 ○	3 ×	4 ×	5 ○	6 ○
5	1 ×	2 ○	3 ×	4 ×	5 ×	
6	1 ×	2 ×	3 ○	4 ○	5 ○	
7	1 ○	2 ○	3 ×	4 ○	5 ×	6 ○
8	1 ×	2 ○	3 ○	4 ○	5 ×	
9	1 ○	2 ○	3 ×	4 ○	5 ×	

1-1 토끼는 다른 생물을 먹이로 섭취해 양분을 얻으며 살아가는 소비자에 해당한다.

1-5 선인장의 잎이 가시로 변한 것은 물이 부족한 환경에 적응한 결과이므로 ㉠에 해당한다.

1-6 지렁이에 의해 토양의 통기성이 높아지는 것은 ㉡에 해당한다.

2-2 사슴과 호랑이는 서로 다른 종이므로 서로 다른 개체군(A)에 속한다.

2-3 B는 여러 생물종으로 구성된 무리인 군집(B)이다.

3-3 (가)와 (나)는 모두 생물요소(지렁이, 식물)가 비생물요소(토양, 공기)에 영향을 미치는 예이다.

3-4, 5 (다)는 서식지의 온도에 따라 여우가 적응한 결과이므로 비생물요소(온도)가 생물요소(여우)에 영향을 미치는 예이다.

4-2 B가 A보다 서식하는 생물종의 수가 많아 종다양성이 높고, 먹이 관계가 복잡하므로 생태계가 안정적으로 유지된다.

4-3 A에서 메뚜기는 벼(생산자)를 먹는 1차 소비자이다.

4-4 A에서 개구리의 에너지 중 개구리의 호흡(생명활동)에 사용되고 남은 에너지의 일부가 매에게 전달된다.

5-1, 4 A는 2차 소비자이다. 광합성을 통해 탄소 화합물인 포도당을 합성하는 생물은 생산자(C)이다.

5-5 이 생태계에서 에너지양은 상위 영양단계로 갈수록(C → B → A) 감소한다.

6-1 1차 소비자의 개체수가 증가해 (가)에서 생산자는 많이 잡아 먹혀 개체수가 감소(㉠)했고, 2차 소비자는 먹이가 많아져 개체수가 증가(㉡)했다.

6-2 초식동물은 광합성을 하지 않으며, 생산자를 먹이로 섭취하는 1차 소비자에 속한다.

7-2 지구 대기의 온실 기체는 태양 복사 에너지를 대부분 통과시키지만 지표가 방출하는 지구 복사 에너지는 대부분 흡수하여 온실 효과를 일으킨다.

7-3 대기는 태양으로부터 23, 지표로부터 133를 흡수한다.

7-5 지구는 태양으로부터 70을 흡수하고, 우주 공간으로 70을 방출하므로 지구의 열수지는 0으로, 복사 평형을 이룬다.

7-6 지표는 태양과 대기로부터 145를 흡수하고, 대기와 우주 공간으로 145를 방출하며, 대기는 태양과 지표로부터 156를 흡수하고, 지표와 우주 공간으로 156를 방출한다.

8-1 평상시에는 무역풍에 의해 따뜻한 해수가 서쪽으로 이동하므로 서태평양의 해수면 온도가 동태평양보다 높다.

8-2 평상시에 서태평양에는 상승 기류가 발달하여 강수량이 많고, 동태평양에는 하강 기류가 발달하여 강수량이 적다.

8-3 엘니뇨 발생 시에는 따뜻한 해수가 서쪽에서 동쪽으로 이동하므로 서태평양에서 따뜻한 해수층의 두께는 얇아진다.

8-5 엘니뇨는 적도 부근 태평양뿐만 아니라 전 세계 기후에 영향을 미친다.

9-2 A는 인간 활동에 의해 토지가 황폐화되는 것이므로 인위적 요인이고, B는 대기 대순환의 변화에 의해 생기므로 자연적 요인이다.

9-3 과도한 벌목과 경작은 숲을 감소시켜 지표의 태양 복사 에너지 반사율을 증가시킨다. 이에 따라 지표의 냉각에 의한 하강 기류가 발달하여 지표가 건조해지므로 사막화가 일어난다.

9-5 현재 사막화가 진행되는 지역은 대규모 사막이 분포하는 위도 30° 부근에 위치한다.

시험대비 문제   ◐ 118~123쪽

01 ③	02 ⑤	03 ③	04 ①	05 ④	06 ②
07 ③	08 ③	09 ③	10 ④	11 ⑤	12 ③
13 ①	14 ④	15 ②	16 ③		

만점 도전 17 ① | 18 ③ | 19 ⑤ | 20 ⑤

서술형 21~25 해설 참조

01 A: 물, 빛, 온도는 모두 생태계를 구성하는 비생물요소이다.
C: 분해자는 생물의 사체나 배설물을 분해하는 생물요소로, 버섯, 곰팡이 등이 있다.

바로 알기 B: 군집은 여러 생물종으로 이루어진 무리이며, 같은 생물종으로 이루어진 무리는 개체군이다.

02 ㄱ. (나)는 같은 생물종으로 구성된 개체군이고, (다)는 비생물요소를 포함하므로 생태계이다. 따라서 (가)는 군집이며, 군집은 여러 종류의 개체군(나)으로 구성된다.
ㄴ. 빛과 온도는 모두 생태계의 비생물요소(㉡)에 해당한다.
ㄷ. 생태계의 생물요소(㉠)에는 생산자, 소비자, 분해자가 있다. 이중 빛에너지를 이용하여 광합성을 함으로써 포도당과 같은 양분을 생산하는 생물은 생산자이다.

03 ㄷ. 더운 곳에 사는 사막여우는 피부를 통한 열의 방출을 늘리기 위해 추운 곳에 사는 북극여우보다 귀가 크고 몸집이 작다. 이와 관련이 깊은 비생물요소는 온도이다.

바로 알기 ㄱ. 꾀꼬리가 봄에 번식하는 것은 비생물요소인 빛(일조 시간)이 생물요소인 꾀꼬리에게 영향을 준 것이므로 ㉡에 해당한다.
ㄴ. 낙엽이 분해되어 토양이 비옥해지는 것은 식물(생물요소)이 토양(비생물요소)에 영향을 준 것이다. 따라서 ㉠의 예에 해당한다.

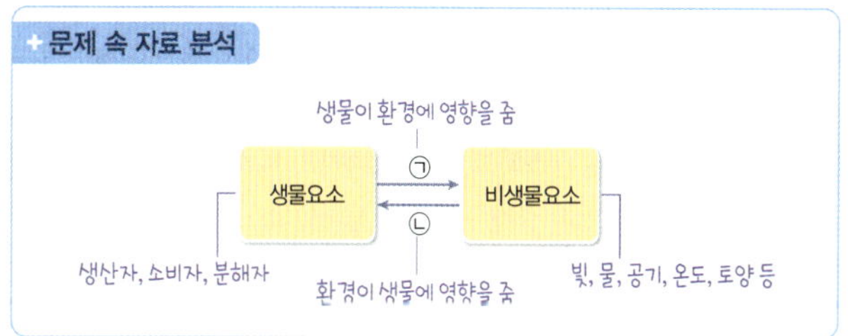

04 ㄱ. 빛, 공기, 온도는 모두 생태계를 구성하는 비생물요소이다.

바로 알기 ㄴ. 녹색의 단풍잎이 가을이 되면 노란색으로 변하는 것은 온도(㉡)가 낮아지기 때문이다. 반면 노루가 가을에 번식을 하는 것은 일조 시간이 짧아질 때 번식하기 때문이다. 따라서 빛(ⓒ)에 영향을 받은 것이다.

ㄷ. 공기(산소)가 부족한 고산 지대에 사는 사람이 평지에 사는 사람보다 적혈구 수가 많은 것은 공기(㉠)에 대한 적응 결과이다. 따라서 나머지 ⓒ은 빛이다. 한 식물에서 위치에 따라 잎의 두께가 서로 다른 것은 빛(ⓒ)의 세기가 식물에 영향을 준 예이다.

05 ㄱ. 인간이 사슴의 포식자인 늑대를 사냥해 늑대의 개체수가 감소한 결과 사슴이 늑대에게 적게 잡아먹히면서 사슴의 개체수가 급격히 증가(㉠)하게 되었다.

ㄷ. 카이바브 고원에서 사슴의 개체수가 급격히 증가(㉠)하고, 그 결과 초원의 생산량이 감소해 사슴의 개체수가 급격하게 감소(ⓒ)한 것 모두 인간이 사슴의 포식자인 늑대를 사냥하였기 때문이므로 인간이 영향을 준 것이다.

바로 알기 ㄴ. 사슴의 개체수가 급격히 증가한 결과 사슴이 풀을 너무 많이 뜯어 먹어 초원의 생산량이 감소하였고, 그 결과 사슴의 먹이가 부족해져 사슴의 개체수가 급격하게 감소(ⓒ)하게 되었다.

06 ㄴ. 부엉이는 토끼를 먹으므로 토끼의 포식자이다.

바로 알기 ㄱ. 식물은 생산자에 속하고, 식물을 먹는 나비와 애벌레는 1차 소비자에 속하므로 나비와 애벌레를 먹는 거미는 2차 소비자에 속한다.

ㄷ. 하위 영양단계 생물이 가진 에너지 중 일부는 생명활동에 사용되고, 나머지 에너지 중 일부만 상위 영양단계의 생물로 이동한다.

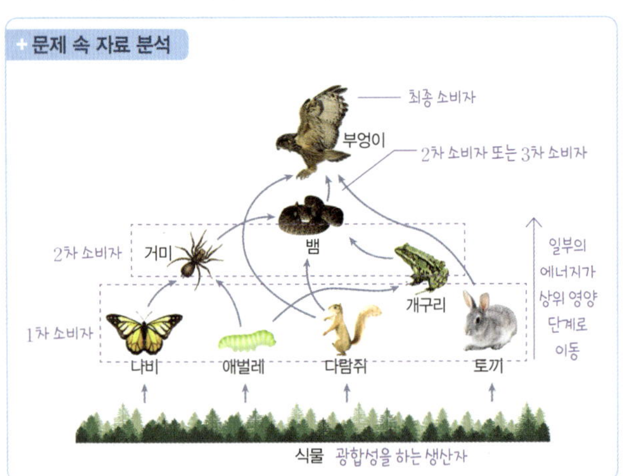

07 ㄷ. 생태피라미드에서는 위로 갈수록 상위 영양단계에 해당한다. 따라서 A는 2차 소비자, B는 1차 소비자, C는 생산자이다. 1차 소비자(B)의 개체수가 감소하면 1차 소비자를 먹이로 하는 2차 소비자(㉠)의 개체수는 감소하고, 1차 소비자의 피식자인 생산자(ⓒ)의 개체수는 증가한다. 그 결과 1차 소비자(B)의 개체수는 증가(ⓐ)하고, 이로 인해 2차 소비자(㉠)의 개체수도 증가(ⓑ)하며, 생산자(ⓒ)의 개체수는 감소해 생태계평형이 회복된다.

바로 알기 ㄱ. ㉠은 2차 소비자이다. 광합성을 하는 것은 생산자(ⓒ)이다.

ㄴ. 하위 영양단계의 에너지 중 일부가 상위 영양단계로 이동하므로 에너지양은 2차 소비자(㉠)가 생산자(ⓒ)보다 적다.

08 ㄱ. 외래종의 유입(㉠)으로 인해 생태계평형이 파괴될 수 있다. 외래종은 천적이 없는 경우 무분별하게 번식하거나 토착 생물을 잡아먹어 토착 생물의 생존을 위협할 수 있다.

ㄴ. 기후 변화는 생물의 서식 환경을 변화시키므로 특정 생물의 서식지를 감소시킬 수 있다.

바로 알기 ㄷ. ㉠과 ⓒ은 모두 특정 생물의 개체수를 감소시켜 생물다양성을 감소시키고, 먹이 관계를 단순하게 만들어 생태계의 평형 회복 능력을 감소시킨다.

09 ㄱ. 저위도에서는 흡수하는 태양 복사 에너지량이 방출하는 지구 복사 에너지량보다 많으므로 A는 태양 복사 에너지의 입사량이다.

ㄷ. 저위도의 남는 에너지가 대기와 해수의 순환에 의해 부족한 고위도로 이동하기 때문에 지구 전체적으로는 복사 평형을 이룬다.

바로 알기 ㄴ. 위도 $0°$~위도 약 $38°$ 지역은 태양 복사 에너지의 입사량이 지구 복사 에너지의 방출량보다 많으므로 에너지 과잉 상태이고, 위도 약 $38°$~극 지역은 태양 복사 에너지의 입사량이 지구 복사 에너지의 방출량보다 적으므로 에너지 부족 상태이다.

10 ㄴ. A는 지구 대기를 잘 투과하여 지표에 도달하고, B는 지구 대기에 잘 흡수되므로 지구 대기의 투과율은 A가 B보다 크다.

ㄷ. 대기는 복사 평형을 이루므로 흡수량과 방출량이 같으며, B의 에너지양과 C와 D의 에너지양을 합한 값이 같다.

바로 알기 ㄱ. 지표는 복사 평형을 이룬다. 지표는 A와 D의 에너지를 흡수하고, B를 방출하므로 에너지양은 A가 B보다 적다.

11 ㄱ. 지구는 열수지 평형을 이루므로 흡수량과 방출량은 70으로 같다. 따라서 $70=A+12$로부터 $A=58$이다.

ㄴ. 지표 방출 에너지의 대기 흡수율은 $\dfrac{흡수량}{입사량}\times100=\dfrac{133}{133+12}\times100≒91.7$이다.

ㄷ. 대기 중의 온실 기체 농도가 증가하면 지표 방출 에너지 중 대기에 흡수되는 양이 133보다 증가하므로 지표로 방출하는 대기 재복사량도 98보다 커진다.

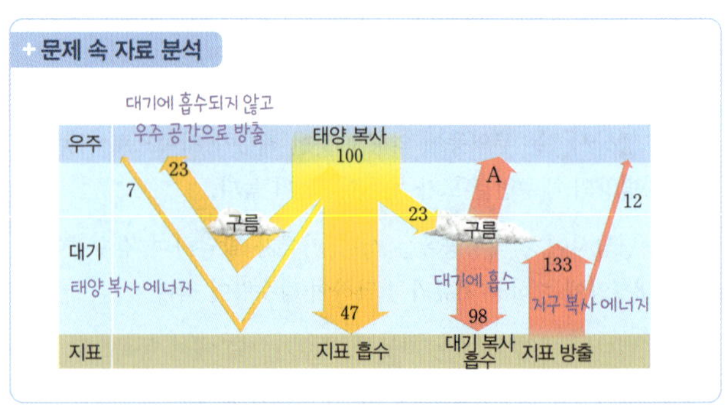

12 ㄱ. A는 현재로 올수록 감소하는 추세이므로 북극해 얼음 면적이다.

ㄴ. 북극해 얼음 면적이 감소하고, 해수면 높이가 상승하는 것은 지구 온난화의 영향이다. 지구 온난화에 의해 수온과 기온이 상승하면 해수 증발량이 증가하고, 대기가 연간 흡수하는 수증기량이 증가한다.

 ㄷ. A, B의 변화는 지구 온난화의 영향이므로 대기 중의 이산화 탄소 농도가 증가하여 일어난다.

13 ㄱ. (가)는 (나)보다 적도 부근 동태평양의 표층 수온이 낮으므로 (가)는 평상시, (나)는 엘니뇨 발생 시이다. 무역풍은 엘니뇨 시기인 (나)가 평상시인 (가)일 때보다 약하다.

 ㄴ. 적도 부근 동태평양 해역에서는 (가)보다 (나)일 때 수온이 더 높으므로 주변 공기를 따뜻하게 데우기 때문에 (가)보다 (나)일 때 기압이 더 낮다.

ㄷ. 평상시에는 무역풍에 의해 적도 부근 해역의 표층 해수가 동쪽에서 서쪽으로 이동한다. 무역풍이 약하게 부는 엘니뇨 시기에는 표층 해수가 평상시에 비해 동태평양 쪽으로 이동하므로 적도 부근 동태평양 해역의 해수면 높이는 (가)보다 (나)일 때 높다.

14 ㄷ. 그림은 동태평양의 표층 수온이 상승하므로 엘니뇨 시기이다. 평상시에 적도 부근에서는 따뜻한 해수가 무역풍에 의해 동 → 서로 이동하여 서태평양의 해수면 높이가 높고, 동태평양의 해수면 높이가 낮다. 그러나 엘니뇨 시기에는 따뜻한 해수가 평상시에 비해 동쪽으로 이동하므로 서태평양과 동태평양의 해수면 높이 차가 감소한다.

 ㄱ. 서태평양에서는 표층 수온이 낮아지므로 하강 기류가 형성되어 강수량이 감소한다.

ㄴ. 동태평양에서는 무역풍의 약화로 찬 해수의 상승 흐름이 약해진다.

15 ㄷ. 과잉 경작이나 벌목으로 숲의 면적이 감소하면 지표면 반사율이 증가하여 지표의 온도가 낮아지고, 이로 인해 하강 기류가 강해지면서 건조 지대가 넓어져 사막화가 일어나게 된다.

 ㄱ. 사막은 주로 증발량이 많고 강수량이 적어 기후가 건조한 위도 30° 부근에 분포한다.

ㄴ. 우리나라는 편서풍대에 속해 있으므로 A에서 발생한 모래 먼지는 편서풍을 타고 동쪽으로 이동하여 우리나라에 피해를 준다.

16 ㄱ. 대기 대순환의 변화에 의해 하강 기류가 강화되어 증발량이 증가하고, 강수량이 감소하면 사막화가 일어난다.

ㄷ. 사막화가 진행되면 농경지가 감소하고 작물 수확량이 감소하여 식량 부족 현상이 생긴다.

 ㄴ. 주요 사막 지역은 위도 30° 부근의 건조 지대에 있으며, 사막화는 사막 주변 지역의 토지가 황폐해지는 현상이다.

만점 도전 문제

17 ㄱ. 생태피라미드에서는 위로 갈수록 상위 영양단계이므로 A는 3차 소비자, B는 2차 소비자, C는 1차 소비자, D는 생산자이다.

 ㄴ. 생산자(D)의 에너지 중 일부가 생산자의 호흡 등 생명활동에 사용되며, 나머지 에너지 중 일부는 1차 소비자(C)로 이동한다.

ㄷ. 하위 영양단계의 에너지는 일부만 상위 영양단계로 이동한다. 따라서 1차 소비자(C)에서 2차 소비자(B)로 이동하는 에너지의 일부가 2차 소비자(B)에서 3차 소비자(A)로 이동한다. 상위 영양단계로 갈수록 전달되는 에너지양이 감소하므로 C에서 B로 이동하는 에너지양은 B에서 A로 이동하는 에너지양보다 많다.

18 ㄱ. 생산자인 식물 플랑크톤의 개체수가 증가하면 1~3차 소비자(A~C)의 개체수도 모두 증가(㉠)한다. 1차 소비자의 개체수가 증가하면 식물 플랑크톤의 개체수는 감소하고, 2차 소비자와 3차 소비자의 개체수는 모두 증가(㉡)하므로 B가 1차 소비자이다. 따라서 ㉠과 ㉡은 모두 '증가'이다.

ㄴ. 2차 소비자의 개체수가 증가하면 1차 소비자의 개체수가 감소해 식물 플랑크톤의 개체수가 증가하므로 C는 2차 소비자이고, A는 3차 소비자이다. 2차 소비자(C)에서 3차 소비자(A)로 에너지가 이동한다.

 ㄷ. 2차 소비자(C)의 개체수가 증가하였을 때 1차 소비자(B)의 개체수가 감소(㉢)한 것은 1차 소비자(B)가 2차 소비자(A)에게 많이 먹혔기 때문이다.

문제 속 자료 분석

먹이(생산자)가 많아져서

개체수가 증가한 개체군	개체수 변화			
	식물 플랑크톤	A	B	C
(생산자) **식물 플랑크톤**	−	증가	㉠증가	증가
3차 소비자 A	감소	−	증가	감소
1차 소비자 B	감소	증가	−	㉡증가
2차 소비자 C	증가	증가	㉢감소	−

1차 소비자에게 적게 먹혀서   2차 소비자에게 많이 먹혀서   먹이(1차 소비자)가 많아져서

19 ㄱ. 화석 연료 연소 과정에서 이산화 탄소가 배출되며, 최근 산업화로 인해 화석 연료 사용이 급증하여 대기 중 이산화 탄소 농도가 급증하였다.

ㄴ. 지구 평균 기온과 대기 중 이산화 탄소 농도는 모두 관측 기간 동안 대체로 상승하고 있으며 최근에 급격히 상승하고 있는 경향이 비슷하므로 서로 밀접한 관련이 있다.

ㄷ. 우리나라의 평균 기온은 지구 전체에 비해 약 2 배 큰 폭으로 상승하였다.

20 A(서태평양)에서 수온 약층이 나타나기 시작하는 깊이가 얕아지고, B(동태평양)에서 수온 약층이 나타나기 시작하는 깊이가 깊어지므로 서쪽의 따뜻한 해수가 동쪽으로 이동하는 엘니뇨 시기이다.

ㄱ. A에서는 하강 기류가 발달하므로 해면 기압이 평상시보다 높아진다.

ㄴ. B에서는 따뜻한 해수가 A로부터 이동해오므로 해수면 높이가 평상시보다 높아진다.

ㄷ. A에서는 해수면 온도가 낮아지므로 표층 수온 편차는 음($-$)의 값이고, B에서는 해수면 온도가 높아지므로 표층 수온 편차는 양($+$)의 값이다. 따라서 (A의 표층 수온 편차$-$B의 표층 수온 편차)는 음($-$)의 값을 가진다.

서술형 문제

21 (1) **답 |** (가) 온도, (나) 사람, (다) 무궁화
해설 | (가)는 비생물요소이므로 (가)에 온도 등이 포함되고, (나)는 다른 생물을 먹이로 섭취하는 소비자이므로 사람 등이 포함되며, (다)는 광합성을 하는 생산자이므로 무궁화와 같은 식물 등이 포함된다.
(2) **모범 답안 |** (다), 빛에너지를 흡수해 광합성을 하여 양분을 스스로 합성(생산)한다.
해설 | 자료는 이산화 탄소(CO_2)와 물(H_2O)을 이용해 포도당을 합성하는 광합성이므로 생산자(다)가 수행하는 물질대사이다. 생산자는 빛에너지를 흡수해 광합성을 하여 포도당과 같은 양분을 스스로 합성(생산)한다.

채점 기준	배점
(다)를 쓰고, 광합성을 하여 양분을 합성(생산)한다고 옳게 서술한 경우	100 %
(다)를 쓰고, 양분을 합성(생산)한다고만 서술한 경우	70 %
(다)만 쓴 경우	30 %

(3) **모범 답안 |** 물이 부족한 곳에서 서식하는 파충류의 피부가 비늘로 덮여 있다. 노루는 일조 시간이 짧아지는 가을에 번식한다. 등
해설 | (가)는 비생물요소이고, (나)는 생물요소 중 소비자이다. 물이 부족한 곳에서 서식하는 파충류의 피부가 비늘로 덮여 있는 것이나, 노루가 일조 시간이 짧아지는 가을에 번식하는 것 등은 모두 비생물요소가 소비자에 영향을 미치는 예이다.

채점 기준	배점
빛, 물, 토양 등의 비생물요소가 생물요소 중 소비자에게 영향을 주는 예를 옳게 서술한 경우	100 %

22 (1) **답 |** 2차 소비자
해설 | 동물 플랑크톤은 식물 플랑크톤과 같은 생산자를 먹는 1차 소비자이다. 그런데 마른 멸치의 위 안에 동물 플랑크톤이 발견되었으므로 멸치는 동물 플랑크톤을 먹는 2차 소비자이다.
(2) **모범 답안 |** 멸치의 개체수가 감소하면 상어는 먹이가 부족해지므로 개체수가 감소하고, 동물 플랑크톤은 멸치에게 적게 잡아 먹히므로 개체수가 증가한다.
해설 | 멸치의 개체수가 감소하면 멸치를 먹는 상어는 먹이가 부족해지므로 개체수가 감소하고, 멸치에게 먹히는 동물 플랑크톤은 멸치에게 적게 잡아먹히므로 개체수가 증가한다.

채점 기준	배점
먹이가 부족해져 상어의 개체수가 감소하는 것과 적게 잡아먹혀 동물 플랑크톤의 개체수가 증가하는 것을 모두 옳게 서술한 경우	100 %
먹이가 부족해져 상어의 개체수가 감소하는 것과 적게 잡아먹혀 동물 플랑크톤의 개체수가 증가하는 것 중 한 가지만 옳게 서술한 경우	50 %

23 **모범 답안 |** 지구가 열수지 평형을 이루므로 B는 60이 되고, C는 B의 2배인 120이 된다. 따라서 A는 180이다.

해설 | 지표가 흡수하는 태양 복사 에너지량은 60이므로 최초에 지표가 방출하는 A는 60이고, 이 에너지는 대기에서 B는 20, C는 40으로 재방출된다. 이에 따라 지표가 C(40)를 흡수하면 지표가 방출하는 A는 그만큼 증가하게 된다. 이러한 과정을 연속적으로 거쳐 B가 60이 되면 지구는 열수지 평형을 이루게 되는데, 이때 C는 120이 된다. 따라서 A는 태양 복사 에너지 흡수량(60)과 C(120)를 합하여 180이 된다.

채점 기준	배점
A를 구하는 과정과 답을 모두 옳게 서술한 경우	100 %
A를 구하는 과정만 옳게 서술한 경우	80 %
A의 답만 옳은 경우	20 %

24 **모범 답안 |** 화석 연료의 연소로 발생한 이산화 탄소가 대기로 방출되어 지구의 평균 기온이 상승하였다. 지구의 평균 기온 상승으로 해수의 부피 팽창, 빙하의 융해가 일어나 해수면이 상승하였다.
해설 | 지권에 저장된 화석 연료를 연소시킬 때 발생한 이산화 탄소가 대기로 방출되어 온실 효과가 강해지면서 지구의 평균 기온이 상승하였다. 이로 인해 해수의 부피가 팽창하였고, 극지방과 고산 지대의 빙하가 녹아 해수면이 상승하였다.

채점 기준	배점
지구의 평균 기온 변화의 주된 원인과 수권에 주는 영향을 모두 옳게 서술한 경우	100 %
수권에 주는 영향만 옳게 서술한 경우	60 %
지구의 평균 기온 변화의 주된 원인만 옳게 서술한 경우	40 %

25 **모범 답안 |** 대기와 해수가 순환하면서 저위도의 남는 에너지를 고위도로 수송하기 때문이다.
해설 | 대기에서는 적도에서 가열된 공기가 상승하여 극쪽으로 이동하고, 극에서 열에너지를 잃고 냉각된 공기는 하강하여 적도 쪽으로 되돌아오는 순환이 일어난다. 해양에서도 저위도의 따뜻한 해수가 고위도로 이동하여 열에너지를 잃고 차가워진 해수가 저위도로 되돌아오는 순환이 일어난다.

채점 기준	배점
대기와 해수의 순환을 모두 옳게 서술한 경우	100 %
대기와 해수의 순환 중 한 가지만 옳게 서술한 경우	50 %

수능 패턴 보기

◆124~125쪽

01 ④ **02** ③ **03** ③ **04** ②

01 ㄴ. 지의류에 의해 토양이 풍화되는 것은 생물요소가 비생물요소에 영향을 주는 ⓒ에 해당한다.
ㄷ. 식물 플랑크톤(ⓑ)에서 물벼룩(ⓒ)으로 먹이사슬에 따라 유기물이 이동하며 탄소는 유기물의 형태로 이동한다.
바로 알기 ㄱ. A는 분해자, B는 생산자, C는 소비자이고, 식물 플랑크톤(ⓑ)은 생산자, 물벼룩(ⓒ)은 소비자, 곰팡이(ⓐ)는 분해자이다.

02 ㄱ. A는 생산자, B는 1차 소비자, C는 2차 소비자이다. 생산자는 주로 빛에너지를 이용한 광합성으로 생명활동에 필요한 양분을 스스로 만드는 생물이다.

ㄴ. ㉠은 50, ㉡은 2, ㉢은 44이므로 ㉠은 ㉡과 ㉢의 합보다 크다.

바로 알기 ㄷ. 에너지효율(%) = $\dfrac{\text{현 영양단계의 에너지양}}{\text{전 영양단계의 에너지양}} \times 100$ 으로 구할 수 있다. 1차 소비자의 에너지양은 10, 2차 소비자의 에너지양은 2이므로 2차 소비자의 에너지효율은 $\dfrac{2}{10} \times 100 = 20\ \%$이다.

03 ㄱ. 페트병 A와 B 속의 공기 성분 차이는 이산화 탄소이고, 온도 변화에 차이가 생겼으므로 이산화 탄소가 지구 기후에 미치는 영향을 알아보는 실험이다.

ㄴ. 페트병 A에 이산화 탄소 발포정을 넣었으므로 A의 공기 중에는 이산화 탄소가 존재하며, (나)에서 온도 변화가 더 크게 나타나게 된다. 따라서 A의 온도 변화는 a이다.

바로 알기 ㄷ. a와 b 모두 시간이 경과하면 온도는 상승하지만 온도 상승 폭이 점차 둔화되어 더 이상 온도가 올라가지 않는다. 이는 페트병 A와 B 모두 복사 평형에 도달하기 때문이다.

04 ㄷ. 지표는 148을 흡수하고, 147.8을 방출하므로 지표에는 0.2의 에너지가 저장되어 에너지양이 증가하고 있다.

바로 알기 ㄱ. 지구는 70.7을 흡수하고, 70.5를 방출하므로 열수지 불균형 상태이다.

ㄴ. 지표의 에너지 방출량 중 복사가 차지하는 비율은 $\dfrac{117}{117+5.4+25.4} \times 100 = 79.2$이므로 80 %보다 작다.

Ⅱ-2 **에너지**

10 태양 에너지의 생성과 전환

바로 복습 ◑ 127쪽

01 질량 결손 **02** 태양 에너지 **03** 탄소, 화석 연료
04 ○ **05** × **06** ×

04 태양의 중심부에서 수소 핵융합 반응이 일어날 때 발생하는 질량 결손에 의해 태양 에너지가 생성된다.

05 수소 원자핵 4 개의 질량을 합한 것이 헬륨 원자핵 1 개의 질량보다 크다.

06 지구에서의 대기와 해수의 순환은 태양의 열에너지에 의해 일어나고, 탄소의 순환은 태양의 빛에너지에 의해 일어난다.

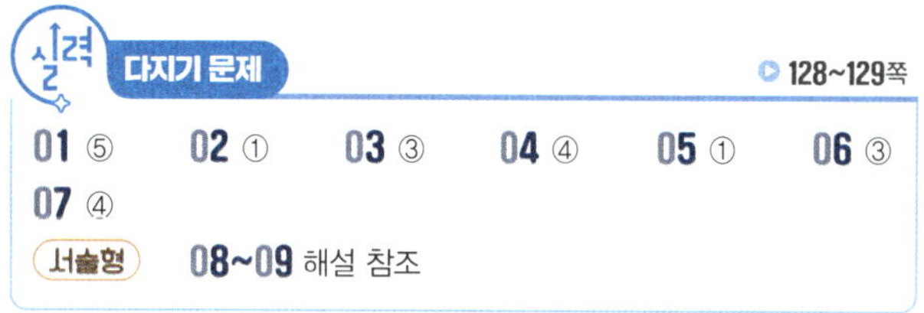

실력 다지기 문제 ◑ 128~129쪽

01 ⑤ **02** ① **03** ③ **04** ④ **05** ① **06** ③
07 ④
서술형 **08~09** 해설 참조

01 ㄴ. 태양의 중심으로 갈수록 온도와 압력이 높다.

ㄷ. 태양의 핵에서는 온도가 매우 높아 수소 핵융합 반응이 일어난다. 태양의 핵에서 일어나는 수소 핵융합 반응으로 태양 에너지가 생성된다.

바로 알기 ㄱ. 태양은 주계열성으로 온도가 매우 높은 태양의 중심부에서는 수소 핵융합 반응이 일어나고 있다. 따라서 태양의 주성분은 수소이다.

02 ㄱ. 4 개의 수소 원자핵이 융합하여 1 개의 헬륨 원자핵이 생성되는 핵융합 반응이다.

바로 알기 ㄴ. 수소 핵융합 반응이 일어나기 위해서는 온도가 매우 높아야 한다. 따라서 수소 핵융합 반응은 온도가 매우 높은 태양의 중심부에서 일어난다.

ㄷ. 핵융합 반응에서 질량 결손이 일어나고 질량 결손에 해당하는 에너지가 방출된다. 따라서 핵융합 반응에서 질량이 줄어들므로 $4m > M$이다.

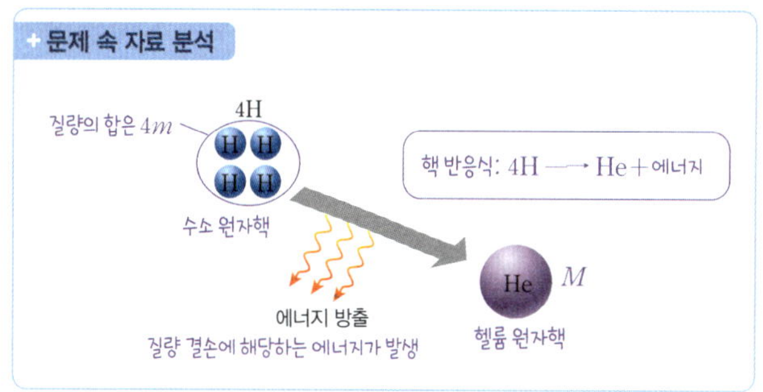

03 ㄱ. 복사에 의해 태양에서 지구로 에너지가 전달된다.

ㄴ. 지구에 도달한 태양 에너지에 의해 물질의 순환이 일어난다.

바로 알기 ㄷ. 태양이 우주 공간으로 방출하는 에너지의 약 20 억분의 1만 지구에 도달한다.

04 태양의 열에너지를 흡수한 물이 증발되어 상승하여 구름이 생성되므로 (가)는 위치 에너지이다.

화석 연료는 생물의 유해가 오랜 시간 동안 높은 열과 큰 압력을 받아 생성되는데, 생물체가 갖는 에너지는 광합성을 통해 태양의 빛에너지를 화학 에너지로 전환한 것이다. 따라서 화석 연료의 생성은 태양의 빛에너지를 화학 에너지로 전환한 것이다.

태양 전지는 태양의 빛에너지를 직접 전기 에너지로 전환한다.

05 ① 핵발전에서 이용하는 핵연료는 지구에 있는 원소를 이용하는 것이므로 에너지의 근원이 태양 에너지와 무관하다.

바로 알기 ② 수력 발전은 물의 위치 에너지를 이용하는데, 물이 증발하여 구름을 형성하고 비가 되어 내리는 과정에 태양 에너지가 관여한다.

③ 풍력 발전은 바람을 이용하므로 에너지의 근원은 태양 에너지이다.

④ 화력 발전에서는 화석 연료를 사용하는데, 화석 연료는 근원적으로 태양 에너지가 화학 에너지로 전환되어 저장된 것이다.

⑤ 태양열 발전은 태양의 열에너지로 물을 끓여 발전하는 방식이므로 에너지의 근원은 태양 에너지이다.

06 ㄱ. 대기를 거쳐 지표에 도달하는 태양 복사 에너지는 열에너지로 전환되어 지표를 가열한다.

ㄷ. 해수면에서 부는 바람은 지표면의 불균등한 가열에 의해 생기므로 태양 복사 에너지가 공기의 역학적 에너지로 전환된 것이고, 해수면 위에서 부는 바람의 마찰에 의해 파도가 생기므로 파도의 발생은 공기의 운동 에너지가 해수의 역학적 에너지로 전환된 것이다.

바로 알기 ㄴ. 해수가 가열되어 물이 증발하여 대기로 이동하는 것은 태양 에너지가 물의 역학적 에너지로 전환된 것이다.

07 ㄴ. 많은 양의 구름과 바람을 동반하는 태풍은 태양 에너지가 물과 공기의 역학적 에너지로 전환된 것이다.

ㄷ. 위도별로 지구에 입사되는 태양 에너지의 불균형으로 해수의 순환이 일어나며, 이러한 순환을 통해 지구 전체적으로 에너지 균형을 이루게 된다.

바로 알기 ㄱ. 화산 분화나 지진은 지구 내부 에너지에 의해 발생한다.

서술형 문제

08 모범 답안 | 식물은 광합성 과정에서 태양의 빛에너지를 이용하여 이산화 탄소와 물로부터 포도당과 산소를 만든다. 따라서 광합성 과정에서 태양의 빛에너지가 화학 에너지로 전환된다.

채점 기준	배점
태양의 빛에너지가 화학 에너지로 전환된다는 내용을 포함하여 옳게 서술한 경우	100 %
태양의 빛에너지가 전환된다고만 서술한 경우	30 %

09 (1) **답 |** 수소

해설 | 태양의 내부에서는 수소 핵융합 반응이 일어난다.

(2) **모범 답안 |** 핵융합 반응 전 A(수소) 원자핵 4개의 질량의 합보다 반응 후 헬륨 원자핵 1개의 질량이 더 작다. 핵융합 반응에서 질량이 감소하고, 감소한 질량에 해당하는 에너지가 발생한다.

해설 | 수소 원자핵 4개가 융합하여 1개의 헬륨 원자핵을 생성하는 핵융합 반응에서 질량이 감소한다. 이때 감소한 질량에 해당하는 에너지가 발생하게 된다.

채점 기준	배점
질량 변화와 에너지 발생 원리를 모두 옳게 서술한 경우	100 %
질량 변화는 옳으나 에너지 발생 원리에 대한 서술이 미흡한 경우	50 %

11 전기 에너지의 생산

바로 복습
● 133쪽

01 자기장 **02** 전자기 유도 **03** 핵발전
04 이산화 탄소, 이산화 탄소 **05** ○ **06** × **07** ○
08 ×

02 발전기는 자석 사이에서 코일을 회전시킬 때 전류가 발생하는 전자기 유도 현상을 이용하여 전기 에너지를 생산하는 장치이다.

03 핵발전은 원자로에서 핵연료가 핵분열할 때 발생하는 열에너지로 터빈을 돌린다.

06 자석이 코일에 가까워지면 자석과 코일 사이에는 서로 밀어 내는 힘이 작용하고, 자석이 코일에서 멀어지면 자석과 코일 사이에는 서로 끌어당기는 힘이 작용한다.

08 핵발전은 화력 발전에 비해 연료비가 저렴하고 발전 효율이 높다.

탐구
● 134쪽

결과 ❶ 크다 ❷ 반대
❸ 운동, 전기
정리 1 일정 2 세져서

실격 다지기 문제
● 137~139쪽

01 ③ **02** ④ **03** ④ **04** ③ **05** ⑤ **06** ④
07 ① **08** ⑤ **09** ② **10** ④
서술형 **11~12** 해설 참조

01 A: 코일을 통과하는 자기장의 세기가 변하면 코일에 전류가 유도되는 현상을 전자기 유도라고 한다.

C: 자석을 빨리 움직일수록 코일을 통과하는 자기장의 세기 변화율이 크기 때문에 더 센 전류가 흐른다.

바로 알기 B: 자석의 운동 방향에 따라 코일에 흐르는 전류의 방향이 달라진다.

02 ㄴ. 자석이 코일에 접근하므로 코일과 자석 사이에는 서로 밀어 내는 자기력이 작용한다.

ㄷ. 자석의 N극을 멀리 하면 유도 전류의 방향은 반대가 되어 검류계에 흐르는 전류의 방향은 b → ⓖ → a 방향이다.

바로 알기 ㄱ. 자석이 코일에 가까워지므로 코일을 통과하는 자기장의 세기는 증가한다.

03 ㄴ. 전자기 유도 현상에 의해 코일은 자석의 운동을 방해하므로 자석의 속력은 감소한다. 따라서 자석의 속력은 a에서가 b에서보다

크므로 저항에 흐르는 전류의 세기는 a를 지날 때가 b를 지날 때보다 세다.

ㄷ. 코일에 유도된 자기장이 자석의 운동을 방해하므로 자석이 b를 지날 때 코일과 자석 사이에는 끌어당기는 자기력이 작용한다.

[바로 알기] ㄱ. 자석이 a를 지날 때는 자석의 N극이 코일에 가까워지므로 척력이 작용하도록 코일의 왼쪽이 N극이 되도록 유도 전류가 흐른다. 또 자석이 b를 지날 때는 자석의 S극이 코일로부터 멀어지므로 인력이 작용하도록 코일의 오른쪽이 N극이 되도록 유도 전류가 흐른다. 따라서 자석이 a를 지날 때와 b를 지날 때 코일에 흐르는 유도 전류의 방향이 서로 반대이다.

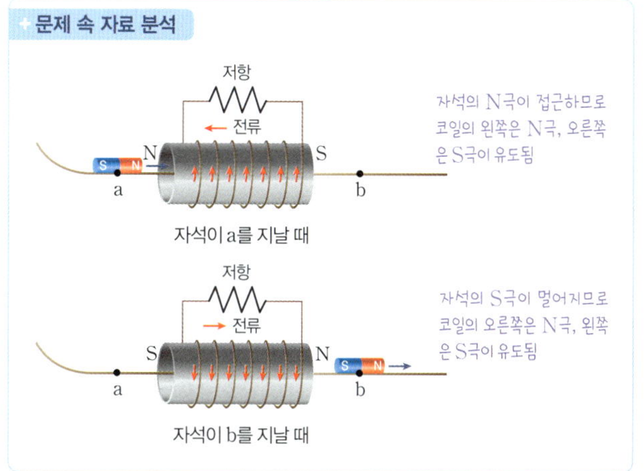

04 (가) 코일이 들어 있는 휴대 전화를 무선 충전기 위에 놓으면 코일을 통과하는 자기장의 변화에 의해 유도 전류가 흘러 배터리가 충전된다.
(다) 교통 카드를 단말기에 가까이 하면, 교통 카드 내부에 있는 코일을 통과하는 자기장의 변화에 의해 유도 전류가 흐르게 되어 요금을 지불한다.

[바로 알기] (나) 전자석 기중기는 전류가 흐르는 도선이 자기장을 형성하는 원리를 이용하여 고철을 들어 올린다.

05 ㄱ. 발전기는 코일이 자기장 속에서 회전할 때, 도선을 통과하는 자기장의 변화로 인해 도선에 유도 전류가 흐르는 전자기 유도 현상을 이용하여 전기 에너지를 생산한다.
ㄴ. 도선을 통과하는 자기장이 주기적으로 변하므로 전구에 흐르는 전류의 세기와 방향은 계속 바뀐다.
ㄷ. 발전기에서는 도선을 회전시키는 운동 에너지가 전기 에너지로 전환된다.

06 ㄱ. 터빈의 회전에 의해 전기 에너지가 생산된다. 따라서 터빈의 역학적 에너지가 전기 에너지로 전환된다.
ㄴ. 발전기는 바깥쪽에 코일이 들어 있는 철심이 고정되어 있고 안쪽에 축을 따라 자석이 회전하는 구조로 되어 있다. 따라서 터빈이 돌아가면 발전기의 자석이 코일 속에서 회전하게 된다.

[바로 알기] ㄷ. 터빈의 회전 속력이 빠를수록 코일을 통과하는 자기 선속의 변화율이 크므로 유도 전류의 세기는 증가한다.

07 화력 발전소에서는 화석 연료를 연소시켜 열에너지를 얻으므로 (가)는 열에너지이다.
핵발전소에서는 핵분열 반응으로 발생한 열에너지가 터빈에 의해 운동 에너지로 전환되므로 (나)는 운동 에너지이다.

08 ㄱ. (가)는 화석 연료를 사용하는 화력 발전이다. 화석 연료는 탄소 화합물이다.
ㄴ. (나)는 핵발전으로 원자로에서는 핵분열 반응이 일어난다.
ㄷ. 화력 발전과 핵발전은 모두 발전기를 돌려 전기를 생산하므로 전자기 유도 현상을 이용한다.

09 ㄷ. 핵반응에서 발생한 에너지로 물을 끓이고, 끓인 물에서 발생한 증기가 터빈을 회전시켜 전기 에너지가 생산된다. 전기 에너지를 생산하는 과정에서 열에너지가 운동 에너지로 전환된다.

[바로 알기] ㄱ. 원자로에서는 핵분열 반응이 일어난다.
ㄴ. 화학 연료의 화학 에너지를 이용하는 것은 화력 발전이다.

10 ㄴ. 터빈의 회전으로 발전기가 회전하므로 터빈은 발전기에 운동 에너지를 전달한다.
ㄷ. 발전기는 모두 전자기 유도 현상을 이용하여 운동 에너지를 전기 에너지로 전환한다.

[바로 알기] ㄱ. 화력 발전소의 에너지원인 화석 연료는 매장량이 한정되어 있다.

서술형 문제

11 (1) **모범 답안** | 자석을 빠르게 움직인다. 센 자석을 사용한다. 코일의 감은 수를 많게 한다.
해설 | 유도 전류의 세기는 코일을 통과하는 자기장 세기의 변화가 클수록 크다. 유도 전류의 세기를 세게 하기 위해서는 자석을 빠르게 움직이거나, 자기장의 세기가 센 자석을 사용하거나, 코일의 감은 수가 많아야 한다.

채점 기준	배점
세 가지 방법을 모두 옳게 서술한 경우	100 %
두 가지 방법만 옳게 서술한 경우	50 %
한 가지 방법만 옳게 서술한 경우	25 %

(2) **모범 답안** | (가)와 (나) 모두 코일 위쪽에 N극이 형성되도록 유도 전류가 흐르기 때문에 유도 전류의 방향은 같다.
해설 | 유도 전류는 코일을 통과하는 자기장의 변화를 방해하는 방향으로 흐른다. 자석의 N극이 코일에 가까이 접근할 때는 코일의 위쪽에 N극, 아래쪽에 S극을 형성하도록 유도 전류가 흐른다. 자석의 S극이 코일에서 멀어질 때는 코일의 위쪽에 N극, 아래쪽에 S극을 형성하도록 유도 전류가 흐른다.

채점 기준	배점
유도 전류의 방향과 그 까닭을 모두 옳게 서술한 경우	100 %
까닭만 옳게 서술한 경우	50 %
유도 전류의 방향만 옳게 비교한 경우	30 %

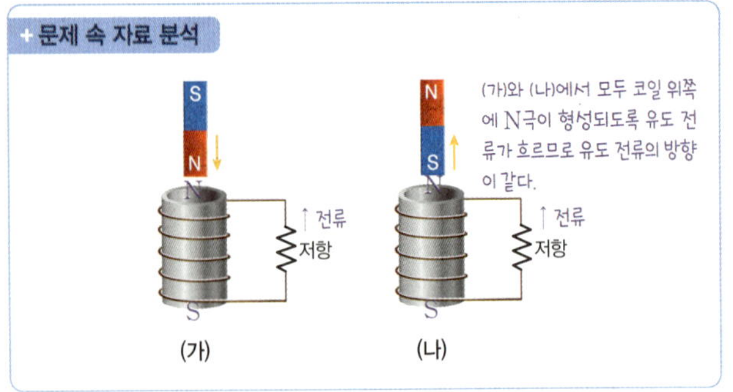

12 (1) **답 |** 화학 에너지 → 열에너지 → 운동 에너지 → 전기 에너지

해설 | 보일러에서 화석 연료를 연소시켜 얻은 열로 물을 끓이고, 증기를 이용하여 터빈을 회전시켜 발전기를 돌려 전기를 얻는다.

채점 기준	배점
화학 에너지 → 열에너지 → 운동 에너지 → 전기 에너지 전환 과정을 옳게 서술한 경우	100 %
화학 에너지 → 전기 에너지라고만 서술한 경우	50 %

(2) **모범 답안 |** 원자로에서는 핵연료의 핵분열 반응이 일어나며, 핵분열 반응으로 핵에너지가 열에너지로 전환된다.

해설 | 원자로에서는 핵분열 반응으로 열에너지를 얻는다.

채점 기준	배점
핵분열 반응과 에너지 전환 과정을 모두 옳게 서술한 경우	100 %
핵분열 반응이 일어난다고만 서술한 경우	50 %
핵에너지가 열에너지로 전환된다고만 서술한 경우	50 %

(3) **모범 답안 |** 공통점은 발전기에서 전자기 유도 현상을 이용하여 전기 에너지를 생산한다는 것이다. 차이점은 열에너지를 얻는 방법이 다르다는 것으로, 화력 발전에서는 화석 연료의 연소 반응으로 열에너지를 얻고, 핵발전에서는 우라늄의 핵분열 반응으로 열에너지를 얻는다.

해설 | 화력 발전과 핵발전은 모두 발전기를 돌려 전기를 생산하므로 전자기 유도 현상을 이용하는 것이 공통점이고, 차이점은 열에너지를 얻는 방법이 다르다는 것이다. 화력 발전에서는 화석 연료의 연소 반응으로 열에너지를 얻고, 핵발전에서는 핵연료의 핵분열 반응으로 열에너지를 얻는다.

채점 기준	배점
공통점과 차이점을 모두 옳게 서술한 경우	100 %
공통점과 차이점 중 한 가지만 옳게 서술한 경우	50 %

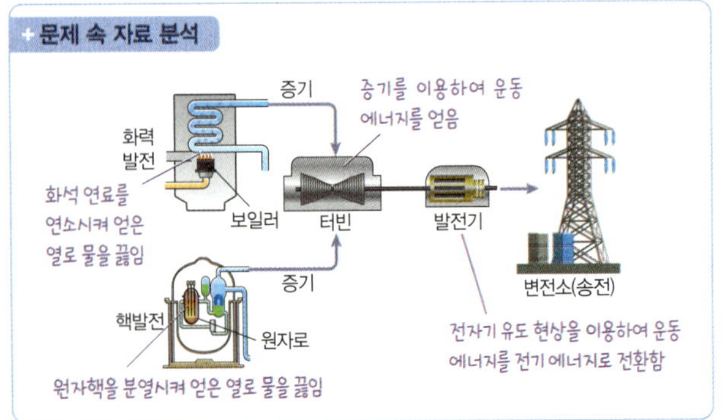

12 에너지 효율과 신재생 에너지

바로 복습 ◑ 142, 144쪽

01 전기, 화학　　**02** 에너지 보존 법칙　　**03** 에너지 효율
04 적어, 높다　　**05** ×　　**06** ○　　**07** ×　　**08** ○
09 신에너지, 재생 에너지　　**10** 운동, 전기
11 태양 전지　　**12** 바이오　　**13** 친환경 에너지　　**14** ○
15 ×　　**16** ×　　**17** ○　　**18** ○

05 식물에서 광합성이 일어날 때 빛에너지는 화학 에너지(포도당)로 전환된다.

07 휴대 전화를 사용할 때 발생하는 열에너지는 이용할 수 없는 에너지로 유용하게 사용된 에너지가 아니다.

08 열효율 $= \dfrac{20\,\text{J}}{200\,\text{J}} \times 100 = 10\,\%$

15 연료 전지는 산화 환원 반응을 통해 수소의 화학 에너지를 전기 에너지로 전환하는 장치이다.

16 밀물과 썰물 때의 해수면 높이 차를 이용하여 전기 에너지를 생산하는 것이 조력 발전이고, 파도의 운동을 이용하여 전기 에너지를 생산하는 것은 파력 발전이다.

실력 다지기 문제

◑ 145~148쪽

01 ①	02 ①	03 ⑤	04 ④	05 ③	06 ③
07 ③	08 ④	09 ③	10 ①	11 ④	12 ③
13 ⑤	14 ②	15 ⑤			

서술형 **16~18** 해설 참조

01 태양열 발전은 태양의 열에너지를 전기 에너지로 전환하며, 태양의 열에너지는 복사에 의해 빛에너지로 전환된다. 빛에너지는 광합성을 통해 화학 에너지로 전환되며, 전지를 충전할 때는 전기 에너지가 화학 에너지로 전환된다. 따라서 (가)는 열에너지, (나)는 화학 에너지이다.

02 ㄱ. 건전지는 화학 에너지를 전기 에너지로 전환하며, 태양 전지는 빛에너지를 전기 에너지로 전환한다. 따라서 (가)는 전기 에너지이다.

바로 알기 ㄴ. 컴퓨터의 모니터에서는 전기 에너지가 빛에너지로 전환되므로 ㉠에 해당하지 않는다.
ㄷ. 태양 전지는 흡수한 빛에너지의 일부만 전기 에너지로 전환시킨다.

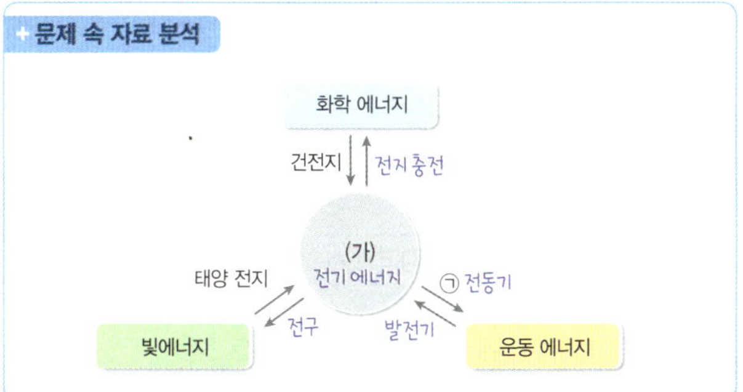

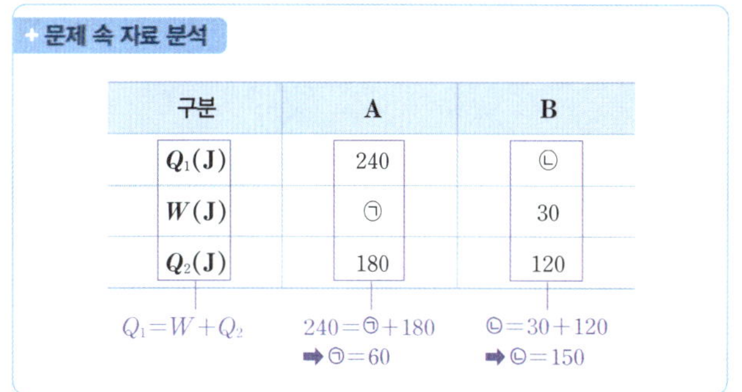

구분	A	B
Q_1(J)	240	ⓒ
W(J)	⊙	30
Q_2(J)	180	120

$Q_1 = W + Q_2$ $\quad$ $240 = ⊙ + 180$ $\quad$ $ⓒ = 30 + 120$

$\Rightarrow ⊙ = 60$ $\qquad$ $\Rightarrow ⓒ = 150$

03 ㄱ. 휘발유는 화석 연료로 화학 에너지에 해당한다.

ㄴ. 자동차의 에너지 효율은 25 %이므로 ⊙은 자동차가 달리는 데 사용한 에너지이다.

ㄷ. 에너지는 보존되므로 자동차에 공급된 에너지는 사용된 에너지의 합과 같아서 ⓒ은 30 %이다.

04 ㄴ. 엔진에 공급된 에너지는 200 kJ로 같지만 엔진이 하는 일은 A가 B보다 작다. 따라서 자동차의 에너지 효율은 A가 B보다 작다.

ㄷ. 에너지 효율이 클수록 버려지는 열이 적다. 같은 속력으로 같은 거리를 주행하는 동안 에너지 효율은 B가 A보다 크므로 버려지는 열은 B가 A보다 적다.

 ㄱ. 엔진에 공급된 에너지의 일부만 자동차가 달리는 데 이용되므로 엔진에 공급된 에너지가 모두 운동 에너지로 전환되지는 않는다. 엔진에 공급된 에너지 중 많은 양의 에너지가 마찰 등으로 인한 열에너지로 전환된다.

05 ㄱ. 태양 전지에 빛을 비추면 전자가 방출되어 전류가 흐르게 된다. 따라서 태양 전지는 빛에너지를 전기 에너지로 전환한다.

ㄴ. 배터리가 충전되는 동안에는 전기 에너지가 화학 에너지로 전환된다.

 ㄷ. 태양 전지에 공급되는 빛에너지의 일부만 전기 에너지로 전환되며, 태양 전지에서 배터리로 공급하는 전기 에너지의 일부만 화학 에너지로 전환된다. 에너지 효율은 1보다 작기 때문에 배터리에 저장되는 에너지양은 태양 전지에 공급되는 에너지양보다 작다.

06 ㄱ. 열기관은 고열원에서 열을 흡수하여 일을 하고 저열원으로 열을 방출한다. A가 흡수한 열에너지는 240 J이고, 방출한 열에너지는 180 J이므로 외부에 한 일은 240 J − 180 J = 60 J이다.

ㄴ. B가 외부에 한 일은 30 J, 저열원으로 방출한 열에너지는 120 J이므로 고열원에서 흡수한 열에너지는 30 J + 120 J = 150 J이다.

 ㄷ. A의 열효율은 $\dfrac{60\ J}{240\ J} = 0.25$이고, B의 열효율은 $\dfrac{30\ J}{150\ J} = 0.2$이다. 따라서 열효율은 A가 B의 $\dfrac{5}{4}$배이다.

07 A의 효율은 40 %이므로 $\dfrac{E}{E_0} = 0.4$에서 $E_0 = \dfrac{5}{2}E$이다. B에 공급된 전기 에너지는 $2E_0 = 5E$이고, 효율은 60 %이므로 $\dfrac{⊙}{5E} = 0.6$에서 $⊙ = 5E \times 0.6 = 3E$이다.

08 ㄴ. 1 km를 주행하는 동안 배출하는 이산화 탄소의 양이 (가)가 (나)보다 적으므로 (가)가 B보다 친환경적인 자동차이다.

ㄷ. 연비(km/L)는 1 L의 휘발유로 주행할 수 있는 거리를 나타낸 것이다. (가)의 연비는 15.1 km/L이고, (나)의 연비는 11.6 km/L이다. 따라서 같은 양의 연료로 주행할 수 있는 거리는 (가)가 (나)보다 길다.

 ㄱ. 에너지 소비 효율 등급의 숫자가 작을수록 에너지 효율이 높다. (가)의 에너지 소비 효율 등급은 1등급이고, (나)의 에너지 소비 효율 등급은 3등급이므로 자동차의 에너지 효율은 (가)가 (나)보다 높다.

09 A, B: 태양광 발전은 태양에서 오는 빛에너지를 이용하므로 에너지 자원 고갈의 염려가 없으며, 발전 과정에서 화석 연료를 사용하지 않아 이산화 탄소를 거의 배출하지 않는다.

 C: 태양광 발전은 태양의 빛에너지를 전기 에너지로 전환하므로 전자기 유도를 이용하지 않는다.

10 ㄱ. 태양광 발전과 태양열 발전은 모두 태양 에너지를 이용하며, 태양 에너지는 재생 에너지에 속한다.

 ㄴ. 태양광 발전은 태양 전지를 이용하므로 전자기 유도 현상을 이용하지 않고, 태양열 발전은 발전기를 이용하여 발전하므로 전자기 유도 현상을 이용한다.

ㄷ. 태양광 발전은 빛에너지를 직접 전기 에너지로 전환하므로 열에너지가 운동 에너지로 전환되는 과정이 없다.

11 ④ 화력 발전에는 화석 연료를 사용하는데, 화석 연료는 자원 고갈의 염려가 크고, 온실 기체를 방출한다. 따라서 화력 발전은 신재생 에너지를 이용한 발전이 아니다.

 ① 풍력 발전은 바람을 이용하므로 에너지원의 고갈 염려가 없고 환경오염 물질을 배출하지 않는다.

② 연료 전지는 수소와 산소의 화학 반응으로 전기를 얻으므로 신에너지에 해당한다.

③ 조력 발전은 밀물과 썰물을 이용하므로 해양 에너지를 이용한다.

⑤ 태양광 발전은 태양의 빛에너지를 이용한다.

12 ㄱ. 조력 발전과 파력 발전은 물의 운동 에너지와 물의 위치 에너지를 이용한다. 따라서 (가)와 (나)는 모두 물의 역학적 에너지를 이용한다.

ㄴ. 조력 발전은 밀물 때 바닷물을 가두었다가 썰물 때 흘려보내면서 낙차(역학적 에너지)를 이용하여 터빈을 돌려 전기 에너지를 생산하므로 해수면의 높이 차가 큰 지역에 설치해야 한다.

[바로 알기] ㄷ. 신재생 에너지는 에너지원의 양이 풍부해 고갈될 염려가 없다. 또한 발전 과정에서 환경 오염을 유발하는 정도가 낮아 친환경적이다.

13 ㄱ. 태양광 발전과 풍력 발전은 일사량과 바람의 세기에 따라 발전량이 달라지므로 날씨의 영향을 많이 받는다.

ㄴ. 풍력 발전과 조력 발전은 각각 공기와 물의 역학적 에너지를 이용하여 전기 에너지를 생산한다.

ㄷ. 태양 에너지와 바람의 운동 에너지, 물의 운동 에너지는 모두 재생 가능한 에너지이다.

14 핵발전에서 사용하는 핵연료는 자원 고갈의 염려가 있다. 태양광 발전은 전자기 유도 현상을 이용하지 않는다. 조력 발전은 열에너지가 운동 에너지로 전환되는 과정이 없다. 태양열 발전은 에너지의 근원이 태양 에너지이고, 지열 발전은 에너지의 근원이 지구 내부 에너지이다.

15 ㄱ. 단열재는 건물 외부로 빠져나가는 열에너지를 줄이기 위한 것이다.

ㄴ. 태양 전지판은 태양 에너지를 이용하여 전기 에너지를 얻는 장치이다.

ㄷ. (나), (다), (라)는 모두 태양 에너지를 효율적으로 이용하기 위한 방법들이다.

서술형 문제

16 (1) **모범 답안** | 전기 에너지가 운동 에너지로 전환된다.
해설 | 송풍기의 전동기에서 코일에 전류가 흐르면 코일이 자기장을 형성하여 힘을 받아 회전한다. 따라서 전동기에서는 전기 에너지가 운동 에너지로 전환된다.

채점 기준	배점
모범 답안과 같이 서술한 경우	100 %

(2) **모범 답안** | 전기 에너지가 열에너지로 전환된다.
해설 | 니크롬선에 전류가 흐르면 니크롬선의 전기 저항으로 인해 열이 발생한다. 따라서 니크롬선에서는 전기 에너지가 열에너지로 전환된다.

채점 기준	배점
모범 답안과 같이 서술한 경우	100 %

17 **모범 답안** | 공급된 에너지가 다른 형태의 에너지로 전환될 때 일부가 다시 사용하기 어려운 열에너지 등으로 버려지게 된다. 이렇게 에너지가 전환되는 과정에서 사용할 수 있는 에너지가 점점 감소하기 때문에 에너지를 절약해야 한다.

채점 기준	배점
사용하기 어려운 형태의 에너지로 전환이 일어난다는 것을 언급하여 까닭을 옳게 서술한 경우	100 %
사용할 수 있는 에너지가 줄어든다고만 서술한 경우	50 %

18 **모범 답안** | (가) 에너지의 근원이 태양 에너지인가?
(나) 전자기 유도 현상을 이용하는가?
(다) 발전 과정에서 열에너지를 운동 에너지로 전환하는 과정이 있는가?
해설 | (가) 지열 발전의 에너지원은 지구 내부 에너지이며, 연료 전지에서는 수소를 이용하므로 에너지의 근원은 태양 에너지가 아니다. 따라서 (가)는 '에너지의 근원이 태양 에너지인가?'가 적절하다.
(나) 풍력 발전에서는 발전기를 이용하여 교류 발전을 하므로 전자기 유도를 이용하고 태양광 발전에서는 태양 전지를 이용하여 발전을 하므로 전자기 유도를 이용하지 않는다. 따라서 (나)는 '전자기 유도 현상을 이용하는가?'가 적절하다.
(다) 지열 발전은 열에너지를 운동 에너지로 전환하는 과정이 있지만 연료 전지는 화학 반응으로 전자가 이동하는 현상을 이용하므로 열에너지가 운동 에너지로 전환하는 과정이 없다. 따라서 (다)는 '발전 과정에서 열에너지를 운동 에너지로 전환하는 과정이 있는가?'가 적절하다.

채점 기준	배점
(가), (나), (다) 모두 옳게 서술한 경우	100 %
(가), (나), (다) 중 두 가지만 옳게 서술한 경우	50 %
(가), (나), (다) 중 한 가지만 옳게 서술한 경우	25 %

너만바 빈출자료

149~152쪽

	1	2	3	4	5	6
1	1 ×	2 ○	3 ○	4 ○	5 ×	
2	1 ○	2 ×	3 ○	4 ×	5 ×	
3	1 ×	2 ○	3 ○	4 ×	5 ○	
4	1 ○	2 ×	3 ○	4 ×		
5	1 ×	2 ×	3 ○	4 ○	5 ○	
6	1 ○	2 ×	3 ○	4 ×	5 ○	6 ×
7	1 ×	2 ○	3 ○	4 ×	5 ○	
8	1 ○	2 ×	3 ○	4 ×	5 ○	6 ○
9	1 ○	2 ×	3 ○	4 ○	5 ×	
10	1 ×	2 ○	3 ×	4 ○	5 ×	
11	1 ○	2 ×	3 ○	4 ×	5 ○	
12	1 ○	2 ×	3 ○	4 ×	5 ×	

1-1 태양의 내부에서는 수소 핵융합 반응이 일어난다.

1-2 핵반응 과정에서 질량이 감소하고, 감소한 질량에 해당하는 에너지가 방출된다.

1 -3 핵융합 과정에서 질량이 감소하므로 수소 원자핵 4 개의 질량의 합은 헬륨 원자핵 1 개의 질량보다 크다.

1 -5 빗방울이 아래로 떨어지므로 빗방울의 위치 에너지는 감소한다.

2 -2 태양의 내부에서 일어나는 핵융합 반응에서는 질량이 줄어들고, 줄어든 질량에 해당하는 에너지가 방출된다.

2 -4 조력 발전은 밀물과 썰물을 이용하여 전기 에너지를 생산하므로 조력 에너지를 이용하는 것이다. 즉, 조력 에너지는 태양 에너지와 무관하다. 태양의 열에너지로 운동 에너지를 얻어 전기 에너지를 생산하는 것은 풍력 발전이다.

2 -5 태양열 발전은 태양의 열에너지를 이용하여 물을 데워 발전한다.

3 -1 A와 B에서 태양 에너지는 빛에너지 형태로 이용된다.

3 -3 화석 연료를 연소시켜 발생한 열에너지로 터빈을 돌리면 역학적 에너지가 전기 에너지로 전환된다.

3 -4 물의 순환 과정에서 지표의 물은 태양 열에너지를 얻어 대기로 이동하므로 위치 에너지가 증가한다.

4 -2 자석의 N극을 코일에 가까이 할 때와 멀리 할 때 코일에 흐르는 전류의 방향은 반대이다. 따라서 자석을 b 방향으로 움직이는 동안 검류계의 바늘은 왼쪽으로 움직인다.

4 -4 자석을 빠르게 움직일수록 코일을 통과하는 자기장 세기의 변화가 크므로 코일에 흐르는 전류의 세기가 세다.

5 -1 자석이 p를 지날 때 자석이 고리에 가까이 다가가고 있으므로 자석과 고리 사이에는 서로 미는 자기력이 작용한다.

5 -2 자석이 q를 지날 때 자석이 고리에서 멀어지고 있으므로 자석과 고리 사이에는 서로 당기는 자기력이 작용한다.

5 -3 자석이 p를 지날 때는 고리 위쪽에 N극이 유도되도록 전류가 흐르고, q를 지날 때는 고리 아래쪽에 N극이 유도되도록 전류가 흐르므로 q를 지날 때 고리에 흐르는 전류의 방향은 p를 지날 때와 반대 방향이다.

6 -2 핵발전에서 이용하는 핵연료는 우라늄이다. 핵연료인 우라늄을 분열시켜 열에너지를 얻으므로 핵발전에서 이용하는 에너지는 핵에너지이다. 즉, ㉡은 '핵'이다.

6 -4 핵발전의 원자로에서는 우라늄에 중성자를 충돌시켜 핵분열을 일으킨다. 즉, 원자로에서 일어나는 핵반응은 핵분열 반응이므로 (가)는 '핵분열'이다.

6 -5, 6 발전기는 코일과 자석으로 되어 있고, 자석과 코일이 상대적으로 운동하면 코일에 유도 전류가 흐른다. 이와 같이 발전기는 전자기 유도 현상을 이용하여 운동 에너지를 전기 에너지로 전환한다. 따라서 ㉢은 '운동'이다.

7 -1 핵발전에서는 우라늄의 핵분열 반응을 이용한다.

7 -4 화석 연료의 매장량은 한정되어 있어 자원 고갈의 염려가 있으므로 지속가능한 발전 방식이 아니다.

8 -2 B는 핵에너지이다.

8 -4 발광 다이오드(LED)는 전기 에너지를 빛에너지로 전환하므로 ㉠에 해당하지 않는다. ㉠에 해당하는 예로는 전동기가 있다.

9 -1 발전기는 연료의 화학 에너지를 전기 에너지로 전환한다.

9 -2 발전기에 공급된 화학 에너지는 1000 J이고, 발전기에서 생산된 전기 에너지는 400 J이므로 발전기의 에너지 효율은 $\dfrac{400\,\text{J}}{1000\,\text{J}} \times 100\,\% = 40\,\%$이다.

9 -4 조명 장치에 공급된 전기 에너지는 400 J이고, 발생한 빛에너지는 100 J이므로 에너지 효율은 $\dfrac{100\,\text{J}}{400\,\text{J}} \times 100\,\% = 25\,\%$이다.

9 -5 발전기에 공급된 에너지가 1000 J, 생산된 전기 에너지가 400 J이므로 ㉠은 600 J이다. 조명 장치에 공급된 전기 에너지는 400 J이고, 발생한 빛에너지는 100 J이므로 ㉡은 300 J이다. 따라서 ㉠과 ㉡의 합은 900 J이다.

10 -1 태양광 발전은 태양의 빛에너지를 직접 전기 에너지로 전환하므로 전자기 유도 현상을 이용하지 않는다. 따라서 A는 태양광 발전이다. 또한, 신재생 에너지를 이용하지 않는 B는 화력 발전, C는 풍력 발전이다.

10 -3 A는 태양광 발전, C는 풍력 발전이다. 태양광 발전과 풍력 발전은 날씨에 따라 발전량이 달라진다.

10 -5 A는 태양 전지를 이용하여 전기 에너지를 생산하고, B와 C는 발전기를 이용하여 전기 에너지를 생산한다.

11 -2 연료 전지에서는 ㉠과 산소가 반응하여 물이 생성되므로 ㉠은 수소이다.

11 -4 연료 전지는 화학 반응을 이용하고, 태양 전지는 빛을 비추면 전자가 움직이면서 전류가 흐른다. 즉, 두 경우 모두 전자기 유도 현상을 이용하지 않는다.

12 -2 조력 발전은 조수 간만의 차를 이용하므로 조수 간만의 차가 큰 장소에 설치해야 한다.

12 -4 파력 발전은 파도의 세기에 따라 발전량이 달라진다.

12 -5 조력 발전소와 파력 발전소에서 생산하는 전력이 우리나라 전체 전력에서 차지하는 비중은 매우 적다. 우리나라 전력의 대부분은 화력 발전과 핵발전으로 생산한다.

01 ⑤	02 ④	03 ⑤	04 ①	05 ①	06 ①
07 ③	08 ⑤	09 ④	10 ④	11 ①	12 ③
만점 도전 13 ①	14 ②	15 ①	16 ①		
서술형 17~20 해설 참조					

01 A: 태양의 중심부에서 일어나는 수소 핵융합 반응 과정에서 줄어든 질량이 에너지로 전환된다.
B: 식물은 광합성 과정을 통해 빛에너지를 화학 에너지로 전환한다.
C: 지구에 도달한 태양 에너지에 의해 물과 대기의 순환이 일어난다.

02 ㄴ. 화석 연료는 광합성을 하는 식물이 지층에 매몰되어 생기므로 A에서 태양 에너지는 화학 에너지로 전환된다.
ㄷ. B는 물의 역학적 에너지를 이용하여 터빈을 돌려 전기 에너지를 얻고, C는 바람의 역학적 에너지를 이용하여 터빈을 돌려 전기 에너지를 얻는다.
바로 알기 ㄱ. ㉠은 식물의 광합성에 이용되는 빛에너지이고, ㉡은 지표와 해수를 가열시키는 데 이용되는 열에너지이다.

03 ㄱ. 발전기 내부의 자석이 회전하면 코일을 통과하는 자기장의 세기가 변하여 유도 전류가 흐르게 된다. 즉, 발전기는 전자기 유도 현상을 이용한다.
ㄴ. 손잡이를 돌려 전기 에너지를 생산하므로 발전기에서는 운동 에너지가 전기 에너지로 전환된다.
ㄷ. 자석이 움직이는 속력이 클수록 코일에 더 큰 유도 전류가 흐른다.

04 ㄱ. 코일의 감은 수를 증가시키면 전구에 흐르는 유도 전류의 세기는 증가한다.
바로 알기 ㄴ. 코일의 회전 속력을 감소시키면 전구에 흐르는 유도 전류의 세기는 감소한다.
ㄷ. 코일의 회전 방향은 유도 전류의 세기와 관계없다.

05 ㄱ. (다)의 결과는 (나)의 결과보다 유도 전류의 세기는 약하고, 유도 전류의 방향은 같다. 자석의 속력만 감소시키면 전류의 방향은 변하지 않고 전류의 세기만 감소하게 된다.
바로 알기 ㄴ. 자석의 극만 반대로 바꾸면 전류의 세기는 같고 전류의 방향만 반대로 된다.
ㄷ. 코일의 감은 수만 2배로 바꾸면 전류의 방향은 변하지 않고 전류의 세기가 더 커진다.

+문제 속 자료 분석

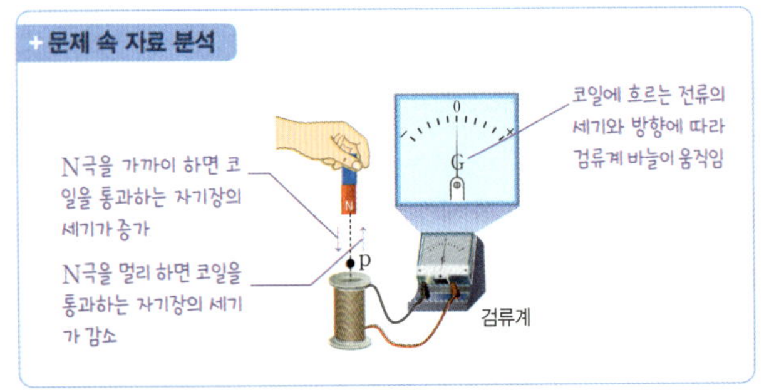

06 ㄱ. A는 화력 발전으로 화석 연료를 연소시켜 열에너지를 얻어 전기 에너지를 생산한다.
바로 알기 ㄴ. B는 태양광 발전으로 빛에너지를 전기 에너지로 전환한다.
ㄷ. C는 조력 발전으로 밀물과 썰물을 이용하므로 발전 과정에서 이산화 탄소를 배출하지 않는다.

07 ㄱ. 배터리에서는 화학 반응으로 전자가 이동하여 전류가 흐르게 된다. 따라서 배터리에서는 화학 에너지가 전기 에너지로 전환된다.
ㄴ. 휴대 전화를 사용할 때 휴대 전화에서 열이 발생한다. 이것은 사용하는 전기 에너지의 일부가 열에너지로 전환되기 때문이다.
바로 알기 ㄷ. 배터리에 저장된 화학 에너지의 일부가 전기 에너지로 전환되고, 이 전기 에너지의 일부가 휴대 전화를 사용할 때 열에너지로 전환된다. 따라서 전환된 열에너지의 총량은 배터리에서 감소한 화학 에너지보다 적다.

08 ㄱ. 세탁기에 있는 전동기는 코일에 전류가 흐를 때 자기장을 형성하여 자기력을 받아 회전하게 된다. 따라서 세탁기에서는 전기 에너지가 운동 에너지로 전환된다.
ㄴ. 전기 밥솥에서는 전기 에너지가 열로 전환되어 밥을 한다.
ㄷ. 세탁기와 LED등은 전기 에너지를 각각 운동 에너지, 빛에너지로 전환하는 과정에서 모두 열이 발생하게 된다. 따라서 사용하는 과정에서 전기 에너지의 일부가 열에너지로 전환된다.

09 A의 열효율은 $e=\dfrac{W_0}{Q_0}$이고, B의 열효율은 $1.5e=\dfrac{2W_0}{Q_1}$이므로 $Q_1=\dfrac{4}{3}Q_0$이다. B에서 $Q_0=Q_1-2W_0$이므로 $Q_0=6W_0$이다. 따라서 ㉠$=Q_0-W_0=5W_0=\dfrac{5}{6}Q_0$이다.

+문제 속 자료 분석

열기관	A	B
공급된 열에너지	$Q_0=6W_0$	$Q_1=\dfrac{4}{3}Q_0$
방출한 열에너지	㉠$=6W_0-W_0$	Q_0
외부에 한 일	W_0 $=5W_0$	$2W_0=\dfrac{4}{3}Q_0-Q_0$
열효율	e	$1.5e=\dfrac{1}{3}Q_0$

10 ㄱ. 태양 전지는 빛에너지를 전기 에너지로 전환한다.
ㄷ. 태양 전지는 날씨에 따라 발전량이 다르다.
바로 알기 ㄴ. 태양 전지의 에너지효율은 100 %가 되지 않기 때문에 발광 다이오드에서 방출되는 빛에너지양은 태양 전지에 비춘 빛에너지양보다 적다.

11 A: 태양 에너지와 바람의 운동 에너지는 모두 자원 고갈의 염려가 없는 재생 가능한 에너지이다.
바로 알기 B: 태양열 발전에서는 발전기를 이용하므로 전자기 유도 현상을 이용한다. 그러나 태양광 발전은 발전기를 이용하지 않고 태양 전지를 이용하여 전기 에너지를 생산하므로 전자기 유도 현상을 이용하지 않는다.

C: 풍력 발전은 바람을 이용한다. 따라서 화력 발전과는 다르게 자원 고갈의 염려가 없다.

12 ㄱ. 조력 발전은 해수면의 높이 차로 인해 발생하는 물의 흐름을 이용하므로 물의 역학적 에너지를 이용한다.

ㄷ. 발전기를 돌려 전기 에너지를 얻으므로 전자기 유도 현상을 이용한다.

바로 알기 ㄴ. 조력 발전은 달의 중력에 의해 발생하는 조수 간만의 차를 이용하므로 에너지의 근원은 조력 에너지이다.

만점 도전 문제

13 ㄱ. 자석이 아래로 운동하는 동안 자석의 N극이 코일에 가까워지므로 코일의 위쪽이 N극이 되도록 저항에 전류가 흐른다. 자석이 위로 운동하는 동안에는 N극이 코일에서 멀어지므로 코일의 위쪽이 S극이 되도록 전류가 흐른다. 따라서 저항에는 b → 저항 → a 방향으로 전류가 흐른다.

바로 알기 ㄴ. 자석이 코일에 가장 가까운 순간 자석은 순간적으로 정지하기 때문에 코일을 통과하는 자기장의 변화가 없다. 따라서 저항에 전류가 흐르지 않는다.

ㄷ. 자석의 역학적 에너지가 코일에서 전기 에너지로 전환되므로 자석이 운동하는 동안 자석의 역학적 에너지는 일정하지 않다.

14 ㄴ. 자석이 a를 지날 때 자석과 코일 사이에는 서로 미는 자기력이 작용한다. 따라서 자석이 a를 지날 때 받는 자기력의 방향은 자석의 운동 방향과 반대이다.

바로 알기 ㄱ. 자석이 a에서 b까지 운동하는 동안 자석은 코일에 흐르는 유도 전류에 의해 자기력을 받으므로 속력이 변한다.

ㄷ. 다이오드는 전류를 한 방향으로만 흐르게 한다. 자석이 a를 지날 때 LED에 불이 켜졌으므로 자석이 b를 지날 때에는 LED에 불이 켜지지 않으며 전류가 흐르지 않는다.

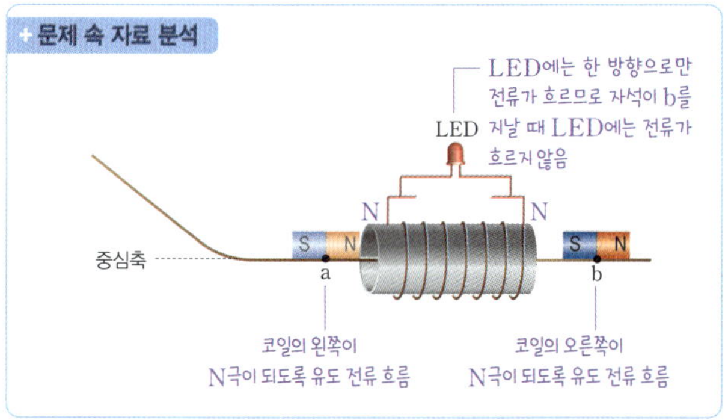
+ 문제 속 자료 분석

15 에너지 효율은 $\dfrac{\text{운동 에너지}}{\text{공급된 에너지}}$이다. A가 얻는 운동 에너지는 $30E_0 - 21E_0 = 9E_0$이므로 A의 에너지 효율은 $e_A = \dfrac{9E_0}{30E_0} = \dfrac{3}{10}$

이다. B가 얻는 운동 에너지는 $20E_0 - 8E_0 = 12E_0$이므로 B의 에너지 효율은 $e_B = \dfrac{12E_0}{20E_0} = \dfrac{3}{5}$이다. 따라서 $e_A : e_B = 1 : 2$이다.

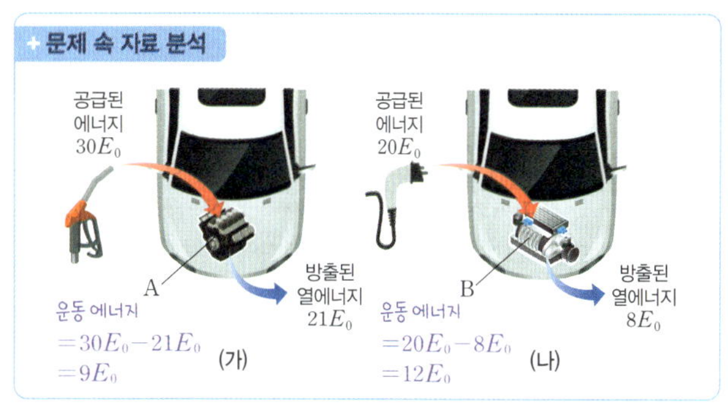
+ 문제 속 자료 분석

16 ㄱ. 풍력 발전은 공기의 역학적 에너지를 전기 에너지로 전환한다.

바로 알기 ㄴ. 태양광 발전은 빛에 의해 전자가 방출되는 현상을 이용하여 전기를 생산하고, 연료 전지는 화학 반응을 통해 전기를 생산한다.

ㄷ. 지열 에너지는 지각 내부에서 발생하는 열에너지이다.

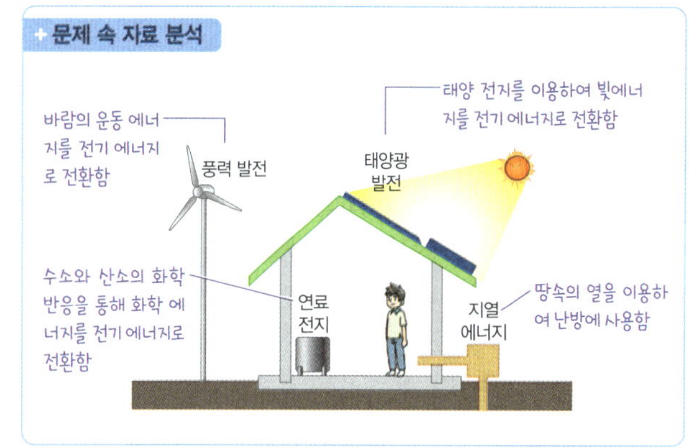
+ 문제 속 자료 분석

서술형 문제

17 모범 답안 | A에서 4 개의 수소 원자핵이 융합하여 1 개의 헬륨 원자핵으로 될 때 질량이 감소한다. 이때 감소한 질량이 에너지로 변환되어 태양 에너지가 생성된다.

해설 | 태양 중심부의 핵에서는 수소 핵융합 반응이 일어나 4 개의 수소 원자핵이 융합하여 1 개의 헬륨 원자핵이 만들어진다. 이때 수소 원자핵 4 개를 합한 질량보다 헬륨 원자핵 1 개의 질량이 작은데, 감소한 질량은 에너지로 변환되어 막대한 태양 에너지가 생성된다.

채점 기준	배점
에너지 생성 장소와 3가지 내용을 모두 포함하여 옳게 서술한 경우	100 %
3가지 내용만 옳게 서술한 경우	80 %
에너지 생성 장소만 옳게 서술한 경우	20 %

18 (1) 모범 답안 | 자석의 N극을 코일에서 멀리 한다. 자석의 S극을 코일에 가까이 한다.

해설 | 자석의 N극을 코일에 가까이 하는 동안 검류계의 바늘이 ⓐ 방향으로 움직이므로 반대 방향인 ⓑ 방향으로 검류계의 바늘이 움직이도록 하려면 자석의 N극을 코일에서 멀리 하거나 자석의 S극을 코일에 가까이 하면 된다.

채점 기준	배점
두 가지 방법 모두 옳게 서술한 경우	100 %
한 가지 방법만 옳게 서술한 경우	50 %

(2) **모범 답안 |** 검류계 바늘은 0을 가리키며 움직이지 않는다. 자석을 코일 속에 넣고 가만히 있으면 코일을 통과하는 자기장 세기의 변화가 없어 코일에 전류가 흐르지 않기 때문이다.

해설 | 자석을 코일 속에 넣고 가만히 있으면 코일을 통과하는 자기장의 변화가 생기지 않으므로 유도 전류가 흐르지 않는다. 따라서 검류계 바늘은 0을 가리키며 가만히 있게 된다.

채점 기준	배점
검류계 바늘의 상태와 그 까닭을 모두 옳게 서술한 경우	100 %
검류계 바늘의 상태는 옳게 서술하였으나 그 까닭에 대한 서술이 미흡한 경우	50 %

19 (1) **답 |** 열에너지

해설 | 텔레비전이나 휴대 전화 등과 같은 모든 전기 제품은 전선에 전류가 흐르면 열이 발생한다.

(2) **모범 답안 |** 텔레비전이나 휴대 전화를 사용할 때 전기 에너지의 일부가 다시 사용할 수 없는 형태의 열에너지로 전환되어 버려지므로 에너지 효율이 낮아진다. 따라서 전기 제품을 사용할 때 발생하는 열에너지를 줄이면 전기 제품의 에너지 효율을 높일 수 있다.

해설 | 전기 에너지의 일부가 다시 사용할 수 없는 열에너지로 전환되므로 전기 제품의 에너지 효율이 낮아진다. 따라서 전기 제품에서 발생하는 열에너지를 감소시키면 전기 제품의 에너지 효율을 높일 수 있다.

채점 기준	배점
에너지 효율을 높일 수 있다는 것과 그 까닭을 모두 옳게 서술한 경우	100 %
에너지 효율을 높일 수 있다고만 서술한 경우	50 %

20 (1) **답 |** (가) 풍력 발전, (나) 조력 발전

해설 | (가)는 바람에 의해 날개가 회전하고, 날개에 연결된 발전기가 회전하면서 전기를 생산하는 풍력 발전이다. (나)는 밀물과 썰물로 인한 해수의 흐름을 이용하여 발전하는 조력 발전이다.

(2) **모범 답안 |** 에너지원이 고갈될 염려가 없다. 전자기 유도 현상을 이용한다. 설치 장소에 제한이 있다. 환경오염 물질을 배출하지 않는다. 등

해설 | 신재생 에너지를 이용한 발전으로 에너지원이 고갈될 염려가 없고, 환경오염 물질을 배출하지 않으며, 발전기를 돌려 전기를 생산하므로 전자기 유도 현상을 이용한다. 바람의 양이나 조수 간만의 차에 따라 발전량이 달라지므로 설치 장소에 제한이 있다.

채점 기준	배점
공통점 두 가지를 모두 옳게 서술한 경우	100 %
공통점 한 가지만 옳게 서술한 경우	50 %

01 ㄴ. ㉠은 수소 원자핵이고, ㉡은 헬륨 원자핵이다. (나)에서 수소 핵융합 반응이 일어나면 질량이 감소하고, 감소한 질량만큼 에너지가 생성된다.

바로 알기 ㄱ. 수소 핵융합 반응이 일어나기 위해서는 온도가 1000만 K 이상으로 높아야 한다. A(중심핵)에서는 온도가 약 1500만 K로 매우 높아 수소 핵융합 반응이 일어나지만 B(대류층)에서는 온도가 낮아 수소 핵융합 반응이 일어나지 않으며, 원자핵 ㉠과 ㉡의 개수비와는 관련이 없다.

ㄷ. 지진 해일(쓰나미)은 지구 내부 에너지에 의해 해저 지진이나 화산 활동이 일어날 때 발생한다.

02 ㄴ. 자석의 N극이 코일을 향해 운동하고 있으므로 이를 방해하기 위해 코일에 흐르는 유도 전류에 의한 자기장의 방향은 위 방향이다.

ㄷ. 자석의 N극을 코일에 가까이 할 때와 멀리 할 때 검류계에 흐르는 유도 전류의 방향은 반대이다.

바로 알기 ㄱ. 자석이 코일을 향해 운동하고 있으므로 코일 내부를 통과하는 자기장의 세기는 증가한다.

03 ㄱ. 자석이 a에서 b로 운동하는 동안 자석이 코일에 가까워지므로 코일을 통과하는 자기장의 세기는 증가한다.

바로 알기 ㄴ. 코일에 흐르는 유도 전류의 방향은 자석이 a → b로 운동할 때와 c → b로 운동할 때가 같다. 따라서 ㉠은 ⓐ이다.

ㄷ. 자석이 a에서 c로 운동하는 동안 코일이 자석에 작용하는 자기력은 자석의 운동을 방해하므로 자석의 속력은 감소한다. 따라서 a의 높이는 c보다 크다.

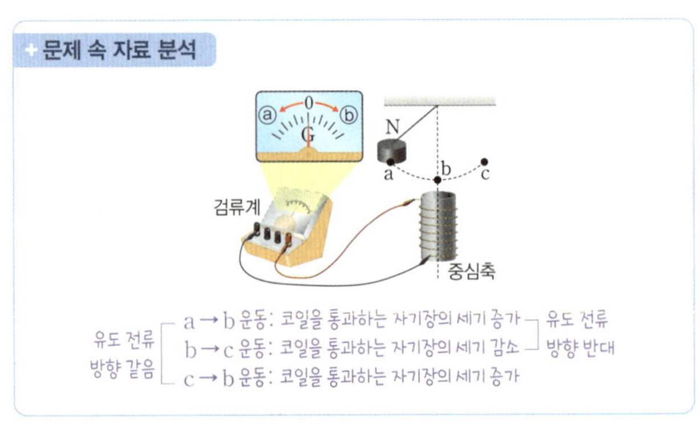

04 ㄱ. A는 화력 발전이다. 화력 발전은 발전기에 연결된 터빈을 돌려 전기 에너지를 생산한다.

ㄴ. B는 태양광 발전이다. 태양광 발전은 빛에너지를 직접 전기 에너지로 전환한다.

바로 알기 ㄷ. C는 조력 발전이다. 조력 발전은 발전 과정에서 이산화 탄소를 배출하지 않는다.

Ⅲ-1 과학 기술의 활용

13 과학의 유용성과 필요성

01 감염병의 원인이 되는 병원체에는 바이러스, 세균, 곰팡이, 원생생물 등이 있다.

02 바이러스에 감염되는 감염병의 진단에서 바이러스를 구성하는 단백질의 존재 여부를 확인하는 검사는 신속항원검사이다.

03 병원체에 감염되면 체내에서 병원체에 대항하는 항체가 생성되는 것을 이용하여 혈액 내 항체의 존재 여부를 확인하는 검사는 항체 검사이다.

04 유전자증폭검사(PCR 검사)는 검체에 들어 있는 매우 적은 양의 핵산을 단시간에 많은 양으로 복제한 다음 병원체 감염 여부를 확인하는 검사로, 전문가가 필요하고 신속항원검사에 비해 시간이 걸리지만 정확도가 높다.

07 신속항원검사는 검사 시간이 10 분 이내로 짧아 간단하고 신속하게 병원체의 감염 여부 진단이 가능하다.

08 유전자증폭검사는 검사 시간이 4 시간 정도로 길지만 신속항원검사에 비해 정확한 검사이다.

10 빅데이터 기술과 인공지능 기술을 활용하여 감염병의 특성을 파악하고 확산을 예측하므로 감염병 관리에 두 기술이 활용된다.

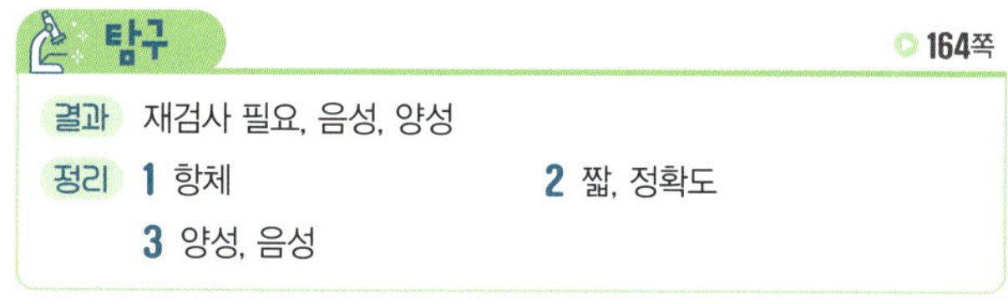

01 ㄱ. 감기, 독감, 결핵, 폐렴, 무좀 등 병원체가 있는 질병들은 감염병에 해당한다.
ㄴ. 신속항원검사는 간편하고 신속 진단이 가능한 검사이다.

바로 알기 ㄷ. 감염병은 바이러스, 세균, 곰팡이 등과 같은 병원체에 감염되어 발생하는 질병이다.
ㄹ. 감염병은 감염으로 인한 증상이 나타나는 사람에게서 검체를 채취한 후 검사를 통해 병원체에 감염되었는지를 진단한다.

02 ㄴ. 신속항원검사는 바이러스(항원)를 구성하는 단백질을 이용하는 검사이다.
ㄷ. 신속항원검사와 유전자증폭검사는 코로나바이러스감염증과 같은 바이러스에 감염되어 발생하는 감염병을 진단하는 검사이다.

바로 알기 ㄱ. A는 신속항원검사이다.

03 인공지능 기술, 생명과학 기술, 무선통신 기술, 빅데이터 기술 등의 과학 기술이 감염병 관리에 이용된다.

바로 알기 ⑤ 재생 에너지 기술은 미래 사회 에너지 문제 해결을 위해 필요한 과학 기술로 효과적인 감염병 관리를 위해 활용되는 과학 기술과 가장 거리가 멀다.

04 ㄷ. 과학 기술을 이용하여 질병에 대한 백신과 치료법을 개발하여 확산을 방지하고, 새로운 감염병의 유행에 대비하기 위한 감시 체제를 구축하는 등 공중 보건 조치 방안을 개선할 수 있다.

바로 알기 ㄱ. 과학 기술은 인류가 안전하고 건강하며 풍요롭도록 삶의 질을 개선하는 데 기여할 수 있다.
ㄴ. 미래 사회의 복잡하고 다양한 문제는 과학 기술을 복합적으로 활용하여 해결할 수 있다.

서술형 문제

05 (1) **모범 답안** | (가)는 항원 항체 반응이고, (나)는 핵산의 증폭 반응이다.
해설 | 신속항원검사는 바이러스를 구성하는 단백질(항원)과 검사 키트에 있는 항체와의 결합 반응을 원리로 하는 검사이고, 유전자증폭검사는 바이러스의 핵산을 많은 양으로 증폭시키는 반응을 원리로 하는 검사이다.

채점 기준	배점
신속항원검사와 유전자증폭검사의 검사 원리를 모두 옳게 서술한 경우	100 %
신속항원검사와 유전자증폭검사의 검사 원리 중 하나만 옳게 서술한 경우	50 %

(2) **모범 답안** | (가)는 바이러스의 양이 적을 경우 바이러스를 구성하는 단백질이 검사 키트의 항체와 결합하지 않아 바이러스가 검출되지 않을 수 있다. (나)는 바이러스의 양이 적어도 바이러스의 핵산을 단시간에 많은 양으로 증폭시키기 때문에 바이러스 감염 여부를 정밀하게 진단할 수 있다.
해설 | 신속항원검사는 항원 항체 반응을 이용하기 때문에 바이러스의 양이 적을 경우 항원 항체 반응이 정상적으로 나타나지 않을 수 있다. 유전자증폭검사는 적은 양의 바이러스가 있더라도 핵산을 증폭시켜 검사하므로 정밀하고 정확한 검사 결과를 얻을 수 있다.

채점 기준	배점
신속항원검사와 유전자증폭검사의 검사 결과와 까닭을 모두 옳게 서술한 경우	100 %
신속항원검사와 유전자증폭검사의 검사 결과와 까닭 중 하나만 옳게 서술한 경우	50 %

14 과학 기술 사회에서 빅데이터 활용

바로 복습
◎ 167쪽

01 데이터 **02** 실시간 **03** 빅데이터
04 × **05** ○ **06** ○

03 빅데이터는 기존의 데이터 관리 및 처리 도구로는 다루기 어려운 방대한 양의 데이터를 뜻한다.

04 컴퓨터, 스마트 기기에는 디지털 값이 저장된다.

06 빅데이터를 수집, 분석, 관리하는 과정에서 개인 정보 유출 문제가 발생할 수 있다.

실력 다지기 문제
◎ 168쪽

01 ② **02** ④ **03** ③ **04** ① **05** 해설 참조

01 B. 기존의 분석 체계로는 감당할 수 없을 정도로 규모가 큰 데이터를 빅데이터라고 한다.

바로 알기 A. 데이터는 측정 등을 통해서 수집한 단순한 사실이나 값을 뜻한다. 데이터를 어떤 목적에 맞게 가공한 것은 정보이다.
C. 빅데이터는 컴퓨터에 디지털 방식으로 저장된다.

02 ㄴ. 스마트워치를 사용하여 실시간으로 심박수, 수면 패턴 등을 측정할 수 있다.
ㄷ. 스마트워치로 실시간으로 측정한 데이터가 디지털 형태로 전환되어 빅데이터가 형성된다.

바로 알기 ㄱ. (가)에서는 온도가 불연속적인 숫자로 표시된다. 즉, (가)는 디지털로 온도를 표시하는 디지털 온도계이다.

03 ㄱ. 그래프에서 최댓값이 27 μg/m³이다. 따라서 미세 먼지 농도의 최대 측정값은 27 μg/m³이다.
ㄷ. 19 시에서 23 시 사이에는 미세 먼지 농도가 19 μg/m³에서 7 μg/m³로 계속 감소한다.

바로 알기 ㄴ. 15 시와 16 시 사이에서 증가한 미세 먼지 농도는 $26-18=8(\mu$g/m³)이고, 9 시와 10 시 사이에서 증가한 미세 먼지 농도는 $21-12=9(\mu$g/m³)이다. 따라서 미세 먼지 농도가 가장 크게 증가한 시간대는 9 시와 10 시 사이이다.

04 ㄱ. 기존의 분석 체계로는 감당할 수 없을 정도의 규모가 큰 데이터를 빅데이터라고 한다. 따라서 ㉠에는 '빅데이터'가 적절하다.

바로 알기 ㄴ. 빅데이터는 생성 속도가 빠르다는 특징이 있다.
ㄷ. 빅데이터를 형성하는 과정에서 개인 정보 유출의 문제가 있다.

서술형 문제

05 모범 답안 | 개인 정보가 유출될 수 있다. 편향되거나 잘못된 결과가 도출될 수 있다. 빅데이터를 활용한 정보에 지나치게 의존할 우려가 있다. 등

채점 기준	배점
두 가지 이상을 옳게 서술한 경우	100 %
한 가지만 옳게 서술한 경우	50 %

Ⅲ-2 과학 기술의 발전과 쟁점

15 과학 기술 발전과 미래 사회

바로 복습
◎ 170쪽

01 사물 인터넷 **02** 인공지능 **03** 휴머노이드
04 윤리 **05** 양면성 **06** × **07** ○ **08** × **09** ×
10 ○

06 IoT는 Internet of Things의 약자로 사물 인터넷을 의미한다.

08 인공지능 로봇은 인공지능 기술을 바탕으로 스스로 판단하여 움직이는 로봇이다.

09 과학 기술 발전이 가져올 문제점에 대해 정확히 예측하고 대비해야 한다.

실력 다지기 문제
◎ 171쪽

01 ③ **02** ④ **03** ④ **04** ① **05** 해설 참조

01 ㄷ. 자율주행 자동차는 스스로 정보를 분석·판단하여 운전하므로 인공지능 기술이 적용된다.

바로 알기 ㄱ. 사물 인터넷의 영어 약자는 IoT이다.
ㄴ. 사물 인터넷은 사물과 사물끼리 연결하여 사용할 수도 있다. 따라서 반드시 사용자인 사람과 연결되지 않아도 된다.

02 ㄱ. 스스로 장애물을 피하고 사람을 식별하기 위해서는 인공지능 기술이 필요하다. 따라서 인공지능 기술이 사용되었다.

ㄴ. 인공지능 로봇은 여러 가지 센서를 통해 주변 정보를 파악하고, 여러 개의 모터를 조작해 로봇을 움직이는 등 피지컬 컴퓨팅이 사용된다.

바로 알기 ㄷ. 생성형 인공지능은 기존 데이터를 학습해 텍스트, 오디오, 이미지 등의 콘텐츠를 만드는 인공지능 기술이다. 따라서 그림의 로봇은 생성형 인공지능에 해당하지 않는다.

03 ㄴ. 스마트 기기로 집 안의 가전제품을 원격으로 관리하는 시스템은 사물 인터넷의 예에 해당하며, 인터넷에 연결하여 사용하므로 해킹에 대비해야 한다.

ㄷ. 사물 인터넷은 인터넷에 연결하여 사용한다.

바로 알기 ㄱ. 인공지능은 프로그램을 통해 인지·추론·판단 등을 수행하는 기술이다. 스마트 기기로 가전제품을 원격으로 관리하는 것은 인간의 명령을 원격으로 전달하는 것이므로, 인공지능을 활용한 것이 아니다.

04 ㄱ. 스마트워치로 측정한 자료가 스마트 기기 애플리케이션으로 전송되며, 전송 자료는 담당 의사와 공유할 수 있으므로, ㉠은 인터넷으로 연결되어 실시간으로 정보를 공유한다. 따라서 사물 인터넷 기술이 적용되었다.

바로 알기 ㄴ. 스마트워치는 손목에 착용하므로, 실시간으로 혈압을 측정할 수 있다. 따라서 자료를 분석하는 데 많은 시간이 필요하지 않다.

ㄷ. 스마트워치로 측정한 혈압은 참고 자료일 뿐이다. 반드시 의사와 상담한 후 혈압약을 처방받아야 한다.

서술형 문제

05 모범 답안 | 인공지능 기술이 발달하면 법률 자문, 원격 의료 등의 도움을 받기 쉽지만, 동시에 인간은 일자리를 잃을 수 있는 위험이 있다. 따라서 인공지능이 대체할 수 없는 새롭고 창의적인 일자리를 많이 창출해야 한다.

채점 기준	배점
유용한 점과 문제점의 예를 제시하고, 대비책을 옳게 서술한 경우	100 %
유용한 점과 문제점의 예만 옳게 서술한 경우	50 %

16 과학 관련 사회적 쟁점과 과학 윤리

바로 복습 ○ 172쪽

01 과학 관련 사회적 쟁점 **02** 과학 윤리
03 정직성 **04** ○ **05** × **06** ×

05 유전공학 기술의 발전은 긍정적인 측면도 크지만, 태아의 유전자를 분석하여 직업 선택 등에서 사람을 차별할 가능성 등 부정적인 측면도 존재한다.

06 임상 실험에서 임상 실험 참여자가 동의하지 않은 실험은 수행해서는 안 된다.

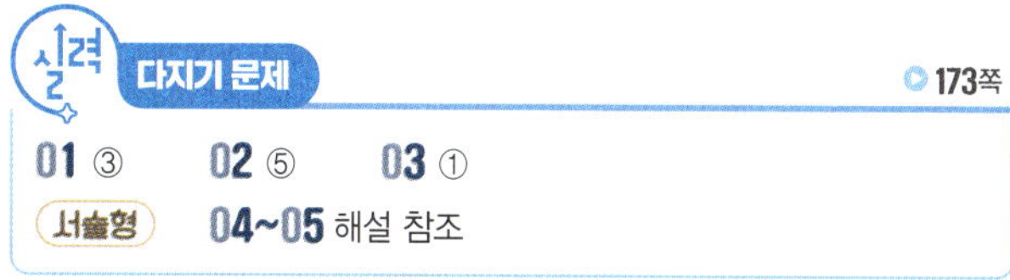

01 ③ **02** ⑤ **03** ①
서술형 **04~05** 해설 참조

01 A. 과학 기술의 발전은 다양한 측면에서 사회적, 윤리적 논쟁을 일으킬 수 있다.

B. 자율주행 중 자동차 사고가 나면 차 주인의 책임인지, 아니면 자율주행 자동차 또는 프로그램을 판매한 업체의 책임인지 책임 소재의 문제가 발생할 수 있다.

바로 알기 C. 전기차 화재는 차 주인, 자동차 판매 회사, 배터리 제조사 등 책임 소재의 문제가 복잡하게 얽혀 있으므로 책임 소재는 신중하게 가려야 한다.

02 ㄱ. 유전공학 기술로 태아의 유전자를 판독하여 나쁜 유전자를 좋은 유전자로 대체한 후 완벽한 조건의 아이들을 인공수정으로 태어나게 하고 있다는 내용이다. 따라서 ㉠에는 '유전자'가 적절하다.

ㄴ. ㉡에는 '유전자 조작을 통해 태어나는 완벽한 조건의 아이들'과 대조되는 내용이 들어가야 한다. 따라서 ㉡에는 '유전자 조작 없이 태어난 아이들'이 적절하다.

ㄷ. 기업에서는 질병이 적고 지능이 우수한 사람을 뽑는 것이 유리하므로, 유전자 조작 없이 태어난 아이들은 자라면서 불리한 대우를 받을 가능성이 있다. 따라서 이를 방지할 수 있는 법을 제정할 필요가 있다.

03 ㄱ. 정직성은 연구 절차 및 결과를 조작하지 않아야 한다는 과학 윤리이다. 따라서 연구 결과를 조작하는 것은 정직성을 위반하는 것이다.

바로 알기 ㄴ. 연구 참여자들의 성과를 공정하게 나누는 것은 상호 존중에 해당한다.

ㄷ. 실험 대상에 대한 존중은 사람뿐만 아니라 동물을 대상으로 하는 실험에도 해당한다.

서술형 문제

04 모범 답안 | GMO의 위해성에 대해 정확하게 알지 못하기 때문에 소비자가 스스로 선택을 결정하려면 GMO가 사용되었는지 알아야 하기 때문이다.

채점 기준	배점
소비자의 알 권리와 선택권 보장의 내용을 옳게 서술한 경우	100 %
알 권리 또는 선택권 보장 중 한 가지만 옳게 서술한 경우	50 %

05 모범 답안 | 정직성, 정직성은 연구 절차 및 결과를 조작하지 않는 과학 윤리인데, 일부 내용을 조작했으므로 정직성의 과학 윤리를 위반했다.

채점 기준	배점
항목 및 까닭을 옳게 서술한 경우	100 %
항목은 옳으나 까닭이 적절하지 않은 경우	50 %
항목은 옳지 않으나, 과학 윤리 위반의 근거를 조작이라고 서술한 경우	20 %

빈출자료 ○ 174~175쪽

	1	2	3	4	5	6
1	1 ×	2 ○	3 ×	4 ×	5 ○	6 ○
2	1 ○	2 ×	3 ○	4 ○	5 ○	6 ×
3	1 ○	2 ○	3 ×	4 ×	5 ○	
4	1 ×	2 ○	3 ○	4 ○		

1-1 (가)는 일상생활에서 간편하게 할 수 있는 신속항원검사이고, (나)는 검사 시간과 비용이 많이 필요한 유전자증폭검사이다.

1-3 (가)는 검체에 들어 있는 병원체의 양이 적을 경우 병원체가 검출되지 않을 수 있다.

1-4 (나)는 검체에 들어 있는 매우 적은 양의 핵산을 단시간에 많은 양으로 증폭한 다음 병원체의 감염 여부를 정밀하게 분석하는 검사이다. 따라서 병원체를 구성하는 핵산을 이용하는 검사이다.

2-1 기상청 날씨마루에서 기상 현상과 관련된 빅데이터를 분석하여 제공하는 예측 서비스 화면을 나타낸 것이다.

2-2 2024 년도 양파 생산량이 2023 년도에 비해 증가할 것으로 예상되는 시는 A시이다.

2-6 빅데이터를 형성하는 과정에서 충분히 검증되지 못한 데이터의 활용 가능성이 있다.

3-3 인공지능이 어떤 판단을 하기 위해서는 머신러닝, 딥러닝 등의 사전 학습이 필요하다.

3-4 인공지능의 판단이 인간보다 정확한지는 알 수 없다. 단지 24시간 CCTV의 모든 정보를 놓치지 않고 분석할 수 있다는 장점이 있다.

4-1 ㉠은 실험 대상에 대한 존중의 원칙을 위반했는지가 재평가의 쟁점이다. 상호 존중의 원칙은 '동료들을 존중하고, 연구 참여자들의 성과를 공정하게 나눠야 한다.'는 원칙이다.

4-2 과학자의 연구 윤리는 과학 기술을 개발하거나 이용하는 과정에서 가져야 하는 올바른 생각과 태도이다.

시험 대비 문제 ○ 176~177쪽

01 ③	02 ④	03 ①	04 ③	05 ⑤	06 ④

서술형 07~09 해설 참조

01 ㄱ. 유전자증폭검사는 검사 시간이 4 시간 정도로 신속항원검사에 비해 검사 시간이 오래 걸리지만 정확도가 높은 검사이다.
ㄷ. 신속항원검사와 유전자증폭검사는 모두 독감이나 코로나바이러스감염증 등과 같이 바이러스에 감염되어 발생하는 질병에 대한 진단 검사이다.

바로 알기 ㄴ. (가)는 유전자증폭검사이고, (나)는 신속항원검사이다. 신속항원검사는 바이러스의 단백질을 이용하는 진단 검사이다. 유전자증폭검사는 검체에 들어 있는 매우 적은 양의 핵산을 단시간에 많은 양으로 복제하여 병원체의 감염 여부를 정밀하게 분석하는 진단 검사이다.

02 A는 독감이고 B는 결핵이다.
ㄴ. 감염병은 바이러스, 세균, 곰팡이 등과 같은 병원체에 감염되어 발생하는 질병이다. A와 B는 모두 감염병이다.
ㄷ. 감염병은 호흡을 통한 흡입, 오염된 물과 음식물의 섭취, 피부 접촉, 수혈 등을 통해 감염될 수 있다.

바로 알기 ㄱ. 독감의 병원체인 ㉠은 바이러스이다. 생태계를 구성하는 생물요소 중 분해자는 버섯, 세균, 곰팡이이다.

03 A. 감염원 및 감염병 환자의 규모를 파악하고 감염병 환자의 감염 경로와 동선을 추적하고 관리하는 역학 조사 과정이 필요하다.

바로 알기 B. 감염병 환자와의 접촉을 줄이고 의료 체계의 부담을 덜기 위해 방역 로봇과 같은 인공지능 로봇이 개발되고 있다.
C. 감염병 관리를 위해 과거에는 대부분 역학 조사관의 직접 조사에 의존하였지만 최근에는 빅데이터 기술과 인공지능 기술이 활용되고 있다.

04 ㄱ. 수천 억 개의 검색어를 분석해서 독감과 관련 있는 검색어를 선정하는 과정은 개인 컴퓨터로는 실행할 수 없을 정도로 분석해야 할 규모가 크다. 따라서 ㉠은 '빅데이터 분석'에 해당한다.
ㄴ. 선정된 검색어의 검색 빈도로부터 감기 환자 수를 예측하기 위해서는 선정된 검색어의 검색 빈도와 감기 환자 수의 관계를 파악해야 한다.

바로 알기 ㄷ. 빅데이터 분석을 통해 실시간으로 감기 환자 수를 예측하므로 분석 시간이 길지 않다.

05 ㄱ. 빛 센서는 빛 신호를 전기 신호로 전환하여 밝기를 알려준다.
ㄴ. 사용자의 스마트 기기로 메인 컴퓨터를 조작하는 과정에 대한 설명이다. 따라서 ㉡과 ㉢은 인터넷으로 연결되어 있다.
ㄷ. 사용자의 스마트 기기와 스마트 팜의 컴퓨터가 인터넷으로 연결되어 소통한다. 따라서 스마트 팜에는 사물 인터넷 기술이 활용된다.

06 ㄴ. ⓒ은 전기차 화재의 책임 소재에 관한 내용이므로, 과학 관련 사회적 쟁점에 해당한다.
ㄷ. 대응책 중 전기차 충전율을 90 %로 제한하는 내용이 있다. 따라서 100 % 충전할 때 화재 발생 위험이 더 크다는 것을 알 수 있다.

바로 알기 ㄱ. 대응책 중 전기차 지하 충전기를 지상으로 이전하도록 유도한다는 내용이 있다. 따라서 지하에서 화재가 발생하여 피해가 커졌다는 것을 유추할 수 있다.

서술형 문제

07 (1) 답 | (가) 유전자증폭검사, (나) 신속항원검사
해설 | (가)는 검체에 들어 있는 핵산을 증폭하여 병원체의 감염 여부를 진단하는 유전자증폭검사이다. 핵산을 증폭하는 과정을 거치므로 매우 적은 양으로도 감염병을 진단할 수 있다. (나)는 검사 시간이 10분 이내로 짧아 신속한 진단이 가능하므로 일상생활에서 간편하게 하는 신속항원검사이다.
(2) 답 | 검사 시간은 (나)가 (가)보다 빠르다. 정확도는 (가)가 (나)보다 높다.
해설 | (가)의 검사 시간은 4 시간 정도이고, (나)의 검사 시간은 10분 정도이므로 검사 시간은 (나)가 (가)보다 빠르다. (나)의 경우 검체에 있는 병원체의 양이 적을 경우 병원체가 검출되지 않을 수 있다.
(3) 모범 답안 | (나)는 검체에 들어 있는 병원체의 양이 적을 경우 병원체가 검출되지 않아 정확한 검사가 이루어질 수 없으므로 최종 진단은 (가)로 한다.
해설 | 신속항원검사(가)의 경우 검체에 들어 있는 병원체의 양이 적을 경우 검사의 정확성이 낮아지지만 유전자증폭검사(나)는 검체에 들어 있는 핵산의 양이 매우 적더라도 유전자의 증폭을 통해 정밀한 검사가 가능하다.

채점 기준	배점
신속항원검사와 유전자증폭검사의 특성을 모두 옳게 서술한 경우	100 %
신속항원검사와 유전자증폭검사의 특성 중 하나만 옳게 서술한 경우	50 %

08 모범 답안 | 데이터의 규모가 크다. 데이터의 생성 속도가 빠르다. 데이터의 종류가 다양하다. 데이터에 신뢰성과 타당성이 있어야 한다. 유용한 가치가 있어야 한다. 등

채점 기준	배점
세 가지 모두 옳게 서술한 경우	100 %
두 가지만 옳게 서술한 경우	60 %
한 가지만 옳게 서술한 경우	30 %

09 모범 답안 | 주변의 생활 환경이나 도구가 인간의 신체에 적합하도록 만들어져 있으므로, 인간이 하는 많은 일들을 대신 하기에 유리하다.

채점 기준	배점
생활 환경이 인간의 신체에 적합하게 옳게 만들어졌기 때문에 인간의 일을 대신 하기에 유리하다고 서술한 경우	100 %
인간을 닮은 휴머노이드 로봇은 다른 모양의 로봇보다 인간의 일을 대신 하기에 유리하다라고만 서술한 경우	50 %

수능 패턴 보기

○ 178~179쪽

01 ① **02** ② **03** ③ **04** ③

01 ㄱ. (가)는 유전자증폭검사, (나)는 신속항원검사이므로 A는 (가)이다.

바로 알기 ㄴ. 신속항원검사는 병원체의 단백질을 이용하는 검사이다. 따라서 항원의 존재 여부를 확인하는 검사이다. 혈액을 채취하여 병원체에 대한 항체의 존재 여부를 확인하는 검사는 항체 검사이다.
ㄷ. 유전자증폭검사는 검사 시간이 4 시간 정도로 길지만 신속항원검사에 비해 정확도가 높다.

02 ㄴ. 전염병에 의한 사망을 나타낸 부분의 길이가 1854 년 12 월이 11 월보다 길다. 따라서 1854 년 12 월 전염병에 의한 사망자 수는 전달보다 증가하였다.

바로 알기 ㄱ. 자료를 통해 알 수 있는 것은 전염병으로 사망한 사망자 수의 비교이다. 사망자가 걸린 전염병의 종류는 파악할 수 없다.
ㄷ. 1 년 동안 중심으로부터 길이가 가장 긴 부분은 전염병에 의한 사망 부분이다. 따라서 1 년 동안 사망자 중, 전염병으로 사망한 사람이 가장 많다.

03 ㄱ. 스스로 장애물을 피하고, 안전하다고 판단되는 지역을 찾으므로 A에는 인공 지능 기술이 사용되었다.
ㄴ. 장애물을 피하기 위해서는 비행 방향을 바꿔야 하는데, 이를 위해서는 날개의 회전 방향이나 회전 속도를 조정해야 한다. 따라서 인공 지능의 명령을 모터로 출력하는 피지컬 컴퓨팅이 활용된다.

바로 알기 ㄷ. 도로나 연못과 같이 위험한 곳을 피해 착륙하기 위해서는 안전한 곳과 위험한 곳을 구분할 수 있어야 하며, 이러한 구분을 위해서는 머신러닝이나 딥러닝과 같은 학습이 먼저 이루어져야 한다.

04 ㄱ. 인간 배아의 유전체 편집과 관련하여 윤리적 논쟁이 있다. 따라서 과학 관련 사회적 쟁점에 해당한다.
ㄴ. 이 기술을 인간 배아의 유전체 편집에 이용할 경우 많은 논쟁이 있다. 따라서 지켜야 할 과학 윤리 제정이 필요하다.

바로 알기 ㄷ. 크리스퍼 유전자 가위 기술은 암 치료 등 긍정적 효과가 크므로, 인간 배아의 유전체 편집에 이용하는 것을 무조건 금지하는 것은 옳은 방법이 아니다. 사회적으로 합의할 수 있는 과학 윤리를 제정하고, 그 범위 내에서 이용해야 한다.

I 변화와 다양성

필수 개념 체크

○ 시험 대비 2~5쪽

I-1 지구 환경 변화와 생물다양성

01 지질 시대의 환경과 생물 변화

❶ 화석 ❷ 짧 ❸ 넓 ❹ 길 ❺ 좁 ❻ 지질 시대 ❼ 남세균 ❽ 산소
❾ 고생대 ❿ 오존층 ⓫ 이산화 탄소 ⓬ 겉씨 ⓭ 신생대 ⓮ 5
⓯ 증가

02 생물의 진화

❶ 환경적 차이 ❷ 유전자 ❸ 돌연변이 ❹ 자연선택설 ❺ 과잉생산
❻ 개체변이 ❼ 생존경쟁 ❽ 자연선택 ❾ 먹이 환경 ❿ 자연선택

03 생물다양성과 보전

❶ 유전적 ❷ 같은 종 ❸ 종 ❹ 균등 ❺ 생태계 ❻ 환경 ❼ 먹이
사슬 ❽ 복잡 ❾ 생물자원 ❿ 단편화 ⓫ 생태통로 ⓬ 외래종
⓭ 개인 ⓮ 국제

I-2 화학 변화

04 산화와 환원

❶ 광합성 ❷ 철의 제련 ❸ 화석 연료의 연소 ❹ 얻는 ❺ 잃는
❻ 잃는 ❼ 얻는 ❽ 동시성 ❾ 산화 ❿ 환원 ⓫ 산화 ⓬ 환원
⓭ 산화 ⓮ 환원 ⓯ 산화 ⓰ 환원 ⓱ 산화 ⓲ 산화 ⓳ 환원
⓴ 산화 ㉑ 환원

05 산과 염기의 중화 반응

❶ 수소 ❷ 수산화 ❸ 금속 ❹ 단백질 ❺ H^+ ❻ Cl^- ❼ $2H^+$
❽ SO_4^{2-} ❾ H^+ ❿ NO_3^- ⓫ Na^+ ⓬ OH^- ⓭ Ca^{2+} ⓮ $2OH^-$
⓯ 푸른색 ⓰ 붉은색 ⓱ 노란색 ⓲ 붉은색 ⓳ 2 ⓴ 1 ㉑ 0 ㉒ 0
㉓ 2 ㉔ 2 ㉕ 2 ㉖ 2 ㉗ 0 ㉘ 1 ㉙ 2 ㉚ 3 ㉛ 0 ㉜ 0 ㉝ 0
㉞ 1 ㉟ 노란색 ㊱ 노란색 ㊲ 초록색 ㊳ 파란색 ㊴ 중화점
㊵ 중화열 ㊶ 염기성 ㊷ 산성

06 물질 변화에서 에너지 출입

❶ 방출 ❷ 흡수 ❸ 높아짐 ❹ 낮아짐 ❺ 발열 ❻ 흡열

1회 중간 고사 대비

○ 시험 대비 6~11쪽

01 ④	**02** ②	**03** ⑤	**04** ④	**05** ③	**06** ④
07 ④	**08** ①	**09** ④	**10** ③	**11** ⑤	**12** ①
13 ⑤	**14** ②	**15** ④	**16** ②	**17** ⑤	**18** ②
19 ③	**20** ①				

서술형 **21~25** 해설 참조

---

01 ㄴ. (가)의 시대에 일어난 화산 활동은 대기로 다량의 이산화 탄소를 방출하였고, 온실 효과가 강해지면서 온난한 기후가 계속되었다.
ㄷ. (가)는 판게아가 분리되기 시작한 중생대이고, (나)는 말기에 빙하기와 간빙기가 반복된 신생대이다. 중생대는 파충류가 번성한 파충류의 시대였고, 신생대는 포유류가 번성한 포유류의 시대였다.
바로 알기 ㄱ. (가)는 중생대, (나)는 신생대, (다)는 고생대이므로 환경 변화는 (다) → (가) → (나) 순이다.

02 ㄷ. 가장 큰 규모의 생물 멸종은 고생대 말에 일어났으며, 이때 삼엽충, 방추충 등이 멸종하였다.
바로 알기 ㄱ. 생물 대멸종은 지구 환경의 큰 변화에 의해 일어났으며, 시간 간격이 일정한 것은 아니었다.
ㄴ. A 시기에 해양 생물의 멸종이 있었으나 육상 생물이 멸종하지 않은 것은 이 시기에 육상 생물이 출현하지 않았기 때문이다.

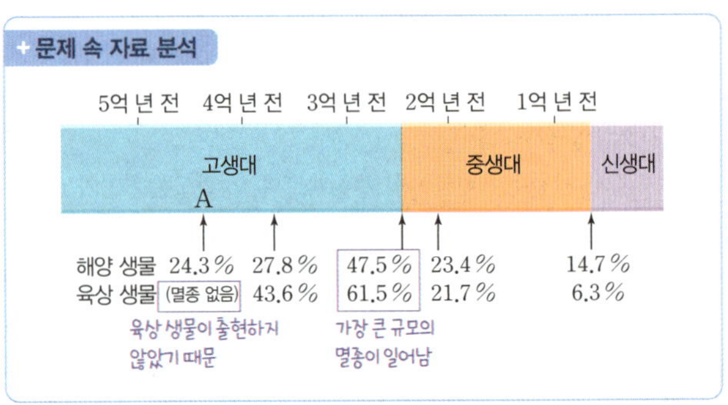

03 ㄴ, ㄷ. 씨앗을 두고 먹이 경쟁을 한 결과 이 섬의 환경에서 생존에 유리한 크고 두꺼운 부리 형질이 자손에게 전달되면서 큰부리땅핀치로 진화되었다. 이는 핀치의 진화 과정에서 크고 두꺼운 부리가 자연선택된 결과이다.
바로 알기 ㄱ. 먹이 경쟁이 일어나기 전 (가)의 개체들은 부리 모양을 결정하는 유전자가 다양하여 부리 모양이 다양하다.

04 ㄴ. 이 생물 집단에 A만 서식하다가 (가)가 일어난 이후 B와 C도 서식하게 되었으므로 (가)는 유전물질인 DNA에 변화가 일어나는 돌연변이이며, 돌연변이에 의해 새로운 형질을 가진 B와 C가 나타나게 되었다.
ㄷ. (나)가 일어난 이후 이 집단에서 A가 사라졌으므로 (나)는 자연선택이다. B와 C가 갖는 형질과 같이 특정 형질이 환경에 적응하기 유리하게 작용하면 생존경쟁에서 살아남게 되므로 자손에게 유리한 유전자를 더 잘 전달하는 자연선택(나)이 일어날 수 있다.
바로 알기 ㄱ. 돌연변이(가)는 새로운 유전자를 만들어 새로운 형질이 나타나게 하여 집단의 변이를 증가시킨다.

05 ㄱ. 모든 세균에 항생제 내성이 없다가 항생제 내성 유전자가 출현(⊙)하게 된 것은 돌연변이에 의해 DNA에 변화가 일어나 항생제 내성 유전자가 새롭게 만들어졌기 때문이다.
ㄴ. 항생제 내성 세균이 자손에게 항생제 내성 유전자를 전달하는 것은 (나) → (라) 과정에서 항생제 내성 세균이 생존에 유리해 자연선택되었기 때문이다.
바로 알기 ㄷ. (다)와 (라)에서 항생제 내성 세균이 자연선택되어 집단에서 비율이 증가하게 되었으므로 (다)와 (라)는 모두 항생제를 사용하여 항생제 내성 세균이 생존에 유리한 환경에서 일어났다.

06 ㄱ. 종다양성(㉠)이 높은 생태계일수록 다양한 종류의 생물이 서식하므로 먹이 관계가 복잡하게 형성되어 생태계가 더 안정적으로 유지될 수 있다.

ㄴ. 푸른곰팡이, 주목, 버드나무(ⓐ) 등은 모두 인류에게 유용한 물질을 제공하므로 생물자원에 해당한다.

 ㄷ. ㉠(종다양성)이 높은 생태계일수록 먹이 관계가 복잡하게 형성되므로 한 종이 멸종해도 다른 종이 멸종할 가능성은 낮다.

07 ㉠은 유전적 다양성, ㉡은 종다양성이다.

ㄴ. 종의 수를 나타내는 종 풍부도와 각 종의 개체수가 균등한 정도를 나타내는 종 균등도는 종다양성의 요소이므로 서식지 면적이 넓어 서식하는 종 수가 많은 것은 종다양성(㉡)의 예이다.

ㄷ. 생태계다양성, 종다양성, 유전적 다양성은 서로 밀접한 관련이 있다. 생태계다양성이 높은 지역은 종다양성이 높다.

 ㄱ. 표는 같은 종의 생물 무리(표범 집단)에 나타난 다양한 변이의 예이므로 ㉠은 유전적 다양성이다.

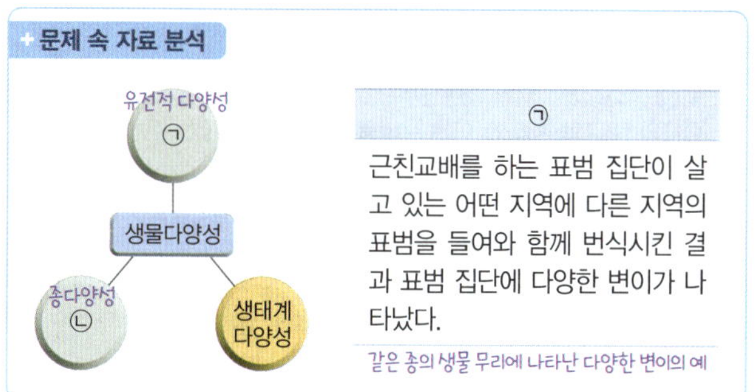

08 ㄱ. 산림, 덤불, 초지, 습지 등은 비생물요소가 서로 다른 생태계이므로 ㉠은 생태계다양성의 예에 해당한다.

 ㄴ. 2000여 종의 동식물이 서식하고, 81종의 멸종 위기종과 보호종이 존재하는 것(㉡)은 종다양성과 관련이 깊으며, 종다양성이 높을수록 다양한 생물종에 의해 먹이 관계가 복잡하게 형성되므로 생태계가 안정적으로 유지될 가능성이 높다.

ㄷ. 재배 중인 감자가 대부분 감자잎마름병에 감염(㉢)된 것은 당시 재배 중인 감자의 유전적 다양성이 낮아 대부분의 감자가 감자잎마름병에 대한 저항성을 갖고 있지 않았기 때문에 나타난 현상이다.

09 남세균은 최초로 광합성 반응을 한 생물이다. 광합성은 이산화 탄소, 물, 빛에너지를 이용하여 포도당과 산소가 생성되는 반응이다.

10 ㄱ. (가)에서 Cu는 Cu^{2+}이 되므로 전자를 잃는다.

ㄴ. (나)에서 CO는 산소를 얻으므로 산화된다.

 ㄷ. (가)에서 생성되는 물질은 이온 결합 물질이고, (나)에서 생성되는 CO_2는 공유 결합 물질이다.

11 ⑤ 수용액에는 구리 이온(Cu^{2+})의 수가 증가하므로 수용액은 점점 푸른색으로 변한다.

 ①, ② 질산 은과 구리가 반응하면 구리가 산화되고 은 이온이 환원된다.

③ 구리선에는 은이 석출된다.

④ 구리에서 은 이온으로 전자가 이동한다.

12 ㄱ. (가)에서 C는 산화되고, O_2는 환원된다.

 ㄴ. (나)에서 Fe_2O_3은 산소를 잃으므로 환원된다.

ㄷ. (다)에서는 산소나 전자의 이동이 없으므로 산화 환원 반응이 아니다.

13 ㄱ. 산화 구리(Ⅱ)와 탄소 가루가 반응하여 산화 환원 반응이 일어나므로 CuO는 Cu가 된다.

ㄴ. CuO의 산소를 탄소(C)가 얻어 이산화 탄소가 된다.

ㄷ. 생성된 이산화 탄소가 석회수에 흡수되어 탄산 칼슘이 생성되므로 석회수가 들어 있는 비커의 질량은 증가한다.

14 ㄴ. 두 수용액에 공통적으로 들어 있는 ▲이 OH^-이다.

 ㄱ. (가)는 양이온과 음이온의 수가 같은 NaOH 수용액이고, (나)는 $Ba(OH)_2$ 수용액이다.

ㄷ. 염기성 수용액은 BTB 용액을 파란색으로 변화시킨다.

15 (가)는 중성, (나)는 염기성, (다)는 산성이다.

ㄴ. 혼합 용액의 부피는 같고 중화 반응한 알짜 이온의 수는 (가)>(나)이므로 반응이 일어날 때 최고 온도는 (가)>(나)이다.

ㄷ. (나)와 (다)에서 반응한 H^+과 OH^-의 양은 같으므로 생성된 물의 양은 (나)=(다)이다.

 ㄱ, ㄴ 페놀프탈레인 용액을 떨어뜨렸을 때 붉은색으로 변하는 용액은 염기성인 (나)이다.

16 중화 반응의 알짜 이온 반응식은 $H^+ + OH^- \longrightarrow H_2O$로 모두 같다.

17 ㄱ. (나)와 (다)는 산성 수용액이므로 BTB 용액을 떨어뜨리면 노란색으로 변한다.

ㄴ. 생성된 물의 양의 비는 (나) : (다)=3N : 2N=3 : 2이다.

ㄷ. (가)의 전체 이온 수는 6N이고, (다)의 전체 이온 수는 12N이므로 혼합 용액 속 전체 이온 수비는 (가) : (다)=1 : 2이다.

혼합 용액		(가)	(나)	(다)
혼합 전 용액의 부피 (mL)	H_2SO_4	H^+ 4N, SO_4^{2-} 2N, 20	H^+ 6N, SO_4^{2-} 3N, 30	H^+ 8N, SO_4^{2-} 4N, 40
	NaOH	Na^+ 4N, OH^- 4N, 40	Na^+ 3N, OH^- 3N, 30	Na^+ 2N, OH^- 2N, 20

18 ㄴ. B에서 중화점이고 생성된 물 분자 수가 8N이므로 묽은 염산 20 mL에는 H^+ 8N, NaOH 수용액 40 mL에는 OH^- 8N이 들어 있음을 알 수 있다. 따라서 C는 H^+ 12N, OH^- 6N이 반응한 것이므로 H^+ 6N, Cl^- 12N, Na^+ 6N으로 총 24N의 이온이 들어 있고, D는 H^+ 16N, OH^- 4N이 반응한 것이므로 H^+ 12N, Cl^- 16N, Na^+ 4N으로 총 32N의 이온이 들어 있다. 따라서 혼합 용액 속 전체 이온 수비는 C : D=3 : 4이다.

 ㄱ. A는 NaOH 수용액이 중화점보다 많이 들어 있으므로 염기성이다.

ㄷ. A는 OH^- 6N이 남아 있고, E는 H^+ 18N이 남아 있으므로 A와 E를 혼합하면 H^+이 남게 되어 산성을 띠는 수용액이 된다.

19 ㄱ. 반응물의 에너지가 생성물의 에너지보다 높으므로 흑연의 연소 반응은 발열 반응이다.

ㄷ. 흑연보다 다이아몬드의 에너지가 더 높으므로 흑연이 다이아몬드가 되는 반응은 흡열 반응이다.

바로 알기 〉 ㄴ. 에너지가 낮을수록 안정하므로 다이아몬드보다 흑연이 상대적으로 더 안정하다.

20 ㄱ. 드라이아이스의 승화 과정은 흡열 반응이다.

바로 알기 〉 ㄴ. 흡열 반응은 주위로부터 열을 흡수하기 때문에 주위의 온도가 낮아진다.

ㄷ. 승화 과정은 상태만 변하는 것으로 물리 변화이다.

서술형 문제

21 모범 답안 | A는 온난 다습한 육지 환경, B는 수심이 얕고 수온이 높은 바다 환경에서 퇴적되었다.

해설 | 시상 화석은 현재 생물의 서식 환경을 통해 과거의 퇴적 환경이나 지구 환경을 유추하는 데 이용되는 것으로, 고사리 화석, 산호 화석 등이 대표적이다. 고사리의 서식 환경은 온난 다습한 육지이고, 산호의 서식 환경은 수심이 얕고 수온이 높은 바다이다.

채점 기준	배점
지층 A와 B의 퇴적 환경을 모두 옳게 서술한 경우	100 %
지층 A와 B의 퇴적 환경 중 한 가지만 옳게 서술한 경우	50 %

22 (1) 답 | (가), 종다양성

해설 | (가)는 숲에 달팽이, 개구리, 고슴도치, 무당벌레 등 다양한 생물종이 서식하는 것을 나타내므로 종다양성과 관련이 깊고, (나)는 같은 종의 무당벌레에서 겉날개 무늬가 다양한 것을 나타내므로 유전적 다양성과 관련이 깊다. 2000여 종의 동물과 식물이 서식하는 것(㉠)은 종다양성(가)의 예이다.

(2) 모범 답안 | 생태계다양성, 어느 지역에 존재하는 생태계의 다양함이다.

해설 | 생물다양성은 유전적 다양성(나), 종다양성(가), 생태계다양성으로 구성된다. 산림, 덤불, 초원, 습지 등은 비생물요소가 서로 다른 생태계이므로 자료의 ㉡과 가장 관련이 깊은 다양성은 생태계다양성이다.

채점 기준	배점
생태계다양성을 쓰고, 제시된 다양한 생태계의 존재와 관련 지어 생태계다양성의 의미를 옳게 서술한 경우	100 %
생태계다양성이라고만 쓴 경우	40 %

23 (1) 답 | $Zn + 2HCl \longrightarrow ZnCl_2 + H_2$

해설 | Zn은 양이온이 되었을 때 +2의 전하를 갖는다.

(2) 모범 답안 | Zn은 전자를 잃고 Zn^{2+}이 되므로 산화되는 물질이고, HCl의 H^+은 전자를 얻어 H_2가 되므로 환원되는 물질이다.

해설 | Zn은 전자를 잃어 Zn^{2+}으로 산화되고, H^+은 전자를 얻어 H_2로 환원된다.

채점 기준	배점
산화, 환원되는 물질과 전자의 이동을 모두 옳게 서술한 경우	100 %
산화, 환원되는 물질만 옳게 쓴 경우	50 %

24 모범 답안 | (가)에서 혼합 전 Na^+과 OH^- 수를 각각 $10N$, $10N$, H^+, Cl^-의 수를 각각 $4N$, $4N$이라고 하면 $\dfrac{OH^-\text{의 수}}{Na^+\text{의 수}} = \dfrac{3}{5}$이다.

따라서 (나)에서 Na^+ $10N$, H^+ $5N$, Cl^- $15N$이 들어 있는 것이므로 $\dfrac{㉠\text{의 수}}{㉡\text{의 수}} = \dfrac{H^+\text{의 수}}{Na^+\text{의 수}}$이다. (다)에서 Na^+ $10N$, H^+은 $10N$, Cl^-은 $20N$이므로 $x=1$이다.

해설 | 혼합 전 (가)에는 Na^+ $10N$, OH^- $10N$과 H^+ $4N$, Cl^- $4N$이 들어 있고, 혼합 후에는 Na^+ $10N$, OH^- $6N$, Cl^- $4N$이 들어 있어야 $\dfrac{OH^-\text{의 수}}{Na^+\text{의 수}} = \dfrac{3}{5}$이 될 수 있다. 이러한 이온 수 비율을 (나)의 혼합 용액 전에 적용하면 혼합 전에는 Na^+ $10N$, OH^- $10N$과 H^+ $15N$, Cl^- $15N$이 들어 있는 것이고, (다)의 혼합 용액 전에는 Na^+ $10N$, OH^- $10N$과 H^+ $20N$, Cl^- $20N$이 들어 있는 것이다.

채점 기준	배점
NaOH과 HCl의 혼합 전 이온 수비를 구하고, ㉠과 ㉡을 구하여, x를 옳게 구한 경우	100 %
NaOH와 HCl의 혼합 전 이온 수비만 옳게 구한 경우	30 %

25 모범 답안 | (가) 이글루 안에 물을 뿌려 물이 응고하면서 방출하는 응고열을 이용해 난방을 한다. (나) 과일 저장고에 물이 담긴 그릇을 넣어 두어 그릇 속 물이 얼면서 방출하는 응고열을 이용해 과일이 어는 것을 방지한다.

해설 | 이글루 안에 물을 뿌려 물이 얼 때 방출하는 응고열을 이용해 난방을 하는 것과 겨울철 과일 저장고에 넣어 둔 물이 얼면서 방출하는 응고열을 이용해 과일이 어는 것을 방지하는 것 모두 물이 액체에서 고체로 상태 변화할 때 방출하는 응고열을 이용한 것이다.

채점 기준	배점
(가)와 (나)에서 이용된 원리를 에너지 출입과 관련하여 모두 옳게 서술한 경우	100 %
(가)와 (나)에서 이용된 원리를 에너지 출입과 관련하여 한 가지만 옳게 서술한 경우	50 %

2회 중간 고사 대비 ◑ 시험 대비 12~17쪽

01 ①	02 ②	03 ⑤	04 ①	05 ②	06 ⑤
07 ③	08 ①	09 ⑤	10 ③	11 ②	12 ①
13 ②, ③	14 ④	15 ①	16 ⑤	17 ④	18 ④
19 ③	20 ②				

서술형 **21~25 해설 참조**

01 ㄱ. A는 고생대, B는 중생대, C는 신생대, D는 선캄브리아시대이므로 지질 시대의 순서는 D → A → B → C이다.

 ㄴ. (나)는 육상 식물인 고사리 화석이며, 선캄브리아시대인 D의 지층에서는 산출될 수 없다.

ㄷ. 선캄브리아시대의 지층에서는 화석이 거의 산출되지 않는다.

02 ㄴ. 선캄브리아시대인 (가) 시기 말에 최초의 다세포 생물이 출현하였다.

 ㄱ. (가)는 선캄브리아시대, (나)는 고생대이므로 지질 시대의 순서는 (가) → (나)이다.

ㄷ. 고생대인 (나) 시기에는 양치식물이 번성하였다.

03 ⑤ ㉠은 선캄브리아시대 초기, ㉡은 고생대 중기, ㉢은 중생대 말기, ㉣은 신생대 말기이다. 따라서 지질 시대의 길이는 ㉠~㉡ 기간이 ㉢~㉣ 기간보다 길다.

 ① 산소는 광합성 생물이 출현한 이후에 생성되었다.

② 오존층이 형성된 이후에 육상 식물이 출현할 수 있었다.

③ 삼엽충은 고생대 말에 멸종하였고, 암모나이트는 중생대 말에 멸종하였다.

④ 최초의 인류는 신생대 말에 출현하였고, 이 시기에는 포유류가 번성하였다.

04 ㄱ. 40°N~90°N 지역의 평균 기온은 중생대(2.52 억 년 전~0.66 억 년 전)가 신생대(0.66 억 년 전~현재)보다 높다.

 ㄴ. 판게아는 중생대 초기에 분리되기 시작했으며, 이 시기에는 매우 온난하였다.

ㄷ. 신생대 초기가 말기보다 따뜻하므로 지구의 평균 해수면 높이도 신생대 초기가 말기보다 높았다.

05 ㄴ. Z의 개체들은 포식자의 눈에 잘 띄지 않을 때 생존 확률이 높게 나타나므로 포식자의 눈에 잘 띄지 않는 날개 무늬를 가진 개체들이 더 많이 살아남아 유전자를 자손에게 더 많이 물려주며 자연선택된다.

 ㄱ. 개체가 가지는 날개 무늬는 나방 Z의 생존에 영향을 주는 형질이고, 자연선택을 통한 진화가 일어날 수 있는 형질에 해당하므로 유전정보를 저장하는 DNA와 관계가 있다.

ㄷ. 개체에 따라 형질이 다양하게 나타나는 것을 변이라고 한다. 돌연변이는 이전에 없던 새로운 유전자가 나타나 새로운 형질이 나타나는 것이다.

06 ㄴ. (다)는 다양한 목 길이를 가진 개체들을 나타낸다. 많은 목 길이가 개체에서 서로 다른 개체변이가 존재하고, 이들 중 환경에 적합한 형질을 가진 개체가 자연선택된다.

ㄷ. 자연선택설은 다윈이 주장한 진화설이다.

 ㄱ. 진화의 과정은 (다) → (가) → (나) 순이다. (다)는 기린의 목에 다양한 변이가 있는 단계이고, (가)는 생존경쟁의 결과 목이 긴 기린이 자연선택되는 단계이며, (나)는 자연선택에 의한 진화의 결과 기린 집단에 목이 긴 기린의 형질이 발달한 단계이다.

07 ㄱ. ㉠은 항생제 A를 사용한 후인 Ⅱ에서 감소하고 항생제 B를 사용한 후인 Ⅲ에서 다시 증가했으므로 A에 내성이 없고 B에만 내성이 있다.

ㄷ. Ⅱ→Ⅲ 과정에서 항생제 B를 사용했으므로 B에 내성이 없는 세균(㉡)의 비율이 감소하고, B에 내성이 있는 세균의 비율이 증가하였다. 이 과정에서 세균 집단에 B에 내성을 갖게 하는 유전자의 구성 비율이 증가했다.

 ㄴ. 항생제는 내성이 없는 세균을 제거하므로 Ⅰ→Ⅱ 과정에서 A에 내성이 있는 세균(㉡+㉢)의 수와 비율이 증가했다.

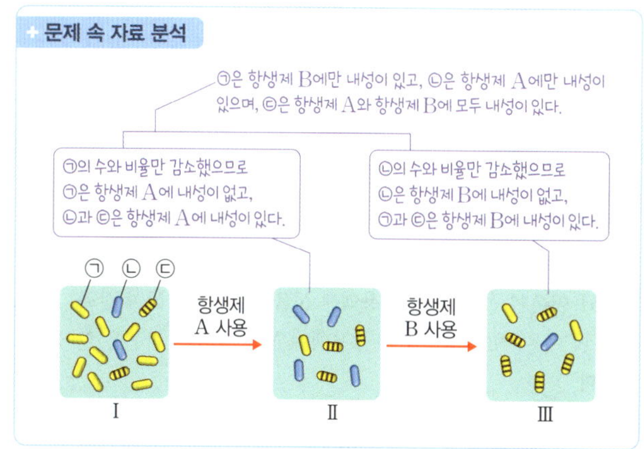

08 A. 생물다양성을 보전하면 유전적 다양성과 종다양성이 보전되므로 유전자 자원의 확보에 큰 도움이 된다.

 B. 우리나라는 생물다양성이 높은 지역을 국립공원으로 지정하여 관리한다.

C. 유전적 다양성이 높은 종은 환경이 급격하게 변해도 멸종될 위험이 낮다. 또한 종다양성이 높은 생태계는 생태계평형이 파괴될 가능성이 낮고 회복력이 높으며, 생태계다양성이 높은 지역은 종다양성이 높다. 그러므로 생물다양성이 높을수록 생태계는 더 안정적으로 유지될 수 있다.

09 ㄱ. (가)에서 CO_2는 환원되고, H_2O는 산화된다.

ㄴ. (나)에서 Fe_2O_3의 Fe^{3+}은 전자를 얻어 Fe로 환원된다.

ㄷ. (다)에서 화석 연료가 연소되면 열에너지가 발생하는데 인류는 이를 효과적으로 이용하여 교통 수단 및 산업 공정에 활용하였다.

10 ㄱ. (가) 반응의 화학 반응식은 $2Cu+O_2 \longrightarrow 2CuO$이므로 환원되는 물질은 산소를 잃는 O_2이다.

ㄴ. (나) 반응의 화학 반응식은 $CuO+CO \longrightarrow Cu+CO_2$이므로 CuO는 전자를 얻어 Cu가 된다.

 ㄷ. (나)에서 CuO가 Cu가 되는 과정에서 산소와 강하게 결합하는 CO가 반응하므로 CO_2가 생성된다.

11 ㄴ. (나)에서 B^{b+}은 C로부터 전자를 얻어 환원된다.

 ㄱ. (가)에서 수용액 속 A^{2+}과 넣어 준 금속 C의 양이온인 C^{2+}의 전하가 같으므로 수용액 속 금속 양이온 수는 변화 없다.

ㄷ. (나)에서는 반응 후 금속 양이온 수가 감소하므로 반응 전 들어 있던 B^{b+}의 전하가 생성된 C^{2+}의 전하보다 작다. 따라서 $b<2$이다.

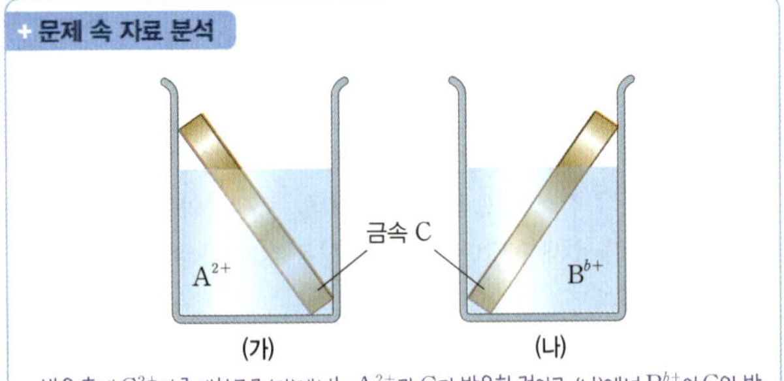

+ 문제 속 자료 분석

- 반응 후에 C^{2+}이 존재하므로 (가)에서는 A^{2+}과 C가 반응한 것이고, (나)에서 B^{b+}이 C와 반응한 것이다.
- (가)에서는 A와 C 이온의 전하량이 +2로 같으므로 산화 환원 반응이 일어나도 이온 수 변화가 없다.
- (나)에서는 반응 후 금속 양이온 수가 감소하였으므로 반응 전 들어 있던 B^{b+}의 전하가 C^{2+}보다 작다는 것을 알 수 있다.

12 ㄱ. (가)에서 M은 M^{2+}이 되므로 산화된다.

바로 알기 ㄴ. M 이온의 전하는 +2, N 이온의 전하는 +3이므로 이온의 전하량의 비는 ■ : ● = 2 : 3이다.

ㄷ. M 이온이 들어 있는 수용액에 N을 넣었을 때 N이 산화되었으므로 N 이온(●)이 들어 있는 수용액에 M을 넣으면 반응은 일어나지 않는다.

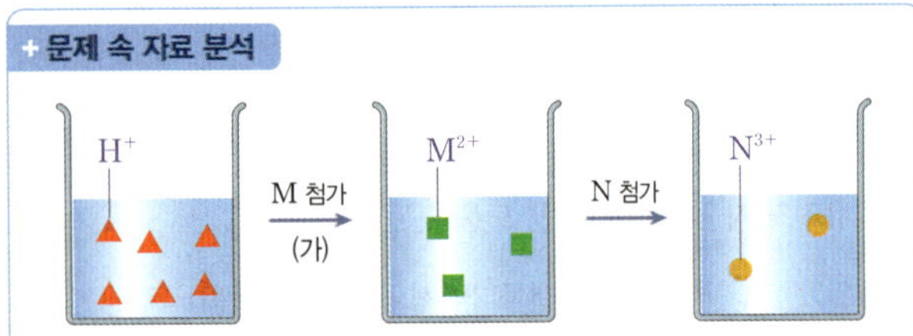

+ 문제 속 자료 분석

- 반응 전 양이온 모형에서 H^+ 6 개가 존재하였고, 금속 M이 H^+을 환원시키는데 M 이온의 수가 3이므로 M 이온의 전하는 +2이다.
- M^{2+}이 들어 있는 수용액에 N을 넣었을 때 N 이온 2 개가 생성되었으므로 N 이온의 전하는 +3이다.

13 (가)는 HCl 수용액, (나)는 NaOH 수용액이다.
② (나)는 염기성이므로 BTB 용액을 파란색으로 변화시킨다.
③ (가)와 (나)의 수용액에는 모두 이온이 존재하므로 모두 전기 전도성이 있다.

바로 알기 ① (가)에 계란 껍데기를 넣으면 이산화 탄소 기체가 발생한다.
④ (나)는 금속과 반응하여 수소 기체를 발생시키지 않는다.
⑤ (가)와 (나)를 혼합한 수용액에는 OH^-이 존재한다.

14 ① 수산화 이온(OH^-)은 음이온이므로 푸른색이 전극 A 쪽으로 이동한 것으로 보아 전극 A는 (+)극이다.
② X 수용액은 붉은색 리트머스 종이를 푸르게 변화시켰으므로 X는 염기이다.
③ 질산 칼륨 수용액은 리트머스 종이에 전류가 흐를 수 있게 하는 전해질 역할을 한다.
⑤ 전극 B인 (−)극 쪽으로 이동하는 이온이 존재하고 이들은 색을 나타내지 않을 뿐이다.

바로 알기 ④ 전극을 바꾸어 실험하면 (+)극과 (−)극이 바뀌므로 (+)극인 전극 A 쪽으로 이동하던 수산화 이온이 전극 B 쪽으로 이동하게 된다.

15 ㄱ. B에서 Na^+과 Cl^-의 수가 같으므로 중화점이다. 따라서 HCl 속 H^+이 모두 중화 반응하므로 온도가 가장 높다. C는 중화점 이후에 NaOH 수용액을 더 넣는 것이므로 온도가 B보다 낮아지게 된다.

ㄴ. C는 OH^-이 존재하는 염기성 수용액이므로 BTB 용액을 떨어뜨리면 파란색으로 변한다.

바로 알기 ㄷ. 생성된 물의 양은 B와 C에서 같고, B에서가 A에서의 2 배이므로 생성된 물의 양은 C에서가 A에서의 2 배이다.

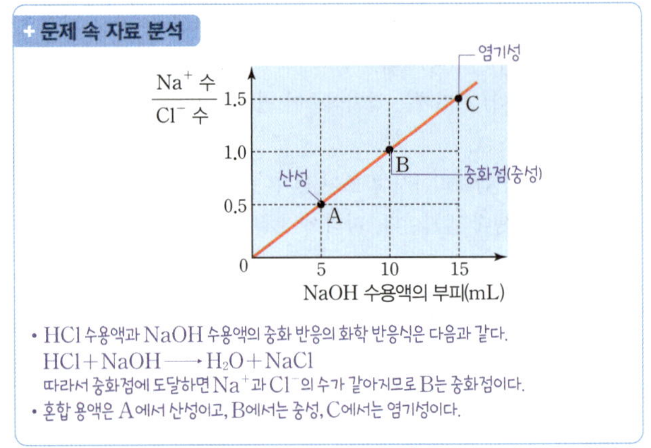

+ 문제 속 자료 분석

- HCl 수용액과 NaOH 수용액의 중화 반응의 화학 반응식은 다음과 같다.
  $HCl + NaOH \longrightarrow H_2O + NaCl$
  따라서 중화점에 도달하면 Na^+과 Cl^-의 수가 같아지므로 B는 중화점이다.
- 혼합 용액은 A에서 산성이고, B에서는 중성, C에서는 염기성이다.

16 ㄱ. 공통되는 이온이 ★이고, ★은 양이온이므로 산의 공통되는 이온인 H^+이다. 따라서 (다)는 염기의 수용액이고 ●은 음이온이므로 OH^-이다.

ㄴ. (나)는 산성 수용액이므로 Mg과 반응하여 수소 기체가 발생한다.

ㄷ. (가)~(다) 중 염기성 수용액은 (다)이다.

17 ㄱ. (가)는 중성이므로 같은 부피에 들어 있는 이온 수비는 HCl 수용액 : NaOH 수용액 = 2 : 1이다. 따라서 (나)에서 HCl 수용액과 NaOH 수용액의 부피가 같으므로 (나)는 산성이다.

ㄷ. (나)와 (다)는 산성이므로, (가)~(다)에서 총 이온 수는 HCl 수용액의 부피비를 따른다. HCl 수용액의 부피비가 (가) : (나) : (다) = 2 : 3 : 5이므로 이온 수비도 2 : 3 : 5이다. 따라서 $x = 2$, $y = 5$이다.

바로 알기 ㄴ. 생성된 물 분자 수는 (가)에서가 (다)에서의 4 배이다.

18 ㉡ 철가루가 산화되어 따뜻해졌으므로 철가루와 산소의 반응은 발열 반응이다.
㉢ 뷰테인을 연소시켜 물을 끓일 수 있으므로 뷰테인의 연소 반응은 발열 반응이다.

바로 알기 ㉠ 에탄올이 증발하면서 손이 시원해지므로 열에너지를 흡수하는 흡열 반응이다.

19 ㄱ. 산화 칼슘과 물의 반응은 발열 반응으로 반응이 일어날 때 주위로 열에너지를 방출하므로 주위의 온도가 높아진다.

ㄷ. 이 반응에서의 에너지 출입 방향은 발열 반응인 손난로에서 반응이 일어날 때와 같다.

 ㄴ. 산화 칼슘과 물의 반응은 발열 반응으로 반응이 일어날 때 주위로 열에너지를 방출한다.

20 ㄴ. 탄산수소 나트륨이 열분해하면 이산화 탄소 기체가 발생하므로 빵이 부풀어 오르게 된다. 따라서 ⓛ은 이산화 탄소이다.

 ㄱ. (가)에서 빵 반죽 속 탄산수소 나트륨은 열에너지를 흡수하여 이산화 탄소 기체가 발생한다.

ㄷ. (가)는 흡열 반응, (나)는 발열 반응을 이용한 사례이므로 식물의 광합성인 흡열 반응과 같은 방향의 열에너지 출입이 일어나는 것은 흡열 반응을 이용하는 (가)이다.

서술형 문제

21 모범 답안 | (가)는 신생대 바다 환경에서 생성되었고, (나)는 중생대 육상 환경에서 생성되었다.

해설 | 화폐석은 신생대 바다에서 살았던 생물이고, 공룡은 중생대 육지에서 살았던 생물이다.

채점 기준	배점
(가)와 (나)를 모두 옳게 서술한 경우	100 %
(가)와 (나) 중에서 한 가지만 옳게 서술한 경우	50 %

22 (1) **모범 답안** | 지리적으로 분리된 지역 Ⅰ과 지역 Ⅱ의 포식자는 먹이가 되는 나비의 날개 무늬에 대한 선호도가 다르다.

해설 | 지역 Ⅰ과 Ⅱ에서 자연선택에 의한 진화의 결과 발달한 나비의 날개 무늬가 다른 것은 포식자의 특징을 중심으로 해석하면 각 지역별로 포식자가 선호하지 않는 나비의 날개 무늬가 다르기 때문이다.

채점 기준	배점
나비의 날개 무늬에 대한 선호도가 다르다고 옳게 서술한 경우	100 %

(2) **모범 답안** | 지역 Ⅰ에서 A종의 독성을 나타내는 물질을 가지는 나비의 날개 무늬는 포식자가 선호하지 않는 변이로서, A1의 날개 무늬를 갖는 나비가 생존경쟁에서 더 많이 살아남아 유전자를 자손에게 물려주는 자연선택에 의한 진화가 일어나 A1의 날개 무늬가 발달했다. B종의 나비는 A1과 유사한 날개 무늬를 가지는 것이 환경에 잘 적응할 수 있는 형질을 갖는 변이이므로 A1과 유사한 B1의 날개 무늬가 발달했다.

해설 | 지역 Ⅰ에서 A종과 B종의 다양한 날개 무늬 변이가 존재했던 점을 시작으로, 포식자에 의해 잘 잡아먹히는 형질과 포식자에 의해 잘 잡아먹히지 않는 형질을 구분하여 생존경쟁에서 살아남아 더 많은 자손을 남기는 변이가 어떤 것인지를 밝히고, A종의 자연선택에 의한 진화의 결과와 B종의 날개 무늬에 대한 자연선택에 의한 진화의 결과와 밀접한 관련이 있음을 서술해야 한다.

채점 기준	배점
A종의 독성을 나타내는 물질과 포식자가 선호하지 않는 날개 무늬 변이, A1의 날개 무늬를 갖는 나비의 생존경쟁과 자연선택, A1과 B1의 날개 무늬의 관련성을 모두 포함하여 서술한 경우	100 %
A종의 독성을 나타내는 물질과 포식자가 선호하지 않는 날개 무늬 변이, A1의 날개 무늬를 갖는 나비의 생존경쟁과 자연선택, A1과 B1의 날개 무늬의 관련성 중 두 가지만 옳게 서술한 경우	50 %

23 모범 답안 | $2H_2 + O_2 \longrightarrow 2H_2O$, H_2는 산화되고, O_2는 환원된다.

해설 | 수소 연료 전지에서 수소는 산소와 산화 환원 반응하여 물을 생성한다.

채점 기준	배점
화학 반응식과 이 반응에서 산화와 환원을 옳게 서술한 경우	100 %
화학 반응식만 옳게 나타낸 경우	30 %

24 모범 답안 | 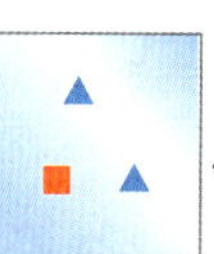, ▲는 (가)에서는 1 개, (나)에서는 2 개이므로 $NaOH$ 수용액의 부피가 2 배 증가하면서 개수가 증가하는 Na^+의 모형이다. 따라서 (가)의 HCl 수용액 30 mL에 들어 있는 H^+은 ■이고, 반응 전에는 3 개이어야 한다. (다)에서 반응 전 ■의 수는 3 개, ▲는 2 개이므로 반응 후 혼합 용액에는 ▲ 2 개, ■ 1 개가 들어 있다.

해설 | Na^+은 구경꾼 이온이므로 $NaOH$ 수용액의 부피가 증가하면 혼합 용액에서도 증가해야 한다. 따라서 ▲는 Na^+이므로 ■는 H^+이다. (가)에서는 혼합 전 H^+ 3 개, Cl^- 3 개와 Na^+ 1 개, OH^- 1 개가 있고, (나)에서는 혼합 전 H^+ 2 개, Cl^- 2 개, Na^+ 2 개, OH^- 2 개가 들어 있는 것이다.

채점 기준	배점
양이온 모형을 옳게 그리고, 각 수용액에 들어 있는 이온의 수를 옳게 서술한 경우	100 %
양이온 모형만 옳게 그린 경우	50 %

25 (1) **모범 답안** | ㉠과 ㉡은 모두 주위에서 에너지를 흡수하여 액체에서 기체로 되는 기화이다.

해설 | ㉠은 주위로부터 열에너지를 흡수하여 액체 상태의 연료가 기화되는 과정이고, ㉡은 주위로부터 열에너지를 흡수하여 물이 끓을 때이다.

채점 기준	배점
상태 변화와 열의 출입 방향을 모두 옳게 서술한 경우	100 %
상태 변화와 열의 출입 방향 중 한 가지만 옳게 서술한 경우	50 %

(2) **모범 답안** | 액체 상태의 연료가 기화될 때 주위로부터 에너지를 흡수하므로 주위에서는 에너지를 빼앗겨 온도가 낮아진다.

해설 | 액체 상태에서 기체 상태로의 상태 변화는 주위로부터 열에너지를 흡수하는 흡열 반응이다.

채점 기준	배점
기화와 흡열 반응을 모두 언급하여 옳게 서술한 경우	100 %

01 ③	**02** ④	**03** ⑤	**04** ⑤	**05** ②	**06** ②
07 ①	**08** ②	**09** ③	**10** ③	**11** ⑤	**12** ②
13 ②	**14** ③	**15** ⑤	**16** ③		
서술형 **17~20** 해설 참조					

01 ③ 에디아카라 생물군 화석은 선캄브리아시대의 화석이고, 암모나이트 화석은 중생대 표준 화석이다. 단풍나무는 속씨식물이므로 단풍나무 잎 화석은 고생대 지층에서 산출되지 않는다. 따라서 산호 화석이 고생대, 단풍나무 잎 화석이 신생대에 해당한다. (가)~(라)를 지질 시대 순으로 나열하면 (다) → (가) → (나) → (라)이다.

02 ㄱ. (가)는 신생대, (나)는 선캄브리아시대, (다)는 고생대이므로 시간 순서는 (나) → (다) → (가)이다.
ㄴ. 최초의 광합성 생명체는 남세균으로 추정하고 있으며, 그 흔적으로 스트로마톨라이트 화석이 있다.
바로 알기 ㄷ. 방추충이 번성할 때는 고생대 말이므로 육상에는 양치식물이 번성하였다.

03 ㄱ. 최대 규모의 생물 대멸종은 고생대(A 시기) 말에 일어났다.
ㄷ. 중생대(B 시기) 말에 일어난 생물 대멸종의 원인을 설명하는 가장 유력한 가설은 소행성 충돌설이다.
바로 알기 ㄴ. 해양 무척추동물은 육상 식물보다 환경 변화에 민감하기 때문에 표준 화석으로 이용하기에 더 적합하다.

+ 문제 속 자료 분석

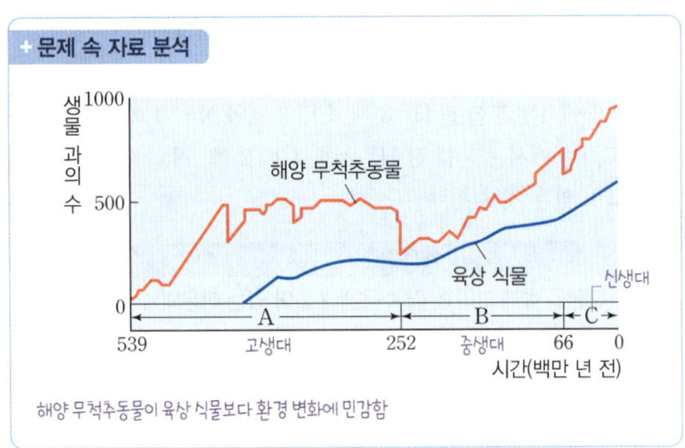

해양 무척추동물이 육상 식물보다 환경 변화에 민감함

04 ㄱ. A에 사는 핀치는 길고 뾰족한 부리를 가졌으므로 섬 A에는 크고 단단한 씨앗보다 부드러운 선인장이 많다고 볼 수 있다.
ㄴ. 각 섬에서 다양한 변이가 있는 핀치 개체 사이에서 생존경쟁 결과 자연선택이 일어났다.
ㄷ. 자연선택에 의해 진화가 일어날 때 환경에 유리한 형질을 나타내는 유전자는 자손 세대로 물려질 수 있다. A에 사는 핀치와 B에 사는 핀치는 유전자 구성의 차이에 의해 서로 다른 형질이 나타난다.

05 ㄴ. 대한민국에 살고 있는 무당벌레의 종 수는 종 풍부도에 대한 것이므로 종다양성의 예인 (나)에 해당한다.
바로 알기 ㄱ. (가)는 토끼 개체군의 유전자 구성이 다양한 정도를 나타내므로 (가)는 유전적 다양성이다.
ㄷ. 갯벌을 간척하여 메우면 해양 생태계와 육지 생태계의 경계 지역의 면적이 감소하므로 생태계다양성이 감소한다.

06 A는 과잉생산과 다양한 변이이고, B는 자연선택이다.
ㄴ. B는 환경에 적응하는 데 적합한 변이가 더 많이 살아남아 더 많은 자손을 남기는 단계인 자연선택이다.
바로 알기 ㄱ. A는 과잉생산과 다양한 개체변이이다. 같은 종이라도 태어나는 개체에 따라 유전자 구성과 형질이 다양하게 나타나는데, 이를 변이라고 한다.
ㄷ. 자연선택설을 주장한 사람은 다윈이다.

07 ㄱ. t_1 시점에는 상아가 없는 코끼리 비율이 0 %이므로 t_1~t_2 구간에서 돌연변이가 일어나 상아가 없는 형질을 가진 코끼리 변이가 생겨났다.
바로 알기 ㄴ. 상아 유무에 따른 코끼리의 비율이 t_2와 t_3 시점에서 서로 다르므로 t_2와 t_3일 때 코끼리 집단의 상아 유무에 영향을 주는 유전자의 비율이 달라 유전자 구성도 다르다.
ㄷ. 상아가 없는 코끼리의 비율이 높아지는 것으로 보아 밀렵이 있는 상황에서는 상아가 없는 코끼리가 생존에 유리하다.

+ 문제 속 자료 분석

시점	비율(%)	
	상아가 있는 코끼리	상아가 없는 코끼리
t_1	100	0 돌연변이 일어남
t_2	81.5	18.5
t_3	40.1	59.9

• 상아를 얻기 위한 밀렵으로 자연선택이 일어났다.
• 상아의 유무가 코끼리의 생존에 영향을 미친다.
 t_1 ~ t_3로 갈수록 상아가 없는 코끼리의 비율이 늘어남

08 B. 멸종 위기종 복원 사업은 생물다양성을 보전하기 위한 노력 중 하나이다.
바로 알기 A. 서식지단편화는 나누어진 각 단편화된 개별 서식지의 면적을 감소시켜 종다양성과 각 생물종의 유전적 다양성을 감소키므로 생물다양성을 감소시킨다.
C. 생물다양성이 감소하면 사람이 이용할 수 있는 생물자원의 수도 감소하게 된다.

09 (가)에서 Mg은 전자를 잃어 Mg^{2+}이 되고, O_2는 전자를 얻어 O^{2-}이 된다. 따라서 (가)에서 환원되는 물질은 O_2이다.
(나)에서 Zn은 전자를 잃어 Zn^{2+}이 되고, $CuSO_4$의 Cu^{2+}은 전자를 얻어 Cu가 된다. 따라서 (나)에서 환원되는 물질은 $CuSO_4$이다.
(다)에서 Cu는 전자를 잃어 Cu^{2+}이 되고, $AgNO_3$의 Ag^+은 전자를 얻어 Ag이 된다. 따라서 (다)에서 환원되는 물질은 $AgNO_3$이다.
바로 알기 (가), (나), (다)에서 산화되는 물질은 Mg, Zn, Cu이다.

10 A^+이 $8N$ 들어 있는 수용액에 B $2N$을 넣어 반응시켰을 때 총 금속 양이온 수가 $4N$이므로 B 이온은 $2N$, A 이온은 $2N$이 존재하는 것이다. 따라서 B 이온은 B^{3+}이어야 한다.

ㄱ. A^+이 B와 반응하여 B는 B^{3+}으로 산화되고 A^+은 환원된다.

ㄴ. (가)에서 B 이온 수는 $2N$이고, 총 이온 수가 $4N$이어야 하므로 A^+의 수는 $2N$이다. 따라서 A^+ $6N$이 B와 반응한 것이므로 $b=3$이다.

 ㄷ. (가)에서 이온 수비는 $A^+ : B^{3+} = 1 : 1$이다.

11 ㄱ. A^{2+}이 B와 반응하면 산화 환원 반응이 일어나므로 B가 A보다 산화가 잘되고, B^+이 C와 반응하면 산화 환원 반응이 일어나므로 B보다 C가 산화가 잘된다. 따라서 A보다 C가 산화가 잘됨을 알 수 있다. 그러므로 A^{2+}이 들어 있는 수용액에 C를 넣으면 C는 산화되고 A^{2+}은 환원된다.

ㄴ. Ⅰ에서 일어나는 반응의 화학 반응식은 $A^{2+}+2B \longrightarrow A+2B^+$이므로 Ⅰ에서 반응 전과 후 수용액의 금속 양이온 수는 증가한다.

ㄷ. Ⅱ에서 일어나는 반응의 화학 반응식은 $3B^++C \longrightarrow 3B+C^{3+}$이므로 전자는 C에서 B^+으로 이동한다.

[실험 과정]

• 비커 Ⅰ과 Ⅱ에 각각 A^{2+}이 들어 있는 수용액, B^+이 들어 있는 수용액을 넣고 Ⅰ에는 금속 B를, Ⅱ에는 금속 C를 넣어 반응시킨다.

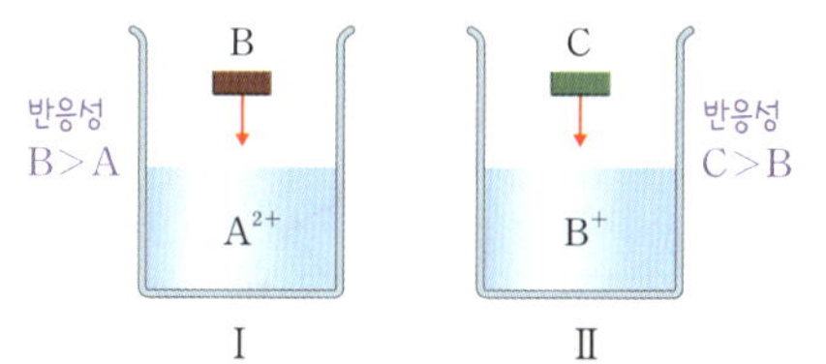

[실험 결과]

• 반응 후 각 비커의 수용액에 들어 있는 양이온의 종류

비커	Ⅰ	Ⅱ
양이온의 종류	B^+	C^{3+}

• Ⅰ에서 일어나는 반응의 화학 반응식: $A^{2+}+2B \longrightarrow A+2B^+$
• Ⅱ에서 일어나는 반응의 화학 반응식: $3B^++C \longrightarrow 3B+C^{3+}$

12 ㄴ. 리트머스 종이가 붉은색으로 변하는 까닭은 양이온인 H^+ 때문이므로 전류를 흘려 주면 ($-$)극 쪽으로 붉은색이 이동한다.

 ㄱ. A 수용액을 적신 실이 푸른색 리트머스 종이를 붉은색으로 변하게 하였으므로 A는 산이다.

ㄷ. 전류를 흘려 주면 음이온은 ($+$)극 쪽으로 이동하는데 질산 칼륨의 질산 이온(NO_3^-)과 A 수용액의 음이온이 ($+$)극 쪽으로 이동하게 된다. 따라서 두 가지 종류의 음이온이 ($+$)극 쪽으로 이동한다.

13 ㄴ. (가)~(다)에서는 HCl 수용액이 모두 반응하는 중화 반응이 일어나므로 생성된 물 분자의 수는 (다)가 (가)의 3 배이다.

 ㄱ. (마)에서보다 (다)에서 NaOH 수용액이 4 mL 더 반응하였고, 이때 온도가 4 ℃ 더 상승하였다. (라)에서는 (마)에서보다 3 mL의 NaOH 수용액이 더 반응하고 온도는 3 ℃ 상승하게 된다. 따라서 $t=30$이다.

ㄷ. HCl 수용액과 NaOH 수용액의 부피가 같을 때 중화점에 도달하므로 같은 부피에 들어 있는 이온 수는 서로 같다. 따라서 들어 있는 총 이온 수는 혼합 전 부피가 더 큰 수용액의 이온 수를 따르게 되므로 들어 있는 총 이온 수는 (나)는 NaOH 수용액 8 mL의 이온 수와 같고, (라)는 HCl 수용액 7 mL의 이온 수와 같으므로 (나)>(라)이다.

혼합 용액		염기성 (가)	염기성 (나)	중성 (다)	산성 (라)	산성 (마)
혼합 전 수용액의 부피(mL)	HCl	2	4	6	7	10
	NaOH	10	8	6	5	2
최고 온도(℃)		27	29	31	t $(=30)$	27

• (다)에서 혼합 용액의 온도가 가장 높으므로 중화점이다.
• (나)에서 (가)보다 반응한 HCl 수용액의 부피가 2 mL 증가할 때 온도가 2 ℃ 상승하였고, (다)에서 (가)보다 HCl 수용액이 4 mL 반응하였을 때 온도가 4 ℃ 상승하였으므로 (라)에서는 (가)보다 반응한 HCl 수용액이 3 mL 증가하므로 온도가 3 ℃ 상승한다.

14 묽은 황산(H_2SO_4)과 수산화 나트륨(NaOH) 수용액 중화 반응의 화학 반응식은 다음과 같다.

$H_2SO_4+2NaOH \longrightarrow 2H_2O+Na_2SO_4$

ㄱ. (가)에서 ●는 H^+, ▲는 SO_4^{2-}이고, (나)에서 ■ Na^+임을 알 수 있다. 따라서 ▲와 ■는 모두 구경꾼 이온이다.

ㄷ. (가)에서 H_2SO_4 수용액 10 mL에 들어 있는 총 이온 수는 9 개이고, 가해 준 NaOH 수용액 10 mL에 들어 있는 총 이온 수는 6 개이므로 같은 부피에 들어 있는 이온 수비는 $\dfrac{H_2SO_4 \text{ 수용액}}{NaOH \text{ 수용액}}=\dfrac{3}{2}$이다.

 ㄴ. (나)에 남아 있는 H^+의 수는 3 개이므로 3 개의 OH^-이 가해져야 중화점에 도달할 수 있다. 따라서 중화점에 도달하기 위해 필요한 NaOH 수용액의 부피는 10 mL이다.

15 ㄱ. 산화 칼슘이 물에 용해될 때 주위의 온도가 높아지므로 산화 칼슘의 용해 반응은 발열 반응이고, 반응이 일어날 때 주위로 열에너지를 방출한다.

ㄴ. 질산 암모늄의 용해 반응은 흡열 반응이므로 '흡수'가 ㉠으로 적절하다.

ㄷ. 질산 암모늄이 물에 용해될 때 온도가 낮아지므로 질산 암모늄의 용해 반응을 이용하여 냉찜질 팩을 만들 수 있다.

16 광합성은 생성물의 에너지 합이 반응물의 에너지 합보다 크므로 주위로부터 열에너지를 흡수하는 흡열 반응이다.

ㄱ. 알코올을 손등에 바르면 알코올이 주위의 열에너지를 흡수하여 증발하면서 주위의 온도가 낮아지므로 시원해진다.

ㄷ. LPG가 뿜어져 나올 때 액체 상태에서 기체 상태로 상태 변화하는데 주위로부터 열에너지를 흡수하여 주위의 온도가 낮아지므로 저장 용기 입구에 손을 대면 동상에 걸릴 수 있다.

 ㄴ. 염산에 수산화 나트륨 용액을 가하여 중화시키는 중화 반응은 발열 반응이다.

서술형 문제

17 **모범 답안** | C와 D는 시상 화석이고, A, B, E는 표준 화석이다. 아래에 쌓인 지층일수록 오래된 지층이므로 A는 고생대 표준 화석, E는 중생대 표준 화석, B는 신생대 표준 화석이다.

해설 | 표준 화석은 특정 지질 시대에만 산출되는 화석이고, 시상 화석은 화석이 형성될 당시의 환경을 알려주는 화석으로 특정 시기에만 산출될 필요가 없다.

채점 기준	배점
표준 화석과 시상 화석을 옳게 구분하고, 고생대, 중생대, 신생대의 표준 화석을 옳게 제시한 경우	100 %
표준 화석과 시상 화석만 옳게 서술한 경우	60 %

18 **모범 답안** | 야생 동식물의 불법 포획과 남획의 예에 해당한다. 지역에서 불법 포획과 남획으로 특정 종이 사라지면 먹이사슬을 통해 다른 영양단계의 생물에도 영향을 미쳐 많은 생물 종이 사라질 수 있기 때문에 종다양성이 감소함으로써 생물다양성이 감소할 수 있다.

해설 | 암치트카섬은 먹이그물이 비교적 단순했고, 야생 동식물의 불법 포획과 남획으로 해달이 사라지자 성게가 크게 증가하고, 해조류가 사라지게 되었으며, 해조류가 사라지자 해조류를 먹이로 하는 다른 생물들이 사라지게 되면서 많은 생물 종이 감소하여 종다양성이 감소했다.

채점 기준	배점
야생 동식물의 불법 포획과 남획을 쓰고, 특정 종이 사라지면 먹이 관계(먹이사슬, 먹이그물 등)와 관련지어 다른 영양 단계의 생물 종이 사라져 종다양성이 감소할 수 있음을 논리적으로 서술한 경우	100 %
야생 동식물의 불법 포획과 남획을 쓰지 않고, 특정 종이 사라지면 먹이 관계(먹이사슬, 먹이그물 등)와 관련지어 다른 영양 단계의 생물 종이 사라져 종다양성이 감소할 수 있음을 논리적으로 서술한 경우	50 %
야생 동식물의 불법 포획과 남획만 쓴 경우	20 %

19 (1) **답** | $2AgNO_3 + Cu \longrightarrow 2Ag + Cu(NO_3)_2$
산화된 물질: Cu, 환원된 물질: $AgNO_3$

해설 | 반응 전 ▲는 Ag^+이고, 반응 후 생성된 ●는 Cu^{2+}이다. 따라서 반응 입자 수비는 $Ag^+ : Cu^{2+} = 2 : 1$이다. Ag^+은 전자를 얻어 Ag이 되고, Cu는 전자를 잃어 Cu^{2+}이 된다.

(2) **모범 답안** | 반응 전 양이온은 3 개의 Ag^+에서 반응 후 1 개의 Ag^+과 Cu^{2+} 1 개가 남는다. 따라서 양이온 수는 감소한다. 음이온인 NO_3^-은 반응에 참여하지 않으므로 수에 변화가 없다. 따라서 양이온 수는 감소하고 음이온 수는 일정하므로 총 이온 수는 감소한다.

해설 | 반응 전 ▲는 Ag^+이고, 반응 후 ●는 Cu^{2+}이므로 금속 양이온 수는 감소하고, NO_3^-은 반응에 참여하지 않으므로 수 변화가 없다. 따라서 총 이온 수는 감소한다.

채점 기준	배점
총 이온 수 변화를 금속 양이온의 전하량 차이와 음이온 수 변화 없음으로 옳게 서술한 경우	100 %
총 이온 수 변화를 옳게 썼으나 양이온과 음이온으로 구분하지 않고 양이온 수 감소로만 서술한 경우	70 %
총 이온 수 변화를 옳게 썼으나 음이온 수 변화가 없음만 옳게 서술한 경우	30 %

20 (1) **답** | HCl 수용액 : NaOH 수용액 = 1 : 2

해설 | 혼합 용액의 부피가 모두 60 mL로 같으므로 최고 온도가 가장 높은 지점이 중화점이다.

(2) **모범 답안** | A와 B에서 혼합 용액의 부피는 60 mL로 같고 생성된 물 분자 수가 같으므로 A와 B에서 최고 온도가 같다.

해설 | A와 B에서 최고 온도가 같은 까닭은 혼합 용액의 부피가 같고, 생성된 물 분자 수가 같아 중화열이 같게 발생하였기 때문이다.

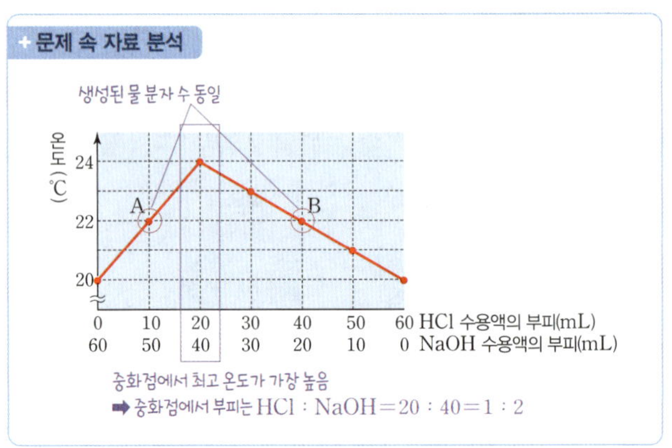

채점 기준	배점
혼합 용액의 부피와 생성된 물 분자 수 같음을 언급하여 옳게 서술한 경우	100 %
생성된 물 분자 수만 같음을 언급하여 서술한 경우	50 %

Ⅱ 환경과 에너지
~ Ⅲ 과학과 미래 사회

01 ㄱ. (가)는 여러 생물종으로 구성된 무리이므로 군집이다.

바로 알기 ㄴ. 온도는 비생물요소에 해당하지만, 버섯은 분해자이므로 생물요소에 해당한다.
ㄷ. (가)는 군집이고, (나)는 생물요소와 비생물요소가 모두 포함된 생태계이므로 (다)는 같은 생물종으로 구성된 개체군이다. 같은 지역에 서식하는 토끼와 토끼풀은 서로 다른 생물종이므로 서로 다른 개체군(다)에 속한다.

02 ㄴ. (나)에서 토끼는 토끼풀을 먹으므로 토끼는 포식자, 토끼풀은 피식자이다. 따라서 토끼풀에서 토끼에게로 에너지가 이동한다.
ㄷ. 파충류의 알이 단단한 껍질에 싸여 있는 것은 물이 부족한 환경에서 물의 손실을 줄이기 위해 파충류가 적응한 결과에 해당한다.

바로 알기 ㄱ. (가)는 생물(나무)이 환경(습도)에 영향을 준 예이다.

03 ㄷ. 생태계 A에서가 B에서보다 더 많은 생물종에 의해 먹이 관계가 복잡하게 형성되어 있으므로 한 생물종이 사라져도 다른 생물종이 사라질 가능성이 낮다. 따라서 A에서는 B에서보다 생태계평형이 안정적으로 유지된다.

바로 알기 ㄱ. 생태계 A와 B에서는 모두 2 개 이상의 먹이사슬이 얽혀 그물 모양이 되었으므로 먹이그물이 형성되어 있다.
ㄴ. 생태계 A와 B에서 모두 메뚜기는 생산자(옥수수, 벼)를 먹는 1차 소비자이다.

04 ㄴ. (나)에서는 개구리가 메뚜기를 잡아먹고, 여치는 개구리에게 잡아먹히므로 여치 → 개구리의 에너지 이동과 메뚜기 → 개구리의 에너지 이동이 모두 일어나 2 개의 먹이 사슬이 얽혀 먹이그물이 형성되어 있다.

바로 알기 ㄱ. (나)에서는 먹이그물이 형성되어 있으므로 (가)에서는 1 개의 먹이사슬만 형성되어 있다.
ㄷ. (가)에서는 메뚜기 → 개구리로의 에너지 이동을 포함한 1 개의 먹이사슬만 형성되어 있으므로 메뚜기가 사라졌을 때 개구리가 사라질 가능성이 높지만, (나)에서는 여치 → 개구리의 에너지 이동과 메뚜기 → 개구리의 에너지 이동이 모두 포함된 먹이그물이 형성되어 있으므로 메뚜기가 사라졌을 때 개구리는 여치를 먹을 수 있으므로 개구리가 사라질 가능성이 낮다. 따라서 생태계평형이 유지될 가능성은 (나)에서가 (가)에서보다 높다.

05 ㄱ. X가 일어난 결과 2차 소비자의 개체수가 감소하여 1차 소비자의 개체수가 증가하고, 이로 인해 생산자의 개체수가 감소했으므로 X는 '3차 소비자의 도입'이다. 만약 생산자가 남획되어 생산자의 개체수가 감소하면 1차 소비자와 2차 소비자의 개체수도 감소하고, 1차 소비자가 도입되어 1차 소비자의 개체수가 증가하면 생산자의 개체수는 감소하지만 2차 소비자의 개체수도 증가한다.

바로 알기 ㄴ. ㉠은 1차 소비자보다 하위 영양단계에 있는 생산자이다. 생산자는 광합성을 통해 양분을 스스로 합성(생산)한다.
ㄷ. 3차 소비자의 도입(X)이 일어나 2차 소비자의 개체수가 감소한 결과, 1차 소비자의 개체수가 증가해 생산자(㉠)는 1차 소비자에게 더 많이 먹히게 되어 생산자의 개체수가 감소했으므로 3차 소비자의 도입(X)으로 인해 생산자(㉠)에서 1차 소비자로 이동하는 에너지양이 증가했다.

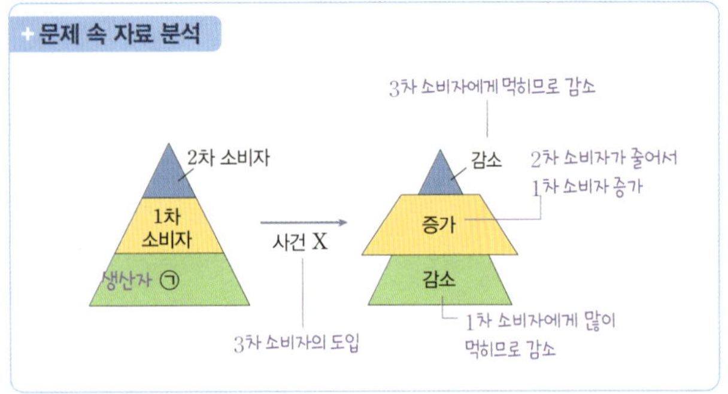

06 ㄱ. 수증기, 이산화 탄소, 메테인 등은 주요 온실 기체이므로 메테인의 방출은 ㉠에 해당한다.

바로 알기 ㄴ. 지구 온난화가 일어나면 대륙 빙하의 면적이 감소하고, 이로 인해 극지방에서는 지표면 반사율도 감소한다.

ㄷ. 해수의 온도가 상승하면 해수에서 증발하는 수증기량이 많아지므로 지구의 총 강수량이 증가한다.

07 ㄷ. 평상시에는 서태평양의 해수면 온도가 높고, 동태평양의 해수면 온도가 낮으므로 서태평양에 저기압, 동태평양에 고기압이 형성된다. 그러나 이 시기에 동태평양의 해수면 온도가 크게 상승하였으므로 평상시에 비해 서태평양에서는 기압이 상승하고, 동태평양에서는 기압이 하강하여 해수면 기압 차이는 감소한다.

바로 알기 ㄱ. 서태평양에서는 해수면 온도가 낮아지므로 하강 기류가 발달하여 강수량이 감소한다.

ㄴ. 동태평양에서는 해수면 온도가 높아지므로 해수의 증발량이 증가한다.

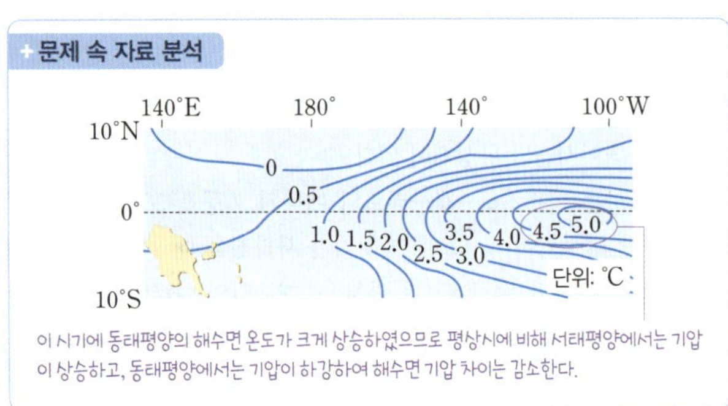

08 ㄴ. 사막화 지역은 강수량이 증발량보다 적어 (강수량−증발량)이 음(−)의 값을 갖는다.

ㄷ. A 사막이 확장되면 황사 발생 빈도가 증가하여 편서풍의 영향으로 우리나라의 황사 피해가 증가할 것이다.

바로 알기 ㄱ. 대부분의 사막은 강수량은 적고 증발량이 많은 위도 30° 부근의 고압대에 분포한다.

09 광합성의 산물로 생성된 화석 연료를 사용하는 발전 방식은 화력 발전이다. 바람을 이용하여 발전하는 방식은 풍력 발전이다. 물의 증발과 구름 생성, 강수로 물이 순환하게 되며, 이 과정에서 물의 위치 에너지를 이용하여 전기를 얻는 방식은 수력 발전이다.

10 ㄱ. 자석이 코일에 접근하는 동안 자석과 코일 사이에는 서로 미는 자기력이 작용한다. 따라서 자석이 코일로부터 받는 자기력의 방향은 (가)에서와 (나)에서가 같다.

ㄴ. 유도 전류에 의한 자기장의 방향은 (가), (나) 모두 위 방향이다. 그러나 코일이 감긴 방향이 서로 반대 방향이므로 저항에 흐르는 유도 전류의 방향은 (가)에서와 (나)에서가 서로 반대이다.

바로 알기 ㄷ. 코일의 감은 수가 클수록 유도 전류의 세기는 크므로 저항에 흐르는 유도 전류의 세기는 (가)에서가 (나)에서보다 크다.

11 ㄴ. 자석이 고리에 접근하고 있으므로 자석과 고리 사이에는 서로 밀어 내는 자기력이 작용한다.

바로 알기 ㄱ. 자석을 고리에 가까이 할 때, ⓐ 방향으로 전류가 흐르므로 ㉠을 멀리 하면 ⓐ와 반대 방향으로 전류가 흐른다.

ㄷ. 자석이 접근하는 속력이 빠를수록 고리에는 더 큰 전류가 흐른다.

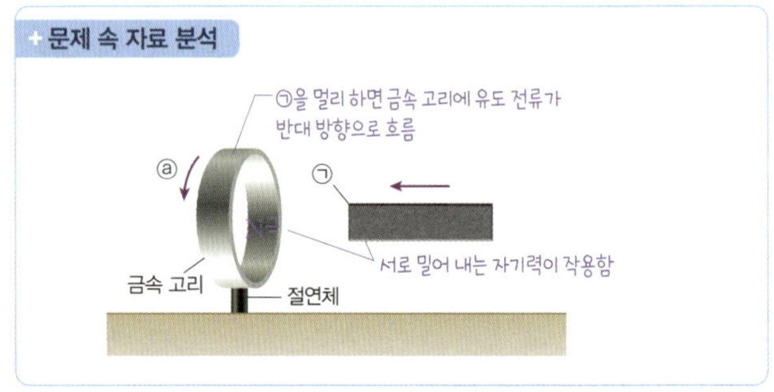

12 ㄱ. (가)는 우라늄이 질량이 작은 두 개의 원자핵으로 쪼개지는 핵분열 반응으로, 핵발전소의 원자로에서 일어나는 반응이다.

ㄴ. (나)는 질량이 작은 수소가 융합하여 질량이 큰 헬륨을 생성하므로 핵융합 반응이다.

바로 알기 ㄷ. 핵융합 반응에서 질량 결손에 의한 에너지가 방출된다. (나)에서 수소 원자핵 4 개가 융합하여 1 개의 헬륨 원자핵을 생성하므로 헬륨 원자핵의 질량은 수소 원자핵의 질량의 4 배보다 작다.

13 ㄱ. (가)는 태양의 빛에너지가 태양 전지판에서 직접 전기 에너지로 전환된다.

ㄴ. (나)는 화석 연료의 화학 에너지가 전기 에너지로 전환되므로 식물의 광합성 과정에서 태양의 빛에너지를 이용한 것이다.

ㄷ. (다)는 물의 위치 에너지가 전기 에너지로 전환되므로 강수 과정에서 태양의 열에너지가 이용된다.

14 ㄱ. 감염병을 유발하는 병원체에는 바이러스, 세균, 곰팡이 등이 있다.

ㄴ. A는 신속항원검사이다. 신속항원검사는 바이러스에 의해 감염되는 감염병을 진단하기 위한 검사이다.

바로 알기 ㄷ. 신속항원검사는 채취한 검체 중 바이러스를 구성하는 단백질을 이용하는 검사이다. 바이러스의 핵산을 증폭시키는 방식의 검사는 유전자증폭검사이다.

15 ㄱ. 1 일 16 시가 4 시보다 소음의 크기가 크다. 따라서 1 일 소음의 크기는 오후 4 시가 오전 4 시보다 크다.

ㄴ. 1 일 22 시 이후부터 2 일 2 시까지 소음의 크기가 점점 감소한다. 따라서 1 일 오후 10 시부터 2 일 새벽 2 시까지 소음의 크기가 감소하였다.

ㄷ. 그래프가 72 dB 위쪽으로 올라간 시간이 1 일이 2 일보다 길다. 따라서 72 dB 이상의 소음이 발생한 시간은 1 일이 2 일보다 길다.

16 A. 인공지능이 인간의 많은 일자리를 대체할 것으로 예측되며, 이에 대한 대비가 필요하다.

B. 안면인식 기술의 발전을 위해서는 인공지능(AI)을 사람의 얼굴을 사용하여 학습시켜야 하므로, 개인 정보 활용과 밀접한 관련이 있다. 따라서 윤리 지침을 제정할 필요가 있다.

[바로 알기] C. 과학 기술 발전에도 부작용이 있으며, 이에 대해 철저히 대비해야 한다.

서술형 문제

17 (1) 답 | A → C → B

해설 | 에너지양은 생태피라미드를 나타내며, B가 C보다 에너지양이 적으므로 B가 C보다 상위 영양단계이다. 그런데 C의 개체수가 증가하면 B의 개체수가 증가하고, A의 개체수가 감소하므로 A는 생산자, C는 1차 소비자, B는 2차 소비자이다.

(2) **모범 답안** | C(1차 소비자)는 B(2차 소비자)에게 많이 먹히므로 개체수가 감소하고, A(생산자)는 C(1차 소비자)에게 적게 먹히므로 개체수가 증가한다.

해설 | 2차 소비자(B)의 개체수가 증가하면 1차 소비자(C)는 2차 소비자에게 많이 먹히므로 개체수가 감소하고, 생산자(A)는 1차 소비자(C)에게 적게 먹히므로 개체수가 증가한다.

채점 기준	배점
C가 B에게 많이 먹혀 개체수가 감소하는 것과 A가 C에서 적게 먹혀 개체수가 증가하는 것을 모두 옳게 서술한 경우	100 %
C가 B에게 많이 먹혀 개체수가 감소하는 것과 A가 C에서 적게 먹혀 개체수가 증가하는 것 중 한 가지만 옳게 서술한 경우	50 %

18 **모범 답안** | ㉠ 지표는 145를 방출하는데 대기로부터 98을 흡수하므로 태양으로부터 흡수하는 에너지양은 $145-98=47$이다.

㉡ 대기는 지표와 우주로 156을 방출하는데, 지표로부터 133을 흡수하므로 태양으로부터 흡수하는 에너지양은 $156-133=23$이다.

해설 | 지표와 대기는 각각 열수지 평형을 이루므로 지표에서 에너지 흡수량=방출량이고, 대기에서도 에너지 흡수량=방출량이다. 이로부터 지표와 대기가 각각 태양으로부터 흡수하는 에너지양을 구할 수 있다.

채점 기준	배점
㉠과 ㉡을 구하는 과정과 에너지양을 모두 옳게 서술한 경우	100 %
㉠과 ㉡을 구하는 과정만 옳게 서술한 경우	80 %
㉠과 ㉡의 에너지양만 옳게 서술한 경우	20 %

19 (1) **모범 답안** | A에 공급한 에너지는 $5Q$이고, 방출한 에너지가 $3Q$이므로 한 일은 $W_0=2Q$이다. 따라서 A의 열효율은 $\dfrac{2Q}{5Q}=0.4(=40\,\%)$이다. B가 한 일은 $W_0=2Q$이고, 방출한 에너지는 $6Q$이므로 B에 공급한 에너지는 $8Q$이다. 따라서 B의 열효율은 $\dfrac{2Q}{8Q}=0.25(=25\,\%)$이다.

채점 기준	배점
A와 B의 열효율을 구하고, 풀이 과정도 옳게 서술한 경우	100 %
A와 B 중 하나만 열효율을 옳게 구하고, 풀이 과정을 옳게 서술한 경우	50 %
A, B의 열효율만 옳게 구한 경우	30 %

(2) **모범 답안** | 열기관의 열효율이 A가 B보다 크므로 같은 에너지를 공급했을 때 한 일은 A가 B보다 많다.

해설 | 열기관의 열효율이 클수록 같은 양의 에너지로 더 많은 일을 할 수 있다. 열기관의 열효율이 A가 B보다 크므로 같은 에너지를 공급했을 때 한 일은 A가 B보다 많다.

채점 기준	배점
열효율을 비교하여 한 일을 옳게 비교하여 서술한 경우	100 %
열효율만 옳게 비교하여 서술한 경우	30 %

20 **모범 답안** | 기상청 기상자료개방포털에 접속한다. → 검색할 장소와 기간을 설정하고 연도별 평균 기온을 검색한다. → 자료를 내려받는다.

채점 기준	배점
포털 접속, 검색 과정, 자료 내려받기를 모두 포함하여 옳게 서술한 경우	100 %
위의 과정 중 두 가지만 서술한 경우	50 %
위의 과정 중 한 가지만 서술한 경우	30 %

2회 기말 고사 대비 시험 대비 31~35쪽

01 ③	02 ②	03 ③	04 ①	05 ⑤	06 ②
07 ⑤	08 ①	09 ③	10 ③	11 ⑤	12 ③
13 ⑤	14 ⑤	15 ②	16 ①		

[서술형] 17~20 해설 참조

01 ㄱ. 숲의 나무로 인해 햇빛이 차단되어 토양의 수분 증발량이 감소하는 것은 생물요소가 비생물요소에 영향을 주는 ⓒ에 해당한다.

ㄴ. 토양(ⓐ)은 생태계를 구성하는 비생물요소에 해당한다.

[바로 알기] ㄷ. 뿌리혹박테리아와 콩과식물은 서로 먹고 먹히는 관계가 아니므로 먹이 관계에 의해 콩과식물(ⓒ)에서 뿌리혹박테리아(ⓑ)로 에너지가 이동하지 않는다.

02 ㄴ. 수심에 따라 해조류의 분포가 다른 것은 수심에 따라 투과되는 빛의 파장이 다르기 때문이다. 그러므로 수심에 따라 해조류의 분포가 다른 것은 비생물요소가 생물요소에 영향을 주는 ⓒ에 해당한다.

[바로 알기] ㄱ. 분해자는 다른 생물의 사체나 배설물 속의 유기물을 분해하여 에너지를 얻는 생물이다. 녹조류, 갈조류, 홍조류는 모두 빛을 이용한 광합성을 통해 양분을 스스로 합성하는 생산자에 해당한다.

ㄷ. 홍조류는 갈조류보다 더 깊은 수심에서 서식한다. 홍조류가 서식하는 깊은 수심까지 투과되는 빛의 파장은 청색광이므로 홍조류는 갈조류보다 깊은 수심에서 청색광을 흡수할 수 있다.

03 ㄱ. A는 양지 식물, B는 음지 식물이다. 음지 식물은 양지 식물보다 보상점과 광포화점이 낮으므로 빛의 세기가 약한 곳에서 양지 식물보다 잘 살아남는다.

ㄷ. 양지 식물과 음지 식물의 광합성량의 차이, 양엽과 음엽의 두께 차이에 영향을 주는 비생물요소는 모두 빛의 세기이다.

바로 알기 ㄴ. ㉠은 양엽의 내부 구조이고, ㉡은 음엽의 내부 구조이다. 한 식물에서도 빛을 많이 받는 양엽은 울타리조직이 발달해 잎이 두껍고 좁으며, 빛을 적게 받는 음엽은 빛을 효과적으로 흡수하기 위해 잎이 얇고 넓다. 그러므로 ㉠은 ㉡보다 강한 빛을 받는 잎의 내부 구조이다.

+ 문제 속 자료 분석

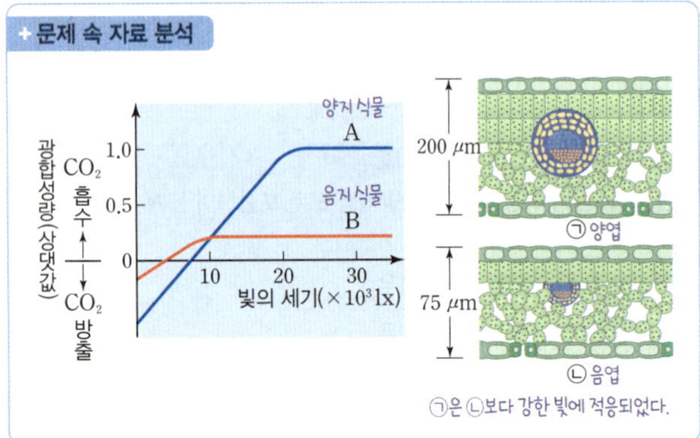

04 ㄱ. 먹고 먹히는 관계를 나타내는 먹이사슬에서 피식자인 메뚜기의 개체수가 증가하면 포식자인 개구리의 개체수가 증가한다. 개구리의 개체수가 증가하면 포식자인 뱀의 개체수가 증가하고, 이로 인해 개구리의 개체수가 다시 감소하면서 포식자의 개체수와 피식자의 개체수가 주기적으로 변동한다.

바로 알기 ㄴ. (가)에서 최종 소비자는 뱀이지만, (나)에서 최종 소비자는 매와 여우이다.

ㄷ. 먹이그물이 복잡할수록 급격한 환경 변화로 인해 어느 한 먹이사슬에 이상이 생겨도 다른 먹이사슬이 정상적으로 유지될 수 있기 때문에 먹이그물이 복잡한 (나)가 (가)보다 생태계평형이 안정적으로 유지된다.

05 ㄱ. 생태계에서 에너지는 먹이사슬을 따라 상위 영양단계로 이동하고 최종적으로 모두 열에너지의 형태로 방출된다. 그러므로 생태계에서 에너지는 순환하지 않고 한 방향으로만 흐른다.

ㄴ. 생태계를 구성하는 각 영양단계에서 생명활동에 의해 에너지의 일부가 열에너지의 형태로 방출되므로 상위 영양단계로 전달되는 에너지양은 감소한다.

ㄷ. 에너지효율(%)=$\dfrac{\text{현 영양단계의 에너지양}}{\text{전 영양단계의 에너지양}}×100$을 이용하여 계산할 수 있으므로 2차 소비자의 에너지효율(%)은 (가)에서는 $\dfrac{0.1}{1}×100=10\,\%$, (나)에서는 $\dfrac{2}{10}×100=20\,\%$이다. 따라서 2차 소비자의 에너지효율은 (나)에서가 (가)에서보다 높다.

06 ㄴ. B 시기에는 A 시기보다 해양에 저장되는 열량이 많으므로 해수면이 대기와 우주 공간으로 방출하는 복사 에너지량도 많다.

바로 알기 ㄱ. 현재로 올수록 해양 열용량 편차가 커지는 것은 대기 중의 온실 기체가 증가하여 생기는 지구 온난화의 영향이며, 지구에 도달하는 태양 복사 에너지량은 변하지 않는다.

ㄷ. 지구 온난화에 의해 북극해의 얼음이 녹으면 태양 복사를 덜 반사하게 되므로 해수면에 도달하는 태양 복사 에너지 중 반사되는 양은 적어진다.

07 ㄱ. A 시기에 풍속 편차가 양(＋)의 값이므로 서쪽으로 향하는 무역풍의 풍속이 평상시보다 크다. 따라서 무역풍은 평상시보다 강하게 분다.

ㄴ. B 시기는 무역풍이 약해진 엘니뇨 시기이므로 서태평양에서는 해수면 온도가 낮아지면서 하강 기류가 발달하므로 평상시보다 강수량이 적다.

ㄷ. B 시기에 동태평양에서는 서쪽으로부터 따뜻한 해수가 이동해 오므로 온난 수역의 두께가 두꺼워진다.

+ 문제 속 자료 분석

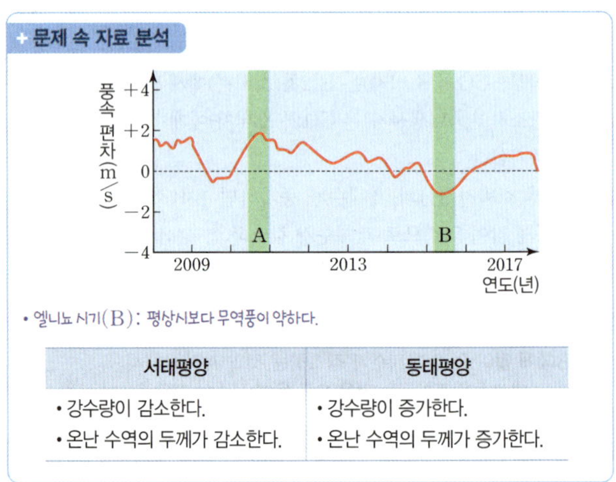

• 엘니뇨 시기(B) : 평상시보다 무역풍이 약하다.

서태평양	동태평양
• 강수량이 감소한다.	• 강수량이 증가한다.
• 온난 수역의 두께가 감소한다.	• 온난 수역의 두께가 증가한다.

08 ㄱ. ㉠은 태양이 생성된 후 현재까지 질량이 감소하였으므로 수소 원자핵이다. 태양의 중심부에서는 수소 핵융합 반응이 일어난다.

바로 알기 ㄴ. ㉠은 수소 원자핵이고, ㉡은 헬륨 원자핵이므로 원자핵 1 개의 질량은 ㉡이 ㉠보다 크다.

ㄷ. 수소 원자핵 4 개가 융합하여 헬륨 원자핵 1 개를 생성하므로 A에서 B로 질량이 줄어든 것은 대부분 헬륨 원자핵을 만들었기 때문이고, 그 중 매우 작은 질량 차이는 에너지로 변환되었다.

09 ㄱ. 파도는 바람으로부터 역학적 에너지를 얻는데, 바람은 태양 에너지가 지표면을 불균등하게 가열시킬 때 생긴다.

ㄴ. ㉡은 태양 빛에너지를 이용한 광합성이고, ㉢은 태양 전지판에서 태양 빛에너지를 전기 에너지로 전환한다.

바로 알기 ㄷ. 원자력 발전은 방사성 원소의 붕괴열을 이용하므로 태양 에너지와는 관련이 없다.

10 자석의 N극을 아래로 향하게 하고 코일 속에 넣으면 코일 위쪽에 N극이 유도된다. 이때 A에만 불이 켜지고 B에는 불이 켜지지 않았으므로 유도 전류의 방향이 N극을 아래로 향하게 하고 코일 속에 넣을 때와 반대일 때 B에서 불이 켜진다.

ㄱ. 자석의 N극을 아래로 향하게 하고 코일 속에서 빼면 코일 위쪽에 S극이 유도되므로 B에만 불이 켜진다.

ㄴ. 자석의 S극을 아래로 향하게 하고 코일 속에 넣으면 코일 위쪽에 S극이 유도되므로 B에만 불이 켜진다.

바로 알기 ㄷ. 자석의 S극을 아래로 향하게 하고 코일 속에서 정지시킬 때는 A와 B 모두 불이 켜지지 않는다.

11 ㄱ. 자동차에 공급되는 연료는 휘발유이며, 휘발유는 화합물로 화학 에너지에 해당한다.

ㄴ. 에너지는 보존되므로 자동차에 공급된 휘발유 에너지(100 %)=배기 가스(30 %)+공기 저항, 마찰(15 %)+엔진 등 기계 부분의 열(㉠)+달리는 데 사용한 에너지(25 %)이다. 따라서 ㉠은 30 %이다.

ㄷ. 자동차에 공급된 휘발유 에너지(100 %) 중에서 달리는 데 사용한 에너지가 25 %이므로 이 자동차의 에너지 효율은 25 %이다.

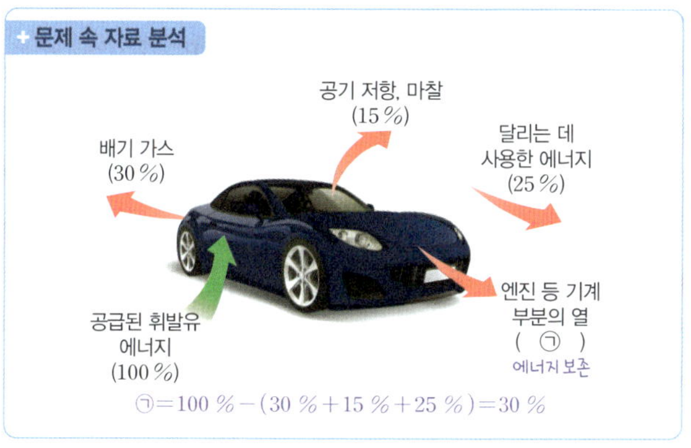

12 A의 에너지 효율은 $\dfrac{E}{㉠}=0.2$에서 $㉠=5E$이다. B의 에너지 효율은 $\dfrac{2E}{E_0}=0.3$에서 $E=\dfrac{3}{20}E_0$이다. 따라서 ㉠은 $\dfrac{3}{4}E_0$이다.

13 ㄴ. 파도는 해수의 흐름에 의한 것이므로 (가)의 근원 에너지는 태양 복사 에너지이다.

ㄷ. 파력 발전과 조력 발전은 모두 발전기를 통해서 전기 에너지를 생산하므로 발전 과정에서 전자기 유도 현상을 이용한다.

바로 알기 ㄱ. (가)는 파도를 이용하는 파력 발전으로 파도가 칠 때 해수면이 상승하거나 하강하여 생기는 공기의 흐름을 이용하여 전기 에너지를 생산한다. (나)는 조수 간만의 차를 이용하는 조력 발전으로 밀물 때 바닷물을 가두었다가 썰물 때 흘려 보내면서 낙차를 이용하여 전기 에너지를 생산한다.

14 ㄱ. 화석 연료의 화학 에너지가 터빈의 운동 에너지로 전환된다.

ㄴ. 수력 발전 과정에서 댐에 저장된 물의 역학적 에너지가 발전기에서 생산된 전기 에너지로 전환된다.

ㄷ. 화력 발전과 수력 발전은 모두 발전기를 통해 전기 에너지를 생산하므로 전자기 유도 현상을 이용한다.

15 ㄴ. 가방의 무게에 따라 눈금의 위치가 연속적으로 변한다. 따라서 저울에는 연속적으로 변하는 방식으로 측정값이 표시된다.

바로 알기 ㄱ. 값이 연속적으로 표시되므로, 저울은 아날로그 저울이다.

ㄷ. 스마트 기기에는 디지털 방식으로 값이 저장된다. 따라서 스마트 기기에는 이 저울과 같은 방식으로 값이 저장되지 않는다.

16 ㄱ. GMO를 반대하는 첫 번째 주장에서 '굶주리는 인구가 증가하는 까닭은 식량 자체가 부족해서가 아니라…'라고 하였다. 따라서 찬성하는 입장에서는 식량 부족 문제를 해결할 수 있다고 주장해야 하므로, ㉠에는 '식량 부족'이 적절하다.

바로 알기 ㄴ. GMO를 찬성하는 쪽에서는 GMO의 안전성에 대해 주장해야 한다. 따라서 ㉡에는 '위해성'이 적절하다.

ㄷ. GMO를 반대하는 쪽에서는 GMO가 식량 부족 문제를 해결하지 못한다고 하였다. 따라서 GMO가 증가하고 있지만 굶주리는 인구는 지속적으로 늘고 있다는 주장으로 이어져야 한다. 따라서 ㉢에는 '늘고'가 적절하다.

17 (1) **답** | A: 생산자, B: 1차 소비자, C: 2차 소비자, D: 분해자

해설 | A는 빛에너지를 흡수하여 광합성을 하는 생산자, B는 생산자를 섭취하여 에너지를 얻는 1차 소비자, C는 1차 소비자를 섭취하여 에너지를 얻는 2차 소비자, D는 생물의 사체나 배설물을 분해하여 에너지를 얻는 분해자이다.

(2) **답** | A의 에너지양: 26, B의 에너지양: 2, C의 에너지양: 0.2

해설 | 태양에서 방출되는 빛에너지 2000에서 1974는 반사되고 나머지 에너지양 26은 생산자인 A로 흡수된다. A의 에너지양 26 중 열에너지로 14가 방출되고, 분해자로 10이 이동하므로 B로 전달되는 에너지양은 2이다. 그러므로 B의 에너지양은 2이다. C에서 열에너지로 0.1이 방출되고, 분해자로 0.1이 이동하므로 C의 에너지양은 0.2이다.

(3) **답** | ㉠ 0.8, ㉡ 11.1

해설 | B의 에너지양인 2 중 B에서 C로 이동하는 에너지양이 0.2이고, 분해자로 1이 이동하므로 열에너지로 방출되는 에너지양 ㉠은 0.8이다. 분해자인 D로 이동하는 에너지양은 10+1+0.1=11.1이므로 분해자에서 열에너지로 방출되는 에너지양 ㉡은 11.1이다.

(4) **모범 답안** | 2차 소비자의 에너지효율이 1차 소비자의 에너지효율보다 높다.

해설 | 에너지효율(%)=$\dfrac{\text{현 영양단계의 에너지양}}{\text{전 영양단계이 에너지양}}\times100$이다.

1차 소비자의 에너지효율(%)은 $\dfrac{2}{26}\times100=7.69$ %이고, 2차 소비자의 에너지효율(%)은 $\dfrac{0.2}{2}\times100=10$ %이다. 에너지효율은 상위 영양단계로 갈수록 증가하는 경향이 있다.

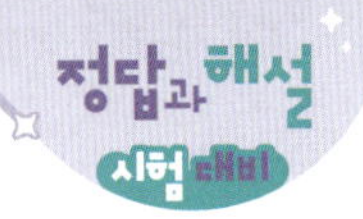

(5) **모범 답안** | 상위 영양단계로 갈수록 단위 무게 당 에너지 소모가 적고 영양가가 높은 먹이를 섭취하기 때문이다.

해설 | 상위 영양단계로 갈수록 몸집이 커져 단위 무게 당 에너지 소모가 적고 영양가가 높은 먹이를 섭취하여 에너지를 효율적으로 이동하기 때문이다.

채점 기준	배점
에너지효율이 증가하는 까닭을 옳게 서술한 경우	100 %
에너지효율이 증가하는 까닭을 옳게 서술하지 못한 경우	0 %

18 모범 답안 | 자연적인 원인으로 대기 대순환의 변화, 인위적인 원인으로 과도한 벌목과 경작, 방목 등이 있다.

해설 | 자연적인 원인으로 사막 주변 지역에서 대기 대순환의 변화에 의해 강수량이 감소하고 증발량이 증가하는 것을 들 수 있다. 인위적인 원인으로 과도한 벌목과 경작, 방목에 의해 초원 지대의 생태계가 파괴되어 사막으로 변하는 것을 들 수 있다.

채점 기준	배점
자연적인 원인과 인위적인 원인을 모두 옳게 서술한 경우	100 %
자연적인 원인과 인위적인 원인 중 한 가지만 옳게 서술한 경우	50 %

19 모범 답안 | 공통점은 에너지원의 고갈 염려가 없다. 발전량을 정확히 예측하기 어렵다. 에너지의 근원이 태양 에너지이다. 환경오염 물질을 거의 배출하지 않는다. 등
차이점은 (가)는 전자기 유도 현상을 이용하지 않고, (나)는 전자기 유도 현상을 이용한다. 등

채점 기준	배점
공통점과 차이점을 한 가지씩 모두 옳게 서술한 경우	100 %
공통점과 차이점 중 한 가지만 옳게 서술한 경우	50 %

20 (1) **답** | (가): 유전자증폭검사, (나): 신속항원검사

해설 | 유전자증폭검사는 적은 양의 바이러스가 있더라도 핵산을 증폭시켜 검사하므로 정밀하고 정확한 검사 결과를 얻을 수 있다. 신속항원검사는 항원 항체 반응을 이용하기 때문에 바이러스의 양이 적을 경우 항원 항체 반응이 정상적으로 나타나지 않을 수 있다.

(2) **모범 답안** | 항체 검사, 나노바이오센서를 이용한 기술, 생물정보학 기술 등

해설 | 혈액을 채취하여 항원의 존재를 확인하는 항체 검사, 바이오센서와 나노기술을 결합한 나노바이오센서를 이용한 기술, 빅데이터와 인공지능(AI) 기술 등을 토대로 하는 생물정보학을 이용한 기술이 감염병 진단 검사에 활용된다.

채점 기준	배점
감염병 진단 검사에 활용되는 기술 두 가지를 모두 옳게 서술한 경우	100 %
감염병 진단 검사에 활용되는 기술 중 한 가지만 옳게 서술한 경우	50 %

3회 기말 고사 대비 ◑ 시험 대비 **36~40**쪽

01 ①	**02** ③	**03** ②	**04** ⑤	**05** ④	**06** ③
07 ②	**08** ②	**09** ⑤	**10** ②	**11** ⑤	**12** ③
13 ①	**14** ②	**15** ⑤	**16** ①		

서술형 **17~21** 해설 참조

01 ㄱ. B는 ㉠과 ㉡을 모두 가지는 토끼풀이다. 토끼풀은 생태계를 구성하는 생물요소이며, 광합성을 통해 스스로 양분을 합성하는 생산자에 해당한다. 그러므로 ⓐ는 '○'이다.

바로 알기 ㄴ. A와 B가 모두 가지는 특징 ㉠은 '생물요소이다.'이다.
ㄷ. ㉠과 ㉡을 모두 가지지 않는 C는 비생물요소인 물이다.

02 ㄱ. 질산염과 인산염 등의 영양염류는 비생물요소에 해당한다.
ㄴ. 강수량, 수온, 영양염류는 모두 비생물요소이고, 남세균은 생물요소이므로 ⓐ는 비생물요소가 생물요소에 영향을 주는 ㉡에 해당한다.

바로 알기 ㄷ. 강에 서식하는 생물의 종류와 개체수가 감소하면 먹이 관계가 복잡하게 형성될 수 없다. 따라서 다양한 먹이사슬이 복잡하게 형성될 수 없다.

03 ㄴ. 생태계를 구성하는 생물의 종류, 개체수, 에너지의 이동이 안정적으로 유지되는 상태를 생태계평형이라고 한다. 생태계평형은 먹이사슬이 복잡하게 얽힌 먹이그물이 형성될수록 안정적으로 유지된다. 그러므로 먹이 관계가 복잡한 (나)는 (가)보다 생태계평형이 잘 유지된다.

바로 알기 ㄱ. A는 생산자, B는 분해자, C는 소비자이다. 버섯, 세균, 곰팡이와 같은 분해자는 생물의 사체나 배설물 속의 유기물을 분해하여 에너지를 얻는다. 그러므로 생산자와 분해자 사이에는 먹고 먹히는 관계가 형성되지 않는다.
ㄷ. 생태계에서 에너지는 먹이사슬을 따라 상위 영양단계로 이동하며 최종적으로는 열에너지의 형태로 방출된다. 그러므로 생태계에서 에너지는 순환하지 않고 한 방향으로만 흐른다.

04 ㄱ. '육식 동물이 포함된다.'는 2차 소비자가 가지는 특징, '생물요소에 해당한다.'는 분해자, 생산자, 1차 소비자, 2차 소비자가 모두 가지는 특징, '다른 생물을 먹어 에너지를 얻는다.'는 1차 소비자와 2차 소비자가 가지는 특징, '생물의 사체나 배설물을 분해하여 에너지를 얻는다.'는 분해자가 가지는 특징이다. 그러므로 A는 분해자, B는 2차 소비자, C는 생산자, D는 1차 소비자이다. 따라서 C(생산자)는 광합성을 통해 양분을 합성한다.
ㄴ. B는 2차 소비자, D는 1차 소비자이므로 피식자인 1차 소비자의 개체수가 증가하면 포식자인 2차 소비자의 개체수가 일시적으로 증가한다.
ㄷ. B~D에서 분해자인 A로 전달되는 에너지양은 모두 분해자의 호흡에 의해 발생하는 열에너지로 방출된다.

05 ㄴ. 에너지효율(%)$=\dfrac{\text{현 영양단계의 에너지양}}{\text{전 영양단계의 에너지양}}\times100$이다.

1차 소비자(C)의 에너지효율(%)은 $\dfrac{100}{1000}\times100=10\,\%$, 2차 소비자(B)의 에너지효율(%)은 $\dfrac{15}{100}\times100=15\,\%$이므로 에너지효율은 B가 C의 1.5배이다.

ㄷ. 식물 플랑크톤은 광합성을 통해 양분을 합성하므로 생산자(D)
에 해당한다.

바로 알기 ㄱ. A는 3차 소비자이다. 각 영양단계의 에너지의 일부
는 열에너지로 방출되고, 나머지는 사체나 배설물 속 유기물에 포함
되어 분해자로 전달된다.

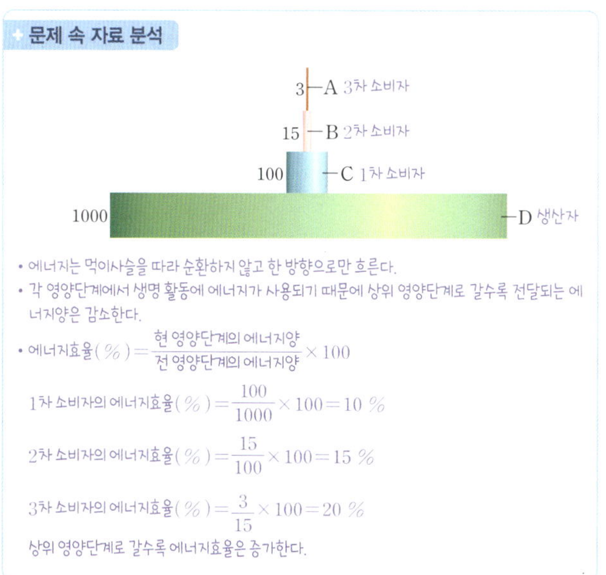

• 에너지는 먹이사슬을 따라 순환하지 않고 한 방향으로만 흐른다.
• 각 영양단계에서 생명 활동에 에너지가 사용되기 때문에 상위 영양단계로 갈수록 전달되는 에
너지양은 감소한다.
• 에너지효율($\%$) $= \dfrac{\text{현 영양단계의 에너지양}}{\text{전 영양단계의 에너지양}} \times 100$

  1차 소비자의 에너지효율($\%$) $= \dfrac{100}{1000} \times 100 = 10\ \%$

  2차 소비자의 에너지효율($\%$) $= \dfrac{15}{100} \times 100 = 15\ \%$

  3차 소비자의 에너지효율($\%$) $= \dfrac{3}{15} \times 100 = 20\ \%$

상위 영양단계로 갈수록 에너지효율은 증가한다.

06 ㄱ. A는 태양 복사 에너지이므로 대기를 잘 통과하여 지표에 도
달하고, C는 지표 복사 에너지이므로 대기에 잘 흡수된다. 따라서 대
기 투과율은 A가 C보다 크다.

ㄷ. D는 대기의 재복사 에너지이므로 D의 양이 증가하면 C의 양도
증가하는데, 이는 지표의 온도가 상승하기 때문이다. 따라서 D의 양
이 증가할수록 지구 온난화가 심화된다.

바로 알기 ㄴ. 지구에 대기가 있는 경우 D에 의해 온실 효과가 일어
난다. 이 경우에도 지구는 열수지 평형을 이루므로 A=B이다.

07 ㄷ. 관측 기간 동안 지구 온난화의 영향은 북반구가 남반구보다
컸고, 2000 년 이후 북반구는 남반구보다 연평균 기온이 높았으므로
단위 부피의 해수에 저장되는 평균 열량은 북반구가 남반구보다 많다.

바로 알기 ㄱ. 1900 년대에는 지구 온난화의 영향이 거의 없었으므
로 기온 상승률이 0에 가깝고, 2000 년대에서는 지구 기온이 가파르
게 상승하고 있으므로 기온 상승률은 2000 년대가 1900 년대보다 더
높다.

ㄴ. 기온이 높을수록 대기에 저장될 수 있는 수증기의 양이 증가하
고, 해수면의 수온이 높을수록 대기로 증발하는 수증기의 양이 증가
하므로 대기 중의 연 수증기량은 2000 년대가 1900 년대보다 크다.

08 ㄷ. A(중심핵)에서는 수소 핵융합 반응이 일어나므로 시간이 지남
에 따라 수소 원자핵의 양은 감소하고, 헬륨 원자핵의 양은 증가한다.

바로 알기 ㄱ. 태양 내부로 들어갈수록 온도가 높아지므로 ㉠은 에
너지 생성률이고, ㉡은 온도이다.

ㄴ. 핵융합 반응이 일어나기 위해서는 매우 높은 온도가 필요하다.
태양 내부에서는 A의 온도가 가장 높으므로 수소 핵융합 반응은 A
에서 일어난다.

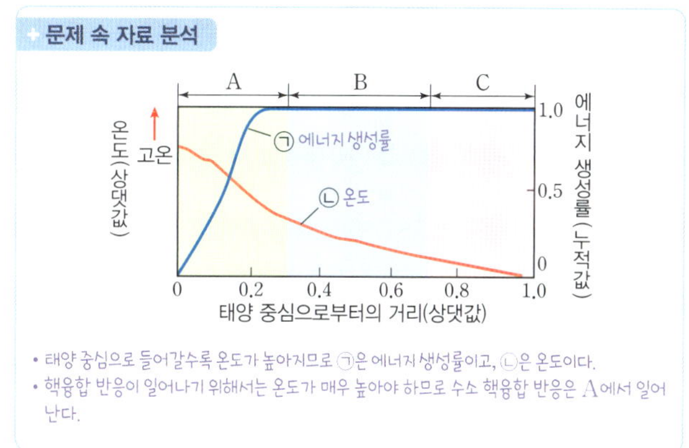

• 태양 중심으로 들어갈수록 온도가 높아지므로 ㉠은 에너지 생성률이고, ㉡은 온도이다.
• 핵융합 반응이 일어나기 위해서는 온도가 매우 높아야 하므로 수소 핵융합 반응은 A에서 일어
난다.

09 ㄴ. P면이 다가올 때 유도 전류에 의한 자기장의 방향이 왼쪽
방향이므로 P면이 멀어 지면 유도 전류에 의한 자기장의 방향은
반대가 된다.

ㄷ. 자석을 빠르게 움직일수록 자기장의 변화가 커져 유도 전류의 세
기가 커진다.

바로 알기 ㄱ. 자석이 코일을 향해 운동하고 있으므로 자석과 코일
사이에는 서로 미는 자기력이 작용한다.

10 ㄴ. (가), (나), (다)는 모두 매장량이 한정되어 있어 자원 고갈의
염려가 있다.

바로 알기 ㄱ. 석유와 석탄은 화석 연료로 에너지의 근원은 태양 에
너지이지만, 핵에너지는 지구 내부에 매장된 우라늄을 이용하므로
태양 에너지와 관계가 없다.

ㄷ. 석탄과 석유는 탄소 화합물로 연소 과정에서 이산화 탄소가 발
생하지만, 핵에너지를 이용하는 과정에서는 이산화 탄소가 발생하지
않는다.

11 ㄱ. A에서 화석 연료인 석유가 연소되는 과정에서 이산화 탄소
가 배출된다.

ㄴ. A, B에 공급된 에너지는 같고, 운동 에너지는 B가 A의 2 배이
다. 따라서 에너지 효율은 B가 A의 2 배이다.

ㄷ. 배터리를 충전하는 과정에서 전기 에너지가 화학 에너지로 전환
된다.

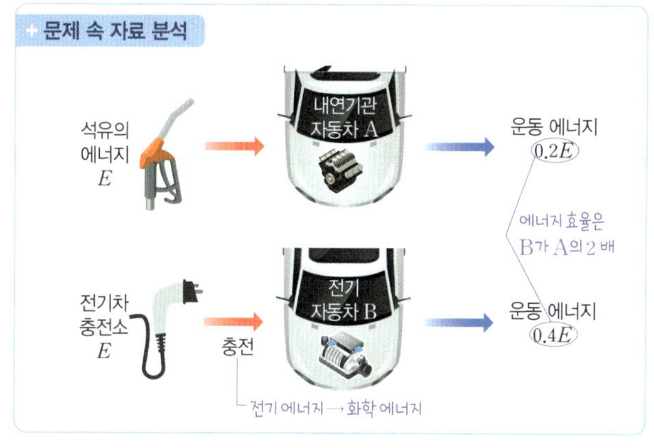

12 ㄷ. 풍력 발전은 바람이 많이 불수록, 태양광 발전은 일조량이
클수록 전기 에너지가 많이 생산되므로 (가)와 (나)는 모두 날씨의 영
향을 받는다.

바로 알기 ㄱ. (가)는 친환경적인 발전 방식으로 환경오염 물질을 거의 배출하지 않는다. 방사능 오염 물질을 배출하는 발전 방식은 핵발전이다.

ㄴ. (가)는 전자기 유도 현상을 이용해서 전기 에너지를 생산하므로 발전기에서 발생한 전류는 교류이다.

13 A는 핵발전, B는 풍력 발전, C는 조력 발전이다.

ㄱ. 핵발전은 발전 과정에서 방사성 폐기물이 발생한다.

바로 알기 ㄴ. 풍력 발전은 바람의 세기 등에 따라 발전량이 달라지고, 조력 발전은 조수 간만의 차이에 따라 발전량이 달라진다. 따라서 B와 C는 발전량을 정확히 예측하기 어렵다.

ㄷ. C는 조수 간만의 차이를 이용하는 조력 발전이다.

14 ㄷ. C와 T에 모두 선이 나타나는 결과 진단 ⓒ은 양성이다.

바로 알기 ㄱ. A는 신속항원검사이고, 바이러스를 구성하는 단백질을 이용하는 검사이다.

ㄴ. ⊙은 음성이고, 바이러스에 감염되지 않았음을 의미한다. 검사 키트에 이상이 있으면 C에 선이 나타나지 않는다.

15 ① 감염병을 효과적으로 관리하기 위해서는 감염병의 진단뿐만 아니라 감염원 및 감염병 환자의 규모를 파악하고 감염병 환자의 감염 경로와 동선을 추적하고 관리하는 것이 필요하다.

② 과학 기술은 감염병 진단 및 추적뿐만 아니라 방역과 치료를 포함한 감염병 관리의 전 과정에서 유용하게 이용되고 있다.

③ 과학 기술이 발전함에 따라 병원체의 유전 정보를 분석하는 것이 가능해졌고, 여러 나라에서 분석한 유전 정보를 취합하여 병원체의 변이와 감염병의 유행 상황, 전파 경로를 세계적인 규모로 추적하고 인공지능으로 예측하는 것이 가능해졌다.

④ 과학자들은 새로운 감염병의 유행에 대비하기 위해 감시 체계를 구축하고 백신과 치료제 등의 대응 수단을 확보하며 방역 시스템을 개선하기 위해 노력을 하고 있다.

바로 알기 ⑤ 최근에서 방역 조사관이 병원체의 변이와 감염병의 유행 상황, 전파 경로를 일일이 파악하는 대신에 스마트 기기에 내장된 위성 위치 확인 시스템(GPS), 와이파이, 블루투스 등을 활용하여 환자의 정보를 수집하고 공유하며 감염병을 추적한다.

16 ㄱ. ⊙은 동물 실험 윤리에 관한 것으로 과학 윤리의 '실험 대상에 대한 존중'에 해당한다.

바로 알기 ㄴ. 동물 실험 윤리의 3원칙 대체, 감소, 개선 중 ⓒ에는 동물을 사용하지 않고 목적을 달성할 수 있는 '대체'가 적절하다.

ㄷ. 동물 실험이 꼭 필요한 경우에도 동물에게 가해지는 고통과 스트레스를 최소화하도록 실험을 개선해야 한다.

서술형 문제

17 (1) **답** | A에서 B로 전달되는 에너지양: 1.6, B에서 C로 전달되는 에너지양: 0.4

해설 | 2차 소비자인 C에서 방출되는 에너지양은 $0.3+0.1=0.4$이므로 B에서 C로 전달되는 에너지양은 0.4이다. A에서 B로 전달되는 에너지양은 B에서 C로 전달되는 에너지양의 4 배이므로 1.6이다.

(2) **답** | ⊙ 10.4, ⓒ 0.5, ⓒ 8.6

해설 | A의 에너지양은 20이고, A에서 B로 전달되는 에너지양은 1.6, 분해자로 전달되는 에너지양은 8이므로 나머지 값인 ⊙은 10.4이다. B의 에너지양이 1.6이고, B에서 C로 전달되는 에너지양은 0.4, 열에너지로 방출되는 에너지양은 0.7이므로 분해자로 전달된 값인 ⓒ은 0.5이다. 분해자로 전달된 에너지가 $8+0.5+0.1$이므로 ⓒ은 8.6이다.

(3) **답** | 1차 소비자의 에너지효율: 8 %, 2차 소비자의 에너지 효율: 25 %

해설 | 에너지효율(%) $= \dfrac{\text{현 영양단계의 에너지양}}{\text{전 영양단계의 에너지양}} \times 100$이다.

1차 소비자(B)의 에너지효율(%)은 $\dfrac{1.6}{20} \times 100 = 8\ \%$, 2차 소비자(C)의 에너지효율(%)은 $\dfrac{0.4}{1.6} \times 100 = 25\ \%$이다.

채점 기준	배점
(1), (2), (3)을 모두 옳게 구한 경우	100 %
(1), (2), (3) 중 2가지만 옳게 구한 경우	50 %

18 **모범 답안** | 서태평양의 따뜻한 해수가 A 해역 쪽으로 이동해오므로 A 해역에서 수온 약층이 시작되는 깊이는 깊어진다. 또한 표층 수온이 상승하므로 해수의 증발이 활발해져 강수량이 증가한다.

해설 | 동태평양의 A 해역에서 해수면 높이가 높아지고, 서태평양에서 해수면 높이가 낮아졌으므로 엘니뇨 시기이다. 이 시기에는 서태평양의 따뜻한 해수가 A 해역 쪽으로 이동해오므로 A 해역에서 수온 약층이 시작되는 깊이는 깊어진다. 또한 이 시기에 A 해역에서는 표층 수온이 상승하므로 해수의 증발이 활발해져 대기 중의 수증기량이 증가하고, 이에 따라 강수량이 증가한다.

채점 기준	배점
수온 약층과 강수량의 변화에 대해 근거를 제시하여 모두 옳게 서술한 경우	100 %
수온 약층과 강수량의 변화에 대해 한 가지만 근거를 제시하여 옳게 서술한 경우	50 %
수온 약층과 강수량의 변화만 옳게 서술한 경우	20 %

19 **모범 답안** | 막대자석의 속력을 빠르게 한다. 코일의 감은 수를 많이 한다. 막대자석을 같은 극끼리 겹쳐서 운동시킨다. 등

채점 기준	배점
두 가지 모두 옳게 서술한 경우	100 %
한 가지만 옳게 서술한 경우	50 %

20 **모범 답안** | 태양 중심부에서 수소 핵융합 반응으로 생성된 에너지의 일부는 지표에 도달하여 열에너지로 흡수된다. 지표의 불균등한 가열에 의해 열에너지는 바람의 역학적 에너지로 전환되며, 파도가 생기는 과정에서 바람의 역학적 에너지 일부는 파도의 역학적 에너지로 전환되어 해안가에 해식 동굴을 만든다.

해설 | 태양 중심부에서는 수소 핵융합 반응이 일어나 태양 에너지가 생성되고, 태양계 공간으로 방출된다. 그중 일부는 지구에 도달하여 지구 시스템의 유지에 이용되는데, 지표에 도달한 태양 에너지는 열에너지 형태로 흡수되어 지표를 가열한다. 지표가 불균등하게 가열되면 기압 차이가 생겨 바람이 불게 되는데, 이는 열에너지가 역학적 에너지로 전환된 것이다. 해수면 위에서 바람이 불면 바람의 역학적 에너지 일부는 해수의 역학적 에너지로 전환되어 파도가 생기는데, 이 파도에 의해 해안가에서는 해식 동굴이 형성된다.

채점 기준	배점
제시한 용어를 모두 포함하여 해식 동굴의 형성 과정을 옳게 서술한 경우	100 %
제시한 용어 중 두 가지만 포함하여 해식 동굴의 형성 과정을 옳게 서술한 경우	60 %
제시한 용어 중 한 가지만 포함하여 해식 동굴의 형성 과정을 옳게 서술한 경우	30 %

21 (1) 사물 인터넷 기술이 사용되었다. '드론 편대는 인터넷으로 연결되어 정보를 공유함'이라는 문장으로 판단할 수 있다.

채점 기준	배점
기술 사용 여부를 바르게 판단하고, 판단 근거를 옳게 서술한 경우	100 %
기술 사용 여부 또는 판단 근거 중 하나만 옳게 서술한 경우	50 %

(2) 인공지능 기술이 사용되었다. '스스로 장애물을 피하면서 비행하고 농약을 살포한다.'라는 문장으로 판단할 수 있다.

채점 기준	배점
기술 사용 여부를 바르게 판단하고, 판단 근거를 옳게 서술한 경우	100 %
기술 사용 여부 또는 판단 근거 중 하나만 옳게 서술한 경우	50 %

MEMO

백신

통합과학 2

정답과 해설

메가스터디BOOKS

내용 문의 02-6984-6915 | 구입 문의 02-6984-6868,9 | www.megastudybooks.com